普通高等教育“十二五”电子电气基础课程规划教材

# 电工电子学

**第2版**

林小玲　郑敏　宾江宏　胡涛　宋杨　朱明　李少纯　编著

机 械 工 业 出 版 社

本书是普通高等教育“十二五”电子电气基础课程规划教材。本书是在《电工电子学》（第1版）的基础上，根据新教学大纲，适应科技发展的需要，集作者多年的教学经验，进行修订改写而成的。

本书的体系，仍然是将电路和电子技术、模拟电子技术和数字电子技术等内容适当交叉和结合，合并为一册出版。

本书的内容，包括电路和电路元器件、电路分析基础、基本放大电路、集成运算放大电路、数字集成电路、功率电子电路、变压器和交流电动机。

书中每章都有内容提要，以此来概括该章的知识体系结构、基本要求、重点与难点，并编写了一定数量的典型例题。全书内容深入浅出，便于自学，也可作为工程技术人员的自学参考教材。

**图书在版编目（CIP）数据**

电工电子学/林小玲等编著．—2版．—北京：机械工业出版社，2013.5（2023.1重印）
普通高等教育“十二五”电子电气基础课程规划教材
ISBN 978-7-111-42062-0

Ⅰ.①电…　Ⅱ.①林…　Ⅲ.①电工学－高等学校－教材②电子学－高等学校－教材　Ⅳ.①TM1②TN01

中国版本图书馆CIP数据核字（2013）第068919号

机械工业出版社（北京市百万庄大街22号　邮政编码100037）
策划编辑：于苏华　　责任编辑：于苏华　聂文君
版式设计：霍永明　　责任校对：申春香
封面设计：张　静　　责任印制：郜　敏
北京盛通商印快线网络科技有限公司印刷
2023年1月第2版第7次印刷
184mm×260mm·23.5印张·579千字
标准书号：ISBN 978-7-111-42062-0
定价：55.00元

电话服务　　网络服务
客服电话：010-88361066　　机　工　官　网：www.cmpbook.com
010-88379833　　机　工　官　博：weibo.com/cmp1952
010-68326294　　金　书　网：www.golden-book.com
封底无防伪标均为盗版　　机工教育服务网：www.cmpedu.com

# 第2版前言

《电工电子学》（第2版）是根据新教学大纲，适应科技发展的需要，集作者多年的教学经验，在第1版的基础上修订编写而成的。本书力求做到内容精选，重点突出，努力创新，适合教学。

本书基本保留了第1版的体系，仍将电路和电子技术、模拟电子技术和数字电子技术等内容进行适当交叉和结合，重点突出基本概念、基本理论、基本原理和基本分析方法，并尽量减少过于复杂的分析与计算，着重于定性分析。

在修订时，对各章内容作了一些删减和更新，例如，考虑到第1版第6章“波形的产生和变换”中“正弦波振荡电路”应用较少，将此内容删减，而将“脉冲信号的产生与整形”以“集成定时器”并入第5章；第4章增加了“集成运算放大器的分析方法”和“应用实例”；第5章对“集成触发器”作了较大修改，增加了“同步T和T′触发器”和“同步触发器的触发方式”等内容，还增加了“同步时序逻辑电路的分析方法”和“异步时序逻辑电路的分析方法”。另外，为了使学生能更好地理解和掌握电工电子学的主要内容，提高分析和解决问题的能力，我们增写了“部分习题参考答案”作为本书的附录内容。

参加本书编写的有林小玲、郑敏、宾江宏、胡涛、宋杨、朱明、李少纯。邓丽、喻英、杜大军和王小华等也为本书的编写做了很多工作。

由于水平有限，书中必然存在不少的缺点和疏漏，恳请广大读者批评指正。

编　者

# 目 录

# 第 1 章　电路和电路元器件

**内容提要:**

本章主要学习电工和电子技术中应用的电路、电路的基本组成及常用的电路元器件，是学习其他各章节的基础。电路元器件包括电阻元件、电感元件、电容元件、独立电源元件、半导体二极管和晶体管，这里主要介绍它们的工作原理、特性曲线和参数。由于半导体二极管和晶体管的基础是 PN 结，为此书中对 PN 结的形成和电特性也给予了必要的介绍。

## 1.1　电路和电路的基本物理量

本节介绍电压、电流的物理概念，并介绍如何利用一些基本元器件构成一个基本电路的方法。本节的目标是：

(1) 定义电压并论述其性质，了解电压单位。

(2) 定义电流并论述其性质，了解电流单位。

(3) 了解能量和功率的定义及单位。

### 1.1.1　电路及电路组成

电路是指某些电气设备、元器件、开关、导线等按一定方式连接后，为电流提供的流通路径的总体。电路的结构将依它所完成的任务不同而不同，可以简单到由几个元器件构成，也可以复杂到由上千个甚至数万个元器件构成。

根据电路的作用，大体上可以将电路分为两类，一类是用于实现电能的传输与转换的电力系统的电路，如图 1-1 所示；另一类是用于实现电信号的传递和处理的电路，如扩音机电路，如图 1-2 所示。

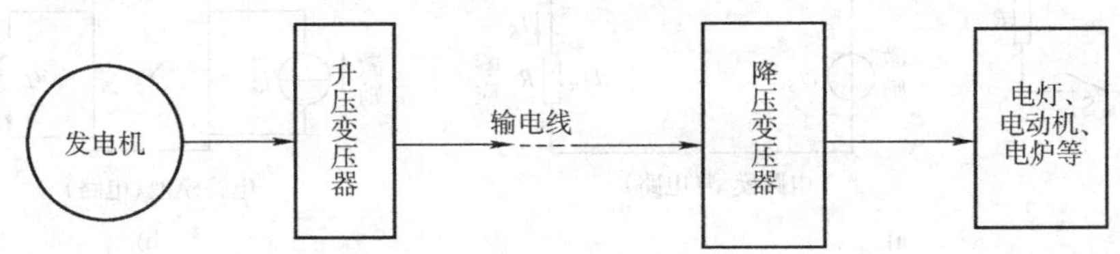


图 1-1　电力系统电路示意图

电路一般由电源、中间环节、负载三部分组成。

### 1.1.2　理想电路元器件和电路模型

用于构成电路的元器件或设备可以抽象为电路元器件，理想电路元器件是对实际元器件

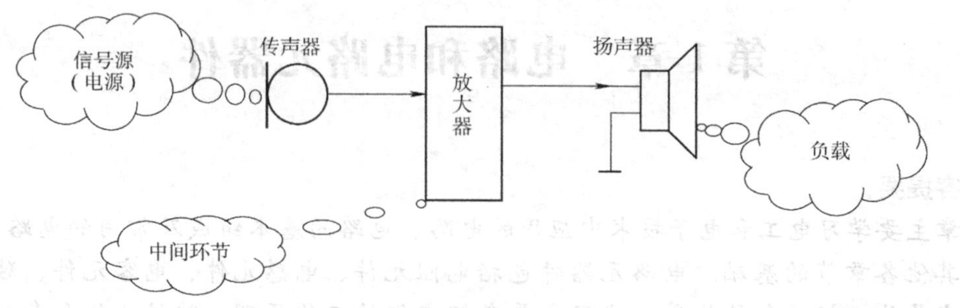


图1-2 扩音机电路示意图

在一定条件下进行科学抽象而得到的，实际上是一种数学模型，是具有特定电磁性能的、假想的和理想化的电路元器件模型。理想电路元器件有以下三个特征：

（1）只有两个端子（端子是与其他电路元器件的连接点）。

（2）可以用电压或电流按数学方式描述。

（3）不能被分解为其他元器件。

它们具有规定的图形、符号和严格的数学定义。所以，在一定条件下，实际电路中元器件的特性，均可用一个理想电路元器件或多个理想电路元器件的拓扑组合来模拟，即用模型来模拟。电路模型是对实际电路电磁性能的科学抽象和概括，具有一般性。实际电路的电路模型如图1-3所示。电路模型的特点是：只见参数，不见设备。

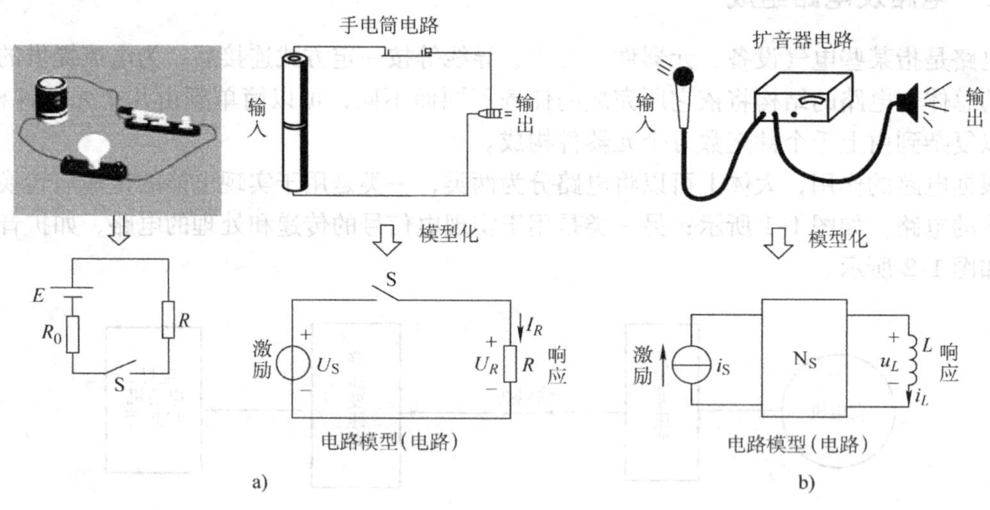


图1-3 电路模型

常用理想电路元器件如下：

无源元件：电阻、电容、电感；

有源元件：电压源、电流源；

电子器件：二极管、晶体管、场效应晶体管。

## 1.1.3　元器件中的电流、电压及其参考方向

电路理论中涉及的物理量主要有电流 $I$、电压 $U$、电荷 $Q$、磁通 $\Phi$、电功率 $P$ 和电磁能量 $W$。在电路分析中，人们主要关心的物理量是电流、电压和功率。

### 1.1.3.1　电流及其参考方向

带电粒子有规则的定向运动形成电流。电流是指单位时间内通过导体横截面的电荷量，即电流表示为

$$i = \frac{\mathrm{d}q}{\mathrm{d}t} \tag{1-1}$$

在国际单位制中，时间 $t$ 的单位为秒（s）；电荷量 $q$ 的单位是库仑（C）；电流 $i$ 的单位是安培（A）。

**1. 电流的实际方向与电流的参考方向**

规定正电荷的运动方向为电流的实际方向，而假定的正电荷的运动方向为电流的参考方向。

**2. 电流参考方向的表示方法**

可以任意选定一个方向作为电流的参考方向。表示方法可以用箭头，即箭头的指向为电流的参考方向，如图 1-4 所示；也可以用双下标表示，如 $i_{ab}$ 表示电流的参考方向由 a 指向 b。

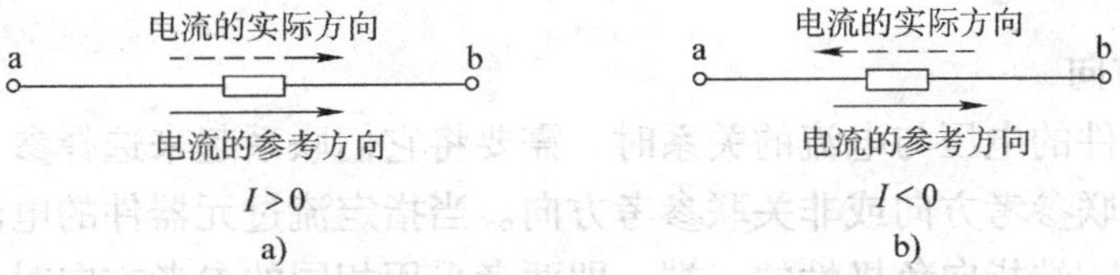

电流的实际方向　a　b　电流的参考方向　$I>0$　a)

电流的实际方向　a　b　电流的参考方向　$I<0$　b)

图 1-4　电流参考方向

若假定的电流参考方向与电流的实际方向一致，则电流为正值（$I>0$），如图 1-4a 所示；反之，则电流为负值（$I<0$），如图 1-4b 所示。

大小和方向均不随时间改变的电流称为恒定电流或直流电流，简称直流（DC），用符号 $I$ 表示；大小和方向都随时间改变的电流则称为交流电流，简称交流（AC），用符号 $i$ 表示。

### 1.1.3.2　电压及其参考方向

电荷在电场力作用下形成电流，在这个过程中电场力推动电荷运动做功，当单位正电荷 $q$ 从电路中一点移至参考点（一般设参考点为零）时电场力做功的大小称为电位，用 $\varphi$ 表示，而单位正电荷 $q$ 从电路中的某一点移至另一点时电场力做功的大小称为电压。电压定义为单位正电荷 $q$ 从 a 点移至 b 点电场力所做的功 $W_{ab}$，即

$$U_{ab} = \frac{W_{ab}}{q} \text{或} U_{ab} = \frac{\mathrm{d}W_{ab}}{\mathrm{d}q} \tag{1-2}$$

在国际单位制中，功的单位是焦耳（J）；电压的单位是伏特（V）。必须注意，电路中电位的值是相对的，参考点选择得不同，电路中各点的电位值将改变；而电路中电压值是固定的，不会因参考点的不同而变化，即电压与零电位参考点的选取无关。

**1. 电压的实际方向与电压的参考方向**

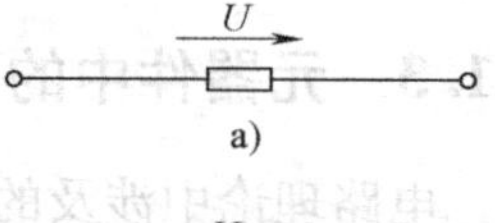


图 1-5　电压参考方向的表示方法

规定电路中真正电压降低的方向为电压的实际方向，而假定的电位降低方向为电压的参考方向。

**2. 电压参考方向的表示方法**

电压参考方向有以下三种表示方法：

（1）用箭头表示。箭头的指向为电压的参考方向，如图 1-5a 所示。

（2）用双下标表示。例如 $U_{ab}$，表示电压的参考方向由 a 指向 b，如图 1-5b 所示。

（3）用正负极性表示。表示电压的参考方向由 + 指向 −，如图 1-5c 所示。

若假定的电压参考方向与电压的实际方向一致，则电压为正值（$U>0$），如图 1-6a 所示；反之，则电压为负值（$U<0$），如图 1-6b 所示。

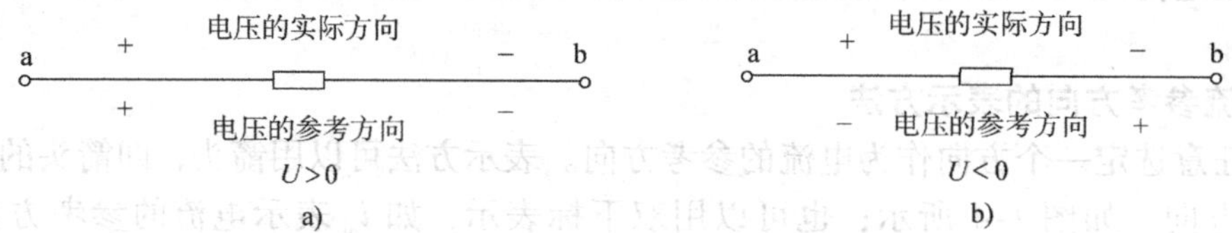


图 1-6　电压实际方向与电压参考方向的关系

**3. 关联参考方向**

分析电路元器件的电压与电流的关系时，需要将它们联系起来选择参考方向，这样设定的参考方向称为关联参考方向或非关联参考方向。当指定流过元器件的电流的参考方向是从标以电压正极性的一端指向负极性的一端，即两者采用相同的参考方向时，称为关联参考方向，当两者不一致时，称为非关联参考方向，如图 1-7a 与图 1-7b 所示。

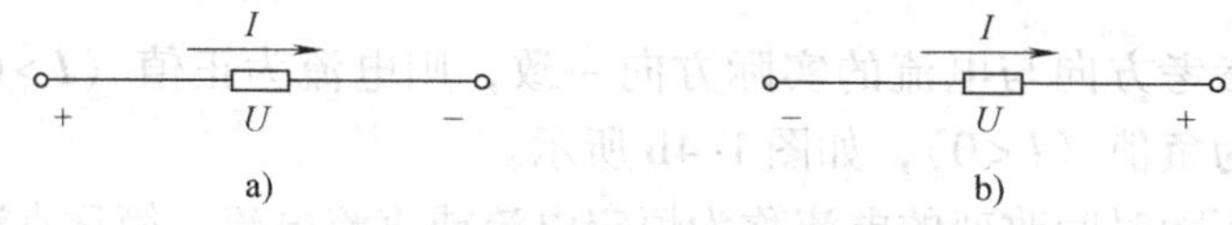


图 1-7　关联参考方向与非关联参考方向

a）关联参考方向　b）非关联参考方向

## 1.1.4　电路元器件的功率和能量

能量是做功的能力，功率是能量作用的速率。由于电路在工作状态下总是伴随有电能与其他形式能量的相互交换，而且，电气设备、电路部件本身都有功率的限制，因此在电路分析和计算中，功率和能量的计算是十分重要的。

### 1.1.4.1　电功率

电功率为单位时间内电场力所做的功，即

$$p = \frac{\mathrm{d}w}{\mathrm{d}t} = \frac{\mathrm{d}w\mathrm{d}q}{\mathrm{d}q\,\mathrm{d}t} = ui \tag{1-3}$$

式中　$p$——电功率，单位为 W；

$w$——能量，单位为 J。

电功率定义为：在 1s 内产生或消耗 1J 的能量，其功率为 1W。

对于一段电路而言，其功率的计算公式是 $P = UI$。因为电流和电压都可能有正有负，所以功率的值也是有正有负的。可见，一段电路的功率的正负值是与电压和电流的正方向有关的。图 1-8 所示电路中，方框内可能是电源也可能是负载，当电压与电流正方向采用关联参考方向时，如果计算出 $P>0$，则说明电流是在电场力的作用下从高电位流向低电位，电场力做功消耗功率；反之，如果 $P<0$，则方框中包含有电源，是将其他形式的能量转换成电能，是向外电路发出功率。

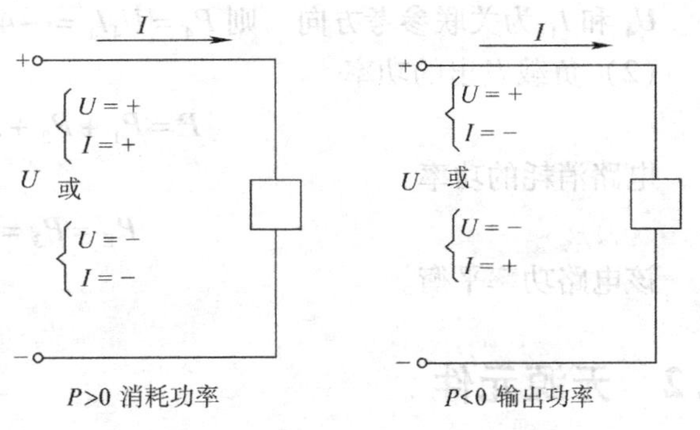


图 1-8　功率与电压及电流的关系

#### 1.1.4.2　电能

功率也可以定义为单位时间内所消耗（或产生）的电能，即

$$W = Pt \tag{1-4}$$

式中　$t$——时间，单位为 h；

$P$——功率，单位为 W；

$W$——电能，单位为 J。

通常，电能的单位用千瓦时（kW · h），工业上用“度”表示，有

$$1\text{ 度} = 1\text{kW}\cdot\text{h} = 3.6\times10^6\text{J}$$

#### 1.1.4.3　应用举例

**【例 1.1.1】** 在图 1-9 所示电路中标出了各元件的电流、电压的参考方向。已知 $I_1 = 4\text{A}$，$I_2 = -5\text{A}$，$I_3 = -9\text{A}$，$U_1 = -6\text{V}$，$U_2 = 10\text{V}$，$U_4 = -4\text{V}$。试求：

（1）各个元件的功率大小，并判断其功率性质；

（2）该电路功率是否平衡？

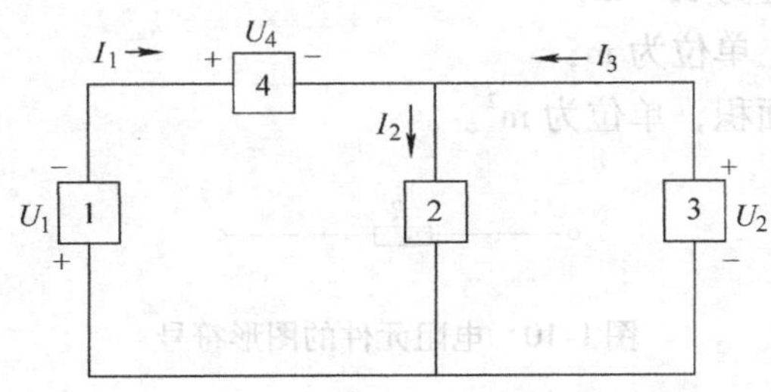


图 1-9　例 1.1.1 图

【解】(1) 计算并判断各元件功率：

$U_1$ 和 $I_1$ 为关联参考方向，则 $P_1 = U_1I_1 = (-6) \times 4\text{W} = -24\text{W}$（元件1为电源）；

$U_2$ 和 $I_2$ 为关联参考方向，则 $P_2 = U_2I_2 = 10 \times (-5)\ \text{W} = -50\text{W}$（元件2为电源）；

$U_2$ 和 $I_3$ 为非关联参考方向，则 $P_3 = U_2I_3 = 10 \times (-9)\ \text{W} = -90\text{W}$（元件3为负载）；

$U_4$ 和 $I_1$ 为关联参考方向，则 $P_4 = U_4I_1 = -4 \times 4\text{W} = -16\text{W}$（元件4为电源）。

(2) 负载发出的功率

$$P = P_1 + P_2 + P_4 = 90\text{W}$$

电路消耗的功率

$$P_E = P_3 = 90\text{W}$$

该电路功率平衡。

## 1.2 无源元件

电路元件是电路中最基本的组成单元。电路元件的特性通过与端子有关的物理量描述。每一种电路元件反映某种确定的电磁性质。电路元件按是否给电路提供能量分为无源元件和有源元件。电路元件的参数不随端子上的电压或电流数值变化的，称为线性元件；否则，称为非线性元件。

本节介绍无源元件，即电阻、电容和电感的定义、基本结构和电路特性，并讨论这些电路元件的工作方式和重要特性。本节的目标是：

(1) 了解电阻元件的物理特性。

(2) 了解电容元件的物理特性和基本工作特性。

(3) 了解电感元件的物理特性和基本工作特性。

### 1.2.1 电阻元件

电阻元件是表征材料或器件对电流呈现的阻力，是损耗能量的元件。它的图形符号如图1-10所示。一段导体的电阻与该导体的长度和该导体的电阻率成正比，与它的截面积成反比，即

$$R = \rho \frac{l}{S} \tag{1-5}$$

式中 $R$——电阻值，单位为Ω；

$\rho$——电阻率，单位为Ω·m；

$l$——导体的长度，单位为m；

$S$——导体的横截面积，单位为$\text{m}^2$。

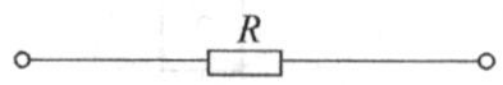


图1-10 电阻元件的图形符号

常用的电阻单位有Ω、kΩ、MΩ。图1-11所示为典型的电阻实物。

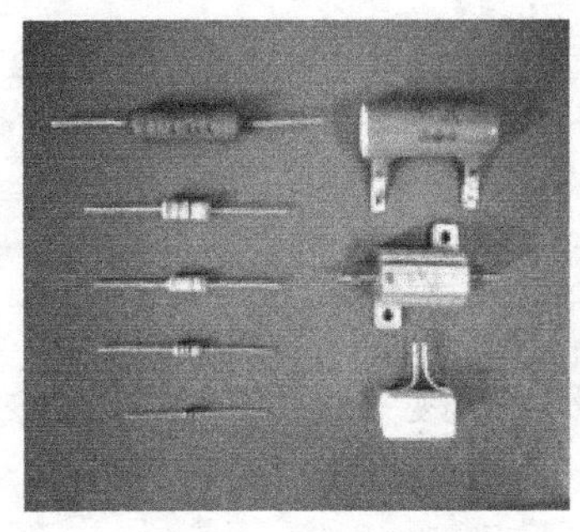

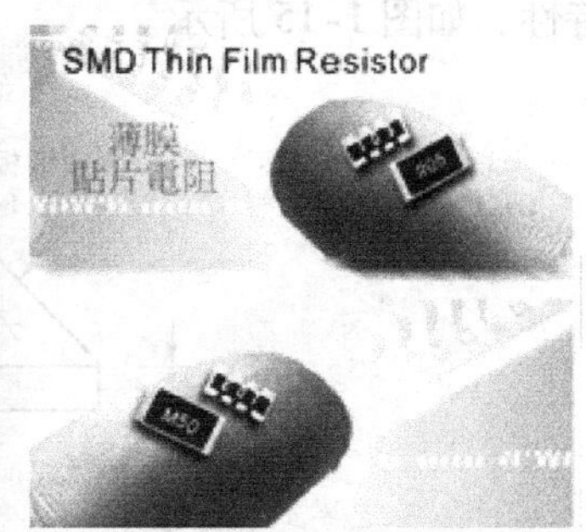


图 1-11　典型的电阻实物

**1. 电阻元件的伏安特性**

电阻元件上电压和电流之间的关系称伏安特性。线性电阻元件是这样的理想元件：在电压和电流取关联参考方向下，在任何时刻它两端的电压和电流关系遵循欧姆定律，即其端电压和流过的电流是正比关系，$U=RI$。如果电阻元件的阻值不为常数，则为非线性电阻元件，电阻元件的伏安特性可用 $u$—$i$ 平面的一条曲线来描述它，如图 1-12 所示。

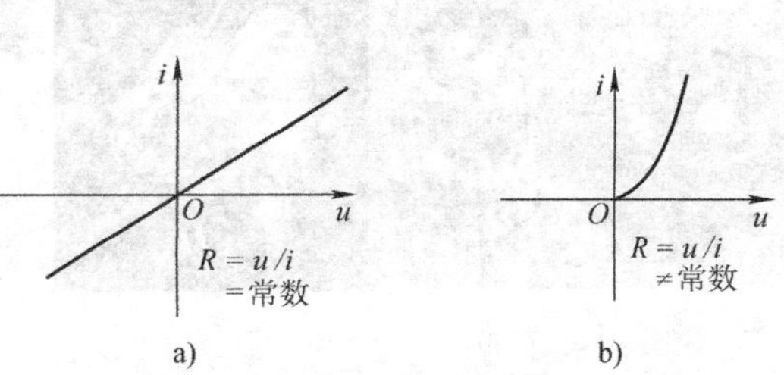


图 1-12　电阻元件的伏安特性
a）线性电阻　b）非线性电阻

**2. 电阻元件的功率**

电阻元件要消耗电能，是一个耗能元件，然而，许多电器却利用电阻发热的特点进行工作，如电炉、电烤箱、电熨斗等。电阻吸收的功率为

$$p=ui=i^2R=\frac{u^2}{R} \tag{1-6}$$

电阻元件的额定功率是不使其损坏的最大功率，额定功率与电阻元件的阻值无关，而是由其形状大小以及物理成分决定的。将电阻元件应用到电路中时，它的额定功率必须大于电路所要消耗的最大功率。

**3. 电阻元件的开路与短路**

（1）开路。当一个线性电阻元件的端电压不论为何值，流过它的电流恒为零值时，就把它称为“开路”。开路的伏安特性在 $u$—$i$ 平面上与电压轴重合。此时，$i=0$，$R=\infty$。

（2）短路。当流过一个线性电阻元件的电流不论为何值，它的端电压恒为零值时，就把它称为“短路”。短路的伏安特性在 $u$—$i$ 平面上与电流轴重合。此时，$u=0$，$R=0$。

## 1.2.2　电容元件

电容元件是由两个平行的导体中间夹有绝缘物质（电介质）所构成。电容元件是表征产生电场、储存电场能量的电路元件。在外电源作用下，电容元件两极板上分别带上等量异号电荷，撤去电源，极板上电荷仍可长久地集聚下去。电容元件结构及图形符号如图1-13所示。电容实物如图 1-14 所示。电容元件的特性可用 $u$—$q$ 平面上的一条曲线来描述，称为库伏特性，如图1-15所示。

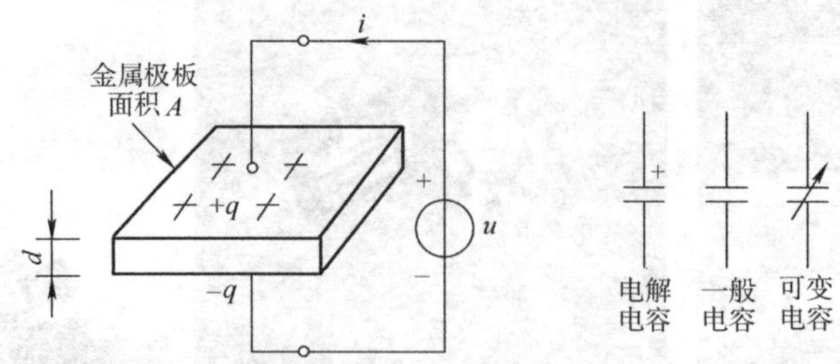


图1-13　电容元件的结构及图形符号

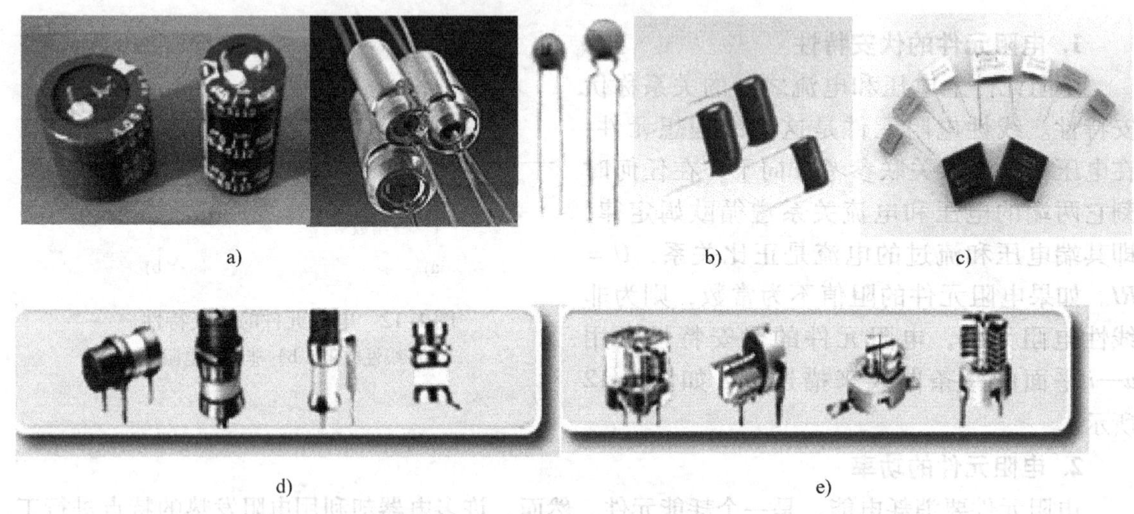


图1-14　电容实物

a）电解电容　b）瓷质电容　c）聚丙烯薄膜电容

d）管式空气可调电容　e）片式空气可调电容

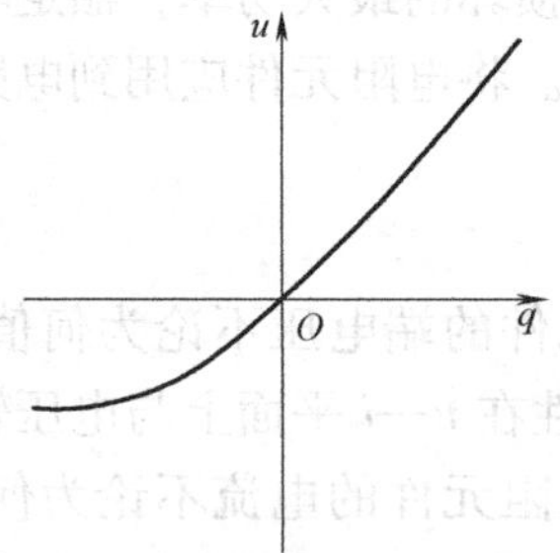


图1-15　电容元件的库伏特性

#### 1.2.2.1　线性电容元件

任何时刻，线性电容元件的极板上的电荷 $q$ 与电流 $u$ 成正比，$q$—$u$ 库伏特性是过原点的直线，其图形符号及库伏特性如图1-16所示。

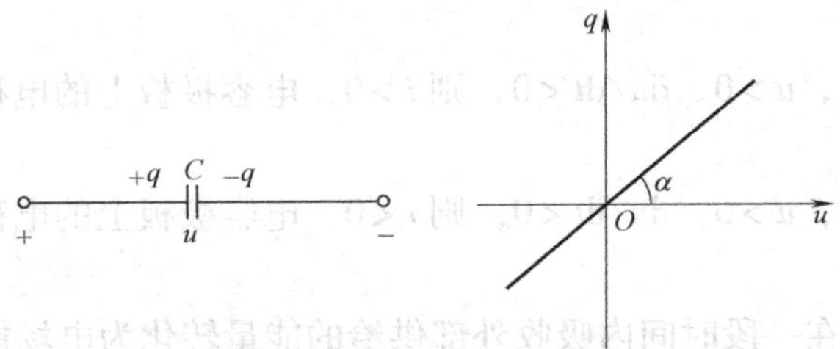


图 1-16 线性电容元件的图形符号及库伏特性

线性电容元件的特性方程为

$$q = Cu \tag{1-7}$$

式中 $C$——电容，单位为 F。

电容单位除法（F）外，还有微法（μF），皮法（pF），三者的关系为

$$1\mathrm{F} = 10^6\mu\mathrm{F} = 10^{12}\mathrm{pF} \tag{1-8}$$

电容的大小与电容元件的尺寸及介质的介电常数有关。平行板电容的电容值为

$$C = \frac{\varepsilon S}{d} \tag{1-9}$$

式中 $\varepsilon$——介质的介电常数，单位为 F/m；

$S$——极板面积，单位为 $m^2$

$d$——极板间距离，单位为 m。

#### 1.2.2.2 线性电容元件的电压、电流关系

若电容元件的端电压 $u$ 和电流 $i$ 取关联参考方向，则电容元件的电压与电流存在以下关系：

$$i = \frac{\mathrm{d}q}{\mathrm{d}t} = C\frac{\mathrm{d}u}{\mathrm{d}t} \tag{1-10}$$

式（1-10）表明，线性电容的端口电流并不取决于当前时刻电压，而与端口电压的时间变化率成正比，所以电容元件是一种动态元件。电容元件的电压与电流还具有以下几种重要特性。

（1）$i$ 的大小与 $u$ 的变化率成正比，与 $u$ 的大小无关；当 $u$ 为常数时，$\mathrm{d}u/\mathrm{d}t = 0 \rightarrow i = 0$。电容元件在直流电路中相当于开路，有隔离直流的作用。如果已知电容元件上的电流，则电容电压的表达式为

$$u = \frac{1}{C}\int_{\infty}^{t} i\mathrm{d}t = u(0) + \frac{1}{C}\int_{0}^{t} i\mathrm{d}t \tag{1-11}$$

可见，电容电压在某一时刻的大小，不仅与充电的电流有关，而且与电容元件的初始电压有关。

（2）电容元件是一种记忆元件。

（3）当电流为有限值时，电容电压不能跃变。

#### 1.2.2.3 线性电容元件中的功率与能量

当 $u$、$i$ 为关联参考方向时，电容元件的功率为

$$p = ui = uC\frac{\mathrm{d}u}{\mathrm{d}t} \tag{1-12}$$

式（1-12）表明：

（1）当电容充电时，$u>0$，$\mathrm{d}u/\mathrm{d}t<0$，则 $i>0$，电容极板上的电荷 $q$ 增加，$p>0$，电容吸收功率。

（2）当电容放电时，$u>0$，$\mathrm{d}u/\mathrm{d}t<0$，则 $i<0$，电容极板上的电荷 $q$ 减小，$p<0$，电容发出功率。

可见，电容元件能在一段时间内吸收外部供给的能量转化为电场能量储存起来，在另一段时间内又把能量释放回电路。电容元件储存或释放的电场能量为

$$W = \int p\mathrm{d}t = \int ui\mathrm{d}t = \int Cu\mathrm{d}u = \frac{1}{2}Cu^2 \tag{1-13}$$

由此可见，电容元件储存或释放的电场能量与其两端的电压的二次方成正比。电容元件本身不能提供任何能量，是无源元件。

综上所述，电容元件是一种动态、记忆、储能、无源元件。

#### 1.2.2.4 电容元件的应用

电容元件在电子领域的应用非常广泛，主要用来存储电能，为稳压电源滤波以及隔离直流、耦合交流等。

**1. 稳压电源**

电子领域中的直流电源一般由整流器和滤波器组成的，由于电容元件能够存储电荷，所以它在直流稳压电源中可以作为滤波器使用，如图1-17所示。

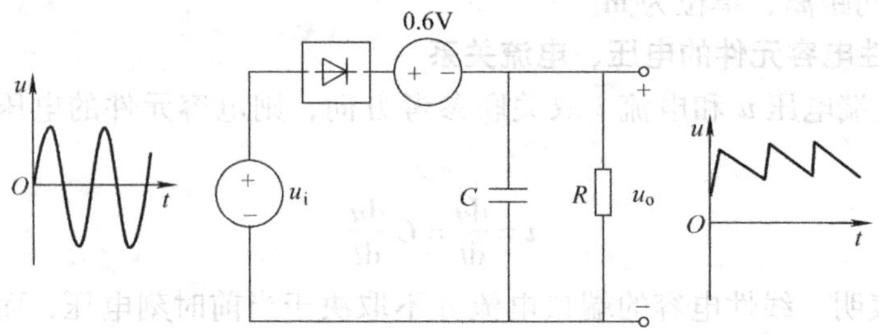


图1-17 加上滤波电容的直流电源的工作原理

图1-17所示电路中，利用电容元件的充放电来实现滤波功能。

**2. 隔离直流、耦合交流**

电容元件通常用来隔离电路中的直流电压，如图1-18所示。

在图1-18所示电路中，电容元件对于直流电压看成开路，对于交流电压看成短路。

**3. 信号滤波器**

电容元件可以应用在滤波器的电路中，在一系列不同频率的信号中选择某频率的信号。这种应用的常见例子是收音机或者电视机中选择所需传送信号的频率而过滤其他无用信号的频率，调整收音机或电视机频道时，实际上就是改变调频电路的电容值来实现的。

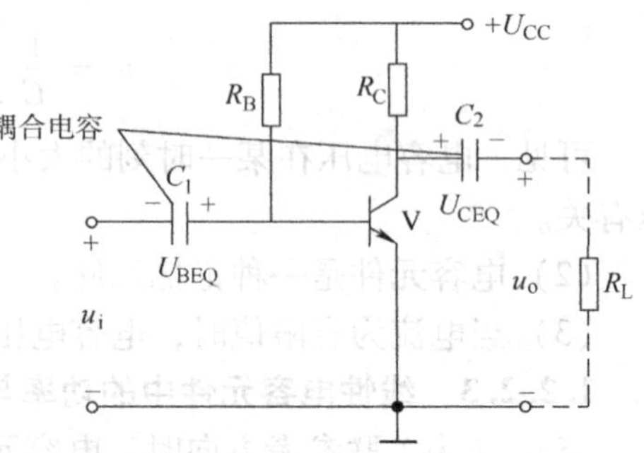


图1-18 放大器中电容元件的作用

#### 4. 计算机的存储器

计算机的存储器中应用非常微小的电容元件作为只包含“1”和“0”这两个数字的二进制信息存储单元，充电电容表示存储“1”，放电电容表示存储“0”，在具有一组电容电路的存储器中可存储一组二进制数。

#### 1.2.2.5 小结

（1）把两块平行的导体极板用介质材料隔开就构成一个电容元件。

（2）电场中，电容元件的极板之间可以存储能量。

（3）电容值与极板面积成正比，与极板间的距离成反比。

（4）电容元件能阻止恒定的电流——直流。

（5）电容元件的充电和放电遵循指数函数曲线。

### 1.2.3 电感元件

电感元件是表征产生磁场、储存磁场能量的电路元件。电感元件实际上是由金属导线绕在一骨架上来构成，它以电磁感应理论为基础。电感元件具有阻止电流变化的性质。电感元件的基本特性是导体中有电流通过时，导体周围存在电磁场。

根据电感元件的基本特性，电流变化会引起线圈周围的电磁场变化，而电磁场的变化又引起线圈内感应电压的变化。即若穿过一匝线圈的磁通为 $\Phi$，则与匝数为 $N$ 的线圈交链的总磁通为 $N\Phi$。总磁通 $N\Phi$ 称为磁链 $\Psi$，即 $\Psi=N\Phi$，对空心线圈而言，有

$$\Psi = Li \tag{1-14}$$

式中 $L$——电感，也称为自感，单位为亨(H)，工程上常应用毫亨(mH)、微亨(μH)。磁通和磁链的单位为韦伯（Wb）。

当通过线圈的电流为变量时，在线圈中要产生感应电动势 $e_L$，称为自感电动势，如图1-19a所示。几种电感实物如图1-19b所示。

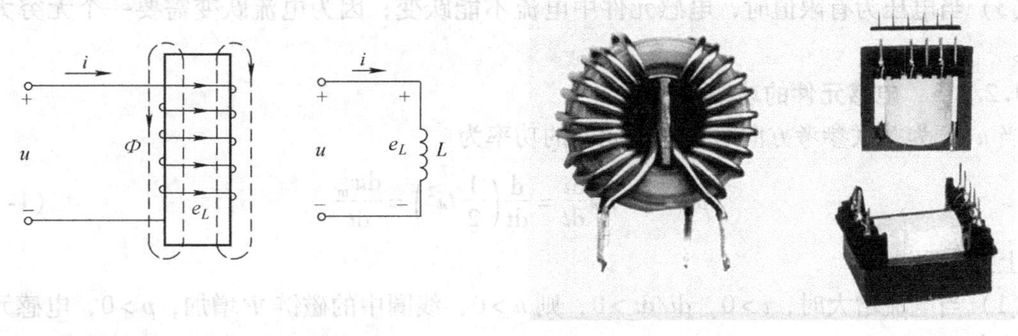


图1-19 自感电动势及几种电感实物

#### 1.2.3.1 线性电感元件

任何时刻，通过电感元件的电流 $i$ 与其磁链 $\Psi$ 成正比。$\Psi$—$i$ 特性是过原点的直线，其图形符号及韦安特性如图1-20所示。

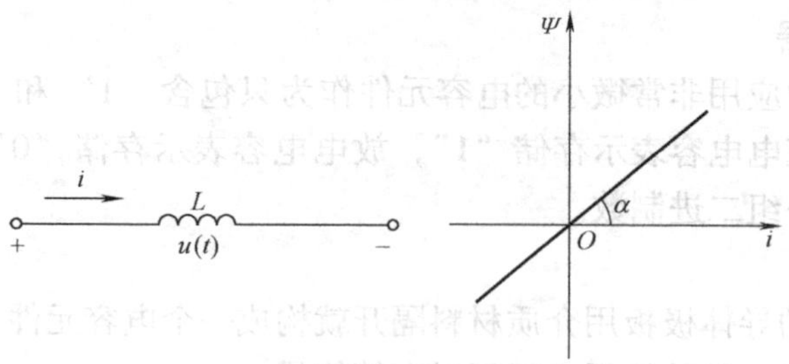


图1-20 线性电感元件的图形符号及韦安特性

**1.2.3.2 线性电感元件的电压、电流关系**

若电感元件的端电压 $u$ 和电流 $i$ 取关联参考方向，根据电磁感应定律与楞次定律则有

$$u = L\frac{\mathrm{d}i}{\mathrm{d}t} \tag{1-15}$$

式（1-15）表明，电感元件的端电压与端电流的时间变化率成正比。因为电感元件上电压—电流的关系是微分或积分关系，所以电感元件也属动态元件。电感元件的电压与电流还具有以下几种重要特性：

（1）$u$ 的大小与 $i$ 的变化率成正比，与 $i$ 的大小无关。当为常数时，$\mathrm{d}i/\mathrm{d}t=0 \rightarrow u=0$，电感元件在直流电路中相当于短路。

（2）电感元件是一种记忆元件，有

$$i = \frac{1}{L}\int_{-\infty}^{t} u\mathrm{d}t = i(0) + \int_{0}^{t} u\mathrm{d}t \tag{1-16}$$

电感电流在某一时刻的大小，不仅与电感元件端电压有关，而且与初始电流有关。式（1-16）表明，电感元件中某一瞬间的磁链和电流决定于此瞬间以前全过程的电压，因此电感元件也属于记忆元件。

（3）当电压为有限值时，电感元件中电流不能跃变，因为电流跃变需要一个无穷大的电压。

**1.2.3.3 电感元件的功率和储能**

当 $u$、$i$ 为关联参考方向时，电感元件的功率为

$$p = ui = iL\frac{\mathrm{d}i}{\mathrm{d}t} = \frac{\mathrm{d}}{\mathrm{d}t}\left(\frac{1}{2}Li^2\right) = \frac{\mathrm{d}w_{\mathrm{m}}}{\mathrm{d}t} \tag{1-17}$$

上式表明：

（1）当电流增大时，$i>0$，$\mathrm{d}i/\mathrm{d}t>0$，则 $u>0$，线圈中的磁链 $\Psi$ 增加，$p>0$，电感元件吸收功率。

（2）当电流减小时，$i>0$，$\mathrm{d}i/\mathrm{d}t<0$，则 $u<0$，线圈中的磁链 $\Psi$ 减小，$p<0$，电感元件发出功率。

可见，电感元件能在一段时间内吸收外部供给的能量转化为磁场能量储存起来，在另一段时间内又把能量释放回电路，因此电感元件是无源元件，是储能元件，它本身不消耗能量。

截止到 $t$ 时刻电感元件吸收的能量为

$$w_m = \int_{-\infty}^{t} p(\xi)\mathrm{d}\xi = L\int_{i(-\infty)}^{i} i(\xi)\mathrm{d}i(\xi) = \frac{1}{2}Li^2\Big|_{i(-\infty)}^{i} \tag{1-18}$$

所以电感元件的储能只与当时的电流值有关，电感电流不能跃变，反映了储能不能跃变。

#### 1.2.3.4　小结

（1）电感是线圈中电流变化时形成感应电压能力的度量。

（2）电感阻碍自身电流的变化。

（3）电感的能量存储在磁场中。

（4）电感和线圈匝数的二次方、磁路的磁导率及截面积成正比，与磁路的长度成反比。

#### 1.2.3.5　无源线性元件的特征

无源线性元件的特征见表1-1。

表1-1　无源线性元件的特征

| 特　征 | 电阻元件 | 电感元件 | 电容元件 |
|---|---|---|---|
| 参数定义 | $R=\frac{u}{i}$ | $L=\frac{N\Phi}{i}$ | $C=\frac{q}{u}$ |
| 电压、电流的关系 | $u=iR$ | $u=L\frac{\mathrm{d}i}{\mathrm{d}t}$ | $i=C\frac{\mathrm{d}u}{\mathrm{d}t}$ |
| 能量 | $\int_0^t Ri^2\mathrm{d}t$ | $\frac{1}{2}Li^2$ | $\frac{1}{2}Cu^2$ |

## 1.3　独立电源元件

能向电路独立提供电压、电流的器件或装置称为独立电源，如化学电池、太阳电池、发电机和稳压电源等。

### 1.3.1　理想电压源

理想电压源电路如图1-21所示，其特性如下：

（1）端电压保持不变，由电源本身决定，与外电路无关。

（2）通过它的电流由电源及外电路共同决定。

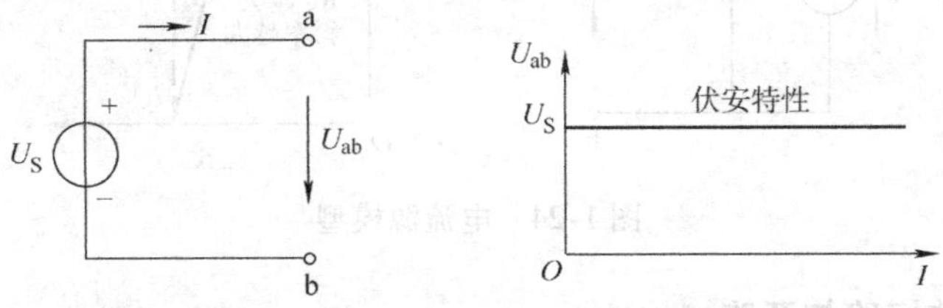


图1-21　理想电压源电路

电压源模型由理想电压源串联一个电阻组成，如图1-22所示，图中$R_S$称为电源的内阻或输出电阻，$U=U_S-IR_S$。当 $R_S=0$ 时，电压源模型就变成恒压源模型。

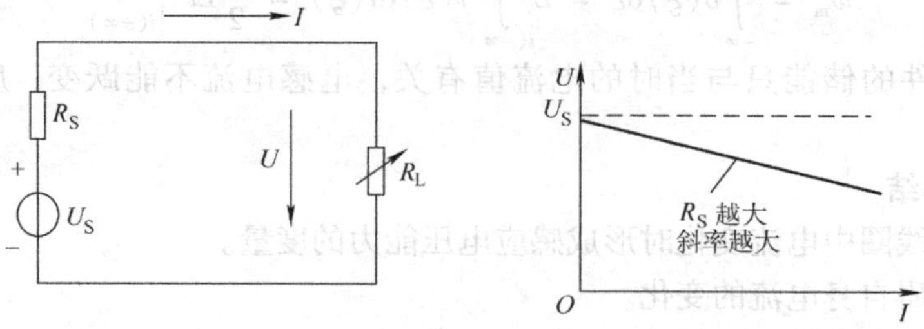


图 1-22 电压源模型

## 1.3.2 理想电流源

理想电流源电路如图 1-23 所示，其特性如下：

（1）电源电流保持不变，由电源本身决定的，与外电路无关。

（2）电流源两端电压由电源及外电路共同决定。

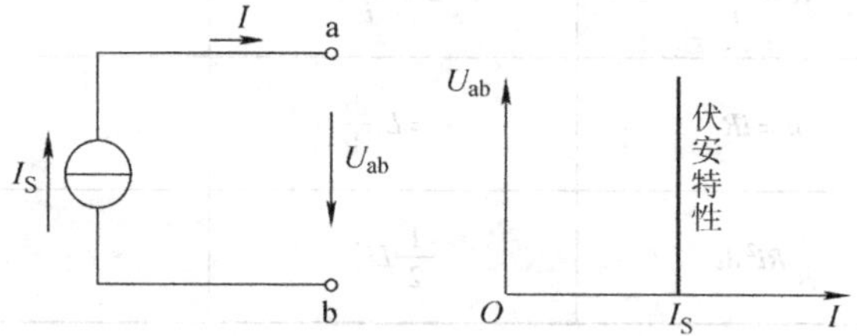


图 1-23 理想电流源电路

### 1. 电流源模型

电流源模型由理想电流源并联一个电阻组成，如图 1-24 所示，图中 $R_S$ 称为电源的内阻或输出电阻。有

$$I=I_S-U_{ab}/R_S \tag{1-19}$$

当 $R_S=\infty$ 时，电流源模型就变成恒流源模型。

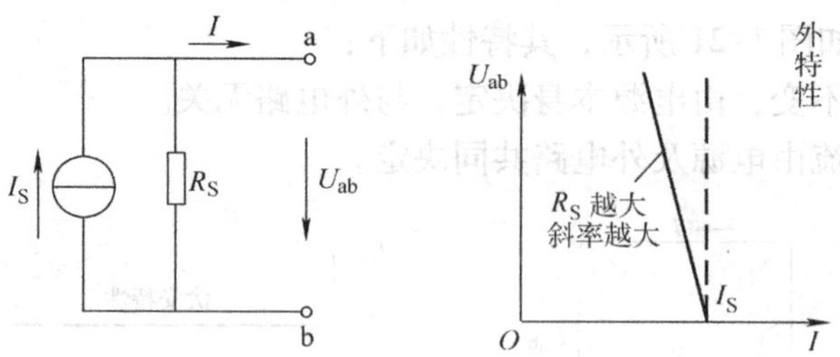


图 1-24 电流源模型

### 2. 理想电流源的短路与开路

（1）短路。$I=I_S$，$U=0$。

（2）开路。理想电流源不允许开路。

### 3. 恒压源与恒流源特性的比较

恒压源与恒流源特性的比较见表 1-2。

表 1-2　恒压源与恒流源特性的比较

| | 恒　压　源 | 恒　流　源 |
|---|---|---|
| 不变量 | $U_{ab}=U$（常数）<br>$U_{ab}$ 的大小、方向均为恒定，外电路负载对 $U_{ab}$ 无影响 | $I=I_S$（常数）<br>$I$ 的大小、方向均为恒定，外电路负载对 $I$ 无影响 |
| 变量 | 输出电流 $I$ 可变——$I$ 的大小、方向均由外电路决定 | 端电压 $U_{ab}$ 可变——$U_{ab}$ 的大小、方向均由外电路决定 |

## 1.3.3　理想电压源和理想电流源的串、并联

### 1. 理想电压源的串、并联

（1）理想电压源的串联，如图 1-25 所示。有

$$U_S = \sum U_{Sk} \qquad \text{（注意参考方向）}$$

（2）理想电压源的并联。电压相同的电压源才能并联，且每个电源中流过的电流不确定，如图 1-26 所示。

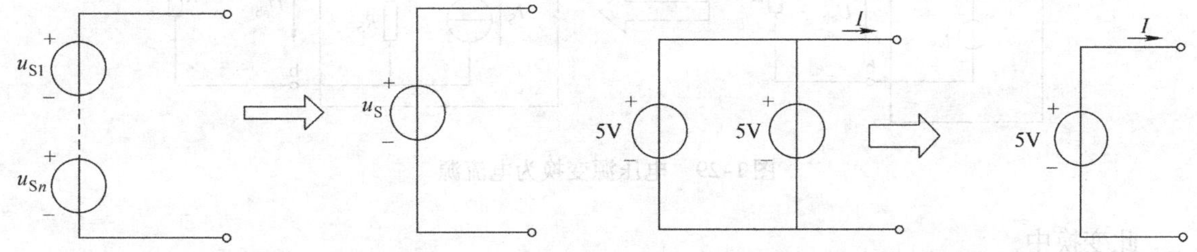


图 1-25　理想电压源的串联　　图 1-26　理想电压源的并联

### 2. 理想电流源的串、并联

（1）理想电流源的并联。可等效成一个理想电流源 $i_S$（注意参考方向），如图 1-27 所示。

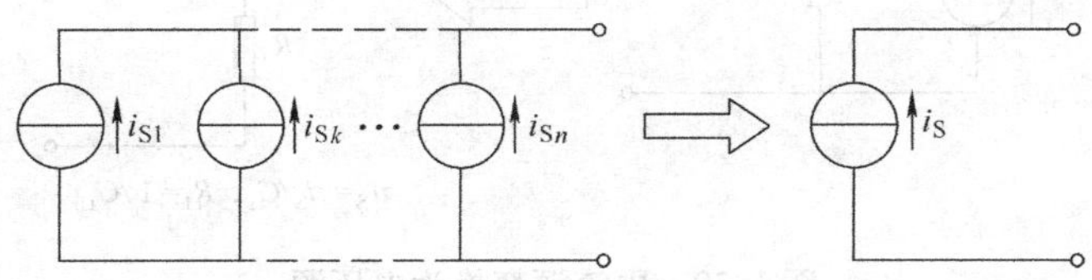


图 1-27　理想电流源的并联

$$i_S = \sum_{1}^{n} i_{Sk} \tag{1-20}$$

（2）理想电流源的串联。电流相同的理想电流源才能串联，并且每个电流源的端电压不能确定。但必须注意，所有串联的电流源必须电流大小相等、方向相同，否则，其中一个电源会被损坏，如图1-28所示。

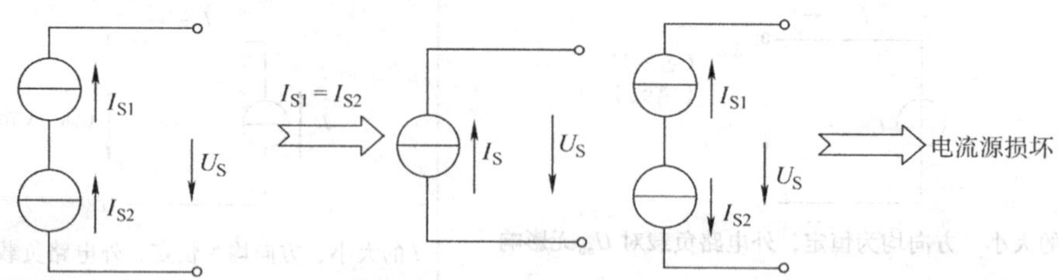


图1-28　理想电流源的串联

## 1.3.4　电压源和电流源的等效变换

下面讨论实际电压源和实际电流源两种模型之间的等效变换。所谓的等效是指端电压、端电流在变换过程中不能改变，即等效互换的条件为，当接有同样的负载时，对外的电压、电流相等。

（1）电压源变换为电流源，如图1-29所示。

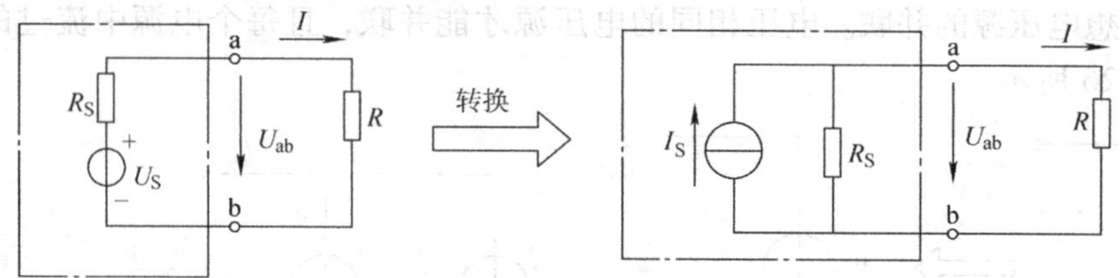


图1-29　电压源变换为电流源

此变换中

$$I_S = U_S/R_S, \quad R'_S = R_S \tag{1-21}$$

（2）电流源变换为电压源，如图1-30所示。

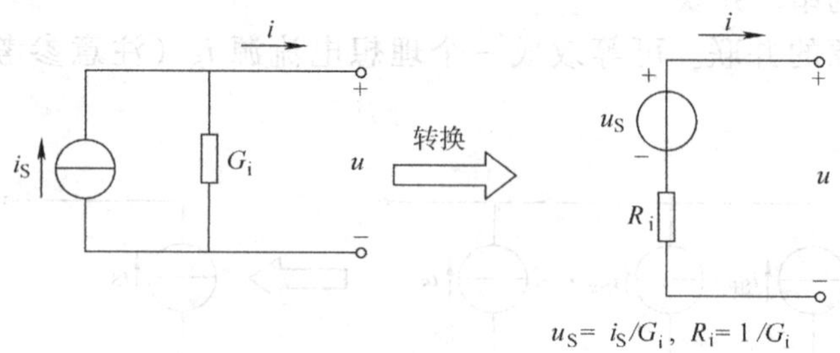


图1-30　电流源变换为电压源

（3）注意事项如下：

1）变换前后的电压与电流的方向（即电流源电流方向与电压源电压升高方向相同）。

2）所谓的等效是对外部电路等效，对内部电路是不等效的。

① 开路的电压源中无电流流过电阻；开路的电流源可以有电流流过并联电导 $G_i$。

② 电压源短路时，电阻 $R_i$ 中有电流；电流源短路时，并联电导 $G_i$ 中无电流。

3）理想电压源与理想电流源不能相互变换。

（4）应用。利用电源变换可以简化电路计算。

**【例1.3.1】** 求图1-31a所示电路中的电压 $u$。

**【解】** 电源变换过程如图1-31b～e所示。由图可知

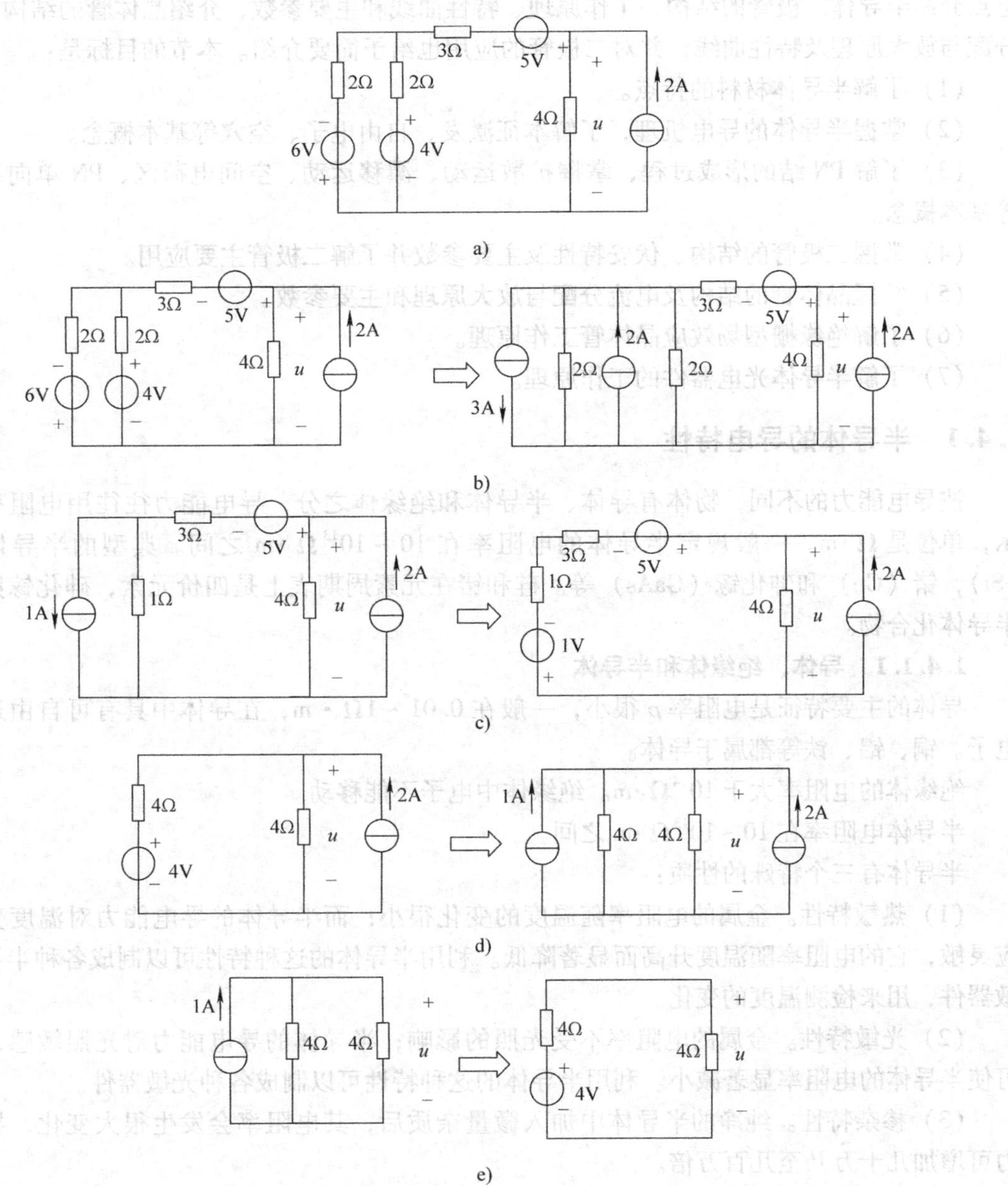


图1-31　例1.3.1图

$$u=\frac{12}{4+4}\times 4\text{V}=6\text{V}$$

## 1.4 电子器件

本节介绍电子器件的构造、电路特性和工作原理，并讨论这些器件在电子电路中的作用。半导体二极管是由一个PN结构成的半导体器件，在电子电路中有广泛的应用。本节在简要介绍半导体的基本知识后，主要讨论半导体器件的核心环节——PN结。在此基础上，重点介绍半导体二极管的结构、工作原理、特性曲线和主要参数，介绍晶体管的结构、电流分配与放大原理及特性曲线，并对二极管的应用也给予简要介绍。本节的目标是：

（1）了解半导体材料的特点。

（2）掌握半导体的导电机理，了解本征激发、自由电子、空穴等基本概念。

（3）了解PN结的形成过程，掌握扩散运动、漂移运动、空间电荷区、PN单向导电性等基本概念。

（4）掌握二极管的结构、伏安特性及主要参数并了解二极管主要应用。

（5）掌握晶体管的结构及电流分配与放大原理和主要参数。

（6）了解绝缘栅型场效应晶体管工作原理。

（7）了解半导体光电器件的工作原理。

### 1.4.1 半导体的导电特性

按导电能力的不同，物体有导体、半导体和绝缘体之分，导电能力往往用电阻率来表示，单位是Ω·m。一般规定半导体的电阻率在 $10\sim10^{13}$ Ω·m之间。典型的半导体有硅（Si），锗（Ge）和砷化镓（GaAs）等。硅和锗在元素周期表上是四价元素，砷化镓则属于半导体化合物。

#### 1.4.1.1 导体、绝缘体和半导体

导体的主要特征是电阻率 $\rho$ 很小，一般在 $0.01\sim1$Ω·m，在导体中具有可自由运动的电子。铜、铝、铁等都属于导体。

绝缘体的电阻率大于 $10^{14}$ Ω·m。绝缘体中电子不能移动。

半导体电阻率在 $10\sim10^{13}$ Ω·m之间。

半导体有三个特殊的性质：

（1）热敏特性。金属的电阻率随温度的变化很小；而半导体的导电能力对温度变化反应灵敏，它的电阻率随温度升高而显著降低。利用半导体的这种特性可以制成各种半导体热敏器件，用来检测温度的变化。

（2）光敏特性。金属的电阻率不受光照的影响；半导体的导电能力对光照敏感，光照可使半导体的电阻率显著减小。利用半导体的这种特性可以制成各种光敏器件。

（3）掺杂特性。纯净的半导体中加入微量杂质后，其电阻率会发生很大变化，导电能力可增加几十万乃至几百万倍。

#### 1.4.1.2 本征半导体

现代电子学中，用得最多的半导体是硅和锗，它们的最外层电子（价电子）都是4个。

通过一定的工艺过程，可以将半导体制成晶体。完全纯净的、结构完整的半导体晶体称为本征半导体。在硅和锗晶体中，每个原子与其相邻的原子之间形成共价键，共用一对价电子，如图 1-32 所示。

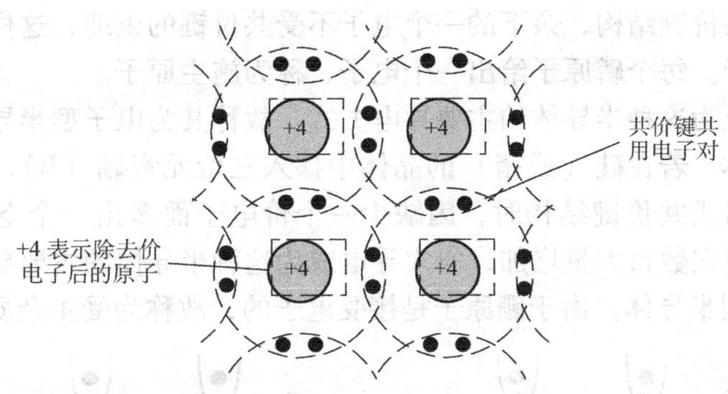


图 1-32　硅和锗的共价键结构

形成共价键后，每个原子的最外层电子是 8 个，构成稳定结构。共价键有很强的结合力，使原子规则排列，形成晶体。共价键中的两个电子被紧紧束缚在共价键中，称为束缚电子，常温下束缚电子很难脱离共价键成为自由电子，因此本征半导体中的自由电子很少，所以本征半导体的导电能力很弱。

### 1.4.1.3　本征半导体的导电机理

在室温下，由于热激发，会使一些价电子获得足够的能量而挣脱共价键的束缚成为自由电子，这种现象叫做本征激发。当电子跑出共价键成为自由电子后，共价键中就留下一个空位，这个空位称为空穴。在本征半导体中，自由电子和空穴总是成对出现的，有一个自由电子就有一个空穴，如图 1-33 所示。挣脱共价键束缚的电子类似于导体中的自由电子，在电场的作用下将逆电场方向运动形成电流。失去价电子的原子成为带正电的正离子，因此可以把空穴看成是带正电的粒子，它能够吸引邻近共价键中的价电子来填补这个空穴。这时，失去了价电子的邻近共价键中出现的空穴又可以吸引其邻近的价电子来递补，从而又出现一个空穴。如此进行下去，就相当于空穴在移动。

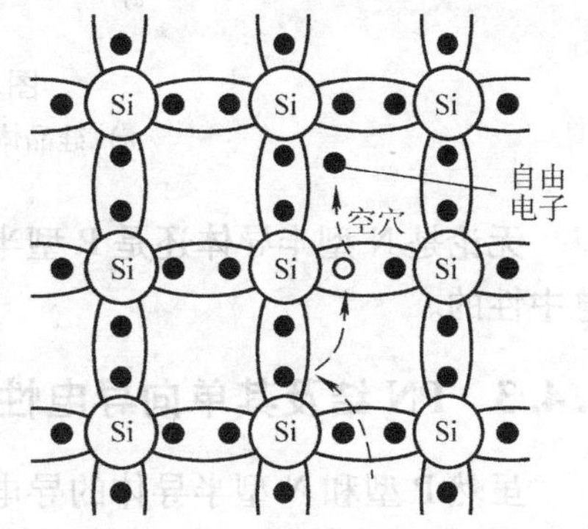


图 1-33　空穴和自由电子的形成

当半导体两端加上外电压时，在半导体中将出现两部分电流，即自由电子作定向运动产生的电子电流和价电子递补空穴产生的空穴电流。

自由电子和空穴成对地产生的同时，又不断复合，在一定温度下，载流子的产生和复合达到动态平衡，半导体中载流子便维持在一定的数目上。

## 1.4.2　杂质半导体

本征半导体虽有自由电子和空穴两种载流子，但由于数量极少，因此导电能力很弱。如果在其中掺入微量的杂质（某种元素），掺入的杂质主要是三价或五价元素，就会显著增强掺杂后的半导体（称为杂质半导体）的导电能力。因所掺入的杂质不同，杂质半导体可分为N型和P型两大类。

（1）N型半导体。若在四价的硅（或锗）晶体中掺入少量五价元素磷（P），晶体点阵中的某些半导体原子被杂质取代，如图1-34a所示。磷原子中的5个价电子只有4个能够和相邻的硅原子组成共价键结构，余下的一个电子不受共价键的束缚，这样磷原子就成了不能移动的带正电的离子。每个磷原子给出一个电子，称为施主原子。

自由电子导电成为这种半导体的主要导电方式，故称其为电子型半导体或N型半导体。

（2）P型半导体。若在硅（或锗）的晶体中掺入三价元素硼（B），由于硼原子只有3个价电子，因而在组成共价键结构时，因缺少一个价电子而多出一个空穴，如图1-34b所示。于是半导体中空穴数目大量增加，空穴导电成为这种半导体的主要导电方式，故称它为空穴型半导体或P型半导体。由于硼原子是接受电子的，故称为受主杂质。

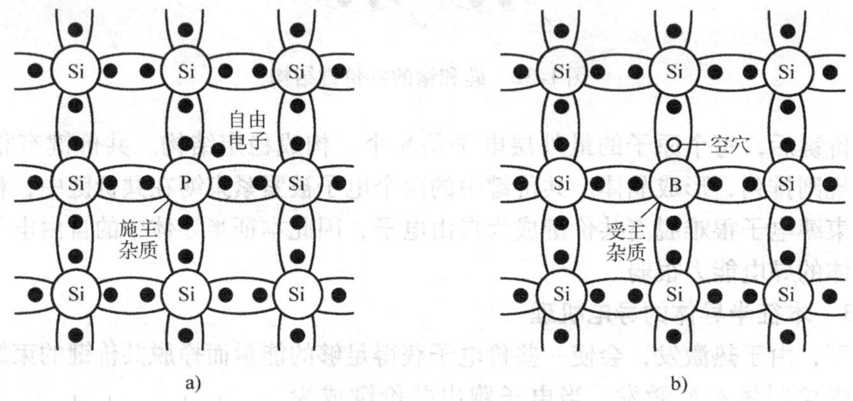


图1-34 杂质半导体的导电机理

a）硅晶体中掺入磷元素 b）硅晶体中掺入硼元素

无论是N型半导体还是P型半导体，尽管都有一种载流子占多数，但是整个晶体仍是电中性的。

## 1.4.3 PN结及其单向导电性

虽然P型和N型半导体的导电能力比本征半导体增强了许多，但并不能直接用来制造半导体器件。通常采用一定的掺杂工艺，在一块晶片的两边掺入不同的杂质，分别形成P型半导体和N型半导体，在它们的交界面处就会形成PN结，它是构成各种半导体器件的基础。那么，PN结是怎样形成的，有何特性呢？

### 1.4.3.1 PN结的形成

将一块P型半导体和N型半导体紧密连接在一起，这种紧密连接不能有缝隙，是一种原子半径尺度上的紧密连接；或者，在一块N型半导体中制作出P型半导体，由此来形成PN结。此时，将在N型半导体和P型半导体的结合面上形成如下物理过程。

N型半导体中的电子的浓度远大于P型半导体中电子的浓度，P型半导体中空穴的浓度远大于N型半导体中空穴的浓度，于是在两种半导体的界面上会因浓度差发生载流子的扩散运动，如图1-35所示。随着扩散运动的进行，在界面N区的一侧，随着电子向P区的扩散，只剩正离子；在界面P区的一侧，随着空穴向N区的扩散，只剩负离子。离子在晶格中是不能移动的，所以在N型半导体和P型半导体的界面出现空间电荷区。空间电荷区形成的电场，方向是从N区指向P区，称为内电场。内电场的出现对多数载流子的扩散运动产生阻碍作用，限制了扩散运动的进一步发展。另一方面，在半导体中还存在少数载流子，内电场的出现，电场力会对少数载流子产生作用，促使少数载流子产生漂移运动。漂移电流的方向正好与扩散电流的方向相反。扩散运动越强，内电场越强，对扩散运动的阻碍就越强，却对漂移电流越有利。最终，两种运动达到动态平衡，即扩散电流等于漂移电流。此时空间电荷区的宽度不变，这个空间电荷区称为PN结。

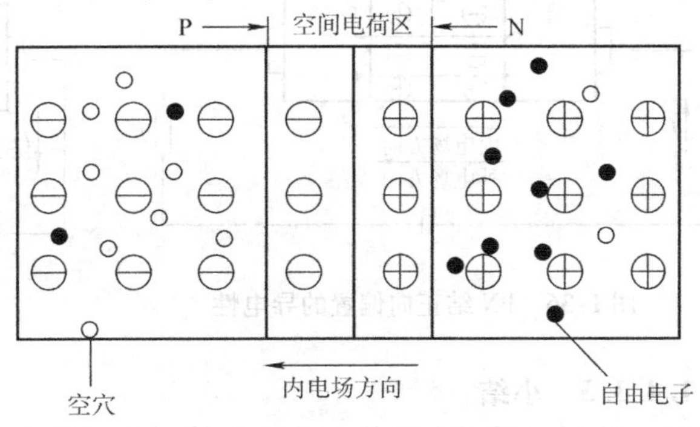

图1-35　PN结扩散运动的形成

空间电荷区的正负离子虽然带有电荷，但它们不能移动，因而不能参与导电。在这个区域内，多数载流子已扩散到对方并被复合掉了，或者说消耗尽了，所以空间电荷区也称为耗尽层，它的电阻率很高。正负离子在空间电荷区形成一个电场，称为内电场。由于内电场的方向与扩散运动的方向相反，即对多数载流子（P区的空穴和N区的自由电子）的扩散起阻挡作用，所以空间电荷区又称为阻挡层。

虽然内电场阻碍多数载流子的扩散运动，但对少数载流子（P区的电子和N区的空穴）越过空间电荷区进入对方区域起着推动作用。这种少数载流子在电场作用下有规则的运动称为漂移运动。漂移运动使交界面两侧P区和N区由于扩散运动而失去的空穴和电子得到一些补充，其作用与扩散运动相反。由此可见，PN结的形成过程中存在着两种运动：一种是多数载流子因浓度差而产生的扩散运动；另一种是少数载流子在内电场作用下产生的漂移运动。这两种运动相互制约，最终，从P区扩散到N区的空穴数与从N区漂移到P区的空穴数相等，从N区扩散到P区的电子数与从P区漂移N区的电子数相等，在一定条件下达到动态平衡，使PN结处于相对稳定状态，即多数载流子的扩散和少数载流子的漂移达到动态平衡。

#### 1.4.3.2　PN结的单向导电性

（1）PN结外加正向电压。将PN结P区接电源正极，N区接电源负极，称为PN结外加正向电压，又叫正向偏置。内电场减弱，使扩散加强，扩散大于漂移，正向电流很大，如图1-36所示。

（2）PN结外加反向电压。将PN结N区接电源正极，P区接电源负极，称为PN结外加反向电压，又叫反向偏置。内电场加强，使扩散停止，有少量漂移，反向电流很小，如图1-37所示。

总之，外加正向电压时，PN结电阻很低，正向电流很大，PN结处于导通状态；外加反向电压时，PN结电阻很大，反向电流很小，PN结处于截止状态。这就是PN结的单向导电性。

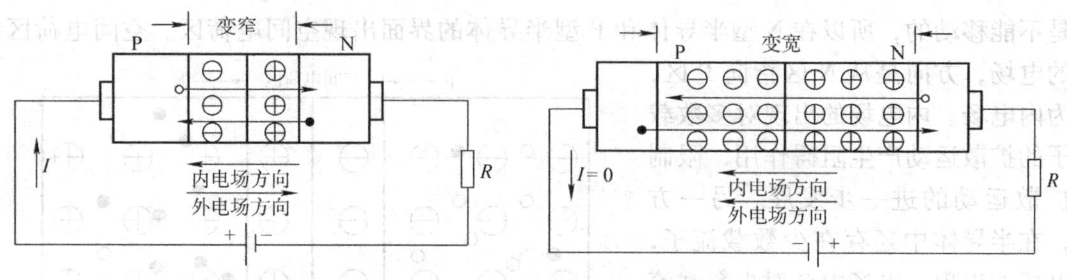


图 1-36　PN 结正向偏置的导电性

图 1-37　PN 结反向偏置的导电性

#### 1.4.3.3　小结

（1）物质按其导电性能可分为导体、绝缘体和半导体。

（2）半导体是导电能力介于导体和绝缘体之间的物质。半导体的导电能力随外界条件的改变而发生很大的变化。

（3）各种半导体的典型特性如下：

1）温度升高，导电能力急剧增加——热敏元件。

2）光照加强，导电能力急剧增加——光敏元件。

3）渗入微量杂质，导电能力急剧增加——二极管、晶体管。

（4）本征半导体是一种完全纯净的，结构完整的半导体晶体，常用的半导体材料有硅和锗。在半导体中，电子电流和空穴电流并存，这是半导体和金属在导电机理上的本质区别。

（5）本征半导体的导电机理。当半导体两端加上外电压时，在半导体中将出现两部分电流，即自由电子作定向运动产生的电子电流和价电子递补空穴产生的空穴电流。自由电子和空穴都称为载流子。自由电子和空穴成对产生的同时，又不断复合。在一定温度下，载流子的产生和复合达到动态平衡，半导体中载流子便维持一定的数目。本征半导体中载流子数目极少，其导电性能很差。温度越高，载流子的数目越多，半导体的导电性能也就越好。所以，温度对半导体器件性能影响很大。

（6）杂质半导体。在本征半导体中有控制地掺入少量的有用杂质。杂质半导体有 N 型和 P 型之分。

（7）P 型半导体。在硅和锗的晶体中掺入三价元素杂质，空穴浓度大大增加，空穴导电是主要导电方式，而自由电子是少数载流子。

（8）N 型半导体。在硅和锗的晶体中掺入五价元素杂质，自由电子浓度大大增加，自由电子导电是主要导电方式，而空穴是少数载流子。

（9）PN 结的形成。P 型、N 型半导体结合，由于 P 型、N 型载流子的浓度差而发生载流子的扩散运动，正负离子在交界处形成空间电荷区——PN 结，在空间电荷区作用下，少数载流子作漂移运动，两种运动相互制约最终达到动态平衡。

（10）PN 结的单向导电性。PN 结外加正向电压，内外电场方向相反，内电场被削弱，空间电荷区变窄，PN 结处于导通状态，导通时 PN 结呈低阻；PN 结加反向电压，内外电场方向相同，内电场被加强，空间电荷区变宽，多数载流子的扩散被阻止，只有由少数载流子漂移形成的很小的电流，PN 结处于截止状态，此时 PN 结呈高阻。PN 结正向导通，反向截止。

## 1.4.4 半导体二极管

### 1.4.4.1 二极管的基本结构

半导体二极管是由一个PN结加上电极引出线和外壳构成的，P区一侧引出的电极称为阳极，N区一侧引出的电极称为阴极。半导体二极管的图形符号如图1-38a所示。

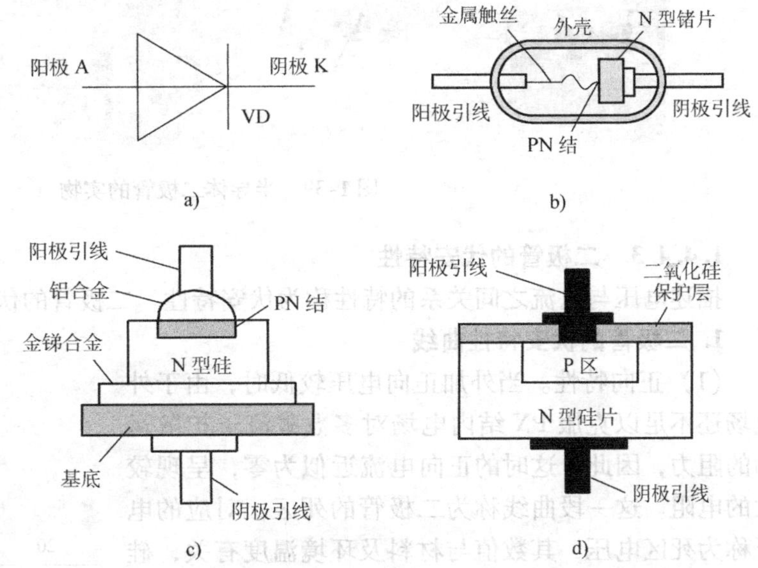


图1-38 半导体二极管的图形符号及结构分类

a）图形符号 b）点接触型二极管 c）面接触型二极管 d）平面型二极管

按构成材料不同，二极管可分为硅管和锗管两种；按PN结结构形式的不同，又可分为点接触型、面接触型和平面型三种。

(1) 点接触型二极管的结构如图1-38b所示，由三价金属铝与锗结合构成PN结。其特点是PN结的结面积很小，因而结电容小，适用于高频（可达几百兆赫兹）电路，但不能通过较大的电流，也不能承受高的反向电压。它主要用于高频检波和开关电路中。

(2) 面接触型二极管的结构如图1-38c所示，PN结是用扩散法或合金法做成的。其特点是PN结的结面积大，能通过较大的电流（可达几千安），但结电容也大。它适用于频率较低的整流电路。

(3) 平面型二极管的结构如图1-38d所示，是采用先进的集成电路制造工艺制成的。其特点是结面积较大时，能通过较大的电流，适用于大功率整流电路；结面积较小时，结电容较小，工作频率较高。它适用于开关电路。

### 1.4.4.2 半导体二极管的型号

国家标准对半导体器件型号的命名举例如下：

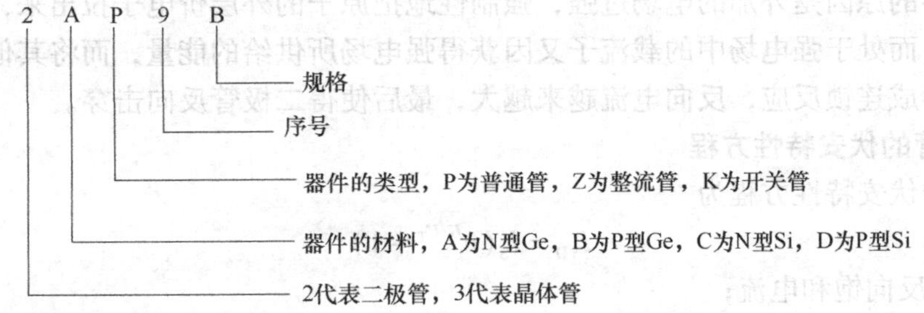

半导体二极管的实物如图1-39所示。

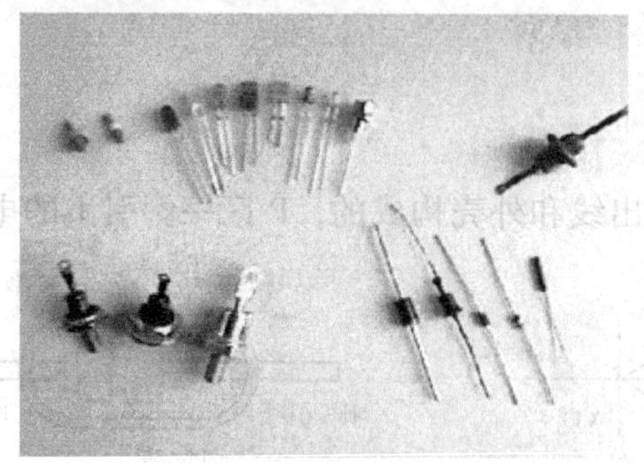
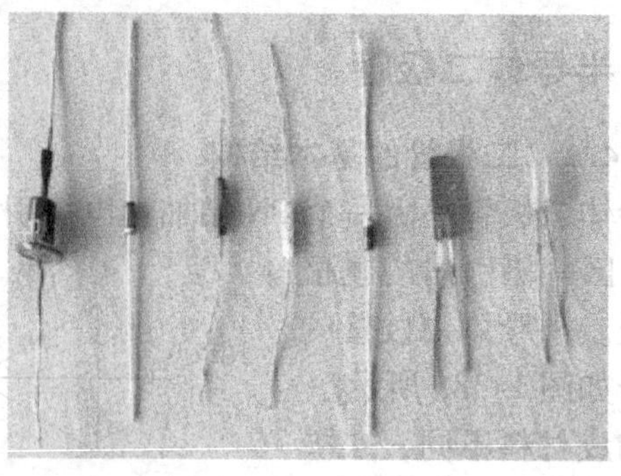

图1-39 半导体二极管的实物

#### 1.4.4.3 二极管的伏安特性

描述电压与电流之间关系的特性称为伏安特性。二极管的伏安特性如图1-40所示。

**1. 二极管的伏安特性曲线**

（1）正向特性。当外加正向电压较低时，由于外电场还不足以克服PN结内电场对多数载流子扩散运动的阻力，因此，这时的正向电流近似为零，呈现较大的电阻。这一段曲线称为二极管的死区，对应的电压称为死区电压，其数值与材料及环境温度有关，硅管的死区电压约为0.5V，锗管约为0.2V。当正向电压超过死区电压后，内电场被大大削弱，二极管的电阻变得很小，正向电流迅速增加，这时的二极管才真正导通。由于这段特性很陡，因此在正常工作范围内，正向电压变化很小。通常，硅管的正向导通压降为0.6~0.7V，锗管为0.2~0.3V，当电流较小时取下限值，当电流较大时取上限值。

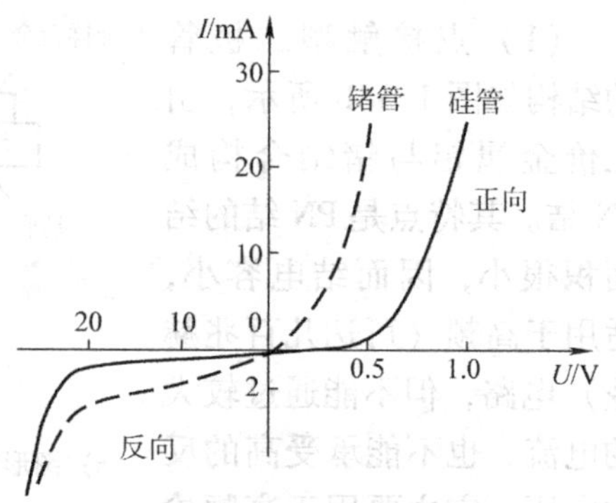


图1-40 二极管的伏安特性

（2）反向特性。当二极管上加反向电压时，少数载流子的漂移运动形成很小的反向电流。反向电流有两个特点：一是二极管具有正温度特性，即随温度的升高而增大；二是在反向电压不超过某一范围时，反向电流的大小基本恒定，称为反向饱和电流。一般硅管的反向饱和电流比锗管小，前者在几微安以下，而后者可达数百微安。

（3）反向击穿特性。当外加反向电压过高时，反向电流突然增大，二极管失去单向导电性，这种现象叫做PN结的反向击穿（电击穿）。产生击穿时的反向电压称为反向击穿电压。发生击穿的原因是外加的电场过强，强制性地把原子的外层价电子拉出来，使载流子数目急剧上升，而处于强电场中的载流子又因获得强电场所供给的能量，而将其他价电子撞击出来，如此形成连锁反应，反向电流越来越大，最后使得二极管反向击穿。

**2. 二极管的伏安特性方程**

二极管的伏安特性方程为

$$i_{VD} = I_S(e^{U/U_T} - 1) \tag{1-22}$$

式中 $I_S$——反向饱和电流；

$U_T$——温度的电压当量，常温（$T=300K$）时，$U_T=26mV$。

**3. 二极管的主要参数**

(1) 最大整流电流 $I_F$，又称额定正向平均电流。

(2) 最高反向工作电压 $U_R$。

(3) 最大反向电流 $I_{RM}$。

其他参数还有二极管的最高工作频率、最大整流电流下的正向压降和结电容等。

**【例1.4.1】** 在图1-41所示的电路中，二极管为理想二极管。试分析其工作情况，求流过二极管的电流。

**【解题思路】** 这两个含二极管的电路中都只有一个电源，容易判断出二极管是正向偏置还是反向偏置。对理想二极管，当判断出二极管正向偏置时就将其视为短路，当判断出二极管反向偏置时，就将其视为开路，然后用求解线性电路的方法求解。

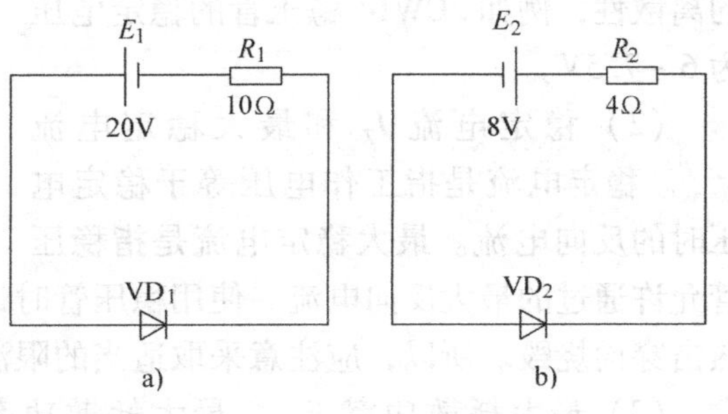


图1-41 例1.4.1图

**【解】** 在图1-41a中，电源的正极接二极管的正极，电源的负极通过电阻 $R_1$ 接二极管的负极，此时二极管正向偏置。将 $VD_1$ 视为短路。由此可求得流过二极管 $VD_1$ 的电流

$$I_{VD1}=\frac{E_1}{R_1}=\frac{20}{10}A=2A$$

在图1-41b中，二极管反向偏置，可视为开路。由此可求得流过二极管 $VD_2$ 的电流 $I_{VD2}=0A$。

**【例1.4.2】** 某二极管的反向饱和电流 $I_S=10\times10^{-12}A$，如果将一只1.5V的干电池接在二极管两端，试计算流过二极管的电流有多大?

**【解题思路】**(1) 根据二极管的伏安特性求出流过二极管的电流。

(2) 根据二极管两端的电压及流过二极管的电流求出二极管的等效直流电阻。

**【解】** 如果将干电池的正、负极分别与二极管的阴极、阳极相接，二极管反向偏置，此时流过二极管的电流为 $I_{VD}=I_S=10\times10^{-12}A$；反之，流过二极管的电流为

$$I_{VD}=10\times10^{-12}(e^{1500/26}-1)A\approx1.14\times10^{14}A$$

此时二极管的等效直流电阻为

$$R_{VD}=U_{VD}/I_{VD}=1.5/(1.14\times10^{14})\Omega\approx1.32\times10^{-14}\Omega$$

实际上，干电池的内阻、接线电阻和二极管的体电阻之和远远大于 $R_{VD}$，流过二极管的电流远远小于计算值。电路中的电流值不仅仅是由二极管的伏安特性所决定，还与电路中的接线电阻、电池的内阻和二极管的体电阻有关。通常这些电阻都非常小，足以使二极管和干电池损坏。因此，实际应用时电路中必须串接适当的限流电阻，以防损坏电路元器件。

#### 1.4.4.4 稳压二极管

稳压二极管简称稳压管，又称齐纳二极管，是一种用特殊工艺制造的面接触型二极管。它在电路中与适当阻值的电阻配合能起稳定电压的作用。其图形符号及伏安特性如图1-42所示。

稳压管的伏安特性曲线形状与普通二极管的类似，只是稳压管的反向特性曲线比普通二极管更陡一些，反向击穿后，电流在很大范围内变化，稳压管两端的电压变化很小，因此可以实现稳压。与普通二极管不同，稳压管工作在反向击穿区，它的反向击穿是可逆的，当去

掉反向电压后，击穿可以恢复。

稳压管的主要参数如下：

（1）稳定电压 $U_Z$。稳定电压是稳压管反向击穿后能正常工作的电压，一般手册中所给出的都是在一定工作电流及温度等条件下的数值。由于工艺方面的原因，即使同一型号的稳压管，其稳压值也有一定的离散性，例如2CW14稳压管的稳定电压为6~7.5V。

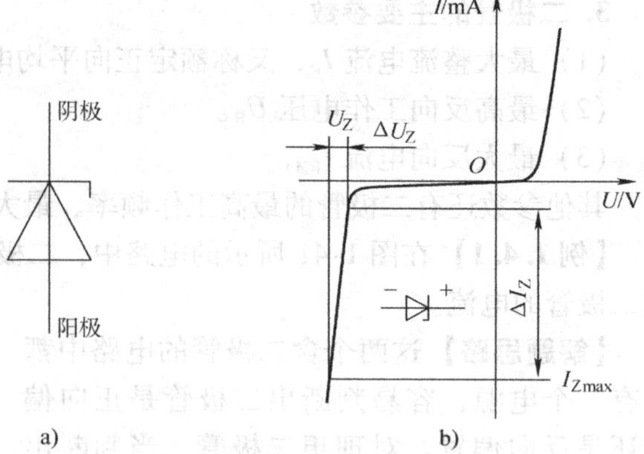


图1-42 稳压管的图形符号和伏安特性

（2）稳定电流 $I_Z$ 和最大稳定电流 $I_{Zmax}$。稳定电流是指工作电压等于稳定电压时的反向电流。最大稳定电流是指稳压管允许通过的最大反向电流。使用稳压管时，工作电流不能超过 $I_{Zmax}$，否则稳压管将会发生热击穿而烧毁。所以，应注意采取适当的限流措施。

（3）最大耗散功率 $P_{ZM}$。最大耗散功率是指稳压管不发生热击穿的最大功率损耗，$P_{ZM}=U_Z I_{Zmax}$，已知 $U_Z$ 和 $P_{ZM}$ 就可以求出 $I_{Zmax}$。

（4）动态电阻 $r_Z$。动态电阻是稳压管在反向击穿区稳定工作时，端电压的变化量与相应电流变化量的比值，即

$$r_Z=\frac{\Delta U_Z}{\Delta I_Z} \tag{1-23}$$

它是衡量稳压管稳压性能好坏的指标。$r_Z$ 越小，则由 $\Delta I_Z$ 引起的 $\Delta U_Z$ 越小，稳压性能越好。

（5）电压温度系数 $\alpha_{UZ}$。电压温度系数就是当温度变化1℃时，$U_Z$ 变化的百分比数，用以表示稳压管的温度稳定性。

#### 1.4.4.5 二极管的应用

二极管的应用范围很广，利用它的单向导电性和正向导通、反向截止、反向击穿（稳压管）等工作状态，可以组成各种应用电路。下面介绍几种常用二极管的特点及几种简单的应用。

**1. 几种常用二极管的特点**

（1）整流二极管。整流二极管的结构主要是平面接触型，其特点是允许通过的电流比较大，反向击穿电压比较高，但PN结电容比较大，一般广泛应用于处理频率不高的电路中，例如整流电路、钳位电路和保护电路等。整流二极管在使用中主要考虑的问题是最大整流电流和最高反向工作电压应大于实际工作值。

（2）快速二极管。快速二极管的工作原理与普通二极管是相同的，但普通二极管工作在开关状态下的反向恢复时间较长，约4~5ms，不能适应高频开关电路的要求。快速二极管主要应用于高频整流电路、高频开关电源、高频阻容吸收电路和逆变电路中，其反向恢复时间可达10ns。快速二极管主要包括肖特基二极管和快恢复二极管。

（3）稳压二极管。稳压二极管是利用PN结反向击穿特性所表现出的稳压性能制成的器件。

（4）发光二极管。发光二极管（LED）的伏安特性与普通二极管类似，所不同的是当

LED正向偏置时，正向电流达到一定值时能发出某种颜色的光。根据在PN结中所掺入材料的不同，LED可发出红、绿、黄、橘及红外光线。在使用LED时应注意两点：一是若用直流电源电压驱动LED时，在电路中一定要串联限流电阻，以防止通过LED的电流过大而烧坏管子，LED的正向导通压降为1.2～2V（可见光LED为1.2～2V，红外线LED为1.2～1.6V）；二是LED的反向击穿电压比较低，一般仅有几伏，因此当用交流电压驱动LED时，可在LED两端反极性并联整流二极管，使其反向偏压不超过0.7V，以便保护LED。

**2. 二极管的几种简单应用**

（1）整流电路。利用二极管的单向导电性可以将交流电变为脉动的直流电，这种变换称为整流。图1-43所示为简单的整流电路。

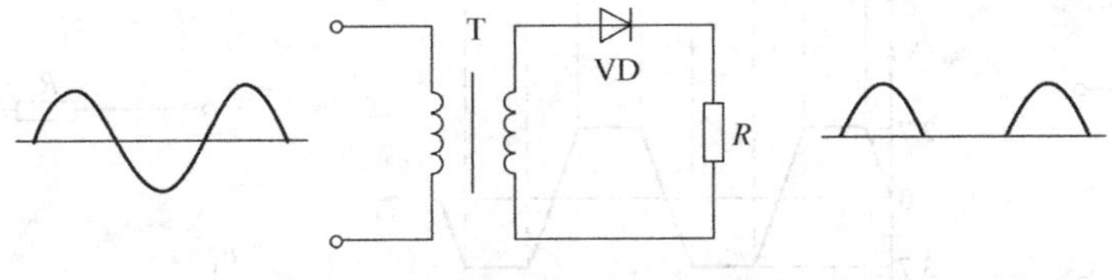


图1-43　简单的整流电路

（2）钳位电路。二极管的钳位作用是指利用二极管正向导通压降相对稳定且数值较小（有时可近似为零）的特点，来限制电路中某点的电位。例如图1-44中，二极管的钳位作用使$U_o$被限制在0～6V范围内。当开关S断开时，由于二极管正向偏置，若忽略其正向导通压降，阳极电位$U_o$被钳制在6V；当开关S闭合时，二极管截止，$U_o$为0V。

（3）隔离电路。二极管的隔离作用是指利用二极管截止时，通过的电流近似为零，两极之间相当于断路的特点，来隔断电路或信号的联系。如图1-45所示，当A点电位$U_A=0$时，二极管$VD_1$导通，起钳位作用，使$U_o=0$。这时若$U_B=+6V$，则$VD_2$截止，B点的电位对输出$U_o$没有影响，$VD_2$起到了将输出与输入B隔离的作用。

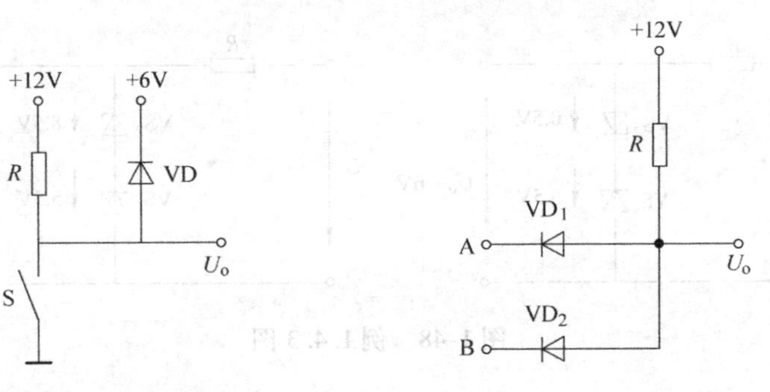


图1-44　钳位电路　　图1-45　隔离电路

（4）限幅电路。图1-46a所示是二极管双向限幅电路，用来限制输出电压的幅度，其输入、输出波形如图1-46b所示。

可以根据电路中直流电源与交流信号的幅值关系判断二极管工作状态。由于二极管$VD_1$的阴极电位为+3V，而输入动态电压$u_i$作用于$VD_1$的阳极，故只有当$u_i$高于+3.7V时$VD_1$才导通，且一旦$VD_1$导通，其阳极电位为3.7V，输出电压$u_o=+3.7V$；由于$VD_2$的阳极电位为−3V，而$u_i$作用于二极管$VD_2$的阴极，故只有当$u_i$低于−3.7V时$VD_2$才导通，

且一旦 $VD_2$ 导通，其阴极电位即为 -3.7V，输出电压 $u_o = -3.7V$。当 $u_i$ 在 -3.7 ~ +3.7V 之间时，两只二极管均截止，故 $u_o = u_i$。

（5）稳压电路。利用稳压管组成的简单稳压电路如图 1-47 所示。$R$ 为限流电阻，用来限制流过稳压管的电流。当稳压管处于反向击穿状态时，稳定电压 $U_Z$ 基本不变，故负载电阻 $R_L$ 两端的电压 $u_o$ 基本稳定，在一定范围内不受 $u_i$ 和 $R_L$ 变化的影响。

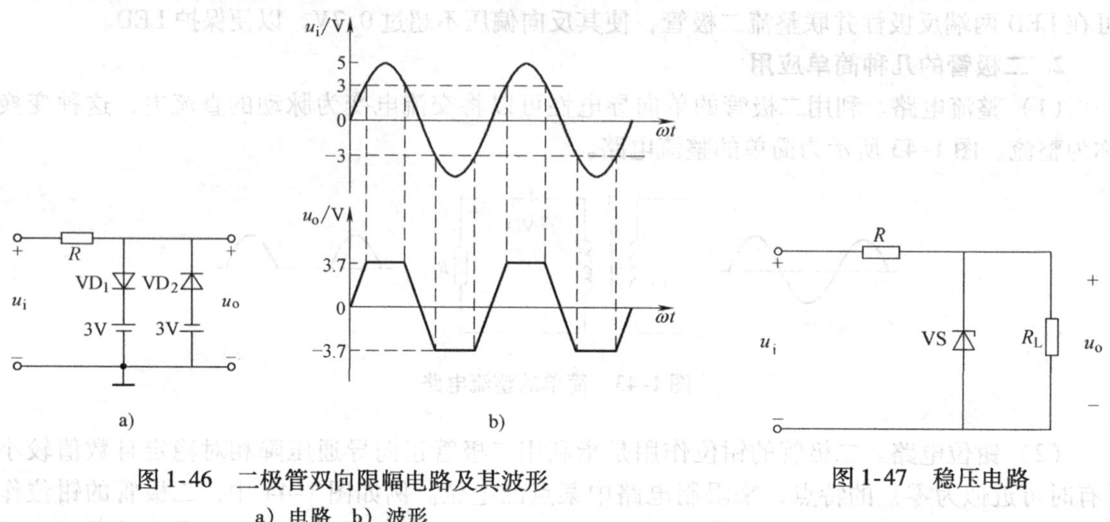


图 1-46　二极管双向限幅电路及其波形

a）电路　b）波形

图 1-47　稳压电路

【例 1.4.3】两个稳压管的稳压值分别为 5.5V 和 8.5V，正向压降均为 0.5V，要得到 6V 和 14V 电压，试画出稳压电路。

【解】稳压管工作在反向击穿特性上。它反向偏置时，稳压管两端电压为其稳压值，正向偏置时，稳压管两端电压为其正向压降值。根据以上分析，可画出图 1-48 所示的两个稳压电路。

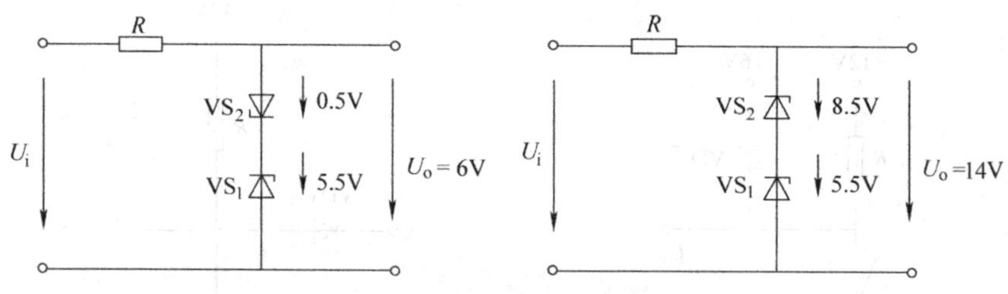

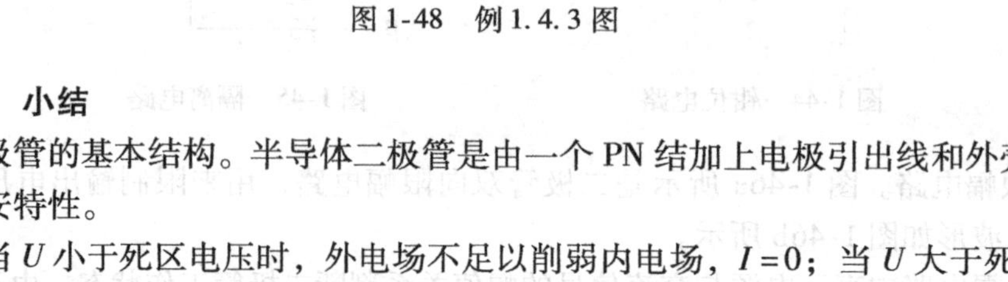

图 1-48　例 1.4.3 图

### 1.4.4.6　小结

（1）二极管的基本结构。半导体二极管是由一个 PN 结加上电极引出线和外壳构成的。

（2）伏安特性。

$U>0$：当 $U$ 小于死区电压时，外电场不足以削弱内电场，$I=0$；当 $U$ 大于死区电压时，$U$ 增大使得 $I$ 急剧增大。

$U<0$：当 $|U| < U_{BR}$（反向击穿电压）时，二极管只存在少数载流子漂移，从而形成较小的反向饱和电流；若 $|U| > U_{BR}$，少数载流子的高速运动将其他被束缚的价电子撞击出

来，如此形成连锁反应，使得二极管中载流子剧增，形成很大的反向电流，反向击穿二极管。

### 1.4.5 双极型晶体管

晶体管分为双极型晶体管（Bipolar Junction Transistor，BJT）和场效应晶体管两大类。由于 BJT 的发明和应用较场效应晶体管早得多，因而习惯上把 BJT 简称为晶体管。BJT 由两个背对背的 PN 结构成，在工作过程中两种载流子（电子和空穴）都参与导电，故有“双极型”之称，以区别于一种载流子导电的场效应晶体管。

#### 1.4.5.1 双极型晶体管的结构

BJT 有 NPN 和 PNP 两种类型，图 1-49 所示是 BJT 的结构示意图和图形符号。BJT 实际结构差别很大，以满足各种应用对工作特性和制造工艺的具体要求。

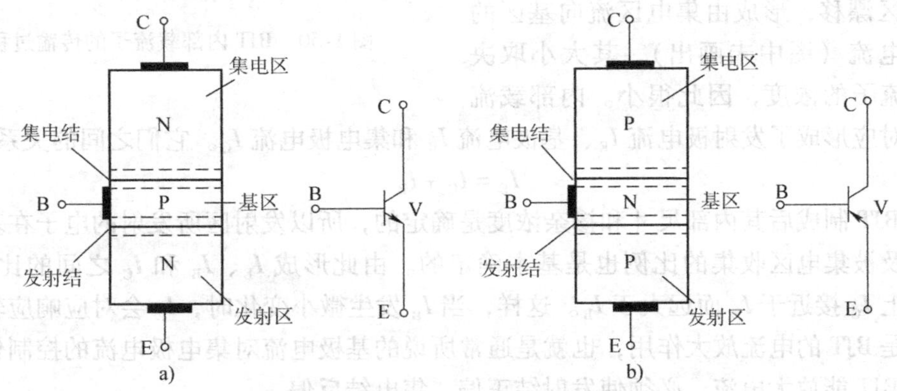


图 1-49 BJT 的结构示意图和图形符号

NPN 型和 PNP 型 BJT 都含有三个掺杂区（发射区、基区、集电区）和两个 PN 结。发射区与基区间的 PN 结称为发射结，集电区与基区的 PN 结称为集电结。由发射区、基区、集电区各引出一个电极，对应称为发射极 E、基极 B、集电极 C。为了具有电流放大作用，BJT 按如下工艺制造：

（1）基区很薄且掺杂浓度很低。

（2）发射区掺杂浓度很高，与基区相差很大。

（3）发射区的掺杂浓度比集电区高，而集电区尺寸比发射区大。发射区与集电区虽是同型半导体，但两者并不对称，使用时 E、C 两极不能互换。

#### 1.4.5.2 双极型晶体管的电流放大作用

BJT 的电流放大作用有其内部条件和外部条件。内部条件是基区很薄且掺杂浓度远低于发射区，由制造工艺实现；外部条件是发射结正向偏置，集电结反向偏置，由外部电路提供。

BJT 内部载流子的传输过程如图 1-50 所示。

在图 1-50 中，基极电阻 $R_B$ 与基极电源 $U_B$ 组成基极电路，使发射结正向偏置；集电极电阻 $R_C$ 与集电极电源 $U_{CC}$ 组成集电极电路，使集电结反向偏置。由于发射极是基极电路和集电极电路的公共端，故称这种电路为共发射极电路。在发射结正向偏置电压的作用下，发射区的电子不断通过发射结扩散到基区，由于基区很薄且空穴浓度很低，发射区进入基区的电子只有一少部分与基区的空穴复合，而绝大部分继续扩散到集电结的边缘。当然，基区的空穴也会扩散到发射区，但因为基区的掺杂浓度很低，故形成的电流（图中未画出）很小，可以忽略。由于集电结处于反向偏置，其空间电荷区中的电场很强，因此扩散到集电结的边缘的电子在电场作用下以漂移的方式越过集电结，被集电区收集。另外，电场的作用也会使集电区的空穴（少数载流子）向基区漂移，形成由集电区流向基区的反向饱和电流（图中未画出），其大小取决于少数载流子的浓度，因此很小。内部载流子的运动对应形成了发射极电流 $I_E$、基极电流 $I_B$ 和集电极电流 $I_C$。它们之间的关系为

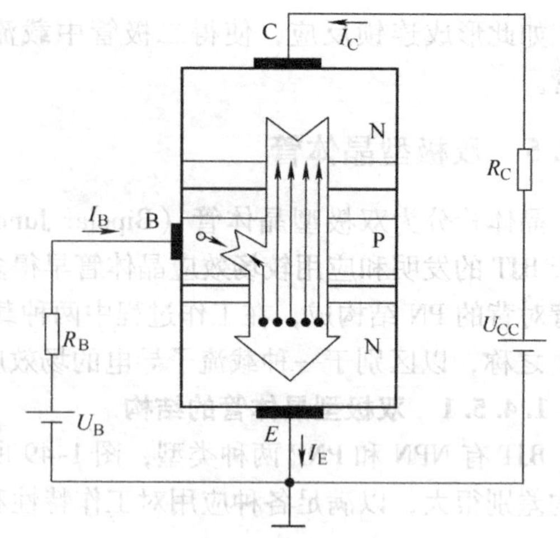


图 1-50　BJT 内部载流子的传输过程

$$I_E = I_C + I_B \tag{1-24}$$

由于 BJT 制成后其内部尺寸和掺杂浓度是确定的，所以发射区所发射的电子在基区复合的比例以及被集电区收集的比例也是基本确定的。由此形成 $I_E$、$I_B$ 和 $I_C$ 之间的比例关系，且在数值上 $I_C$ 接近于 $I_E$ 而远大于 $I_B$。这样，当 $I_B$ 发生微小变化时，$I_C$ 会对应响应较大的变化。这就是 BJT 的电流放大作用，也就是通常所说的基极电流对集电极电流的控制作用。注意：要使 BJT 能放大电流，必须使发射结正偏，集电结反偏。

### 1.4.5.3　双极型晶体管的型号

国家标准对半导体器件型号的命名举例如下：

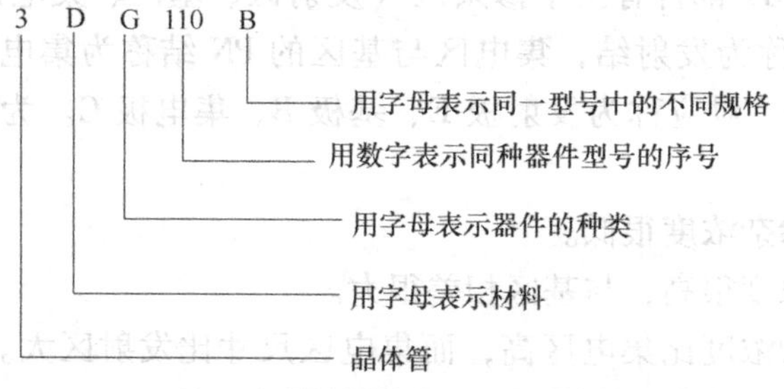


其中，部分字母的意义如下：

第二位：A——锗材料、PNP 型，B——锗材料、NPN 型，C——硅材料、PNP 型，D——硅材料、NPN 型。

第三位：X——低频小功率晶体管，D——低频大功率晶体管，G——高频小功率晶体管，A——高频大功率晶体管，K——开关管。

BJT 的实物如图 1-51 所示。

**【例 1.4.4】** 用直流电压表测某电路中三只 BJT 的三个电极对地的电压，其数值如图 1-52所示。试指出每只 BJT 的 E、B、C 极，并说明该管是硅管还是锗管。

**【解题思路】** 在正常工作的情况下，NPN 型硅管发射结的直流压降 $U_{BE}=0.6\sim0.8$V；

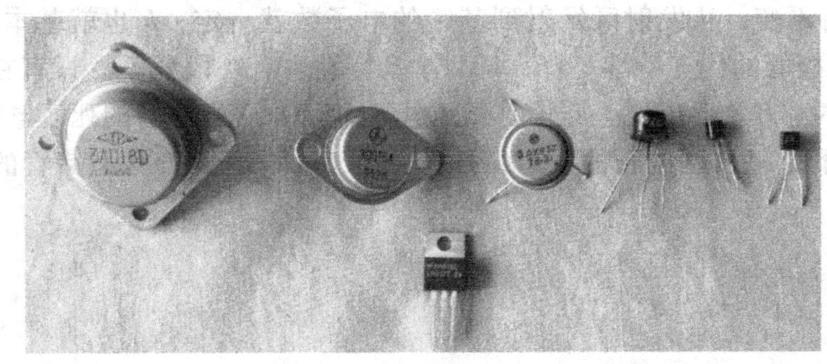

图1-51 BJT的实物

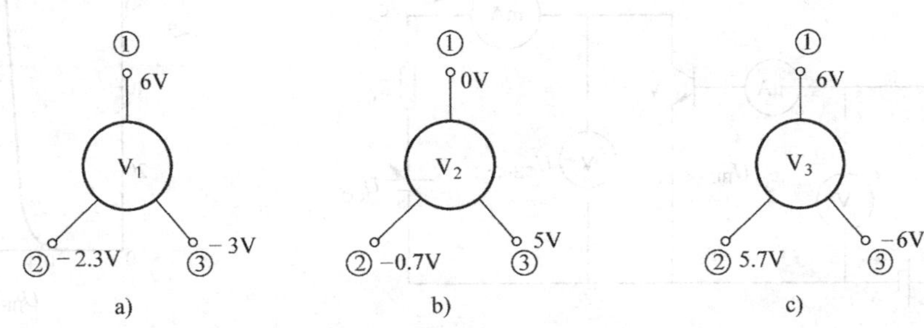


图1-52 例1.4.4图

PNP型锗管的 $U_{BE}=-0.2\sim-0.3V$。

**【解】**

$V_1$ 的②与③之间的电压为 $-2.3V-(-3)\ V=0.7V$，可见BJT $V_1$ 的引脚②与③为B与E，另外引脚①C电压最高，故BJT为NPN型硅管。

$V_2$ 的①与②之间的电压为 $0V-(-0.7)\ V=0.7V$，可见BJT $V_2$ 的引脚①与②为B与E，另外引脚③C电压最高，故BJT为NPN型硅管。

$V_3$ 的①与②之间的电压为 $5.7V-6V=-0.3V$，可见BJT $V_3$ 的引脚①与②为E与B，另外引脚③C电压最低，故BJT为PNP型锗管。

#### 1.4.5.4 双极型晶体管的特性曲线

BJT的特性曲线能直观地描述各极电压与电流之间的关系，是BJT内部载流子运动的外部表现。由于BJT是三端器件，其特性描述不像二极管那样简单，而且BJT的特性与电路连接形式有关，最常用的是共发射极接法时的输入特性曲线和输出特性曲线。这些特性曲线可用特性图示仪直观地显示出来，也可以通过图1-53所示的电路进行测试（电路中使用的是3DG6 NPN型硅管）。

（1）输入特性曲线。在共发射极电路中，输入信号接入基极电路，故基极与发射极组成的回路称为输入回路。输入特性曲线是指当电压 $U_{CE}$ 为常数时，输入回路中基极电流 $I_B$ 与基-射极电压 $U_{BE}$ 之间的关系曲线 $I_B=f(U_{BE})$，如图1-54所示。对于不同的 $U_{CE}$，输入特性不是一条而是一簇曲线。但是对硅管而言，当 $U_{CE}>1V$ 时，集电结已反向偏置，并且内电场已足够大，可以把从发射区扩散到基区的电子中的绝大部分拉入集电区。如果此时 $U_{CE}$ 再增大1V后，输入特性曲线基本上是重合的。所以，通常只画出 $U_{CE}=1V$ 的一条输入特性曲线，只要 $U_{CE}$ 保持不变，从发射区发射到基区的电子数就一定，$I_B$ 也就基本不变。就是说，$U_{CE}$ 特性曲线和二极管的伏安特性一样，BJT 输入特性也有一段死区。只有在发射结外加电压大于死区电压时，$I_B$ 才会出现。硅管的死区电压约为0.5V，锗管的死区电压不超过0.2V。在正常工作情况下，NPN 型硅管的发射结压降为0.6~0.7V，PNP 型锗管的发射结压降为0.2~0.3V。

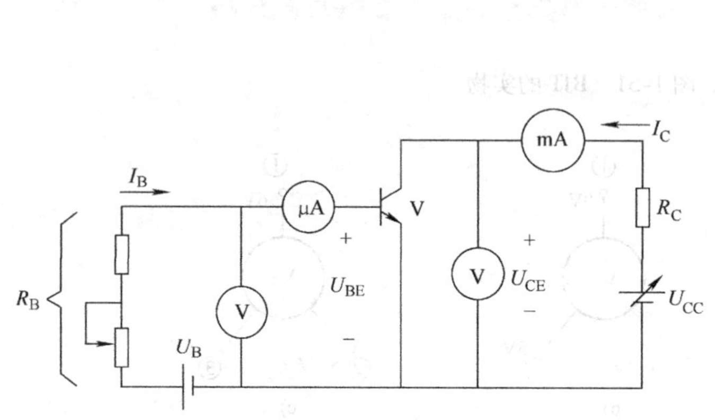


图1-53 BJT 特性测试电路

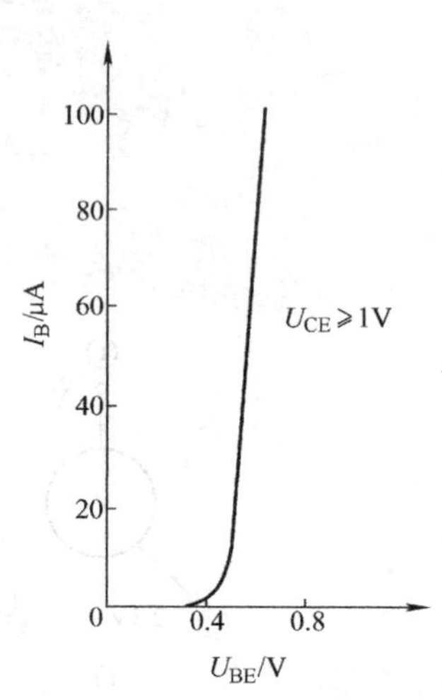


图1-54 BJT 的输入特性曲线

（2）输出特性曲线。在共发射极电路中，输出信号从集电极取出，因此把集电极、发射极和电源 $U_{CC}$ 组成的回路称为输出回路。输出特性曲线是指当基极电流 $I_B$ 为常数时，输出回路中集电极电流 $I_C$ 与 $U_{CE}$ 之间的关系曲线 $I_C=f(U_{CE})$。对于不同的 $I_B$，可得出不同的曲线，所以 BJT 的输出特性曲线是一簇曲线，如图1-55 所示。

当 $I_B$ 一定时，从发射区扩散到基区的电子数大致是一定的。在 $U_{CE}$ 超过一定数值（约1V）以后，这些电子的绝大部分被拉入集电区而形成 $I_C$，以至于当 $U_{CE}$ 继续增高时，$I_C$ 不再有明显的增加，形成恒流特性。当 $I_B$ 增大时，相应的 $I_C$ 也增大，而且在一定范围内近似成正比例，这就是 BJT 电流放大作用的表现。通常把 BJT 的输出特性曲线分为三个工作区，如图1-55 所示。

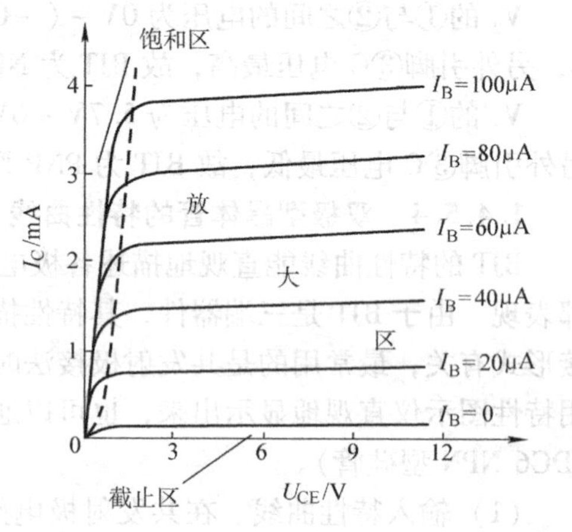


图1-55 BJT 的输出特性曲线

1）放大区。输出特性曲线上接近于水平的部分是放大区。在放大区，$I_C$ 与 $I_B$ 近似成正比，故放大区也称为线性区。如上所述，BJT 工作在放大状态时，发射结处于正向偏置，集电结处于反向偏置，且 $\Delta I_C=\beta\Delta I_B$。

2）截止区。$I_B=0$ 对应的输出特性曲线以下的区域称为截止区。$I_B=0$ 时集电极电流用 $I_{CEO}$ 表示，其值很小，若忽略不计，则 BJT 集电极与发射极之间相当于开路，即相当于一个断开的电子开关。对于 NPN 型硅管，当 $U_{BE}<0.5V$ 时，$U_{BE}<$ 死区电压，$I_B=0$，$I_C=I_{CEO}\approx 0$，即电路已开始截止，但是为了截止可靠，常使 $U_{BE}\leqslant 0$。截止时集电结处于反向偏置。

3）饱和区。当 $U_{CE}<U_{BE}$时，集电极电压低于基极电压，集电结与发射结均处于正向偏置，BJT 工作在饱和状态。在饱和区，$I_B$的变化对 $I_C$的影响较小，两者不成正比。饱和区集电极与发射极之间的电压 $U_{CES}$称为 BJT 的饱和压降，其值很小，通常硅管约为 0.3V，锗管约为 0.1V，若忽略不计，则 BJT 集电极与发射极之间相当于短路，即相当于一个闭合的电子开关。在放大电路中，BJT 主要工作于放大区；而在开关电路或脉冲数字电路中，BJT 主要工作于饱和区和截止区。

#### 1.4.5.5　双极型晶体管的主要参数

**1. 电流放大系数**

当 BJT 接成共发射极电路时，静态（无输入信号）时集电极电流 $I_C$与基极电流 $I_B$的比值称为共发射极静态电流（直流）放大系数，即

$$\bar{\beta}=\frac{I_C}{I_B} \tag{1-25}$$

当 BJT 工作在动态（有输入信号）时，基极电流变化量与对应集电极电流变化量的比值称为动态电流（交流）放大系数，即

$$\beta=\frac{\Delta I_C}{\Delta I_B} \tag{1-26}$$

实际应用中，$\beta$ 和 $\bar{\beta}$ 一般不作严格区分。常用的小功率 BJT 的 $\beta$ 值约为 20 ~ 150。$\beta$ 值随温度升高而增大，在输出特性曲线中反映为曲线上移且间距增大。

**2. 集-基极反向饱和电流**

集-基极反向饱和电流 $I_{CBO}$是当发射极开路时的集电极电流。$I_{CBO}$是由少数载流子的漂移运动造成的，受温度的影响大。在室温下，小功率锗管的 $I_{CBO}$ 约为几微安到几十微安；小功率硅管的 $I_{CBO}$在 1mA 以下，且硅管温度稳定性优于锗管。

**3. 集-射极反向饱和电流**

集-射极反向饱和电流 $I_{CEO}$是当基极开路时的集电极电流。因为它好像是从集电极直接穿透 BJT 而到达发射极的，所以又称为穿透电流。$I_{CEO}$受温度的影响很大，在数值上约为 $I_{CBO}$的 $\beta$ 倍。$I_{CBO}$越大、$\beta$ 越高，BJT 的温度稳定性越差。一般硅管的 $I_{CEO}$ 比锗管的 $I_{CEO}$小 2 ~ 3 个数量级。

**4. 集电极最大允许电流**

集电极电流 $I_C$超过一定值时，BJT 的 $\beta$ 值要下降。当 $\beta$ 值下降到正常值的 2/3 时的集电极电流，称为集电极最大允许电流 $I_{CM}$。因此，在使用 BJT 时，$I_C$超过 $I_{CM}$并不一定会使 BJT 损坏，但要以降低 $\beta$ 值为代价。

**5. 集-射极反向击穿电压**

基极开路时，加在集电极和发射极之间的最大允许电压称为集-射极反向击穿电压 $U_{(BR)CEO}$。当 BJT 的集-射极电压 $U_{CE}>U_{(BR)CEO}$时，集电结将被反向击穿，$I_{CEO}$会突然大幅度上升。手册中给出的 $U_{(BR)CEO}$一般是常温（25℃）时的值，温度升高后，其数值要降低，使用时应特别注意。

**6. 集电极最大允许耗散功率**

BJT 工作时集电极的功率损耗 $P_C = T_C U_{CE}$。$P_C$ 的存在使集电结的结温升高，若 $P_C > P_{CM}$，将会导致 BJT 过热损坏。由此而限定的 $P_C$ 称为集电极最大允许耗散功率 $P_{CM}$。$P_{CM}$ 主要受结温限制，一般来说，锗管允许的结温为 70 ~90℃，硅管约为 150℃。

根据 BJT 的 $P_{CM}$ 值，可在 BJT 输出特性曲线上画出 $P_{CM}$ 曲线，它是一条双曲线。由 $I_{CM}$、$U_{(BR)CEO}$、$P_{CM}$ 三个极限参数共同界定了 BJT 的安全工作区，如图 1-56 所示。

【**例 1.4.5**】电路如图 1-57 所示，BJT 导通时 $U_{BE} = 0.7V$，$\beta = 50$。试分析 $u_i$ 为 0V、1V、3V 三种情况下晶体管的工作状态及输出电压 $u_o$ 的值。

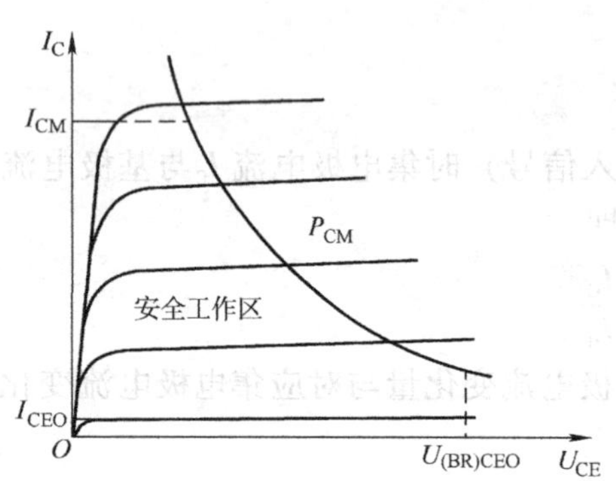


图 1-56　BJT 的安全工作区

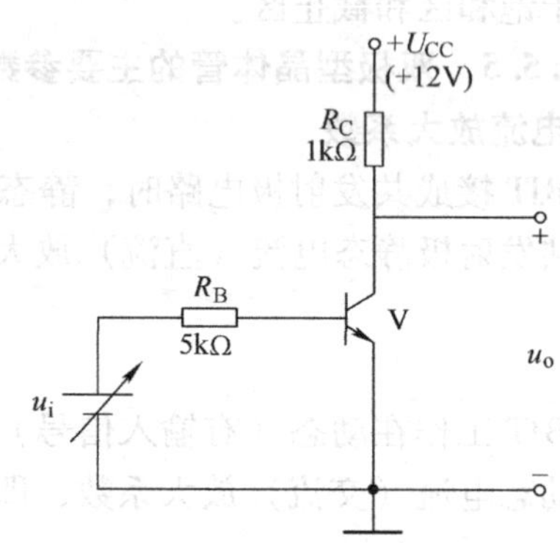


图 1-57　例 1.4.5 图

【**解题思路**】根据 BJT 的管压降 $U_{BE}$ 与 $U_{CE}$，以及基极电流 $I_B$ 和集电极电流 $I_C$ 的特点，直接可以判别出 BJT 的工作状态，计算出输出电压。

【**解**】(1) 当 $u_i = 0$ 时，BJT 截止，$u_o = 12V$。

(2) 当 $u_i = 1V$ 时，因为

$$I_{BQ} = \frac{u_i - U_{BEQ}}{R_B} = 60\mu A$$

$$I_{CQ} = \beta I_{BQ} = 3mA$$

$$u_o = U_{CC} - I_{CQ} R_C = 9V$$

所以 BJT 处于放大状态。

(3) 当 $u_i = 1.5V$ 时，因为

$$I_{BQ} = \frac{u_i - U_{BEQ}}{R_B} = 160\mu A$$

$$I_{CQ} = \beta I_{BQ} = 8mA$$

$$u_o = U_{CC} - I_{CQ} R_C = 4V$$

所以 BJT 处于放大状态。

**1.4.5.6　BJT 的基本应用**

BJT 具有电流放大作用，构成放大器时，它工作在放大区；构成开关电路时它工作在饱和区和截止区。不同功能的电路对 BJT 的型号及性能参数有不同要求。

图 1-58 所示是一个光控路灯电路，白天受光照射时，光敏晶体管 $V_1$ 导通，输出为低

阻，BJT $V_2$ 截止，$V_3$ 导通，JRX—13F 继电器 K 不吸合，常闭触点 $K_{11}$ 断开，路灯 H 不亮。夜间无光照射 $V_1$ 时，其输出为高电阻，$V_2$ 导通，$V_3$ 截止，继电器吸合，路灯亮。$V_1$ 选用 3DU5 光敏晶体管，$V_2$ 选用 3DK2，$V_3$ 导通时要提供驱动电流，因此采用 3DG130 小功率晶体管，二极管 VD 用来保护继电器线圈不会因为 $V_3$ 截止时产生的感应电流而损坏。

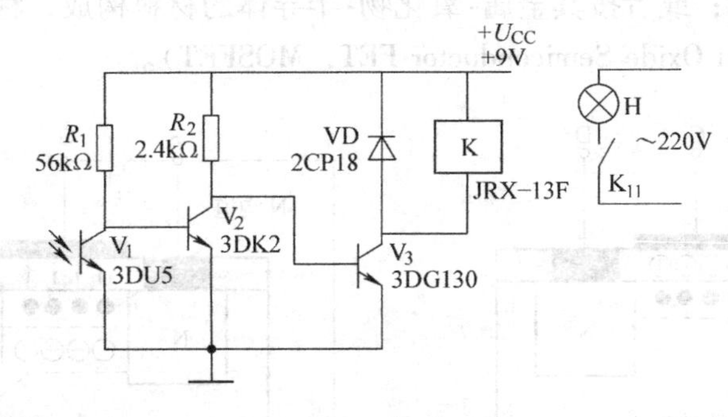


图 1-58 光控路灯电路

#### 1.4.5.7 小结

**1. BJT 的结构及类型**

（1）结构：由两个 PN 结背靠背组成，结构特点是发射区掺杂浓度高于集电区，基区很薄，集电区面积大于基区、发射区面积。

（2）类型：分为 NPN 和 PNP 两大类，区别是，NPN 型形成电流的载流子是自由电子，PNP 型形成电流的载流子是空穴。

**2. BJT 的放大原理**

（1）实现放大的内部条件：发射区重掺杂，基区很薄，集电区面积大。

（2）实现放大的外部条件：发射结正向偏置，集电结反向偏置。

（3）放大原理：发射区所发射的电子在基区复合的比例以及被集电区收集的比例，形成 $I_E$、$I_B$ 和 $I_C$ 之间的比例关系，且在数值上 $I_C$ 接近于 $I_E$ 而远大于 $I_B$。即 E 区：发射电子；B 区：电子的扩散、复合；C 区：收集电子。扩散和复合同时进行，电流放大取决于两者的比例，因为希望扩散远远大于复合，所以基区很薄，掺杂浓度小。

**3. BJT 特性**

（1）放大区：曲线族中近似平行于横轴的部分，$I_C = \beta I_B$。条件：发射结正偏，集电结反偏。

（2）截止区：曲线族中 $I_B = 0$ 以下的部分。条件：发射结反偏，集电结反偏。

（3）饱和区：$I_C \neq \beta I_B$，且 $\beta I_B > I_C$。条件：发射结正偏，集电结正偏，即 $U_{CE} < U_{BE}$。

### 1.4.6 绝缘栅型场效应晶体管

场效应晶体管（Field Effect Transistor，FET）是利用外加电压产生的电场强度来控制其导电能力的一种半导体器件。按其结构可分为结型场效应晶体管和绝缘栅型场效应晶体管两大类。这里仅介绍应用更为广泛的绝缘栅型场效应晶体管（Insulated Gate FET，IGFET）。

#### 1.4.6.1 绝缘栅型场效应晶体管的基本结构和工作原理

绝缘栅型场效应晶体管按其导电类型的不同，分为 N 沟道和 P 沟道两类，每一类又分为增强型和耗尽型两种。N沟道绝缘栅型场效应晶体管的结构如图1-59所示，它以一块掺杂浓度较低的P型硅片作为衬底，在其中扩散两个掺杂浓度很高的$N^+$型区，并引出两个电极，分别称为源极S和漏极D。P型硅片表面覆盖一层极薄的二氧化硅绝缘层，在两个$N^+$型区之间的绝缘层上制作一个金属电极，称为栅极G。因栅极与其他电极及硅片之间是绝缘的，故有绝缘栅型之称；或者按其金属-氧化物-半导体的材料构成，称其为金属氧化物半导体场效应晶体管（Metal Oxide Semiconductor FET，MOSFET）。

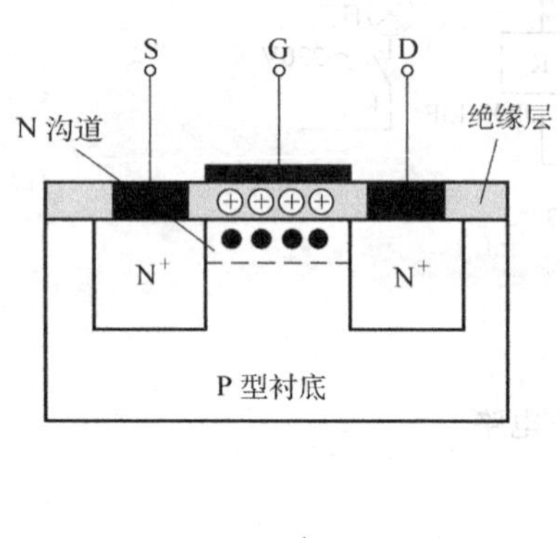


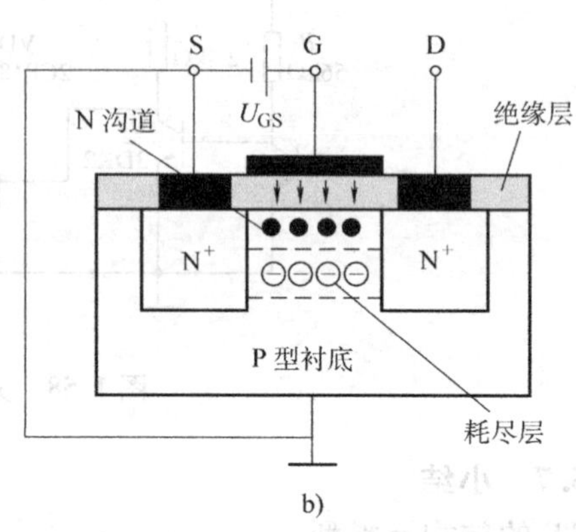


图1-59 绝缘栅型场效应晶体管的结构

如图1-59a所示，在制造N沟道MOSFET时，如果在二氧化硅绝缘层中掺入大量正离子，就会在两个$N^+$型区之间的衬底表面形成足够强的电场，这个电场将会排斥P型衬底中的空穴，并把衬底中的电子吸引到表面，形成一个N型薄层，将两个$N^+$型区（即漏极和源极）沟通。这个N型薄层称为N型导电沟道，又因是P型衬底中的N型薄层，故称为反型层。这种MOSFET在制造时导电沟道已经形成，称为耗尽型MOSFET，如图1-59b所示。如果导电沟道不是预先在制造时形成的，而是利用外加栅-源电压形成的电场生成的，则称为增强型MOSFET。P沟道MOSFET因在N型衬底中生成P型反型层而得名，其结构和工作原理与N沟道MOSFET相似，只是使用的栅-源和漏-源电压的极性与N沟道MOSFET相反。

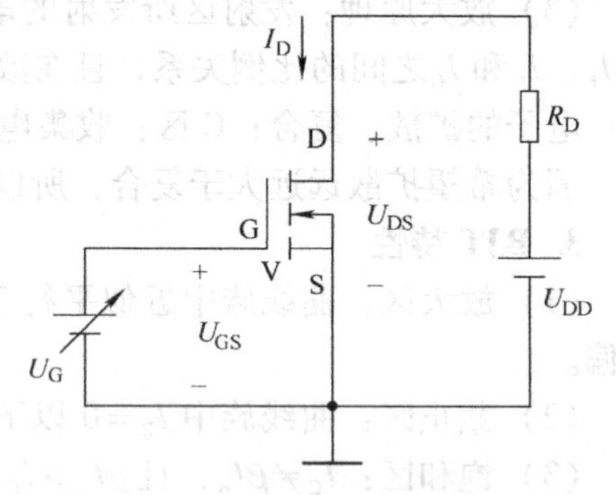


图1-60 MOSFET的共源极接法

由于MOSFET工作时只有一种极性的载流子（N沟道是电子，P沟道是空穴）参与导电，故称为单极型晶体管。与BJT的共发射极接法类似，MOSFET常采用共源极接法，如图1-60所示。

MOSFET与BJT都是半导体管，MOSFET的源极、漏极、栅极分别相当于BJT的发射极、集电极、基极。BJT的集电极电流$I_C$受基极电流$I_B$控制，是一种电流控制器件；而MOSFET漏极电流$I_D$受栅-源电压$U_{GS}$控制，是一种电压控制器件。但与BJT相比，MOSFET具有输入电阻大、耗电少、噪声低、热稳定性好、抗辐射能力强等优点，常用于低噪声放大器的前级或环境条件变化较大的场合。另外，MOSFET的制造工艺比较简单，占用芯片面积小，特别适用于制造大规模集成电路。

与 BJT 类似，MOSFET 可以通过 $U_{GS}$对 $I_D$ 的控制使信号放大，来作为信号放大器件，同时它也可以作为开关器件，即通过 $U_{GS}$来控制其导通或关断。因此，MOSFET 广泛应用于开关电路和脉冲数字电路中。当然，根据应用领域和特性要求不同，其结构、工艺及称谓也有很大差异。

#### 1.4.6.2 绝缘栅型场效应晶体管的特性曲线

由于 MOSFET 的栅极是绝缘的，栅极电流 $I_G \approx 0$，因此不研究 $I_G$ 和 $U_{GS}$之间的关系。$I_D$ 和 $U_{DS}$、$U_{GS}$之间的关系可用输出特性和转移特性来表示。所谓输出特性，是以 $U_{GS}$为参变量的，$I_D$ 和 $U_{DS}$之间的关系 $I_D = f(U_{DS})$；所谓转移特性，是以 $U_{DS}$为参变量的，$I_D$ 和 $U_{GS}$之间的关系 $I_D = f(U_{GS})$。图 1-61 所示为 N 沟道增强型 MOSFET 的转移特性曲线和输出特性曲线。

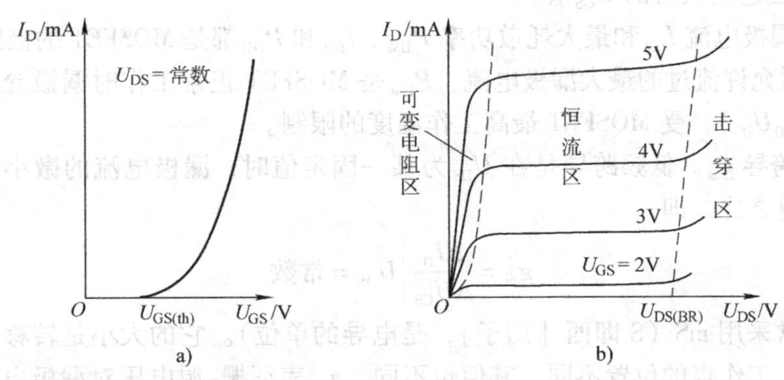


图 1-61 N 沟道增强型 MOSFET 的转移特性曲线和输出特性曲线

a）转移特性曲线 b）输出特性曲线

耗尽型 MOSFET 由于具有原始导电沟道，所以 $U_{GS} = 0$ 时漏极电流已经存在，用 $I_{DSS}$表示，称为饱和漏极电流。N 沟道耗尽型 MOSFET 的转移特性曲线和输出特性曲线如图 1-62 所示。

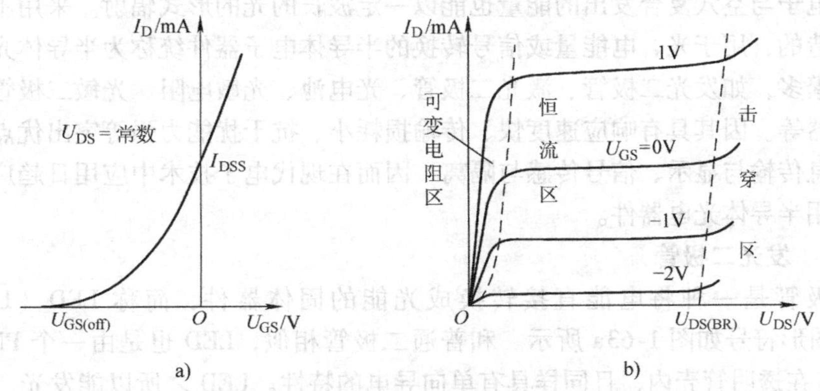


图 1-62 N 沟道耗尽型 MOSFET 的转移特性曲线和输出特性曲线

a）转移特性曲线 b）输出特性曲线

#### 1.4.6.3 缘栅场型场效应晶体管的主要参数

增强型 MOSFET 的开启电压 $U_{GS}$(th)、耗尽型 MOSFET 的夹断电压 $U_{GS}$(off) 和饱和漏

极电流$I_{DSS}$以及共同的最大漏-源极击穿电压$U_{GS}$(BR)等参数已经在上文中介绍，此外，其主要参数还有以下几个：

(1) 栅-源直流输入电阻$R_{GS}$。栅-源直流输入电阻是在漏、源两极短路的情况下，外加栅-源直流电压与栅极直流电流的比值。由于MOSFET是电压控制器件，所以$R_{GS}$很大，一般大于$10^9\Omega$，这是MOSFET的优点之一。但是正是由于$R_{GS}$很大，应该注意可能出现栅极感应电压过高而造成绝缘层击穿的问题。为了避免这种损坏，保存MOSFET时，应将其各电极短接；在电路中，栅、源极之间应有直流通路；焊接时，电烙铁应断电或具有良好的接地线。

(2) 栅-源击穿电压$U_{GS}$（BR）。栅-源击穿电压是在增大MOSFET的$U_{GS}$的过程中，绝缘层击穿使$I_G$迅速增大时的$U_{GS}$值。

(3) 最大漏极电流$I_{DM}$和最大耗散功率$P_{DM}$。$I_{DM}$和$P_{DM}$都是MOSFET的极限参数，$I_{DM}$是MOSFET工作时允许流过的最大漏极电流，$P_{DM}$是MOSFET正常工作时漏极允许的最大值耗散功率（$P_D=I_DU_{DS}$），受MOSFET最高工作温度的限制。

(4) 低频跨导$g_m$。低频跨导是在$U_{DS}$为某一固定值时，漏极电流的微小变化和对应的输入电压变化量之比，即

$$g_m=\frac{\Delta I_D}{\Delta U_{GS}}\bigg|U_{DS}=\text{常数} \tag{1-27}$$

$g_m$的单位常采用mS（S即西［门子］，是电导的单位）。它的大小是转移特性曲线在工作点处的斜率，工作点的位置不同，其值也不同。$g_m$表征栅-源电压对漏极电流控制作用的大小，是衡量MOSFET放大能力的参数。

### 1.4.7 半导体光电器件

光和电是不同形式的能量，相互的转换是可逆的。半导体器件可以作为光、电能量转换的媒体。在光照作用下，照射光中的光子能够破坏半导体晶体的共价键，释放出电子；在电场作用下，电子与空穴复合发出的能量也能以一定波长的光的形式辐射。采用不同材料、工艺、结构制造的，用于光、电能量或信号转换的半导体电子器件统称为半导体光电器件。这类器件种类繁多，如发光二极管、激光二极管、光电池、光敏电阻、光敏二极管、光敏晶体管和光耦合器等。因其具有响应速度快、传输损耗小、抗干扰能力强等突出优点，适用于能量转换、信息传输与显示、信号传感与隔离，因而在现代电子技术中应用日趋广泛。本节仅介绍几种常用半导体光电器件。

#### 1.4.7.1 发光二极管

发光二极管是一种将电能直接转换成光能的固体器件，简称LED（Light-Emitting Diode)，其图形符号如图1-63a所示。和普通二极管相似，LED也是由一个PN结构成的，其PN结封装在透明管壳内，且同样具有单向导电的特性。LED之所以能发光，是由于它在结构、材料等方面与的普通二极管有所不同。它的PN结面做得比较宽，半导体材料的掺杂浓度也比普通二极管高得多。在正向导通时，P区的空穴注入到N区，N区的电子注入到P区，相互注入的大量电子和空穴相遇而复合，复合所释放出的能量大部分以发光的形式输出。所发光的波长由制造LED所使用的材料和杂质掺杂浓度而定，波长不同，所发光的颜色也不一样。砷化镓LED发红外光，磷化镓LED发绿光，磷砷化镓LED发红光或黄光。

LED 的工作电压一般在 2V 以下，工作电流为几毫安至十几毫安。LED 用于发光指示的简单电路如图 1-63b 所示。其中 $R$ 为限流电阻，在一定的范围内，电流越大，发光越强。

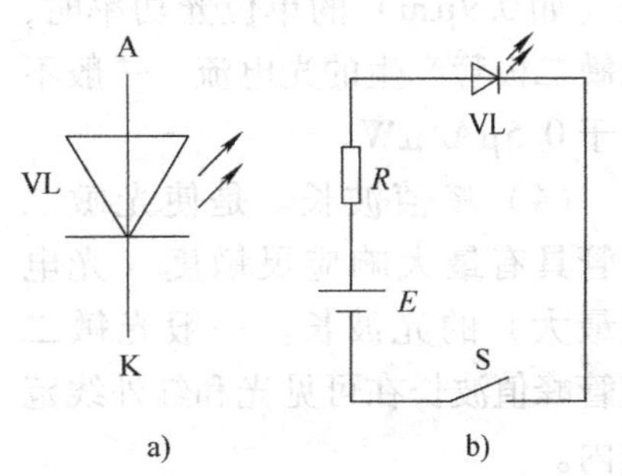


图 1-63　LED 的图形符号及其简单的发光指示电路
a) LED 的图形符号　b) 简单的发光指示电路

由于 LED 具有抗振动和抗冲击能力、体积小、可靠性高、耗电少和寿命长等优点，广泛用于信号指示和传输。作为显示器件，LED 的外形有方形、矩形和圆形等。除单个使用外，也常作为七段式数码显示器或矩阵式显示器件使用，用于显示数字和字符。

七段式数码显示器简称数码管，其结构如图 1-64a所示。COM 为公共端，两个 COM 引脚在数码管内部连接。数码管每个字段内置一个 LED，选择不同字段发光，可显示不同的字形。数码管中共有八个 LED，其中七个用于字段显示，一个用于小数点显示。数码管制造时有共阴极和共阳极两种接法，分别如图 1-64b 和图 1-64c 所示。相对于公共端来说，共阴极接法字段接高电位时发光；共阳极接法，字段接低电位时发光。

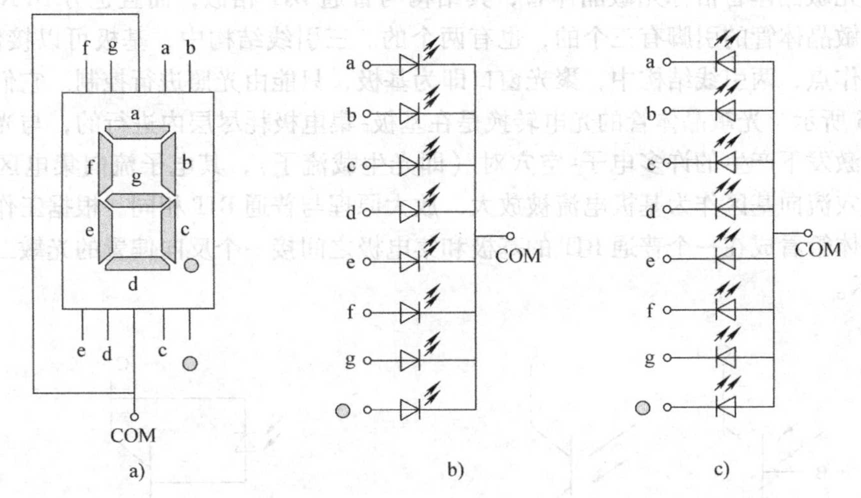


图 1-64　七段式数码显示器
a) 结构　b) 共阴极接法　c) 共阳极接法

### 1.4.7.2　光敏二极管

光敏二极管又称光电二极管。使用光敏二极管时，应反向接入电路，即应将阳极接低电位，阴极接高电位。光敏二极管的管壳上有透明聚光窗，由于 PN 结的光敏特性，当有光线照射时，光敏二极管在一定的反向偏置电压范围内，其反向电流将随光照强度的增加而线性地增加。无光照时，光敏二极管的伏安特性与普通二极管一样。光敏二极管的图形符号和伏安特性如图 1-65 所示。光敏二极管的主要参数如下：

(1) 暗电流。是无光照时的反向饱和电流，一般小于 1μA。

(2) 光电流。是指在额定照度下的反向电流，一般为几十毫安。

(3) 灵敏度。是指在给定波长（如0.9μm）的单位光功率时，光敏二极管产生的光电流，一般不小于0.5μA/μW。

(4) 峰值波长。是使光敏二极管具有最大响应灵敏度（光电流最大）的光波长。一般光敏二极管峰值波长在可见光和红外线范围内。

(5) 响应时间。是指加定量光照后，光电流达到稳定值的63%所需的时间，一般为7～10s。

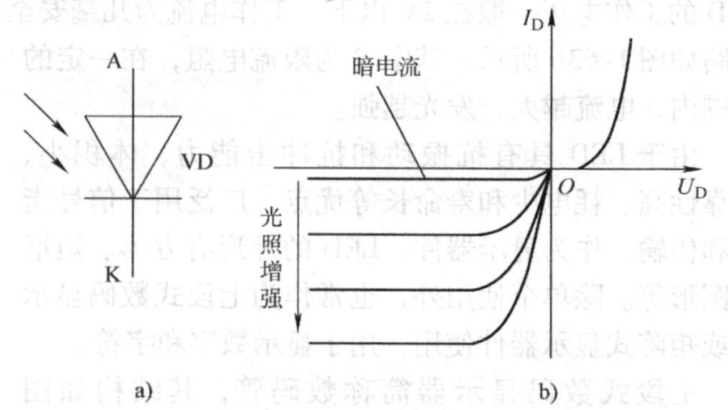


图1-65 光敏二极管的图形符号和伏安特性
a）图形符号 b）伏安特性

需要注意的是，光敏二极管的暗电流随温度变化而变化，因此，对稳定性要求较高的电路，需要考虑进行温度补偿。

### 1.4.7.3 双极型光敏晶体管

双极型光敏晶体管俗称光敏晶体管，其结构与普通BJT相似，而且也分NPN型和PNP型两类。光敏晶体管的引脚有三个的，也有两个的。三引线结构中，基极可以接偏置电路，用于预调工作点；两引线结构中，聚光窗口即为基极，只能由光照进行控制。它们的图形符号如图1-66所示。光敏晶体管的光电转换是在基极-集电极耗尽层内进行的，与光敏二极管相同。在光激发下产生的许多电子-空穴对（即光生载流子），其电子流向集电区被集电极所收集，空穴流向基区作为基极电流被放大，放大原理与普通BJT相同。根据工作原理，可以把光敏晶体管看成在一个普通BJT的基极和集电极之间接一个反向偏置的光敏二极管，如图1-67所示。

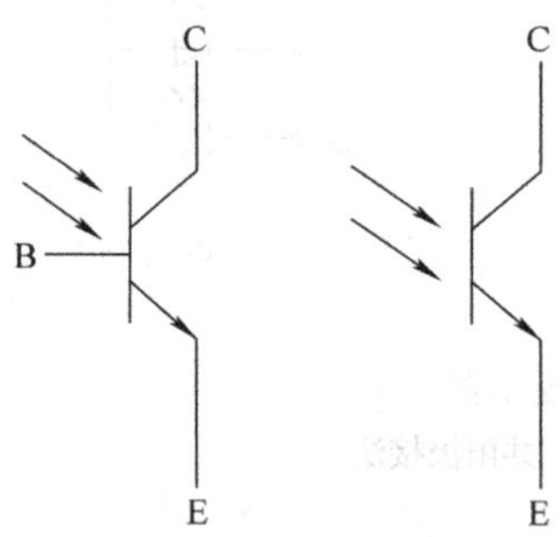


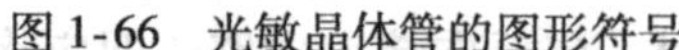
图1-66 光敏晶体管的图形符号

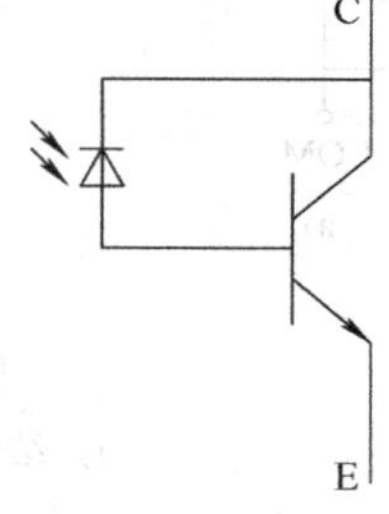


图1-67 光敏晶体管的工作原理

在光敏面积相同的条件下，光电流的放大作用使得光敏晶体管比光敏二极管的灵敏度要高出约$\beta$倍。因此，光敏晶体管的光敏面积可以做得很小，更适用于要求较高封装密度的场合。光敏晶体管的特征参数和极限参数与光敏二极管和普通BJT相似。

### 1.4.7.4 光耦合器

光耦合器简称光耦，是发光器件和光电器件的组合体，图1-68所示为其工作原理。使用时将电信号送入光耦合器输入侧的发光器件，发光器件将电信号转换成光信号，由输出侧的受光器件（光电器件）接收并再转换成电信号输出。由于输入与输出之间没有直接电气联系，信号传输是通过光耦合的，所以也称其为光电隔离器。光耦合器常见的封装形式有管形金属壳真空密封式、双列直插密封式和光导纤维连接式三种。图 1-69 所示是双列直插式光耦合器的内部结构。这种光耦合器的发光器件和受光器件封装在同一个不透明的外壳内，由透明、绝缘的树脂隔开。

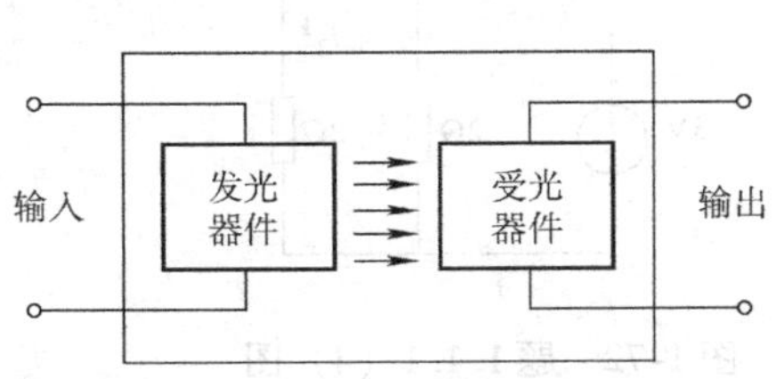


图 1-68　光耦合器的工作原理

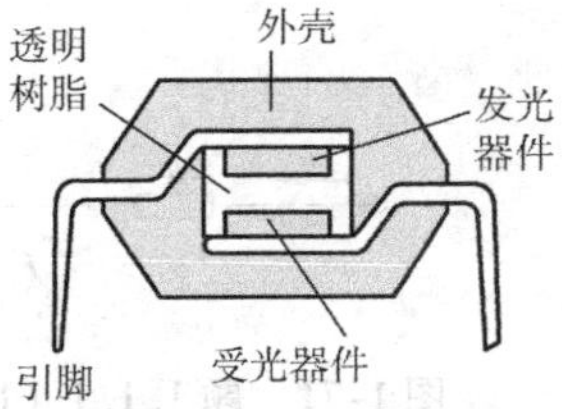

图 1-69　双列直插式光耦合器的内部结构

发光器件常用发光二极管。受光器件则根据输出电路的不同要求，有光敏二极管型、光敏晶体管型、光敏复合晶体管型、光敏晶闸管型和光敏集成电路型等。图 1-70 所示为几种常用光耦合器的图形符号。

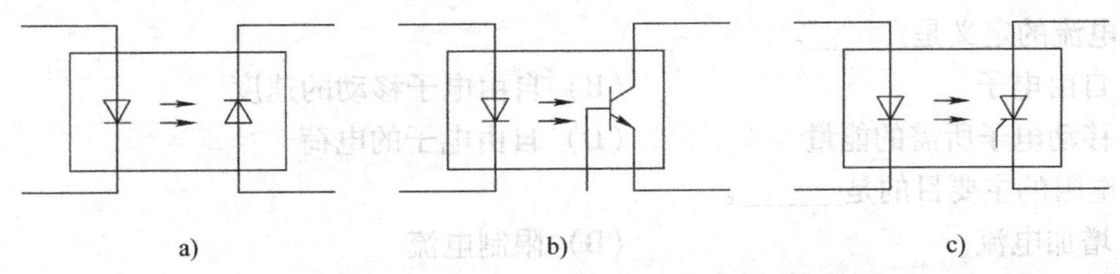


图 1-70　几种常用光耦合器的图形符号

a）光敏二极管型　b）光敏晶体管型　c）光敏晶闸管型

光耦合器具有如下特点：

（1）光耦合器的发光器件与受光器件互不接触，绝缘电阻很高，一般可达 $10^{10}\Omega$ 以上，并能承受 2000V 以上的高压，因此经常用来隔离强电和弱电系统。

（2）光耦合器的发光二极管是电流驱动器件，输入电阻很小，而干扰源一般内阻较大，且能量很小，很难使发光二极管误动作，所以光耦合器有极强的抗干扰能力。

（3）光耦合器具有较高的信号传递速度，响应时间一般为数微秒，高速型光耦合器的响应时间可以小于 100ns。光耦合器的用途很广，常用于信号隔离转换、脉冲系统的电平匹配、微机控制系统的 I/O 接口等。

## 习　题

1.1.1　填空题。

（1）在图 1-71 所示电路中，甲同学选定电流的参考方向为 $I$，乙同学选定为 $I'$。若甲计算出 $I=-3\text{A}$，则乙得到的计算结果应为 = ________ A。电流的实际方向与 ________ 的方向相同。

（2）由电压源供电的电路通常所说的电路负载大，就是指______。

（3）恒压源的输出电流与______有关；恒流源的端电压与______有关。

（4）在图1-72所示电路中，已知 $I_1=1\text{A}$，则 $I_2=$______A。

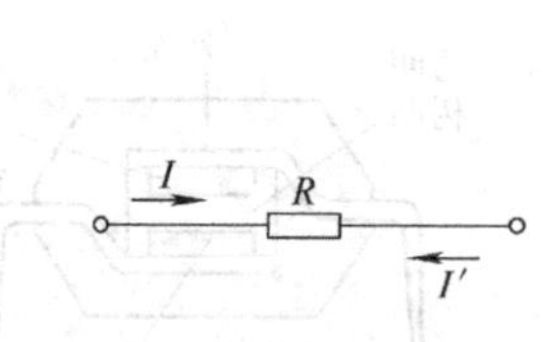

图1-71 题1.1.1（1）图

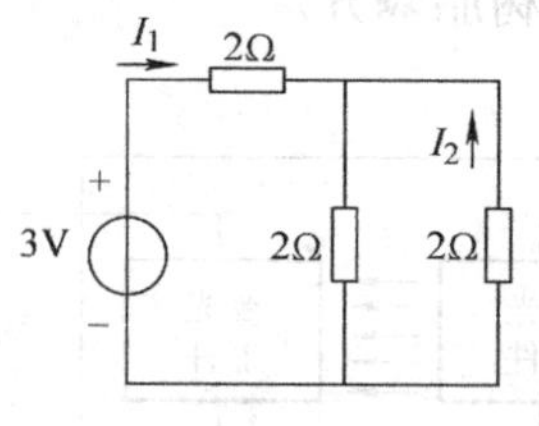

图1-72 题1.1.1（4）图

1.1.2 选择题。

（1）一个实际电路的电路模型______。

（A）是唯一的　　（B）在不同应用条件下可以有不同的形式

（2）理想电路元器件用于表征______。

（A）某种确定的电磁性能　　（B）某种确定的功能

（3）电流的定义是______。

（A）自由电子　　（B）自由电子移动的速度

（C）移动电子所需的能量　　（D）自由电子的电荷

（4）电阻的主要目的是______。

（A）增加电流　　（B）限制电流

（C）产生热　　（D）阻碍电流的变化

（5）功率可以定义为______。

（A）能量　　（B）热

（C）能量的使用速率　　（D）使用能量所需的时间

（6）通过一个定值电阻的电流从10mA增加到12mA，电阻的功率将______。

（A）增加　　（B）减少　　（C）保持不变

（7）在图1-73所示电路中，发出功率的元件是______。

（A）仅是5V的电源　　（B）仅是2V的电源　　（C）仅是电流源

（D）电压源和电流源都发出功率　　（E）条件不足

（8）在图1-74所示电路中，当 $R_2$ 增大时，恒流源 $I_S$ 两端的电压 $U$______。

（A）不变　　（B）升高　　（C）降低

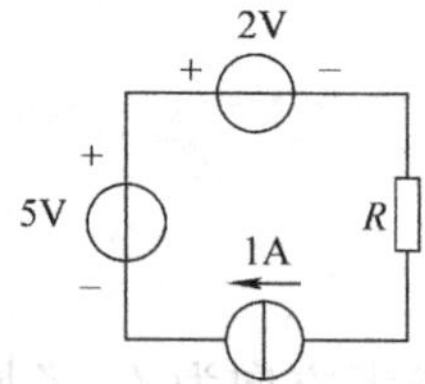

图1-73 题1.1.2（7）图

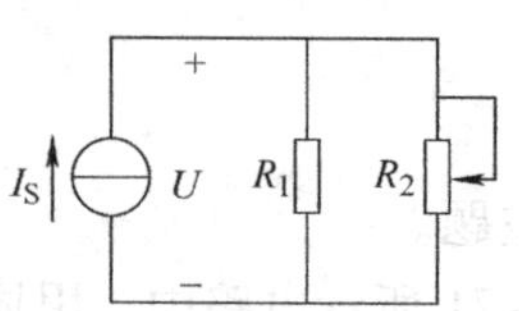

图1-74 题1.1.2（8）图

(9) 在图1-75所示电路中，当开关S闭合后，P点的电位______。

(A) 不变　　(B) 升高　　(C) 为零

(10) 在图1-76所示电路中，对负载电阻$R$而言，点画线框中的电路可用一个等效电源代替，该等效电源是______。

(A) 理想电压源　　(B) 理想电流源　　(C) 不能确定

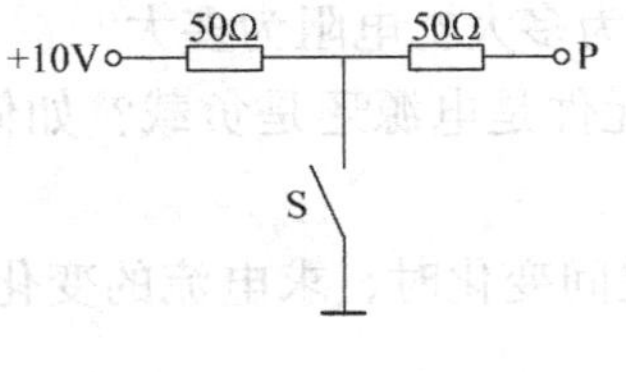

图1-75 题1.1.2 (9) 图

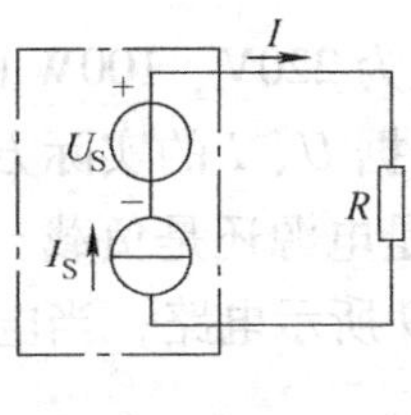

图1-76 题1.1.2 (10) 图

(11) 一电器的额定功率$P_N = 1W$，额定电压$U_N = 100V$，今要接到200V的直流电源上，问应选下列电阻中的哪一个与之串联，才能使该电器在额定电压下工作______。

(A) 电阻值为5kΩ，额定功率为2W　　(B) 电阻值为10kΩ，额定功率为0.5W

(C) 电阻值为20kΩ，额定功率为0.25W　　(D) 电阻值为10kΩ，额定功率为2W

(12) 电流的参考方向______。

(A) 规定为正电荷的运动方向　　(B) 假定为正电荷的运动方向

(13) 在同一电路中，选择不同的参考点，各支路电压______。

(A) 保持不变　　(B) 一定改变

(14) 电路中电流或电压的参考方向设得不同，则______。

(A) 计算结果的数值不同　　(B) 计算结果仅差一个负号

(15) 已知a、b两点间电压$U_{ab} = -10V$，则b点电位比a点电位______。

(A) 高10V　　(B) 低10V

(16) 某支路如图1-77所示，4A电流源产生的功率$P =$______。

(A) 20W　　(B) 12W　　(C) 52W　　(D) 32W

(17) 电路如图1-78所示，已知100V电压源产生的功率为100W，则电压$U =$______。

(A) 40V　　(B) 60V　　(C) 20V　　(D) -60V

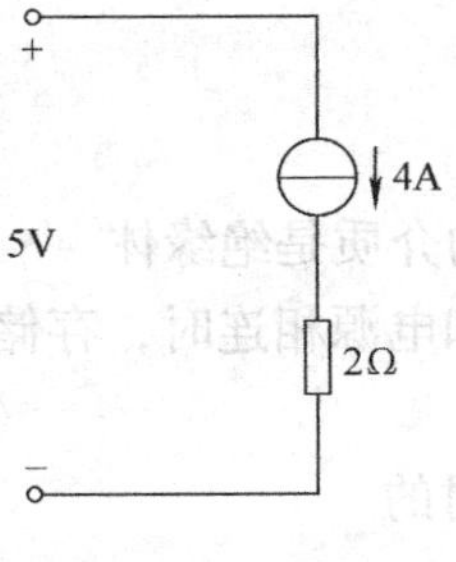

图1-77 题1.1.2 (16) 图

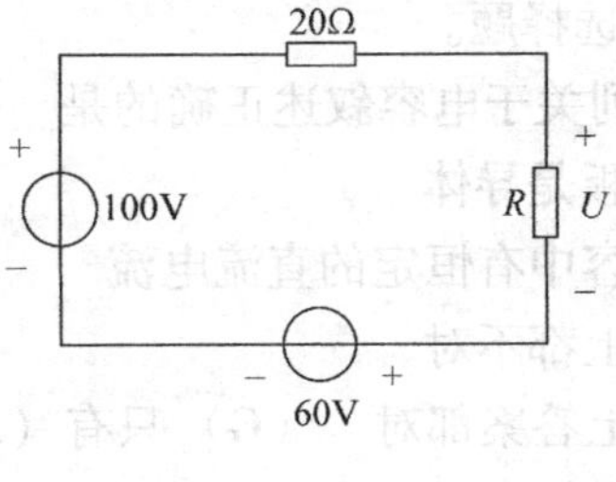

图1-78 题1.1.2 (17) 图

1.1.3 判断题。

（1）某电阻两端所加电压为100V，电阻值为10Ω，当两端所加电压增为200V时，其电阻值将增为20Ω。（　）

（2）两电阻并联时，电阻小的支路电流大。（　）

（3）选用一个电阻，只要考虑阻值大小即可。（　）

1.1.4　一台小型家电的使用功率为300W，如果允许其持续使用30天，将消耗多少能量？

1.1.5　额定值为220V、100W的电灯，其电流为多大？电阻为多大？

1.1.6　如何根据$U$、$I$的实际方向判断电路中元件是电源还是负载？如何根据$P$的正、负判断电路中元件是电源还是负载？

1.1.7　图1-79所示电路，当电阻$R$在0～∞之间变化时，求电流的变化范围和电压源发出的功率的变化。

1.1.8　计算图1-80所示电路各元件的功率。

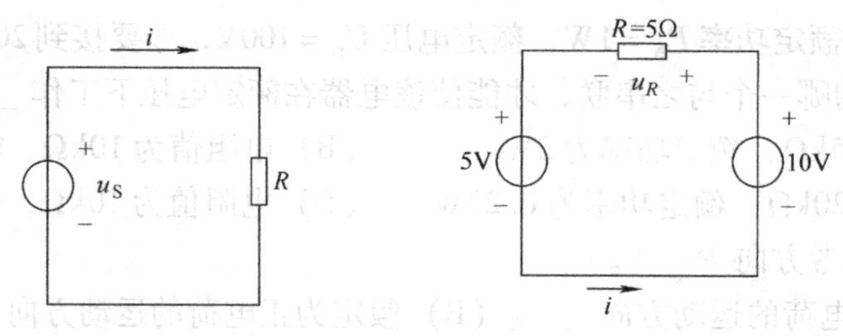


图1-79　题1.1.7图　　图1-80　题1.1.8图

1.1.9　求图1-81所示电路中开关S闭合和断开两种情况下a、b、c三点的电位。

1.1.10　求图1-82所示电路中开关S闭合和断开两种情况下a、b、c三点的电位。

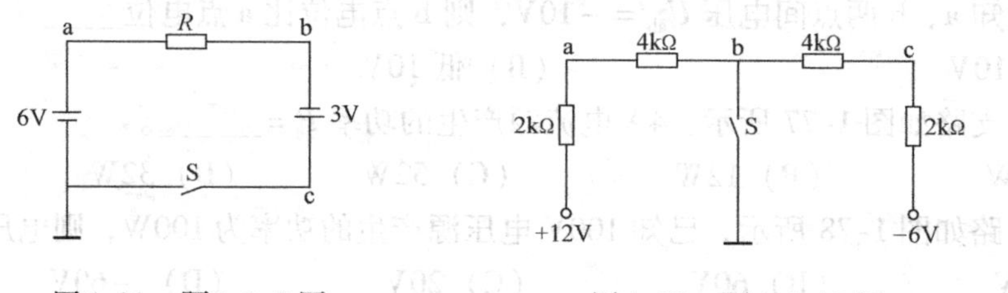


图1-81　题1.1.9图　　图1-82　题1.1.10图

1.2.1　选择题。

（1）下列关于电容叙述正确的是______。

（A）极板是导体　　（B）极板间的介质是绝缘体

（C）电容中有恒定的直流电流　　（D）电容不和电源相连时，存储的电荷不确定

（E）以上都不对

（F）以上答案都对　（G）只有（A）和（B）是对的

（2）下列叙述正确的是______。

（A）带电量的电容介质中有电流

（B）电容和交流电源相连时，将会从电源充电

(C) 理想电容在电源断开时放电

(3) 可以增加电容电压的方法是______。

(A) 增加极板间的距离　　(B) 减小极板间的距离

(C) 增大极板的面积　　(D) (B) 和 (C) 都是

(4) 可以增大电容的方法是______。

(A) 增加极板间的距离　　(B) 减小极板间的距离

(C) 增大极板的面积　　(D) 减小极板的面积

(E) (A) 和 (D) 都正确　　(F) (B) 和 (C) 都正确

(5) 一个不带电的电容和一个电阻，一个开关，一个12V的电源串联。开关闭合的瞬间，电容上的电压是______。

(A) 12V　　(B) 6V

(C) 24V　　(D) 0V

(6) 通过电感元件的电流增加，磁场中的能量将______。

(A) 减少　　(B) 不变

(C) 增加　　(D) 加倍

(7) 能使铁心的电感增加的方法是______。

(A) 增加匝数　　(B) 移走铁心

(C) 增加铁心长度　　(D) 使用更粗的导线

(8) 一个电感元件和一个电阻，一个开关，并联于12V的电源。开关闭合的瞬间，电感上的电压是______。

(A) 0V　　(B) 12V

(C) 6V　　(D) 4V

(9) 一个欧姆表接在电感元件两端，指针指向无穷，则电感元件______。

(A) 完好　　(B) 开路

(C) 短路　　(D) 有感抗

(10) 若通过某电阻的电流为零，则该电阻两端的电压______。

(A) 不一定为零　　(B) 一定为零

(11) 若某电阻两端电压为零，则通过该电阻的电流______。

(A) 不一定为零　　(B) 一定为零

(12) 将标明220V、40W的灯泡接在电压低于220V的电源上，灯泡实际消耗的功率______。

(A) 大于40W　　(B) 小于40W

(13) 理想电容元件在某时刻的电流值为零，则该时刻电容上的储能______。

(A) 一定为零　　(B) 不一定为零

(14) 电容 $C_1$ 与 $C_2$ 串联，其等效电容 $C=$______。

(A) $C_1+C_2$　　(B) $\dfrac{C_1C_2}{C_1+C_2}$

(15) 电容在直流稳态电路中相当于______。

(A) 开路　　(B) 短路

（16）理想电感元件在某时刻其电压值为零，则该时刻电感上的储能______。

（A）不一定为零　　　　（B）一定为零

（17）电感元件 $L_1$ 与 $L_2$ 并联，其等效电感 $L=$______。

（A）$L_1+L_2$　　　　（B）$\dfrac{L_1L_2}{L_1+L_2}$

（18）理想电感元件在直流稳态电路中相当于______。

（A）开路　　　　（B）短路

1.2.2　已知两个金属膜电阻的标称电阻值与额定功率分别为 360Ω、1W 和 120Ω、0.5W。求：

（1）两个电阻串联时可以外加的最大电压值 $U_1$ 是多少？两个电阻消耗的功率各为多少？

（2）两个电阻并联时可以外加的最大电压值 $U_1$ 是多少?，两个电阻消耗的功率各为多少?

1.2.3　在图 1-83a 所示的电路中，通过电容元件的电流 $i_C$ 是多少？电容元件两端的电压 $u_C$ 是多少？电容的储能是否为零？为什么？在图 1-83b 所示的电路中，通过电感的电流 $i_L$ 是多少？电感两端的电压 $u_L$ 是多少？电感的储能是否为零？为什么？

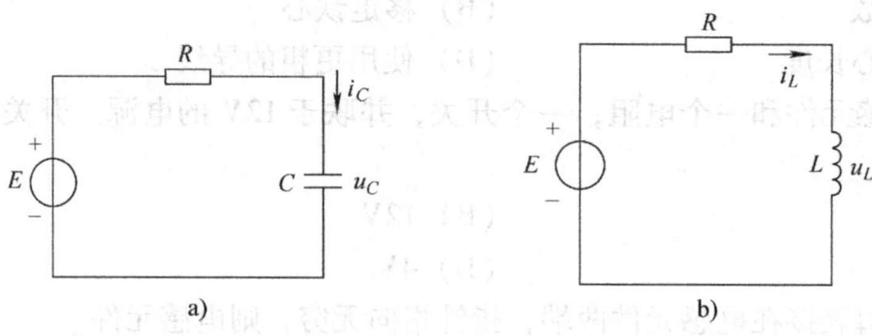


图 1-83　题 1.2.3 图

1.2.4　某负载为一个可变电阻器，由电压一定的蓄电池供电，当负载电阻增加时，该负载是增加了还是减小了？

1.2.5　图 1-84 所示电路中的电源短路时，是烧坏电源还是烧坏照明灯？

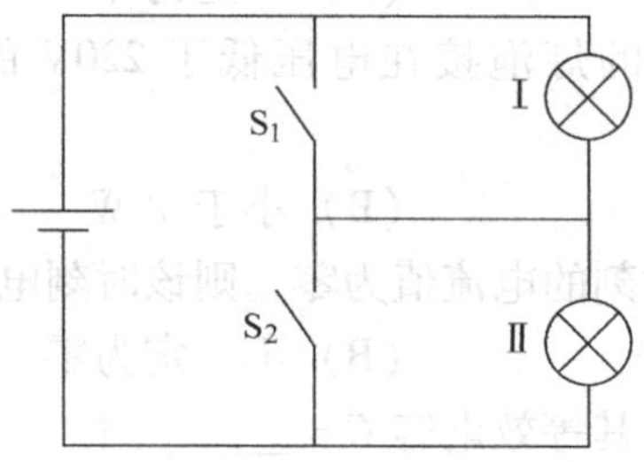


图 1-84　题 1.2.5 图

1.2.6　今需要一只 1W、500kW 的电阻，但手头只有 0.5W、250kΩ 和 0.5W、1MΩ 的

电阻许多只，试问应怎样解决？

1.3.1　凡是与理想电压源并联的理想电流源其电压是一定的，因而后者在电路中不起作用；凡是与理想电流源串联的理想电压源其电流是一定的，因而后者在电路中也不起作用。这种观点是否正确？

1.3.2　试根据理想电压源和理想电流源的特点分析图1-85所示的两电路：当$R$变化时，对其余电路（线框内的电路）的电压和电流有无影响？$R$变化时所造成的影响是什么？

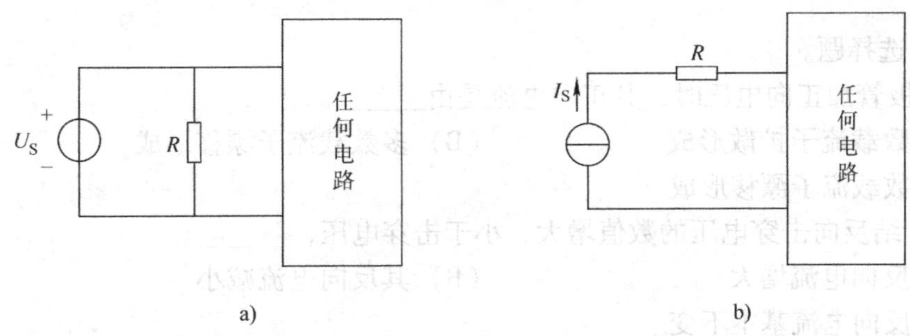


图1-85　题1.3.2图

1.3.3　如图1-86所示电路，要求计算$R$中的电流。下列三个算式，哪个是正确的？

（1）$I=\frac{10}{2}\text{A}=5\text{A}$；（2）$I=\frac{10}{2}\text{A}+3\text{A}=7\text{A}$；（3）$I=\frac{10-2\times2}{2}\text{A}=3\text{A}$。

图1-86中三个元件哪些是电源？哪些是负载？若恒流源的大小改为5A和8A，方向不变，$I$等于多少？三个元件中，哪些是电源？哪些是负载？若恒流源的大小仍为2A，但方向改变，$I$等于多少？三个元件中，哪些是电源？哪些是负载？

1.3.4　1A的恒流源能否与2A的恒流源并联？并联后的总电流是多少？这两个电源能否串联？为什么？两个1A的恒流源的能否串联？由此得出的结论是什么？（恒流源的内阻为无穷大）

1.3.5　求图1-87所示电路中恒流源两端的电压$U_1$、$U_2$及其功率，并说明是起电源作用还是起负载作用。

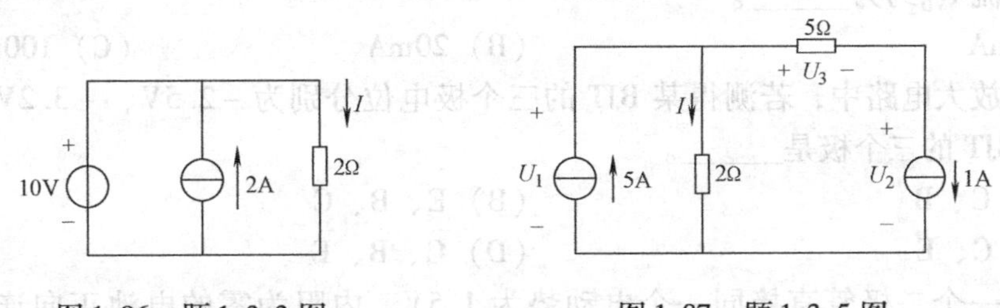


图1-86　题1.3.3图　　　图1-87　题1.3.5图

1.3.6　试分析图1-88所示两电路中：

（1）图1-88a中的理想电压源在$R$为何值时既不取用也不输出电功率？在$R$为何范围时输出电功率？在$R$为何范围时取用电功率？而理想电流源处于何种状态？

（2）图1-88b中的理想电流源在$R$为何值时既不取用也不输出电功率？在$R$为何范围

时输出电功率？在 $R$ 为何范围时取用电功率？而理想电压源处于何种状态？

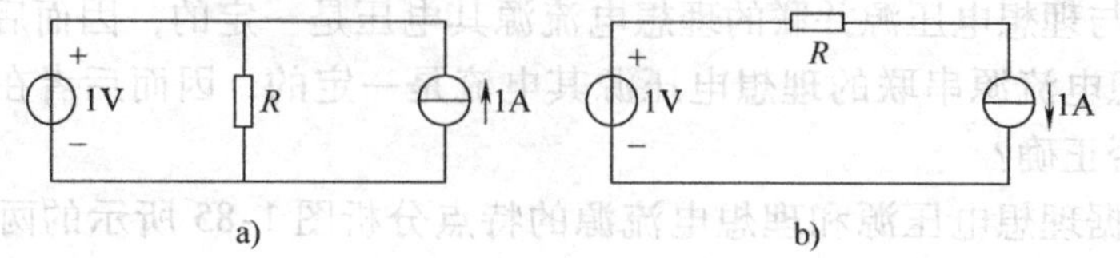


图1-88　题1.3.6图

1.4.1　选择题。

（1）二极管加正向电压时，其正向电流是由______。

（A）多数载流子扩散形成　（B）多数载流子漂移形成

（C）少数载流子漂移形成

（2）PN结反向击穿电压的数值增大，小于击穿电压，______。

（A）其反向电流增大　（B）其反向电流减小

（C）其反向电流基本不变

（3）稳压管是利用PN结的______。

（A）单向导电性　（B）反向击穿性　（C）电容特性

（4）本征半导体中的自由电子浓度______空穴浓度。

（A）大于　（B）小于　（C）等于

（5）N型半导体______。

（A）带正电　（B）带负电　（C）呈中性

（6）当PN结正向偏置时，耗尽层将______。

（A）不变　（B）变宽小于　（C）变窄

（7）稳压管通常工作于______，来稳定直流输出电压。

（A）截止区　（B）正向导通区　（C）反向击穿区

（8）对于稳定电压为10V的稳压管，当环境温度升高时，其稳定电压将______。

（A）升高　（B）降低　（C）不变

（9）一个硅二极管在正向电压 $U_D=0.6V$ 时，正向电流 $I_{VD}=10mA$。若 $U_{VD}$ 增大到0.66V，则电流 $I_{VD}$ 约为______。

（A）11mA　（B）20mA　（C）100mA

（10）在放大电路中，若测得某BJT的三个极电位分别为 −2.5V、−3.2V、−9V，则分别代表该BJT的三个极是______。

（A）E、C、B　（B）E、B、C

（C）B、C、E　（D）C、B、E

（11）把一个二极管直接同一个电动势为1.5V、内阻为零的电池正向连接，该二极管______。

（A）击穿　（B）电流为零

（C）电流正常　（D）电流过大使二极管烧坏

（12）稳压管电路如图1-89所示，稳压管的稳压值 $U_Z=6.3V$，正向导通压降 $U_D=0.7V$，其输出电压为______。

（A）6.3V　　（B）0.7V

（C）7V　　（D）14V

（13）在BJT放大电路中，测得BJT的各个电极的电位如图1-90所示，该BJT的类型是______。

（A）NPN型硅管　　（B）PNP型硅管

（C）NPN型锗管　　（D）PNP型锗管

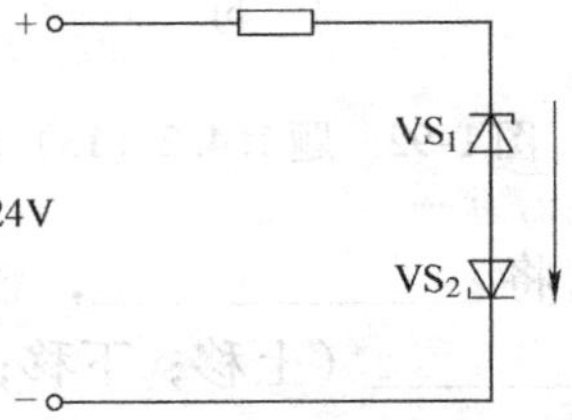

图1-89　题1.4.1（12）图

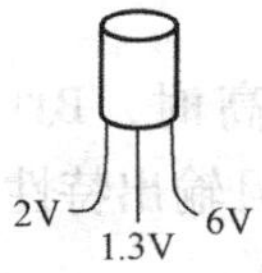

图1-90　题1.4.1（13）图

1.4.2　填空题。

（1）在杂质半导体中多数载流子的数量与________（掺杂浓度；温度）有关。

（2）在杂质半导体中少数载流子的数量与________（掺杂浓度；温度）有关。

（3）当温度升高时，少数载流子的数量________（减少；不变；增多）。

（4）在外加电压的作用下，P型半导体中的电流主要是______，N型半导体中的电流主要是________（电子电流；空穴电流）。

（5）PN结的特性为________，当外加正向电压时，扩散电流______漂移电流（大于；等于；小于）。此时耗尽层________（变宽；不变；变窄）。

（6）二极管的正向电阻________，反向电阻______（大；小）。

（7）当温度升高时，BJT的$\beta$________，反向电流________，$U_{BE}$________（变大；变小；不变）。

（8）FET的电流由______组成（多数载流子；少数载流子；两种载流子），故称为________晶体管（单极型；双极型）。它是通过改变____________来改变漏极电流的（栅极电流；栅源电压；漏源电压）。

（9）某BJT的$I_{CM}=100\text{mA}$，$P_{CM}=150\text{mW}$，$U_{(BR)CEO}=30\text{V}$。若工作电流$I_C=1\text{mA}$，则工作电压的极限值为______V。

（10）BJT放大器出现饱和失真是因为基极电流调得过________所致（大；小）。

（11）测得某放大电路中的BJT三个电极X、Y、Z的电位分别是−9V、−6V、−6.2V，则该管是________型BJT（PNP；NPN）；X、Y、Z分别为______极、______极和______极（发射极；基极；集电极）。

（12）判别图1-91所示电路中二极管的工作状态，$VD_1$________；$VD_2$________（截止；导通）。

（13）若测得BJT各电极电位如图1-92所示，请判别其工作状态，其中，图1-92a BJT工作在________；图1-92b BJT工作在__________；图1-92c BJT工作在________（饱和；截止；放大）。

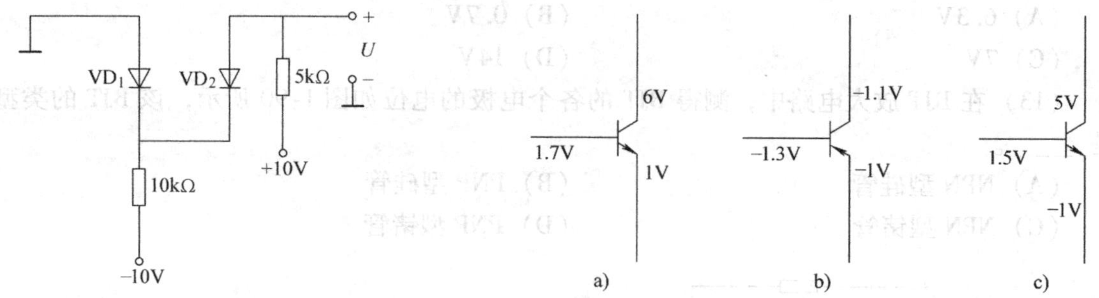


图 1-91 题 1.4.2（12）图　　图 1-92 题 1.4.2（13）图

（14）温度升高时，BJT 的共射输入特性曲线将＿＿＿＿＿＿，输出特性曲线将＿＿＿＿＿，而且输出特性曲线之间的间隔将＿＿＿＿＿＿（上移；下移；左移；右移；增大；减小；不变）。

1.4.3 判断题。

（1）P 型半导体可通过在纯净半导体中掺入五价磷元素而获得。（　　）

（2）N 型半导体中，掺入高浓度的三价杂质可以转型为 P 型半导体。（　　）

（3）P 型半导体带正电，N 型半导体带负电。（　　）

（4）PN 结的扩散电流是载流子在电场作用下形成的。（　　）

（5）漂移电流是少数载流子在内电场作用下形成的。（　　）

1.4.4 空穴是一种载流子吗？空穴导电时电子运动吗？

1.4.5 PN 结上所加端电压与电流是线性的吗？它为什么具有单向导电性？

1.4.6 N 型半导体中的自由电子多于空穴，P 型半导体中的空穴多于自由电子，是否 N 型半导体带负电，而 P 型半导体带正电？

1.4.7 为什么说扩散运动是多数载流子的运动，漂移运动是少数载流子的运动？

1.4.8 设图 1-93 中的 $VD_1$、$VD_2$ 都是理想二极管，求电阻 $R$（$R=3k\Omega$）中的电流和电压 $U_o$。

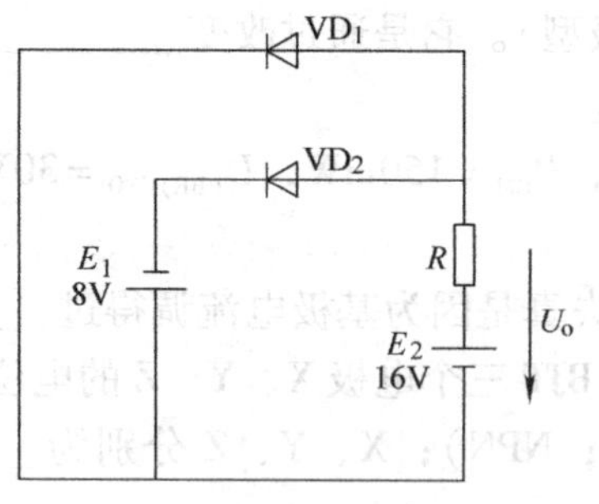


图 1-93 题 1.4.8 图

1.4.9 根据图 1-94 所示 BJT 的三个电极实测对地电压数据，试判断各 BJT 的类型（NPN 型或 PNP 型）和材料（硅或锗），并判断它们分别处于何种工作状态。

（1）图 1-94a 是＿＿＿＿型＿＿＿＿，工作在＿＿＿＿＿状态；

（2）图1-94b是________型________，工作在__________状态；

（3）图1-94c是________型________，工作在__________状态；

（4）图1-94d是________型________，工作在__________状态。

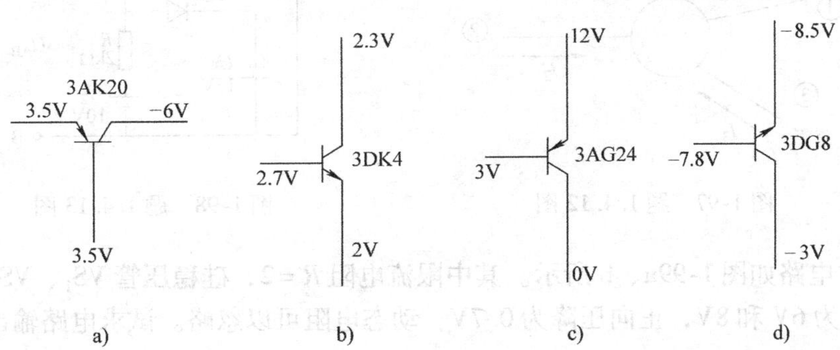


图1-94 题1.4.9图

1.4.10 在图1-95中，试求下列几种情况下输出端Y的电位$U_Y$及各元件（$R$、$VD_A$、$VD_B$）中流过的电流：

（1）$U_A = U_B = 0V$；

（2）$U_A = +3V$，$U_B = 0V$；

（3）$U_A = U_B = +3V$。

二极管的正向压降可忽略不计。

1.4.11 测得处于放大状态的BJT的电极电位分别如图1-96a ~ c所示，试判断各BJT的类型，并区分E、B、C三个电极。

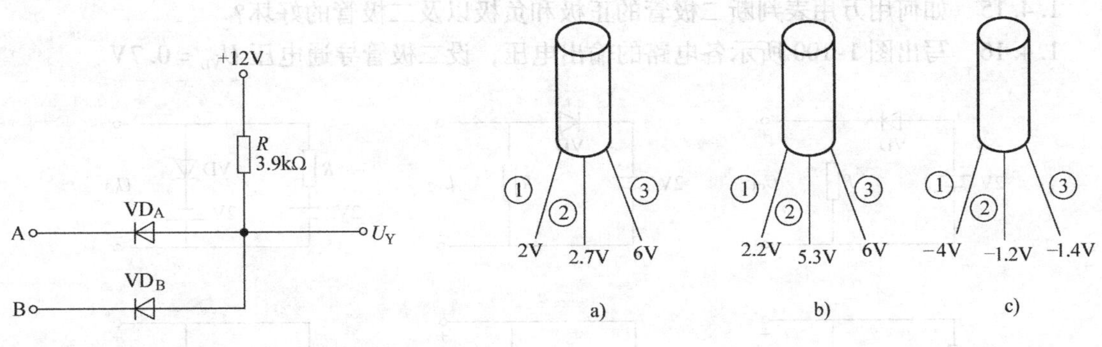


图1-95 题1.4.10图

图1-96 题1.4.11图

1.4.12 在某放大电路中，BJT三个电极的电流如图1-97所示。已知$I_1 = -1.2mA$，$I_2 = -0.03mA$，$I_3 = 1.23mA$。由此可知：

（1）电极①是________极，电极②是________极，电极③是________极；

（2）此BJT的电流放大系数$\beta$约为________；

（3）此BJT的类型是________型。

1.4.13 设图1-98所示电路中的二极管性能均为理想状态。试判断电路中的二极管是导通还是截止，并求出A、B两点之间的电压$U_{AB}$。

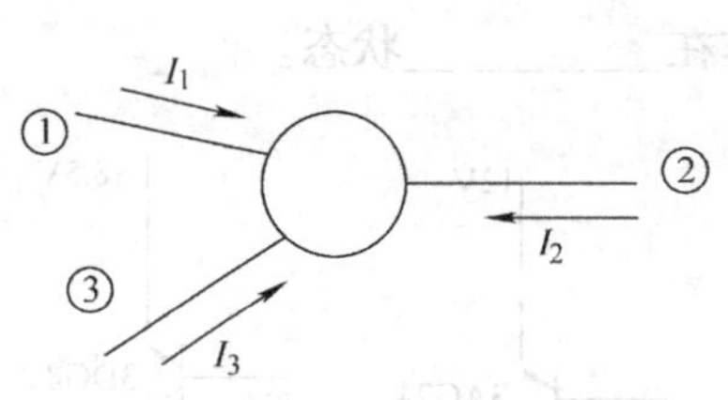


图1-97 题1.4.12图

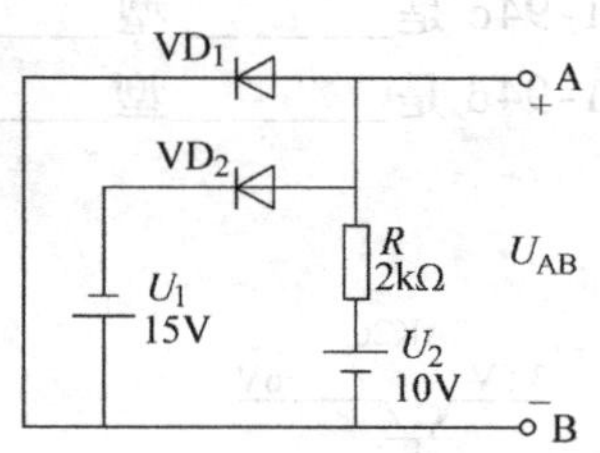


图1-98 题1.4.13图

1.4.14 电路如图1-99a、b所示。其中限流电阻$R=2$，硅稳压管$VS_1$、$VS_2$的稳定电压$U_{Z1}$、$U_{Z2}$分别为6V和8V，正向压降为0.7V，动态电阻可以忽略。试求电路输出端A、B之间的电压$U_{AB}$。

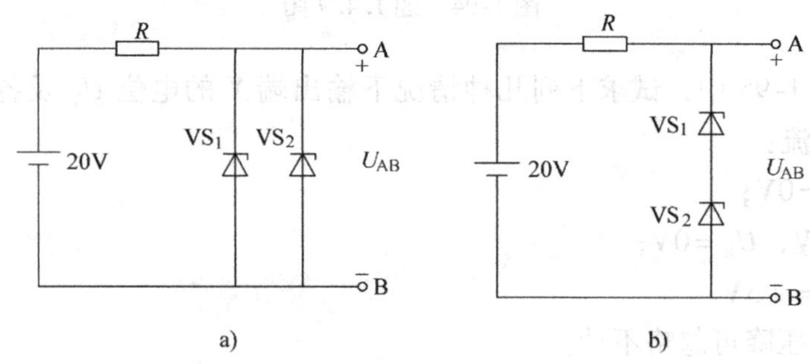


图1-99 题1.4.14图

1.4.15 如何用万用表判断二极管的正极和负极以及二极管的好坏？

1.4.16 写出图1-100所示各电路的输出电压，设二极管导通电压$U_{VD}=0.7V$。

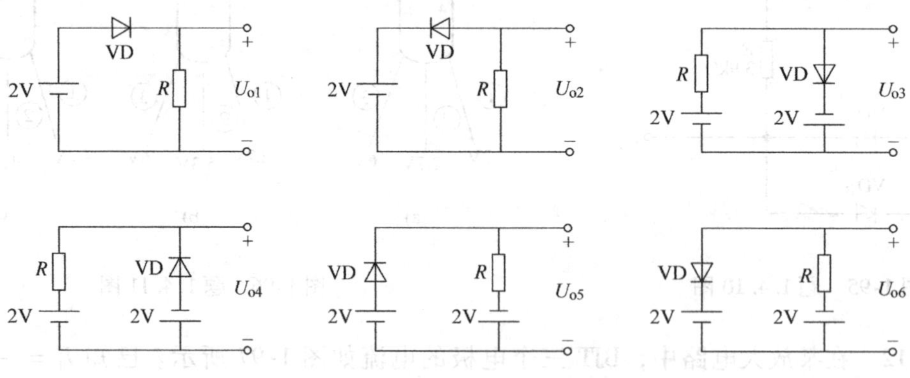


图1-100 题1.4.16图

1.4.17 已知稳压管的稳压值$U_Z=6V$，稳定电流的最小值$I_{Zmin}=5mA$。求图1-101所示电路中$U_{o1}$和$U_{o2}$各为多少伏。

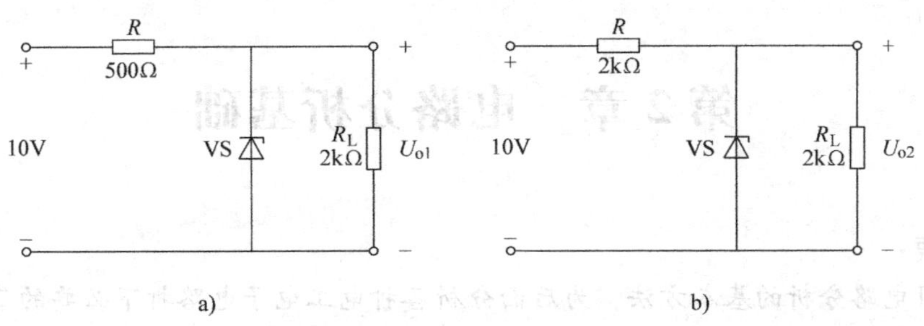


图1-101　题1.4.17图

1.4.18　已知两只BJT的电流放大系数$\beta$分别为50和100，现测得放大电路中这两只管子两个电极的电流如图1-102所示。分别求另一电极的电流，标出其实际方向，并在圆圈中画出管子。

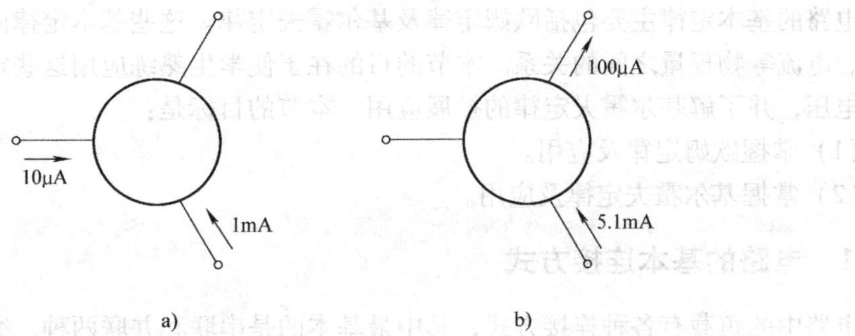


图1-102　题1.4.18图

1.4.19　发光二极管的工作电压和工作电流一般在什么范围？

1.4.20　为什么在用光敏二极管测光的电路中经常会有温度补偿电路环节？

1.4.21　在一块正常工作的放大电路板上，测得两个BJT的三个电极的电位分别是-0.7V、-1V、-6V和2.5V、3.2V、9V，试判别BJT的三个电极，并说明它们是PNP型还是NPN型，是硅管还是锗管？

# 第 2 章　电路分析基础

**内容提要：**

本章学习电路分析的基本方法，为后面分析各种电工电子电路打下必要的基础。首先介绍基尔霍夫定律，以及支路电流法和节点电压法，然后说明两个重要的电路定理——叠加定理与等效电源定理的内容及应用。在交流电路中，着重介绍如何用相量法分析正弦交流电路。

## 2.1　电路的基本定律

电路的基本定律主要包括欧姆定律及基尔霍夫定律。这些基本定律阐明了电路中各部分电压、电流等物理量之间的关系。本节的目的在于使学生熟练应用这些定律求解节点电流和回路电压，并了解基尔霍夫定律的扩展应用。本节的目标是：

（1）掌握欧姆定律及应用。

（2）掌握基尔霍夫定律及应用。

### 2.1.1　电路的基本连接方式

电路中的负载有各种连接方式，其中最基本的是串联和并联两种。究竟采取什么连接方式，主要依据对负载电压和电流有什么要求。

#### 2.1.1.1　电阻的串联

两个或多个电阻按首尾依次顺序连接，并且在这些电阻中通过同一电流，这种连接方式称为电阻的串联。在电路总电压 $U$ 和电流 $I$ 不变时，串联电阻可用一个等效电阻替代，等效电阻等于各串联电阻之和，即

$$R = R_1 + R_2 + R_3 + \cdots + R_n \tag{2-1}$$

串联电阻有分压作用。若两个电阻串联，如图 2-1 所示，则等效电阻为

$$R = R_1 + R_2$$

每个电阻上的电压分别是

$$\begin{cases} U_1 = R_1 I = \dfrac{R_1}{R_1 + R_2} U \\ U_2 = R_2 I = \dfrac{R_2}{R_1 + R_2} U \end{cases} \tag{2-2}$$

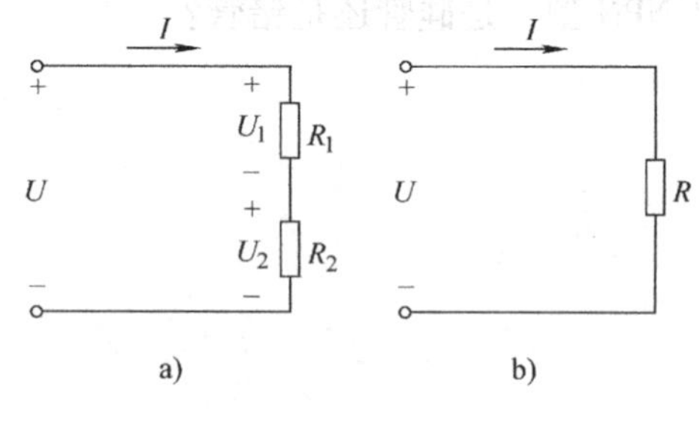


图 2-1　串联电路

可见，串联电阻上电压的分配与电阻成正比。

#### 2.1.1.2　电阻的并联

两个或多个电阻在电路中连接在两个公共节点之间，并且这些电阻承受同一电压，这种

连接方式称为电阻的并联，如图 2-2 所示。等效电阻的倒数等于各并联电阻的倒数之和，即

$$\frac{1}{R}=\frac{1}{R_1}+\frac{1}{R_2}+\cdots+\frac{1}{R_n} \tag{2-3}$$

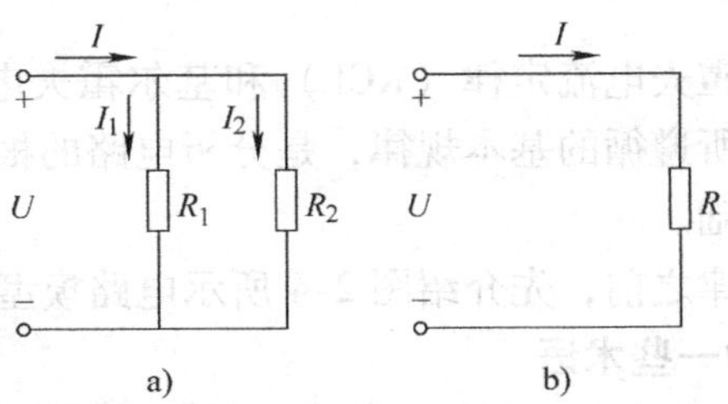


图 2-2　并联电路

式（2-3）也可以写为

$$G=G_1+G_2+\cdots+G_n \tag{2-4}$$

式中　$G$——电导（电阻的倒数），单位为 S。

若两个电阻并联，则各电阻上的电流分别为

$$\begin{cases} I_1=\dfrac{U}{R_1}=\dfrac{RI}{R_1}=\dfrac{R_2}{R_1+R_2}I \\ I_2=\dfrac{U}{R_2}=\dfrac{RI}{R_2}=\dfrac{R_1}{R_1+R_2}I \end{cases} \tag{2-5}$$

式（2-5）说明，并联电阻上的电流分配与电阻成反比。

## 2.1.2　欧姆定律

欧姆定律是分析电路的基本定律之一，是用于描述线性电阻伏安特性的一个关系式。在第 1 章已介绍过，欧姆定律表明，流过电阻 $R$ 的电流 $I$ 与电阻两端的电压 $U$ 成正比。欧姆定律的数学表达式为

$$U=\pm RI \tag{2-6}$$

式中　$R$——该段电路的电阻。

当 $U$ 与 $I$ 的采用关联参考方向时取“+”，否则取“−”，如图 2-3 所示。

由式（2-6）可见，当电路所加的电压 $U$ 一定时，电阻 $R$ 越大，则电流 $I$ 越小，说明电阻对电流具有阻碍作用。

在国际单位制中，电阻的单位为欧姆（Ω）。若电阻两端的电压为 1V，流过的电流是 1A，则该段电路的电阻为 1Ω。在计量大电阻时，则以千欧（kΩ）或兆欧（MΩ）为单位，有

$$1\text{M}\Omega=10^3\text{k}\Omega=10^6\Omega \tag{2-7}$$

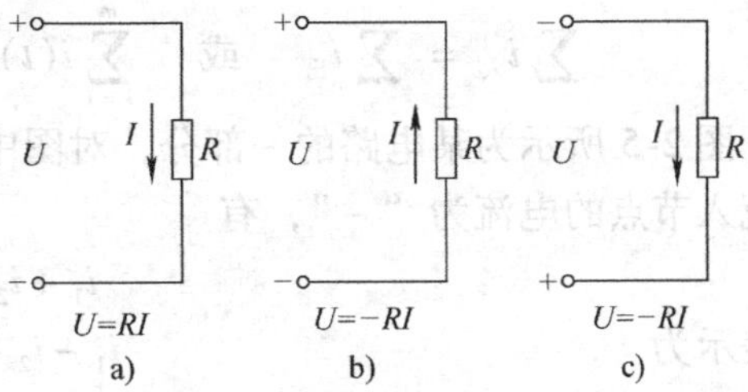

图 2-3　电路中 $U$ 与 $I$ 的正方向

应用欧姆定律必须注意：①只适用于线性电阻（$R$ 为常数）。②如电阻上的电压与电流

参考方向非关联，公式中应冠以负号。③线性电阻的电压和电流是同时存在、同时消失的，是无记忆、双向性的元件。

## 2.1.3 基尔霍夫定律

基尔霍夫定律包括基尔霍夫电流定律（KCL）和基尔霍夫电压定律（KVL）。它反映了电路中所有支路电压和电流所遵循的基本规律，是分析电路的根本依据。基尔霍夫定律与元件特性构成了电路分析的基础。

在具体讲述基尔霍夫定律之前，先介绍图2-4所示电路模型中的一些术语。

### 2.1.3.1 电路模型中的一些术语

（1）支路（Branch）。电路中通过同一电流的分支。通常用 $b$ 表示支路数。一条支路可以是单个元件构成，也可以由多个元件串联组成。例如，图2-4所示电路中有3条支路。

（2）节点（Node）。3条或3条以上支路的公共连接点称为节点。通常用 $n$ 表示节点数。例如，图2-4所示电路中有a、b两个节点。

（3）路径（Path）。两节点间的一条通路。路径由支路构成。例如，图2-4所示电路中，a、b两个节点间有3条路径。

（4）回路（Loop）。由支路组成的闭合路径。通常用 $l$ 表示回路。例如，图2-4所示电路中有3个回路，分别由支路1和支路2构成、支路2和支路3构成、支路1和支路3构成。

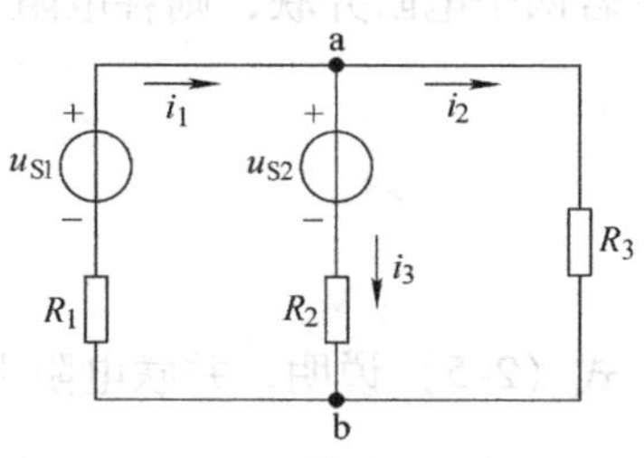

图2-4 电路模型

（5）网孔（Mesh）。对平面电路，内部不含任何支路的回路称网孔。例如，图2-4所示电路中有两个网孔，分别由支路1和支路2构成、支路2和支路3构成。支路1和支路3构成的回路不是网孔。因此，网孔是回路，但回路不一定是网孔。

### 2.1.3.2 基尔霍夫电流定律

基尔霍夫电流定律（KCL）是反映电路中任一节点处各支路电流间相互制约的关系。它的基本内容是：电路中在任一瞬间，流向任一节点的电流等于流出该节点的电流（或在任一瞬间流出或流入该节点电流的代数和等于零）。

用数学式表示为

$$\sum i_{\text{入}} = \sum i_{\text{出}} \quad \text{或} \quad \sum_{k=1}^{m} i(t) = 0 \quad \text{或} \quad \sum_{i=1}^{m} I = 0\ (\text{直流电路中}) \tag{2-8}$$

图2-5所示为某电路的一部分，对图中节点列KCL方程，设流出节点的电流为“+”，则流入节点的电流为“-”，有

$$i_1 + i_2 = i_3 + i_4 + i_5 \tag{2-9}$$

或表示为

$$-i_1 - i_2 + i_3 + i_4 + i_5 = 0$$

事实上，KCL不仅适用于电路中的节点，对电路中任意假设的闭合曲面，它也是成立的，如图2-6所示电路，3个节点上的KCL方程分别如下：

节点1 $\quad 0 = i_1 + i_4 + i_6$

节点2 $\quad i_2 + i_4 = i_5$

节点3 $i_5+i_6=i_3$

三式相加得 $i_2=i_1+i_3$

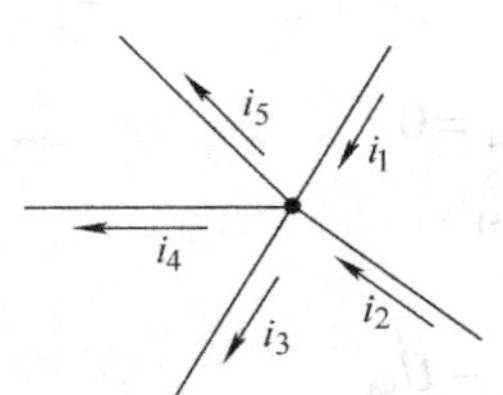


图2-5 基尔霍夫电流定律示例

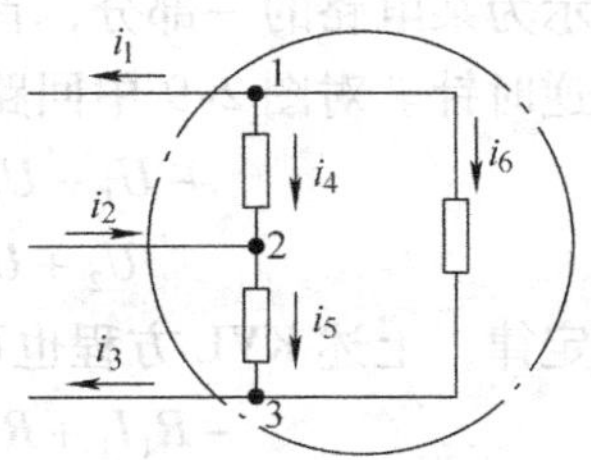


图2-6 基尔霍夫定律应用于广义节点

上述表明，KCL可推广应用于电路中包围多个节点的任一闭合面，这里闭合面可看做广义节点。需要明确的是：

（1）KCL是电荷守恒和电流连续性原理在电路中任意节点处的反映。

（2）KCL是对支路电流加的约束，与支路上接的是什么元件无关，与电路是线性还是非线性无关。

（3）KCL方程是按电流参考方向列写，与电流实际方向无关。

**【例2.1.1】** 求图2-7a所示电路中的电流。

**【解】** 作一闭合曲面，如图2-7b所示，把闭合曲面看做一广义节点，应用KCL，有

$$i=[3-(-2)]\ \text{A}=5\text{A}$$

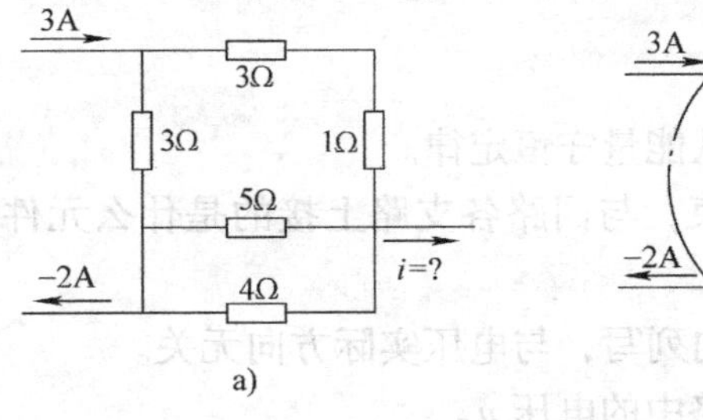


图2-7 例2.1.1图

**【例2.1.2】** 图2-8所示电路为一个NPN型晶体管。晶体管的内部结构用外壳封装起来，引出三个电极到外部，分别叫做发射极E、集电极C、基极B。晶体管接入电路工作时，根据KCL，三个电流之间的关系为

$$I_B+I_C=I_E$$

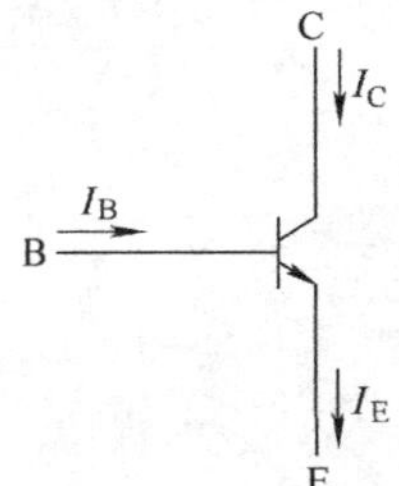


图2-8 例2.1.2图

### 2.1.3.3 基尔霍夫电压定律

基尔霍夫电压定律（KVL）反映了电路中任一回路中各段电压间相互制约的关系。它的基本内容是：在任一瞬间，从回路中任一点出发，沿回路循行一周，则在这个方向上电位升之和等于电位降之和。或在任一瞬间，沿任一回路循行方向，回路中各段电压的代数和恒等于零。

用数学式表示为

$$\sum_{k=1}^{m} u(t) = 0 \quad 或 \quad \sum_{k=1}^{m} U = 0 \quad （直流电路中） \tag{2-10}$$

图2-9所示为某电路的一部分，首先标定各元件的电压参考方向；之后选定回路绕行方向，顺时针或逆时针。对图2-9中回路列KVL方程，有

$$-U_1 - U_{S1} + U_2 + U_3 + U_4 + U_{S4} = 0$$

或

$$U_2 + U_3 + U_4 + U_{S4} = U_1 + U_{S1}$$

应用欧姆定律，上述KVL方程也可表示为

$$-R_1 I_1 + R_2 I_2 - R_3 I_3 + R_4 I_4 = U_{S1} - U_{S4} \tag{2-11}$$

KVL也适用于电路中任一假想的回路，如图2-10所示电路，可列KVL方程

$$U_{ab} = U_1 + U_2 + U_S$$

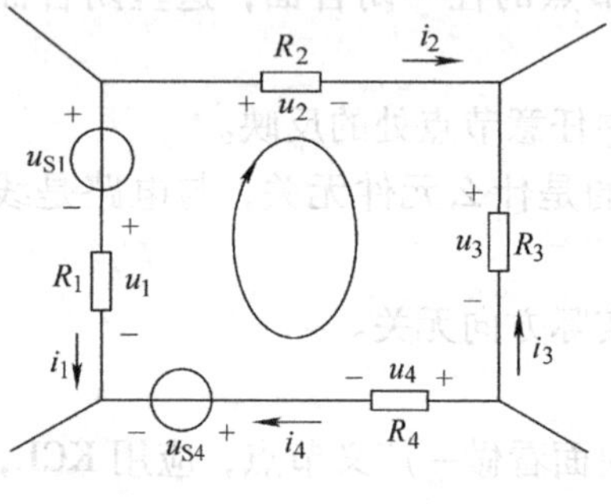

图2-9　基尔霍夫电压定律示例

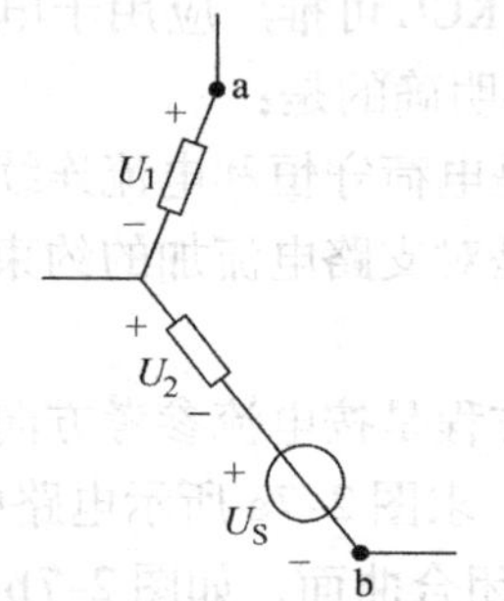


图2-10　基尔霍夫电压定律应用于假想电路

需要明确的是：

（1）KVL的实质反映了电路遵从能量守恒定律。

（2）KVL是对回路电压加的约束，与回路各支路上接的是什么元件无关，与电路是线性还是非线性无关。

（3）KVL方程是按电压参考方向列写，与电压实际方向无关。

**【例2.1.3】** 求图2-11a所示电路中的电压 $u$。

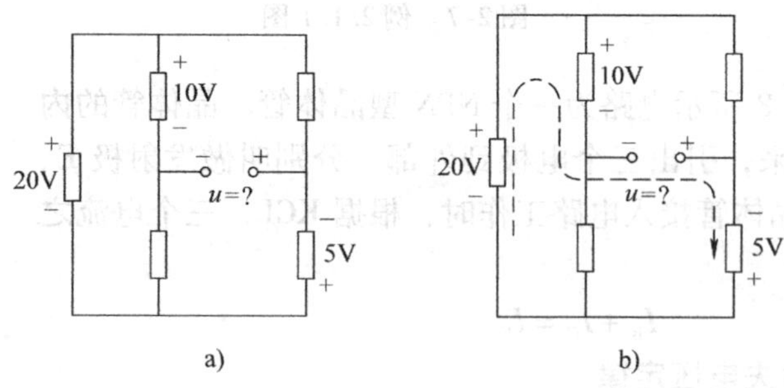


图2-11　例2.1.3图

**【解】** 选取回路，给出回路绕行方向，如图2-11b所示。应用KVL，有

$$U = (10 - 20 - 5)\ \text{V} = -15\text{V}$$

【例 2.1.4】求图 2-12 所示电路中的电流 $i$。

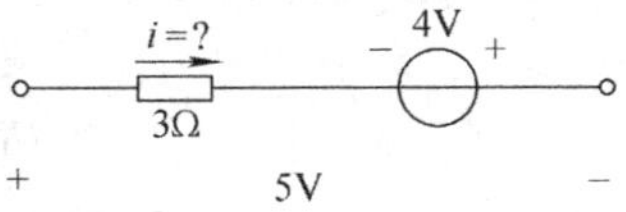

图 2-12　例 2.1.4 图

【解】列写支路上的 KVL 方程（也可设想一回路）

$$3I-4=5^{\ominus}$$

$$I=3\mathrm{A}$$

【例 2.1.5】求图 2-13 所示电路中的电流 $I$。

【解】设 10Ω 电阻所在支路的电流为 $I_1$ 根据 KVL，有

$$10I_1+10=-10$$

$$I_1=-\frac{20}{10}\mathrm{A}=-2\mathrm{A}$$

根据 KCL，有

$$I=I_1-1\mathrm{A}=(-2-1)\ \mathrm{A}=-3\mathrm{A}$$

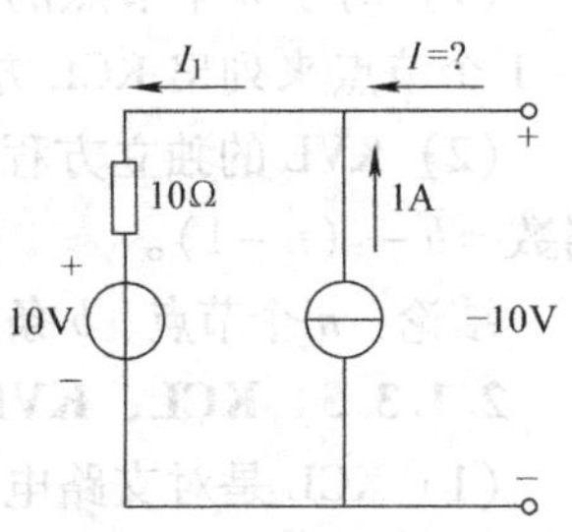


图 2-13　例 2.1.5 图

【例 2.1.6】图 2-14 所示的电路中，已知 $U_1=3\mathrm{V}$，$U_2=6\mathrm{V}$，$R_1=2\mathrm{k\Omega}$，$R_2=10\mathrm{k\Omega}$ 试求 $U_{ab}$。

【解】对左边回路设电流的参考方向如图 2-14 所示，由 KVL 列出回路电压方程为

$$I\ (R_1+R_2)\ -U_1-U_2=0$$

$$I=\frac{U_1+U_2}{R_1+R_2}=\frac{3+6}{2+10}\mathrm{mA}=0.75\mathrm{mA}$$

在对右边开口电路列方程，有

$$U_{ab}=IR_2-U_2=(0.75\times10-6)\ \mathrm{V}=1.5\mathrm{V}$$

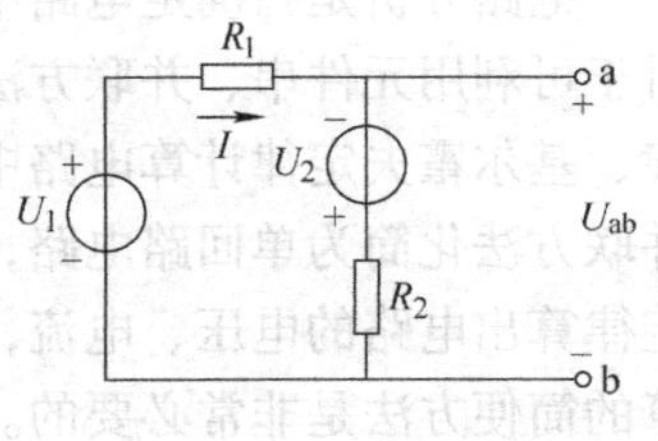

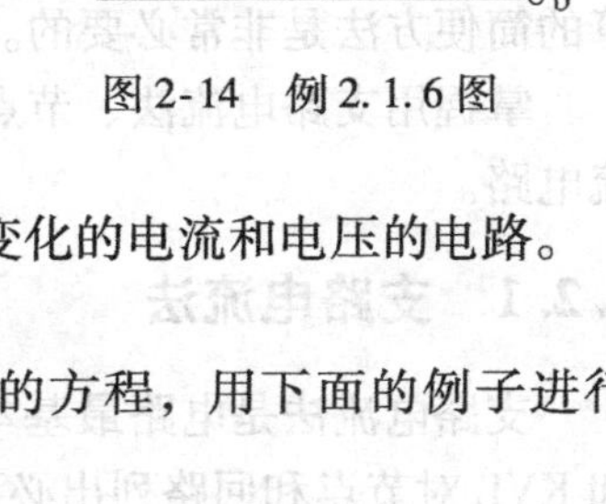

图 2-14　例 2.1.6 图

应该指出，在列方程时，不论是应用基尔霍夫定律或欧姆定律，首先都要在电路图上标出电流、电压或电动势的参考方向。因为所列方程中各项前的正负是由它们的参考方向决定的，如果参考方向选得相反，则会相差一个负号。

KCL 和 KVL 具有普遍性，它们适用于各种由不同元件构成的电路，既适用于直流电阻电路，也适用于任一瞬时、任何变化的电流和电压的电路。

#### 2.1.3.4　关于 KCL、KVL 独立方程式的讨论

在应用 KCL 或 KVL 列方程时，究竟可以列出多少个独立的方程，用下面的例子进行分析。

【例 2.1.7】分析图 2-15 所示的电路中可以列几个电流方程？列几个电压方程？

【解】电流方程如下：

---

⊖ 本书述及的方程中，为了运算简洁便于阅读，如对量的单位无标注及特殊说明，此方程均为数值方程。方程中的物理量均采用 SI 单位，如电压 $U$、电流 $I$、电阻 $R$ 的单位分别为 V、A、Ω。

节点 a：$I_1+I_2=I_3$

节点 b：$I_3=I_1+I_2$

独立方程只有1个。

电压方程如下：

回路1：$U_1=I_1R_1+I_3R_3$

回路2：$U_2=I_2R_2+I_3R_3$

回路3：$U_1-U_2=I_1R_1-I_2R_2$

独立方程只有2个。

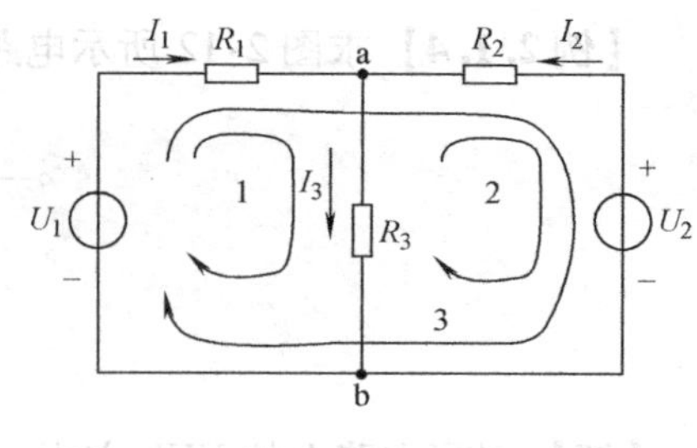

图2-15 例2.1.7图

由此可以得出：

（1）对于 $n$ 个节点的电路，独立的 KCL 方程为 $n-1$ 个，即求解电路问题时，只需选取 $n-1$ 个节点来列出 KCL 方程。

（2）KVL 的独立方程数：根据基本回路的概念，可以证明 KVL 的独立方程数 = 基本回路数 $=b-(n-1)$。

结论：$n$ 个节点、$b$ 条支路的电路，独立的 KCL 和 KVL 方程数为 $(n-1)+b-(n-1)=b$。

**2.1.3.5 KCL、KVL 小结**

（1）KCL 是对支路电流的线性约束，KVL 是对回路电压的线性约束。

（2）KCL、KVL 与组成支路的元件性质及参数无关。

（3）KCL 表明，在每一节点上电荷是守恒的；KVL 是能量守恒的具体体现（电压与路径无关）。

## 2.2 电路的分析方法

电路分析是指确定电路中各部分电压与电流之间的关系，从而进一步了解电路的功能。对于可利用元件串、并联方法化简为单回路的电路称为简单电路，此种电路可以运用欧姆定律、基尔霍夫定律计算电路中的电压、电流等。但实际应用中的多回路电路则不能应用串、并联方法化简为单回路电路，这种电路称为复杂电路。复杂电路要应用欧姆定律和基尔霍夫定律算出电路的电压、电流，相当繁杂。因此，根据电路的结构特点，研究复杂电路分析计算的简便方法是非常必要的。本节的目标是：

掌握用支路电流法、节点电压法、叠加定理、戴维南定理及应用这些定理和方法分析直流电路。

### 2.2.1 支路电流法

支路电流法是电路最基本的分析方法之一。它是以支路电流作为求解对象，应用 KCL 和 KVL 对节点和回路列出必要的方程组，解方程组即可求得各支路电流。它也是求解复杂电路的方法之一。对于有 $n$ 个节点、$b$ 条支路的电路，需求解支路电流的，未知量共有 $b$ 个。只要列出 $b$ 个独立的电路方程，便可以求解。

**1. 支路电流法的求解步骤**

（1）标定各支路电流（电压）的参考方向。

（2）从电路的 $n$ 个节点中任意选择 $n-1$ 个节点列写 KCL 方程。

（3）选择基本回路，结合元件的特性方程列写 $b-(n-1)$ 个 KVL 方程。

（4）求解上述方程，得到 $b$ 个支路电流。

（5）进一步计算支路电压和进行其他分析。

**2. 注意事项**

（1）支路电流法适用于支路数较少的复杂电路。当电路中支路数较多时，方程的数目增加，则计算工作量也就加大。

（2）如果电路中含有理想电流源支路时，所需总方程数等于总支路数减去理想电流源支路数，且独立回路应选取不含理想电流源支路的回路。

**【例 2.2.1】** 写出图 2-16 所示电路的支路电流方程。

**【解】**（1）确定支路数 $b$，标出参考方向，电路中的支路数 $b=5$。

（2）确定电路的独立节点数 $N$，电路中独立节点 $N=(n-1)=2$。写节点方程时假设"流入"节点的电流为正。则

节点 1　　$I_1+I_2-I_3=0$　　(2-12)

节点 2　　$I_3-I_4-I_5=0$　　(2-13)

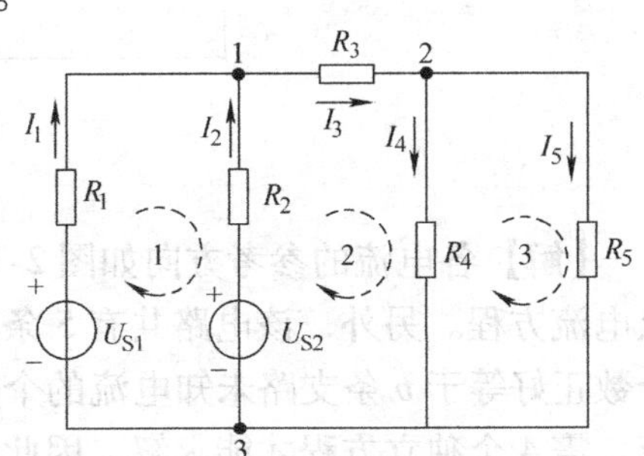


图 2-16　例 2.2.1 图

（3）确定电路的独立回路数 $L$，电路中独立回路 $L=3$。写回路方程时假设循行方向，且与循行方向一致的压降为正。则有

回路 1　　$-U_{S1}+U_{S2}=-R_1I_1+R_2I_2$　　(2-14)

回路 2　　$U_{S2}=R_2I_2+R_3I_3+R_4I_4$　　(2-15)

回路 3　　$-R_4I_4+R_5I_5=0$　　(2-16)

（4）联立独立节点方程 1、2 和独立回路方程 1、2、3，并求解，即可得 $I_1$、$I_2$、$I_3$、$I_4$ 和 $I_5$。

**【例 2.2.2】** 图 2-17 所示电路中，用支路电流法列出求解各支路电流的方程。

**【解】** 首先选择各支路电流的参考方向、独立回路及绕行方向，如图 2-17 所示。分别列出节点 a、b、c 的 KCL 方程和 3 个独立回路 1、2、3 的 KVL 方程如下：

$$-I_1+I_2+I_6=0$$
$$-I_2+I_3+I_4=0$$
$$-I_4+I_5-I_6=0$$
$$R_1I_1+R_2I_2+R_3I_3=-U_{S3}$$
$$-R_3I_3+R_4I_4+R_5I_5=U_{S3}$$
$$-R_2I_2-R_4I_4+R_6I_6=-U_{S6}$$

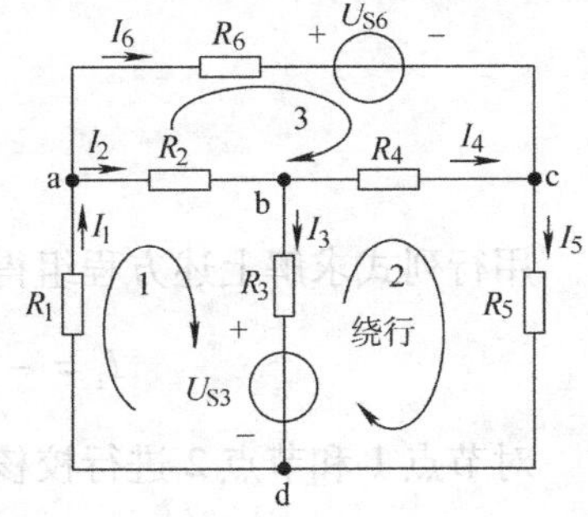


图 2-17　例 2.2.2 图

联立可解出 6 个支路电流。可以看出，当电路支路比较多时，方程将是多元一次方程组。这就是支路电流法的缺点。

注意：当电路中含有理想电流源时，含源支路的电流为已知的，所以支路电流法可以采用特殊的处理方法。具体处理方法如下：

（1）当支路中含有恒流源时，若在列 KVL 方程时，所选回路中不包含恒流源支路，这

时，电路中有几条支路含有恒流源，则可少列几个KVL方程。

（2）若所选回路中包含恒流源支路，则因恒流源两端的电压未知，所以，有一个恒流源就出现一个未知电压，因此，在此种情况下不可少列KVL方程。

【例2.2.3】试求图2-18所示电路中的各支路电流。

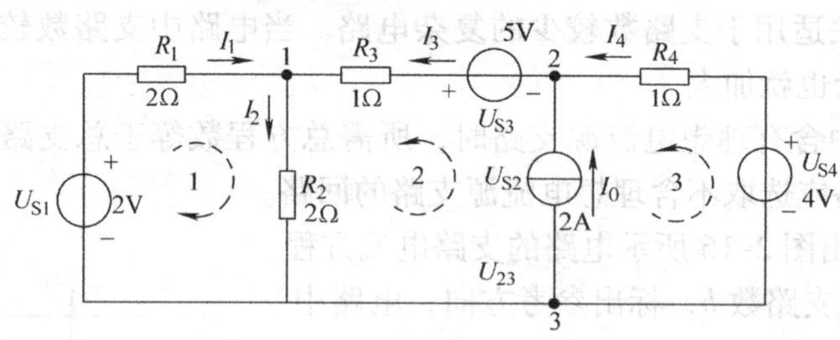


图2-18 例2.2.3图

【解】各电流的参考方向如图2-18所示，因为节点数 $n=3$，故可列 $n-1=2$ 个独立节点电流方程。另外，该电路共有5条支路（$b=5$），理论上，支路电流法能列写独立方程的个数正好等于 $b$ 条支路未知电流的个数，但有一条支路为恒流源支路，则电路有4个未知电流，需4个独立方程才能求解，因此，再列写两个独立回路电压方程即可。

节点1 $$I_1-I_2+I_3=0$$

节点2 $$I_4-I_3+I_0=0$$

回路1 $$R_1I_1+R_2I_2=U_{S1}$$

回路2 $$R_2I_2+R_3I_3=U_{23}+U_{S2}$$

回路3 $$R_4I_4=U_{S4}-U_{23}$$

由回路3方程，可得 $U_{23}=U_{S4}-R_4I_4$，并将此式代入回路2方程中则有

$$R_2I_2+R_3I_3+R_4I_4=U_{S3}+U_{S4}$$

将已知数据代入方程组中，得

$$2I_1+2I_2=2$$
$$2I_2+I_3+I_4=9$$
$$I_1-I_2+I_3=0$$
$$I_4-I_3=-2$$

用行列式求解上述方程组得

$$I_1=-\frac{7}{6},\quad I_2=\frac{13}{6},\quad I_3=\frac{10}{3},\quad I_4=\frac{4}{3}$$

对节点1和节点2进行校核：

节点1 $$I_1-I_2+I_3=-\frac{7}{6}-\frac{13}{6}+\frac{10}{3}=0$$

节点2 $$I_4+I_0-I_3=\frac{4}{3}+2-\frac{10}{3}=0$$

值得注意的是，首先，将电压 $U_{23}$ 代入回路2方程中，所得方程

$$R_2I_2+R_3I_3+R_4I_4=U_{S3}+U_{S4}$$

就是回路2方程和回路3方程相加的结果。实际上，也就是把图中回路2和回路3合成一个

大回路，即所选回路中不包含恒流源支路（回路循行方向仍为逆时针方向）而列出的方程。

## 2.2.2 节点电压法

如果电路中支路多、节点少，用支路电流法求各支路电流时，方程式多，求解就不方便，可以选用节点电压法。节点电压法是以节点电压为未知量列写电路方程分析电路的方法。节点电压法的基本思想：选节点电压为未知量，可以减少方程个数。节点电压自动满足KVL，仅列写KCL方程就可以求解电路。各支路电流、电压可视为节点电压的线性组合。求出节点电压后，便可方便地得到各支路电压、电流。

### 2.2.2.1 节点电压与支路电压的关系

在电路中，任选一节点作参考点，其余各节点与参考点之间的电压差称为相应各节点的电压（位），方向为从独立节点指向参考节点。如图2-19所示电路，选节点③为参考节点，设节点1、2的电位分别为$u_{n1}$、$u_{n2}$，则支路1的电压为节点1的电压$u_{n1}$，支路2的电压为节点电压也是为节点1的电压$u_{n1}$，支路3的电压为节点1和节点2的电压差。依次类推，任一支路电压都可以用节点电压表示。图2-19所示电路中各支路电压分别如下：

$$u_1=u_{n1},\quad u_2=u_{n1},\quad u_3=u_{n1}-u_{n2},\quad u_4=u_{n1}-u_{n2}$$
$$u_5=u_{n2},\quad u_6=u_{n2}$$

各支路电流通过支路电压可以求出。如支路电流

$$i_1=\frac{u_{S1}-u_1}{R_1},\qquad i_2=\frac{u_1}{R_2}$$

### 2.2.2.2 节点电压方程的列写

应用节点电压法分析电路的关键是如何简便、正确地列写出以节点电压为变量的方程。以图2-19所示电路为例，列写节点上的KCL方程，并从中归纳总结出简便列写节点电压方程的方法。

（1）根据图2-19所示参考节点（节点3）和各支路电流的参考方向，对独立节点列KCL方程

$$\begin{cases}-i_1+i_2+i_3-i_4=0\\ -i_3+i_4+i_5+i_6=0\end{cases}\tag{2-17}$$

（2）用节点电压表示支路电流

$$\begin{cases}i_1=\dfrac{u_{S1}-u_1}{R_1},\quad i_2=\dfrac{u_1}{R_2}\\ i_3=\dfrac{u_1-u_2}{R_3},\quad i_4=\dfrac{u_{S4}-(u_1-u_2)}{R_4}\\ i_5=\dfrac{u_2}{R_5},\quad i_6=\dfrac{u_2-u_{S6}}{R_6}\end{cases}\tag{2-18}$$

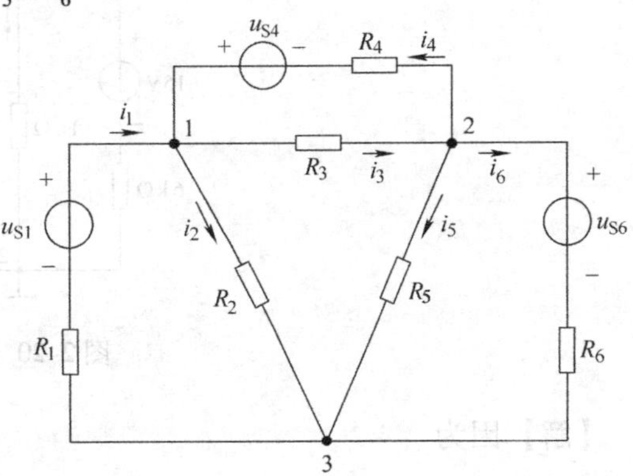

图2-19 节点电压法示例

（3）移项整理后得到以节点电压为变量的节点方程

$$\begin{cases}\left(\frac{1}{R_1}+\frac{1}{R_2}+\frac{1}{R_3}+\frac{1}{R_4}\right)u_1-\left(\frac{1}{R_3}+\frac{1}{R_4}\right)u_2=\frac{u_{S1}}{R_1}+\frac{u_{S4}}{R_4}\\-\left(\frac{1}{R_3}+\frac{1}{R_4}\right)u_1+\left(\frac{1}{R_3}+\frac{1}{R_4}+\frac{1}{R_5}+\frac{1}{R_6}\right)u_2=-\frac{u_{S4}}{R_4}+\frac{u_{S6}}{R_6}\end{cases} \tag{2-19}$$

式（2-19）可以写为

$$\begin{cases}G_{11}u_1-G_{12}u_2=i_{S11}\\-G_{21}u_1+G_{22}u_2=i_{S22}\end{cases} \tag{2-20}$$

观察式（2-19）和式（2-20）可以看出如下规律：

（1）$G_{11}$、$G_{22}$分别是连接到节点1、2的各支路电导的总和，并分别称为节点1、2的自电导（Self Conductance），自电导取正。

（2）$G_{12}$、$G_{21}$是连接到节点1和节点2之间的两支路电导之和的负值，称为节点1和节点2的共电导［或互电导（Mutual Conductance）］，共电导取负。

（3）若电路中不含受控源，$G_{12}=G_{21}$。

（4）$i_{S11}$、$i_{S22}$分别是电流源或等效电流源流入节点1、2电流的代数和。

（5）$G_{11}u_1$表示在节点电压$u_1$单独作用下流出节点1的电流，$G_{12}u_2$表示在节点电压$u_2$单独作用下流出节点1的电流。

节点方程的物理意义是：在各节点电压的共同作用下，流出某节点的电流代数和等于流入该节点电流源的电流的代数和。

由此可得出节点电压法的一般步骤：

（1）选定参考节点，标定其余$n-1$个独立节点。

（2）对$n-1$个独立节点，以节点电压为未知量，列写其KCL方程。

（3）求解上述方程，得到$n-1$个节点电压。

（4）求各支路电流（用节点电压表示）。

（5）其他分析。

【例2.2.4】用节点电压法求图2-20所示电路中各未知的支路电流。

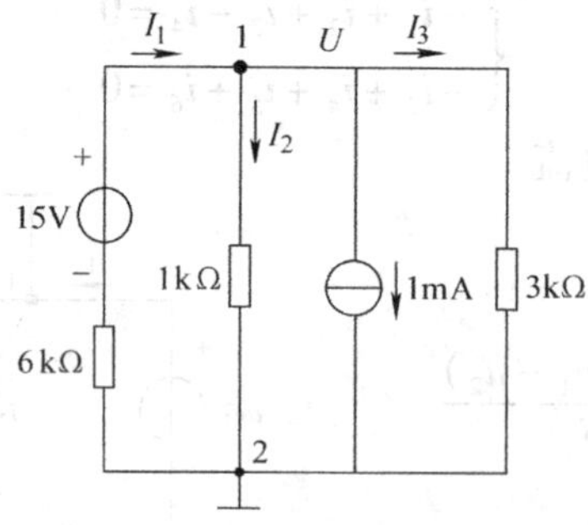


图2-20 例2.2.4图

【解】因为

$$\left(\frac{1}{6\times10^3}+\frac{1}{1\times10^3}+\frac{1}{3\times10^3}\right)U=\frac{15}{6\times10^3}-1\times10^{-3}$$

所以解得 $U=1\text{V}$，于是有 $I_1=\dfrac{15-U}{6\times10^3}=\dfrac{15-1}{6\times10^3}\text{A}=2.33\text{mA}$

$$I_2=\frac{U}{1\times10^3}=1\text{mA}$$

$$I_3=\frac{U}{3\times10^3}=0.333\text{mA}$$

【例 2.2.5】用节点电压法求图 2-21 所示电路中 a、b 两点的电位。c 点为参考节点。

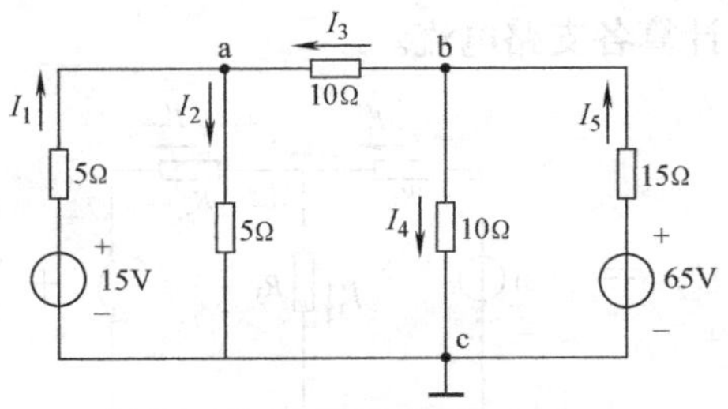


图 2-21 例 2.2.5 图

【解】(1) 应用 KCL 对节点 a 和 b 列方程

$$I_1-I_2+I_3=0$$

$$I_5-I_3-I_4=0$$

(2) 应用欧姆定律求各电流

$$I_1=\frac{15-U_a}{5},\quad I_2=\frac{U_a}{5},\quad I_3=\frac{U_b-U_a}{10}$$

$$I_4=\frac{U_b}{10},\quad I_5=\frac{65-U_b}{15}$$

(3) 将各电流代入 KCL 方程，整理后得

$$5U_a-U_b=30$$

$$-3U_a+8U_b=130$$

$$U_a=10\text{V},\quad U_b=20\text{V}$$

### 2.2.3 电路定理

电路定理是电路理论的重要组成部分，本节介绍的叠加定理、戴维南定理和诺顿定理，适用于所有线性电路的分析，为求解电路提供了另一类分析方法，对于进一步学习后续课程起着重要作用。

#### 2.2.3.1 叠加定理

叠加定理是指：在线性电路中，如果有几个独立的电源（电流源或电压源）同时作用时，在任一支路中所产生的电流或电压等于各个独立电源单独作用在该支路所产生电流或电压的代数和。它是解决许多工程问题的基础，也是分析线性电路的常用方法之一。

在考虑含多个电源的复杂电路中某一独立电源单独作用时，其余独立电源均按零值处理：理想电压源相当于“短路”；理想电流源相当于“开路”。电源内阻、受控源应保留在原电路中不变。同时，在用叠加定理求电路总电压或者总电流时，要注意电流、电压的参考方向，若所求电流或电压的参考方向与原电流或电压的参考方向一致则取正，否则取负。

应用叠加定理的注意事项如下：

（1）叠加定理只适用线性电路，不能应用于非线性电路。

（2）叠加定理只适用于电路中电流和电压的分析计算，不适用于功率。

（3）叠加定理不仅适用于直流复杂电路，而且也适用于正弦交流电路、非正弦周期电流电路和暂态电路。

【例2.2.6】在图2-22a所示电路中，已知 $R_1=6\Omega$，$R_2=3\Omega$，$R_3=6\Omega$，$U_{S1}=24V$，$U_{S2}=30V$。要求用叠加定理计算各支路电流。

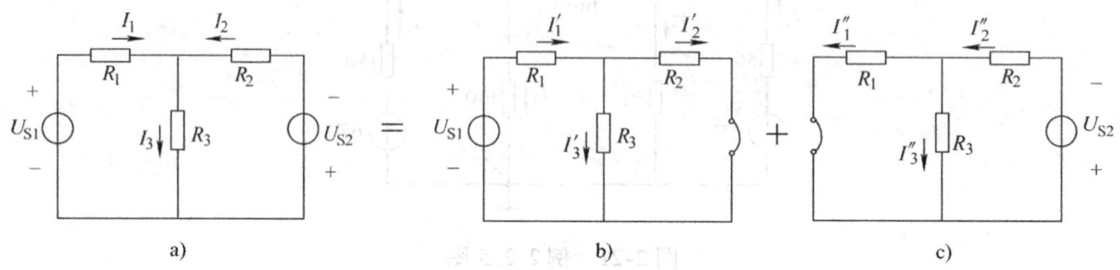


图2-22　例2.2.6图

【解】（1）标出支路电流的参考方向（见图2-22）。

（2）将两个电源作用的复杂电路分解为两个单电源作用的简单电路，原则如下：

1）电压源不作用，相当于 $U_S=0$，作短路处理。

2）电流源不作用，相当于 $I_S=0$，作开路处理。

3）画出电路，如图2-22所示，标出各支路中电流参考方向。

（3）$U_{S1}$单独作用时电路如图2-22b所示。各支路电流分量 $I'_1$、$I'_2$、$I'_3$分别为

$$I'_1=\frac{u_{S1}}{R_1+\dfrac{R_2R_3}{R_2+R_3}}=\frac{24}{6+2}A=3A$$

$$I'_2=\frac{R_3}{R_2+R_3}I'_1=\frac{6}{6+3}\times 3A=2A$$

$$I'_3=\frac{R_2}{R_2+R_3}I'_1=\frac{3}{6+3}\times 3A=1A$$

（4）$U_{S2}$单独作用时电路如图2-22c所示。各支路电流为

$$I''_2=\frac{u_{S2}}{R_2+\dfrac{R_1R_3}{R_1+R_3}}=\frac{-30}{3+3}A=-5A$$

$$I''_1=I''_3=\frac{I''_2}{2}=\frac{-5}{2}A=-2.5A$$

（5）各支路电流分量的代数和为

$$I_1=I'_1-I''_1=(3+2.5)\ A=5.5A$$

$$I_2=-I'_2+I''_2=(-2-5)\ A=-7A$$

$$I_3=I'_3+I''_3=(1-2.5)\ A=-1.5A$$

叠加时，各分图中支路电流参考方向与原电路相同取正，相反取负，求代数和。

【例2.2.7】试用叠加定理计算图2-23a电路电流 $I_1$、$I_2$ 和 $I_3$，以及电流源两端电压 $U_S$。

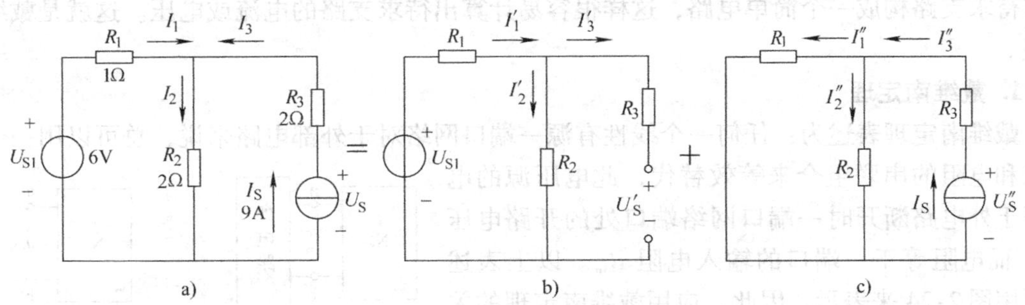


图2-23 例2.2.7图

【解】(1) $U_S$ 单独作用时电路如图2-23b所示。$R_3$ 支路断开，$I'_3=0$，则有

$$I'_1=I'_2=\frac{U_{S1}}{R_1+R_2}=\frac{6}{1+2}\text{A}=2\text{A}$$

因为 $I'_3=0$，故 $R_3$ 上没有电压，所以

$$U'_S=R'_2I'_2=2\times2\text{V}=4\text{V}$$

(2) 恒流源单独作用时，各分电流的参考方向如图2-23c所示，则有

$$I''_3=I_S=9\text{A}$$

$$I''_1=\frac{R_2}{R_1+R_2}I''_3=\frac{2}{1+2}\times9\text{A}=6\text{A}$$

$$I''_2=\frac{R_1}{R_1+R_2}I''_3=\frac{1}{1+2}\times9\text{A}=3\text{A}$$

根据KVL知

$$R_2I''_2+R_3I''_3-U''_S=0$$

$$U''_S=R_2I''_2+R_3I''_3=(2\times3+2\times9)\ \text{V}=24\text{V}$$

(3) 叠加结果为

$$I_1=I'_1+I''_1=(2-6)\ \text{A}=-4\text{A}$$

$$I_2=I'_2+I''_2=(2+3)\ \text{A}=5\text{A}$$

$$I_3=-I'_3+I''_3=(0+9)\ \text{A}=9\text{A}$$

$$U_S=U'_S+U''_S=(4+24)\ \text{V}=28\text{V}$$

如果电路中有线性受控源，而这些受控源的作用将反映在自电感、互电感或自电导、互电导中。因此，任一支路的电流或电压可按各个独立电源单独作用时产生的电流或电压叠加计算。这里所说的“单独作用”一词是指独立电源而言的，绝对不允许将受控源像独立电源那样用“开路”或“短路”替代，而应当将它们保留在电路中。

叠加定理是分析线性电路的一个非常重要的定理。它的重要性，不仅在于可用它来分析计算具体的电路问题，而更重要的是，在推导线性电路某些重要定理（如戴维南定理）和引出某些重要的分析方法中，它起到了重要的作用。

#### 2.2.3.2 戴维南定理与诺顿定理

在电路的求解过程中，如果不要求计算全部支路的电压、电流，而只计算某一条支路的电压、电流或功率时，应用支路电流电流法或节点电压法列写方程进行求解将十分繁琐，而采用等效电源的方法求解则较简便。即用一个简单的一端口网络来等效代替，使该一端口网络与待求支路构成一个简单电路，这样很容易计算出待求支路的电流或电压。这就是戴维南定理。

**1. 戴维南定理**

戴维南定理表述为：任何一个线性有源一端口网络对于外部电路来说，总可以用一个电压源和电阻的串联组合来等效替代，此电压源的电压等于外电路断开时一端口网络端口处的开路电压 $U_{oc}$，而电阻等于一端口的输入电阻 $R_{in}$。以上表述可以用图2-24来表示。因此，应用戴维南定理的关键在于正确求出有源一端口网络的开路电压和等效电阻。所谓开路电压是指外电路（负载）断开后，a与b两端钮间的电压；所谓等效电阻是指将有源一端口网络变为无源一端口网络后（电压源短路、电流源开路）的等效电阻。

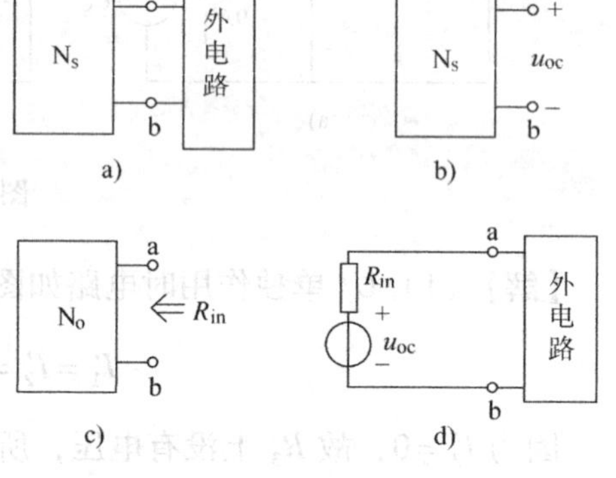


图2-24 戴维南定理

应用戴维南定理要注意的问题如下：

（1）含源一端口网络所接的外电路可以是任意的线性或非线性电路，外电路发生改变时，含源一端口网络的等效电路不变。

（2）当含源一端口网络内部含有受控源时，控制电路与受控源必须包含在被化简的同一部分电路中。

【例2.2.8】在图2-25a所示电路中计算 $R_X$ 分别为1.2Ω、5.2Ω时的电流 $I$。

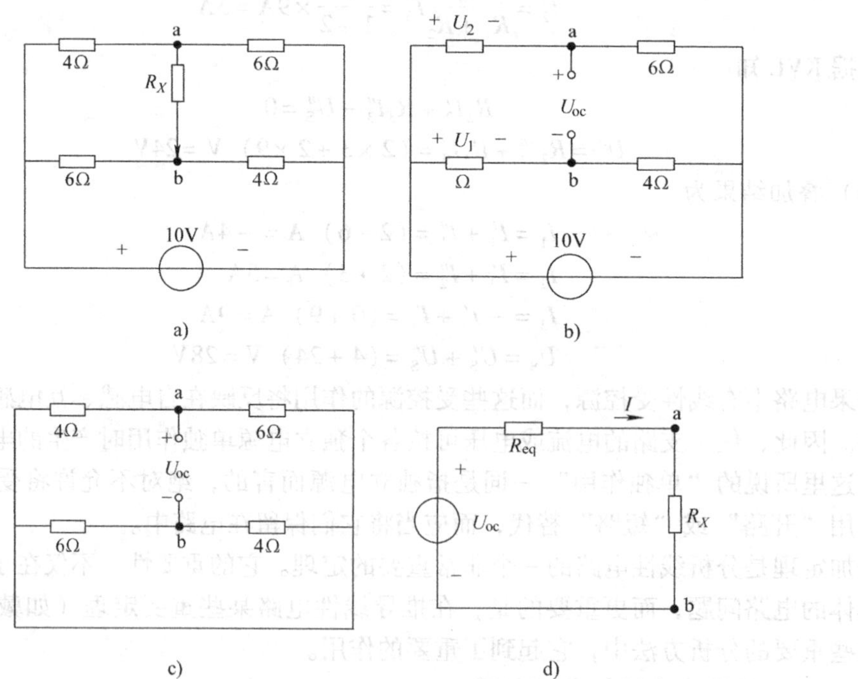


图2-25 例2.2.8图

【解】（1）断开 $R_X$ 支路，将剩余一端口网络化为戴维南等效电路，如图2-25b所示。

（2）求开路电压，根据图2-25b得

$$U_1=6\times10/(4+6)\ \text{V}=6\text{V}$$

$$U_2=4\times10/(4+6)\ \text{V}=4\text{V}$$

$$U_{oc}=U_1-U_2=(6-4)\ \text{V}=2\text{V}$$

（3）求等效电阻 $R_{eq}$，根据图2-25c得

$$R_{eq}=2\times\frac{4\times6}{4+6}\Omega=4.8\Omega$$

（4）计算 $R_X$ 为不同阻值时的电流 $I$：

$R_X=1.2\Omega$ 时 $I=\dfrac{U_{oc}}{R_{eq}+R_X}=0.333\text{A}$

$R_X=5.2\Omega$ 时 $I=\dfrac{U_{oc}}{R_{eq}+R_X}=0.2\text{A}$

**2. 诺顿定理**

如果将线性有源一端口网络用一个等效电流源和电阻的并联组合来等效代替，这就是诺顿定理。诺顿定理和戴维南定理是等效电源定理的两种不同的表现形式。

诺顿定理指出：任何一个线性含源一端口网络就其外部性能来说，可以用一个电流源等效代替，电流源的电流等于原有源一端口网络的短路电流，电流源的等效内电阻等于原有源一端口网络变为无源一端口网络的等效电阻。

应用诺顿定理的关键在于正确求出一端口网络的短路电流和等效电阻。所谓短路电流是指外电路（负载）短路后，两端钮间的电流；所谓等效电阻是指将有源一端口网络变为无源一端口网络后（电压源短路、电流源开路）的等效电阻。

【例2.2.9】应用诺顿定理求解例2.2.8中 $R_X$ 分别为1.2Ω、5.2Ω时的电流 $I$。

【解】（1）利用诺顿定理求出等效电路，如图2-26所示。

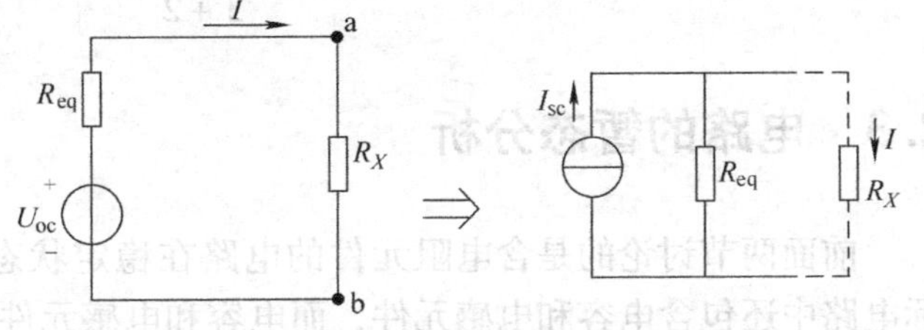


图2-26 例2.2.9图

（2）利用电压源和电流源模型等效互换

$$I_{sc}=\frac{U_{oc}}{R_{eq}}=\frac{2}{4.8}\text{A}=0.4166\text{A}$$

（3）计算 $R_X$ 为不同阻值时的电流 $I$：

$$R_X=1.2\Omega\ 时\quad I=I_S\frac{R_{eq}}{R_{eq}+R_X}=0.333\text{A}$$

$$R_X=5.2\Omega\ 时\quad I=I_S\frac{R_{eq}}{R_{eq}+R_X}=0.2\text{A}$$

【例2.2.10】应用诺顿定理求图2-27a所示电路中的电流 $I$。

【解】首先求短路电流 $I_{sc}$，如图2-27b所示。求短路电流 $I_{sc}$，可利用任意方法，本题采用叠加定理，将图2-27b等效为图2-27c、d的叠加。在图2-27c中，有

$$I_{sc}(1)=\frac{12}{3+\frac{2.25}{1+2.25}}\times\frac{1}{1+2.25}\text{mA}=1\text{mA}$$

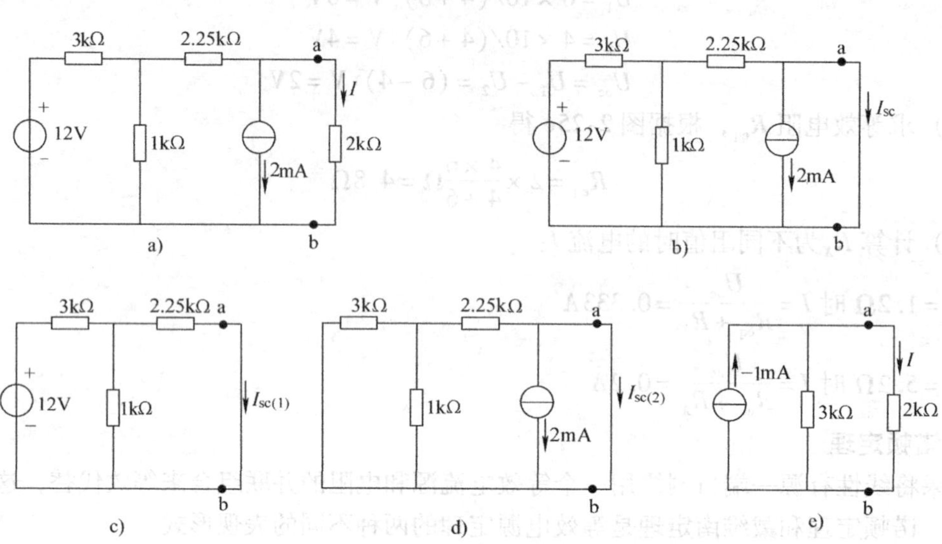


图 2-27 例 2.2.10 图

在图 2-27d 中，$I_{sc}(2)=-2\text{mA}$。叠加结果为

$$I_{sc}=I_{sc}(1)+I_{sc}(2)=-1\text{mA}$$

最后的等效电路如图 2-27e 所示，则电流

$$I=-\frac{3}{3+2}\text{mA}=-0.6\text{mA}$$

## 2.3 电路的暂态分析

前面两节讨论的是含电阻元件的电路在稳定状态（简称稳态）时的分析计算方法，实际电路中还包含电容和电感元件，而电容和电感元件都是动态元件。含有动态元件的电路称动态电路。由于动态元件是储能元件，已知所有物体所具有的能量都是不能跃变的，同样储能元件的能量也是不能跃变的，因此动态电路的特点是：当电路状态发生改变时（换路）需要经历一个变化过程才能达到新的稳定状态，这个变化过程称为电路的过渡过程。这就是电路的暂态过程。本节的目标是：

（1）理解电路的暂态、换路定律和时间常数的基本概念。

（2）理解暂态过程中电压和电流（响应）随时间变化的规律。

本节的重点和难点如下：

（1）掌握换路定律的应用。

（2）掌握电路初始条件的概念和确定方法。

（3）应用基尔霍夫定律和电感、电容的元件特性建立动态电路方程。

## 2.3.1 动态电路的方程及其初始条件

### 2.3.1.1 动态电路

含有动态元件电容和电感的电路称动态电路。当动态电路发生接通、断开、短路等电路参数的改变，或电路连接形式产生改变及激励产生变化等状态发生时（称换路），由于换路时能量发生变化，而动态元件都是储能元件，因此能量的储存和释放需要经历一个变化过程才能完成。这个变化过程称为电路的过渡过程。

### 2.3.1.2 动态电路的方程

分析动态电路，首先要建立描述电路的方程。动态电路方程的建立包括两部分内容：一是应用基尔霍夫定律；二是应用电感和电容的微分或积分的基本特性关系式。下面通过例子给出详细的说明。

设 $RC$ 电路如图 2-28a 所示，根据 KVL 列出回路方程为

$$Ri + u_C = U_S(t) \tag{2-21}$$

由于电容元件的电流与电压的关系为 $i_C = C\dfrac{du_C}{dt}$，故式（2-21）可以改写为

$$RC\frac{du_C}{dt} + u_C = U_S(t) \tag{2-22}$$

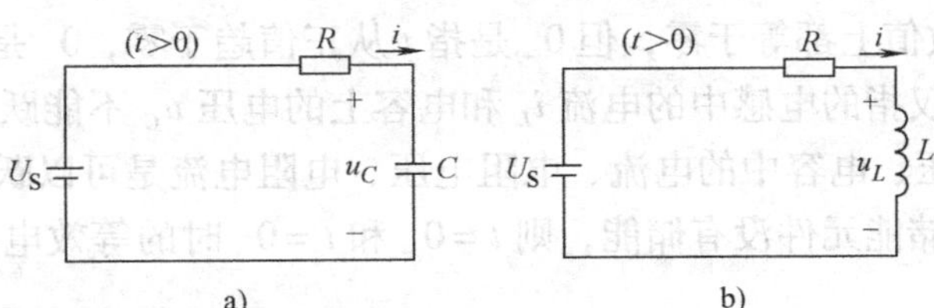


图 2-28 RC、RL 电路

a）RC 电路 b）RL 电路

设 $RL$ 电路如图 2-28b 所示，根据 KVL 列出回路方程为

$$Ri + u_L = U_S(t) \tag{2-23}$$

由于电感元件的电流与电压的关系为 $u_L = L\dfrac{di}{dt}$，故式（2-23）可以改写为

$$Ri + L\frac{di}{dt} = U_S(t) \tag{2-24}$$

设 $RLC$ 电路如图 2-29 所示，根据 KVL 列出回路方程为

$$Ri + u_L + u_C = U_S(t) \tag{2-25}$$

根据电感与电容元件的电流与电压的关系，式（2-25）可以改写为

$$LC\frac{d^2u_C}{dt^2} + RC\frac{du_C}{dt} = U_S(t) \tag{2-26}$$

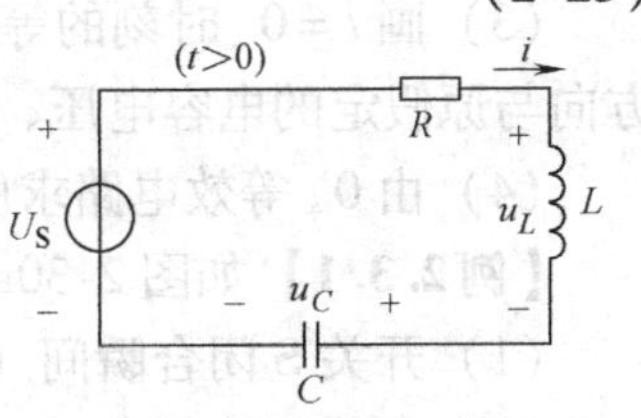


图 2-29 RLC 电路

考察上述方程可得以下结论：

（1）描述动态电路的电路方程为微分方程。

（2）动态电路方程的阶数等于电路中动态元件的个数。一般而言，若电路中含有 $n$ 个独立的动态元件，那么描述该电路的微分方程是 $n$ 阶的，称为 $n$ 阶电路。

#### 2.3.1.3 电路的初始条件

求解微分方程时，解答中的常数需要根据初始条件来确定。由于电路中常以电容电压或电感电流作为变量，因此，相应的微分方程的初始条件为电容电压或电感电流的初始值。

**1. 换路定律**

动态电路换路时电路中会出现过渡过程。在换路瞬间，电容元件上的电压 $u_C$ 和电感元件中的电流 $i_L$ 不能跃变，即电容电压（电荷）在换路前后保持不变，电感电流（磁链）在换路前后保持不变。这称为换路定律。

假设 $t=0$ 为换路瞬间，用 $t=0_-$ 表示换路前的终了时间，用 $t=0_+$ 表示换路后的初始瞬间，则换路定律可表示为

$$\begin{cases}u_C(0_-)=u_C(0_+)\\ i_L(0_-)=i_L(0_+)\end{cases} \tag{2-27}$$

电路中 $t=0_+$ 时电压和电流的值称为初始值。换路定律实质上反映了储能元件所储存的能量不能突变。

应用换路定律时应注意：

（1）换路定律只适用于换路瞬间。

（2）$0_+$ 和 $0_-$ 在数值上都等于零，但 $0_+$ 是指 $t$ 从正值趋于零，$0_-$ 是指从负值趋于零。

（3）换路定律仅仅指的电感中的电流 $i_L$ 和电容上的电压 $u_C$ 不能跃变，而其他电压、电流，比如电感上的电压、电容中的电流、电阻电压、电阻电流是可以跃变的。

（4）换路前，若储能元件没有储能，则 $t=0_-$ 和 $t=0_+$ 时的等效电路中，可视电容元件短路，电感元件开路。

（5）换路前，若储能元件有储能，并设电路已处于 $t=0_-$ 稳态，则在等效电路中：电容元件可视为开路，其电压为 $u_C(0_-)$；电感元件可视为短路，其电流为 $i_L(0_-)$。在 $t=0_+$ 等效电路中：电容元件可用一理想电压源替代，其电压为 $u_C(0_+)$；电感元件可用一理想电流源替代，其电流为 $i_L(0_+)$。

**2. 电路初始值的确定**

根据换路定律，可以由电路的 $u_C(0_-)$ 和 $i_L(0_-)$ 确定 $u_C(0_+)$ 和 $i_L(0_+)$ 时刻的值，电路中其他电流和电压在 $t=0_+$ 时刻的值可以通过 $0_+$ 等效电路求得。求初始值的具体步骤是：

（1）由换路前 $t=0_-$ 时刻的电路（一般为稳定状态）求 $u_C(0_-)$ 或 $i_L(0_-)$。

（2）由换路定律得 $u_C(0_+)$ 和 $i_L(0_+)$。

（3）画 $t=0_+$ 时刻的等效电路：电容用电压源替代，电感用电流源替代（取 $0_+$ 时刻值，方向与原假定的电容电压、电感电流方向相同）。

（4）由 $0_+$ 等效电路求所需各变量的 $0_+$ 值。

**【例 2.3.1】** 如图 2-30a 所示电路中，设 $t=0_-$ 时，各储能元件中均未储能。试求：

（1）开关 S 闭合瞬间（$t=0_+$）各元件的电流及端电压；

（2）电路到达稳态时（$t=\infty$）各元件的电流及端电压。

**【解题思路】** 首先设定各元件中电压和电流的正方向，如图 2-30a 所示。确定初始值

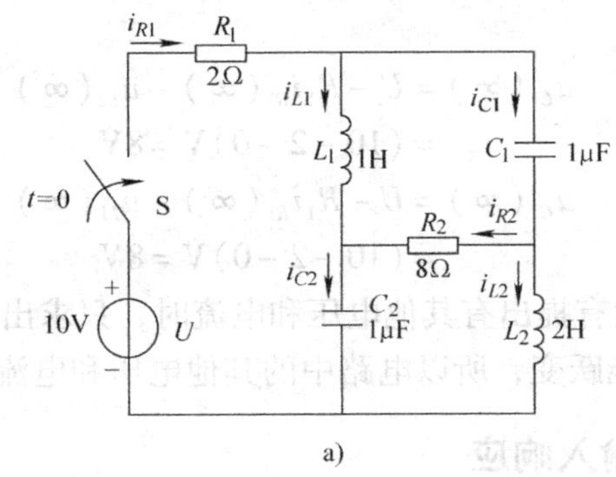

a)

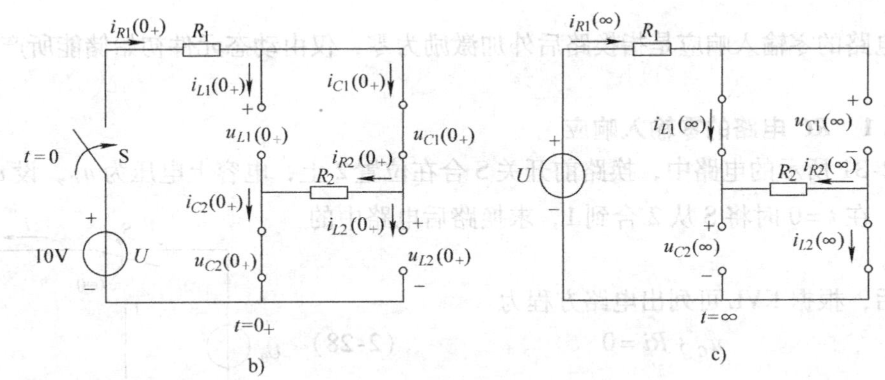


图2-30　例2.3.1图

时，由于换路前初始元件均未储能，$t=0_+$ 时等效电路中的电容视为短路、电感视为开路，如图2-30b所示。确定稳态值时，由于电路的暂态已经结束，故可将电容视为开路、电感视为短路，求解直流电阻性电路即可，如图2-30c所示。

**【解】**（1）确定初始值，由 $t=0_+$ 时等效电路（见图2-30b）可得

$$i_{R1}(0_+)=i_{C1}(0_+)=i_{R2}(0_+)=i_{C2}(0_+)$$

$$=\frac{U}{R_1+R_2}=\frac{10}{2+8}\text{A}=1\text{A}$$

$$i_{L1}(0_+)=i_{L2}(0_+)=0\text{A}$$

$$u_{R1}(0_+)=R_1 i_{R1}(0_+)=2\times1\text{V}=2\text{V}$$

$$u_{C1}(0_+)=u_{C_2}(0_+)=0\text{V}$$

根据KVL则得

$$u_{L1}(0_+)=u_{L2}(0_+)=U-R_1 i_{R1}(0_+)-u_{C2}(0_+)$$

$$=(10-2-0)\text{V}=8\text{V}$$

（2）确定稳态值，由 $t=\infty$ 时等效电路（见图2-30c）可得

$$i_{R1}(\infty)=i_{L1}(\infty)=i_{L2}(\infty)=i_{R2}(\infty)$$

$$=\frac{U}{R_1+R_2}=\frac{10}{2+8}\text{A}=1\text{A}$$

$$i_{C1}(\infty)=i_{C2}(\infty)=0\text{A}$$

$$u_{R1}(\infty)=R_2(-i_{R2}(\infty))=8\times(-1)\text{V}=-8\text{V}$$

$$u_{L1}(\infty)=u_{L2}(\infty)=0\text{V}$$

同理，根据 KVL 得

$$u_{C1}(\infty)=U-R_1 i_{R1}(\infty)-u_{L2}(\infty)$$
$$=(10-2-0)\text{V}=8\text{V}$$
$$u_{C2}(\infty)=U-R_1 i_{R1}(\infty)-u_{L1}(\infty)$$
$$=(10-2-0)\text{V}=8\text{V}$$

**【提示】** 通常在电路没有提出有其他电压和电流时，只求出 $u_C(0_+)$、$i_L(0_+)$ 即可，因为 $u_C(0_+)$ 和 $i_L(0_+)$ 不能跃变，所以电路中的其他电压和电流可不必去求。

## 2.3.2 一阶电路的零输入响应

动态电路的零输入响应是指换路后外加激励为零，仅由动态元件初始储能所产生的电压和电流。

### 2.3.2.1 *RC* 电路的零输入响应

在图 2-31 所示的电路中，换路前开关 S 合在位置 2 上，电容上电压为 $u_C$，设 $u_C$、$R$、$C$ 均为已知，在 $t=0$ 时将 S 从 2 合到 1，求换路后电路中的 $u_C$、$u_R$、$i$。

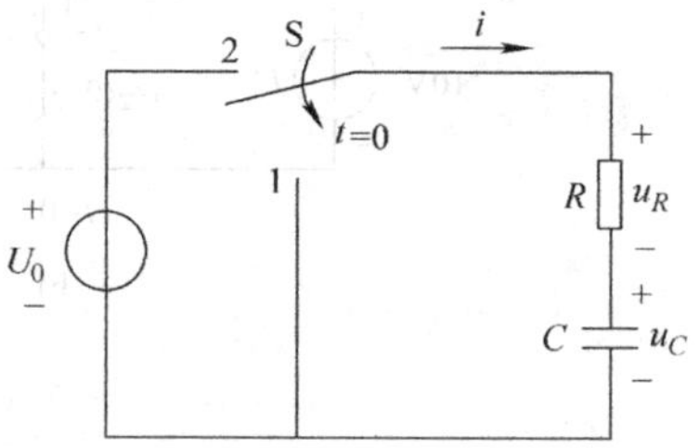

换路后，根据 KVL 可列出电路方程为

$$u_C+Ri=0 \tag{2-28}$$

将 $i=C\dfrac{\mathrm{d}u_C}{\mathrm{d}t}$ 代入式（2-28）中，得

$$RC\frac{\mathrm{d}u_C}{\mathrm{d}t}+u_C=0 \tag{2-29}$$

图 2-31 *RC* 电路的零输入响应

该式为一阶常系数齐次微分方程，令其通解为

$$u_C=A\mathrm{e}^{pt}$$

代入式（2-29），并消除公因子 $A\mathrm{e}^{pt}$，可得微分方程的特征方程为

$$RCp+1=0$$

其特征根为

$$p=-\frac{1}{RC}$$

所以通解为

$$u_C=A\mathrm{e}^{-\frac{t}{RC}} \tag{2-30}$$

积分常数 $A$ 可以通过电路的初始条件来确定。

根据换路定则，在 $t=0_+$ 时，$u_C(0_+)=0$，则 $A=U_0$，故

$$u_C=U_0\mathrm{e}^{-\frac{t}{RC}} \tag{2-31}$$

$u_C$ 随时间的变化曲线如图 2-32a 所示。由图可见，它的初始值为 $U_0$，按指数规律衰减而趋于零。

还可求出 $u_R$ 和 $i$ 的变化规律

$$i=C\frac{\mathrm{d}u_C}{\mathrm{d}t}=-\frac{U_0}{R}\mathrm{e}^{-\frac{t}{RC}} \tag{2-32}$$

$$u_R=Ri=-U_0\mathrm{e}^{-\frac{t}{RC}} \tag{2-33}$$

式（2-32）和式（2-33）中的负号表示放电电流的实际方向与图2-31中所选定的正方向相反。图2-32b所示为 $u_R$、$i$ 随时间变化的曲线。

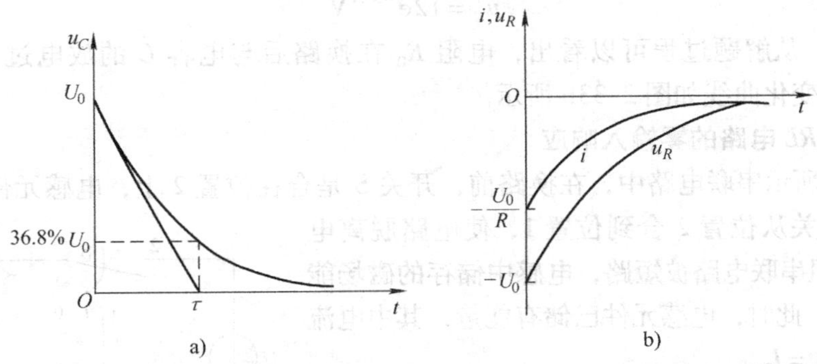


图2-32 *RC* 电路零输入响应时的 $u_C$、$u_R$、$i$ 变化曲线

分析 $u_C$、$u_R$、$i$ 的变化规律可知，电路中各处的电压和电流均按指数规律变化，并且其衰减速率决定于电路参数 $R$ 和 $C$ 的乘积。令

$$\tau = RC$$

上式中，$\tau$ 具有时间的量纲。若 $R$ 的单位是欧（Ω），$C$ 的单位是法（F），则 $\tau$ 的单位是秒（s），故称之为 *RC* 电路的时间常数。

时间常数的物理意义：时间常数说明了电路中暂态过程进行的快慢。时间常数 $\tau$ 越大，电路的暂态时间越长。时间常数 $\tau = RC$ 仅由电路参数决定，而与换路情况和外加电压无关。

**【例2.3.2】** 图2-33a所示电路中，开关S断开，电路已处于稳态。$t=0$ 时，S闭合。求 $t \geqslant 0$ 时的电容电压 $u_C$。

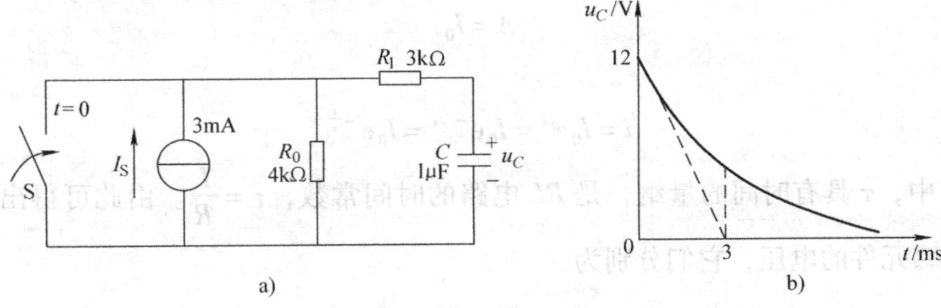


图2-33 例2.3.2图

**【解】** 先求 $u_C$ 的初始值。$t=0_-$ 时

$$u_C(0_-) = R_0 I_S = 3 \times 4\text{V} = 12\text{V}$$

电路的微分方程为

$$R_1 C \frac{\mathrm{d}u_C}{\mathrm{d}t} + u_C = 0$$

其通解为

$$u_C = A\mathrm{e}^{-\frac{t}{R_1 C}} = A\mathrm{e}^{-\frac{t}{\tau}}$$

$$A = u_C(0_-) = 12\text{V}$$

$$\tau = R_1 C = 3 \times 10^{-3}\text{s}$$

所以

$$u_C = 12\text{e}^{-333t}\text{V}$$

结果分析：从解题过程可以看出，电阻 $R_0$ 在换路后与电容 $C$ 的放电过程无关，因而 $\tau = R_1 C$。$u_C$ 的变化曲线如图 2-33b 所示。

#### 2.3.2.2 RL 电路的零输入响应

在图 2-34 所示串联电路中，在换路前，开关 S 是合在位置 2 上，电感元件中通有电流。在 $t=0$ 时将开关从位置 2 合到位置 1，使电路脱离电源，电感与电阻串联电路被短路，电感中储存的磁场能量通过 $R$ 释放，此时，电感元件已储有能量，其中电流的初始值 $i(0_+) = I_0$。

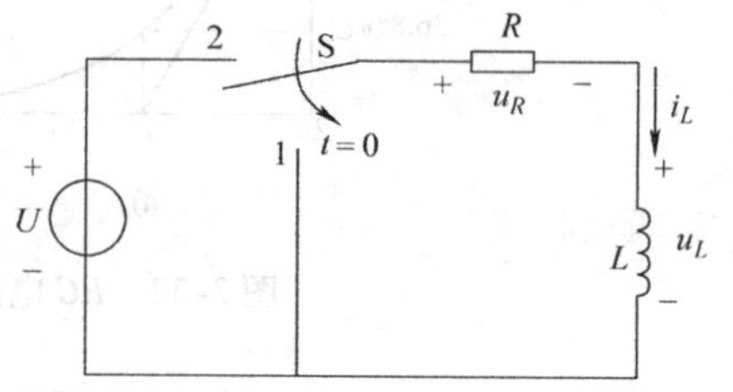


图 2-34 RL 电路的零输入响应

根据换路后的电路及 KVL 列出 $t \geqslant 0$ 时电路的微分方程

$$Ri + L\frac{\text{d}i}{\text{d}t} = 0 \tag{2-34}$$

其特征方程为

$$Lp + R = 0$$

根为

$$p = -\frac{R}{L}$$

于是，$Lp + R = 0$ 的通解为

$$i = A\text{e}^{pt} = A\text{e}^{-\frac{R}{L}t} \tag{2-35}$$

在 $t = 0_+$ 时

$$i\ (0_+) = I_0$$

则

$$A = I_0$$

所以

$$i = I_0\text{e}^{pt} = I_0\text{e}^{-\frac{R}{L}t} = I_0\text{e}^{-\frac{t}{\tau}} \tag{2-36}$$

式（2-36）中，$\tau$ 具有时间的量纲，是 RL 电路的时间常数，$\tau = \dfrac{L}{R}$。由此可得出 $t \geqslant 0$ 时电阻元件和电感元件的电压，它们分别为

$$u_R = Ri = RI_0\text{e}^{-\frac{t}{\tau}} \tag{2-37}$$

$$u_L = -RI_0\text{e}^{-\frac{t}{\tau}} \tag{2-38}$$

所求 $i$、$u_R$ 及 $u_L$ 随时间而变化的曲线如图 2-35 所示。

**【例 2.3.3】** 图 2-36 所示是一发电机的励磁电路，$L$ 是发电机的励磁线圈，$R_\text{f}$ 用于调节励磁电流的大小。当断开电源电压 $U$ 时，为不至于因励磁线圈所储磁场能量消失过快而烧坏触头，常用一个泄放电阻 $R'$ 与线圈连接。开关接通 $R'$ 的同时可将电源断开。已知 $U = 230\text{V}$，$R_L = 0.75\Omega$，$L = 10\text{H}$，$R_\text{f} = 10\Omega$。要求：

（1）电源断开瞬间，要求线圈端电压不超过 230V，计算 $R'$ 值。

（2）求开关接 $R'$ 后多长时间，线圈才能释放出所储能量的 95%。

（3）写出接通 $R'$ 后 $U_L$ 随时间变化的表达式。

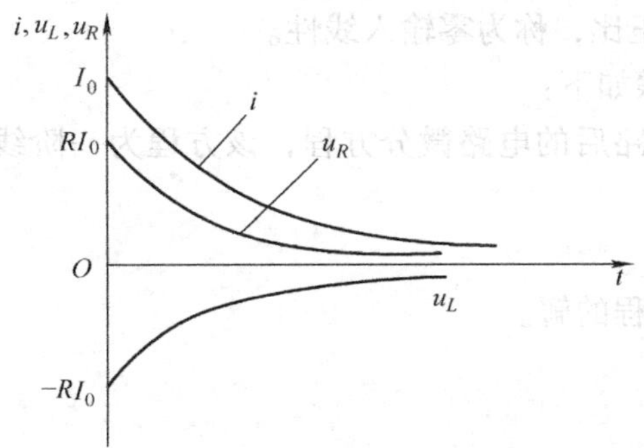

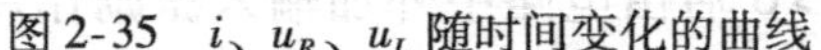
图2-35 $i$、$u_R$、$u_L$ 随时间变化的曲线

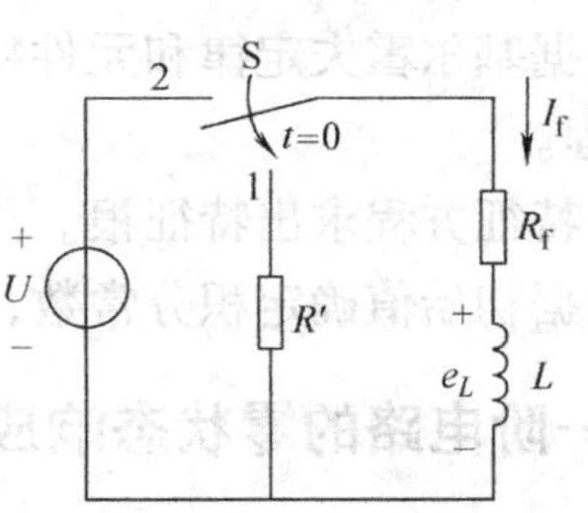

图2-36 发电机的励磁电路

【解】(1) 换路前的励磁电流为

$$I_f=\frac{U}{R_L+R_f}=\frac{230}{0.75+10}\text{A}=21.4\text{A}$$

电源断开瞬间，励磁线圈的端电压为

$$|u_L(0_+)|=(R_f+R)I_f$$

若要求 $|u_L(0_+)|\leqslant 230\text{V}$，则泄放电阻 $R'$ 的阻值为

$$R'\leqslant\frac{|u_L(0_+)|}{I_f}-R_f=\left(\frac{230}{21.4}-10\right)\Omega\approx 0.75\Omega$$

(2) 当磁能已释放出95%时，电流为

$$\frac{1}{2}Li^2=(1-0.95)\times\frac{1}{2}Li_f^{\ 2}$$

$$\frac{1}{2}\times 10\times i^2=0.05\times 0.5\times 10\times 21.4^2\text{A}$$

$$i=4.79\text{A}$$

因为

$$i=I_f e^{-\frac{R+R_f+R'}{L}t}$$

$$4.79=21.4e^{-\frac{t}{0.87}}$$

所以

$$t=1.31\text{s}$$

(3) $u_L$ 随时间变化的表达式为

$$\begin{aligned}u_L-i(R_f+R') &= -I_f(R_f+R')\ e^{-\frac{t}{\tau}}\\ &= -21.4\times(10+0.75)\ e^{-\frac{t}{0.87}}\text{V}\\ &= -230e^{-1.15t}\text{V}\end{aligned}$$

小结：

(1) 一阶电路的零输入响应是由储能元件的初值引起的响应，都是由初始值衰减为零的指数衰减函数，其一般表达式可以写为

$$Y(t)=Y(0_+)\ e^{-\frac{t}{\tau}}$$

(2) 零输入响应的衰减快慢取决于时间常数 $\tau$，其中 $RC$ 电路 $\tau=RC$，$RL$ 电路 $\tau=L/R$。$R$ 为与动态元件相连的一端口电路的等效电阻。

(3) 同一电路中所有响应具有相同的时间常数。

（4）一阶电路的零输入响应和初始值成正比，称为零输入线性。

用经典法求解一阶电路零输入响应的步骤如下：

1）根据基尔霍夫定律和元件特性列出换路后的电路微分方程，该方程为一阶线性齐次常微分方程。

2）由特征方程求出特征根。

3）根据初始值确定积分常数，从而得方程的解。

## 2.3.3 一阶电路的零状态响应

零状态响应是指动态元件初始能量为零，$t>0$ 后由电路中外加输入激励作用所产生的响应。用经典法求零状态响应的步骤与求零输入响应的步骤相似，所不同的是零状态响应的方程是非齐次的。

### 2.3.3.1 *RC* 电路的零状态响应

在图 2-37 所示电路中，换路前开关 S 断开，换路时，闭合开关 S，电容元件开始充电，如果 $U$、$R$、$C$ 均已知，求换路后电路中的响应 $u_C$、$u_R$、$i$。

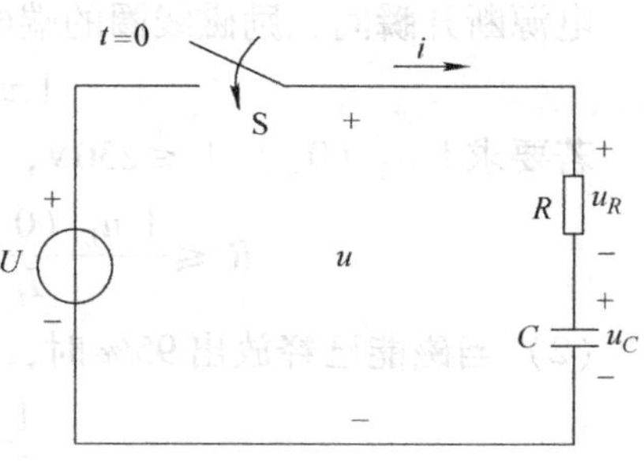

图 2-37 *RC* 电路的零状态响应

根据 KVL，列出 $t\geqslant 0$ 时的电压方程

$$U=Ri+u_C=RC\frac{\mathrm{d}u_C}{\mathrm{d}t}+u_C \tag{2-39}$$

式（2-39）为一阶常系数非齐次微分方程，其通解的一般形式为

通解 = 齐次方程通解 + 特解

故其通解为

$$u_C=A\mathrm{e}^{pt}+U \tag{2-40}$$

微分方程的特征根也就是对应齐次方程的特征根，即

$$p=-\frac{1}{RC}$$

积分常数 $A$ 仍由初始值确定。根据换路定则

$$u_C(0_+)=u_C(0_-)=0$$

代入式（2-40），得

$$A=-U$$

于是求得零状态响应为

$$u_C=U-U\mathrm{e}^{-\frac{t}{RC}}=U(1-\mathrm{e}^{-\frac{t}{RC}}) \tag{2-41}$$

$$u_R=U-u_C=U\mathrm{e}^{-\frac{t}{RC}} \tag{2-42}$$

$$i=\frac{u_R}{R}=C\frac{\mathrm{d}u_C}{\mathrm{d}t}=\frac{U}{R}\mathrm{e}^{-\frac{t}{RC}} \tag{2-43}$$

从式（2-41）可以看出，电容电压由两个分量相加而成：一个是 $U$，不随时间变化，为稳态分量，其变化规律和大小都与电源电压有关；另一个是 $-U\mathrm{e}^{-\frac{t}{RC}}$，为暂态分量，按指数规律衰减，其大小与电源电压有关。

图 2-38a 绘出了 $u_C$ 随时间的变化曲线。其中还绘出 $u'_C$ 和 $u''_C$ 两条曲线，$u'_C$ 不随时间变化，$u''_C$ 按指数规律随时间增长而趋于零。图 2-38b 所示为 $u_C$、$u_R$、$i$ 随时间的变化曲线。

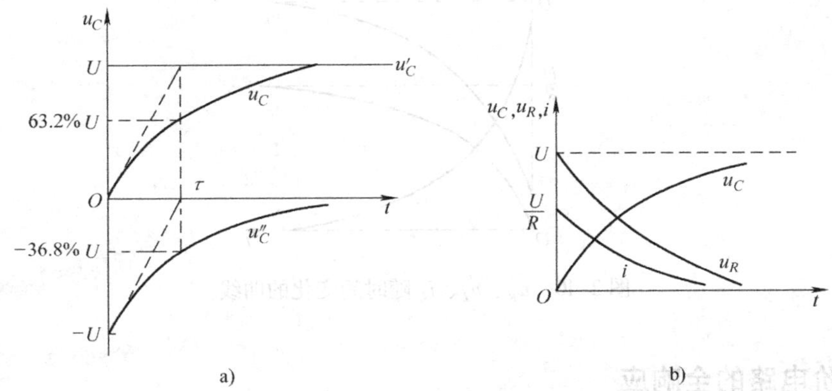


图 2-38　$u_C$、$u_R$、$i$ 随时间的变化曲线

a）$u_C$ 的变化曲线　b）$u_C$、$u_R$、$i$ 的变化曲线

### 2.3.3.2　*RL* 电路的零状态响应

图 2-39 所示是 *RL* 串联电路。在 $t=0$ 时将开关 S 合上，将 *RL* 电路与一恒定电压为 $U$ 的恒定电压源接通。若换路前电感中没有储存能量，$i_L(0_-)=i_n(0_+)=0$，即电路处于零状态。根据 KVL，列出 $t\geqslant 0$ 时的电路的微分方程

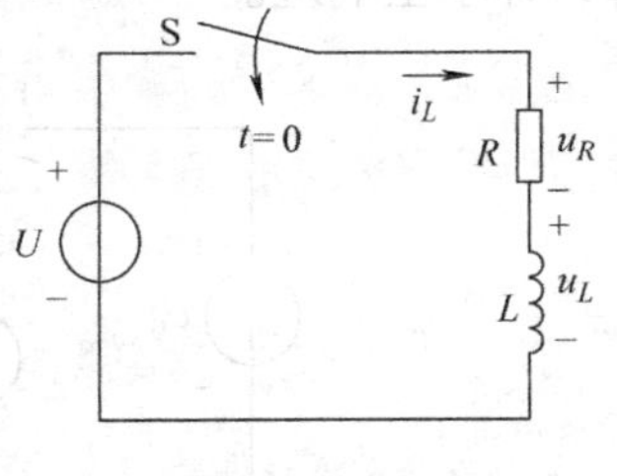

$$U=Ri_L+L\frac{\mathrm{d}i_L}{\mathrm{d}t} \tag{2-44}$$

图 2-39　*RL* 电路的零状态响应

式（2-44）中的通解有两个部分：特解 $i_{L1}$ 和齐次方程通解 $i_{L2}$。特解 $i_{L1}$ 就是稳态分量，显然

$$i_{L1}=\frac{U}{R} \tag{2-45}$$

求齐次方程通解时其特征方程

$Lp+R=0$，根为 $p=-R/L$，于是得

$$i_{L2}=A\mathrm{e}^{pt}=A\mathrm{e}^{-\frac{R}{L}t} \tag{2-46}$$

因此，通解为

$$i_L=i_{L1}+i_{L2}=\frac{U}{R}+A\mathrm{e}^{-\frac{R}{L}t} \tag{2-47}$$

在 $t=0_+$ 时，$i_L=0$，则 $A=-U/R$，所以

$$i_L=\frac{U}{R}-\frac{U}{R}\mathrm{e}^{-\frac{R}{L}t}=\frac{U}{R}(1-\mathrm{e}^{-\frac{t}{\tau}}) \tag{2-48}$$

它也是由稳态分量和暂态分量相加而得。$t\geqslant 0$ 时电阻元件和电感元件上的电压为

$$u_R=Ri_L=U(1-\mathrm{e}^{-\frac{t}{\tau}}) \tag{2-49}$$

$$u_L=L\frac{\mathrm{d}i_L}{\mathrm{d}t}=U\mathrm{e}^{-\frac{t}{\tau}} \tag{2-50}$$

$u_R$、$u_L$、$i_L$ 随时间变化的曲线如图2-40所示。

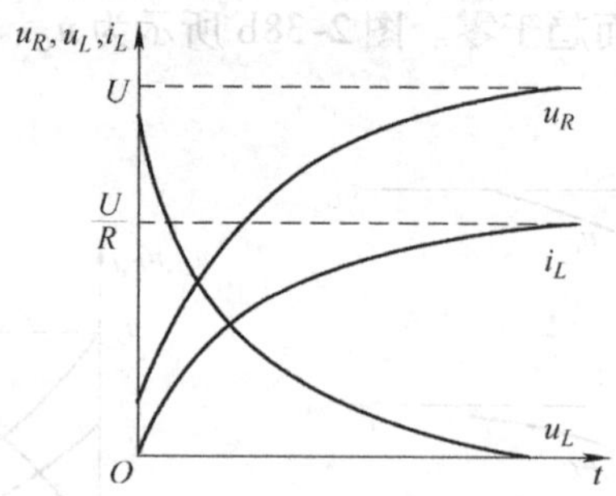


图2-40 $u_R$、$u_L$、$i_L$ 随时间变化的曲线

## 2.3.4 一阶电路的全响应

一阶电路的全响应是指换路后电路的初始状态不为零，同时又有外加激励源作用时电路中产生的响应。

本小节介绍 $RC$ 电路的全响应。在图2-41所示电路中，换路前，S合在位置1，电容被充电至电压等于 $U_0$；换路后，S合向位置2。设 $U_0$、$U$、$R$、$C$ 均为已知，求电路中的响应 $u_C$，即求全响应。

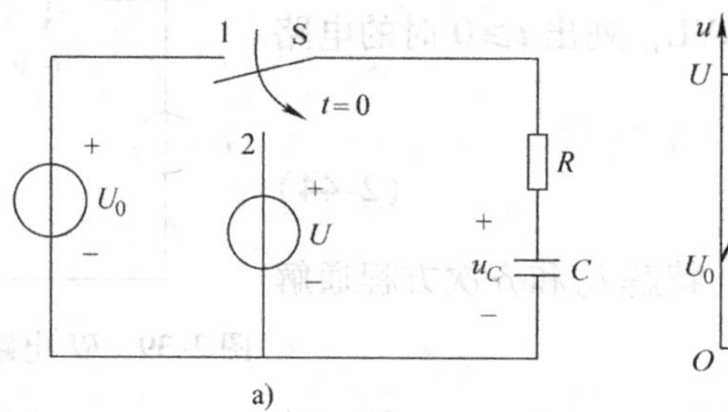


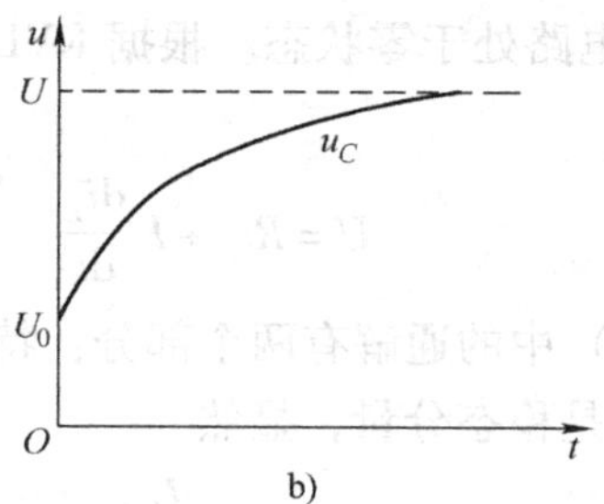


图2-41 $RC$ 电路的全响应

a）电路 b）变化曲线

在 $t\geqslant 0$ 时，列出电路的微分方程

$$RC\frac{\mathrm{d}u_C}{\mathrm{d}t}+u_C=U \tag{2-51}$$

初始条件为 $$u_C(0_-)=U_0$$

微分方程的解为 $$u_C=A\mathrm{e}^{-\frac{t}{RC}}+U$$

在 $t=0_+$ 时，$u_C(0_+)=u_C(0_-)=U_0$ 则 $A=U_0-U$，所以

$$u_C=(U_0-U)\ \mathrm{e}^{-\frac{t}{RC}}+U$$

或 $$u_C=U_0\mathrm{e}^{-\frac{t}{RC}}+U(1-\mathrm{e}^{-\frac{t}{RC}}) \tag{2-52}$$

式（2-52）中，第一项 $U_0\mathrm{e}^{-\frac{t}{RC}}$ 是电路的零输入响应；第二项 $U(1-\mathrm{e}^{-\frac{t}{RC}})$ 是零状态响应。因此，电路的全状态响应可分解为零输入响应和零状态响应两个部分之和，电压的变化曲线如图2-41b所示。

### 2.3.5 一阶电路的三要素法

一阶电路的数学模型是一阶微分方程，即

$$a\frac{\mathrm{d}f}{\mathrm{d}t}+bf=c \tag{2-53}$$

其解为稳态分量加暂态分量，即解的一般形式为

$$f(t)=f(\infty)+[f(0_+)-f(\infty)]\mathrm{e}^{-\frac{t}{\tau}} \tag{2-54}$$

式中　$f(t)$——为待求响应（电压或电流）；

$f(\infty)$——稳态分量（即稳态值）；

$e^{-\frac{t}{\tau}}$——暂态分量；

$\tau$——电路的时间常数。

式（2-54）表明，分析一阶电路问题可以转为求解电路的初值 $f(0_+)$（与前面描述初始值的确定求法相同）、稳态值 $f(\infty)$（求换路后电路中的电流和电压，其中电感视为短路，电容视为开路，即求解直流电阻性电路中的电流和电压）和时间常数 $\tau$ 这三个要素的问题。

**【例 2.3.4】** 如图 2-42a 所示电路中，$U=2\mathrm{V}$，$R_1=R_2=1\Omega$，$L=2\mathrm{H}$，$C=0.5\mathrm{F}$。原来电路处于稳定状态，$t=0$ 时将开关 S 闭合。试求：

（1）电路中电压 $u_C(t)$、电流 $i_L(t)$ 和 $i(t)$ 的变化规律；

（2）画出 $u_C(t)$、$i_L(t)$ 和 $i(t)$ 变化曲线。

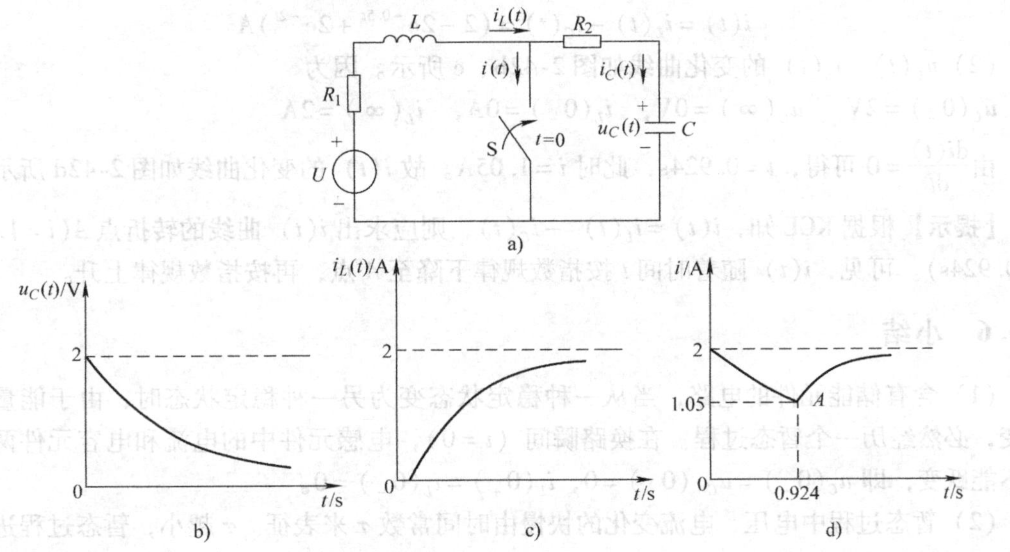


图 2-42　例 2.3.4 图

**【解题思路】** 图 2-42a 所示电路中，虽然有两个等效的储能元件 $L$ 和 $C$，但电路在 $t=0_-$ 时是稳定的。在 $t=0_-$ 时，S 闭合后，则将两个储能元件分别划分在两个独立的一阶电路中。可见，该电路实质上是求两个一阶电路，因而可分别用三要素法分析计算。

**【解】**（1）由于电路在 $t=0_-$ 时是稳定的，则

$$i_C(0_-)=i_C(0_+)=0\mathrm{A}$$

$$u_C(0_-)=U=2\text{V}$$

根据换路定则有

$$u_C(0_-)=u_C(0_+)=2\text{V}$$
$$i_L(0_-)=i_L(0_+)=0\text{A}$$

$t=0$ 时开关S闭合，稳定值为

$$u_C(\infty)=0\text{V}$$
$$i_L(\infty)=\frac{U}{R_1}=\frac{2}{1}\text{A}=2\text{A}$$
$$\tau_1=\frac{L}{R_1}=\frac{2}{1}\text{s}=2\text{s}$$
$$\tau_2=R_2C=1\times0.5\text{s}=0.5\text{s}$$

所以

$$i_L(t)=i_L(\infty)+[i_L(0_+)-i_L(\infty)]\text{e}^{-\frac{t}{\tau_1}}$$
$$=2\text{A}+[0-2]\text{e}^{-\frac{t}{\tau_1}}\text{A}=2(1-\text{e}^{-0.5t})\text{A}$$
$$u_C(t)=u_C(\infty)+[u_C(0_+)-u_C(\infty)]\text{e}^{-\frac{t}{\tau_2}}$$
$$=0+[2-0]\text{e}^{-\frac{t}{\tau_2}}\text{V}=2\text{e}^{-2t}\text{V}$$
$$i_C(t)=C\frac{\text{d}u_C(t)}{\text{d}t}=-\frac{u_C(0_+)}{R_2}\text{e}^{-\frac{t}{\tau_2}}=-2\text{e}^{-2t}\text{A}$$
$$i(t)=i_L(t)-i_C(t)=(2-2\text{e}^{-0.5t}+2\text{e}^{-2t})\text{A}$$

（2）$u_C(t)$，$i_L(t)$ 的变化曲线如图2-42b、c所示。因为

$u_C(0_-)=2\text{V}$， $u_C(\infty)=0\text{V}$， $i_L(0_-)=0\text{A}$， $i_L(\infty)=2\text{A}$

由$\frac{\text{d}i(t)}{\text{d}t}=0$ 可得，$t=0.924\text{s}$，此时 $i=1.05\text{A}$。故 $i(t)$ 的变化曲线如图2-42d所示。

**【提示】** 根据KCL知，$i(t)=i_L(t)-i_C(t)$，则应求出 $i(t)$ 曲线的转折点 $A(i=1.05\text{A}$、$t=0.924\text{s})$。可见，$i(t)$ 随着时间 $t$ 按指数规律下降至 $A$ 点，再按指数规律上升。

### 2.3.6　小结

（1）含有储能元件的电路，当从一种稳定状态变为另一种稳定状态时，由于能量不能跃变，必然经历一个暂态过程。在换路瞬间（$t=0$），电感元件中的电流和电容元件两端电压不能跃变，即 $u_C(0_+)=u_C(0_-)=0$，$i_L(0_+)=i_L(0_-)=0$。

（2）暂态过程中电压、电流变化的快慢由时间常数 $\tau$ 来表征。$\tau$ 越小，暂态过程进行得越快。工程上认为，当 $t=(4\sim5)\tau$ 时，暂态过程结束。

对于 $RC$ 电路，$\tau=RC$；对于 $RL$ 电路，$\tau=L/R$。但应注意的是，$R$、$L$、$C$ 都是一个等效值。其中，$R$ 是把换路后的电路除源（电压源短路，电流源开路）后从电容（或电感）两端看入的等效电阻。

（3）对于一阶电路的暂态过程，电压、电流变化规律的一般形式是

$$f(t)=f(\infty)+[f(0_+)-f(\infty)]\text{e}^{-\frac{t}{\tau}}$$

只要求出 $f(0_+)$、$f(\infty)$、$\tau$ 三要素，代入上式，即可写出电压、电流的表达式，此

法称为三要素法。三要素法只适合于一阶电路。

(4) 微分电路和积分电路都是由电阻 $R$、电容 $C$ 串联而成的，但要注意它们的区别：在微分电路中，时间常数 $\tau$ 远远小于输入信号的脉冲宽度 $t_p$，即 $\tau \ll t_p$，并且输出信号从电阻两端引出；在积分电路中，时间常数 $\tau \gg t_p$，并且输出信号从电容两端引出。

## 2.4 正弦交流电路

正弦交流电是指电路中的电源随时间按正弦规律作周期性变化，由它引起的电路中的电压与电流也都随时间按正弦规律作周期性变化。工农业生产以及日常生活中所用的电大多数都是正弦交流电。正弦交流电的应用极为广泛。本节主要介绍正弦量的概念及正弦量的相量表示法，并介绍用相量法研究交流电路中电阻、电感和电容三种参数的电压、电流的关系以及它们的功率问题。

研究上述诸问题的理论依据仍然是欧姆定律、基尔霍夫定律以及电路分析方法，即这些方法在正弦交流电路中同样适用。本节的目标是：

(1) 理解正弦量的特征及其各种表示方法。

(2) 掌握交流电路基本定律的相量形式和相量图，掌握用相量法计算简单正弦交流电路的方法。

(3) 了解功率因数的概念和意义。

### 2.4.1 正弦量

#### 2.4.1.1 正弦量的概念

电路中随时间按正弦规律变化的电压或电流统称为正弦量，以电流为例，波形如图2-43所示，其瞬时值表达式为

$$i = I_m \sin(\omega t + \psi_i) \tag{2-55}$$

注意：激励和响应均为正弦量的电路称为正弦电路或交流电路。

研究正弦电路的意义如下：

正弦电路在电力系统和电子技术领域占有十分重要的地位。由于：①正弦函数是周期函数，其加、减、求导、积分运算后仍是同频率的正弦函数；②正弦信号容易产生、传送和使用，且正弦信号是一种基本信号，任何复杂的周期信号都可以分解为按正弦规律变化的分量。因此，对正弦电路的分析研究具有重要的理论价值和实际意义。

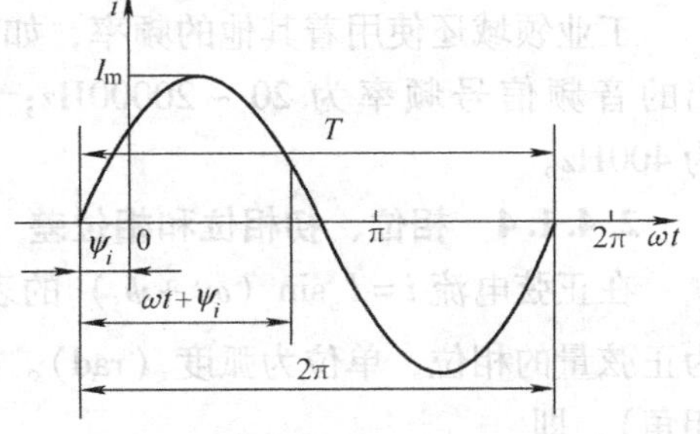


图 2-43　正弦电流的波形

#### 2.4.1.2 正弦量的三要素

在式 (2-55) 中：

$I_m$——正弦电流的最大值，又称幅值，反映正弦量变化过程中所能达到的最大幅度。

$\omega$——正弦电流的角频率，为相位变化的速度，反映正弦量变化快慢。

$\psi_i$——初相位，反映正弦量的计时起点，常用角度表示。

幅值、角频率和初相位是确定正弦量的三个量，称为正弦量的三要素。

需要注意的是：

（1）计时起点不同，初相位不同。

（2）一般规定初相位取主值范围，即$|\psi_i| \leqslant \pi$。

（3）对任一正弦量，初相位可以任意指定，但同一电路中许多相关的正弦量只能对于同一计时起点来确定各自的相位。

分析交流电路时必须选定参考方向，只有这样才能用时间函数来表示正弦交流电在任一时刻的数值大小和方向，函数值为正表明此时正弦交流电的实际方向与参考方向相同，为负则表示实际方向与参考方向相反。

**2.4.1.3　周期、频率与角频率**

正弦量是一个周期函数，其重复变化一次所需的时间为周期，用$T$表示，单位为秒（s）。周期的倒数（即每秒变化的次数）称为频率，用$f$表示。两者的关系为

$$f = \frac{1}{T} \tag{2-56}$$

频率$f$的单位为赫兹（Hz）、千赫（kHz）和兆赫（MHz），它们之间的关系为

$$1\text{kHz} = 10^3\text{Hz},\quad 1\text{MHz} = 10^6\text{Hz}$$

一个周期若用弧度（rad）来表示，则是$2\pi$弧度，此值与周期之比值称为角频率，用$\omega$表示。即

$$\omega = \frac{2\pi}{T} = 2\pi f \tag{2-57}$$

角频率的单位为弧度每秒（rad/s），频率$f$和角频率$\omega$的大小反映正弦量变化的快慢。$f$和$\omega$越大（即周期$T$越小），则变化越快。

我国和大多数国家的电力标准频率为50Hz，也有美国和日本等国家采用60Hz。这种频率在工业上应用相当广泛，习惯上简称为工频。相应的周期$T$和角频率$\omega$分别为

$$T = \frac{1}{f} = \frac{1}{50}\text{s} = 0.02\text{s} \tag{2-58}$$

$$\omega = 2\pi f = 2\pi \times 50\text{rad/s} = 314\text{rad/s} \tag{2-59}$$

工业领域还使用着其他的频率，如有线通信的频率为300～5000Hz；低频信号发生器发出的音频信号频率为20～20000Hz；高频炉的频率为200～300kHz；飞机用电的频率为400Hz。

**2.4.1.4　相位、初相位和相位差**

在正弦电流$i = I_m \sin(\omega t + \psi_i)$的表达式中，$(\omega t + \psi_i)$是随时间而变化的电角度，称为正弦量的相位，单位为弧度（rad）。$\psi_i$是正弦量在$t=0$时刻的相位，称初相位（或称初相角），即

$$(\omega t + \psi_i)|_{t=0} = \psi_i \tag{2-60}$$

对于两个同频率的正弦量，$i_1 = I_m \sin(\omega t + \psi_1)$和$i_2 = I_m \sin(\omega t + \psi_2)$，它们的相位角之差（简称相位差）为

$$(\omega t + \psi_1) - (\omega t + \psi_2) = \psi_1 - \psi_2 \tag{2-61}$$

相位差通常用$\varphi$表示，$\varphi = \psi_1 - \psi_2$，即相位差就是两个正弦量的初相位之差，它为一定值。

两个同频率正弦量之间的相位关系如下：

(1) 当 $\varphi=\psi_1-\psi_2>0°$时（见图 2-44a），称 $i_1$ 比 $i_2$ 超前 $\varphi$ 角，或者说 $i_2$ 比 $i_1$ 滞后 $\varphi$ 角。

(2) 当 $\varphi=\psi_1-\psi_2=0°$时（见图 2-44b），则称 $i_1$ 和 $i_2$ 同相。它们同时通过零点，同时到达最大值。

(3) 当 $\varphi=\psi_1-\psi_2=180°$时（见图 2-44c），则称两个正弦量 $i_1$和 $i_2$反相。

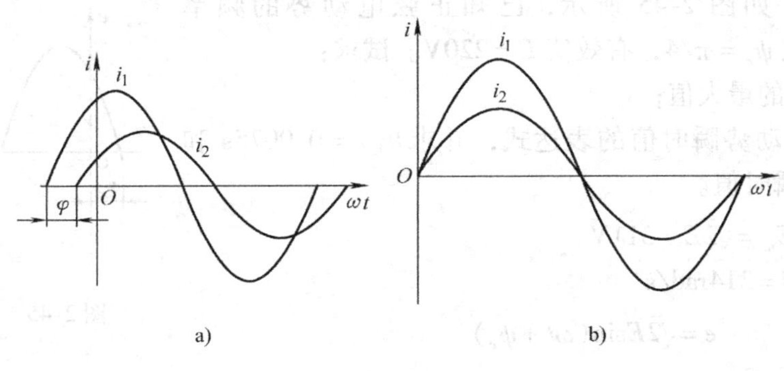


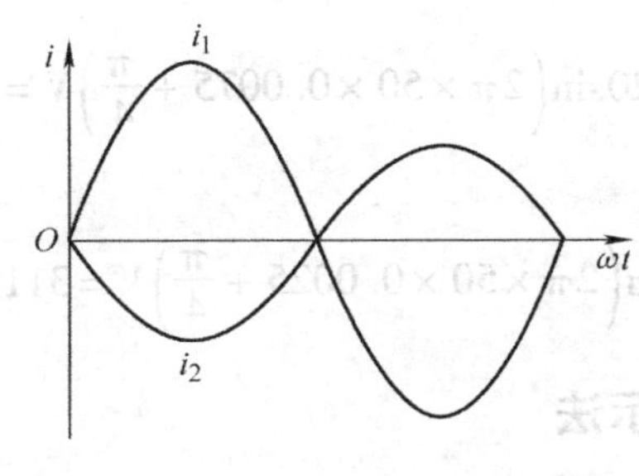


图 2-44　两个同频率正弦量之间的相位差

a) $0<\varphi<180°$　b) $\varphi=0°$　c) $\varphi=180°$

#### 2.4.1.5　瞬时值、最大值与有效值

正弦交流电在某一瞬时的量，称为瞬时值。正弦交流电在变化的过程中出现的最大的瞬时值称为最大值。但工程上通常是采用有效值来表示正弦电流和电压的大小。

有效值是这样规定的：当一个正弦电流 $i$ 通过某一个电阻 $R$ 时，在一个周期 $T$ 内所消耗的电能和某一直流电流 $I$ 通过同一电阻在相同的时间 $T$ 内消耗的电能相等，则这个直流 $I$ 值就是正弦电流 $i$ 的有效值。正弦电流的有效值为

$$I=\sqrt{\frac{1}{T}\int_0^T i^2\mathrm{d}t} \tag{2-62}$$

设正弦电流为 $i=I_\mathrm{m}\sin(\omega t+\psi_i)$，其有效值为

$$\begin{aligned}I&=\sqrt{\frac{1}{T}\int_0^T[I_\mathrm{m}\sin(\omega t+\psi_i)]^2\mathrm{d}t}\\&=I_\mathrm{m}\sqrt{\frac{1}{T}\frac{T}{2}}=\frac{I_\mathrm{m}}{\sqrt{2}}\end{aligned} \tag{2-63}$$

或

$$I_\mathrm{m}=\sqrt{2}I$$

可见，正弦电流的最大值是有效值的$\sqrt{2}$倍。同理正弦电动势和电压的最大值和有效值之间也有$\sqrt{2}$倍的关系，即

$$\begin{cases} E_m = \sqrt{2}E \\ U_m = \sqrt{2}U \end{cases} \tag{2-64}$$

【例 2.4.1】如图 2-45 所示，已知正弦电动势的频率 $f = 50\text{Hz}$，初相位 $\psi_e = \pi/4$，有效值 $E = 220\text{V}$。试求：

（1）电动势的最大值；

（2）写出电动势瞬时值的表达式，并求出 $t = 0.0075\text{s}$ 和 $t = 0.0025\text{s}$时的瞬时值。

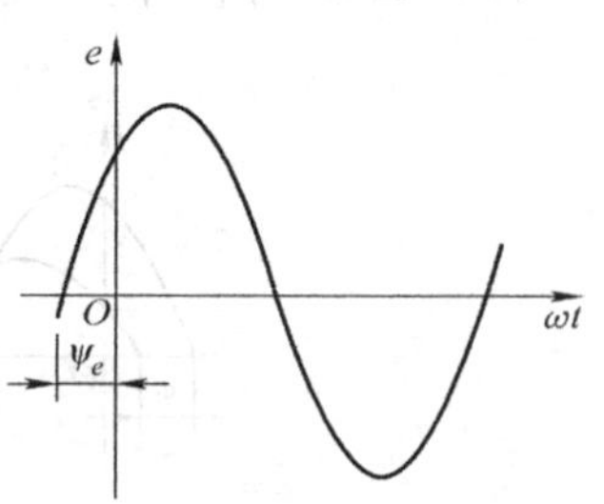


图 2-45　例 2.4.1 图

【解】（1）$E_m = \sqrt{2}E = 311\text{V}$

（2）$\omega = 2\pi f = 314\text{rad/s}$

$$e = \sqrt{2}E\sin(\omega t + \psi_e)$$

当 $t = 0.0075\text{s}$ 时

$$e = \sqrt{2} \times 220\sin\left(2\pi \times 50 \times 0.0075 + \frac{\pi}{4}\right)\text{V} = 311\sin\pi\text{V} = 0$$

当 $t = 0.0025\text{s}$ 时

$$e = \sqrt{2} \times 220\sin\left(2\pi \times 50 \times 0.0025 + \frac{\pi}{4}\right)\text{V} = 311\sin 0.5\pi\text{V} = 311\text{V}$$

## 2.4.2　正弦量的相量表示法

正弦量的三角函数式和正弦波形表示法，均可以完整地表示一个正弦量的三要素，是正弦量的两种基本表示法。但正弦量的这些表示方法都不利于计算，所以，在电路分析中，希望寻求更为简便的表示方法，以方便电路的分析与计算。相量表示法就是在电子技术领域应用十分广泛的一种正弦量分析计算方法，是电路分析计算的重点内容之一。相量表示法的基础是复数，实质是一种用复数表征正弦量的方法。

### 2.4.2.1　复数及其基本运算

**1. 复数的几种表示形式**

（1）代数形式

$$A = a + \text{j}b \qquad (\text{j} = \sqrt{-1}\text{，为虚数单位}) \tag{2-65}$$

（2）三角形式

$$A = r\cos\theta + \text{j}r\sin\theta \tag{2-66}$$

（3）指数形式

$$A = r\text{e}^{\text{j}\theta} \tag{2-67}$$

（4）极坐标形式

$$A = r\underline{/\theta} \tag{2-68}$$

上述复数的四种形式是相等的并可以互相转换，即

$$A = a + \text{j}b = r\cos\theta + \text{j}\sin\theta = r\text{e}^{\text{j}\theta} = r\underline{/\theta} \tag{2-69}$$

**2. 复数的几种基本运算**

（1）复数的加法和减法运算采用代数形式比较方便。若 $A_1=a_1+\mathrm{j}b_1$，$A_2=a_2+\mathrm{j}b_2$ 则

$$A_1 \pm A_2=(a_1+\mathrm{j}b_1)\pm(a_2+\mathrm{j}b_2)=(a_1\pm a_2)+\mathrm{j}(b_1\pm b_2) \tag{2-70}$$

即复数的加、减运算满足实部和实部相加减、虚部和虚部相加减。复数的加、减运算也可以在复平面上按平行四边形法用向量的相加和相减求得，如图2-46所示。

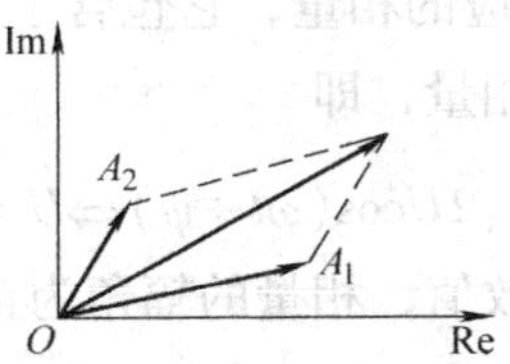


图2-46　复数的加、减运算

（2）复数的乘法和除法运算采用指数形式或极坐标形式比较方便。若 $A_1=|A_1|\mathrm{e}^{\mathrm{j}\theta_1}=|A_1|\underline{/\theta_1}$，$A_2=|A_2|\mathrm{e}^{\mathrm{j}\theta_2}=|A_2|\underline{/\theta_2}$ 则

$$A_1A_2=|A_1|\mathrm{e}^{\mathrm{j}\theta_1}|A_2|\mathrm{e}^{\mathrm{j}\theta_2}=|A_1||A_2|\mathrm{e}^{\mathrm{j}(\theta_1+\theta_2)}=|A_1||A_2|\underline{/(\theta_1+\theta_2)} \tag{2-71}$$

$$\frac{A_1}{A_2}=\frac{|A_1|\mathrm{e}^{\mathrm{j}\theta_1}}{|A_2|\mathrm{e}^{\mathrm{j}\theta_2}}=\frac{|A_1|\underline{/\theta_1}}{|A_2|\underline{/\theta_2}}=\frac{|A_1|}{|A_2|}\mathrm{e}^{\mathrm{j}(\theta_1-\theta_2)}=\frac{|A_1|}{|A_2|}\underline{/(\theta_1-\theta_2)} \tag{2-72}$$

即复数的乘法运算满足模相乘、辐角相加。除法运算满足模相除、辐角相减，如图2-47所示。

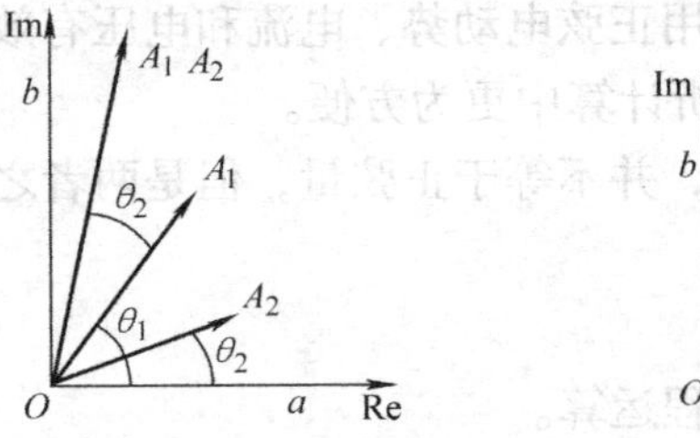


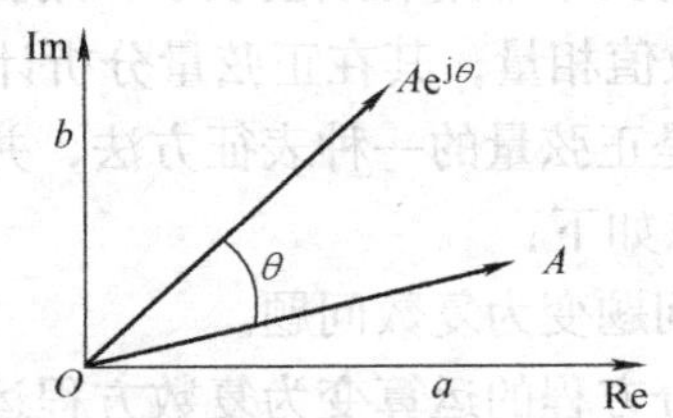


图2-47　复数的乘、除运算

**3. 讨论**

（1）复数的乘、除运算中，通常将j作为复数旋转因子，如 $\mathrm{e}^{\mathrm{j}\alpha}$、$\mathrm{e}^{-\mathrm{j}\alpha}$、$\mathrm{e}^{\mathrm{j}90°}$ 等。

（2）当复数 $A$ 乘以 $\mathrm{e}^{\mathrm{j}90°}=\mathrm{j}$ 时，则

$$B=A\mathrm{e}^{\mathrm{j}90°}=r\mathrm{e}^{\mathrm{j}\theta}\mathrm{e}^{\mathrm{j}90°}=r\mathrm{e}^{\mathrm{j}(\theta+90°)}=\mathrm{j}A$$

相当于复数 $A$ 在复平面上逆时针旋转90°；复数 $A$ 乘以 $\mathrm{e}^{-\mathrm{j}90°}$，则 $C=A\mathrm{e}^{-\mathrm{j}90°}=-\mathrm{j}A$，即相当于复数顺时针旋转90°，故称j为90°旋转因子。

（3）当复数 $A$ 乘以 $\mathrm{j}^2=\mathrm{j}\times\mathrm{j}=1$ 时，复数将旋转180°。因此 ±j 和 −1 都可以看成是旋转因子。

**2.4.2.2　相量表示法**

构造一个复函数

$$A(t)=\sqrt{2}U\mathrm{e}^{\mathrm{j}(\omega t+\psi)}=\sqrt{2}U\cos(\omega t+\psi)+\mathrm{j}\sin(\omega t+\psi) \tag{2-73}$$

对式（2-73）的 $A(t)$ 取实部，得正弦电压

$$\mathrm{Re}[A(t)]=\sqrt{2}U\cos(\omega t+\psi)=u(t) \tag{2-74}$$

式（2-74）表明，对于任意一个正弦时间函数都有唯一与其对应的复数函数，即

$$u(t)=\sqrt{2}U\cos(\omega t+\psi)\Leftrightarrow A(t)=\sqrt{2}U\mathrm{e}^{\mathrm{j}(\omega t+\psi)} \tag{2-75}$$

$A(t)$ 还可以写成

$$A(t)=\sqrt{2}U\mathrm{e}^{\mathrm{j}\psi}\mathrm{e}^{\mathrm{j}\omega t}=\sqrt{2}\dot{U}\mathrm{e}^{\mathrm{j}\omega t} \tag{2-76}$$

称复常数$\dot{U}=U\angle\psi$为正弦量 $u(t)$对应的相量，它包含了 $u(t)$ 的两个要素 $U$、$\psi$。任意一个正弦时间函数都有唯一与其对应的相量，即

$$u(t)=\sqrt{2}U\cos(\omega t+\psi)\Leftrightarrow\dot{U}=U\angle\psi \tag{2-77}$$

注意：相量的模为正弦量的有效值，相量的辐角为正弦量的初相位。同样可以建立正弦电流与相量的对应关系

$$i(t)=\sqrt{2}I\cos(\omega t+\psi)\Leftrightarrow\dot{I}=I\angle\psi$$

应用相量法必须注意以下几点：

（1）正弦电流用相量$\dot{I}=I\angle\psi$来表示，其中只包含正弦量的幅值与初相位，而无角频率。但只要有确定的幅值和初相位两个要素，就可表征一个正弦量。这是因为在线性电路中，一个或几个频率的正弦电源作用时，电路各部分的电流和电压都是与电源同频率的正弦量。

（2）正弦电流可用相量$\dot{I}$来表示，相量是表征正弦量的复数，二者并不相等。

（3）正弦量的大小常用有效值表示，用正弦电动势、电流和电压有效值 $E$、$I$ 和 $U$ 作为模的相量称为有效值相量，其在正弦量分析计算中更为方便。

（4）相量仅是正弦量的一种表征方法，并不等于正弦量，但是两者之间可以互相转换。

相量法的优点如下：

（1）把时域问题变为复数问题。

（2）把微积分方程的运算变为复数方程运算。

（3）可以把直流电路的分析方法直接用于交流电路。

**【例 2.4.2】** 已知 $i=141.4\cos(314t+30°)$ A，$u=311.1\cos(314t-60°)$ V，用相量表示 $i$、$u$。

**【解】** $i$、$u$ 用相量表示为$\dot{I}=100\angle 30°$，　$\dot{U}=220\angle -60°$。

**【例 2.4.3】** 计算两正弦电压之和，已知

$$u_1(t)=6\sqrt{2}\cos(314t+30°)\text{V},\quad u_2(t)=4\sqrt{2}\cos(314t+60°)\text{V}$$

**【解】** 两正弦电压对应的相量为

$$\dot{U}_1=6\angle 30°\text{ V},\qquad \dot{U}_2=4\angle 60°\text{ V}$$

相量之和为

$$\begin{aligned}\dot{U}=\dot{U}_1+\dot{U}_2&=(6\angle 30°+4\angle 60°)\text{ V}=(5.19+\mathrm{j}3+2+\mathrm{j}3.46)\text{ V}\\&=(7.19+\mathrm{j}6.46)\text{ V}=9.64\angle 41.9°\text{ V}\end{aligned}$$

所以

$$u(t)=u_1(t)+u_2(t)=9.64\sqrt{2}\cos(314t+41.9°)\text{V}$$

## 2.4.3 单一参数的正弦交流电路

正弦交流电路的分析计算，就是确定电路中电压和电流之间的关系（即大小和相位），以及电路中能量的转换和功率问题。最简单的交流电路是由电阻、电感、电容单个元件组成的电路。只要掌握了单一参数交流电路中电压、电流及功率关系，就能方便地分析复杂的交流电路。

### 2.4.3.1 电阻元件的交流电路

图2-48a所示是纯电阻交流电路，且电阻元件是线性元件。

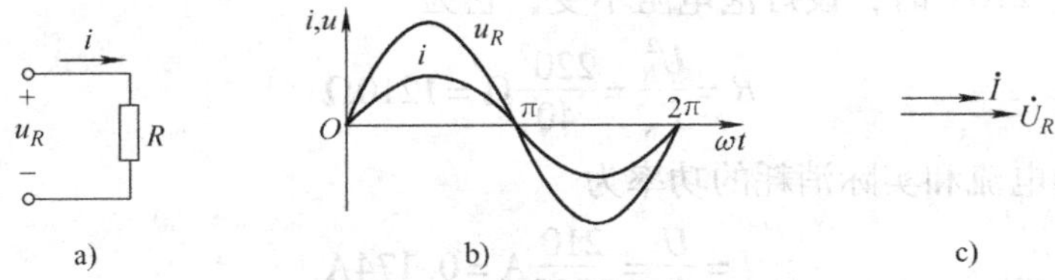


图2-48 纯电阻元件交流电路

**1. 电压、电流的关系**

电压 $u$ 和电流 $i$ 采用关联参考方向，如图2-48a所示，设电流 $i$ 为参考正弦量，即

$$i = \sqrt{2}I\sin\omega t \tag{2-78}$$

$$u = Ri = R\sqrt{2}I\sin\omega t = \sqrt{2}U\sin\omega t \tag{2-79}$$

$$\frac{U}{I} = R \tag{2-80}$$

（1）电阻上的电压与电流均为同频率的正弦量，而且初相位相同（$\varphi = \psi_u - \psi_i = 0$），如图2-48b所示。

（2）电压和电流的最大值（或有效值）之间服从欧姆定律。

（3）电阻元件上电压与电流关系的相量形式如图2-48c所示。有

$$\dot{I} = Ie^{j0°} \quad \dot{U} = Ue^{j0°} \quad \dot{U} = R\dot{I} \tag{2-81}$$

**2. 电阻的功率**

（1）瞬时功率。电路中任一瞬时吸收或发出的功率称为瞬时功率，以小写字母 $p$ 表示。它是瞬时电压 $u$ 和瞬时电流 $i$ 的乘积，即

$$\begin{aligned} p &= ui = \sqrt{2}U\sqrt{2}I\sin^2\omega t \\ &= UI(1-\cos 2\omega t) \end{aligned} \tag{2-82}$$

在一个周期内转换成的热能为

$$W_R = \int_0^T p\mathrm{d}t \tag{2-83}$$

（2）平均功率。在工程实际中常使用平均功率。平均功率是指瞬时功率在一个周期内的平均值，以大写字母 $P$ 表示，即

$$P = \frac{1}{T}\int_0^T p\mathrm{d}t = \frac{1}{T}\int_0^T UI(1-\cos 2\omega t)\mathrm{d}t = UI = RI^2 = \frac{U^2}{R} \tag{2-84}$$

平均功率代表电阻上实际消耗的功率，故又称有功功率。

【例2.4.4】有一只白炽灯，其上标明220V、40W，将它接入220V的电源上。试求：
(1) 流过灯泡的电流 $I$ 和它所消耗的功率 $P$；
(2) 若电源电压降为210V，重新计算 $I$ 和 $P$。

【解】(1) 电压为220V时，白炽灯在额定状态下工作，其消耗功率即为额定功率，故

$$P = P_N = 40\text{W}$$

流过灯泡的电流为额定电流，即

$$I = I_N = \frac{P_N}{U_N} = \frac{40}{220}\text{A} = 0.182\text{A}$$

(2) 电压降为210V时，设灯泡电阻不变，它为

$$R = \frac{U_N^2}{P_N} = \frac{220^2}{40}\Omega = 1210\Omega$$

流过白炽灯的电流和实际消耗的功率为

$$I = \frac{U}{R} = \frac{210}{1210}\text{A} = 0.174\text{A}$$

$$P = UI = 210 \times 0.174\text{W} = 36\text{W}$$

### 2.4.3.2 电感元件的交流电路

图2-49a所示是纯电感交流电路。

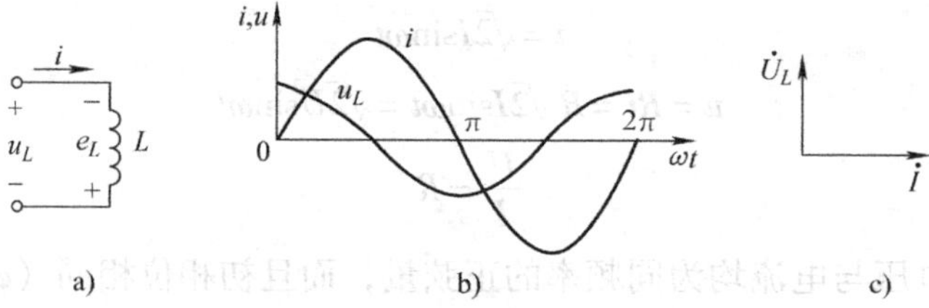


图2-49 纯电感元件交流电路

#### 1. 电压、电流的关系

在图2-49a所示的电感元件电路中，根据KVL可得

$$u = -e_L = L\frac{\mathrm{d}i}{\mathrm{d}t} \tag{2-85}$$

设电流 $i = I_m \sin\omega t$ 为参考正弦量，则电感两端的电压为

$$u = L\frac{\mathrm{d}}{\mathrm{d}t}(I_m \sin\omega t) = \omega L I_m \cos\omega t$$

$$= \omega L I_m \sin\left(\omega t + \frac{\pi}{2}\right) = U_m \sin\left(\omega t + \frac{\pi}{2}\right) \tag{2-86}$$

可见，电压与电流是同频率的正弦量，但 $u$ 比 $i$ 超前 $\pi/2$ 或90°，如图2-49b所示。电压与电流间相量关系为

$$\begin{cases} \dot{I} = I\mathrm{e}^{\mathrm{j}0^\circ}, \quad \dot{U} = U\mathrm{e}^{\mathrm{j}90^\circ} \\ \dot{U} = \mathrm{j}X_L\dot{I} = \mathrm{j}\omega L\dot{I} \end{cases} \tag{2-87}$$

式（2-87）表示，$\dot{U}$ 相位比 $\dot{I}$ 超前90°，相量图如图2-49c所示。式（2-87）是电感电

路复数形式的欧姆定律。

**2. 感抗**

感抗的表达式为

$$\frac{U}{I}=\omega L=X_L \tag{2-88}$$

式（2-88）中，$X_L$ 的单位为欧姆（Ω）。$X_L$ 对交流电流起阻碍作用，故称为感抗。由 $X_L=\omega L=2\pi fL$ 可知，感抗随电流频率而变化，如图2-50所示。电感在直流电路中相当于短路。

注意：①$\frac{u}{i}\neq X_L$，是$\frac{U}{I}=X_L$；②感抗只有对正弦交流电才有意义。

**3. 电感的功率**

（1）瞬时功率。设电感的端电压与其中电流分别为 $u$ 和 $i$，如图2-51a所示，电感中的瞬时功率为

$$\begin{aligned}p&=ui\\&=U_{\mathrm{m}}\sin\left(\omega t+\frac{\pi}{2}\right)I_{\mathrm{m}}\sin\omega t\\&=U_{\mathrm{m}}I_{\mathrm{m}}\sin\omega t\cos\omega t\\&=\frac{1}{2}U_{\mathrm{m}}I_{\mathrm{m}}\sin2\omega t=UI\sin2\omega t\end{aligned} \tag{2-89}$$

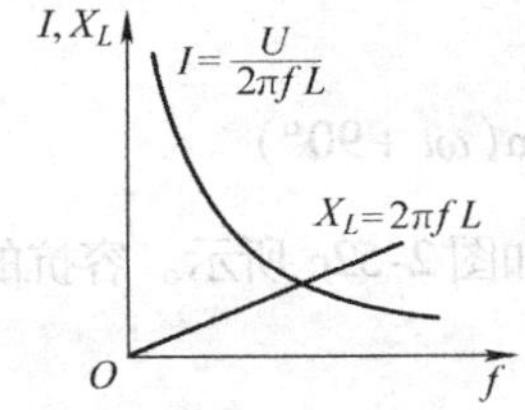


图2-50　感抗随电流频率而变化曲线

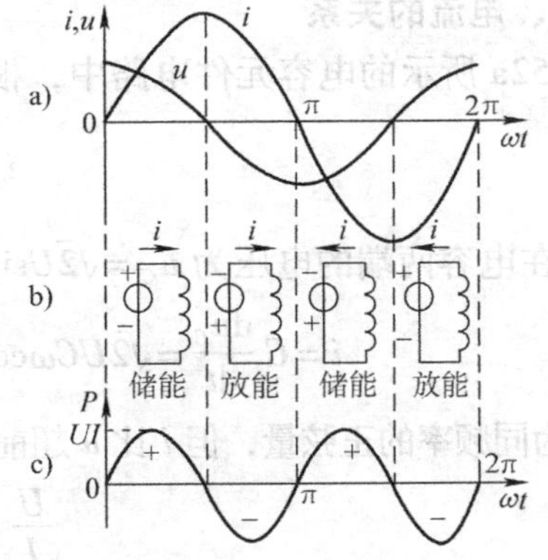


图2-51　电感元件交流电路中的功率波形
a）电压电流波形　b）元件中能量交换示意图　c）平均功率波形

电感元件在交流电路中只有电源与电感元件间的能量交换，而无能量消耗。

（2）平均功率。电感元件电路中的平均功率（即有功功率）为

$$P=\frac{1}{T}\int_0^T p\mathrm{d}t=\frac{1}{T}\int_0^T UI\sin2\omega t\mathrm{d}t=0 \tag{2-90}$$

**【例2.4.5】** 设有一空心电感线圈的电感量为150mH，忽略其中电阻。试求：

（1）它接在频率为400Hz、电压为100V的正弦交流电源上，电流是多少？

（2）如果电源的频率为工频50Hz时，电流是多少？

**【解】**（1）$X_L=2\pi fL=2\times3.14\times400\times150\times10^{-3}\Omega=376.8\Omega$

$$I=\frac{U}{X_L}=\frac{100}{376.8}\text{A}=265\text{mA}$$

（2）如果电源频率为工频 $f=50\text{Hz}$，则由于感抗 $X_L$ 随频率的减小而减小，电流将增大，即

$$X_L=2\pi fL=2\times 3.14\times 50\times 150\times 10^{-3}\Omega=47.1\Omega$$

$$I=\frac{U}{X_L}=\frac{100}{47.1}\text{A}=2.1\text{A}$$

#### 2.4.3.3 电容元件的交流电路

图2-52a 所示是纯电容交流电路。

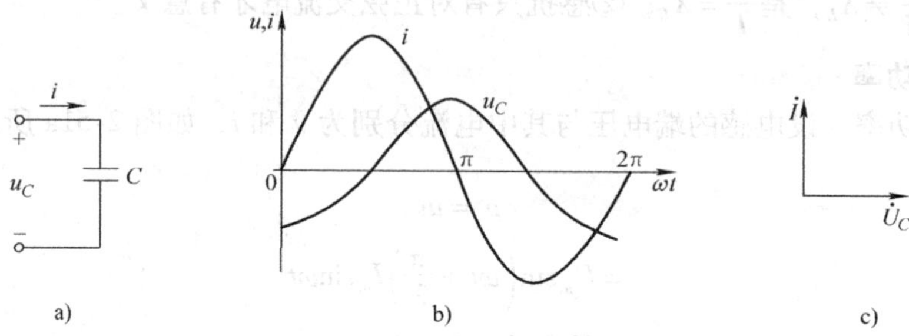


图2-52　纯电容交流电路

**1. 电压、电流的关系**

在图2-52a 所示的电容元件电路中，根据 KVL 可得

$$i=C\frac{\mathrm{d}u_C}{\mathrm{d}t} \tag{2-91}$$

假定加在电容两端的电压为 $u_C=\sqrt{2}U\sin\omega t$，则

$$i=C\frac{\mathrm{d}u_C}{\mathrm{d}t}=\sqrt{2}UC\omega\cos\omega t=\sqrt{2}UC\omega\sin(\omega t+90°) \tag{2-92}$$

电压与电流为同频率的正弦量，但 $i$ 比 $u$ 超前 $\pi/2$ 或90°，如图2-52c 所示。容抗的表达式为

$$\frac{U}{I}=\frac{1}{\omega C}=X_C \tag{2-93}$$

电压和电流之间的相量关系为

$$\dot{I}=I\mathrm{e}^{\mathrm{j}0°} \tag{2-94}$$

$$\dot{U}=U\mathrm{e}^{-\mathrm{j}90°} \tag{2-95}$$

$$\dot{U}=-\mathrm{j}X_C=-\mathrm{j}\frac{1}{\omega C}\dot{I} \tag{2-96}$$

式（2-96）表示了电容电路中复数形式的欧姆定律，即 $\dot{U}$ 的相位比电流 $\dot{I}$ 落后90°，$X_C$ 的单位也为欧姆（Ω）。$X_C$ 对交流电流起阻碍作用，故称为容抗。电容在电路中有隔断直流作用。电子电路中常用并联电容来滤除高频电流，而串联电容可使高频电流畅通，并隔离了直流分量。

注意：① $\frac{u}{i}\neq X_C$，而是 $\frac{U}{I}=X_C$；②容抗只有对正弦交流电才有意义。

**2. 电容的功率**

(1) 瞬时功率。设电容端电压与电流如图2-53a所示，则电容的瞬时功率为

$$
\begin{aligned}
p &= ui \\
&= U_m \sin\left(\omega t - \frac{\pi}{2}\right) I_m \sin\omega t = -\frac{1}{2} U_m I_m \cos\left(2\omega t - \frac{\pi}{2}\right) = -UI\sin 2\omega t
\end{aligned} \tag{2-97}
$$

电容元件在交流电路中只存在电源与电容元件之间的能量交换，而无能量消耗。

(2) 平均功率。电容在一个周期内所吸收的平均功率为零，即

$$
P = \frac{1}{T}\int_0^T p\mathrm{d}t = \frac{1}{T}\int_0^T (-UI\sin 2\omega t)\,\mathrm{d}t = 0 \tag{2-98}
$$

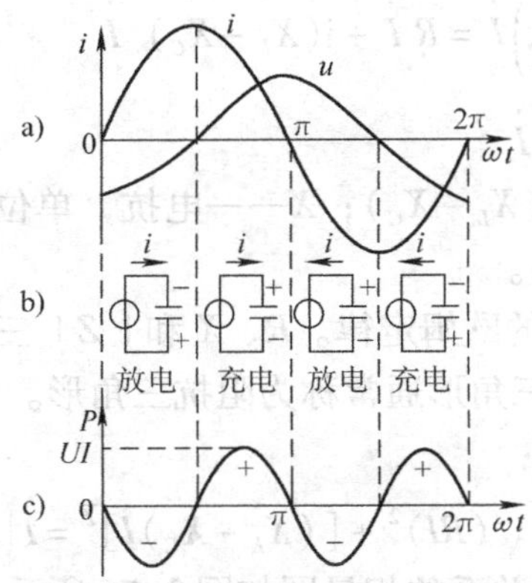


图2-53 电容元件交流电路中的功率波形

a) 电压电流波形 b) 元件中能量交换示意图 c) 平均功率波形

【例2.4.6】设有一个0.1μF的电容元件接在频率为400Hz、电压为100V的正弦交流电源上，电流是多少？如果电源的频率为工频50Hz，电流是多少？

【解】 $X_C = \frac{1}{2\pi fC} = \frac{1}{2\times 3.14\times 400\times 0.1\times 10^{-6}}\Omega = 3981\Omega$

$$
I = \frac{U}{X_C} = \frac{100}{3981}\text{A} = 25\text{mA}
$$

如果电源频率为工频50Hz，则由于容抗 $X_C$ 随频率的减小而增大，电流将减小，则有

$$
X_C = \frac{1}{2\pi fC} = \frac{1}{2\times 3.14\times 50\times 0.1\times 10^{-6}}\Omega = 31847\Omega
$$

$$
I = \frac{U}{X_C} = \frac{100}{31847}\text{A} = 3\text{mA}
$$

## 2.4.4 *RLC* 正弦交流电路

### 2.4.4.1 *RLC* 串联的正弦交流电路

实际电路通常是由两个以上参数组成的串并联交流电路，为了一般化起见，先讨论电阻 $R$、电感 $L$ 和电容 $C$ 串联的交流电路，如图2-54所示。

**1. 电压、电流的关系**

(1) *RLC* 串联交流电路瞬时表达式。根据KVL可得

$$u = u_R + u_L + u_C = iR + L\frac{\mathrm{d}i}{\mathrm{d}t} + \frac{1}{C}\int i\mathrm{d}t \tag{2-99}$$

设电流为参考正弦量，即 $i=\sqrt{2}I\sin\omega t$ 则

$$u=\sqrt{2}IR\sin\omega t+\sqrt{2}I(\omega L)\sin(\omega t+90°)+\sqrt{2}I\left(\frac{1}{\omega C}\right)\sin(\omega t-90°) \tag{2-100}$$

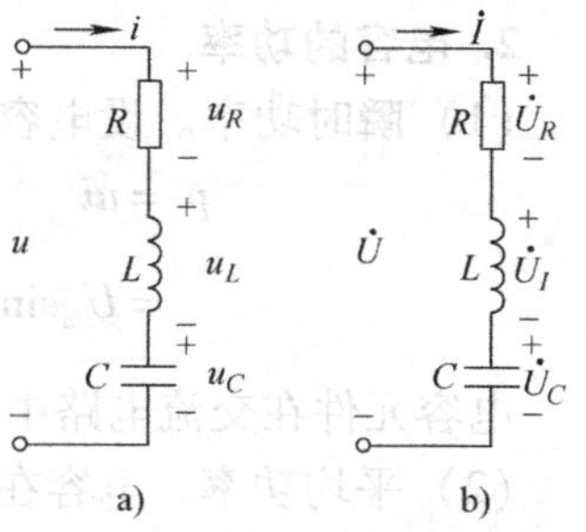

图 2-54　*RLC* 串联电路

（2）*RLC* 串联交流电路相量关系

$$\begin{aligned}\dot{U}&=\dot{U}_R+\dot{U}_L+\dot{U}_C=R\dot{I}+\mathrm{j}\omega L\dot{I}-\mathrm{j}\frac{1}{\omega C}\dot{I}\\&=R\dot{I}+\mathrm{j}\left(\omega L-\frac{1}{\omega C}\right)\dot{I}=R\dot{I}+\mathrm{j}(X_L-X_C)\dot{I}\\&=(R+\mathrm{j}X)\dot{I}=Z\dot{I}\end{aligned} \tag{2-101}$$

式中　$Z$——复阻抗，$Z=R+\mathrm{j}(X_L-X_C)$；$X$——电抗，单位为 Ω，它是感抗 $X_L$ 与容抗 $X_C$ 之差（$X=X_L-X_C$）。

式（2-101）称为复数形式的欧姆定律。$R$、$X$ 和 $|Z|$ 三者间关系可用一个直角三角形来表示，如图 2-55 所示。这个三角形通常称为阻抗三角形。

总电压的有效值可表示为

$$U=\sqrt{(RI)^2+[(X_L-X_C)I]^2}=I|Z| \tag{2-102}$$

*RLC* 串联电路中电压与电流关系的相量图如图 2-56 所示。

**2. 阻抗角 $\varphi$ 与电路参数的关系**

当 $X=X_L-X_C>0$ 时，$\varphi>0$，在相位上电流 $i$ 比总电压 $u$ 落后 $\varphi$ 角，串联电路呈现电感性；
当 $X=X_L-X_C<0$ 时，$\varphi<0$，在相位上电流 $i$ 比总电压 $u$ 超前 $\varphi$ 角，串联电路呈现电容性；
当 $X=X_L-X_C=0$ 时，$\varphi=0$，则电流与总电压同相位，串联电路呈现电阻性。

三个电压相量 $\dot{U}_R$、$(\dot{U}_L+\dot{U}_C)$、和 $\dot{U}$ 构成了直角三角形，通常称为电压三角形，如图 2-57所示。电压三角形和阻抗三角形是相似三角形。

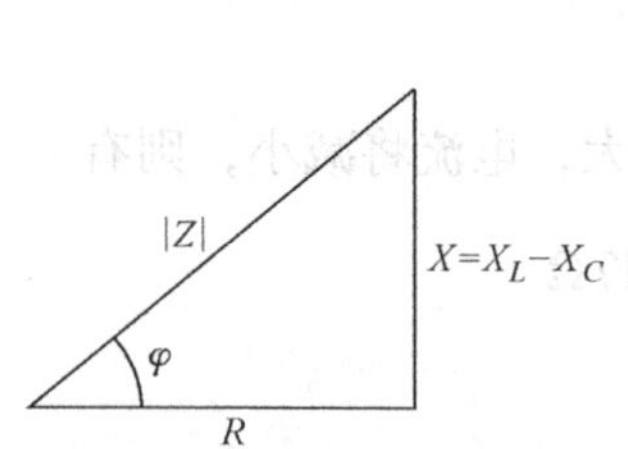

图 2-55　阻抗三角形

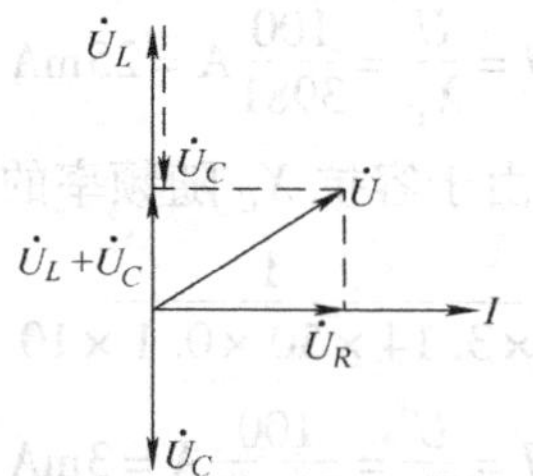

图 2-56　*RLC* 串联电路中电压与电流关系的相量图

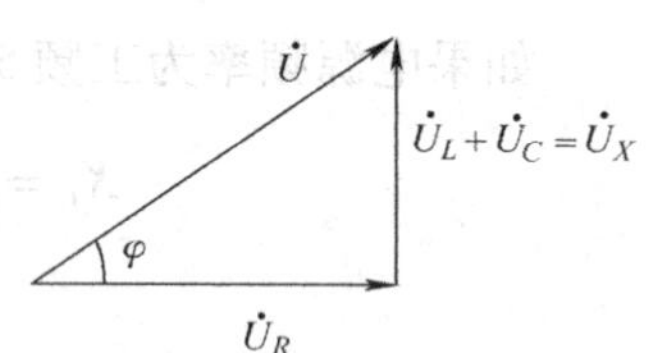

图 2-57　电压三角形

【例 2.4.7】*RLC* 串联电路中，设 $R=20\Omega$，$L=100\mathrm{mH}$，$C=30\mu\mathrm{F}$，电源电压 $u=220\sin(314t+30°)$ V。试求：

（1）电路中电流 $i$；

（2）各元件上的电压 $u_R$、$u_L$ 和 $u_C$。

【解】$\dot{U}=220\angle 30°$ V

$$X_L = \omega L = 314 \times 100 \times 10^{-3}\Omega = 314\Omega$$

$$X_C = \frac{1}{\omega C} = \frac{1}{314 \times 30 \times 10^{-6}}\Omega = 106.2\Omega$$

$$\begin{aligned} Z &= R + \mathrm{j}(X_L - X_C) \\ &= [20 + \mathrm{j}(31.4 - 106.2)]\ \Omega \\ &= 77.4\angle -75^\circ\Omega \end{aligned}$$

$$\dot{I} = \frac{\dot{U}}{Z} = \frac{220\angle 30^\circ}{77.4\angle -75^\circ}\text{A} = 2.8\angle 105^\circ\ \text{A}$$

$$\dot{U}_R = R\dot{I} = 20 \times 2.8\angle 105^\circ\ \text{V} = 56\angle 105^\circ\ \text{V}$$

$$\dot{U}_L = \mathrm{j}\omega L\dot{I} = \mathrm{j}31.4 \times 2.8\angle 105^\circ\ \text{V} = 88\angle 195^\circ\ \text{V}$$

$$\dot{U}_C = -\mathrm{j}X_C\dot{I} = -\mathrm{j}106.2 \times 2.8\angle 105^\circ\ \text{V} = 297.4\angle 15^\circ\ \text{V}$$

相应的电流和各电压的瞬时值表达式为

$$i = 2.8\sqrt{2}\sin(314t + 105^\circ)\ \text{A}$$

$$u_R = 56\sqrt{2}\sin(314t + 105^\circ)\ \text{V}$$

$$u_L = 88\sqrt{2}\sin(314t + 195^\circ)\ \text{V}$$

$$u_C = 297.4\sqrt{2}\sin(314t + 15^\circ)\ \text{V}$$

**3. 功率关系**

(1) 瞬时功率。电路在某一瞬间吸收或放出功率称为瞬时功率，即

$$p = ui \tag{2-103}$$

在正弦交流电路中，由于有电感和电容的存在，一般情况是电压和电流两正弦量的频率相同，但两者有一段相位差。设图2-58a所示的无源一端口网络的电流和电压分别为 $i = \sqrt{2}I\sin\omega t$，$u = \sqrt{2}U\sin(\omega t - \varphi)$，则电路的瞬时功率为

$$p = ui = \sqrt{2}I\sin\omega t\sqrt{2}U\sin(\omega t - \varphi) = UI\cos\varphi - UI\cos(2\omega t + \varphi) \tag{2-104}$$

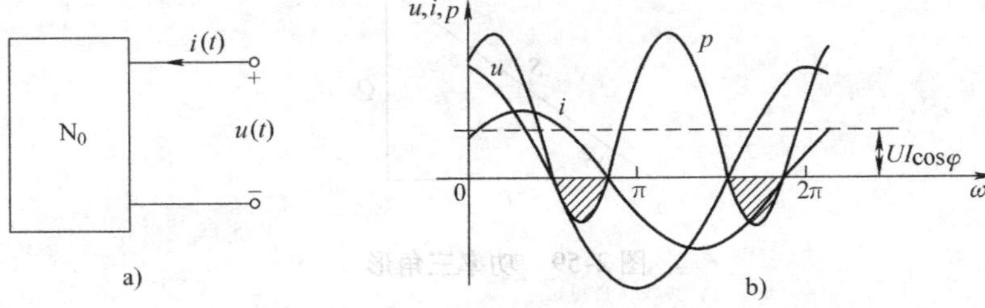


图2-58 正弦交流电路的电流、电压及瞬时功率波形

瞬时功率的波形如图2-58b所示，可以看出瞬时功率有正有负，正表示网络从电源吸收功率，负表示网络向电源回馈功率。这是因为电路中含有耗能元件电阻，电阻从电源吸收功率，同时电路中又含有储能元件电感与电容，而电感与电容与电源交换功率。所以，一般情况下，功率波形的正负面积不相等，负载吸收功率的时间总是大于释放功率的时间，说明电路在消耗功率。

（2）平均功率。正弦交流电路的有功功率即为平均功率，且为

$$P = \frac{1}{T}\int_0^T p\mathrm{d}t = \frac{1}{T}\int_0^T ui\mathrm{d}t = UI\cos\varphi \tag{2-105}$$

式中　$\cos\varphi$——功率因数。

在 $RLC$ 串联电路中的平均功率就是电阻上消耗的功率。

（3）无功功率。电路中的电感元件和电容元件有能量储放，与电源之间交换能量，所以电路中也存在无功功率。将式（2-104）中的 $UI\cos(2\omega t+\varphi)$ 分解为（$UI\cos\varphi\cos2\omega t - UI\sin\varphi\sin2\omega t$），则式（2-104）可以写成

$$\begin{aligned} p &= UI\cos\varphi - (UI\cos\varphi\cos2\omega t - UI\sin\varphi\sin2\omega t) \\ &= UI\cos\varphi\ (1-\cos2\omega t) + UI\sin\varphi\sin2\omega t \\ &= P(1-\cos2\omega t) + Q\sin2\omega t \end{aligned} \tag{2-106}$$

式中

$$Q = UI\sin\varphi \tag{2-107}$$

$Q$ 反映了电路中储能元件与电源进行能量交换的大小，单位为乏（var）。由于电感元件的电压超前电流 90°，而电容元件的电压滞后电流 90°，因此感性无功功率与容性无功功率可以相互补偿，故有

$$Q = Q_L - Q_C \tag{2-108}$$

（4）视在功率。在正弦交流电路中，电压的有效值和电流有效值的乘积称为视在功率，记作 $S$，即

$$S = UI \tag{2-109}$$

视在功率的单位为伏安（V·A）或千伏安（kV·A）。平均功率、无功功率和视在功率之间有下列关系：

$$\begin{cases} S = \sqrt{P^2+Q^2} \\ P = S\cos\varphi \\ Q = S\sin\varphi \end{cases} \tag{2-110}$$

即在数量上它们符合直角三角形的三条边的关系，如图 2-59 所示。

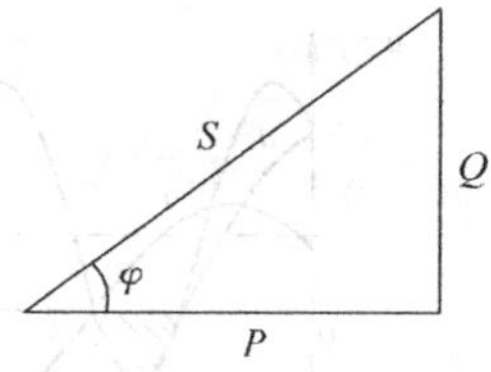


图 2-59　功率三角形

**【例 2.4.8】** $RLC$ 串联电路中，设电源电压和电流分别为 $u=220\sqrt{2}\sin(\omega t+30°)$ V，$i=2.8\sqrt{2}\sin(\omega t+105°)$ A，试计算该电路的平均功率 $P$、无功功率 $Q$ 和视在功率 $S$。

**【解】**

$$P = UI\cos\varphi = 220\times2.8\times\cos(30°-105°)\ \text{W} = 159.4\text{W}$$

$$Q = UI\sin\varphi = 220\times2.8\sin(30°-150°)\ \text{var} = -595\text{var}$$

$$S = UI = 220\times2.8\text{V·A} = 616\text{V·A}$$

或

$$S = \sqrt{P^2+Q^2} = \sqrt{159.4^2+(-595)^2}\ \text{V·A} = 616\text{V·A}$$

题中，无功功率 $Q$ 为负值，表示该电路呈现电容性。

### 2.4.4.2 *RLC* 并联的正弦交流电路

**1. 阻抗**

（1）阻抗定义。在分析 *RLC* 串联交流电路的电流、电压相量关系中，已知 $\dot{U}=(R+\mathrm{j}X)\dot{I}$，并令电压相量和电流相量的比值定义为阻抗 $Z$，即

$$Z=\frac{\dot{U}}{\dot{I}}=R+\mathrm{j}X=\frac{U}{I}\angle\varphi_u-\varphi_i=|Z|\angle\varphi_Z \tag{2-111}$$

式（2-111）称为复数形式的欧姆定律，其中 $|Z|=U/I$ 称为阻抗模，$\varphi_Z=\varphi_u-\varphi_i$ 称为阻抗角。由于 $Z$ 为复数，也称为复阻抗。这样，图 2-60a 所示的无源一端口网络可以用图 2-60b 所示的等效电路表示，所以 $Z$ 也称为一端口网络的等效阻抗或输入阻抗。

（2）单个元件的阻抗。当无源网络内为单个元件时，等效阻抗分别如下：

图 2-61a 中
$$Z=\frac{\dot{U}}{\dot{I}}=R \tag{2-112}$$

图 2-61b 中
$$Z=\frac{\dot{U}}{\dot{I}}=-\mathrm{j}\frac{1}{\omega C}=\mathrm{j}X_C \tag{2-113}$$

图 2-61c 中
$$Z=\frac{\dot{U}}{\dot{I}}=\mathrm{j}\omega L=\mathrm{j}X_L \tag{2-114}$$

说明 $Z$ 可以是纯实数，也可以是纯虚数。

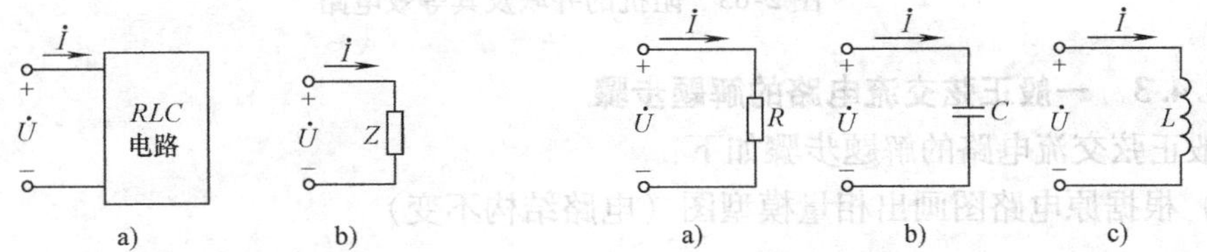


图 2-60 无源线性一端口网络的阻抗

图 2-61 单个元件的网络
a) 电阻 b) 电容 c) 电感

**2. 阻抗的串联**

图 2-62a 所示为 $n$ 个阻抗串联的电路，根据 KVL 得

$$\dot{U}=\dot{U}_1+\dot{U}_2+\cdots+\dot{U}_n=\dot{I}(Z_1+Z_2+\cdots+Z_n)=\dot{I}Z \tag{2-115}$$

式中
$$Z=\sum_{k=1}^{n}Z_k=\sum_{k=1}^{n}(R_k+\mathrm{j}X_k)$$

上式中，$Z$ 为等效阻抗，因此图 2-62a 所示的电路可以用图 2-62b 所示的等效电路替代。

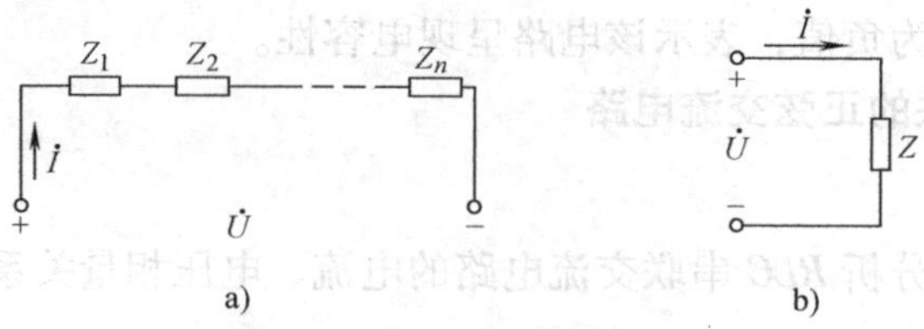


图 2-62 阻抗的串联及其等效电路

a）$n$ 个阻抗串联电路 b）阻抗串联等效电路

**3. 阻抗的并联**

图 2-63a 所示为两个阻抗并联的电路，根据 KCL 得

$$\dot{I}=\dot{I}_1+\dot{I}_2=\frac{\dot{U}}{Z_1}+\frac{\dot{U}}{Z_2}=\frac{\dot{U}}{Z} \tag{2-116}$$

式中，$Z=\frac{1}{Z_1}+\frac{1}{Z_2}=\frac{Z_1Z_2}{Z_1+Z_2}$

即两个并联阻抗可用一个等效阻抗 $Z$ 来替代，如图 2-63b 所示。

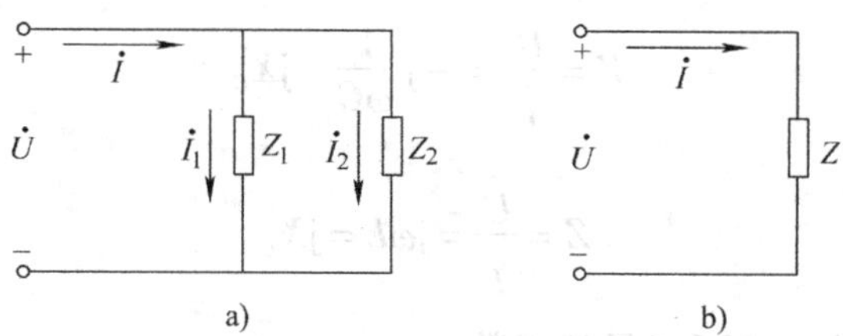


图 2-63 阻抗的并联及其等效电路

### 2.4.4.3 一般正弦交流电路的解题步骤

一般正弦交流电路的解题步骤如下：

（1）根据原电路图画出相量模型图（电路结构不变）

$$R\to R,\ L\to \mathrm{j}X_L,\ C\to -\mathrm{j}X_C,\ u\to \dot{U},\ i\to \dot{I}$$

（2）根据相量模型列出相量方程式或画相量图。

（3）用相量法或相量图求解。

（4）将结果变换成要求的形式。

**【例 2.4.9】** 在图 2-64 所示电路中，$R=2\Omega$，$L=18\mu\mathrm{H}$，$C=1\mu\mathrm{F}$，电源电压 $U=10\mathrm{V}$，$f=53\mathrm{kHz}$。试求：

（1）电路中各电流；

（2）画出电压和电流的相量图。

**【解】**（1）设电压为参考相量，即

$$\dot{U}=10\underline{/0^\circ}\ \mathrm{V}$$

$$\begin{aligned}Z_1&=R+\mathrm{j}\omega L=(2+\mathrm{j}2\pi\times53\times10^3\times18\times10^{-6})\ \Omega\\&=(2+\mathrm{j}6)\ \Omega=6.32\underline{/71.6^\circ}\ \Omega\end{aligned}$$

$$\dot{I}_1=\frac{\dot{U}}{Z_1}=\frac{10\angle 0^\circ}{6.32\angle 71.6^\circ}\text{A}$$

$$=1.58\angle -71.6^\circ\ \text{A}=(0.5-\text{j}1.5)\ \text{A}$$

$$Z_2=-\text{j}\frac{1}{\omega C}=-\text{j}\frac{1}{2\pi\times 53\times 10^3\times 1\times 10^{-6}}\Omega$$

$$=-\text{j}3\Omega=3\angle -90^\circ\ \Omega$$

$$\dot{I}_2=\frac{\dot{U}}{Z_2}=\frac{10\angle 0^\circ}{3\angle -90^\circ}\text{A}$$

$$=3.3\angle 90^\circ\ \text{A}=\text{j}3.3\text{A}$$

$$\dot{I}=\dot{I}_1+\dot{I}_2=[(0.5-\text{j}1.5)+\text{j}3.3]\ \text{A}=(0.5+\text{j}1.8)\ \text{A}=1.87\angle 74.5^\circ\ \text{A}$$

（2）电路的相量图如图2-65所示。

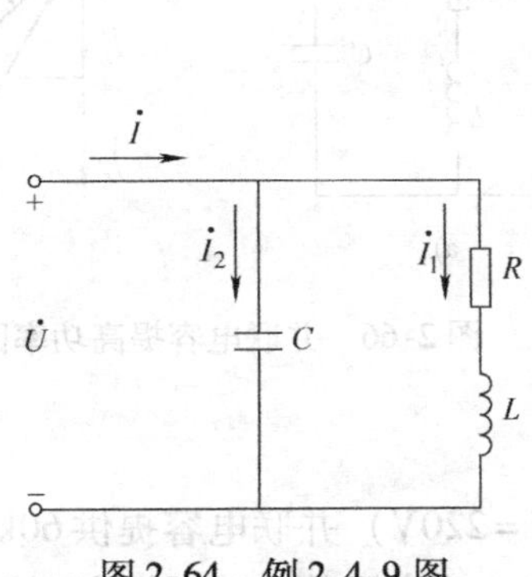

图2-64 例2.4.9图

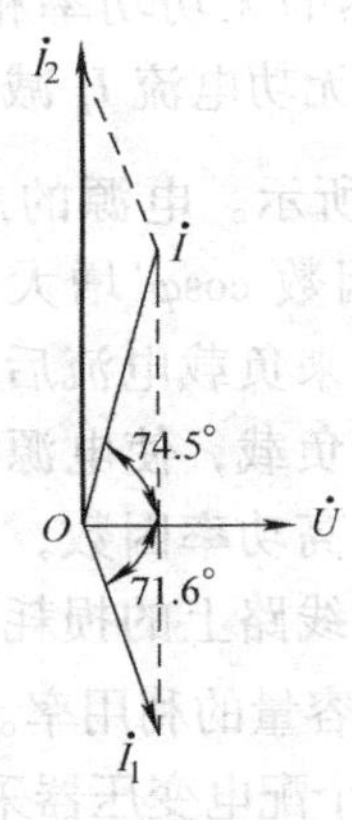

图2-65 相量图

也可以用等效阻抗求解总电流 $\dot{I}$，即

$$Z=\frac{Z_1Z_2}{Z_1+Z_2}$$

$$=\frac{(2+\text{j}6)(-\text{j}3)}{(2+\text{j}6)+(-\text{j}3)}\Omega=\frac{18-\text{j}6}{2+\text{j}3}\Omega=\frac{19\angle -18.4^\circ}{3.6\angle 56.3^\circ}\Omega=5.27\angle -74.7^\circ\Omega$$

$$\dot{I}=\frac{\dot{U}}{Z}=\frac{10\angle 0^\circ}{5.27\angle -74.7^\circ}\text{A}=1.9\angle 74.7^\circ\ \text{A}$$

## 2.4.5 功率因数的提高

### 2.4.5.1 提高功率因数的意义

已知正弦交流电路负载消耗的功率为

$$P=UI\cos\varphi \tag{2-117}$$

由式（2-117）可见，负载消耗的功率不仅与电压与电流的乘积有关，而且也与 $\cos\varphi$ 有关。$\cos\varphi$ 称为功率因数，它是对电源利用程度的衡量。根据正弦交流电路的阻抗三角形和功率三角形可知

$$\cos\varphi=\frac{P}{S}=\frac{R}{|Z|} \tag{2-118}$$

即功率因数 $\cos\varphi$ 的高低是由电路参数和负载的性质决定的。

功率因数对电网的影响如下：

（1）功率因数过低，使电源设备的容量得不到充分利用。交流电源提供的功率及功率因数是由用户的用电设备性质和运行情况决定的。负载的功率因数越低，电源设备可输出的最大有功功率越小，无功功率就越大。因而，使电源设备的容量得不到充分利用。

（2）功率因数过低，使发电机和输电线路的功耗增大。功率因数越低，线路中电流越大，在线路中传输的无功功率越大，造成发电机绕组和线路的损耗 $\Delta P = R_0 I_2$ 增大。

#### 2.4.5.2 提高功率因数的措施

提高功率因数最通常的解决办法是在电感性负载上并联电容，如图2-66a所示。利用电容中电流 $\dot{I}_C$ 与 $\dot{I}_L$ 反相（见图2-66b），即电容的无功功率与电感的无功功率相互补偿，使原来由电源提供的无功电流 $I_L$ 减少为 $I'_L = I_L - I_C$，如图2-66b所示。电源的总电流 $\dot{I}'$ 减小，电路的功率因数 $\cos\varphi'$ 增大。也就是说，该电源在供应原来负载电流后，还有多余的电流供给了其他负载，使电源得到充分的利用。并联电容提高功率因数，不仅使负载的总电流减小，使线路上的损耗减小，更重要的是提高了电源容量的利用率。

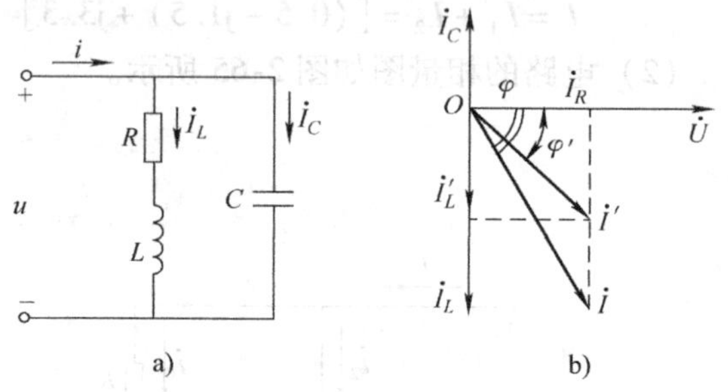


图2-66　并联电容提高功率因数

【例2.4.10】一个配电变压器采用在低压侧（$U = 220\text{V}$）并联电容提供60kvar无功功率的办法，使输出有功功率可以达到90kW的用电要求，功率因数由0.7提高到0.94。问并联的电容值是多大？

【解】首先要说明的是，配电变压器是三相变压器，故按题意每相要求输出的有功功率为 $P = 90/3\text{kW} = 30\text{kW}$，每相并联的电容提供的无功功率为 $Q/C = 60/3\text{kvar} = 20\text{kvar}$。下面按一相来计算所需并联的电容值。

根据题意有
$$Q_C = UI_C = 20\text{kvar}$$

于是
$$I_C = \frac{Q_C}{U} = \frac{20 \times 10^3}{220}\text{A} = 90.9\text{A}$$

因为
$$X_C = \frac{U}{I_C}$$

故
$$C = \frac{I_C}{2\pi fU} = \frac{90.9}{2 \times 3.14 \times 50 \times 220}\text{F} \approx 1300\mu\text{F}$$

即三相配电变压器低压侧每相要求并联的电容值 $1300\mu\text{F}$，三相共为 $3 \times 1300\mu\text{F}$。

### 2.4.6 小结

（1）在正弦交流电路中激励和响应均是同频率的正弦量，幅值（最大值）、角频率和初相位三个特征量是确定正弦交流电的三要素。电工技术上采用有效值（等效的直流值）表示交流电的大小。正弦交流电的有效值是其幅值的 $1/\sqrt{2}$。

（2）正弦量有各种不同的表示方法：

1）三角函数式（瞬时值表达式），如 $i=I_m\sin(\omega t+\varphi_i)$。

2）正弦或（余弦）波形。

3）相量表示，如 $\dot{U}=U\angle\varphi_u=a+jb$。

应该注意的是，相量法只适应于同频率正弦量的分析计算。

（3）在直流电路中所讨论过的分析方法同样可适应交流电路，但是必须注意激励和响应的表示形式。如用相量形式表示欧姆定律、KCL、KVL分别为

$$\dot{I}=\frac{\dot{U}}{Z},\quad \sum\dot{I}=0,\quad \sum\dot{U}=0,\quad \sum\dot{U}=\sum\dot{E}$$

（4）单一元件（电阻、电感、电容）正弦交流电路中的电压、电流、相位关系以及功率的基本关系见表2-1。

**表2-1　*RLC* 正弦电路中的基本关系**

| 元　件 | 电阻 $R$ | 电感 $L$ | 电容 $C$ |
|---|---|---|---|
| 时域模型 | $i$ → $R$，$+\ u_R\ -$ | $i$ → $L$，$+\ u_L\ -$ | $i$ → $C$，$+\ u_C\ -$ |
| 电压与电流关系：瞬时值、有效值、相位、相量式、相量图 | $u_R=Ri$<br>$U_R=RI$<br>$u_R$ 与 $i$ 同相<br>$\dot{U}_R=R\dot{I}$<br>$i$ → $L$，$+\ u_L\ -$ | $u_L=L\frac{di}{dt}$<br>$U_L=X_LI$<br>$u_L$ 比 $i$ 超前90°<br>$\dot{U}=jX_L\dot{I}=j\omega L\dot{I}$<br>相量图：$\dot{U}_L$，$\dot{I}$ | $i_C=C\frac{du_C}{dt}$<br>$U_C=X_CI$<br>$u_C$ 比 $i$ 滞后90°<br>$\dot{u}_C=-jX_C\dot{I}=\frac{1}{j\omega C}\dot{I}$<br>相量图：$\dot{I}$，$\dot{U}_C$ |
| 相量模型 | $\dot{I}$ → $R$，$+\ \dot{U}_R\ -$ | $\dot{I}$ → $jX_L$，$+\ \dot{U}_L\ -$ | $\dot{I}$ → $-jX_C$，$+\ \dot{U}_C\ -$ |
| 功率：有功功率、无功功率 | $P_R=I^2R=\frac{U^2}{R}$<br>$Q_R=0$ | $P_L=0$<br>$Q_L=IU_L$<br>$=I^2X_L=\frac{U_L^2}{X_L}$ | $P_C=0$<br>$Q_C=-IU_C$<br>$=-I^2X_C=-\frac{U_C^2}{X_C}$ |

（5）*RLC* 串联与阻抗并联电路中电压和电流的相量关系以及功率计算是本章的重点内容，见表2-2和表2-3。

表 2-2　*RLC* 串联与阻抗并联电路中电压和电流的相量关系

| 名　称 | 复 阻 抗 | 欧 姆 定 律 | 电 流 关 系 | 电 压 关 系 | 相 量 图 |
|---|---|---|---|---|---|
| *RLC* 串联电路 | $Z=R+\mathrm{j}X$<br>$X=X_L-X_C$ | $\dot{U}=Z\dot{I}$ | 电流相同 | $\dot{U}=\dot{U}_R+\dot{U}_L+\dot{U}_C$ | $\dot{U}$, $\dot{U}_L+\dot{U}_C$, $\varphi$, $\dot{U}_R$, $\dot{I}$ |
| 阻抗并联电路 | $Z_1=R_1+\mathrm{j}X_1$<br>$Z_2=R_2+\mathrm{j}X_2$<br>$Z=\dfrac{Z_1Z_2}{Z_1+Z_2}$ | $\dot{I}_1=\dfrac{\dot{U}}{Z_1}$<br>$\dot{I}_2=\dfrac{\dot{U}}{Z_2}$ | $\dot{I}=\dot{I}_1+\dot{I}_2$ | 电压相同 | $\dot{I}_2$, $\varphi_2$, $\varphi_1$, $\varphi$, $\dot{I}$, $\dot{U}$, $\dot{I}_1$ |

表 2-3　*RLC* 串联与阻抗并联电路中的功率计算

| 名　称 | 有 功 功 率 | 无 功 功 率 | 视 在 功 率 | 功率三角形 |
|---|---|---|---|---|
| *RLC* 串联电路 | $P=U_RI$<br>$=UI\cos\varphi$ | $Q=(U_L-U_C)\ I$<br>$=UI\sin\varphi$<br>$Q=Q_L-Q_C$ | $S=UI=\sqrt{P^2+Q^2}$ | $S$, $Q$, $\varphi$, $P$ |
| 阻抗并联电路 | $P_1=UI_1\cos\varphi_1$<br>$P_2=UI_2\cos\varphi_2$<br>$P=P_1+P_2$ | $Q_1=UI_1\sin\varphi_1$<br>$Q_2=UI_2\sin\varphi_2$<br>$Q=Q_1+Q_2$<br>（代数和） | $S=UI=$<br>$[\ (P_1+P_2)^2+\ (Q_1+Q_2)^2]^{\frac{1}{2}}$ | $S$, $Q_1+Q_2$, $\varphi$, $P_1+P_2$ |

（6）正弦交流电路的分析计算通常采用相量法，分析计算时可以直接应用直流电路中介绍的定理、定律和分析方法。

（7）功率因数 $\cos\varphi=P/S$。如果电路中的功率因数低，将会使线路中的功率损耗增加，降低供电质量，同时电源的能力得不到充分的利用。提高电路功率因数的方法通常采用并联电容的方法。

## 2.5　三相正弦交流电路

三相电路是由三个频率相同、振幅相同、相位彼此相差 120°的正弦电动势作为供电电源的电路。三相电路系统由三相电源、三相负载和三相输电线路三部分组成。三相电路具有如下优点：

（1）发电方面：比单相电源可提高功率 50%。

（2）输电方面：比单相输电节省钢材 25%。

（3）配电方面：三相变压器比单相变压器经济且便于接入负载。

（4）用电设备：具有结构简单、成本低、运行可靠、维护方便等优点。

以上优点使三相电路在动力方面获得了广泛应用，是目前电力系统采用的主要供电方式。研究三相电路要注意其特殊性：①特殊的电源；②特殊的负载；③特殊的连接；④特殊的求解方式。本节的目标是：

（1）掌握三相电路的概念。

（2）掌握星形联结、三角形联结下的线电压（电流）与相电压（电流）的关系。

（3）掌握对称三相电路归结为一相电路的计算方法。

（4）掌握三相电路的功率分析。

（5）了解不对称三相电路的概念。

## 2.5.1　对称三相交流电源的产生

通常由三相同步发电机产生对称三相电源，如图 2-67 所示。同步发电机由两大部分构成：

（1）定子。由作为导磁路径的铁心与产生感应电动势的空间相差 120°电角度的三相绕组构成。

（2）转子。由产生直流励磁磁场的绕组与铁心构成。

同步发电机工作原理是：当通入直流电流励磁转子以均匀角速度 $\omega$ 转动时，定子三相绕组切割磁场，在三相绕组中产生感应电动势，从而形成图 2-68 所示的对称三相电源。其中，A、B、C 三端称为始端，X、Y、Z 三端称为末端。

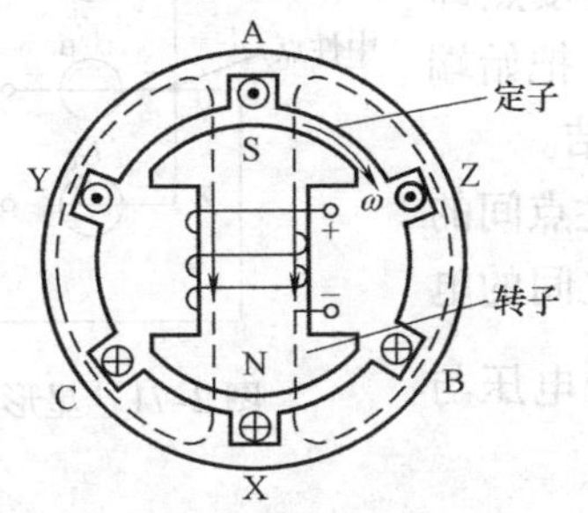


图 2-67　发电机产生对称三相电源

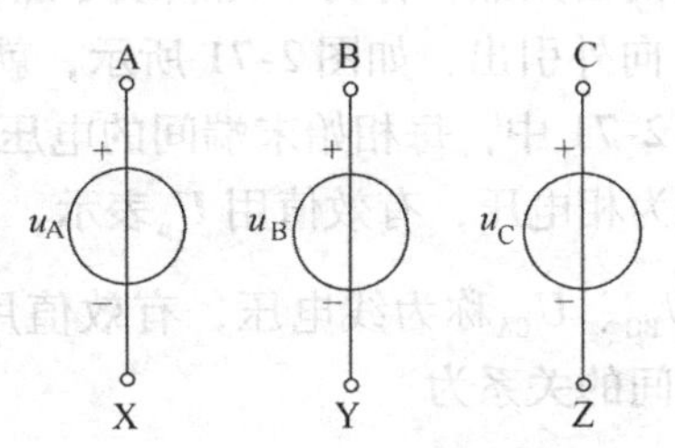


图 2-68　对称三相电源

三相电源的瞬时值表达式为

$$\begin{cases} u_A(t) = \sqrt{2}U\cos\omega t \\ u_B(t) = \sqrt{2}U\cos(\omega t - 120°) \\ u_C(t) = \sqrt{2}U\cos(\omega t + 120°) \end{cases} \tag{2-119}$$

式（2-119）中，以 A 相电压 $u_A$ 为参考正弦量。

三相电压的波形如图 2-69 所示。

三相电源的相量表示为

$$\dot{U}_A = U\angle 0°,\quad \dot{U}_B = U\angle -120°,\quad \dot{U}_C = U\angle 120° \tag{2-120}$$

也可以用图 2-70 所示的相量图表示。

由式（2-120）可以得出，对称三相电源的特点为

$$\begin{cases} u_A + u_B + u_C = 0 \\ \dot{U}_A + \dot{U}_B + \dot{U}_C = 0 \end{cases} \tag{2-121}$$

即三相电源的瞬时值之和与相量之和总是为零。

三相电源中各相电源经过同一值（如最大值）的先后顺序称为三相电源的相序，上述三相电压的相序称为正序（或顺序）。反之，若 B 相超前 A 相 120°，C 相超前 B 相 120°，这种相序称为反序（或逆序）。以后如果不加说明，都认为是正序。

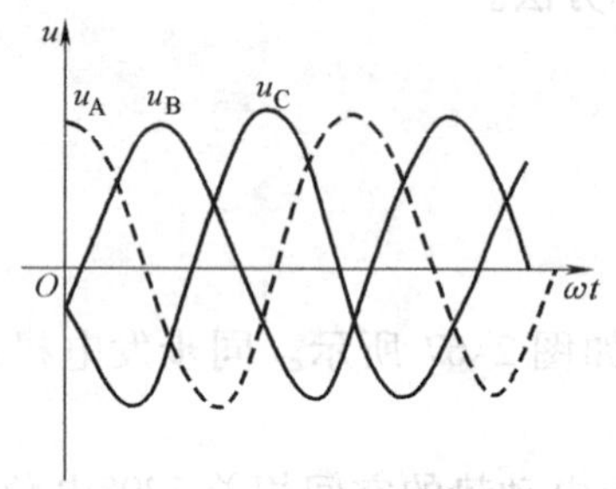

图 2-69　三相电压的波形

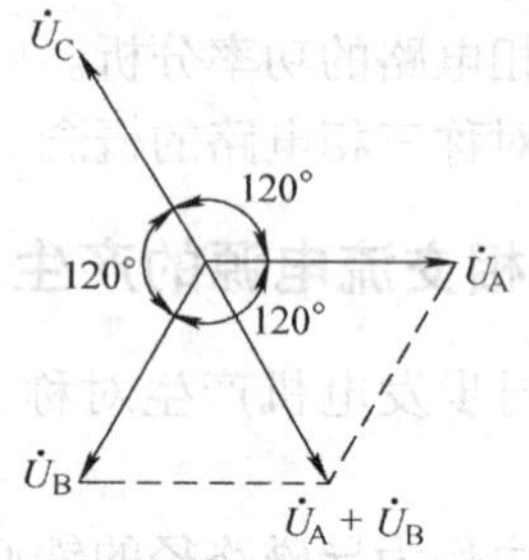

图 2-70　三相电压的相量图

## 2.5.2 三相电源的连接方式

**1. 星形联结**（Y联结）

把三个绕组的末端 X、Y、Z 接在一起，这一连接点即 X、Y、Z 的公共点，称为中性点或零点，用 N 表示。把始端 A、B、C 向外引出，如图 2-71 所示，就构成星形联结。

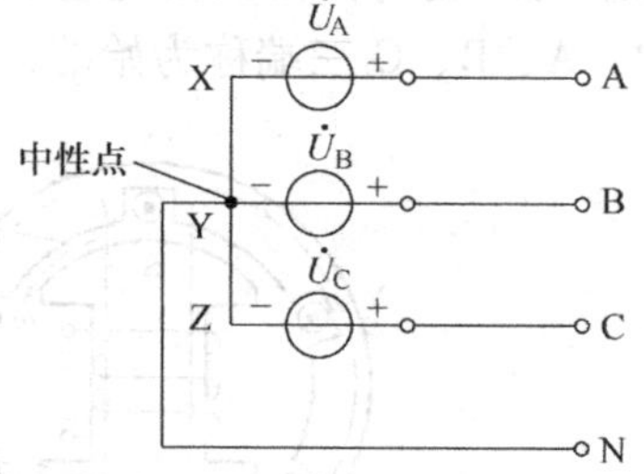

图 2-71　星形联结

在图 2-71 中，每相始末端间的电压即端线与中性点间的电压，称为相电压，有效值用 $U_p$ 表示，端线与端线之间的电压 $\dot{U}_{AB}$、$\dot{U}_{BC}$、$\dot{U}_{CA}$ 称为线电压，有效值用 $U_l$ 表示，线电压与相电压之间的关系为

$$\begin{cases} \dot{U}_{AB} = \dot{U}_A - \dot{U}_B \\ \dot{U}_{BC} = \dot{U}_B - \dot{U}_C \\ \dot{U}_{CA} = \dot{U}_C - \dot{U}_A \end{cases} \tag{2-122}$$

根据图 2-70 所示三相电源相量关系可求出

$$\begin{cases} \dot{U}_{AB} = \sqrt{3}U_p\angle 30° \\ \dot{U}_{BC} = \sqrt{3}U_p\angle -90° \\ \dot{U}_{CA} = \sqrt{3}U_p\angle -210° \end{cases} \tag{2-123}$$

式（2-123）表明，采用星形联结的三相电路中，线电压的有效值等于相电压有效值的 $\sqrt{3}$ 倍。即电源星形联结时线电压 $U_l = \sqrt{3}U_p$，相位超前相应的相电压 30°，三相线电压也是对称的，并且线电流等于相电流。

**2. 三角形联结（△联结）**

三个绕组始末端顺序相接，如图2-72所示，就构成三角形联结。

注意：三角形联结电源必须始端、末端依次相连，由于$\dot{U}_A+\dot{U}_B+\dot{U}_C=0$，电源中不会产生环流。任意一相接反，都会造成电源中大的环流而损坏电源。因此，当将一组三相电源连成三角形时，应先不完全闭合，留下一个开口，在开口处接上一个交流电压表，测量回路中总的电压是否为零。如果电压为零，说明连接正确，然后再把开口处接在一起。

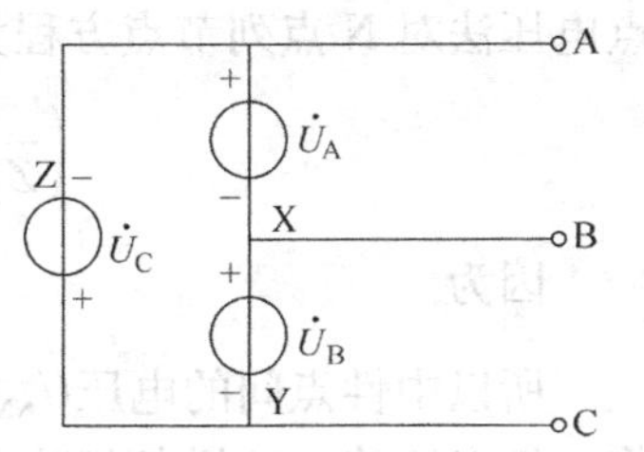


图2-72　三角形联结

在三角形联结的电路中，线电流大小等于相电流的$\sqrt{3}$倍，即$I_l=\sqrt{3}I_p$，而相位滞后相应的相电流30°。但必须注意三角形联结的对称的三相电源是没有中性点的。

## 2.5.3　三相负载及其连接方式

三相电路的负载由三部分组成，其中每一部分叫做一相负载。三相负载也有星形联结（见图2-73）和三角形联结（见图2-74）两种连接方式。当星形联结三相负载满足关系$Z_A=Z_B=Z_C$、三角形联结三相负载满足关系$Z_{AB}=Z_{BC}=Z_{CA}$时，称为三相对称负载。

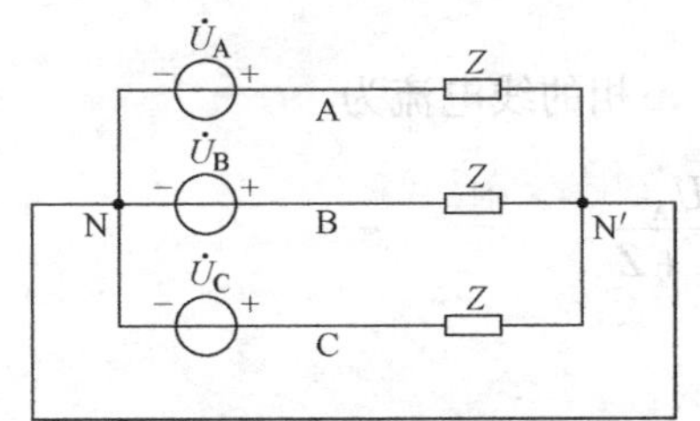


图2-73　负载星形联结

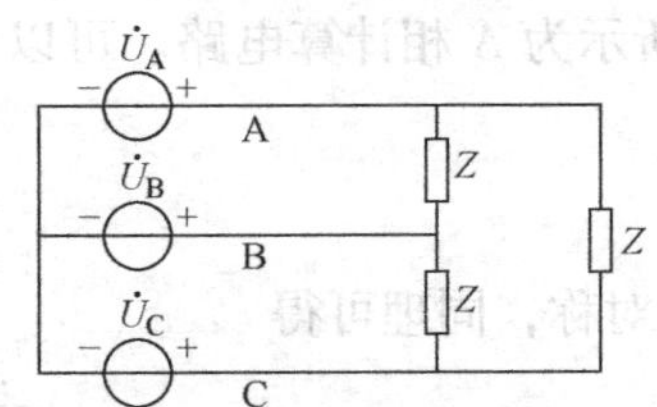


图2-74　负载三角形联结

在工程应用中负载采用哪种方式进行联结，要根据负载的额定电压和电源电压来确定。三相负载连接方式的原则如下：

（1）电源提供的电压=负载的额定电压。

（2）单相负载尽量均衡地分配到三相电源上。

## 2.5.4　三相电路

三相电路就是由对称三相电源和三相负载连接起来所组成的系统。工程上根据实际需要可以组成图2-73所示的Y—Y联结，或图2-74所示的Y—△联结，还有△—Y和△—△联结等。

当组成三相电路的电源和负载都对称时，称对称三相电路。只要有一部分不对称，如出现电源不对称，或电路参数（负载）不对称，就称为不对称三相电路。

### 2.5.4.1　对称三相电路计算

对称三相电路由于电源对称、负载对称、线路对称，因而可以引入一种特殊的计算方法，从而简化三相电路的计算。

**1. Y—Y联结**（对称三相四线制）

图2-75所示为Y—Y联结对称三相四线制电路。其中，$Z_1$为端线阻抗，$Z_N$为中性线阻抗。设：$\dot{U}_A = U\angle 0°$，$\dot{U}_B = U\angle -120°$，$\dot{U}_C = U\angle 120°$，$Z = |Z|\angle\varphi$，以N′为参考点，应用节点电压法对N点列节点方程为

$$\left(\frac{3}{Z_1+Z}+\frac{1}{Z_N}\right)\dot{U}_{NN'} = \frac{1}{Z_1+Z}(\dot{U}_A+\dot{U}_B+\dot{U}_C) \tag{2-124}$$

因为 $$\dot{U}_A+\dot{U}_B+\dot{U}_C = 0$$

所以中性点间的电压$\dot{U}_{NN'}=0$，即N、N′两点等电位，中性线中的电流为零。因此，可将中性点短路，这样各相独立，彼此无关，便可将三相电路的计算简化为单相电路的计算。

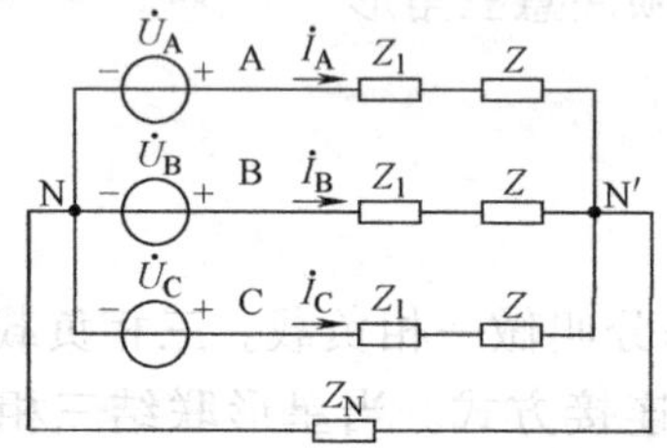


图2-75　对称Y—Y联结三相四线电路

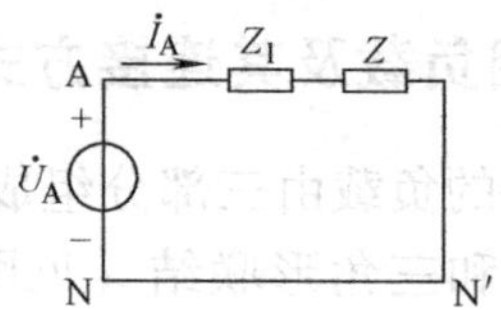


图2-76　A相计算电路

图2-76所示为A相计算电路。可以计算得A相的线电流为

$$\dot{I}_A = \frac{\dot{U}_A}{Z_1+Z} \tag{2-125}$$

由于三相对称，同理可得

$$\dot{I}_B = \frac{\dot{U}_B}{Z_1+Z}, \quad \dot{I}_C = \frac{\dot{U}_C}{Z_1+Z}$$

由此得出如下结论：

（1）Y—Y联结对称三相电路，电源中性点与负载中性点等电位，有无中性线对电路没有影响。

（2）对称情况下，各相电压、电流都是对称的，可归结为一相（如A相）计算。只要算出一相的电压、电流，则其他两相的电压、电流可按对称关系直接写出。

**2. Y—△联结**

图2-77所示为Y—△联结对称三相电路。

设$U_A = U\angle 0°$，$U_B = U\angle -120°$，$U_C = U\angle 120°$，$Z = |Z|\angle\varphi$，负载上的相电压与线电压相等

$$\begin{cases}\dot{U}_{ab} = \dot{U}_{AB} = \sqrt{3}U\angle 30° \\ \dot{U}_{bc} = \dot{U}_{BC} = \sqrt{3}U\angle -90° \\ \dot{U}_{ca} = \dot{U}_{CA} = \sqrt{3}U\angle 150°\end{cases} \tag{2-126}$$

负载上的相电流是

$$\begin{cases}\dot{I}_{ab}=\dfrac{\dot{U}_{ab}}{Z}=\dfrac{\sqrt{3}U}{|Z|}\underline{/30^\circ-\varphi}\\ \dot{I}_{bc}=\dfrac{\dot{U}_{bc}}{Z}=\dfrac{\sqrt{3}U}{|Z|}\underline{/-90^\circ-\varphi}\\ \dot{I}_{ca}=\dfrac{\dot{U}_{ca}}{Z}=\dfrac{\sqrt{3}U}{|Z|}\underline{/150^\circ-\varphi}\end{cases} \tag{2-127}$$

负载上的线电流是

$$\begin{cases}\dot{I}_{A}=\dot{I}_{ab}-\dot{I}_{ca}=\sqrt{3}\dot{I}_{ab}\underline{/-30^\circ}\\ \dot{I}_{B}=\dot{I}_{bc}-\dot{I}_{ab}=\sqrt{3}\dot{I}_{bc}\underline{/-30^\circ}\\ \dot{I}_{C}=\dot{I}_{ca}-\dot{I}_{bc}=\sqrt{3}\dot{I}_{ca}\underline{/-30^\circ}\end{cases} \tag{2-128}$$

由此得出以下结论：

（1）负载上相电压与线电压相等，且对称。

（2）线电流的有效值等于相电流有效值的$\sqrt{3}$倍。另外，各线电流比相应的相电流滞后30°。

（3）负载为三角形联结的对称三相电路，可以根据星形和三角形的等效互换，化为Y—Y联结三相电路，等效后电路阻抗为原阻抗的1/3，如图2-78所示，然后归结为一相的计算方法。

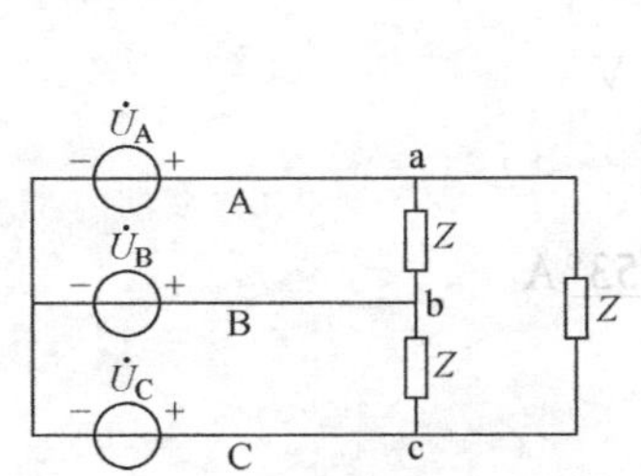


图2-77　Y—△联结对称三相电路

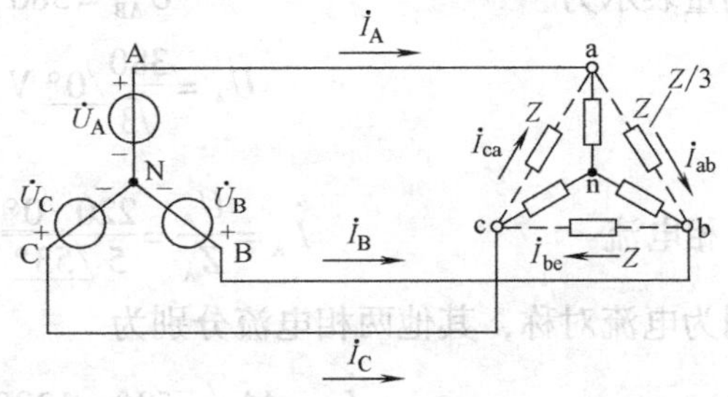


图2-78　三相负载△—Y联结的等效互换

**3. 电源为△联结时的对称三相电流计算**

电源为△联结的对称三相电路，可将△联结电源用Y联结电源替代，如图2-79所示。但要保证其线电压相等，即

$$\dot{U}_{AN}=\frac{1}{\sqrt{3}}\dot{U}_{AB}\underline{/-30^\circ}$$

$$\dot{U}_{BN}=\frac{1}{\sqrt{3}}\dot{U}_{BC}\underline{/-30^\circ}$$

$$\dot{U}_{CN}=\frac{1}{\sqrt{3}}\dot{U}_{CA}\underline{/-30^\circ}$$

化为Y—Y联结三相电路后，再归结为一相的计算方法。

由此得到对称三相电路的一般计算方法如下：

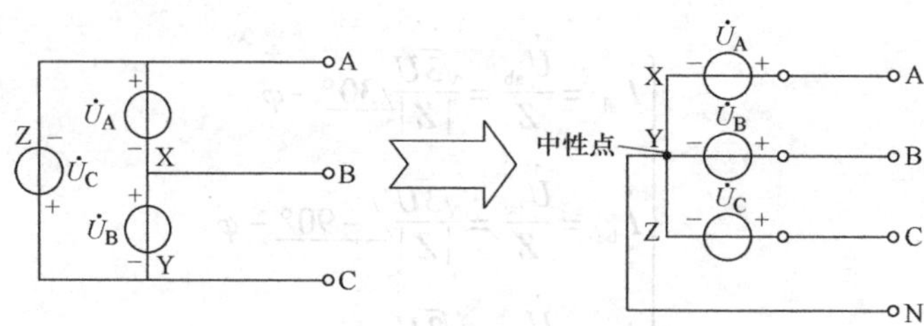


图2-79 △—Y联结的电源转换

（1）将所有三相电源、负载都化为等效的Y—Y联结三相电路。

（2）连接各负载和电源中性点，中性线上若有阻抗可不计。

（3）画出单相计算电路，求出一相的电压、电流，一相电路中的电压为Y联结时的相电压，一相电路中的电流为线电流。

（4）根据△联结、Y联结时的相量关系，求出原电路的电流、电压。

（5）由对称性，得出其他两相的电压、电流。

**【例2.5.1】**有一星形联结的三相负载，每相电阻 $R=3\Omega$，感抗 $X_L=4\Omega$。电源电压对称，设 $u_{AB}=380\sqrt{2}\sin(\omega t+30°)$ V，试求电流 $i_A$、$i_B$、$i_C$，并画相量图。

**【解题思路】**（1）因为负载对称，只需计算一相（如A相）；

（2）利用欧姆定律（相量形式）分析。

**【解】** $u_{AB}=380\sqrt{2}\sin(\omega t+30°)$ V

相量表示为

$$\dot{U}_{AB}=380\angle 30°\ \text{V}$$

则

$$\dot{U}_A=\frac{380}{\sqrt{3}}\angle 0°\ \text{V}=220\angle 0°\ \text{V}$$

A相电流

$$\dot{I}_A=\frac{\dot{U}_A}{Z_A}=\frac{220\angle 0°}{5\angle 53°}\text{A}=44\angle -53°\ \text{A}$$

因为电流对称，其他两相电流分别为

$$\dot{I}_B=44\angle -53°-120°\ \text{A}=44\angle -173°\ \text{A}$$

$$\dot{I}_C=44\angle -53°+120°\ \text{A}=44\angle 67°\ \text{A}$$

则瞬时值表示形式为

$$i_A=44\sqrt{2}\sin(\omega t-53°)\ \text{A}$$

$$i_B=44\sqrt{2}\sin(\omega t-173°)\ \text{A}$$

$$i_C=44\sqrt{2}\sin(\omega t+67°)\ \text{A}$$

相量图如图2-80所示。

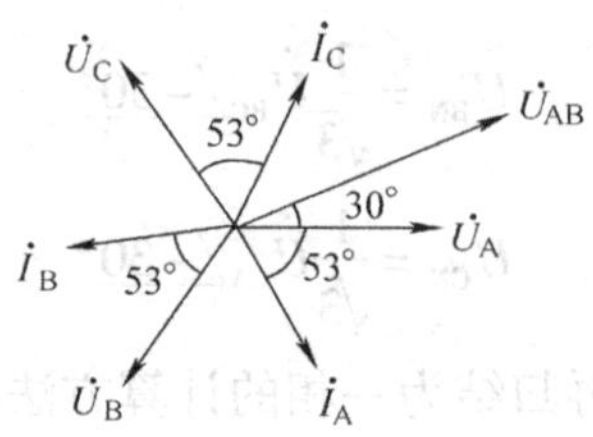


图2-80 相量图

【例 2.5.2】在图 2-81 所示三相电路中，电源电压为 380V，星形联结负载的阻抗 $Z_Y=(3+j4)\ \Omega$，三角形联结负载的阻抗为 $Z_\Delta=10\Omega$。试求：

（1）星形联结负载的相电压 $U_A$、$U_B$、$U_B$；

（2）三角形联结负载的相电流 $I_{AB}$、$I_{BC}$、$I_{CA}$；

（3）端线的线电流 $I_A$、$I_B$、$I_C$。

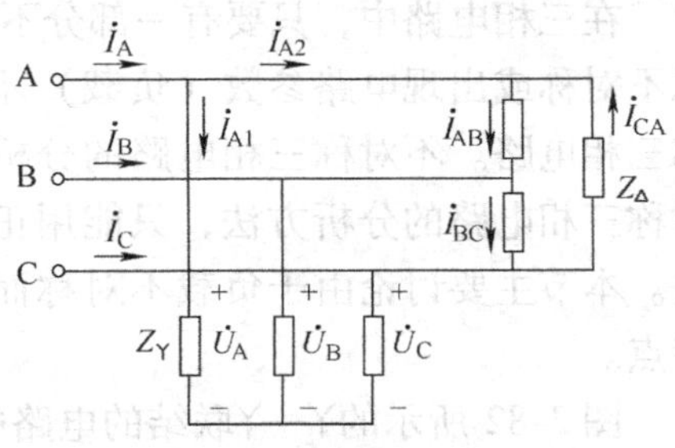


图 2-81　例 2.5.2 图

【解题思路】（1）根据线电压和相电压的关系，求出星形联结负载的相电压。

（2）求出三角形联结负载的相电流，进而算出对应的线电流。

【解】　设 $\dot{U}_{AB}=380\angle 0°\ \text{V}$。

（1）根据线电压和相电压的关系，则星形联结负载各相电压为

$$\dot{U}_A=\frac{\dot{U}_{AB}}{\sqrt{3}}\angle -30°=220\angle -30°\text{V}$$

$$\dot{U}_B=220\angle -150°\text{V}$$

$$\dot{U}_C=220\angle 90°\ \text{V}$$

（2）三角形联结负载的相电流为

$$\dot{I}_{AB}\frac{\dot{U}_{AB}}{Z_\Delta}=\frac{380\angle 0°}{10}\text{A}=38\angle 0°\ \text{A}$$

$$\dot{I}_{BC}=38\angle -120°\text{A}$$

$$\dot{I}_{CA}=38\angle 120°\ \text{A}$$

（3）端线的线电流（以 A 相为例）应是星形联结负载线电流 $I_{A1}$ 和三角形联结负载线电流 $I_{A2}$ 之和。其中

$$\dot{I}_{A1}=\frac{\dot{U}_A}{Z_Y}=\frac{220\angle -30°}{3+j4}\text{A}=\frac{220\angle -30°}{5\angle 53.1°}\text{A}=44\angle -83.1°\text{A}$$

三角形联结负载线电流 $I_{A2}$ 是相电流 $I_{AB}$ 的 $\sqrt{3}$ 倍，相位滞后 30°，则

$$\dot{I}_{A2}=\sqrt{3}\dot{I}_{AB}\angle -30°=\sqrt{3}\times 38\angle 0°-30°\ \text{A}=38\sqrt{3}\angle -30°\text{A}$$

所以，由 KCL 得

$$\begin{aligned}\dot{I}_A&=\dot{I}_{A1}+\dot{I}_{A2}=(44\angle -83.1°+38\sqrt{3}\angle -30°)\ \text{A}\\&=(5.29-j43.68+57-j32.91)\ \text{A}\\&=(62.29-j76.59)\ \text{A}\\&=98.72\angle -51°\text{A}\end{aligned}$$

根据对称关系，则

$$\dot{I}_B=98.72\angle -51°-120°\ \text{A}=98.72\angle -171°\ \text{A}$$

$$\dot{I}_C=98.72\angle -51°+120°\ \text{A}=98.72\angle 69°\ \text{A}$$

#### 2.5.4.2 不对称三相电路的概念

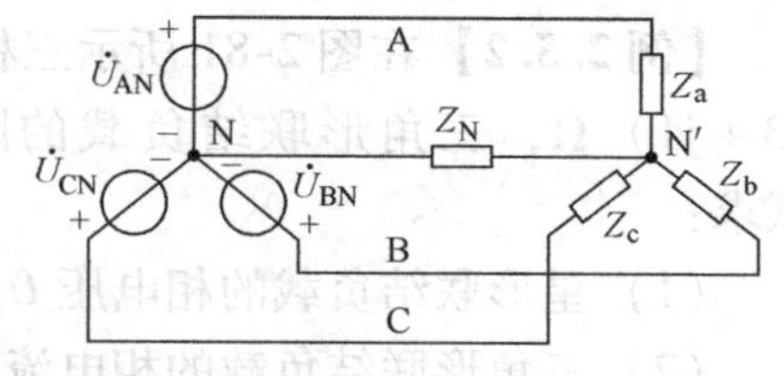

图 2-82 不对称Y—Y联结的三相电流

在三相电路中，只要有一部分不对称，例如出现电源不对称或出现电路参数（负载）不对称，就称为不对称三相电路。不对称三相电路的分析不能引用上一节中对称三相电路的分析方法，只能用正弦稳态电路的分析法。本节主要讨论由于负载不对称而引起的一些现象的特点。

图 2-82 所示的Y—Y联结的电路中，三相电源是对称的，三相负载 $Z_a$、$Z_b$、$Z_c$ 不相同。应用节点电压法求得中性点 N 和 N′之间的电压为

$$\dot{U}_{N'N}=\frac{\dot{U}_{AN}/Z_a+\dot{U}_{BN}/Z_b+\dot{U}_{CN}/Z_c}{1/Z_a+1/Z_b+1/Z_c+1/Z_N}\neq 0 \tag{2-129}$$

负载各相电压为

$$\begin{cases}\dot{U}_{AN'}=\dot{U}_{AN}-\dot{U}_{N'N}\\ \dot{U}_{BN'}=\dot{U}_{BN}-\dot{U}_{N'N}\\ \dot{U}_{CN'}=\dot{U}_{CN}-\dot{U}_{N'N}\end{cases} \tag{2-130}$$

相量图如图 2-83 所示。从图中可以看出，负载不对称造成负载中性点与电源中性点不重合的现象，这一现象称为中性点位移。在电源对称情况下，可以根据中性点位移的情况来判断负载端不对称的程度。当中性点位移较大时，会造成负载相电压严重不对称，使负载的工作状态不正常。

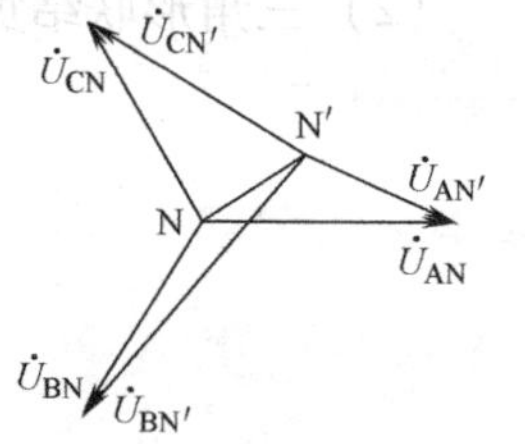

图 2-83 三相不对称电路的相量图

由此得出以下结论：

（1）负载不对称，电源中性点和负载中性点不等位，中性线中有电流，各相电压、电流不再存在对称关系。

（2）负载不对称情况下中性线的存在是非常重要的，中性线可强迫使中性点间的电压为零（如果 $Z_N=0$），但各相保持独立性。因此要消除或减少中性点的位移，应尽量减小中性线阻抗，且不允许在中性线上接入熔断器或刀开关。

### 2.5.5 三相电路的功率

#### 1. 有功功率

三相电路中的负载无论是星形联结或是三角形联结，负载消耗的总有功功率之和为

$$\begin{aligned}P&=P_A+P_B+P_C\\&=U_AI_A\cos\varphi_A+U_BI_B\cos\varphi_B+U_CI_C\cos\varphi_C\end{aligned} \tag{2-131}$$

式中 $U_A$、$U_B$、$U_C$——各相相电压的有效值；

$I_A$、$I_B$、$I_C$——各相相电流的有效值；

$\varphi_A$、$\varphi_B$、$\varphi_C$——各相相电压比相电流超前的相位，即各相负载的阻抗角。

若三相负载对称，则三相有功功率为

$$P=3U_pI_p\cos\varphi=\sqrt{3}U_lI_l\cos\varphi \tag{2-132}$$

式中 $\varphi$——相电压 $U_p$ 和相电流 $I_p$ 之间的相位差；

$\cos\varphi$——功率因数。

**2. 无功功率**

三相电路总无功功率为

$$\begin{aligned} Q &= Q_A + Q_B + Q_C \\ &= U_A I_A \sin\varphi_A + U_B I_B \sin\varphi_B + U_C I_C \sin\varphi_C \end{aligned} \tag{2-133}$$

在对称三相电路中，无论是星形或三角形联结，总无功功率为

$$Q = 3U_p I_p \sin\varphi = \sqrt{3} U_l I_l \sin\varphi \tag{2-134}$$

**3. 视在功率**

三相电路的总视在功率为

$$S = \sqrt{P^2 + Q^2} \tag{2-135}$$

式中 $P = P_A + P_B + P_C$，$Q = Q_A + Q_B + Q_C$

在对称三相电路中，视在功率为

$$\begin{aligned} S &= \sqrt{P^2 + Q^2} \\ &= \sqrt{(3U_p I_p \cos\varphi)^2 + (3U_p I_p \sin\varphi)^2} \\ &= 3U_p I_p = \sqrt{3} U_l I_l \end{aligned} \tag{2-136}$$

电源线电压不变时，负载三角形联结所消耗的功率是星形联结所消耗功率的3倍。原因是负载三角形联结时的相电压是星形联结时的$\sqrt{3}$倍，故相电流增加为原来的$\sqrt{3}$倍。且三角形联结时的线电流又是相电流的$\sqrt{3}$倍。实际上三角形联结时的线电流是星形联结时的3倍，因而三角形联结的功率是星形联结时的3倍。

**【例2.5.3】** 三相对称负载，每相的电阻和感抗分别为 $R = 80\Omega$，$X_L = 60\Omega$。设接入三相三线制电源，电压 $U_l = 380\text{V}$。试比较在星形联结和三角形联结两种连接方式时的三相功率。

**【解】** 对称负载，每相阻抗为

$$|Z| = \sqrt{R^2 + X_L^2} = \sqrt{80^2 + 60^2}\Omega = 100\Omega$$

（1）负载星形联结时，相电压和相电流分别为

$$U_p = \frac{U_L}{\sqrt{3}} = \frac{380}{\sqrt{3}}\text{V} = 220\text{V}$$

$$I_p = I_L = \frac{U_p}{|Z|} = \frac{220}{100}\text{A} = 2.2\text{A}$$

功率因数为

$$\cos\varphi_Y = \frac{R}{|Z|} = \frac{80}{100} = 0.8$$

总功率为

$$P_Y = \sqrt{3} U_l I_l \cos\varphi_Y = \sqrt{3} \times 380 \times 2.2 \times 0.8\text{W} = 1.16\text{kW}$$

（2）负载三角形联结时，相电压和相电流分别为

$$U_p = U_l = 380\text{V}$$

$$I_p = \frac{U_p}{|Z|} = \frac{380}{100}\text{A} = 3.8\text{A}$$

线电流和功率因数分别为

$$I_1 = \sqrt{3} I_p = \sqrt{3} \times 3.8\text{A} = 6.58\text{A}$$

$$\cos\varphi_\triangle = \cos\varphi_\text{Y} = 0.8$$

总功率为

$$P_\triangle = \sqrt{3} U_1 I_1 \cos\varphi_\triangle = \sqrt{3} \times 380 \times 6.56 \times 0.8\text{W} = 3.45\text{kW}$$

所以

$$P_\triangle = 3P_\text{Y}$$

### 2.5.6 小结

（1）三相正弦交流的电动势是三相对称电动势，由三相交流发电机产生，经输电网、变压器分配到用户。在我国低压用电系统中，普遍使用380V/220V的三相四线制电源，即可为用户提供380V的线电压和220V的相电压。

（2）对称负载星形联结可采用三相三线制，则线电流等于相电流，即

$$\dot{I}_1 = \dot{I}_p$$

对称或不对称负载，如果采用三相四线制时

$$U_1 = \sqrt{3} U_p$$

且线电压超前相电压30°。

（3）负载三角形联结时

$$\dot{U}_1 = \dot{U}_p$$

当负载对称时，$I_1 = \sqrt{3} I_p$，线电流滞后相电流30°。

当负载不对称时，$I_1 \neq \sqrt{3} I_p$。

（4）三相电路如果负载对称，分析计算时只要分析计算其中一相，其他各相可由对称关系得出。如果不对称，则应逐相分析计算。

（5）对称负载的三相电路，不管是星形联结还是三角形联结，它们的功率分别为

$$P = \sqrt{3} U_1 I_1 \cos\varphi = 3 U_p I_p \cos\varphi$$

$$Q = \sqrt{3} U_1 I_1 \sin\varphi = 3 U_p I_p \sin\varphi$$

$$S = \sqrt{3} U_1 I_1 = 3 U_p I_p$$

## 习　　题

2.1.1　选择题。

（1）在图2-84所示电路中，已知 $U_\text{S} = 6\text{V}$，$I_\text{S} = 2\text{A}$，$R_1 = 2\Omega$，$R_2 = 1\Omega$。开关S断开时开关两端的电压 $U$ 和开关S闭合时通过开关的电流 $I$ 是______。

（A）4V，4A　　（B）4V，6A　　（C）2V，6A　　（D）4V，2A

（2）在图2-85所示电路中，已知 $U_\text{S} = 6\text{V}$，$I_\text{S} = 2\text{A}$，$R_1 = R_2 = 4\Omega$。开关S断开时开关两端的电压 $U$ 和开关S闭合时通过开关的电流 $I$ 是______。

（A）4V，7A　　（B）14V，3.5A　　（C）2V，0.5A　　（D）−2V，7A

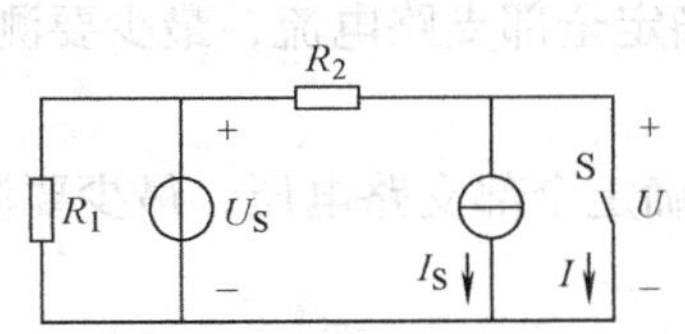

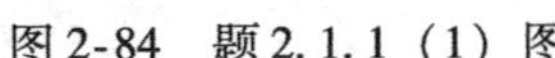
图2-84 题2.1.1（1）图

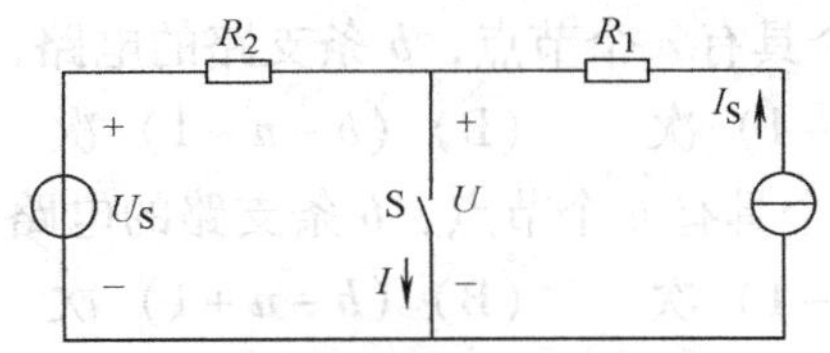

图2-85 题2.1.1（2）图

（3）在图2-86所示电路中，电源短路时，是烧坏电源还是烧坏照明灯或电源和照明灯都烧坏______。

（A）电源　　（B）照明灯　　（C）电源照明灯

（4）在图2-87所示电路中，通过恒压源的电流$I_1$、$I_2$及其功率是______。

（A）$I_1=5\text{A}$，$p_1=200\text{W}$；$I_2=3\text{A}$，$p_1=30\text{W}$

（B）$I_1=1\text{A}$，$p_1=40\text{W}$；$I_2=4\text{A}$，$p_1=40\text{W}$

（C）$I_1=6\text{A}$，$p_1=240\text{W}$；$I_2=1\text{A}$，$p_1=10\text{W}$

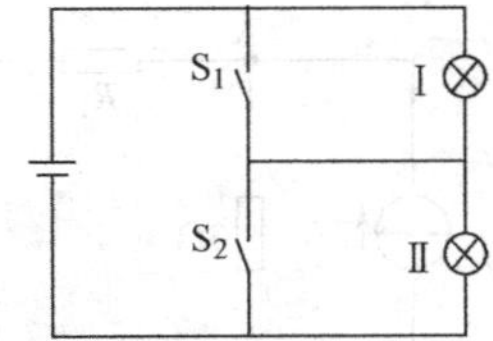

图2-86 题2.1.1（3）图

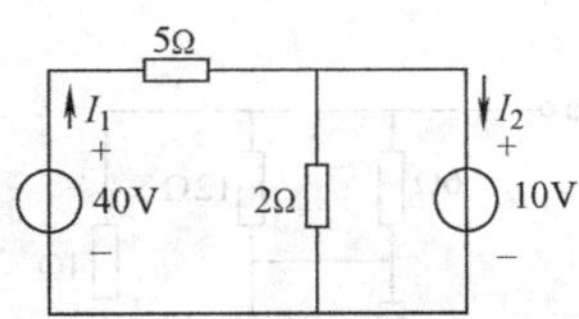

图2-87 题2.1.1（4）图

（5）实验测得某有源一端口线性网络的开路电压为10V，当外接3Ω的电阻时，其端电压为6V，则该网络的戴维南等效电压的参数为______。

（A）$U_S=6\text{V}$，$R_0=3\Omega$　　（B）$U_S=8\text{V}$，$R_0=3\Omega$

（C）$U_S=10\text{V}$，$R_0=2\Omega$

（6）实验测得某有源一端口线性网络的开路电压为6V，短路电流为3A，当外接电阻为4Ω时，流过该电阻的电流$I$为______。

（A）1A　　（B）2A　　（C）3A

（7）在图2-88所示电路中，已知$U_{S1}=4\text{V}$，$U_{S2}=4\text{V}$。如果当$U_{S2}$单独作用时，电阻$R$中的电流为1mA，那么当$U_{S1}$单独作用时，电压$U_{AB}$是______。

（A）1V　　（B）3V　　（C）-3V

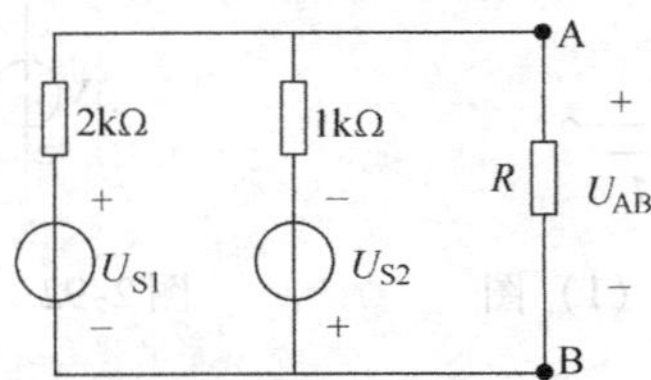

图2-88 题2.1.1（7）图

（8）一个具有$n$个节点，$b$条支路的电路，其独立的KVL方程为______。

（A）$(n-1)$个　　（B）$(b-n+1)$个

(9) 一个具有 $n$ 个节点，$b$ 条支路的电路，要确定全部支路电流，最少要测量______。

(A) $(n-1)$ 次　　(B) $(b-n+1)$ 次

(10) 一个具有 $n$ 个节点，$b$ 条支路的电路，要确定全部支路电压，最少要测量______。

(A) $(n-1)$ 次　　(B) $(b-n+1)$ 次

(11) 电阻并联时，电阻值越大的电阻______。

(A) 消耗功率越小　(B) 消耗功率越大

(12) 两个电阻并联时，电阻值越小的电阻______。

(A) 该支路分得的电流越小　　(B) 该支路分得的电流越大

(13) 电路如图 2-89 所示，a、b 端的等效电阻 $R_{ab}=$______。

(A) 2.4Ω　　(B) 2Ω

(14) 电路如图 2-90 所示，已知 $U_{AB}=6V$，若 $R_1$ 与 $R_2$ 消耗功率之比为 1:2，则电阻 $R_1$、$R_2$ 分别为______。

(A) 2Ω、4Ω　　(B) 4Ω、8Ω

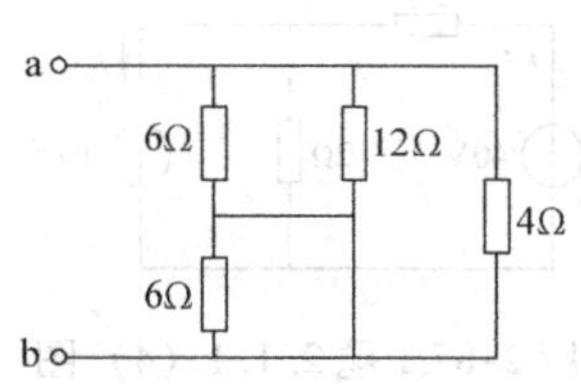


图 2-89　题 2.1.1（13）图

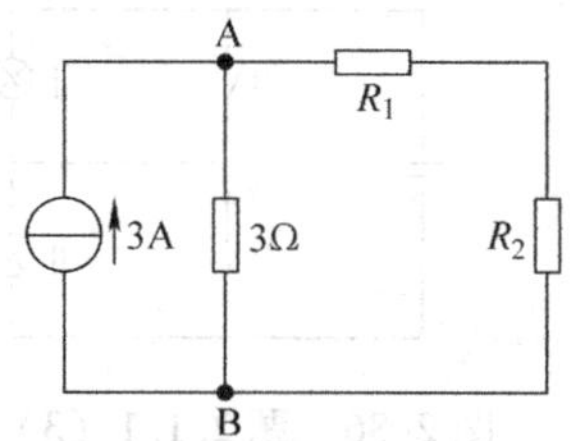


图 2-90　题 2.1.1（14）图

2.1.2　填空题。

(1) 在图 2-91 所示电路中，甲同学选定电流的参考方向为 $I$，乙同学选定为 $I'$。若甲计算出 $I=-3A$，则乙得到的计算结果应为 $I'=$________A。电流的实际方向与________的方向相同。

(2) 在由电压源供电的电路中，通常所说的电路负载大就是指____________________。

(3) 恒压源的输出电流与__________有关；恒流源的端电压与______有关。

(4) 在图 2-92 所示电路中，已知 $I_1=1A$，则 $I_2=$________A。

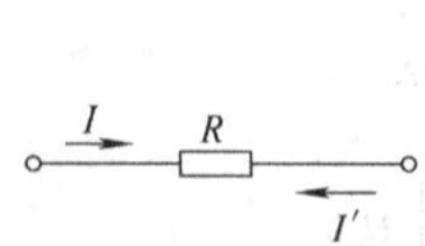


图 2-91　题 2.1.2（1）图

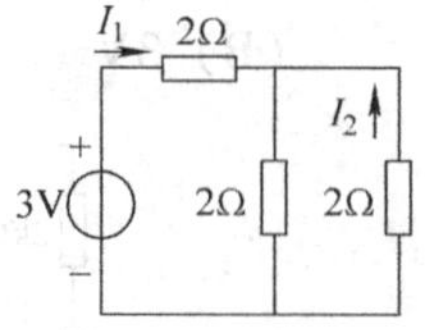


图 2-92　题 2.1.2（4）图

2.1.3　求图 2-93 所示电路中的电流 $i$。

2.1.4　求图 2-94 所示电路中的电压 $u$。

2.1.5　图 2-95 所示电路中，已知 $U_{S1}=30V$，$U_{S2}=18V$，$R_1=10\Omega$，$R_2=5\Omega$，$R_3=10\Omega$，$R_4=12\Omega$，$R_5=8\Omega$，$R_6=6\Omega$，$R_7=4\Omega$。试求电压 $U_{AB}$。

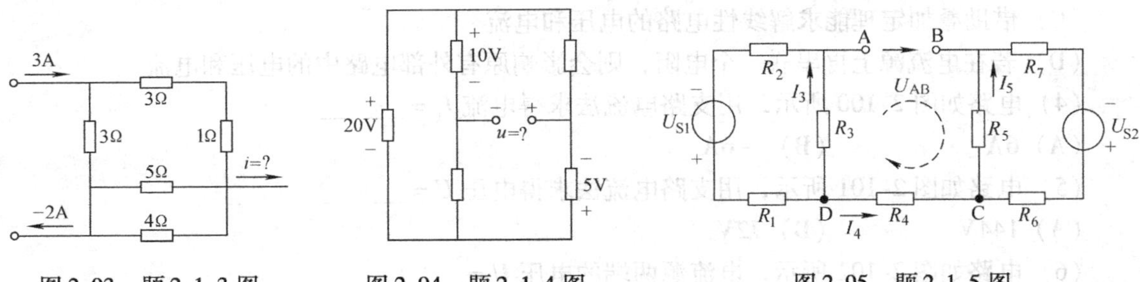


图2-93 题2.1.3图　　图2-94 题2.1.4图　　图2-95 题2.1.5图

2.1.6 图2-96所示电路中，分别设a、b点的电位为零。试求电路各点的电位。

2.1.7 图2-97所示的电路中，试求：

（1）开关S断开时a点的电位；

（2）开关S闭合后a点的电位。

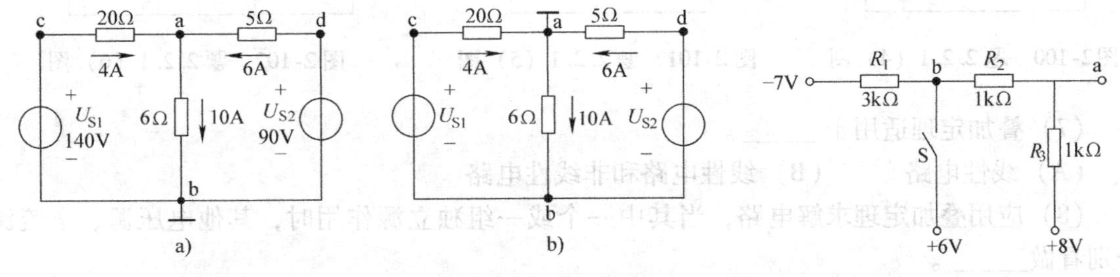


图2-96 题2.1.6图　　图2-97 题2.1.7图

2.2.1 选择题。

（1）在图2-98a中，已知$U_S=4V$，$I_S=2A$。若用图2-98b所示的等效理想电流源代替图2-98a所示电路，则等效电流源的参数为______。

（A）6A　（B）2A　（C）3A　（D）8A

（2）在图2-99所示电路中，已知$U_S=15V$，$I_S=5A$，$R_1=2\Omega$。若当$U_S$单独作用时，$R_1$上消耗电功率为18W，则当$U_S$和$I_S$两个电源共同作用时，电阻$R_1$消耗电功率为______。

（A）72W　（B）36W　（C）0W　（D）30W

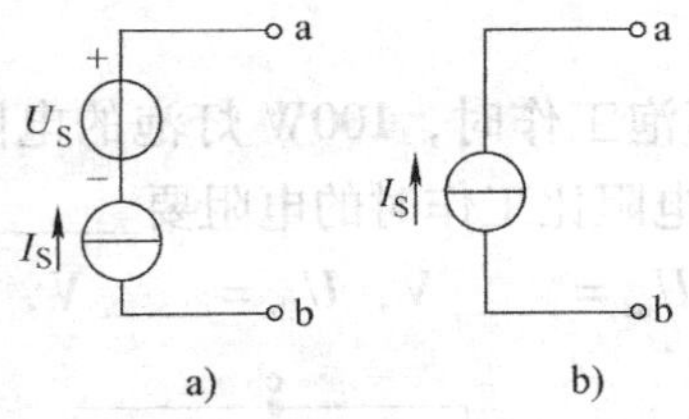


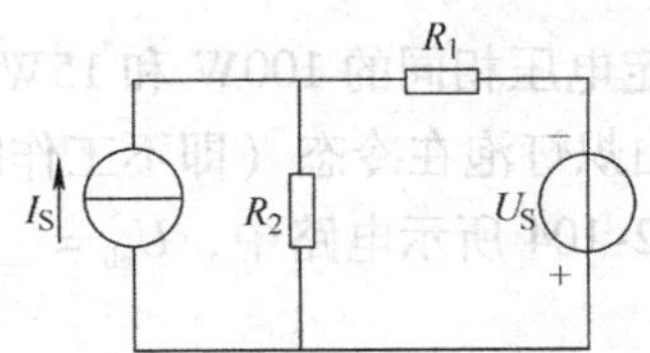


图2-98 题2.2.1（1）图　　图2-99 题2.2.1（2）图

（3）下列说法正确的有______。

（A）列KVL方程时，每次一定要包含一条新支路的电压，只有这样才能保证所列写的方程独立

（B）在线性电路中，某电阻消耗的电功率等于个电阻单独作用时所产生的功率之和

（C）借助叠加定理能求解线性电路的电压和电流

（D）若在电流源上再串联一个电阻，则会影响原有外部电路中的电压和电流

（4）电路如图2-100所示，用支路电流法求得电流 $I_1$ = ______。

（A）6A　　（B）−6A

（5）电路如图2-101所示，用支路电流法求得电压 $U$ = ______。

（A）144V　　（B）72V

（6）电路如图2-102所示，电流源两端的电压 $U$ = ______。

（A）1V　　（B）3V

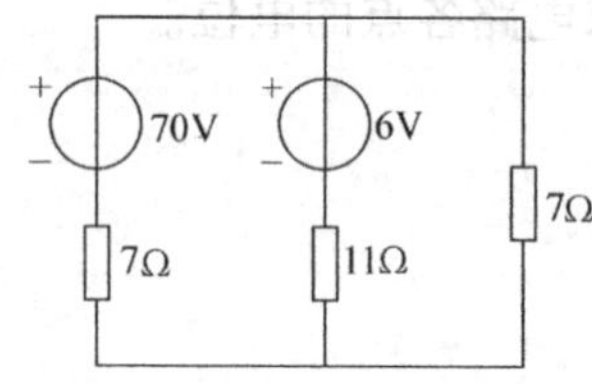

图2-100　题2.2.1（4）图

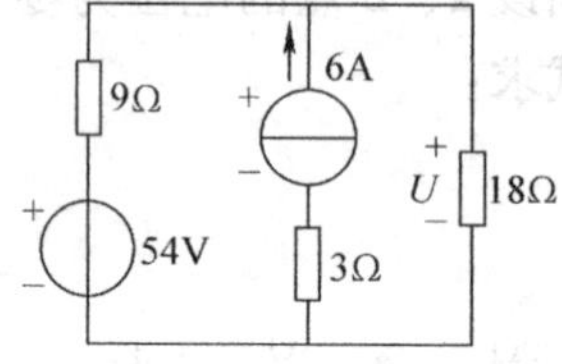

图2-101　题2.2.1（5）图

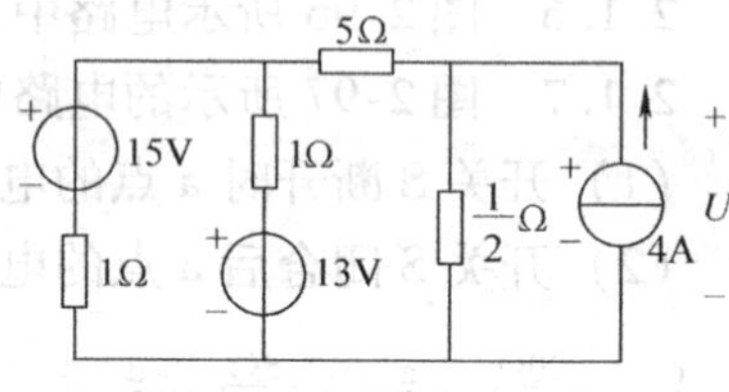

图2-102　题2.2.1（6）图

（7）叠加定理适用于______。

（A）线性电路　　（B）线性电路和非线性电路

（8）应用叠加定理求解电路，当其中一个或一组独立源作用时，其他电压源、电流源分别看做______。

（A）开路、短路　　（B）短路、开路

（9）当含源一端口网络输入电阻 $R_{in}=0$ 时，该一端口网络的等效电路为______。

（A）电压源　　（B）电流源

（10）当含源一端口网络的输入电阻 $R_{in}\to\infty$ 时，该一端口网络的等效电路为______。

（A）电压源　　（B）电源源

（11）含源一端口网络的戴维南等效电路中的等效电阻 $R_{eq}$______。

（A）只可能是正电阻　　（B）可能是正电阻也可能是负电阻

2.2.2　填空题。

（1）将图2-103所示电路等效为电压和电阻的串联时，则电源的电压 $U_S$ = ____ V，电阻 $R_0$ = ____ Ω。

（2）两额定电压相同的100W和15W白炽灯泡工作时，100W灯泡的电阻比15W的要____。同一个白炽灯泡在冷态（即不工作时）的电阻比工作时的电阻要____。

（3）在图2-104所示电路中，$U_{ab}$ = ____ V，$U_{ba}$ = ____ V，$U_{cb}$ = ____ V，$U_{ad}$ = ____ V。

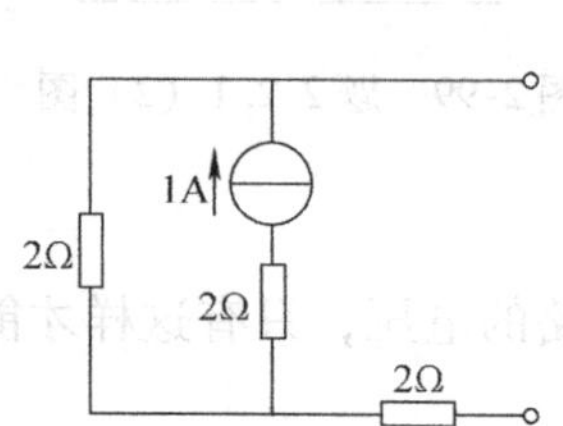

图2-103　题2.2.2（1）图

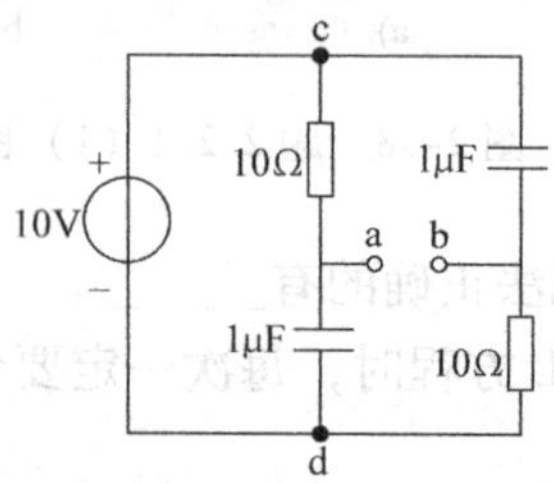

图2-104　题2.2.2（3）图

（4）在图 2-105 所示电路中，a、b 两端的等效电压源的电动势 $U_S$ = ____ V，等效内阻 $R_S$ = ____ Ω。

2.2.3　求图 2-106 所示电路中的电压 $U_1$ 和电流 $I_1$、$I_2$。设：（1）$U_S=2V$；（2）$U_S=4V$；（3）$U_S=6V$。

2.2.4　列写图 2-107 所示电路的支路电流方程（电路中含有理想电流源）。

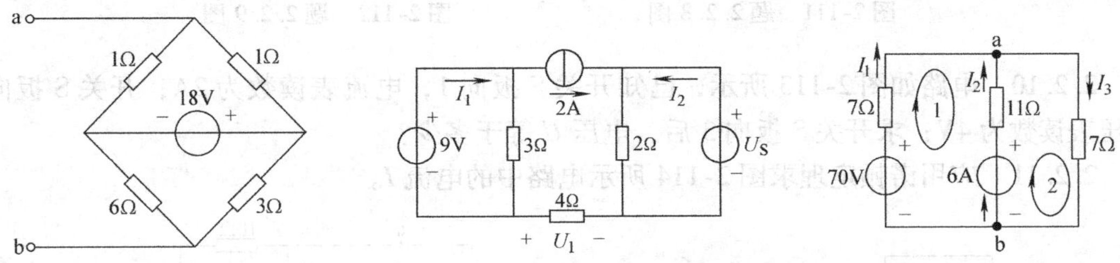


图 2-105　题 2.2.2（4）图　　图 2-106　题 2.2.3 图　　图 2-107　题 2.2.4 图

2.2.5　在图 2-108 所示电路中，已知 $U_{S1}=30V$，$U_{S2}=50V$，$R_1=2Ω$，$R_2=R_3=5Ω$，$R_4=R_5=10Ω$。试求：

（1）各支路的电流；

（2）电路中各元件的功率。

2.2.6　试用支路电流法计算图 2-109 电路中电流 $I_1$、$I_2$ 以及电流源两端的电压 $U'_S$。

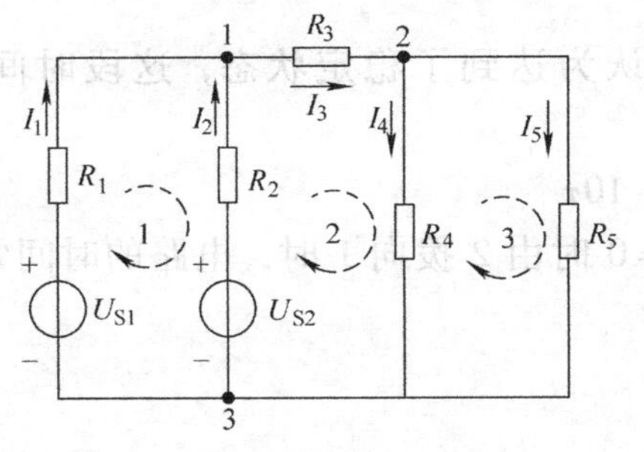


图 2-108　题 2.2.5 图

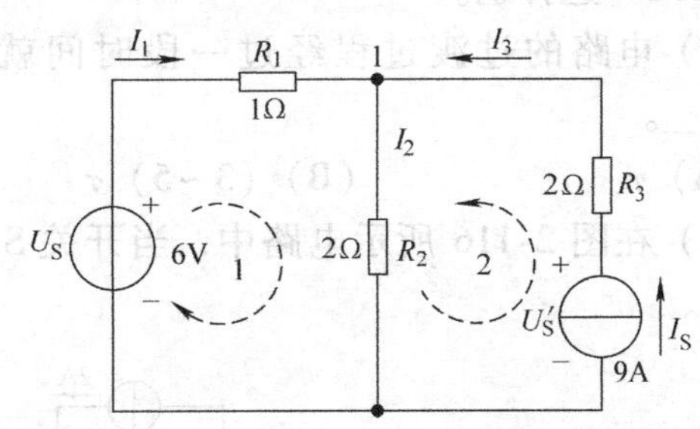


图 2-109　题 2.2.6 图

2.2.7　试用节点电压法计算图 2-110 所示电路中的各支路电流。

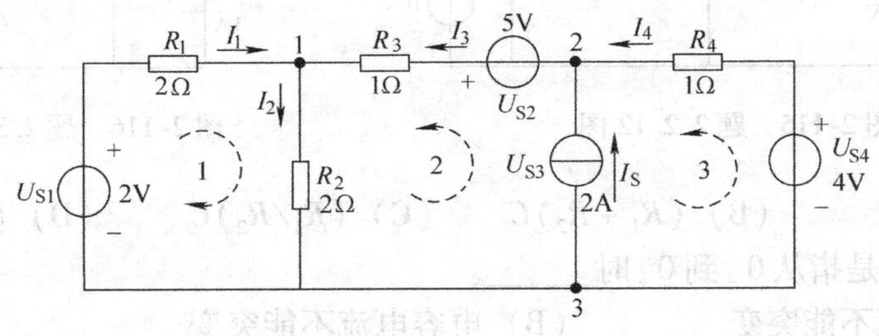


图 2-110　题 2.2.7 图

2.2.8　求图 2-111 所示电路的电压 $U$。

2.2.9　计算图 2-112 所示电路中的电压 $U_o$。

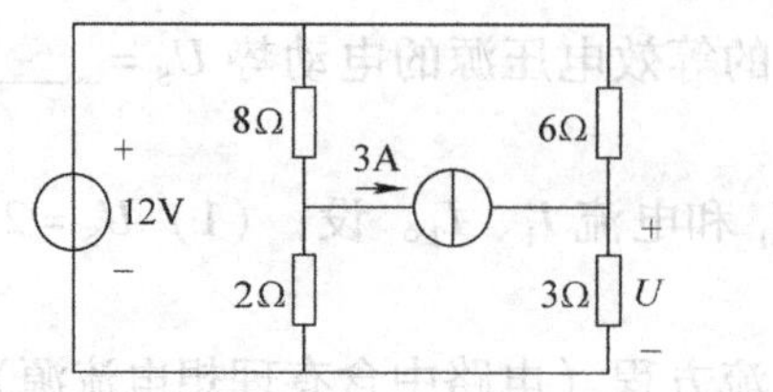


图2-111　题2.2.8图

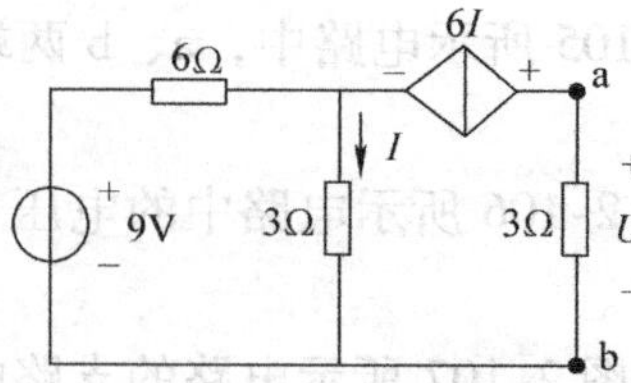

图2-112　题2.2.9图

2.2.10　电路如图2-113所示，已知开关S扳向1，电流表读数为2A；开关S扳向2，电压表读数为4V；求开关S扳向3后，电压$U$等于多少？

2.2.11　应用诺顿定理求图2-114所示电路中的电流$I$。

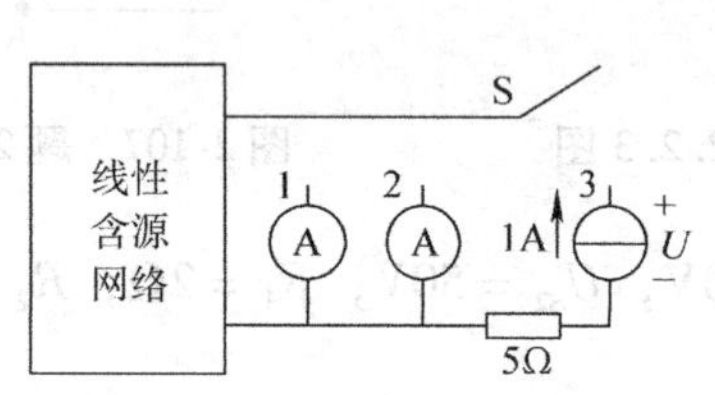


图2-113　题2.2.10图

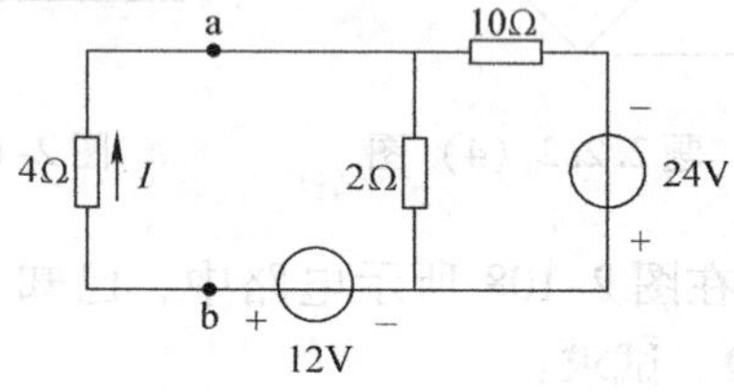

图2-114　题2.2.11图

2.2.12　求图2-115所示电路的电流$I$。

2.3.1　选择题。

（1）电路的过渡过程经过一段时间就可以认为达到了稳定状态，这段时间大致为______。

（A）$\tau$　　（B）（3~5）$\tau$　　（C）$10\tau$

（2）在图2-116所示电路中，当开关S在$t=0$时由2拨向1时，电路的时间常数$\tau$为_____。

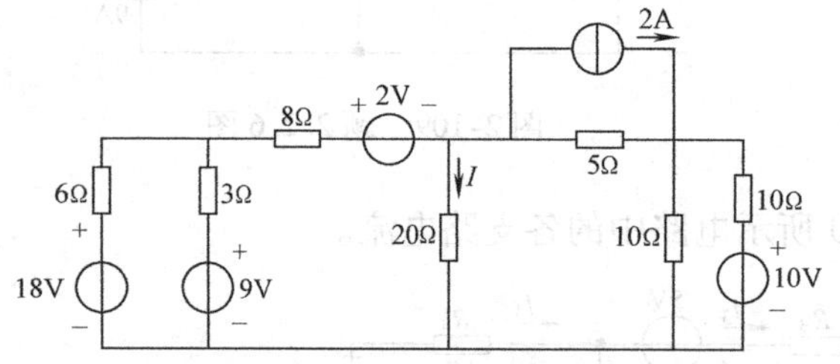


图2-115　题2.2.12图

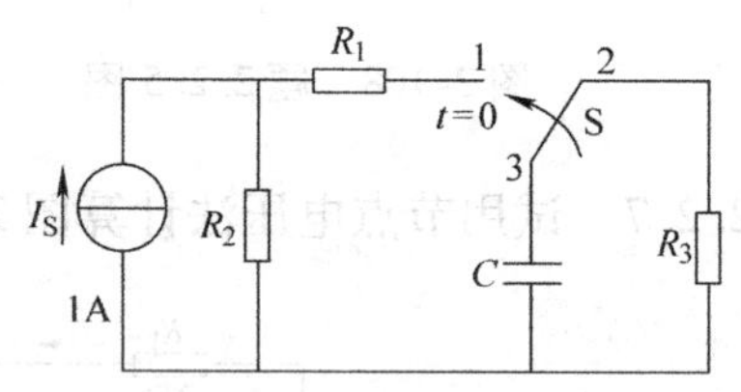


图2-116　题2.3.1（2）图

（A）$R_1C$　　（B）$(R_1+R_2)C$　　（C）$(R_1/R_2)C$　　（D）$(R_1+R_3)C$

（3）换路定律是指从$0_-$到$0_+$时______。

（A）电容电压不能突变　　（B）电容电流不能突变

（C）电感电流不能突变　　（D）电感电压不能突变

（E）储能元件的储能不能突变

（4）在图2-117所示电路中，原电路已稳定，在$t=0$时刻开关S闭合，试问S闭合瞬间$u_L(0_+)$的值为______。

（A）0V　　（B）∞　　（C）100V　　（D）200V

（5）动态电路换路时，如果在换路前后电容电流和电感电压为有限值的条件下，则换路前后瞬间有______。

（A）$u_C(0_-)=u_C(0_+)$，$i_L(0_-)=i_L(0_+)$

（B）$i_C(0_-)=i_C(0_+)$，$u_L(0_-)=u_L(0_+)$

（6）电路如图2-118所示，电路原已达稳态，$t=0$时开关S由1合向2，则$i_L(0_+)$、$u_C(0_+)$为______。

（A）0A，24V　　（B）4A，20V

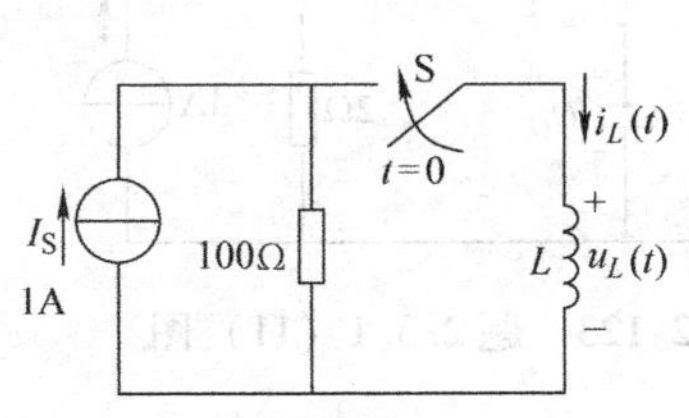

图2-117　题2.3.1（4）图

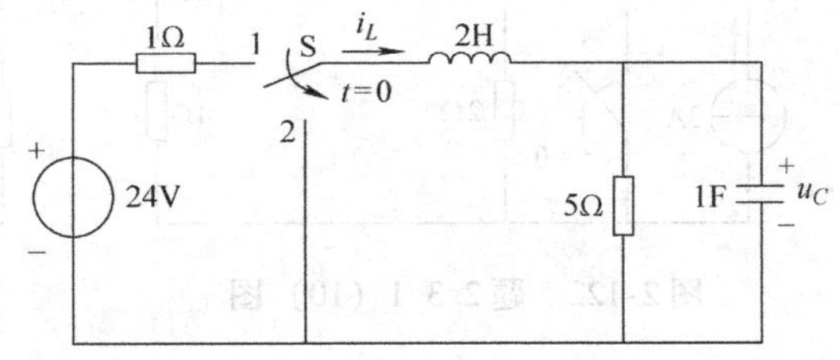

图2-118　题2.3.1（6）图

（7）电路如图2-119所示，电路原已达稳态，$t=0$时开关S闭合，则$i_C(0_+)$、$u_L(0_+)$为______。

（A）−1mA，0V　　（B）+1mA，0V

（8）电路如图2-120所示，电路原已达稳态，$t=0$时开关S断开，则$i_L(0_+)$、$\tau$为______。

（A）4A，4s　　（B）2A，0.25s

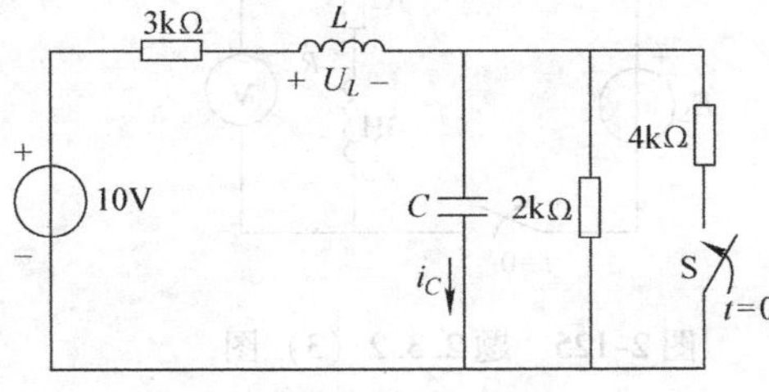

图2-119　题2.3.1（7）图

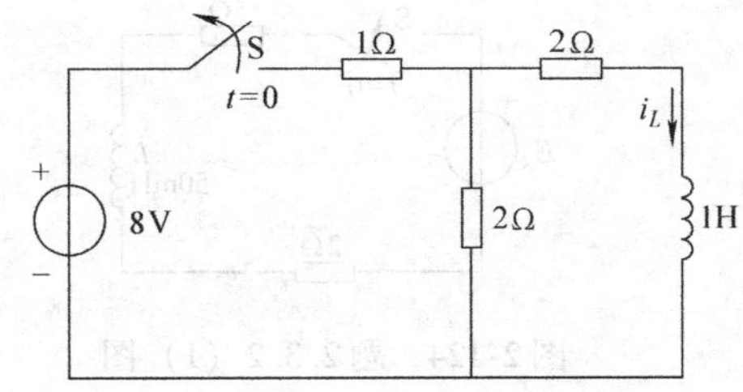

图2-120　题2.3.1（8）图

（9）电路如图2-121所示，电路原处于稳态，$t=0$时开关S断开，$t>0$时电流$i$为______。

（A）$-0.8e^{-t}$A　　（B）$0.8e^{-t}$A

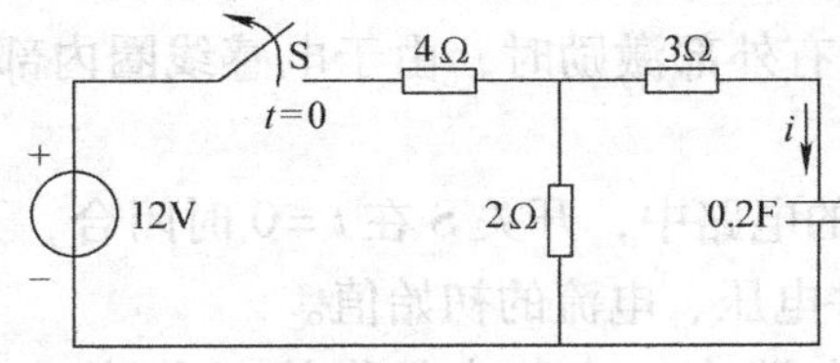

图2-121　题2.3.1（9）图

（10）电路如图2-122所示，电路原已达稳态，$t=0$时开关S断开，电路时间常数$\tau$和$i_L(\infty)$为______。

（A）2s，1A　　　　（B）0.5s，1A

（11）电路如图2-123所示，电路原处于稳态，$t=0$时开关S闭合，则$u_C(0_+)$、$u_C(\infty)$和$\tau$为______。

（A）4V，2V，1s　　　　（B）2V，4V，1s

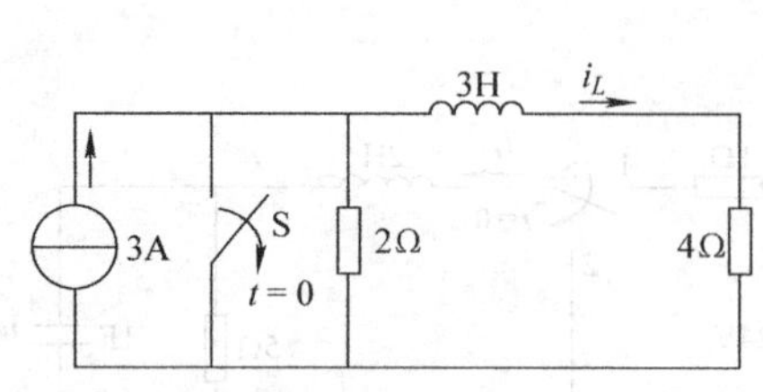


图2-122　题2.3.1（10）图

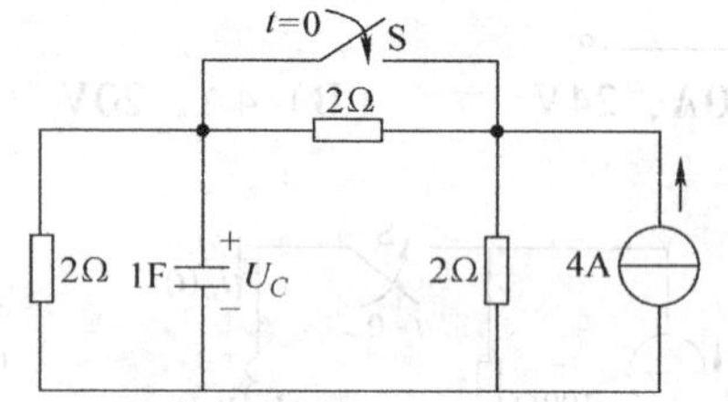


图2-123　题2.3.1（11）图

2.3.2　填空题。

（1）工程上认为当图2-124所示电路中的开关S闭合后，过渡过程将持续______ms。

（2）一般电路发生换路后存在一段过渡过程，是因为电路中含有______元件。

（3）在图2-125所示电路中，开关S断开前电路已处于稳态。设电压表的内阻$R_V=2.5k\Omega$，则当开关S断开瞬间，电压表两端的电压为______V。

（4）某RC电路的全响应为$u_C(t)=(6-3e^{-25t})$ V，则该电路的零输入响应为____V，零状态响应为____V。

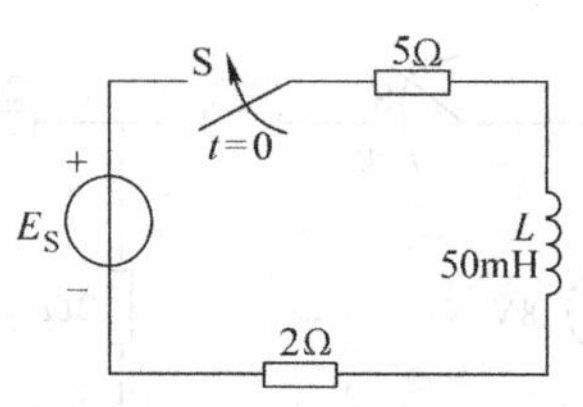


图2-124　题2.3.2（1）图

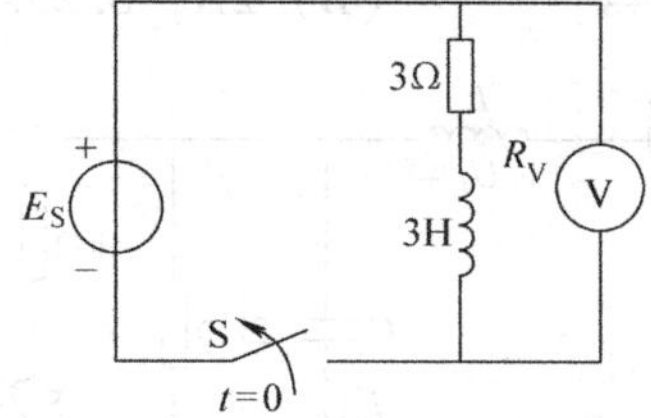


图2-125　题2.3.2（3）图

2.3.3　判断题。

（1）RC微分电路具备的条件之一是时间常数$\tau >> t_p$（$t_p$为输入矩形脉冲电压的宽度）。（　　）

（2）RC积分电路具备的条件之一是时间常数$\tau >> t_p$（$t_p$的含义同上题）。（　　）

（3）RC电路中，瞬变过程中电容电流按指数规律变化。（　　）

（4）在RL电路中，在没有外部激励时，由于电感线圈内部储能的作用而产生的响应，称为零输入响应。（　　）

2.3.4　如图2-126所示的电路中，开关S在$t=0$时闭合，开关S闭合前电路已处于稳态。试求开关S闭合后各元件电压、电流的初始值。

2.3.5　图2-127所示电路在$t<0$时电路处于稳态，求开关断开瞬间的电容电流$i_C(0_+)$。

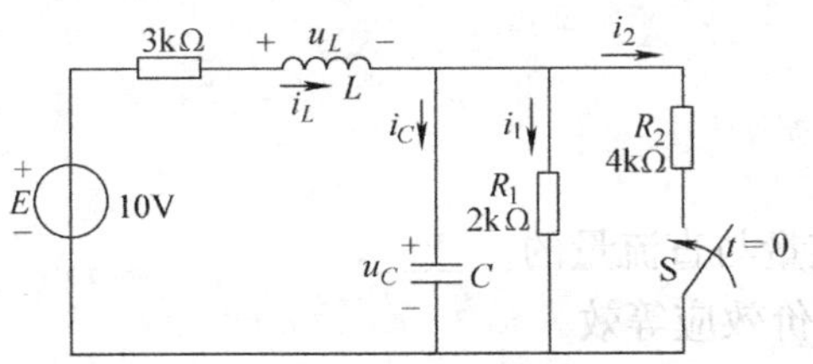

图2-126　题2.3.4图

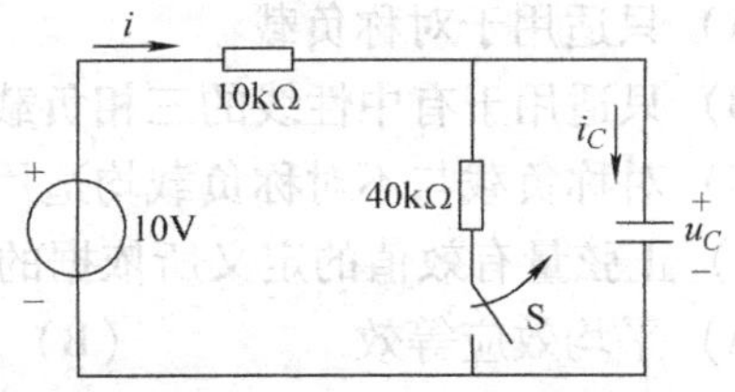

图2-127　题2.3.5图

2.3.6　图2-128所示电路在 $t<0$ 时处于稳态，$t=0$ 时闭合开关，求电感电压 $u_L(0_+)$。

2.3.7　图2-129所示电路在 $t<0$ 时处于稳态，$t=0$ 时闭合开关，求电感电压 $u_L(0_+)$ 和电容电流 $i_C(0_+)$。

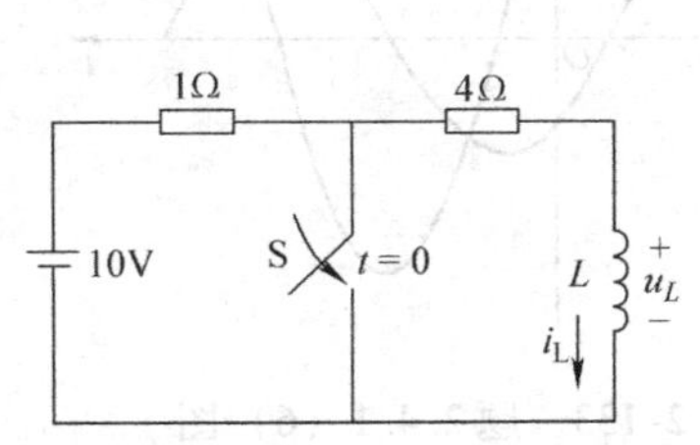

图2-128　题2.3.6图

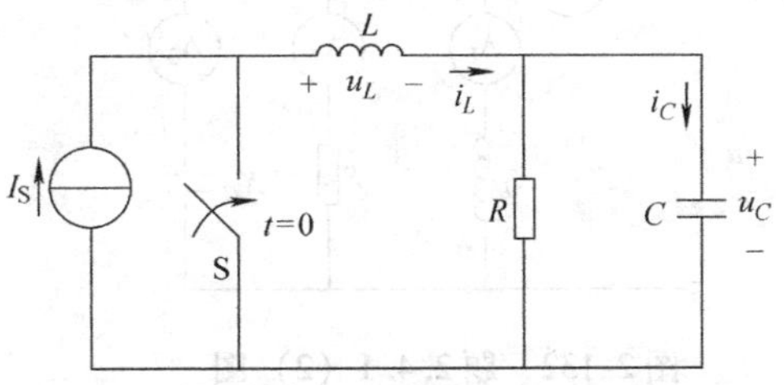

图2-129　题2.3.7图

2.3.8　求图2-130所示电路在开关闭合瞬间的各支路电流和电感电压。

2.3.9　图2-131所示电路原已处于稳态。试用三要素法求开关S闭合后的 $u_C$ 和 $u_R$。

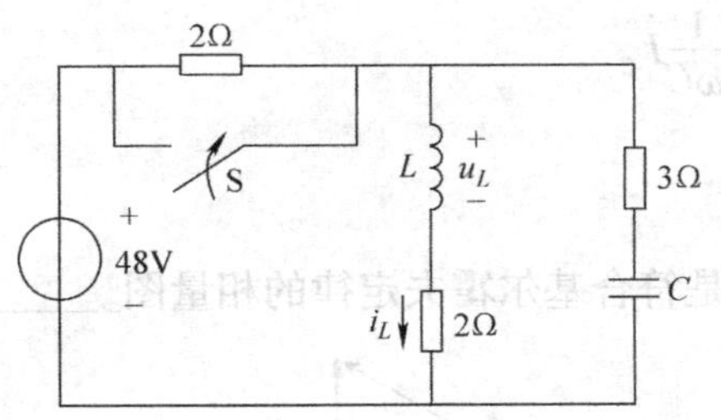

图2-130　题2.3.8图

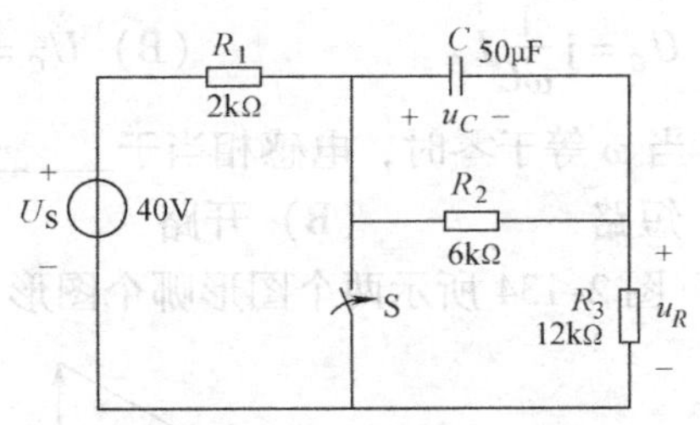

图2-131　题2.3.9图

2.4.1　选择题。

（1）在 $RL$ 串联电路中，电压与电流的关系是______。

（A）$I=\dfrac{U}{R+jX_L}$　　（B）$\dot{I}=\dfrac{\dot{U}}{R+jX_L}$　　（C）$\dot{I}=\dfrac{\dot{U}}{R+\omega X_L}$

（2）在图2-132所示电路中，已知 $R=X_L=X_C$，$u$ 为正弦交流电压，电流表 $A_1$、$A_2$、$A_3$ 的读数均为1A，电流表 $A_0$ 的读数是______。

（A）1A　　（B）2A　　（C）3A　　（D）4A

（3）电容器 $C$ 的端电压从0升至 $U$ 时，电容器吸收的电能为______。

（A）$\dfrac{1}{2}CU^2$　　（B）$2CU^2$　　（C）$\dfrac{U^2}{C}$

（4）无论三相负载作△或Y联结时，三相总功率公式 $P=\sqrt{3}U_LI_L\cos\varphi$ 是______。

（A）只适用于对称负载

（B）只适用于有中性线的三相负载

（C）对称负载与不对称负载均适用

（5）正弦量有效值的定义所依据的是正弦量与直流量的______。

（A）平均效应等效　　　　（B）能量等价效应等效

（6）由图2-133可以看出，$u$ 的相位相对于 $i$ 的相位是______。

（A）超前　　　　（B）滞后

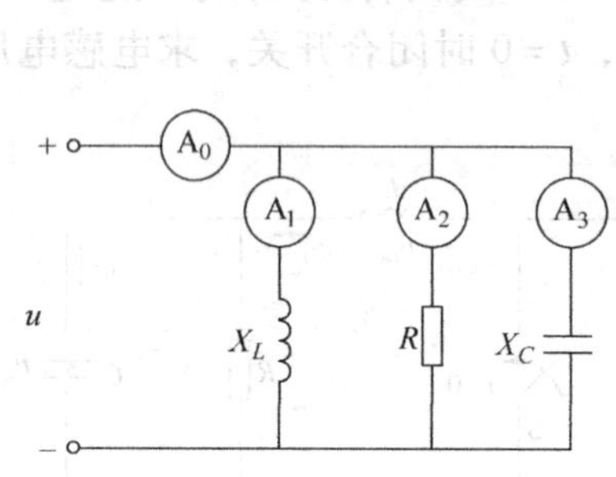


图2-132　题2.4.1（2）图

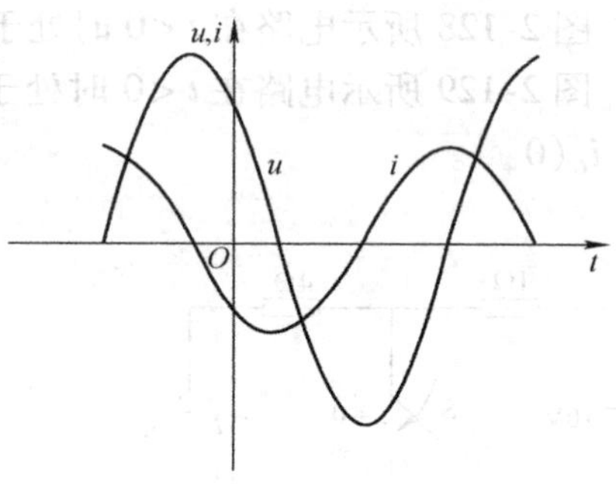


图2-133　题2.4.1（6）图

（7）相量的模值是正弦量的______。

（A）有效值　　　　（B）最大值

（8）电容上的电压相量和电流相量满足______。

（A）$\dot{U}_C = \mathrm{j}\dfrac{1}{\omega C}\dot{I}_C$　　　　（B）$\dot{U}_C = -\mathrm{j}\dfrac{1}{\omega C}\dot{I}_C$

（9）当 $\omega$ 等于零时，电感相当于______。

（A）短路　　　　（B）开路

（10）图2-134所示两个图形哪个图形可能是符合基尔霍夫定律的相量图______。

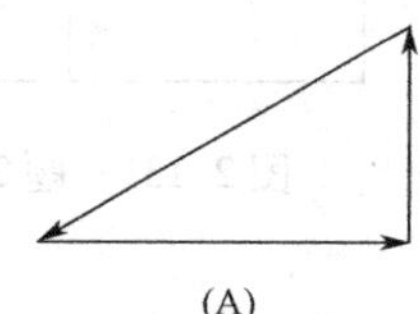


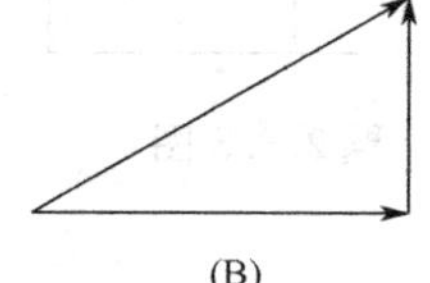


图2-134　题2.4.1（10）图

（11）并联情况下，参考相量宜选择______。

（A）电压相量　　　　（B）电流相量

2.4.2　填空题。

（1）正弦交流电的三要素是____、____和________。

（2）已知两个正弦电流：$i_1 = 5\sqrt{2}\sin(\omega t + 70°)$ A，$i_2 = 5\sqrt{2}\sin(\omega t - 60°)$ A，则 $i = i_1 + i_2 =$ ______。

（3）中性线的作用就在于使星形联结的不对称负载的________对称。

（4）在 $LC$ 并联电路中，当频率 $f$ 大于谐振频率 $f_0$ 时，电路呈____性电路；当 $f < f_0$ 时，

电路呈______性电路；当$f=f_0$时，电路呈______性电路。

2.4.3 判断题。

（1）相量代表了正弦量中的有效值和角频率。（ ）

（2）在三相正弦电路中，若要求负载相互不影响，则负载应接成三角形联结且线路阻抗很小，或者接成星形联结且中性线阻抗很小。（ ）

（3）电路的品质因数$Q$越高，则电路的选择性越好。（ ）

（4）提高功率因数时，采用并联电容而不采用串联电容的形式，主要是为了保证负载的端电压、电流及功率不受影响。（ ）

（5）已知$u=220\sin(\omega t+45°)$ V，则$U=\frac{220}{\sqrt{2}}\angle 45°$ V。（ ）

（6）已知$\dot{I}=10\angle 60°$ A，则$i=10\sin(\omega t+60°)$ A。（ ）

（7）在电感电路中，$\frac{\dot{U}}{\dot{I}}=\mathrm{j}X_L$。（ ）

（8）在电容电路中，$\frac{\dot{U}}{\dot{I}}=\mathrm{j}\omega_C$。（ ）

（9）在$RLC$串联电路中，$U=U_R+U_L+U_C$。（ ）

2.4.4 电路如图2-135所示，已知电压$U_{\mathrm{AB}}=50$V，$U_{\mathrm{AC}}=78$V，求电压$U_{\mathrm{BC}}$。

2.4.5 图2-136所示电路对外呈现感性还是容性？

2.4.6 用叠加定理计算图2-137所示电路的电流$\dot{I}_2$，已知：$\dot{I}_{\mathrm{S}}=4\angle 0°$ A，$Z_1=Z_2=50\angle 30°\,\Omega$，$Z_3=50\angle -30°\,\Omega$，$U_{\mathrm{S}}=-100\angle 45°$ V。

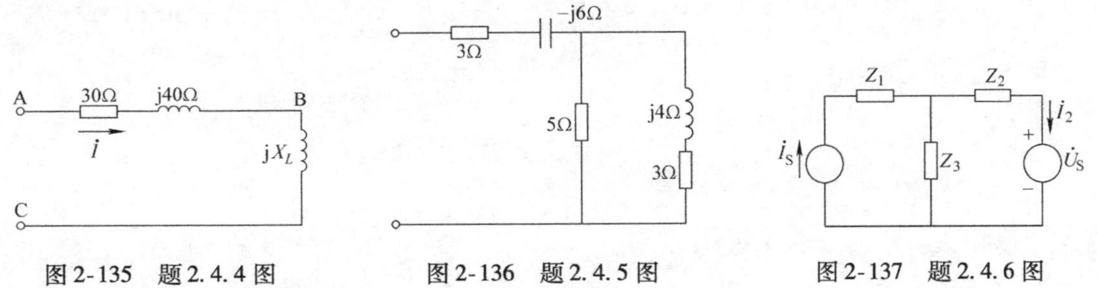


图2-135 题2.4.4图　　图2-136 题2.4.5图　　图2-137 题2.4.6图

2.4.7 图2-138所示电路中，电感线圈的电感$L=0.08$H，电感线圈的电阻$R=50\Omega$，电感线圈上作用的电压$u=220\sqrt{2}\sin(314t)$ V。求电感线圈的阻抗、电流$i$、平均功率$P$、视在功率$S$和无功功率$Q$。

2.4.8 图2-139所示电路中，已知$f=50$Hz，$U=220$V，$P=10$kW，线圈的功率因数$\cos\varphi=0.6$，采用并联电容方法提高功率因数，问要使功率因数提高到0.9，应并联多大的电容$C$，并联前后电路的总电流各为多大？

2.5.1 图2-140所示电路中，已知对称三相电源线电压为380V，负载阻抗$Z=(6.4+\mathrm{j}4.8)\,\Omega$，端线阻抗$Z_1=(6.4+\mathrm{j}4.8)\,\Omega$。求负载$Z$的相电压、线电压和电流。

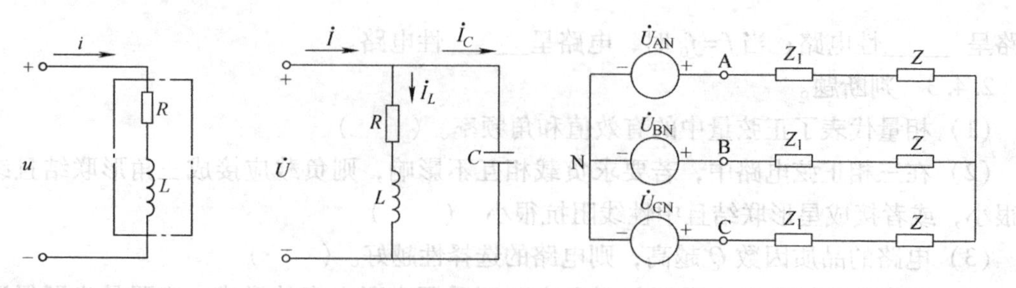


图2-138 题2.4.7图　　图2-139 题2.4.8图　　图2-140 题2.5.1图

2.5.2 图2-141所示电路中，电源三相对称。当开关S闭合时，电流表的读数均为5A。求：开关S断开后各电流表的读数。

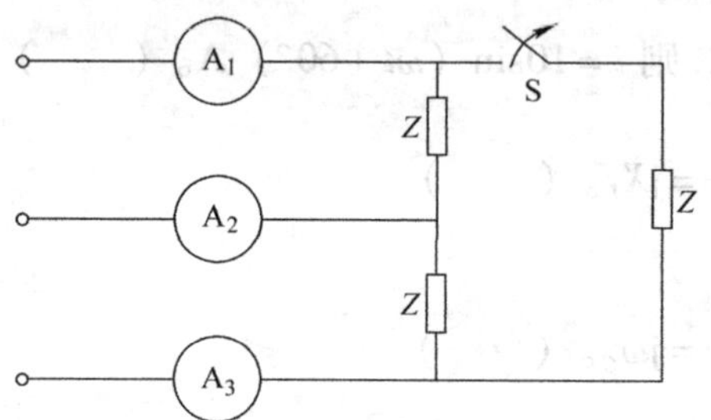


图2-141 题2.5.2图

# 第3章　基本放大电路

**内容提要：**

本章主要介绍放大电路的基本概念和性能指标，双极型晶体管和场效应晶体管组成的基本放大电路的工作原理及分析方法，静态工作点稳定的条件和常用方法，以及典型放大电路的结构及特点。

## 3.1　放大电路的基本概念和性能指标

基本放大电路是放大电路中最基本的结构，是构成复杂放大电路的基本单元。它利用双极型晶体管（简称晶体管）输入电流控制输出电流的特性，或场效应晶体管输入电压控制输出电流的特性，实现信号的放大。本章介绍的基本放大电路的知识是学习电子技术的重要基础。

### 3.1.1　放大的概念

放大就是将微弱变化的信号转换为强大信号的操作，即一个微弱变化的信号通过放大器后，输出电压或电流的幅值得到了放大，但它随时间变化的规律不能变。所谓放大电路，就是指：由放大器件（如晶体管、场效应晶体管等）为核心器件构成的电路。放大的原理是直流电源向放大器供给能量，输入端的小信号控制放大器输出能量的变化，从而使输出端得到与输入信号相似的大信号。由于晶体管、场效应晶体管是非线性的，故放大电路就是非线性电路。从电路的角度来看，可以将基本放大电路看成一个含有受控源的二端口网络。放大电路的结构如图3-1所示。可见，放大器放大的对象是变化量，放大的实质是能量控制和转换，电子电路放大的基本特征是功率放大。

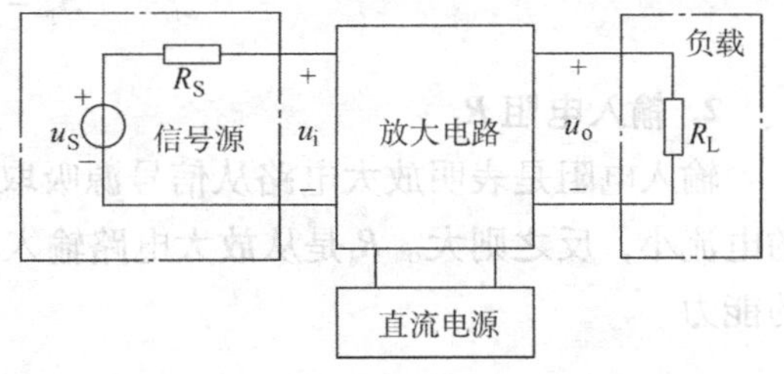

图3-1　放大电路的结构

### 3.1.2　放大电路的主要技术指标

放大电路的性能由其技术指标来衡量，作为二端口网络的放大电路，其技术指标主要体现在二端口网络的两个端口上的电压和电流之间的关系上，主要技术指标有放大倍数、输入电阻、输出电阻和通频带。

**1. 放大倍数**

放大倍数（也称为增益）定义为放大电路输出信号的变化量与输入信号的变化量的比值。对放大电路而言有三种形式，即电压放大倍数、电流放大倍数和功率放大倍数，它们通常都是按正弦量定义的。之所以按正弦量定义，是因为正弦量便于测量。作为放大电路，输出信号应该与输入信号一样，不产生失真，一个任意形状的波形放大后判断其是否走样（失真）比较困难，而正弦波是否失真，判断起来比较容易。放大倍数定义式中的各个有关量如图3-2所示。

电压放大倍数定义为

$$\dot{A}_u = \frac{\dot{U}_o}{\dot{U}_i} \tag{3-1}$$

电流放大倍数定义为

$$\dot{A}_i = \frac{\dot{I}_o}{\dot{I}_i} \tag{3-2}$$

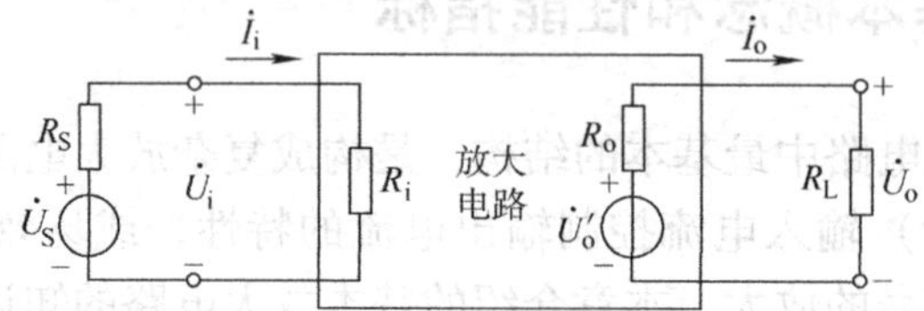


图3-2 放大倍数定义式中的各个有关量

功率放大倍数定义为

$$A_p = \frac{P_o}{P_i} = \frac{\dot{U}_o \dot{I}_o}{\dot{U}_i \dot{I}_i} \tag{3-3}$$

**2. 输入电阻 $R_i$**

输入电阻是表明放大电路从信号源吸取电流大小的参数，$R_i$大，放大电路从信号源吸取的电流小，反之则大。$R_i$是从放大电路输入端看进去的等效电阻，是衡量放大电路获取信号的能力

$$R_i = \frac{\dot{U}_i}{\dot{I}_i} \tag{3-4}$$

一般来说，$R_i$越大越好，$R_i$越大，$I_i$就越小，$U_i$就越接近$U_S$。

**3. 输出电阻 $R_o$**

输出电阻是表明放大电路带负载的能力，$R_o$大，表明放大电路带负载的能力差，反之则强。放大电路对其负载而言相当于信号源，可以将它等效为戴维南等效电路，这个戴维南等效电路的内阻就是输出电阻

$$R_o = \frac{U_o}{I_o}\bigg|_{R_L=\infty,\ u_S=0} \tag{3-5}$$

**4. 通频带**

由于放大电路中的电抗性元件和晶体管内部PN结的影响，放大电路的增益$A(f)$是频率的函数。在低频段和高频段，放大倍数通常都要下降。当$A(f)$下降到中频电压放大倍数$A_0$的$1/\sqrt{2}$时，即

$$A(f_L)=A(f_H)=\frac{A_0}{\sqrt{2}}\approx 0.7A_0 \tag{3-6}$$

相应的频率$f_L$称为下限截止频率，$f_H$称为上限截止频率，通频带$B_W$（Bande W）定义为

$$B_W=f_H-f_L \tag{3-7}$$

通频带用于衡量放大电路对信号频率的适应能力，如图3-3所示，频带越宽，表示放大电路能够放大的频率范围越大。

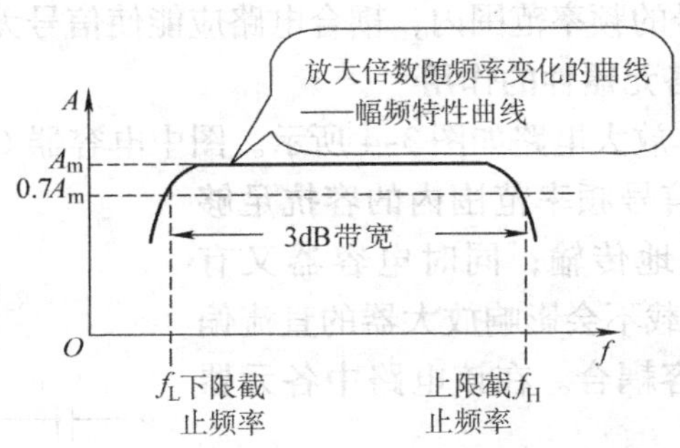


图3-3　放大电路的幅频特性

### 3.1.3　小结

（1）放大的目的。放大的目的是将微弱变化的信号放大成较大的信号。

（2）放大的实质。用小能量的信号通过晶体管的电流控制作用，将放大电路中直流电源的能量转化成交流能量输出。

（3）对放大电路的基本要求：

1）要有足够的放大倍数（电压、电流、功率）。

2）尽可能小的波形失真。

3）输入电阻、输出电阻、通频带等其他技术指标适当。

（4）在放大电路中，晶体管是一个放大器件，它是组成放大电路的核心。其输出信号的幅度必须忠实地反映输入信号的变化，不能任意波动。

## 3.2　放大电路的工作原理

本节是课程的重要章节，内容涉及放大电路的基本概念、基本电路和基本分析方法，着重讨论晶体管放大电路的基本分析法。在内容安排上，是从共发射极电路入手，再推及其他电路。本节的目标是：

（1）掌握放大电路的基本组成及各元器件的作用。

（2）掌握放大条件及放大工作原理。

晶体管放大电路有多种形式，共射放大电路应用最广，故以共射放大电路进行介绍。

### 3.2.1　共射组态基本放大电路的组成及各元器件的作用

放大电路的作用是把微弱的电信号不失真地放大到负载所需要的数值，即要求放大电路

既要有一定的放大能力，又要不产生失真。因此，首先要给电路中的晶体管（非线性器件）施加合适的直流偏置，使其工作在放大状态（线性状态），其次要保证信号源、放大器和负载之间的信号传递通道畅通。

**1. 放大电路的组成原则**

（1）直流偏置原则：晶体管的发射结正偏，集电结反偏。

（2）对耦合电路的要求：第一，信号源和负载接入放大电路时，不能影响晶体管的直流偏置；第二，在交流信号的频率范围内，耦合电路应能使信号无阻地传输。

**2. 放大电路的组成及各元器件的作用**

固定偏置共射组态基本放大电路如图3-4所示。图中电容器$C_{B1}$、$C_{B2}$起耦合作用，只要电容器的容量足够大，在信号频率范围内的容抗足够小，就可以保证信号无阻地传输；同时电容器又有“隔直”作用，信号源和负载不会影响放大器的直流偏置。这种耦合方式称为阻容耦合。在该电路中各元器件的具体作用如下：

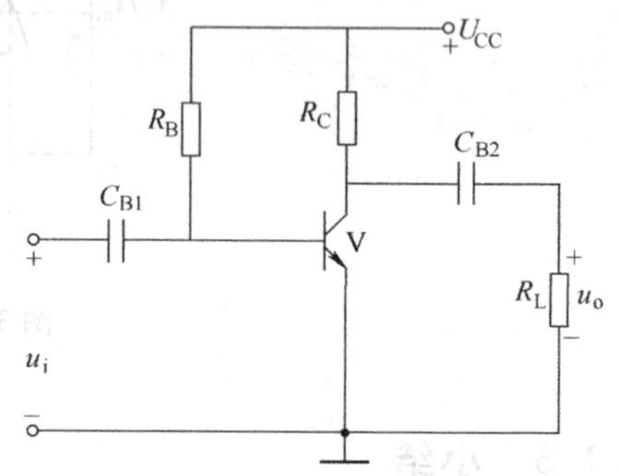


图3-4 共射组态基本放大电路

（1）晶体管V——控制器件，起放大作用。在输入信号的控制之下，通过晶体管将直流电源的能量转换为输出信号的能量。也就是说，能量较小的输入信号通过晶体管的控制作用，去控制直流电源$U_{CC}$所供给的能量，以在输出端获得一个能量较大的信号。这就是放大作用的实质。

（2）基极电阻$R_B$——提供适当的静态工作点$I_B$。

（3）集电极电源$U_{CC}$——为电路提供能量，并保证集电结反偏。

（4）集电极电阻$R_C$——将变化的集电极电流转换为电压输出。

（5）耦合电容$C_{B1}$、$C_{B2}$——隔离直流，通过交流，即隔离输入输出与电路直流的联系，同时能使信号顺利输入、输出。

电路的特点：工作时，不管有无信号输入，总有电流经过$R_B$流入晶体管基极，从而保证发射结始终为正向偏置，且当交流信号为零时，其偏置电压固定不变。因此，称其为固定偏置放大电路。

### 3.2.2 放大电路的基本工作原理

**1. 放大电路的基本工作过程**

当输入端未加输入信号，即$u_i=0$时，此时放大电路的工作状态称为静态，电源$U_{CC}$经$R_B$给发射结加上正向偏置电压$U_{BE}$，同时经$R_C$给集电结加上反向偏置电压，晶体管处于放大状态，发射极发射载流子形成静态基极电流$I_B$、集电极电流$I_C$和发射极电流$I_E$。此时，电路中各处电压、电流都是直流量，称静态值。由于电容$C_{B1}$、$C_{B2}$的隔直作用，输入端和输出端不会有电压和电流，其波形如图3-5a所示。

当输入端加交流信号$u_i$时，此时放大电路的工作状态称为动态，交流信号通过电容$C_{B1}$耦合到晶体管的发射结上，使发射结上的电压在$U_{BE}$上叠加$u_i$，变成交、直流的叠加的电压$u_{BE}$，即$u_{BE}=U_{BE}+u_i$；发射结电压的变化会引起各极电流的变化，而且它们都以一个静态

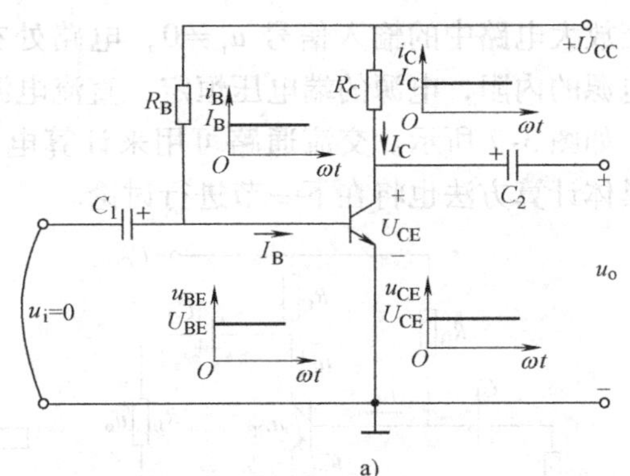


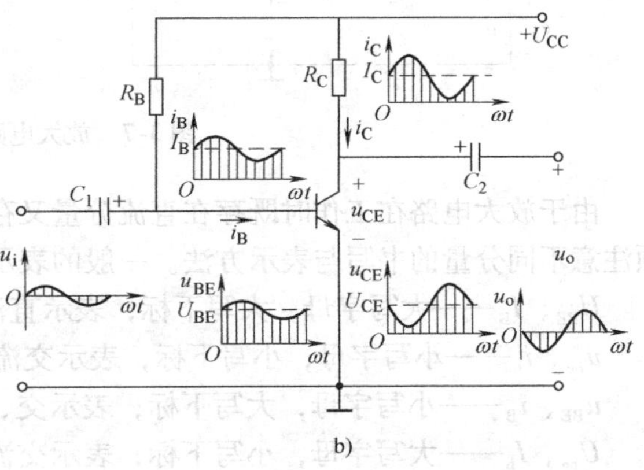


图3-5 放大电路中信号的放大过程

直流分量和一个交流信号分量相叠加，其波形如图3-5b所示。$i_C$的变化引起$i_CR_C$的相应变化。由于$u_{CE}=U_{CC}-R_Ci_C$，$u_{CE}$将以$U_{CE}$为基础波动。由于$C_{B2}$的作用，$U_{CE}$被隔离而交流分量则通过$C_{B2}$输出。由于晶体管的放大作用，集电极电流$i_C$要比基极电流$i_B$大得多，因此输出功率也比输入功率大得多，实现功率放大的作用。

通过上述分析可以看出，基本放大电路必须具备以下两点：

（1）放大电路必须建立正确的静态以产生合适的基极电流$I_B$，建立合适的静态工作点（详见下节）保证晶体管工作在放大区。

（2）能将输入信号耦合到晶体管的发射结两端，并将晶体管的电流放大作用转换成电压放大，将放大后的信号输送出去。

从放大电路工作原理分析中还可以得出：放大电路加上输入信号电压后，各电极电流和电压的大小均发生了变化，都在直流量的基础上叠加了一个交流量，即电路中的直流电源和交流信号源同时存在，但方向始终不变。因为电容对交、直流的作用不同，所以在放大电路中如果电容的容量足够大，可以认为它对交流分量不起作用，即对交流短路，而对直流可以看成开路。这样，交、直流所走的通路是不同的，因此，在分析放大电路时，可以首先应用放大电路的直流通路（耦合电容和旁路电容开路）来分析静态，然后再应用放大电路的交流通路（直流电源、耦合电容和旁路电容短路）来分析动态。

**2. 放大电路的交、直流通路**

当放大电路中的输入信号$u_i=0$，电路处在静态时，对于直流信号，电容可看做开路（即将电容断开，见图3-6a），则可得放大电路的直流通路，如图3-6b所示。直流通路用来计算静态工作点$Q$（$I_B$，$I_C$，$U_{CE}$），具体计算方法将在下一节进行讨论。

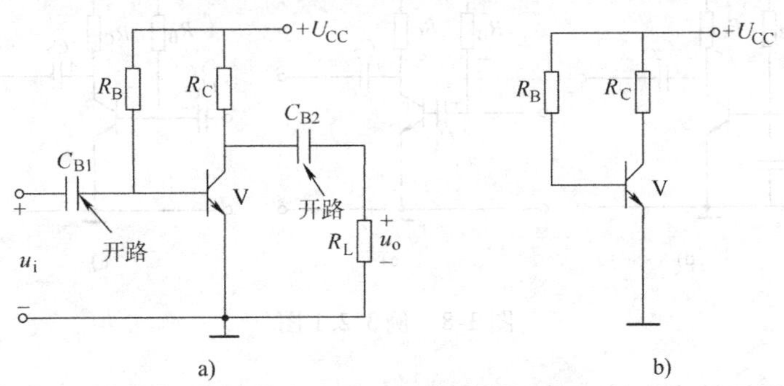


图3-6 放大电路的直流通路

当放大电路中的输入信号 $u_i \neq 0$，电路处在动态时，$X_C \approx 0$，电容可看做短路。同时，忽略电源的内阻，电源的端电压恒定，直流电源对交流可看做短路，则可得放大电路的交流通路，如图3-7所示。交流通路可用来计算电压放大倍数、输入电阻、输出电阻等动态参数，具体计算方法也将在下一节进行讨论。

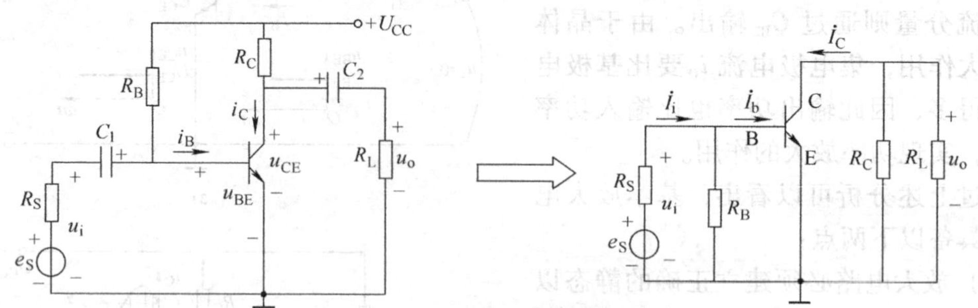


图3-7　放大电路的交流通路

由于放大电路在工作时既存在直流分量又存在交流分量，交、直流分量共存，因此，必须注意不同分量的书写与表示方法。一般的表示方法如下：

$U_{BE}$、$I_B$——大写字母，大写下标，表示直流量。

$u_{be}$、$i_b$——小写字母，小写下标，表示交流瞬时值。

$u_{BE}$、$i_B$——小写字母，大写下标，表示交、直混合量。

$U_{be}$、$I_b$——大写字母，小写下标，表示交流分量有效值。

**【例3.2.1】** 分析图3-8a～f所示各电路能否实现电压放大？若不能，请指出电路中的错误。

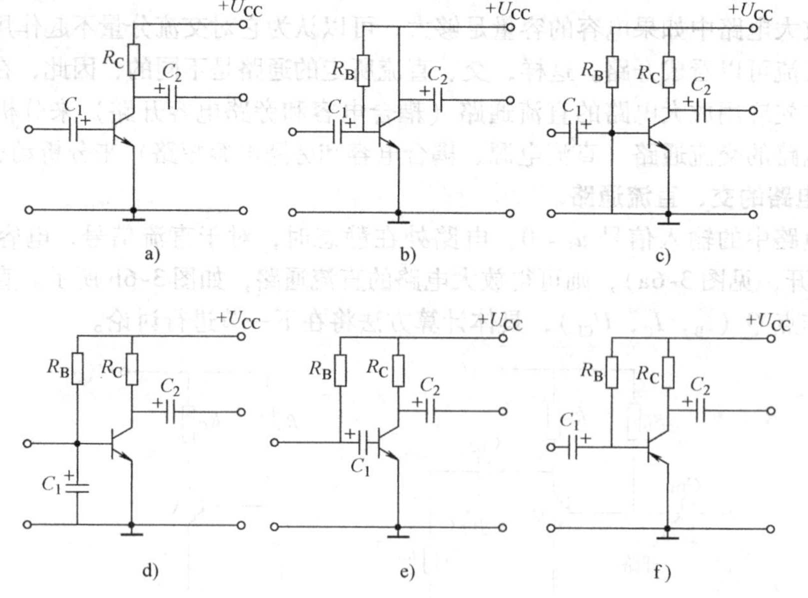


图3-8　例3.2.1图

**【解题思路】** 根据放大电路工作原理，首先检查电路中的晶体管（非线性器件）是否有合适的直流偏置、是否工作在放大状态（线性状态），其次检查信号源、放大器和负载之间的信号传递通道是否畅通，并具有电压放大的能力。

【分析过程】

图3-8a，不能实现电压放大。电路中缺少基极偏置电阻，晶体管无法获得偏置电流。

图3-8b，不能实现电压放大。电路缺少集电极电阻，动态时电源相当于短路，输出端没有交流电压信号。

图3-8c，不能实现电压放大。电路中晶体管发射结被短接，没有直流偏置电压。

图3-8d，不能实现电压放大。$C_1$ 的接法使交流信号被短接。

图3-8e，不能实现电压放大。$C_1$ 的位置不对，电容隔直使晶体管无法获得偏置电流。

图3-8f，不能实现电压放大。晶体管为PNP型，电源和电容极性接反。

### 3.2.3 小结

（1）放大信号并不是扩大信号本身，而是用输入端的小信号来控制放大电路输出端的大信号输出。

（2）为了实现输入端的小信号控制输出端的大信号，放大器必须工作在放大区，并且晶体管的发射结正偏、集电结反偏。

（3）无输入信号电压时，晶体管各电极都是恒定的电压和电流。

（4）加上输入信号电压后，各电极电流和电压的大小均发生了变化，都在直流量的基础上叠加了一个交流量，但方向始终不变。

（5）若参数选取得当，输出电压可比输入电压大，则电路具有电压放大作用。

（6）输出电压与输入电压在相位上相差180°，即共发射极放大电路具有反相作用。

当放大电路中的输入信号 $u_i=0$，电路处在静态时，对于直流信号电容可看做开路（即将电容断开）则可用直流通路来计算静态工作点 $Q(I_B,\ I_C,\ U_{CE})$；而当放大电路中的输入信号 $u_i\neq0$，电路处在动态时，电容可看做短路，同时直流电源对交流也可看做短路，可用交流通路计算电压放大倍数、输入电阻、输出电阻等动态参数。

## 3.3 放大电路的分析方法

放大电路的工作状态分为交、直流状态，分别称为“动态”和“静态”。分析电路的步骤是先静态、后动态。分析方法常用的有图解分析法、静态工作点估算法和微变等效电路分析法。本节的目标是：

（1）掌握放大电路的静态和动态图解分析方法。

（2）掌握放大电路静态工作点估算方法。

（3）掌握放大电路的微变等效电路分析方法。

### 3.3.1 放大电路的图解分析法

图解分析法是分析非线性电路的常用方法，它既可以分析放大电路的静态，也可以分析放大电路的动态。

#### 3.3.1.1 静态图解分析法

静态时，在晶体管的输入特性和输出特性上所对应的工作点称为静态工作点，用 $Q$ 表示。静态工作点对应的静态值为 $I_B$、$I_C$、$U_{CE}$。静态工作点既与所选用的晶体管特性有关，也与放大电路的结构有关。由于晶体管的非线性，因此可以使用输入特性与基极回路的直流通路方程进行图解。图 3-9 所示的是静态工作点的图解分析。图解分析步骤如下：

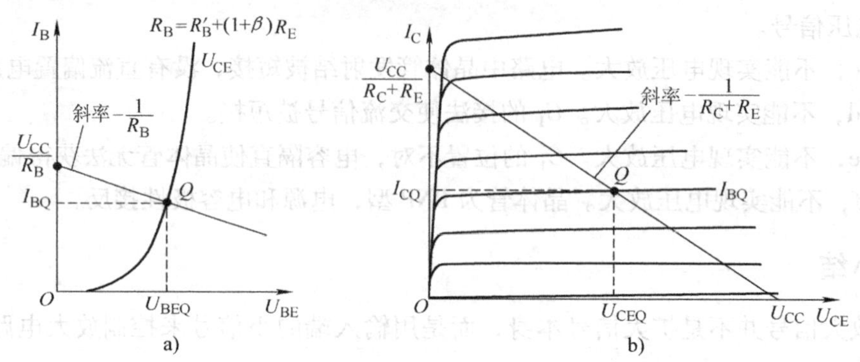


图 3-9 静态工作点的图解分析

a）输入特性 b）输出特性

（1）从晶体管的输入特性曲线上根据下式求出 $I_{BQ}$：

$$I_B=\frac{U_{CC}-U_{BE}}{R_B} \tag{3-8}$$

（2）在输入特性曲线上，做出输入负载线，两线的交点即是 $Q$，由此可确定 $I_{BQ}$。$I_{BQ}$ 也可通过计算得到。

（3）依照 $U_{CE}=U_{CC}-I_CR_C$ 在晶体管的输出特性曲线上确定两个特殊点 $U_{CC}$、$U_{CC}/(R_C+R_E)$，即可画出直流负载线。

（4）直流负载线与 $I_{BQ}$ 交点为静态工作点 $Q$ 点。

（5）$Q$ 点与纵轴交点为 $I_{CQ}$。

（6）$Q$ 点与横轴交点为 $U_{CEQ}$。

交点 $Q$ 决定了晶体管的静态参数如 $I_{CQ}$ 和 $U_{CEQ}$ 等，当 $U_{CC}$ 及 $R_C$（即直流负载线）确定后，$Q$ 的确定便有赖于 $I_B$。$I_B$ 对晶体管的工作状态影响很大，称为偏流。

放大电路静态工作点选择是否合适将会影响到电路的放大效果。为了得到尽量大的输出信号，要把 $Q$ 设置在交流负载线的中间部分。如果 $Q$ 设置不合适，则信号进入截止区或饱和区，会造成非线性失真。

当偏置电流 $I_B$ 太大，使得 $i_C\approx U_{CC}/R_C$，$u_{CE}\approx 0$ 时，晶体管进入饱和区工作，造成饱和失真，如图 3-10 所示。

当偏置电流 $I_B$ 太小，小于基极电流的交流分量时，晶体管进入截止区工作，造成截止失真，如图 3-11 所示。

如果 $Q$ 设置合适，但信号幅值过大，也可能同时产生截止和饱和失真，失真波形如图 3-12 所示。图中，虚线表示不失真波形，实线表示失真波形。减小信号幅值可消除失真。

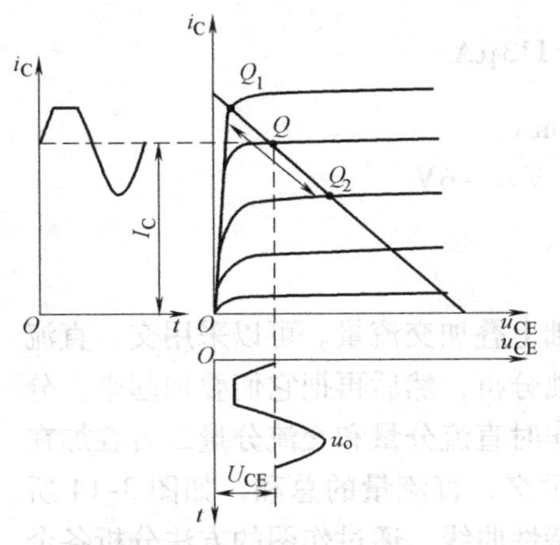


图3-10　放大电路的饱和失真

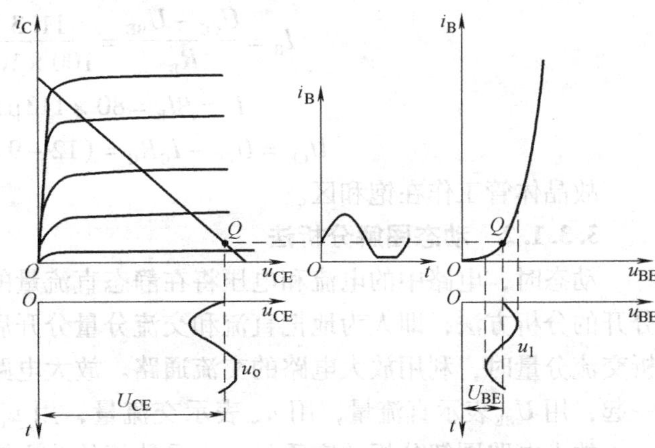


图3-11　放大电路的截止失真

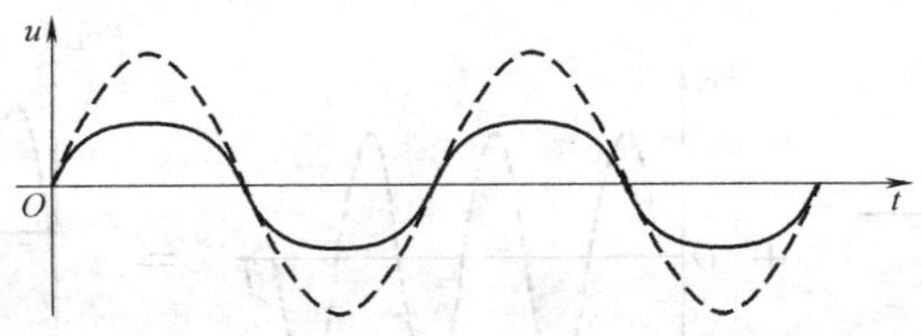


图3-12　放大电路信号幅值过大的失真

**【例3.3.1】** 电路如图3-13所示，已知图中晶体管为硅管，电路参数如下：$\beta=80$，$R_B=300\text{k}\Omega$，$R_C=2\text{k}\Omega$，$U_{CC}=12\text{V}$。求：

（1）放大电路的$Q$点。此时，晶体管工作在哪个区域；

（2）当$R_B=100\text{k}\Omega$时，放大电路的$Q$点。此时，晶体管工作在哪个区域。

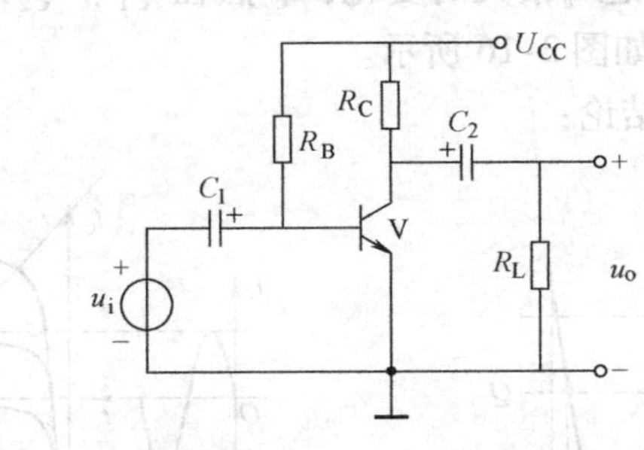


图3-13　例3.3.1图

**【解】**（1）根据直流通路可得出

$$I_B=\frac{U_{CC}-U_{BE}}{R_B}=\frac{12-0.7}{300\times10^3}\text{A}=38\mu\text{A}$$

$$I_C=\beta I_B=80\times38\mu\text{A}=3\text{mA}$$

$$U_{CE}=U_{CC}-I_CR_C=(12-3\times2)\ \text{V}=6\text{V}$$

故晶体管工作在放大区。

（2）同理

$$I_B=\frac{U_{CC}-U_{BE}}{R_B}=\frac{11.3}{100\times10^3}A=113\mu A$$

$$I_C=\beta I_B=80\times113\mu A=9mA$$

$$U_{CE}=U_{CC}-I_CR_C=(12-9\times2)\ V=-6V$$

故晶体管工作在饱和区。

**3.3.1.2 动态图解分析法**

动态时，电路中的电流和电压将在静态直流量的基础上叠加交流量。可以采用交、直流分开的分析方法，即人为地把直流和交流分量分开后单独分析，然后再把它们叠加起来。分析交流分量时，利用放大电路的交流通路。放大电路工作时直流分量和交流分量二者叠加在一起，用 $U_{BE}$表示直流量，用 $u_{be}$表示交流量，用 $u_{BE}$表示交、直流量的总和，如图 3-14 所示。放大电路图解分析的实质是，由晶体管的输入输出特性曲线，通过作图的方法分析各个 $u$、$i$ 的变化。

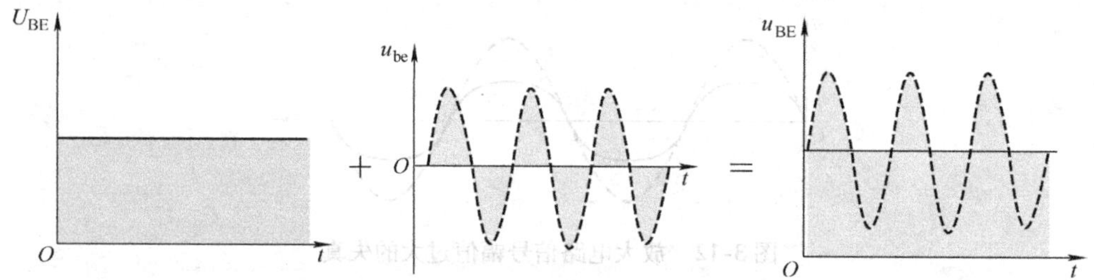


图 3-14 放大电路的交流图解分析方法

这里，以图 3-7 所示的放大电路的交流通路为例进行图解分析。

图 3-15 所示为放大电路的动态图解分析。假设 $u_{BE}$有一微小的变化，会引起 $i_b$很大的变化，如图 3-15 所示，同时也引起 $i_c$很大的变化，$Q$ 点在 $Q_1$和 $Q_2$之间变化，引起 $u_{ce}$发生了变化，$u_{ce}$与 $u_i$反相！各点波形如图 3-16 所示。

通过图解分析，可得如下结论：

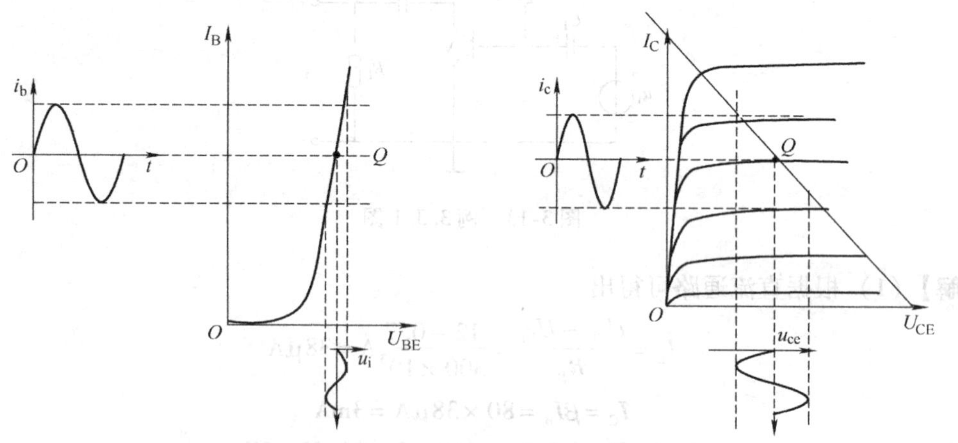


图 3-15 放大电路的动态图解分析

（1）$u_i$→增大，$u_{BE}$→增大，$i_B$→增大，$i_C$→增大，$u_{CE}$→减小，$|-u_o|$→增大。

(2) $u_i$与$u_o$相位反相。

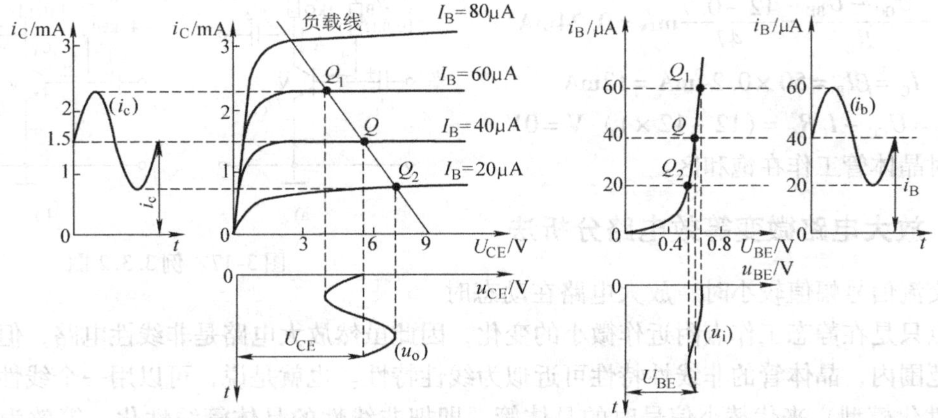


图3-16 放大电路的交流图解分析及各点波形

通过图解分析可以得到输出信号电压和输入信号电压的最大值，从而计算出电路的电压放大倍数。通过图解分析也可得到 $U_o$ 与 $U_i$ 的相位关系以及放大电路的失真情况和动态范围。

虽然说图解分析法是分析放大电路时常用的方法，然而在电路分析过程中，很难得到准确的晶体管特性曲线，同时小信号分析作图准确度较差，所以实际上，图解分析法在小信号分析中并不常用。由于图解分析法可以清楚地看到电路中的电压、电流波形，比较形象，因此对初学者理解电路的工作原理很有利，并且在分析放大电路的失真情况和动态范围时使用得较多。

### 3.3.2 放大电路静态工作点估算法

放大电路的静态分析是为了确定放大电路的静态工作点 $Q$（$I_B$，$I_C$，$U_{CE}$），可以应用估算法来确定静态工作点值。根据图3-6b所示放大电路的直流通路，并根据KVL可知

$$U_{CC}=I_BR_B+U_{BE} \tag{3-9}$$

$$I_B=\frac{U_{CC}-U_{BE}}{R_B} \tag{3-10}$$

$$I_C=\beta I_B \tag{3-11}$$

$$U_{CE}=U_{CC}-I_CR_C \tag{3-12}$$

**【例3.3.2】** 图3-17所示的两个电路中，晶体管均为硅管，$\beta=50$，试通过估算判断它的静态工作点位于哪个区（放大区、饱和区、截止区）。

**【解】**（1）根据直流通路可得出

$$I_B=\frac{U_{CC}-U_{BE}}{R_B}=\frac{12-0.7}{100}\text{mA}=0.11\text{mA}$$

$$I_C=\beta I_B=50\times0.11\text{mA}=5.5\text{mA}$$

$$U_{CE}=U_{CC}-I_CR_C=(12-5.5\times1)\ \text{V}=6.5\text{V}$$

故晶体管工作在放大区。

（2）同理

$$I_B=\frac{U_{CC}-U_{BE}}{R_B}=\frac{12-0.7}{47}\text{mA}=0.24\text{mA}$$

$$I_C=\beta I_B=50\times0.24\text{mA}=12\text{mA}$$

$$U_{CE}=U_{CC}-I_CR_C=(12-12\times1)\ \text{V}=0\text{V}$$

此时晶体管工作在饱和区。

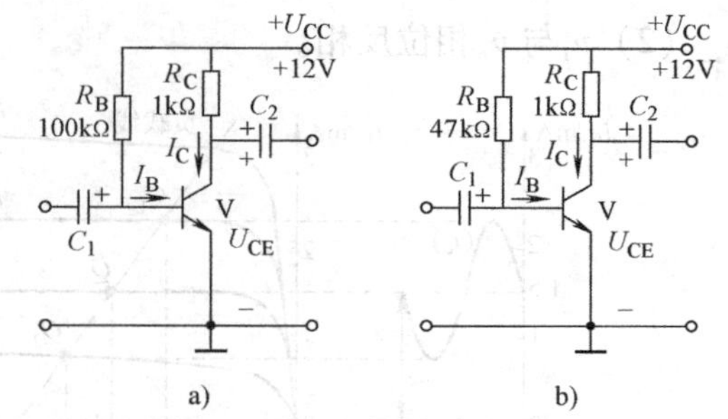


图3-17　例3.3.2图

## 3.3.3　放大电路微变等效电路分析法

当交流信号幅值较小时，放大电路在动态时的工作点只是在静态工作点附近作微小的变化，因此虽然放大电路是非线性电路，但在较小的变化范围内，晶体管的非线性特性可近似为线性特性。也就是说，可以用一个线性等效电路（线性化模型）来代替小信号时的晶体管，即把非线性的晶体管线性化，等效为一个线性元件，再利用处理线性电路的方法分析放大电路。

### 3.3.3.1　晶体管的微变等效电路

晶体管的微变等效电路可从晶体管的输入输出特性求出。

**1. 输入特性**

当输入信号很小时，在静态工作点 $Q$ 附近的工作段可认为是直线。对输入的小交流信号而言，晶体管的输入回路（B、E之间）可用 $r_{be}$ 等效代替，即由 $r_{be}$ 来确定 $u_{be}$ 和 $i_b$ 之间的关系。晶体管的微变等效输入电路如图3-18所示。有

$$r_{be}=\left.\frac{\Delta u_{BE}}{\Delta i_B}\right|_{u_{CE}}=\left.\frac{u_{be}}{i_b}\right|_{u_{CE}} \tag{3-13}$$

对于低频小功率晶体管的输入电阻估算为

$$r_{be}=200\Omega+(1+\beta)\frac{26\text{mV}}{I_E} \tag{3-14}$$

式中　$I_E$——发射极电流的静态值，单位为mA；

$\beta$——晶体管的放大倍数；

$r_{be}$——输入电阻，其值一般为几百欧到几千欧（动态电阻）。

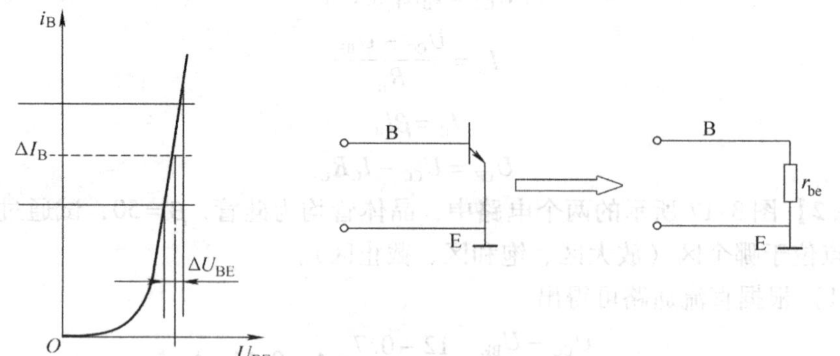


图3-18　晶体管的微变等效输入电路

**2. 输出特性**

输出特性在线性工作区是一簇近似等距的平行直线。晶体管的电流放大系数为

$$\beta=\left.\frac{\Delta i_c}{\Delta i_b}\right|_{u_{CE}}=\left.\frac{i_c}{i_b}\right|_{u_{CE}} \tag{3-15}$$

晶体管的输出回路（C、E之间）可用一受控电流源 $i_c=\beta i_b$ 等效代替，如图3-19所示，即由 $\beta$ 来确定 $i_c$ 和 $i_b$ 之间的关系。输出端相当于一个受 $i_b$ 控制的电流源。输出端还等效并联一个大电阻 $r_{ce}$

$$r_{ce}=\frac{\Delta U_{CE}}{\Delta I_C}=\frac{u_{ce}}{i_c} \tag{3-16}$$

在小信号的条件下，$r_{ce}$ 也是一个常数。$r_{ce}$ 的阻值很高，约为几十到几百千欧，在后面讨论的微变等效电路中，可忽略不计。

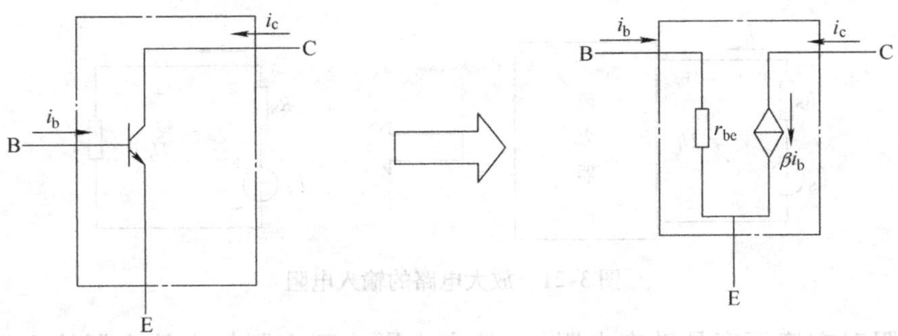


图3-19 晶体管的微变等效输出电路

### 3.3.3.2 放大电路的微变等效电路

将放大电路交流通道中的晶体管用微变等效电路代替，得到图3-20所示的微变等效电路。

根据图3-20可得输入、输出电压相量是

$$\dot{U}_i=\dot{I}_b r_{be} \tag{3-17}$$

$$\dot{U}_o=-\beta\dot{I}_b(R_C/\!/R_L) \tag{3-18}$$

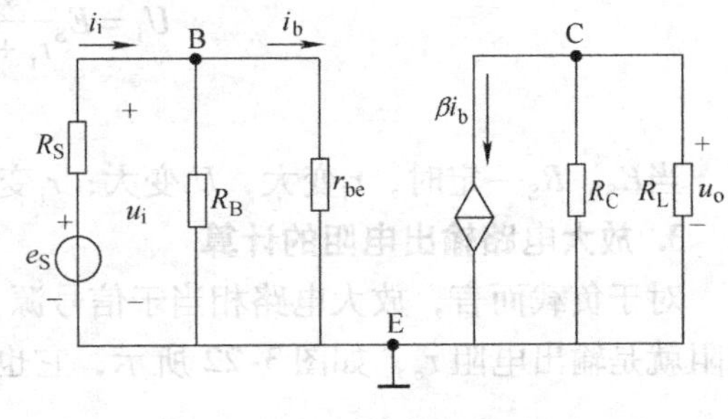


图3-20 放大电路的微变等效电路

**1. 电压放大倍数的计算**

以图3-20所示微变等效电路来计算

$$A_u=\frac{\dot{U}_o}{\dot{U}_i}=\frac{-\beta\dot{I}_b(R_C/\!/R_L)}{\dot{I}_b r_{be}}=-\beta\frac{R_C/\!/R_L}{r_{be}} \tag{3-19}$$

显然，负载电阻 $R_L$ 越小，放大倍数越低。$A_u$ 还与 $\beta$ 和 $r_{be}$ 有关。

**【例3.3.3】** 已知 $U_{CC}=12\text{V}$，$R_C=4\text{k}\Omega$，$R_B=300\text{k}\Omega$，$\beta=37.5$，$R_L=4\text{k}\Omega$，试求电压放大倍数。

**【解】** 可求得 $I_C=1.5\text{mA}\approx I_E$，所以

$$r_{be}=200\Omega+(1+\beta)\frac{26\text{mV}}{I_E}=0.867\text{k}\Omega$$

$$R_L'=R_C/\!/R_L=2\text{k}\Omega$$

$$A_u = -\beta \frac{R'_L}{r_{be}} = -37.5 \times \frac{2}{0.867} = -86.5$$

**2. 放大电路输入电阻的计算**

放大电路对信号源来说，是一个负载，可用一个电阻等效代替，这个电阻是信号源的负载电阻，也就是放大电路的输入电阻 $r_i$，如图 3-21 所示。输入电阻是表明放大电路从信号源吸取电流大小的参数，电路的输入电阻越大，从信号源取得的电流越小，因此一般总是希望得到较大的输入电阻。输入电阻为

$$r_i = \frac{\dot{U}_i}{\dot{I}_i} \tag{3-20}$$

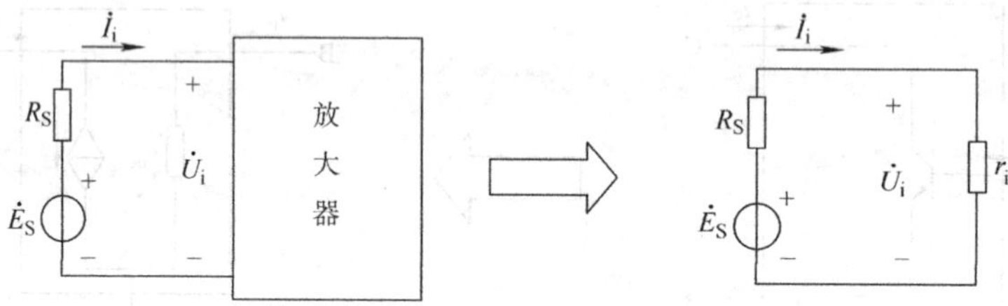


图 3-21　放大电路的输入电阻

输入电阻对交流而言是动态电阻。$r_i$ 的大小影响到实际加在放大器输入端信号的大小，即

$$\dot{U}_i = \dot{E}_S \frac{r_i}{r_i + R_S} = \dot{E}_S \frac{1}{1 + \frac{R_S}{r_i}}$$

当 $\dot{E}_S$、$R_S$ 一定时，$r_i$ 变大，$U_i$ 变大；$r_i$ 变小，$U_i$ 变小。

**3. 放大电路输出电阻的计算**

对于负载而言，放大电路相当于信号源（可以将它进行戴维南定理等效），等效电路的内阻就是输出电阻 $r_o$，如图 3-22 所示，它也是动态电阻。

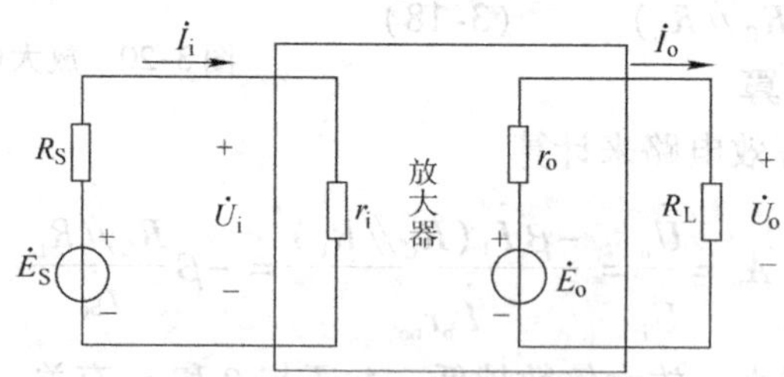


图 3-22　放大电路的输出电阻

（1）将信号源短路（$U_i = 0$）、输出端开路，从输出端看进去的电阻 $r_o \approx R_C$。

（2）将信号源短路（$U_i = 0$）、保留受控源，输入端加电压（$U_o$）以产生电流 $I_o$。

输出电阻为

$$r_o = \frac{\dot{U}_o}{\dot{I}_o} \tag{3-21}$$

**【例 3.3.4】** 已知 $U_{oO}=4\text{V}$，$R_L=6\text{k}\Omega$，$U_{oL}=3\text{V}$，求放大电路的输出电阻。

**【解】** 放大电路对负载来说，是一信号源，可用等效电动势 $E_o$ 和内阻 $r_o$ 表示。等效电源的内阻即为输出电阻。

输出端开路时　$\dot{U}_{oO}=E_o$

输出端接上负载电阻时　$\dot{U}_{oL}=\left(\dfrac{E_o R_L}{r+R_L}-1\right)R_L$

由上列两式可得出　$r_o=\left(\dfrac{\dot{U}_{oO}}{\dot{U}_{oL}}-1\right)R_L$

$$r_o=\left(\frac{4}{3}-1\right)\times(6\times10^3)\ \Omega=2\text{k}\Omega$$

## 3.3.4　小结

（1）放大电路分析所采用的方法如图 3-23 所示。

（2）静态。放大电路无信号输入（$u_i=0$）时的工作状态。

1）静态分析：确定放大电路的静态值——静态工作点 $Q$，以及 $I_B$、$I_C$ 和 $U_{CE}$。

① 分析方法：估算法、图解法。

② 分析对象：各极电压、电流的直流分量。

③ 所用电路：放大电路的直流通路。

2）设置 $Q$ 点的目的：

① 使放大电路的放大信号不失真。

② 使放大电路工作在较佳的工作状态，静态是动态的基础。

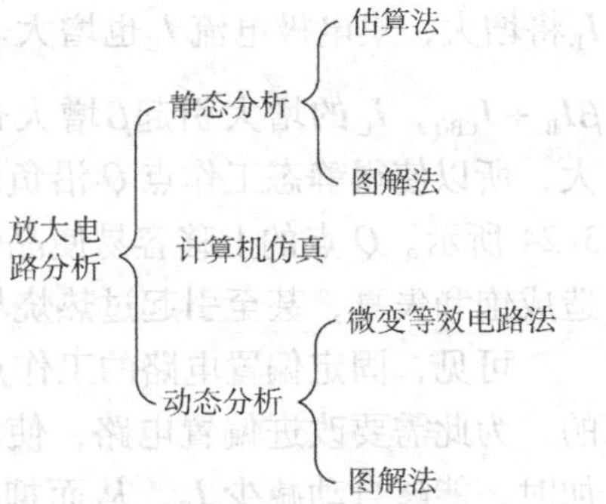

放大电路分析
- 静态分析
  - 估算法
  - 图解法
- 计算机仿真
- 动态分析
  - 微变等效电路法
  - 图解法

图 3-23　放大电路分析所采用的方法

（3）动态。放大电路有信号输入（$u_i\neq0$）时的工作状态。

动态分析：计算电压放大倍数 $A_u$、输入电阻 $r_i$ 和输出电阻 $r_o$ 等。

① 分析对象：各极电压和电流的交流分量。

② 分析方法：微变等效电路法、图解法。

③ 所用电路：放大电路的交流通路。

④ 目的：找出 $A_u$、$r_i$、$r_o$ 与电路参数的关系，为设计打基础。

（4）微变等效电路。把非线性器件晶体管所组成的放大电路等效为一个线性电路，即把非线性的晶体管线性化，等效为一个线性器件。

1）线性化的条件：晶体管在小信号（微变量）情况下工作。因此，在静态工作点附近小范围内的特性曲线可用直线近似代替。

2）微变等效电路法：利用放大电路的微变等效电路分析计算放大电路电压放大倍数 $A_u$、输入电阻 $r_i$ 和输出电阻 $r_o$ 等。

## 3.4 静态工作点的稳定

在3.3节已经分析了静态工作点对波形失真的影响，由讨论可知，合理设置静态工作点是保证放大电路正常工作的先决条件。但是，放大电路的静态工作点常因外界条件的变化而发生变动，如温度的变化、晶体管的老化、电源电压的波动等外部因素的影响，都将引起静态工作点的变动，严重时将使放大电路不能正常工作。其中，影响最大的是温度的变化。本节将针对如何稳定静态工作点进行分析。

对于固定偏置的放大电路，其静态工作点是由 $U_{BE}$、$\beta$ 和 $I_{CEO}$ 决定的，这三个参数容易随温度而变化，所以温度对静态工作点 $Q$ 的影响比较大。

### 3.4.1 温度变化对静态工作点的影响

在固定偏置放大电路中，由于 $I_B=\dfrac{U_{CC}-U_{BE}}{R_B}$，当温度升高时 $U_{BE}$ 将减小，因此基极电流 $I_B$ 将增大，集电极电流 $I_C$ 也增大。同时由于 $I_C=\bar{\beta}I_B+I_{CBO}$，$I_C$ 的增大引起 $\bar{\beta}$ 增大也引起 $I_{CBO}$ 的增大，所以使得静态工作点 $Q$ 沿负载线上移，如图3-24所示。$Q$ 点的上移容易使晶体管进入饱和区造成饱和失真，甚至引起过热烧坏晶体管。

可见，固定偏置电路的工作点 $Q$ 点是不稳定的，为此需要改进偏置电路，使温度升高、$I_C$ 增加时，能够自动减少 $I_B$，从而抑制 $Q$ 点的变化，保持 $Q$ 点基本稳定。目前，常采用分压式偏置电路来稳定静态工作点。

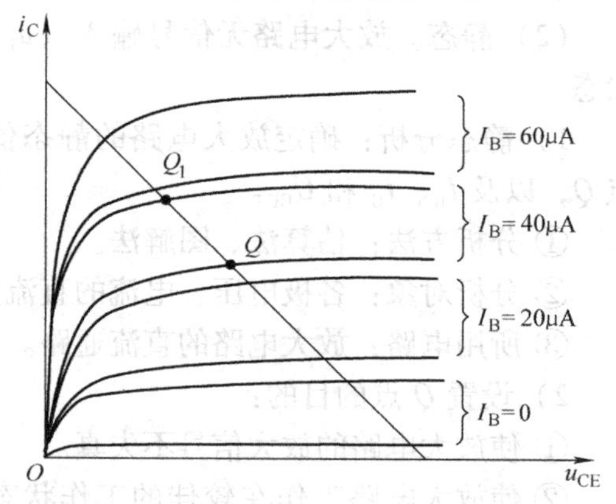


图3-24　温度变化对静态工作点的影响

### 3.4.2 采用分压式偏置的放大电路

分压式偏置放大电路如图3-25所示。

在图3-25所示的电路中，若 $I_2 \gg I_B$，则

$$I_1 \approx I_2 \approx \frac{U_{CC}}{R_{B1}+R_{B2}}$$

$$U_B = I_2R_{B2} \approx \frac{R_{B2}}{R_{B1}+R_{B2}}U_{CC}$$

所以基极电位 $U_B$ 基本稳定，不受温度变化的影响。同时，在此电路中

$$I_C \approx I_E = \frac{U_B-U_{BE}}{R_E}$$

若满足 $U_B \gg U_{BE}$，则

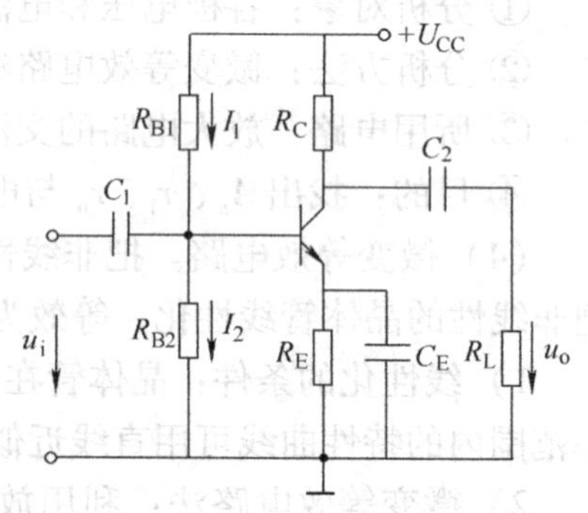


图3-25　分压式偏置放大电路

$I_C \approx I_E = \dfrac{U_B - U_{BE}}{R_E} \approx \dfrac{U_B}{R_E}$，这样集电极电流也基本恒定，不随温度的变化而变化。

分压式偏置放大电路的 $Q$ 点稳定的过程是：温度增大→$I_C$ 增大→$I_E$ 增大→$U_E$ 增大→$U_{BE}$减小→$I_B$ 减小→$I_C$ 减小，它实际是由于加了 $R_E$，形成了负反馈的过程，并且 $R_E$越大，稳定性越好。但对交流来说，$R_E$越大，交流损失越大，为避免交流损失，需加旁路电容 $C_E$。

**【例 3.4.1】** 在图 3-26 所示的分压式偏置放大电路中，$U_{CC}=16V$，$R_C=3k\Omega$，$R_E=2k\Omega$，$R_{B1}=60k\Omega$，$R_{B2}=20k\Omega$，$R_L=3k\Omega$，$\beta=50$。试求：

（1）用戴维南定理和估算法确定静态工作点；

（2）计算输入、输出电阻和电压放大倍数。

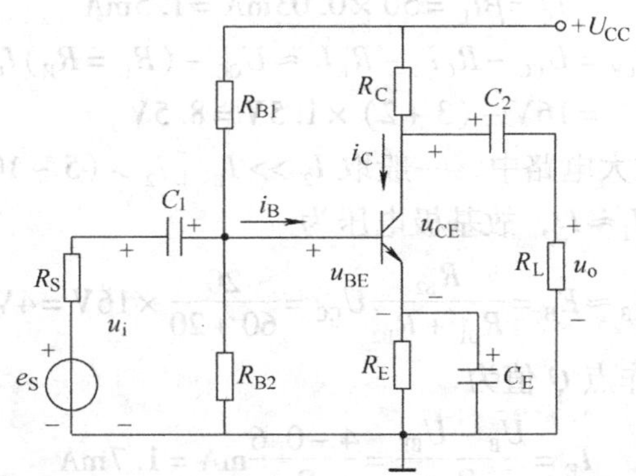


图 3-26　例 3.4.1 图（1）

**【解】**（1）用戴维南定理和估算法确定静态工作点。

1）用戴维南定理。先画出直流通路，如图 3-27a 所示。将输入电路在“×”处断开，求 B、O 间开路电压 $U_{BO}$，即戴维南等效电路的 $E_B$

$$E_B = \frac{R_{B2}}{R_{B1}+R_{B2}}U_{CC} = \frac{20}{60+20}\times 16V = 4V$$

B、O 间的等效内阻（视电源为短路）为

$$R_B = R_{B1}/\!/R_{B2} = \frac{60\times 20}{60+20}k\Omega = 15k\Omega$$

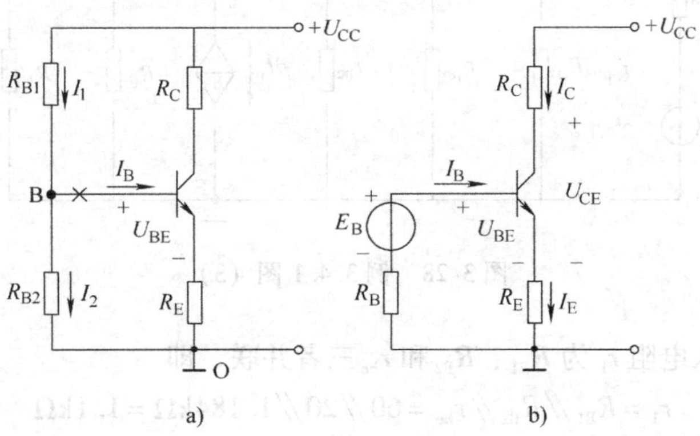


图 3-27　例 3.4.1 图（2）

画出如图 3-27b 所示的等效电路，可得

$$E_B = R_B I_B + U_{BE} + R_E I_E$$
$$= R_B I_B + U_{BE} + R_E(1+\beta)\ I_B$$

或

$$I_B = \frac{E_B - U_{BE}}{R_E + (1+\beta)R_E}$$

故放大电路的静态值为

$$I_B = \frac{4-0.6}{15+(1+50)\times 2}\text{mA} \approx 0.03\text{mA}$$
$$I_C = \beta I_B = 50\times 0.03\text{mA} = 1.5\text{mA}$$
$$U_{CE} = U_{CC} - R_C I_C - R_E I_E \approx U_{CC} - (R_C = R_E)I_C$$
$$= 16\text{V} - (3+2)\times 1.5\text{V} = 8.5\text{V}$$

2）用估算法。实际放大电路中，一般取 $I_2 >> I_B$ $[I_2 > (5\sim 10)I_B]$，如图 3-27a 所示，在近似计算时，可以认为 $I_1 \approx I_2$，故基极电压为

$$U_B \approx E_B = \frac{R_{B2}}{R_{B1}+R_{B2}}U_{CC} = \frac{20}{60+20}\times 16\text{V} = 4\text{V}$$

故放大电路的静态工作点 $Q$ 值为

$$I_E = \frac{U_B - U_{BE}}{R_E} = \frac{4-0.6}{2}\text{mA} = 1.7\text{mA}$$
$$I_C \approx I_E = 1.7\text{mA}$$
$$I_B = \frac{I_C}{\beta} = \frac{1.7}{50}\text{mA} = 0.034\text{mA}$$
$$U_{CE} = U_{CC} - (R_C + R_E)I_C = 16\text{V} - (3+2)1.7\text{V} = 7.5\text{V}$$

注意：应用戴维南定理计算可得出较精确的结果。但通常都采用估算法，而后再通过实验调整阻值（一般可调整 $R_{B1}$），使静态工作点合乎要求。

（2）求 $r_i$、$r_o$ 和 $A_u$。画出其微变等效电路，如图 3-28 所示。

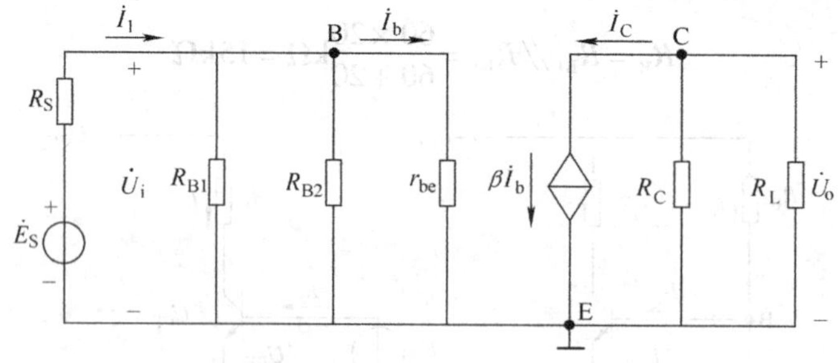

图 3-28　例 3.4.1 图（3）

图 3-28 中，输入电阻 $r_i$ 为 $R_{B1}$、$R_{B2}$ 和 $r_{be}$ 三者并联，即

$$r_1 = R_{B1} /\!/ R_{B2} /\!/ r_{be} = 60 /\!/ 20 /\!/ 1.184\text{k}\Omega = 1.1\text{k}\Omega$$

输出电阻 $r_o$ 等于集电极负载电阻 $R_C$，即

$$r_o = R_C = 3\text{k}\Omega$$

电压放大倍数为

$$A_u = -\beta\frac{R'_L}{r_{be}} = -50\times\frac{1.5}{1.184} = -63$$

式中 $R'_L = R_C /\!/ R_L = 3 /\!/ 3k\Omega = 1.5k\Omega$

如果考虑到信号源内阻 $R_S$ 的影响时，放大电路的电压放大倍数为

$$A_{uS} = \frac{\dot{U}_o}{\dot{E}_S} = \frac{\dot{U}_o\dot{U}_i}{\dot{U}_i\dot{E}_S} = -\beta\frac{R'_L}{r_{be}}\frac{r_i}{R_S + r_i}$$

从上式可见，当 $r_i >> R_S$ 时，$R_S$ 对 $A_u$ 影响就很小。因此，一般要求放大电路的输入电阻 $r_i$ 值较大。例如，上题中若 $R_S = 60\Omega$ 时，则电压放大倍数 $A_{uS}$ 为

$$A_{uS} = \frac{\dot{U}_o}{\dot{E}_S} = -\beta\frac{R'_L}{r_{be}}\frac{r_i}{R_S + r_i}$$

$$= -60\times\frac{1.1}{0.06+1.1} = -59.74$$

## 3.5 放大电路的类型及特点

在生产实践中，放大电路放大的往往不只是交流信号，还有缓慢变化的直流信号；同时，也不仅仅是电压信号的放大，有时还需要放大电流、功率。放大器为了完成不同的功能，电路结构也有所不同，即放大电路有不同的类型。根据常用放大电路的结构及功能，可以将它们归纳为以下几种类型。

### 3.5.1 共射放大电路

**1. 电路结构**

共射放大电路的结构在本章的3.2节中已经详细介绍。该电路输入信号由基极对发射极输入，输出信号由集电极对发射极输出。

**2. 主要特点**

共射放大电路主要用于电压放大，有较高的放大倍数。由于其输入电阻较低而输出电阻较高，所以在对输入、输出电阻没有特殊要求时均可以采用。它一般用在多级放大电路的中间级，用于提高放大倍数。

### 3.5.2 共集放大电路

**1. 电路结构**

共集放大电路如图3-29所示。其结构特点是信号的输入回路和输出回路都以集电极为公共端。由发射极对地输出，故又称为射极输出器。

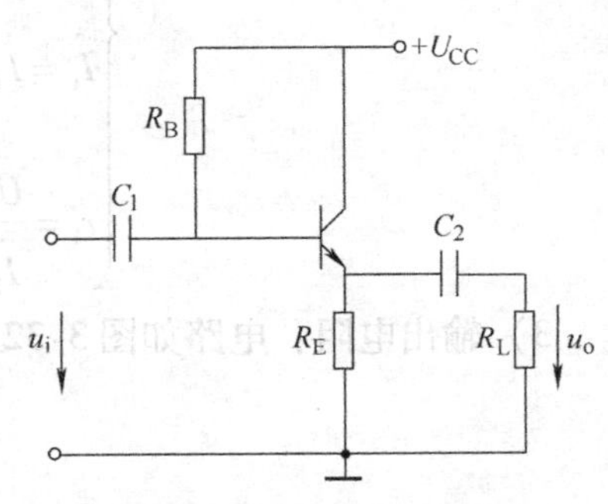

图3-29 共集放大电路

**2. 电路分析**

(1) 静态分析。共集放大电路静态时的直流通路如图3-30所示。此时静态工作点 $Q$ 的数据如下：

$$\begin{cases} I_B = \dfrac{U_{CC} - U_{BE}}{R_B + (1+\beta) R_E} \\ I_E = (1+\beta) I_B \\ U_{CE} = U_{CC} - I_E R_E \end{cases} \tag{3-22}$$

（2）动态分析。共集放大电路的微变等效电路如图 3-31 所示。

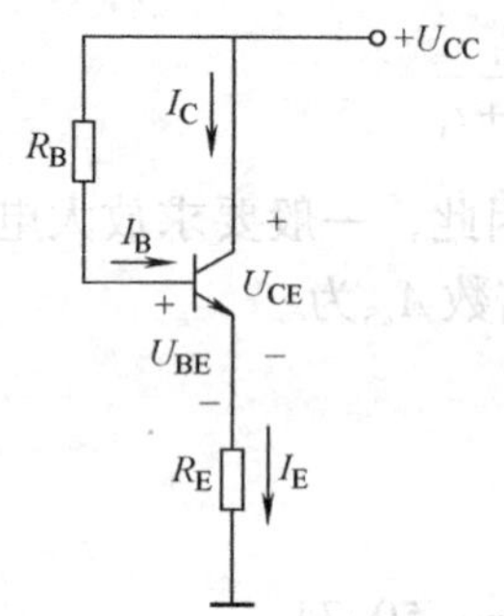

图 3-30 共集放大电路静态时的直流通路

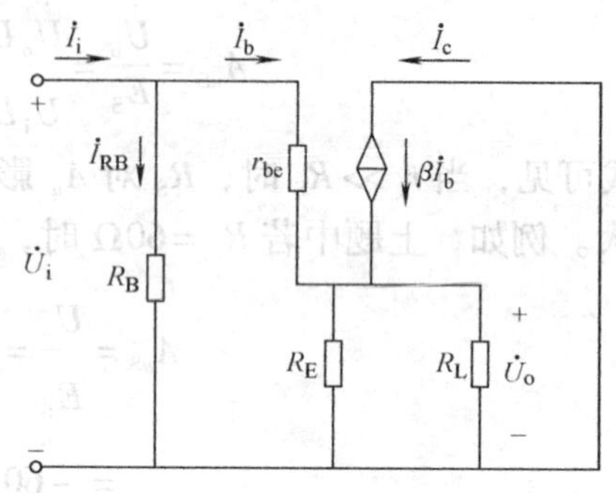

图 3-31 共集放大电路的微变等效电路

1）电压放大倍数

$$\begin{cases} R'_L = R_E /\!/ R_L \\ \dot{U}_o = \dot{I}_e R'_L = (1+\beta)\dot{I}_b R'_L \\ \dot{U}_i = \dot{I}_b r_{be} + \dot{U}_o = \dot{I}_b r_{be} + (1+\beta)\dot{I}_b R'_L \\ \dot{A}_u = \dfrac{\dot{U}_o}{\dot{U}_i} = \dfrac{(1+\beta)\dot{I}_b R'_L}{\dot{I}_b r_{be} + (1+\beta)\dot{I}_b R'_L} = \dfrac{(1+\beta)R'_L}{r_{be} + (1+\beta)R'_L} \end{cases} \tag{3-23}$$

电压放大倍数 $A_u \approx 1$，且输入输出同相，输出电压跟随输入电压，故也称电压跟随器。

2）输入电阻

$$\begin{cases} \dot{I}_b = \dfrac{\dot{U}_i}{r_{be} + (1+\beta)R'_L} \\ U_i = \dot{I}_b r_{be} + \dot{U}_o = \dot{I}_b r_{be} + (1+\beta)\dot{I}_b R'_L \\ \dot{I}_i = \dot{I}_{RB} + \dot{I}_b = \dfrac{\dot{U}_i}{R_B} + \dfrac{\dot{U}_i}{r_{be} + (1+\beta)R'_L} \\ r_i = \dfrac{\dot{U}_i}{\dot{I}_i} = R_B /\!/ [r_{be} + (1+\beta)R'_L] \end{cases} \tag{3-24}$$

3）输出电阻：电路如图 3-32 所示，输出电阻用加电压求电流法来求

$$\begin{cases} R'_S = R_S /\!/ R_B \\ \dot{I} = \dot{I}_b + \beta \dot{I}_b + \dot{I}_e = \dfrac{\dot{U}}{r_{be} + R'_S} + \beta \dfrac{\dot{U}}{r_{be} + R'_S} + \dfrac{\dot{U}}{R_E} \\ r_o = \dfrac{\dot{U}}{\dot{I}} = R_E /\!/ \dfrac{r_{be} + R'_S}{1 + \beta} \end{cases} \tag{3-25}$$

**3. 主要特点**

共集放大电路的主要特点如下：

（1）输出电压跟随输入电压变化，即放大倍数近似为1，并且输入输出电压同相位。

（2）共集放大电路的输入电阻很高，用在多级放大电路的输入级时，可以减小对信号源的影响。

（3）共集放大电路的输出电阻低，用在多级放大电路的输出级时，可以提高放大电路的带负载能力。

（4）由于共集放大电路的输入电阻大，对前级影响小，输出电阻小，对后级影响小，用在中间级时，可以将前级和后级放大电路隔离。

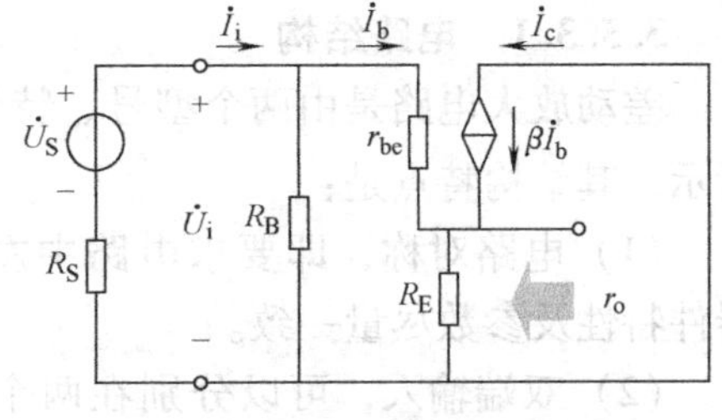


图3-32 共集放大电路求解输出电阻的等效电路

## 3.5.3 差动放大电路

为获得足够大的放大倍数，需将单级放大电路串接，组成多级放大电路。多级放大电路存在级间耦合问题，目前常用的耦合方式有阻容耦合、直接耦合和变压器耦合，如图3-33所示。

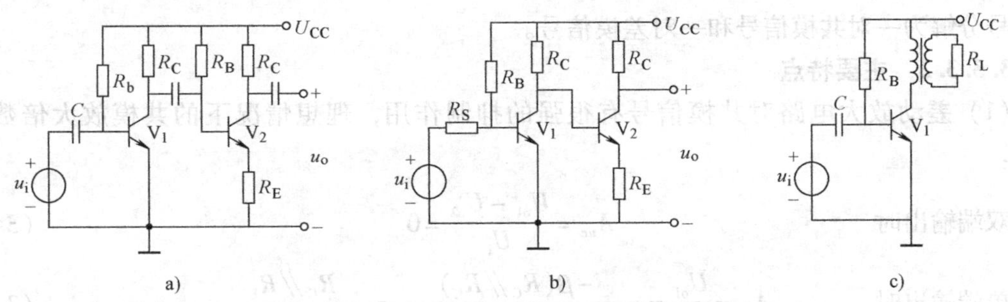


图3-33 多级放大电路的耦合方式

a）阻容耦合 b）直接耦合 c）变压器耦合

不同耦合方式的主要特点如下：

（1）直接耦合。将前级的输出端直接接后级的输入端。直接耦合电路可传输低频甚至直流信号，可用来放大缓慢变化的信号或直流量变化的信号。但直接耦合各级静态工作点$Q$不独立，设计计算及调试不便，有严重的零点漂移问题。即放大电路前一级的温度漂移将作为后一级的输入信号，被一级级地放大，导致后级饱和或截止，严重时，可能淹没有效信号电压，无法分辨是有效信号电压还是漂移电压。

（2）阻容耦合。使前后级相对独立，静态工作点$Q$互不影响，可抑制温度漂移；因为电容的隔直作用以及低频时容抗加大，所以阻容耦合只适用于放大频率较高的交流信号。

（3）变压器耦合。可实现阻抗变换，阻容耦合和变压器耦合都只能传输交流信号，漂移信号和低频信号不能通过。

在多级放大电路应用最广的耦合方式是直接耦合，但直接耦合方式的多级放大电路存在严重的零点漂移问题。而抑制零点漂移最有效的方法是设计特殊形式的放大电路，用特性相同的两个晶体管来提供输出，使它们的零点漂移相互抵消。这就是“差动放大电路”的设计思想。

### 3.5.3.1 电路结构

差动放大电路是由两个型号、特性、参数完全相同的晶体管 $V_1$ 和 $V_2$ 组成，如图3-34所示。其结构特点是：

（1）电路对称，即要求电路中左、右两边的元器件特性及参数尽量一致。

（2）双端输入，可以分别在两个输入端与地之间接输入信号。

（3）双电源，即除了集电极电源 $U_{CC}$ 外，还有一个发射极电源。

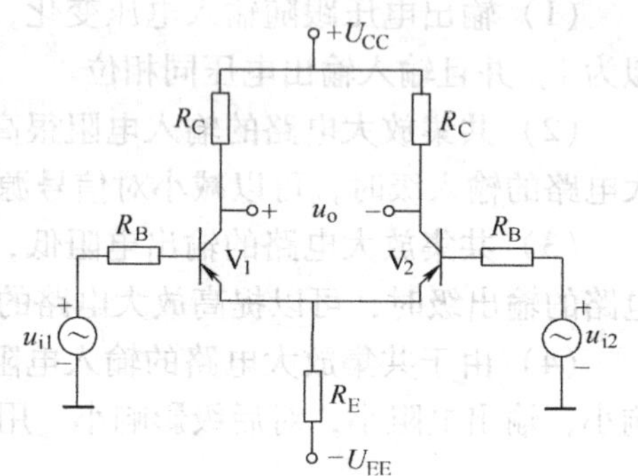

图3-34 差动放大电路

差动放大电路的两个输入信号 $u_{i1}$、$u_{i2}$ 之间存在三种可能：

（1）$u_{i1}$、$u_{i2}$ 大小相等，方向相同，称为共模输入。

（2）$u_{i1}$、$u_{i2}$ 大小相等，方向相反，称为差模输入。

（3）$u_{i1}$、$u_{i2}$ 既非共模输入，又非差模输入时，称为比较输入。比较输入时，可以将输入信号分解为一对共模信号和一对差模信号。

### 3.5.3.2 主要特点

（1）差动放大电路对共模信号有很强的抑制作用，理想情况下的共模放大倍数 $A_{uc}$ 如下：

双端输出时
$$A_{uc}=\frac{U_{o1}-U_{o2}}{U_i}=0 \tag{3-26}$$

单端输出时
$$A_{uc}=\frac{U_{o1}}{U_i}=\frac{-\beta(R_C /\!/ R_L)}{R_B+r_{be}+(1+\beta)2R_E}\approx-\frac{R_C /\!/ R_L}{2R_E} \tag{3-27}$$

差动放大电路对共模信号放大能力弱（理想情况下无放大作用）。双端输出对共模信号有较强的抑制能力，而单端输出对共模信号抑制能力较弱。

（2）差动放大电路对差模信号有很大的放大作用。

1）差模放大倍数 $A_{ud}$ 如下：

双端输出时
$$A_{ud}=-\frac{\beta\left(R_C /\!/ \frac{R_L}{2}\right)}{R_B+r_{be}} \tag{3-28}$$

单端输出时
$$A_{ud}=-\frac{\beta(R_C /\!/ R_L)}{2(R_B+r_{be})} \tag{3-29}$$

2）差模输入电阻 $R_{id}$ 是基本放大电路的2倍，即

$$R_{id}=2(R_B+r_{be})\tag{3-30}$$

3）差模输出电阻如下：

单端输出时 $$R_o=R_C\tag{3-31}$$

双端输出时 $$R_o=2R_C\tag{3-32}$$

（3）共模抑制比。共模抑制比 $K_{CMR}$（dB）是差动放大器的一个重要指标

$$K_{CMR}=\left|\frac{A_{ud}}{A_{uc}}\right|,\quad 或\quad K_{CMR}=20\lg\left|\frac{A_{ud}}{A_{uc}}\right|\tag{3-33}$$

双端输出时，$K_{CMR}$可认为等于无穷大，单端输出时，共模抑制比

$$K_{CMR}=\frac{-\beta R_L'/2(R_B+r_{be})}{-R_L'/2R_E}\approx\frac{\beta R_E}{R_B+r_{be}}\tag{3-34}$$

（4）温度对晶体管的影响相当于给差动放大电路加入了共模信号，所以差动放大电路能够抑制温度漂移。

#### 3.5.3.3 带恒流源的差动放大电路

根据共模抑制比公式可知，加大 $R_E$ 可以提高共模抑制比。为此可用恒流源（即单管电流源）$V_3$ 来代替 $R_E$，如图 3-35 所示。

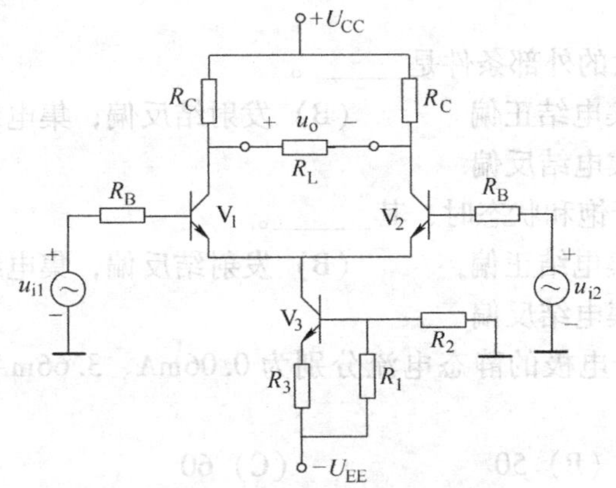


图 3-35 带恒流源的差动放大电路

恒流源的作用：等效为很大的交流电阻，恒流源使共模放大倍数减小，而不影响差模放大倍数，从而增加共模抑制比。恒流源等效电阻为

$$R_{等效}=r_{ce}\left(1+\frac{\beta R_3}{r_{be3}+R_1/\!/R_2+R_3}\right)\tag{3-35}$$

### 3.5.4 互补对称功率放大电路

功率放大电路的作用：作为放大电路的输出级，用以驱动执行机构，如使扬声器发声、继电器动作、仪表指针偏转等。

**1. 电路结构**

因为功率放大电路是作为放大电路的末级，通常工作在大信号状态，因此既要输出不失真，又要获得大的输出功率和高的效率。一种有效的电路是采用如图 3-36 所示的互补对称功率放大电路。电路中采用的两个晶体管（NPN 型、PNP 型各一支，两管特性一致）和对

称电源（$+U_{SC}$、$-U_{SC}$）组成互补对称式射极输出器。

静态时：$u_i=0V \to V_1$、$V_2$均不工作$\to u_o=0V$。

动态时：$u_i>0V$，$V_1$导通，$V_2$截止，$i_L=i_{C1}$；$u_i<0V$，$V_1$截止，$V_2$导通，$i_L=i_{C2}$。

$V_1$、$V_2$两个晶体管都只在半个周期内工作。

**2. 主要特点**

因为互补对称功率放大电路在无信号输入时，$I_B\approx0$，$I_C\approx0$，晶体管的损耗小，所以电路的效率高；在有信号输入时，两管交替工作，晶体管常在接近极限状态下工作，输出功率大。由于两管都是射级输出，输出电阻低也是它的主要特点。

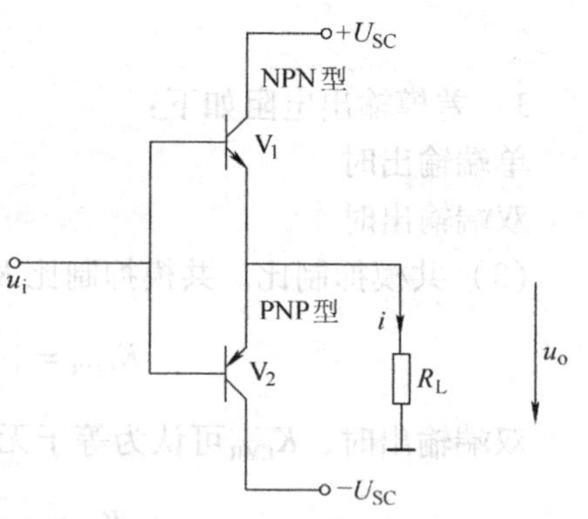


图3-36 互补对称功率放大电路

# 习 题

3.2.1 选择题。

（1）晶体管能够放大的外部条件是______。

（A）发射结正偏，集电结正偏 （B）发射结反偏，集电结反偏

（C）发射结正偏，集电结反偏

（2）当晶体管工作于饱和状态时，其______。

（A）发射结正偏，集电结正偏 （B）发射结反偏，集电结反偏

（C）发射结正偏，集电结反偏

（3）测得晶体管三个电极的静态电流分别为0.06mA、3.66mA和3.6mA。则该管的$\beta$为______。

（A）40 （B）50 （C）60

（4）已知图3-37所示放大电路中的$R_B=100k\Omega$，$R_C=1.5k\Omega$，晶体管的$\beta=80$，在静态时，该晶体管处于______。

（A）放大状态 （B）饱和状态 （C）截止状态 （D）倒置工作状态

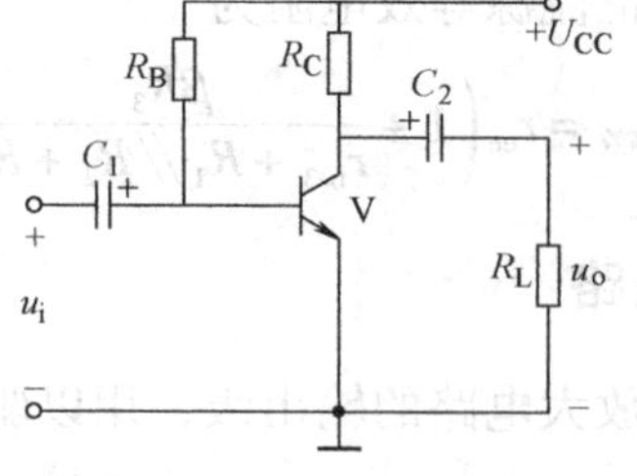


图3-37 题3.2.1(4)图

（5）对于固定偏置的共射放大电路，当用直流电压表测得$U_{CE}\approx U_{CC}$时，有可能是因为________。

（A）$R_B$ 开路　　（B）$R_L$ 短路

（C）$R_C$ 开路　　（D）$R_B$ 过小了

（6）对于固定偏置的共射放大电路，当用直流电压表测得 $U_{CE}=0$ 时，有可能是因为________。

（A）$R_B$ 开路　　（B）$R_L$ 短路

（C）$R_C$ 开路　　（D）$R_B$ 过小了

（7）对 PNP 型晶体管来说，当其工作于放大状态时，______的电位最低。

（A）发射极　（B）基极　（C）集电极

（8）温度升高，晶体管输入特性曲线______。

（A）右移　（B）左移　（C）不变

（9）温度升高，晶体管输出特性曲线______。

（A）上移　（B）下移　（C）不变

（10）某放大电路在负载开路时的输出电压为4V，接入12kΩ的负载电阻后，输出电压降为3V，这说明放大电路的输出电阻为______。

（A）10kΩ　（B）2kΩ　（C）4kΩ　（D）3kΩ

（11）晶体管共射极电流放大系数 $\beta$ 随集电极电流 $i_C$ ______。

（A）不变化　（B）有一定变化　（C）无法判断

（12）当晶体管的集电极电流 $I_C>I_{CM}$ 时，下列说法正确的是______。

（A）晶体管一定被烧毁　　（B）晶体管的 $P_C=P_{CM}$

（C）晶体管的 $\beta$ 一定减小

（13）对于电压放大器来说，______越小，电路的带负载能力越强。

（A）输入电阻　（B）输出电阻　（C）电压放大倍数

（14）在单级共射放大电路中，若输入电压为正弦波形，则输出与输入电压的相位______。

（A）同相　（B）反相　（C）相差90°

（15）在单级共射放大电路中，若输入电压为正弦波形，而输出波形则出现了底部被削平的现象，这种失真是______失真。

（A）饱和　（B）截止　（C）饱和和截止

（16）引起上题放大电路输出波形失真的主要原因是______。

（A）输入电阻太小　（B）静态工作点偏低

（C）静态工作点偏高

（17）既能放大电压，也能放大电流的是______放大电路。

（A）共发射极　　（B）共集电极

（C）共基极

（18）引起放大电路静态工作不稳定的主要因素是______。

（A）晶体管的电流放大系数太大　　（B）电源电压太高

（C）晶体管参数随环境温度的变化而变化

3.2.2　试问图3-38所示各电路能否实现电压放大？若不能，请指出电路中的错误。图中各电容对交流信号可视为短路。

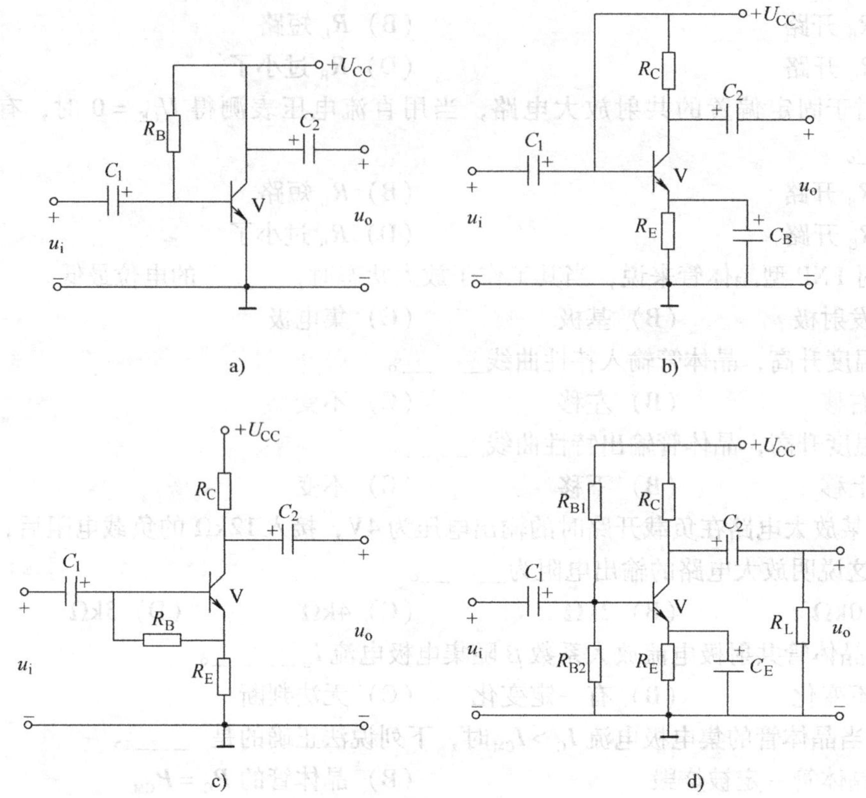


图3-38 题3.2.2图

3.2.3 电路如图3-39所示。设晶体管的 $U_{BE}=0.7V$ 试求：

（1）静态时晶体管的 $I_{BQ}$、$I_{CQ}$、$U_{CEQ}$及晶体管功耗 $P_C$（$I_{CQ}U_{CEQ}$）值；

（2）当加入峰值为15mV的正弦波输入电压 $u_i$时的输出电压交流分量 $u_o$；

（3）输入上述信号时晶体管的平均功耗 $P_{CAV}$，并与静态时晶体管的功耗比较；

（4）若将电路中的晶体管换成另一只 $\beta=150$ 的晶体管，电路还是否能正常放大信号，为什么？

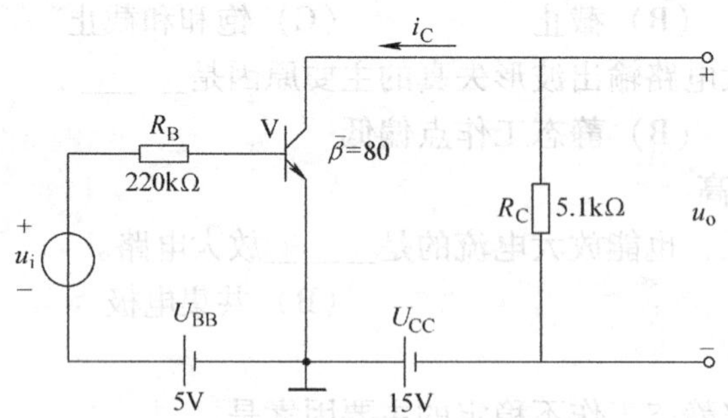


图3-39 题3.2.3图

3.2.4 在放大电路中为什么要设置静态工作点？

3.2.5 通常希望放大电路的输入电阻大一些还是小一些？为什么？通常希望放大电路

的输出电阻大一些还是小一些？为什么？

3.3.1 选择题。

（1）一个放大电路如图 3-40 所示，当逐渐增大输入电压 $u_i$ 的幅度时，输出电压 $u_o$ 的波形首先出现了底部被削平的情况，为了消除这种失真，应______。

（A）减小 $R_C$　　（B）减小 $R_B$　　（C）减小 $U_{CC}$

（2）已知图 3-41 所示放大电路中的 $R_B = 100k\Omega$，$R_C = 1.5k\Omega$，$U_{CC} = 12V$，晶体管的 $\beta = 80$，$U_{BE} = 0.6V$。则可以判定，该晶体管处于______。

（A）放大状态　　（B）饱和状态　　（C）截止状态

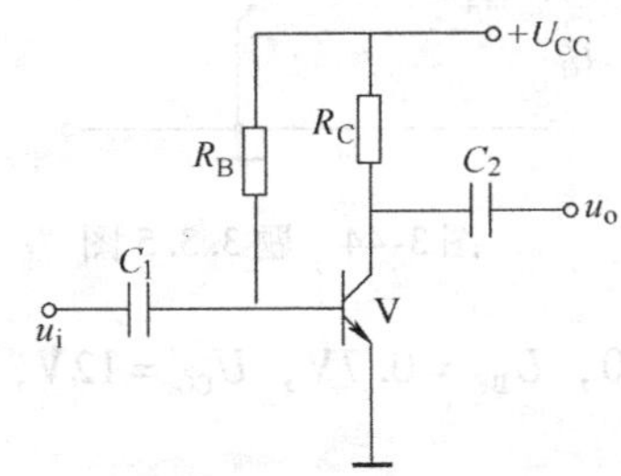

图 3-40 题 3.3.1（1）图

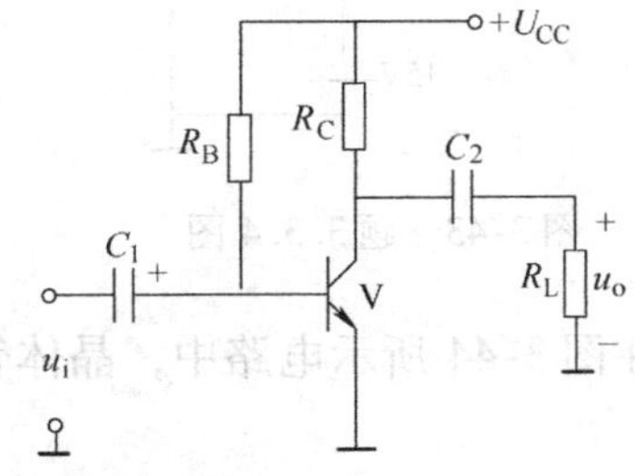

图 3-41 题 3.3.1（2）图

（3）在上题中，若晶体管的 $\beta$ 降为 50，则可以判定：

1）该晶体管处于______。

（A）放大状态　　（B）饱和状态　　（C）截止状态

2）放大电路的动态范围______。

（A）增大　　（B）减小　　（C）不变

3）当增大输入信号的幅值时，电路的输出波形将首先出现______失真。

（A）饱和　　（B）截止　　（C）饱和和截止

3.3.2 有两个电压放大倍数相同的放大器 A 和 B，它们的输入电阻不同。若在它们的输入端分别加同一个具有内阻的信号源，在负载开路的条件下测得 A 的输出电压小，这说明什么？为什么会出现这样的情况？

3.3.3 图 3-42 所示各电路能否不失真地放大信号？如不能放大，请说明原因，并加以改正，使它能够起到放大作用。

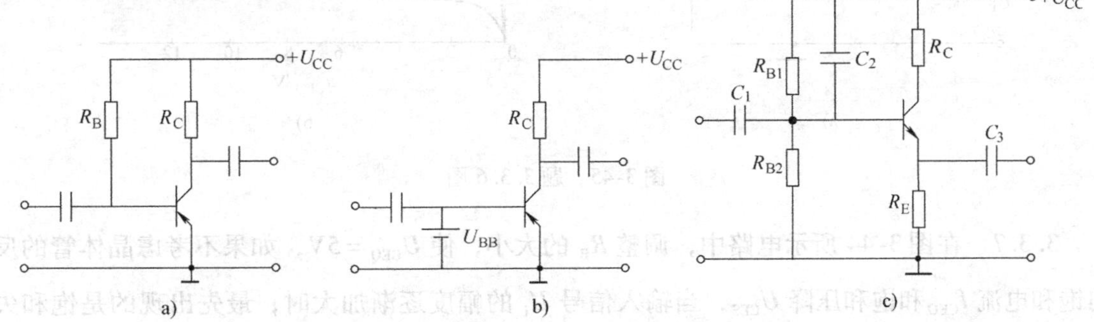

图 3-42 题 3.3.3 图

3.3.4 在图3-43所示的电路中，当开关分别接到A、B、C三点时，晶体管各工作在什么状态？设晶体管的$\beta=100$，$U_{BE}=0.7V$。

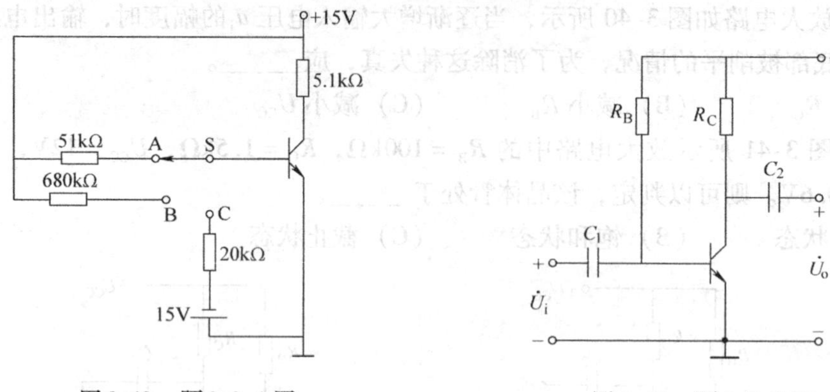


图3-43 题3.3.4图　　　　图3-44 题3.3.5图

3.3.5 在图3-44所示电路中，晶体管的$\beta=50$，$U_{BE}=0.7V$，$U_{CC}=12V$，$R_B=45k\Omega$，$R_C=3k\Omega$。

（1）电路处于什么工作状态（饱和、放大、截止）？

（2）要使电路工作在放大区，可以调整电路中的哪几个参数？

（3）在$U_{CC}=+12V$的前提下，如果$R_C$不变，应使$R_B$为多大，才能保证$U_{CEQ}=6V$？

3.3.6 电路如图3-45a所示，特性曲线如图3-41b所示。若$U_{CC}=12V$，$R_C=3k\Omega$，$R_B=200k\Omega$，晶体管的$U_{BE}=0.7V$。

（1）用图解法确定静态工作点$I_{BQ}$、$I_{CQ}$和$U_{CEQ}$。

（2）$R_C$变为4kΩ，静态工作点移至何处？

（3）若$R_C$为3kΩ不变，$R_B$从200kΩ变为150kΩ，静态工作点将有何变化？

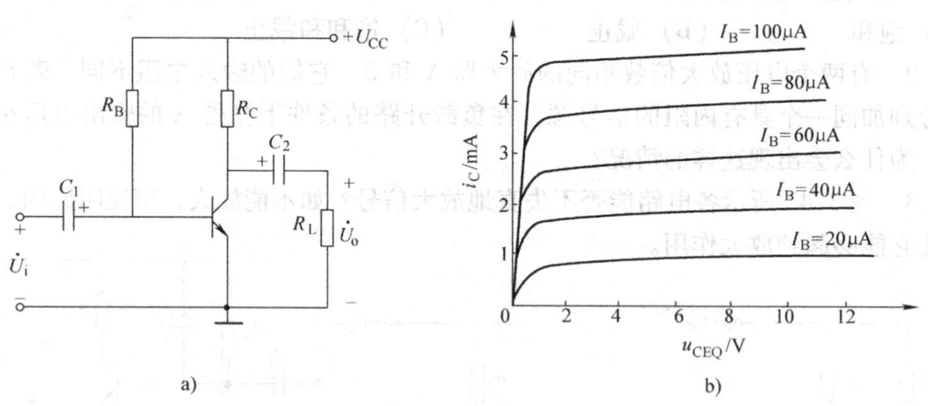


图3-45 题3.3.6图

3.3.7 在图3-44所示电路中，调整$R_B$的大小，使$U_{CEQ}=5V$，如果不考虑晶体管的反向饱和电流$I_{CEO}$和饱和压降$U_{CES}$，当输入信号$\dot{U}_i$的幅度逐渐加大时，最先出现的是饱和失真还是截止失真？电路可以得到的最大不失真输出电压的峰值多大？

3.3.8 在图3-46电路中，设电容$C_1=C_2=5\mu F$，晶体管的$r_{be}=1k\Omega$。当输入信号$U_i=$

10mV、$f=1\text{kHz}$ 时，耦合电容 $C_1$ 上电压多大？如果在输出端加上 $R_L=3\text{k}\Omega$ 的负载电阻，耦合电容 $C_2$ 上的电压多大？

3.3.9　电路如图3-47所示。若 $\alpha=0.99$，$r_{bb'}=200\Omega$，$I_E=-2\text{mA}$，$U_{BE}=-0.3\text{V}$，电容 $C_1$、$C_2$ 足够大，求电路的电压放大倍数 $\dot{A}_u$，输入电阻 $R_i$ 和输出电阻 $R_o$。

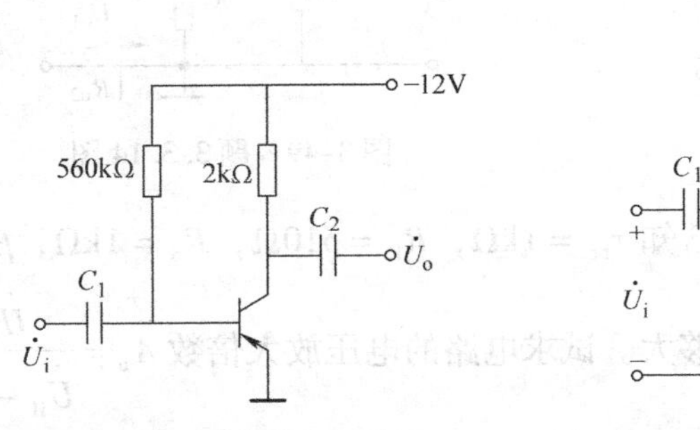

图3-46　题3.3.8图

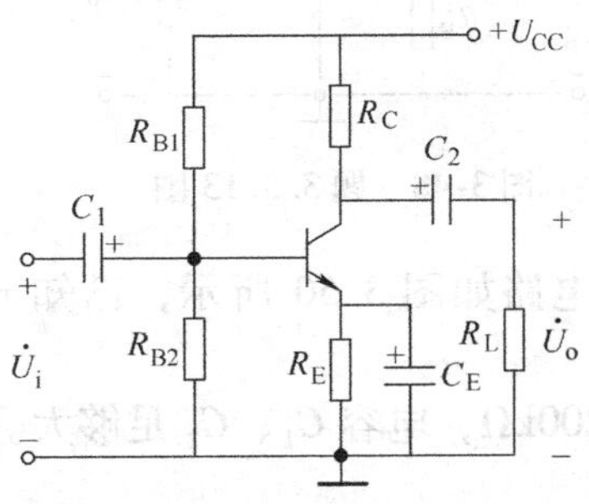

图3-47　题3.3.9图

3.3.10　在题3.3.9中，若 $\alpha=0.99$，$r_{be}=1\text{k}\Omega$。试求电路的电压放大倍数 $\dot{A}_u=\dot{U}_o/\dot{U}_i$。此时，如果考虑信号源内阻 $R_S=5\text{k}\Omega$。同时加上负载电阻 $R_L=10\text{k}\Omega$，再求电路的电压放大倍数 $\dot{A}_{uS}=\dot{U}_o/\dot{U}_S$。

3.3.11　在图3-47所示电路中，$U_{CC}=15\text{V}$，$R_{B1}=60\text{k}\Omega$，$R_{B2}=30\text{k}\Omega$，$R_E=2\text{k}\Omega$，$R_C=3\text{k}\Omega$，$R_L=3\text{k}\Omega$，$\beta=60$，$r_{bb'}=300\Omega$，$U_{BE}=0.7\text{V}$。

（1）试求电路的静态工作点 $I_{BQ}$、$I_{CQ}$和 $I_{CEQ}$；

（2）画出电路的交流小信号等效电路；

（3）计算电路的输入电阻 $R_i$ 和输出电阻 $R_o$。

3.3.12　在图3-47所示电路中，若信号源内阻 $R_S=750\Omega$，信号源电压 $U_S=40\text{mV}$，试求电路的输出电压 $\dot{U}_o$。

3.3.13　电路如图3-48所示，电源电压 $U_{EE}=+15\text{V}$，$R_B=510\text{k}\Omega$，$R_E=2\text{k}\Omega$，$R_L=500\Omega$，$\beta=100$，$|U_{BE}|=0.7\text{V}$，电容 $C_1$、$C_2$ 足够大。

（1）确定电路的静态工作点 $I_{BQ}$、$I_{CQ}$和 $U_{CEQ}$；

（2）试求电路的电压放大倍数 $\dot{A}_u$；

（3）计算电路的输入电阻和输出电阻。

3.3.14　电路如图3-49所示，如果 $U_{CC}=+12\text{V}$，$R_{B1}=15\text{k}\Omega$，$R_{B2}=30\text{k}\Omega$，$R_E=3\text{k}\Omega$，$R_C=3.3\text{k}\Omega$，$\beta=100$，$U_{BE}=0.7\text{V}$，电容 $C_1$、$C_2$ 足够大。

（1）计算电路的静态工作点 $I_{BQ}$、$I_{CQ}$和 $U_{CEQ}$；

（2）分别计算电路的电压放大倍数 $\dot{A}_{u1}=\dfrac{\dot{U}_{o1}}{\dot{U}_i}$和 $\dot{A}_{u2}=\dfrac{\dot{U}_{o2}}{\dot{U}_i}$；

（3）求电路的输入电阻 $R_i$；

（4）分别计算电路的输出电阻 $R_{o1}$和 $R_{o2}$。

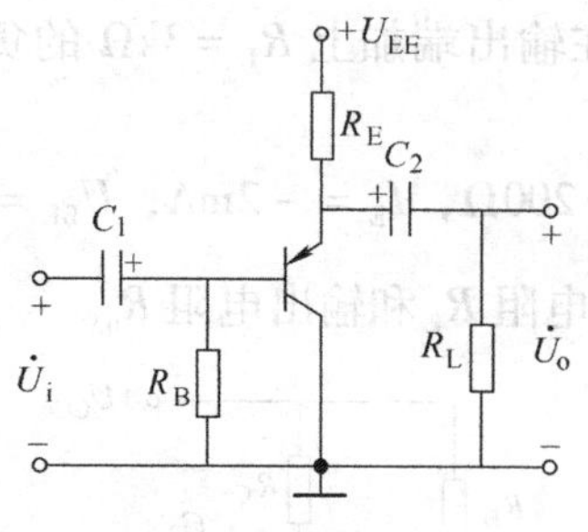

图3-48 题3.3.13图

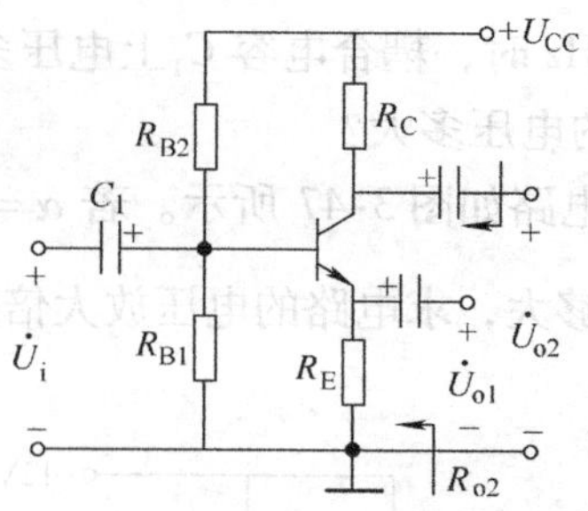

图3-49 题3.3.14图

3.3.15 电路如图3-50所示，已知 $r_{be}=1k\Omega$，$R_E=510\Omega$，$R_S=1k\Omega$，$\beta=50$，$R_C=5.1k\Omega$，$R_B=200k\Omega$，电容 $C_1$、$C_2$ 足够大。试求电路的电压放大倍数 $\dot{A}_u=\dfrac{\dot{U}_o}{\dot{U}_{i1}-\dot{U}_{i2}}$。

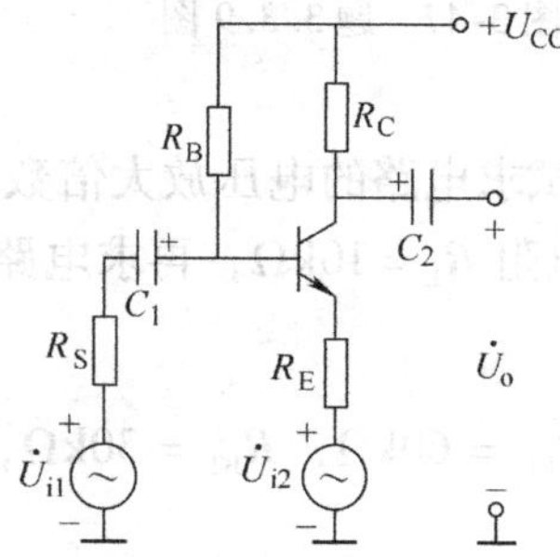

图3-50 题3.3.15图

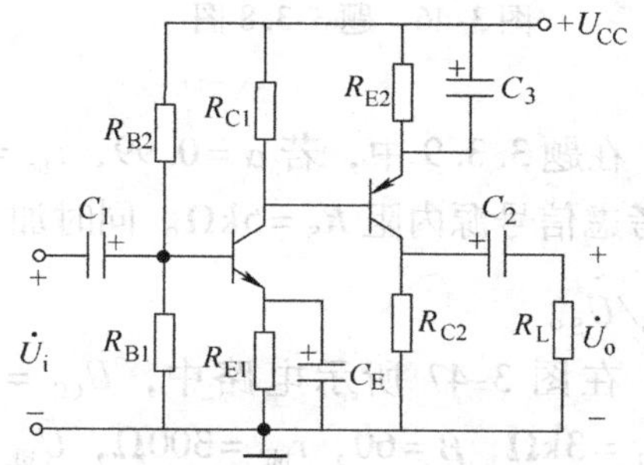

图3-51 题3.3.16图

3.3.16 两级放大电路如图3-51所示，已知 $U_{CC}=+10V$，$R_{B1}=20k\Omega$，$R_{B2}=60k\Omega$，$R_{E1}=2k\Omega$，$R_{E2}=510\Omega$，$R_{C1}=2k\Omega$，$R_L=5k\Omega$，$R_{C2}=2k\Omega$，$\beta_1=\beta_2=50$，$U_{BE1}=U_{BE2}=0.7V$，所有电容都足够大。

（1）计算电路的静态工作点 $I_{CQ1}$、$U_{CEQ1}$、$I_{CQ2}$ 和 $U_{CEQ2}$（忽略 $I_{BQ2}$ 的影响）；

（2）计算电路的电压放大倍数 $\dot{A}_u$；

（3）计算电路的输入电阻 $R_i$ 和输出电阻 $R_o$。

3.3.17 电路如图3-52所示，$U_{CC}=12V$，$R_B=470k\Omega$，$R_C=6k\Omega$，$R_S=1k\Omega$，$C_1=C_2=5\mu F$。晶体的 $\beta=50$，$U_{BE}=0.7V$，$r_{bb'}=500\Omega$，$r_{be}=2k\Omega$，$f_T=70MHz$（$f_T$ 为特征频率），$C_{B'C}=5pF$。求电路的下限频率 $f_L$ 和上限频率 $f_H$。

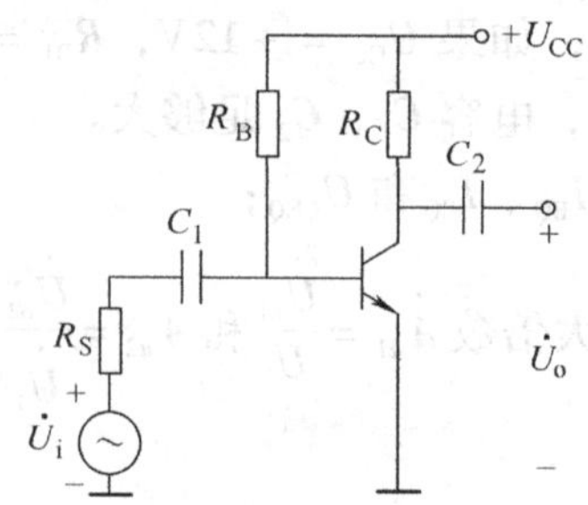

图3-52 题3.3.17图

3.3.18 单级放大电路如图3-53所示，已知 $U_{CC}=15V$，$r_{bb'}=300\Omega$，$\beta=100$，$U_{BE}=0.7V$，$R_{B1}$此时调到$49k\Omega$，$R_{B2}=30k\Omega$，$R_E=R_C=R_L=2k\Omega$，$C_1=C_2=10\mu F$，$C_E=47\mu F$，$C_L=1600pF$，晶体管饱和压降 $U_{CES}$为1V，晶体管的结电容可以忽略。试求：

（1）静态工作点 $I_{CQ}$，$U_{CEQ}$：

（2）中频电压放大倍数 $\dot{A}_m$、输出电阻 $R_o$、输入电阻 $R_i$；

（3）估计上限截止频率 $f_H$ 和下限截止频率 $f_L$；

（4）动态范围 $U_{oPP}$ = ？输入电压最大值 $U_{iP}$ = ？

（5）当输入电压 $u_i$ 的最大值大于 $U_{iP}$时将首先出现什么失真？

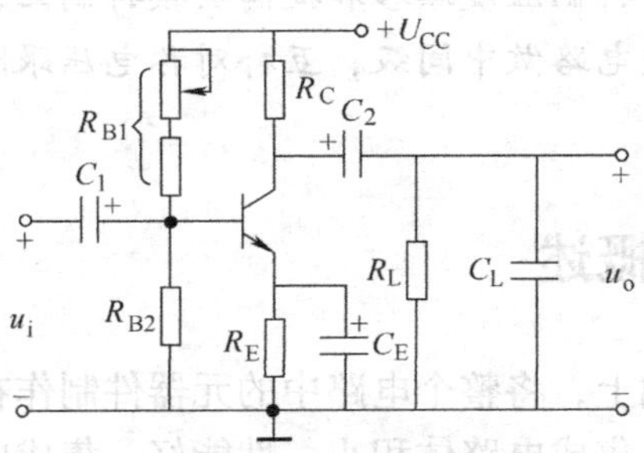


图3-53 题3.3.18图

3.3.19 放大电路如图3-54a所示，晶体管的输出特性和交、直流负载线如图3-54b所示。已知 $U_{BE}=0.6V$，$r_{bb'}=300\Omega$。试求：

（1）电路参数 $R_B$、$R_C$、$R_L$ 的数值；

（2）在输出电压不产生失真的条件下，最大输入电压的峰值。

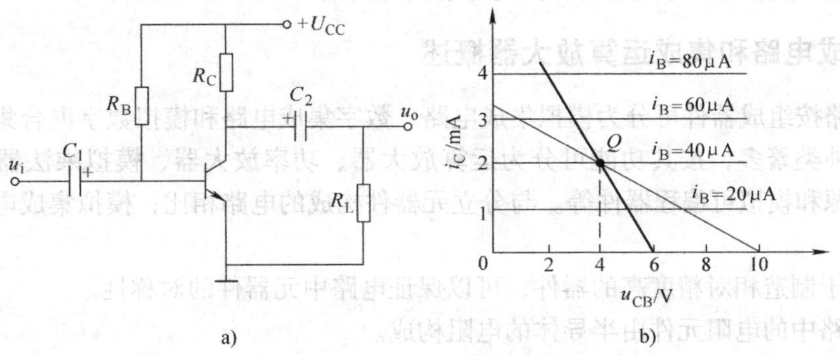


图3-54 题3.3.19图

# 第4章 集成运算放大电路

**内容提要：**

集成运算放大器是一种放大倍数很高的多级放大的集成电路。它能够放大从直流至一定频率范围的交流电压，是模拟集成电路的重要组成部分。它一般由输入级、中间级、输出级和偏置电路四部分组成。为了抑制温度漂移和提高共模抑制比，常采用差动放大电路作输入级；具有电压增益功能的放大电路做中间级；互补对称电压跟随电路做输出级；恒流源电路构成偏置电路。

## 4.1 集成运算放大器概述

在半导体制造工艺的基础上，将整个电路中的元器件制作在一块硅片上，构成特定功能的电子电路，称为集成电路。集成电路体积小，性能好。集成电路按其功能来分，有模拟集成电路和数字集成电路。模拟集成电路的种类繁多，其中集成运算放大器（简称集成运放）是应用极为广泛的一种。本节讨论组成集成运算放大器的基本单元电路以及集成运算放大器的主要指标参数。本节的目标是：

（1）了解集成运算放大器的内部结构及各部分功能、特点。

（2）了解集成运算放大器主要参数的定义，以及它们对运算放大器性能的影响。

（3）理解理想集成运算放大器并掌握其分析方法。

### 4.1.1 集成电路和集成运算放大器概述

集成电路按组成器件可分为模拟集成电路、数字集成电路和模拟数字混合集成电路。模拟集成电路种类繁多，按其功能可分为运算放大器、功率放大器、模拟乘法器、模拟锁相环、稳压电源和模拟可编程器件等。与分立元器件构成的电路相比，模拟集成电路具有以下特点：

（1）易于制造相对精度高的器件，可以保证电路中元器件的对称性。

（2）电路中的电阻元件由半导体的电阻构成。

（3）在一些场合用有源器件代替无源器件。

（4）级间采用直接耦合方式。

集成运算放大器是一种放大倍数很高的多级放大电路。它是模拟集成电路中最重要的品种，广泛应用于各种电子电路中。它能够放大从直流至一定频率范围的交流电压。早期的运算放大器主要用来完成加、减、微分、积分、对数和指数等数学运算，其名称即由此而来。集成运算放大器发展至今，其应用范围已远远超出数学运算范围，广泛应用于信号的处理和测量、信号的产生与变换以及自动控制等许多方面，同时集成运算放大器也是其他一些模拟集成电路的重要组成部分，使它成为实用性很强的基本单元电路。

集成运算放大器一般由输入级、中间级和输出级及偏置电路组成，结构框图和图形符号如图4-1所示。输入级与信号源相连，通常要有很高的输入电阻，能有效地抑制共模信号，并且要有很强的抗干扰能力。因此，集成运算放大器的输入级通常采用差动放大电路；中间级用来完成电压放大功能，使集成运算放大器获得很高的电压放大倍数，常由一级或多级共射放大电路构成；输出级直接与负载相连，为了使集成运算放大器有较强的带负载能力，一般采用互补对称放大电路（射极跟随器），其输出电阻低，能够提供较大的输出电压和电流；偏置电路为各级放大电路提供稳定和合适的偏置电流，决定各级的静态工作点，一般由恒流源电路构成。

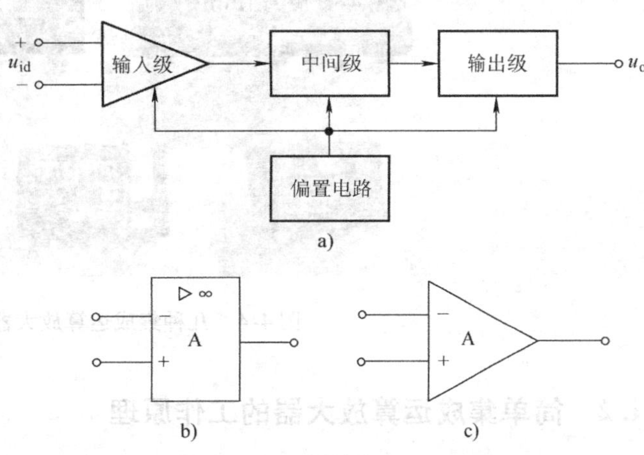


图4-1 集成运算放大器的结构框图和图形符号

综上所述，集成运算放大器是一种电压放大倍数高、输入电阻大、输出电阻小、共模抑制比高、抗干扰能力强、可靠性高、体积小、耗电小，能实现元器件、电路和系统相结合的通用型的电子器件。

集成运算放大器从1965年问世至今，发展很快。随着集成电路新工艺、新技术的发展，运算放大器的新产品层出不穷。例如有单电源型、低失调电压型、高精度型、高速型、宽带型、高输入阻抗型和低噪声型等，以及可程控增益运算放大器、休眠运算放大器等多种类型。

集成运算放大器通常有圆形金属壳封装和双列直插式两种形式。图4-2所示为几种集成电路的外形，图4-3所示为双列直插式芯片及圆形芯片引脚排列。图4-4所示为部分实物。

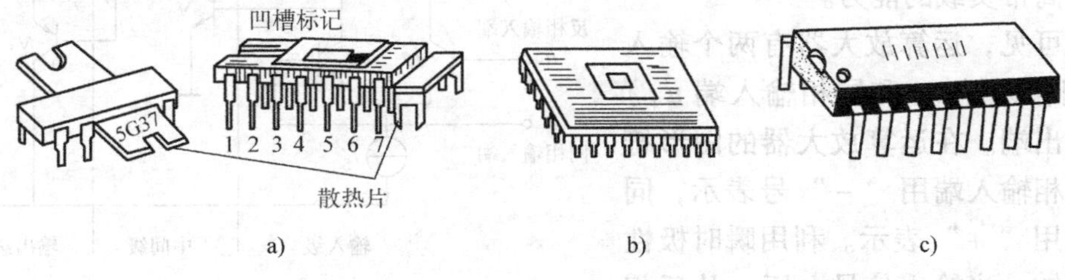


图4-2 几种集成电路的外形

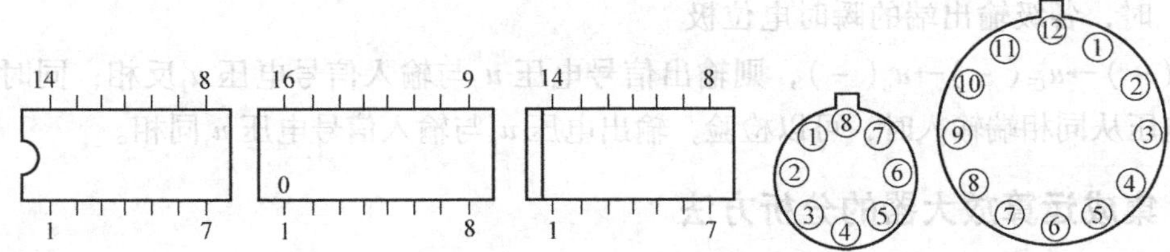


图4-3 双列直插式芯片及圆形芯片的引脚排列

图4-4 几种集成运算放大器的实物

## 4.1.2 简单集成运算放大器的工作原理

集成运算放大器是一种高电压增益、高输入电阻和低输出电阻的多级直接耦合放大电路，它的类型很多，电路也不一样，但结构具有共同之处，一般由四部分组成。输入级一般是由 BJT、JFET 或 MOSFET 组成的差动放大电路，利用它的对称特性可以提高整个电路的共模抑制比和其他方面的性能，它的两个输入端构成整个电路的反相输入端和同相输入端。电压放大级的主要作用是提高电压增益，它可由一级或多级放大电路组成。输出级一般由电压跟随器或互补电压跟随器所组成，以降低输出电阻，提高带负载能力。偏置电路为各级提供合适的工作电流。此外还有一些辅助环节，如电平移动电路、过载保护电路以及高频补偿环节等。

简单集成运算放大器的原理电路如图4-5所示。$V_1$、$V_2$对管组成差动放大电路，信号由双端输入、单端输出。电压放大级由$V_3$组成共射放大电路。由$V_4$、$V_5$所组成的互补对称功率放大电路构成输出级，它可以提高带负载的能力。

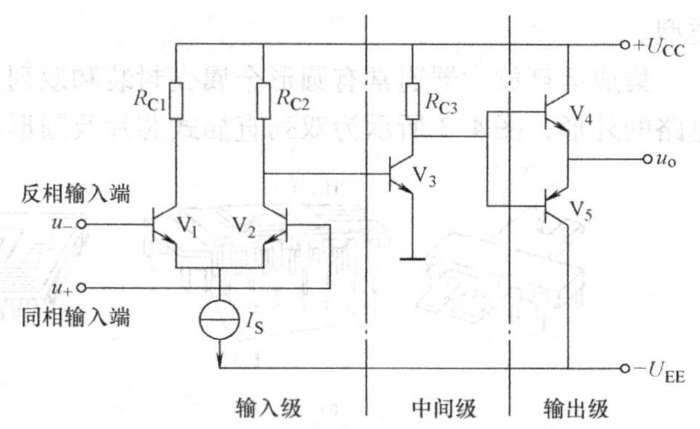


图4-5 简单运算放大器的原理电路

由此可见，运算放大器有两个输入端（反相输入端$u_-$和同相输入端$u_+$）与一个输出端。在运算放大器的图形符号中，反相输入端用“-”号表示，同相输入端用“+”表示。利用瞬时极性法分析可知：当输入信号电压$u_i$从反相输入端输入时，若此时的瞬时变化极性为（+）时，各级输出端的瞬时电位极性为$u_{C2}(+)\rightarrow u_{C3}(-)\rightarrow u_o(-)$，则输出信号电压$u_o$与输入信号电压$u_i$反相；同时，当输入信号电压从同相端输入时，可以检验，输出电压$u_o$与输入信号电压$u_i$同相。

## 4.1.3 集成运算放大器的分析方法

### 4.1.3.1 集成运算放大器的传输特性

集成运算放大器的电压传输特性是指开环输出时输出电压与输入电压的关系曲线，所谓开环是指电路中只有正向传输，没有反向传输。图4-6所示是电压传输特性，它包含一个线性区和两个饱和区。

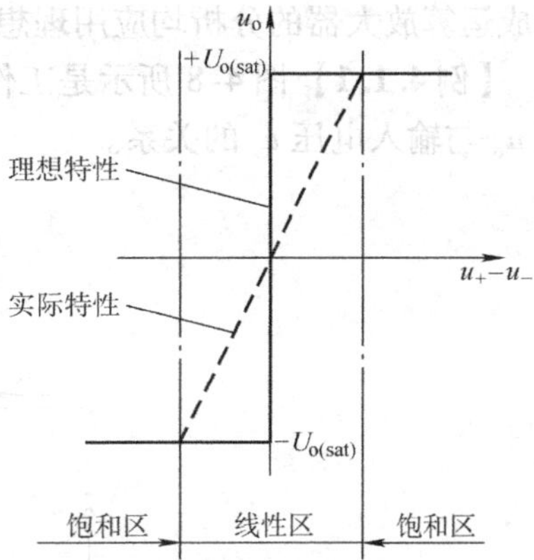


图4-6 电压传输特性

当集成运算放大器工作在线性区时，输出电压与输入电压是线性关系，线性区的斜率取决于开环放大倍数$A_{uo}$的大小。由于受电源电压的限制，输出电压不可能随输入电压的增加而无限增加，当$u_o$增加到一定值后，就进入了饱和区。

#### 4.1.3.2 集成运算放大器的分析方法

常用的集成运算放大器具有很高的开环电压增益和共模抑制比，很大的输入电阻和很小的输出电阻，因此，在实际应用中可以将集成运算放大器理想化。理想集成运算放大器的条件如下：

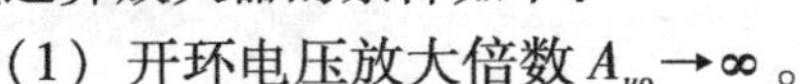

（1）开环电压放大倍数$A_{uo}\to\infty$。

（2）差模输入电阻$r_{id}\to\infty$。

（3）开环输出电阻$r_o\to 0$。

（4）共模抑制比$K_{CMR}\to\infty$。

理想集成运算放大器的电压传输特性如图4-7所示，根据此特性可得出理想集成运算放大器在线性区工作时的几点重要结论：

（1）开环电压放大倍数$A_{uo}\to\infty$，而输出电压是一个有限值，所以输入电压

$$u_i=u_+=u_-=\frac{u_o}{A_{uo}}\approx 0 \tag{4-1}$$

于是可以认为输入端对地电压$u_+$和反相输入端电压$u_-$相等，即

$$u_+\approx u_- \tag{4-2}$$

称为“虚短”。如果信号从反相输入端输入，且同相输入端接地，则$u_+\approx 0$，$u_-\approx 0$，反相输入端接近于“地”电位，即称为“虚地”。

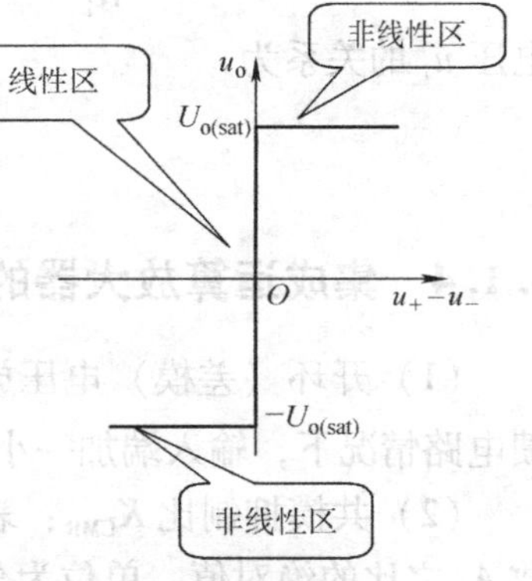


图4-7 理想集成运算放大器的电压传输特性

（2）由于输入电阻$r_{id}\to\infty$，所以两个输入端的输入电流可认为是零，即

$$i_+=i_-\approx 0 \tag{4-3}$$

称为“虚断”。

（3）由于开环输出电阻$r_o\to 0$，所以当负载变化时，其输出电压$u_o$不变。

（4）当理想运算放大器工作在饱和区时输出只有两种可能，$+U_{o(sat)}$或$-U_{o(sat)}$，不存在“虚短”现象，而$i_+=i_-\approx 0$，仍存在“虚断”现象。

（5）由于运算放大器线性范围很小，在运算放大器的线性应用中，运算放大器的输出与输入之间必须加负反馈，使运算放大器工作于线性状态。

由于实际集成运算放大器的技术指标接近理想条件，因此在分析集成运算放大器的应用电路时用理想集成运算放大器来分析所产生的误差不大，这在工程上是允许的，所以后面对

集成运算放大器的分析均应用理想集成运算放大器进行分析。

【例4.1.1】图4-8所示是工作在线性区的集成运算放大器组成的电路。试求其输出电压 $u_o$ 与输入电压 $u_i$ 的关系。

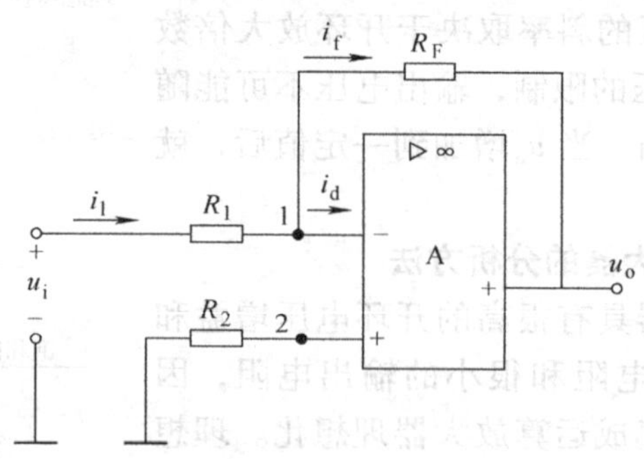


图4-8 例4.1.1图

【解】根据“虚断”的概念有 $i_d \approx 0$，$R_2$ 接地，故 $R_2$ 上电压为零，即 $u_+=0$，由“虚短”的概念可知，$u_- \approx u_+ =0$，故不难得到1点的电位接近于地电位，但不是真正的接地，故称1点（反相输入端）为“虚地”。

由图4-8可知 $i_1 \approx \frac{u_i}{R_i}$，$i_f \approx -\frac{u_o}{R_F}$；又因为 $i_1 = i_f$，即 $\frac{u_i}{R_1} = -\frac{u_o}{R_F}$。所以输出电压 $u_o$ 与输入电压 $u_i$ 的关系为

$$u_o = -\frac{R_F}{R_1}u_i$$

### 4.1.4 集成运算放大器的技术指标

（1）开环（差模）电压放大倍数（开环增益）$A_{uo}$：是指集成运算放大器在没有外接反馈电路情况下，输入端加一小信号，测得的电压放大倍数。

（2）共模抑制比 $K_{CMR}$：表示集成运算放大器的差模电压放大倍数 $A_d$ 与共模电压放大倍数 $A_c$ 之比的绝对值。单位为分贝（dB）。$K_{CMR}$ 一般在100dB以上。

（3）开环（差模）输入电阻 $r_{id}$：是指集成运算放大器开环时，输入电压的变化与由其引起输入电流变化之比，$r_{id}$ 一般为 $10^5 \sim 10^{11}\Omega$。

（4）开环输出电阻 $r_o$：是指集成运算放大器输出级的输出电阻 $r_o$，一般为几欧到几十欧。

（5）输入失调电压 $U_{io}$：是使输出电压为零时在输入端所加的补偿电压，它的大小反映了输入级电路的对称程度和电位配合情况，一般为几毫伏。

（6）输入失调电流 $I_{io}$：是指两输入端的静态电流之差，即 $I_{io} = |I_{b1} - I_{b2}|$，它的大小反映了输入电流不对称程度。

（7）输入偏置电流 $I_{ib}$：是指集成运算放大器输出电压为零时，两个输入端静态电流的平均值。从使用角度来看，偏置电流越小，由信号源内阻变化引起的输出电压变化也越小，故它是重要的技术指标，一般为10nA～1μA。

（8）最大共模输入电压 $U_{icmax}$：是指集成运算放大器所能承受的最大共模输入电压。超

过 $U_{icmax}$值，它的共模抑制比将显著下降。$U_{ic} > U_{icmax}$时，运算放大器不能正常工作。

（9）最大差模输入电压 $U_{idmax}$：是指集成运算放大器的反相和同相输入端所能承受的最大电压值。超过这个电压值，集成运算放大器输入级某一侧的晶体管将出现发射结的反向击穿，而使运算放大器的性能显著恶化，甚至可能造成永久性损坏。

### 4.1.5　小结

（1）集成运算放大器是用集成工艺制成的，是具有高增益的、采用直接耦合多级放大电路。它一般由输入级、中间级、输出级和偏置电路四部分组成。为了抑制温度漂移和提高共模抑制比，常采用差动放大电路作输入级；中间为电压增益级；互补对称电压跟随电路常用作输出级；电流源电路构成偏置电路。

（2）差动放大电路是集成运算放大器的重要组成单元，它既能放大直流信号，又能放大交流信号；它对差模信号具有很强的放大能力，而对共模信号却具有很强的抑制能力。

（3）由于实际集成运算放大器的技术指标接近理想条件，因此在分析集成运算放大器的应用电路时用理想集成运算放大器来分析。

1）理想运算放大器的特性。$A_{uo}$和 $r_{id}$都趋向无限大，并且 $r_o$、$I_{io}$、$U_{io}$和 $I_{ib}$均等于零，其他参数也不考虑，这就是理想运算放大器。

2）集成运算放大器的工作状态。集成运算放大器开环电压增益大，传输特性中的线性区很窄，因此，要使集成运算放大器稳定地工作在线性区，就必须引入深度的电压负反馈。

3）虚短、虚断和虚地。对于工作在线性区的集成运算放大器，下述两条重要结论普遍适用，也是分析集成运算放大器应用电路的基本出发点。

虚短——集成运算放大器两个输入端之间的电压差近似等于零。

虚断——流入集成运算放大器输入端的电流近似等于零。

对于工作在饱和区的集成运算放大器，其输出只有两种可能，即 $+U_{o(sat)}$或 $-U_{o(sat)}$，不存在“虚短”现象而仍存在“虚断”现象。

当信号从反相输入端输入，且同相输入端的电位等于零时，“虚短”的结论可引申为反相输入端为“虚地”的结论。

## 4.2　放大电路中的负反馈

反馈在电子电路中的应用极为广泛。按照极性不同，反馈可分为负反馈和正反馈两种类型，它们在电子电路中的作用是不同的。在所有实用的放大电路中都要适当地引入负反馈，用以改善放大电路的一些性能指标。正反馈会造成放大电路的工作不稳定，但在波形产生（即振荡）电路中则要引入正反馈，以满足自激振荡的条件。

本节首先介绍反馈的基本概念及负反馈放大电路的类型，然后介绍负反馈放大电路的判别及分析方法、负反馈对放大电路性能的影响，最后讨论负反馈放大电路的稳定性问题。本节的目标是：

（1）理解反馈的基本概念及负反馈放大电路的一般表达式。

（2）掌握负反馈放大电路的基本类型及判别方法。

（3）掌握估算深度负反馈条件下放大电路的闭环增益的方法。

## 4.2.1 反馈的基本概念

将电子系统输出回路的电量（电压或电流），以一定的方式送回到输入回路的过程称为反馈。此种既有正向传输通道，又有反馈传输通道的电路称为闭环状态。若反馈信号是削弱输入信号（或与输入信号作用相反），而使放大电路的放大倍数下降，则这种反馈为负反馈，常用于放大电路中，用于改善放大电路的性能；若反馈信号是增强输入信号（或与输入信号作用相同），则为正反馈，常用于振荡电路中。对于负反馈放大电路，它的结构框图如图4-9所示。

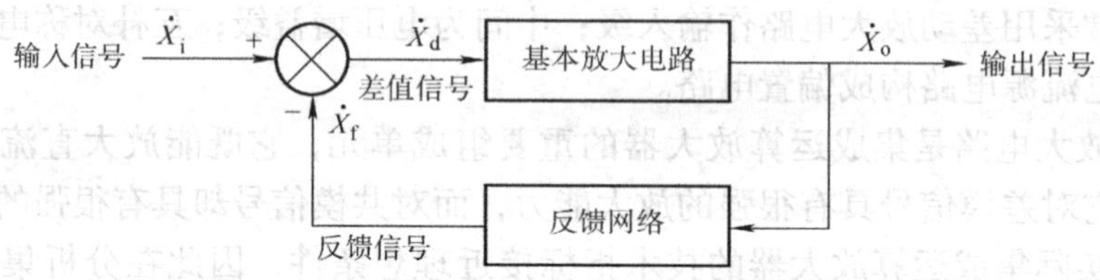


图4-9 负反馈放大电路的结构框图

### 4.2.1.1 负反馈放大电路的基本方程

负反馈净输入信号用$\dot{X}_d$表示

$$\dot{X}_d = \dot{X}_i - \dot{X}_f$$

基本放大电路的输出信号$\dot{X}_o$与净输入信号$\dot{X}_d$之比称为开环放大倍数，用$A_o$表示，即

$$A_o = \frac{\dot{X}_o}{\dot{X}_d} \tag{4-4}$$

反馈信号与输出信号之比称为反馈系数，用$F$表示，即

$$F = \frac{\dot{X}_f}{\dot{X}_o} \tag{4-5}$$

引入反馈后的输出信号与输入信号之比称为闭环放大系数，用$A_f$表示，即

$$A_f = \frac{\dot{X}_o}{\dot{X}_i} \tag{4-6}$$

综合以上各式可得

$$A_f = \frac{\dot{X}_o}{\dot{X}_i} = \frac{\dot{X}_o}{\dot{X}_f + \dot{X}_d} = \frac{1}{\dfrac{\dot{X}_f}{\dot{X}_o} + \dfrac{\dot{X}_d}{\dot{X}_o}} = \frac{1}{F + \dfrac{1}{A_o}} = \frac{A_o}{1 + A_o F} \tag{4-7}$$

当$|A_o F| >> 1$时，称为深度负反馈，式（4-7）可写为

$$A_f = \frac{1}{F} \tag{4-8}$$

即$A_f$只与反馈网络有关。此时闭环增益几乎只取决于反馈系数。

### 4.2.1.2 反馈放大电路的分类

反馈的类型有多种，有正反馈和负反馈、交流反馈和直流反馈、串联反馈和并联反馈、电压反馈和电流反馈等。在多种反馈中，首先必须判断电路中是否有反馈，然后判别是何种类型的反馈。

判断某电路中是否有反馈存在的方法是，看输出回路与输入回路之间有无起联系作用的元件，即看是否有反馈通路，反馈通路是指：①连接在输入与输出之间的元件；②为输入回路与输出回路所共有的元件。

**1. 正反馈和负反馈**

若反馈信号与输入信号作用相反，即削弱了输入信号，就称为负反馈。若反馈信号与输入信号作用相同，即增强了输入信号，就称为正反馈。

**2. 直流反馈和交流反馈**

放大电路的直流通路中存在的反馈称为直流反馈，反馈量是直流量，对放大电路的静态工作点 $Q$ 产生影响。

交流通路中存在的反馈称为交流反馈，反馈量是交流量，对放大电路的交流性能产生影响。

若反馈量中既有直流量又有交流量，则直流、交流反馈同时存在，为交、直流反馈。

**3. 电压反馈和电流反馈**

按反馈网络与基本放大器输出端的连接方式及取样对象不同，反馈可以分为电压反馈和电流反馈两种类型。若反馈信号取自输出电压信号，则称为电压反馈；若反馈信号取自输出电流信号，则称为电流反馈。图4-10a与图4-10c所示为电压反馈，图4-10b与图4-10d所示为电流反馈。注意，图4-10中字母上的箭头表示信号的传输方向，即基本放大器的传输方向为输入到输出，反馈网络的传输方向为输出到输入。

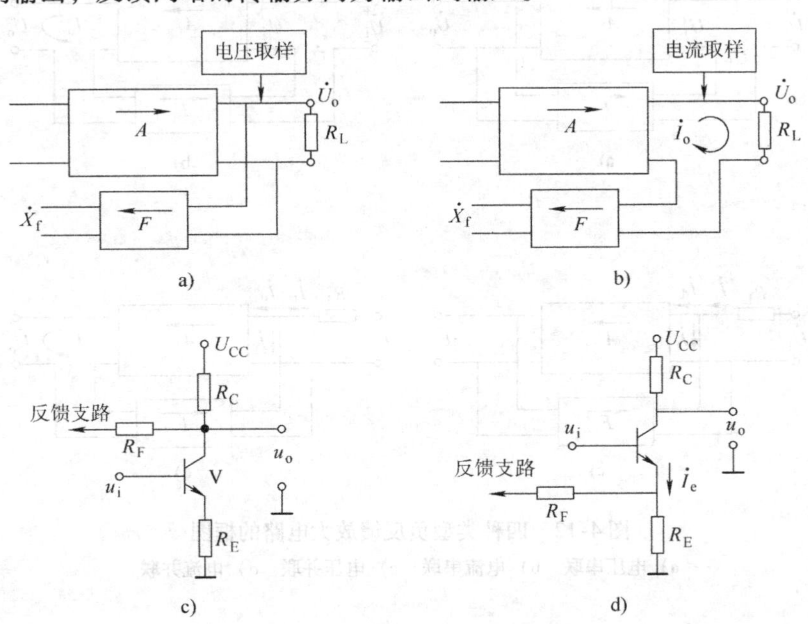


图4-10 电压反馈和电流反馈

a）电压反馈框图 b）电流反馈框图

c）电压反馈电路 d）电流反馈电路

**4. 串联反馈和并联反馈**

根据反馈网络和基本放大器输入端的连接方式不同，反馈有串联反馈和并联反馈之分。若反馈信号与输入信号在基本放大电路的输入端以电压串联的形式叠加，并且反馈信号与输入信号接于不同的输入端，则称为串联反馈；若反馈信号与输入信号在基本放大电路的输入端以电流并联的形式叠加，并且反馈信号与输入信号接于相同的输入端，则称为并联反馈。图4-11a所示为串联反馈，图4-11b所示为并联反馈。

根据电压、电流和串联、并联反馈，可构成电压串联、电压并联、电流串联和电流并联四种基本负反馈类型。四种类型负反馈放大电路的框图如图4-12所示。

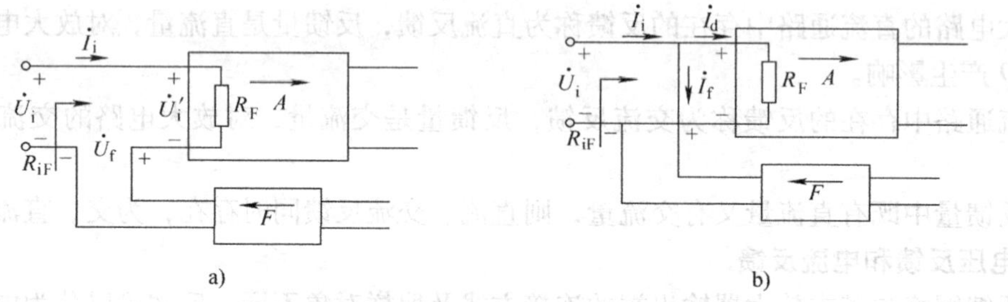

图4-11　串联反馈和并联反馈放大电路的框图

a）串联反馈　b）并联反馈

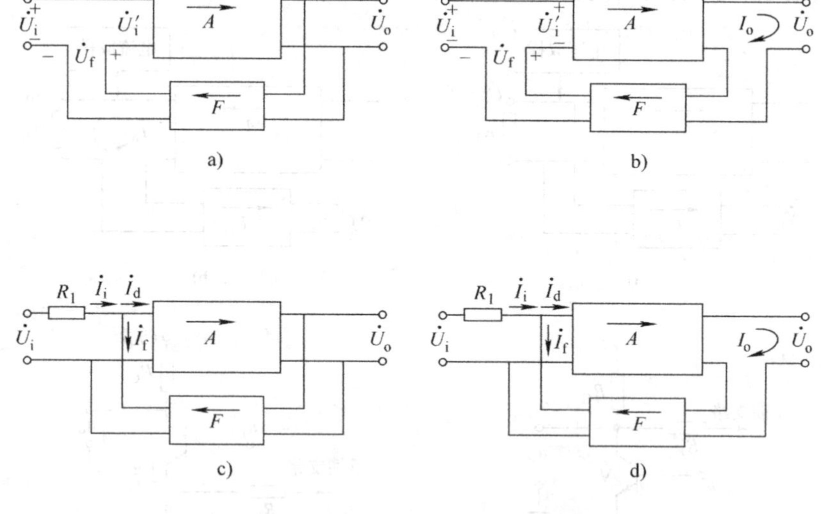

图4-12　四种类型负反馈放大电路的框图

a）电压串联　b）电流串联　c）电压并联　d）电流并联

电压串联、电流串联、电压并联、电流并联四种负反馈放大电路中参数$\dot{A}$、$\dot{F}$和$\dot{A}_f$的具体意义见表4-1。

表4-1 负反馈放大电路参数的意义

| 类型 / 参数 | 电压串联 | 电压并联 | 电流串联 | 电流并联 |
|---|---|---|---|---|
| $\dot{A}$ | $\dot{A}_u=\dfrac{\dot{U}_o}{\dot{U}_{id}}$（电压放大倍数） | $\dot{A}_r=\dfrac{\dot{U}_o}{\dot{I}_{id}}$（互阻增益，单位为Ω） | $\dot{A}_g=\dfrac{\dot{I}_o}{\dot{U}_{id}}$（互导增益，单位为S） | $\dot{A}_i=\dfrac{\dot{I}_o}{\dot{I}_{id}}$（电流放大倍数） |
| $\dot{F}$ | $\dot{F}_u=\dfrac{\dot{U}_f}{\dot{U}_o}$ | $\dot{F}_g=\dfrac{\dot{I}_f}{\dot{U}_o}$（单位为S） | $\dot{F}_r=\dfrac{\dot{U}_f}{\dot{I}_o}$（单位为Ω） | $\dot{F}_i=\dfrac{\dot{I}_f}{\dot{I}_o}$ |
| $\dot{A}_f$ | $\dot{A}_{uf}=\dfrac{\dot{U}_o}{\dot{U}_i}$ | $\dot{A}_{\gamma f}=\dfrac{\dot{U}_o}{\dot{I}_i}$（单位为Ω） | $\dot{A}_{gf}=\dfrac{\dot{I}_o}{\dot{U}_i}$（单位为S） | $\dot{A}_{if}=\dfrac{\dot{I}_o}{\dot{I}_i}$ |

## 4.2.2 反馈放大器的判别方法

### 1. 正反馈和负反馈判别方法

正负反馈的判别通常采用瞬时极性法。首先假设输入信号在某一瞬时的极性为正；然后再根据各种基本放大电路的输出信号与输入信号间的相位关系，即放大电路中各相关点的电位的瞬时极性，或有关支路的电流的瞬时流向，确定从输出回路到输入回路的反馈信号的瞬时极性；最后判断反馈信号是削弱还是增强了净输入信号，如果是削弱，则为负反馈，反之，则为正反馈

**【例4.2.1】** 判断图4-13a所示运算放大器的反馈极性。

**【解】** 假设输入信号 $u_i>0$，根据运算放大器的工作原理可知，此时 $u_o>0$，则 $u_f$ 极性如图4-13b所示，由于 $u_i=u_d+u_f$，所以差值电压 $u_d=u_i-u_f$，即 $u_f$ 削弱了输入信号，此放大电路的反馈极性为负反馈。

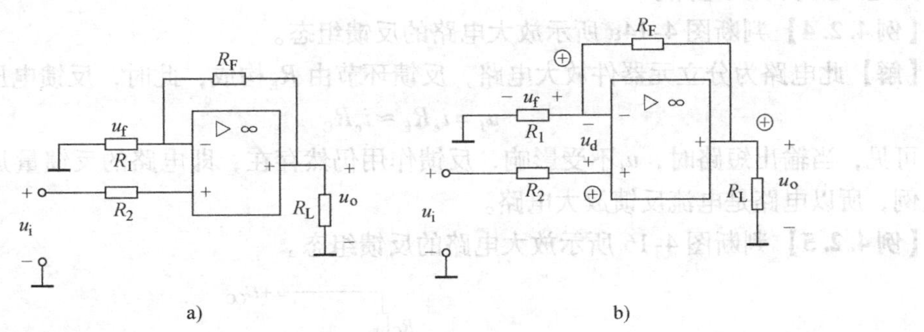


图4-13 例4.2.1图

**【例4.2.2】** 判断图4-14a所示基本放大电路的反馈极性。

**【解】** 假设输入信号 $u_i>0$，根据放大电路的工作原理可知，此时 $u_f$ 极性如图4-14b所示，由于 $u_i=u_{be}+u_f$，所以差值电压 $u_{be}=u_i-u_f$，即 $u_f$ 削弱了输入信号，此放大电路的反馈极性为负反馈。

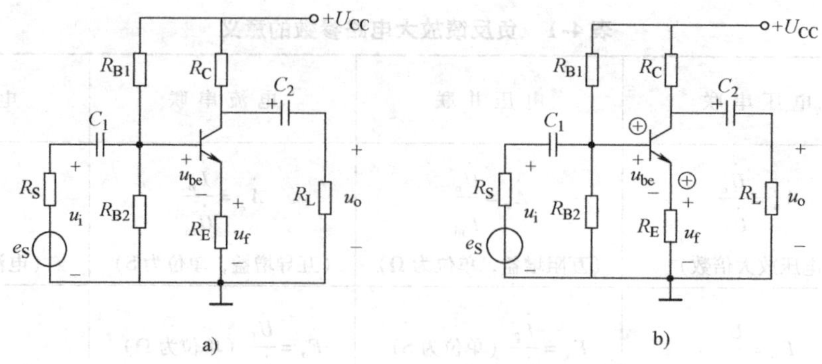


图4-14 例4.2.2图

**2. 电压反馈与电流反馈的判别方法**

通常采用将负载电阻短路的方法来判别电压反馈和电流反馈。具体方法如下：将负载电阻 $R_L$短路，如果反馈作用消失，则为电压反馈；如果反馈作用存在，则为电流反馈。即令输出短路，若$\dot{X}_f=0$，则为电压反馈，否则为电流反馈。

**【例4.2.3】**判断图4-15所示放大电路的反馈组态。

**【解】**此电路集成运算放大器为基本放大环节，反馈环节由 $R_F$构成，输入信号 $u_i$通过 $R_1$加载于集成运算放大器的反相输入端，通过$R_F$的电流为反馈信号 $i_f$，此时，反馈信号与输入信号接于相同的输入端，并且根据集成运算放大器的分析可知 $u_+\approx u_-$。所以有

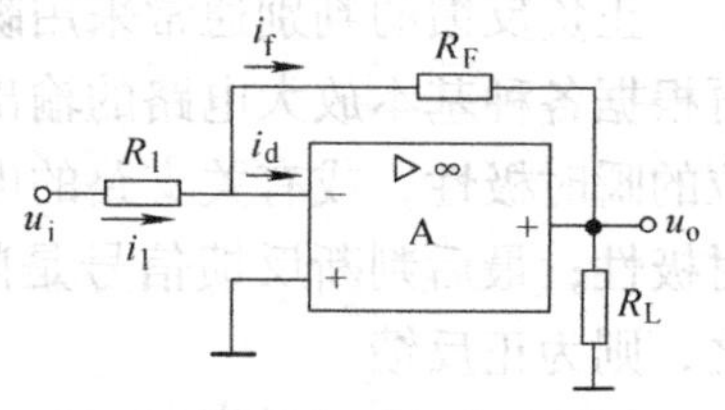


图4-15 例4.2.3图

$$i_f=\frac{u_- - u_o}{R_F}\approx-\frac{u_o}{R_F}$$

可见，当输出短路时 $i_f$为零，反馈作用消失，即电路的反馈量与输出电压成比例，所以电路是电压反馈放大电路。

**【例4.2.4】**判断图4-14a所示放大电路的反馈组态。

**【解】**此电路为分立元器件放大电路，反馈环节由 $R_E$构成，此时，反馈电压

$$u_f=i_eR_E\approx i_cR_C$$

可见，当输出短路时，$u_f$不受影响，反馈作用仍然存在，即电路的反馈量是与输出电流成比例，所以电路是电流反馈放大电路。

**【例4.2.5】**判断图4-16所示放大电路的反馈组态。

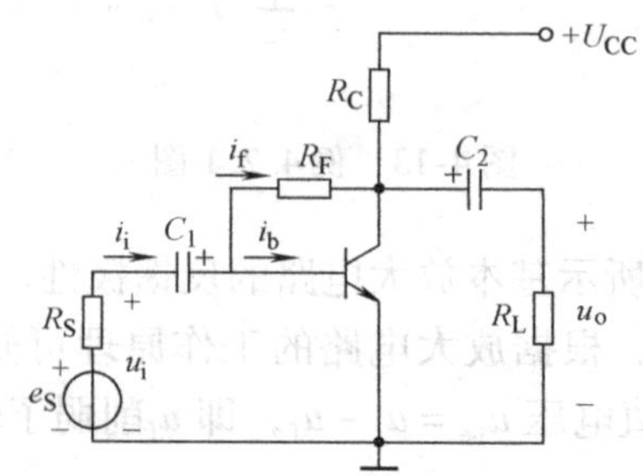


图4-16 例4.2.5图

【解】此电路为分立元器件放大电路，反馈环节由$R_F$构成，此时，反馈电流

$$i_f=\frac{u_{be}-u_o}{R_F}\approx-\frac{u_o}{R_F}$$

可见，当输出短路时，$i_f$为零，反馈作用消失，即电路的反馈量与输出电压成比例，所以电路是电压反馈放大电路。

【例4.2.6】判断图4-17所示放大电路的反馈组态。

【解】此电路集成运算放大器为基本放大环节，$R_F$和负载电阻$R_L$构成反馈环节，输入信号$u_i$通过$R_1$加于集成运算放大器的同相输入端。负载电阻$R_L$中通过的电流为输出电流$i_o$，$R_F$上的电压为反馈信号$u_f$。从图4-17可以得出，当输出短路时，$u_f=i_oR_F$仍然存在，即电路的反馈量与输出电流成比例，所以电路是电流反馈放大电路。

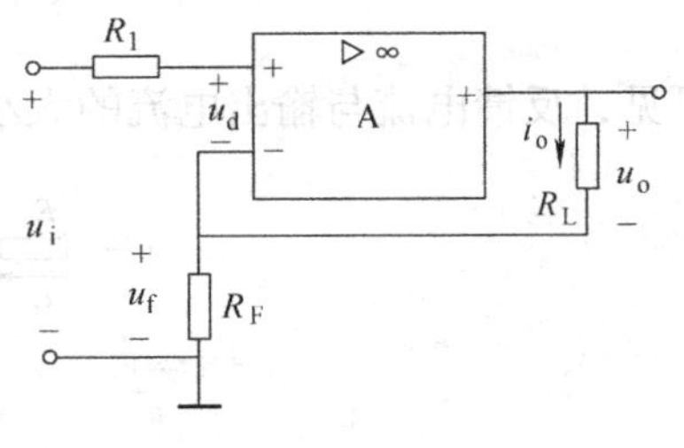

图4-17　例4.2.6图

**3. 串联反馈与并联反馈的判别方法**

串联反馈与并联反馈是通过反馈网络在放大电路输入端的连接方式来判定的。

（1）串联反馈。在放大电路的输入端，反馈信号$X_f$和输入信号$X_i$接于不同的输入端。这时$X_f$与$X_i$以电压形式进行比较，如图4-18所示。即对于串联负反馈有$u_d=u_i-u_f$，或$u_{be}=u_i-u_f$。

（2）并联反馈。在放大电路的输入端，反馈信号$X_f$和输入信号$X_i$接于同一输入端。这时$X_f$与$X_i$以电流形式进行比较，如图4-19所示。即对于并联负反馈有$i_d=i_i-i_f$或$i_b=i_i-i_f$。

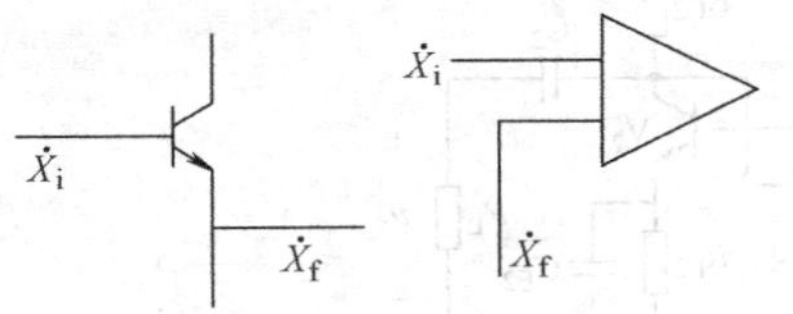

图4-18　串联反馈

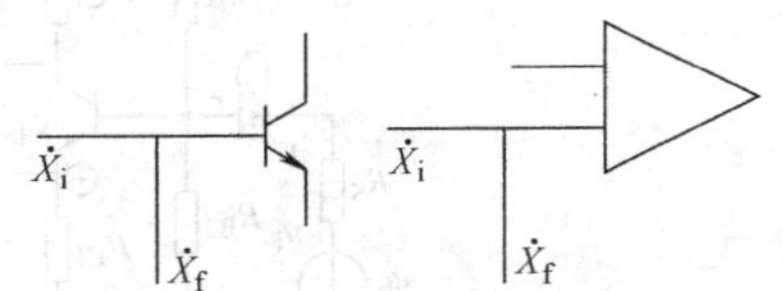

图4-19　并联反馈

【例4.2.7】判断图4-20所示放大电路的反馈组态。

【解】此电路中，集成运算放大器为基本放大环节，$R_F$和$R_1$构成反馈环节，输入信号$u_i$通过$R$加载于集成运算放大器的同相输入端，输出电压$u_o$；$R_F$和$R_1$分压，分在$R_1$上的电压即为反馈信号$u_f$，此时，反馈信号与输入信号接于不同的输入端，并且从图4-20中可以得出

$$u_f=u_o\frac{R_1}{R_1+R_F}$$

可见，反馈电压正比于输出电压，所以为电压反馈。

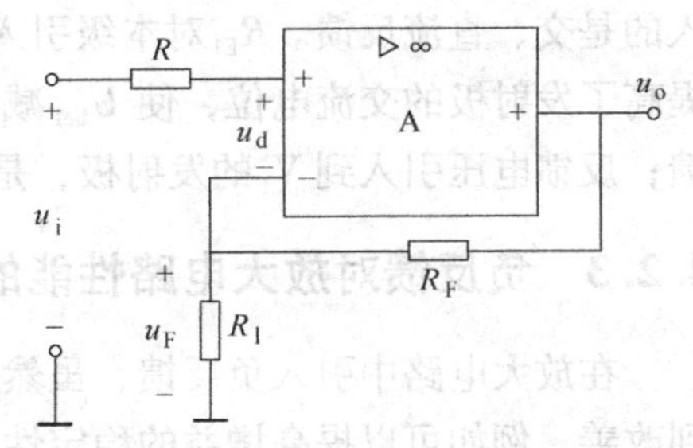

图4-20　例4.2.7图

设输入信号瞬时值为“+”，则输出信号的瞬时值也为“+”，因此反馈信号$u_f$也为“+”，则净输入信号$u_d=u_i-u_f$因$u_i$与$u_f$的极性相同，

而使得反馈信号削弱了输入信号，所以为负反馈。另外，反馈信号与净输入信号是串联关系，故为电压串联负反馈。

**【例 4.2.8】** 判断图 4-21 所示放大电路的反馈组态。

**【解】** 此电路集成运算放大器为基本放大环节，$R_F$和电阻 $R$ 构成反馈环节，输入信号 $u_i$ 通过 $R_1$加载于集成运算放大器的反相输入端。通过 $R_F$的电流为反馈信号 $i_f$，即

$$i_f = -i_o\frac{R}{R+R_F}$$

可见，反馈电流与输出电流的大小成正比，故为电流负反馈。

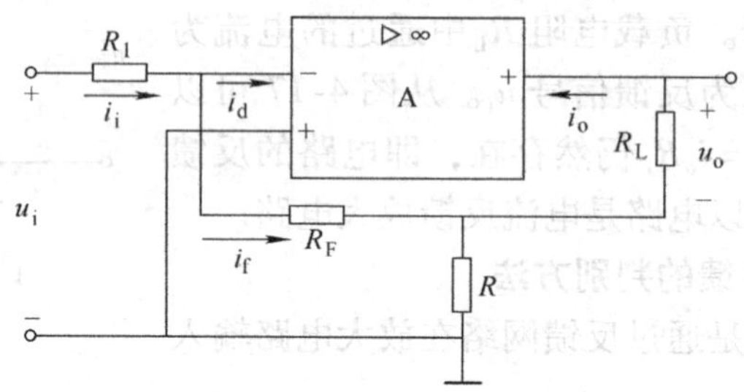


图 4-21　例 4.2.8 图

又因为在输入端有 $i_d = i_i - i_f$即反馈信号与输入信号是并联关系，故此方式为电流并联负反馈。

**【例 4.2.9】** 判断图 4-22 所示放大电路的负反馈类型。

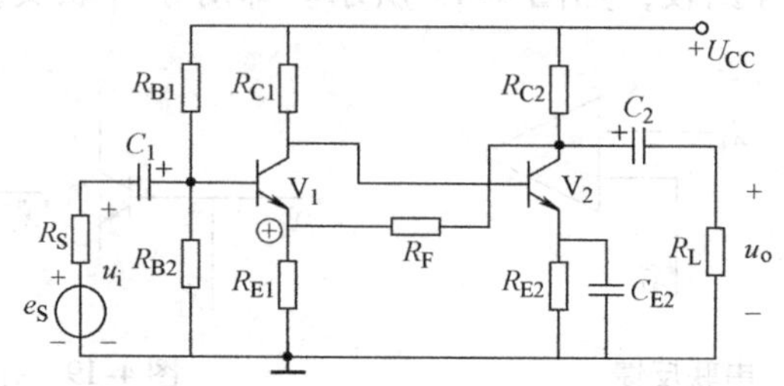


图 4-22　例 4.2.9 图

**【解】** $R_{E2}$对交流不起作用，引入的是直流反馈；$R_{E1}$、$R_F$对交、直流均起作用，所以引入的是交、直流反馈。$R_{E1}$对本级引入串联电流负反馈。$V_2$集电极的⊕反馈到 $V_1$的发射极，提高了发射极的交流电位，使 $U_{be1}$减小，故为负反馈；反馈从 $V_2$的集电极引出，是电压反馈；反馈电压引入到 $V_1$的发射极，是串联反馈。$R_{E1}$、$R_F$引入越级串联电压负反馈。

### 4.2.3　负反馈对放大电路性能的影响

在放大电路中引入负反馈，虽然会导致闭环增益的下降，但能使放大电路的许多性能得到改善。例如可以提高增益的稳定性，扩展通频带，减小非线性失真，改变输入电阻和输出电阻等。下面将分别加以讨论。

**1. 提高放大倍数的稳定性**

在放大电路中，由于温度变化等因素会引起放大倍数的变化，而放大倍数的不稳定会影

响放大电路的准确性和可靠性。放大倍数的稳定性通常以相对变化率来表示，无反馈时放大倍数的变化率为 $dA_o/A_o$，有反馈时放大倍数的变化率为 $dA_f/A_f$。由于

$$A_f=\frac{A_o}{1+A_oF}$$

则

$$\frac{dA_f}{dA_o}=\frac{1}{(1+A_oF)^2}$$

因此

$$\frac{dA_f}{A_f}=\frac{1}{1+A_oF}\frac{dA_o}{A_o} \tag{4-9}$$

式（4-9）表明，引入负反馈后，放大倍数的相对变化率为未引入负反馈时开环放大倍数的相对变化率的 $\frac{1}{1+A_oF}$，即反馈越深，放大倍数越稳定。在深度负反馈条件下，闭环放大倍数为

$$A_f=\frac{1}{F}$$

则闭环增益只取决于反馈网络。当反馈网络由稳定的线性元件组成时，闭环增益将有很高的稳定性。

**2. 改善非线性失真**

由于放大电路中存在非线性元件，因此输出信号会产生非线性失真，尤其在输入信号幅度较大时，非线性失真更严重。在引入负反馈后，非线性失真将会得到明显改善。图4-23定性地说明了负反馈改善非线性失真的情况。

设输入信号 $u_i$ 为正弦波，无负反馈时输出波形产生失真，正半周大而负半周小，如图 4-23a 所示。引入负反馈后，由于反馈电路由电阻组成，反馈系数 $F$ 为常数，故反馈信号 $u_f$ 产生和输出信号 $u_o$ 同样的失真波形，$u_f$ 与输入信号相减后使净输入信号 $u_d$ 波形变成正半周小而负半周大的失真波形，从而使输出信号的正、负半周趋于对称，改善了波形失真，如图 4-23b 所示。

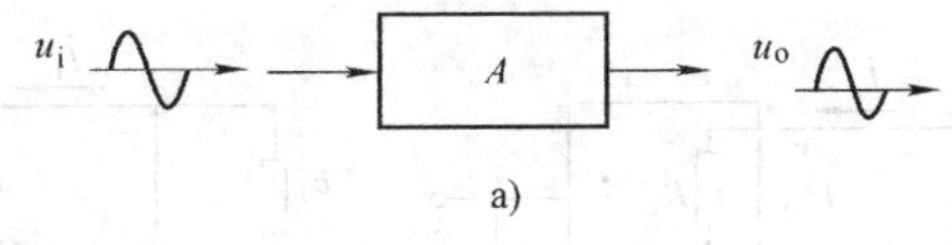


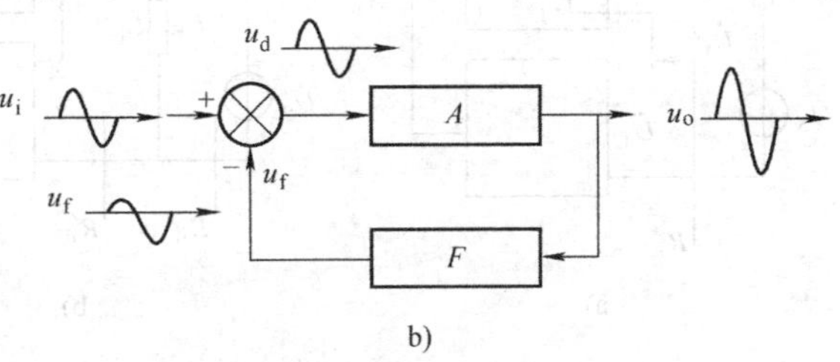


图 4-23 非线性失真的改善
a）无负反馈 b）有负反馈

**3. 扩展放大器的通频带**

如前所述，通频带是放大电路的技术指标之一，通常要求放大电路有较宽的通频带。引入负反馈是展宽通频带的有效措施之一。

图 4-24 所示为集成运算放大器的幅频特性。由于集成运算放大器采用直接耦合，因此在频率从零开始的低频段放大倍数基本上为常数。无负反馈时，在信号的高频段，由于集成半导体元器件级间有电容的存在，随着频率的增高，开环放大倍数下降较快。而当引入负反馈后，由于反馈量正比于输出信号幅度，因此在高频段，当输出信号幅度减小（放大倍数减小）时，负反馈随之减小，从而使幅频特性趋于平坦，扩展了电路的通频带。

可以证明

$$f_{BWf}=(1+AF)f_{BW} \tag{4-10}$$

放大器的一个重要特性是，增益与通频带之积为常数。即

$$A_{mf}f_{BWf}=A_m f_{BW}$$

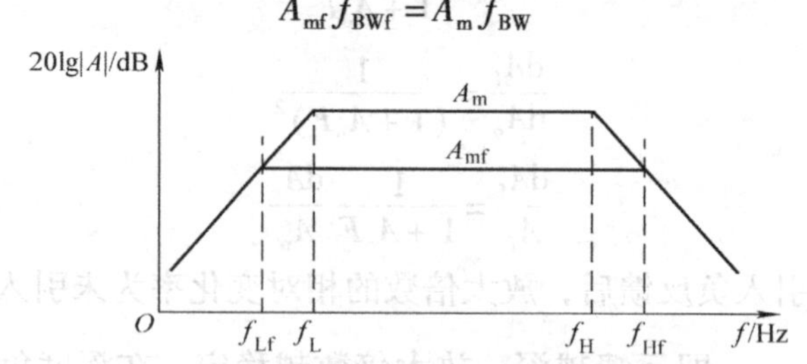


图4-24　集成运算放大器的幅频特性

**4. 负反馈对输入电阻的影响**

负反馈对输入电阻的影响取决于反馈网络与基本放大电路在输入回路的连接方式，而与输出回路中反馈的取样方式无直接关系。因此，分析负反馈对输入电阻的影响时，只需画出输入回路的连接方式，如图4-25所示，其中$R_i$是基本放大电路的输入电阻（开环输入电阻），$R_{iF}$是负反馈放大电路的输入电阻（闭环输入电阻）。引入负反馈后，放大电路的输入、输出电阻也将受到一定的影响。反馈类型不同，对输入、输出电阻的影响也不同。

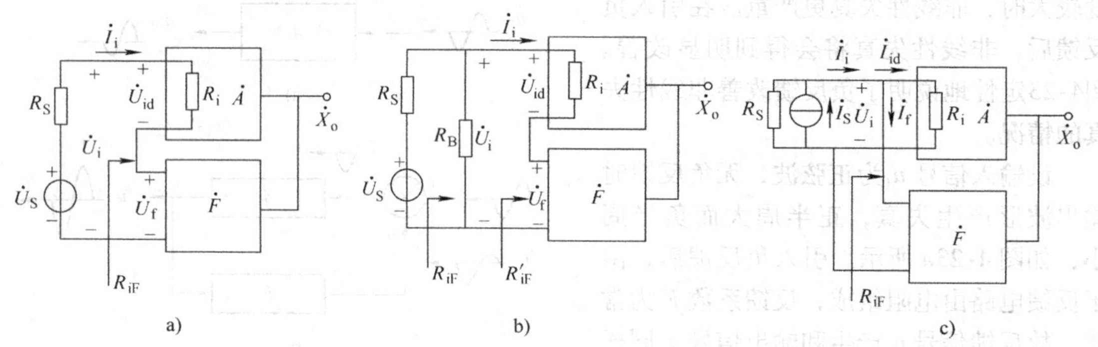


图4-25　负反馈对输入电阻的影响

a）负反馈放大电路一　b）负反馈放大电路二　c）负反馈放大电路三

（1）串联负反馈使输入电阻增大。与开环时相比，在串联负反馈放大电路中，由于反馈信号$\dot{U}_f$与输入信号$\dot{U}_i$在输入回路中进行串联比较，结果使基本放大电路的净输入信号$|\dot{U}_{id}|$下降，输入电流$|\dot{I}_i|$较之开环时为小，故闭环输入电阻$R_{iF}=(\dot{U}_i/\dot{I}_i)$比开环输入电阻$R_i$高。反馈越深，$R_{iF}$增加得越多。分析图4-25a可知，引入串联负反馈后，输入电阻$R_{iF}$是开环输入电阻$R_i$的$(1+\dot{A}\dot{F})$倍。

应当指出，在某些负反馈放大电路中，有些电阻并不在反馈环内，如共射放大电路中的基极电阻$R_B$，反馈对它并不产生影响。这类电路的框图如图4-25b所示。因此，确切地说，引入串联负反馈，使引入反馈的支路的等效电阻增大到基本放大电路输入电阻的$(1+\dot{A}\dot{F})$

倍。但不管哪种情况，引入串联负反馈都将使输入电阻增大。

（2）并联负反馈使输入电阻减小。由图 4-25c 可见，在并联负反馈放大电路中，反馈网络与基本放大电路的输入电阻并联，因此闭环输入电阻 $R_{iF}$小于开环输入电阻 $R_i$。即引入并联负反馈后，闭环输入电阻是开环输入电阻的 $1/(1+\dot{A}\dot{F})$ 倍。

**5. 负反馈对输出电阻的影响**

负反馈对输出电阻的影响取决于反馈网络在放大电路输出回路的取样方式，与反馈网络在输入回路的连接方式无直接关系（输入连接方式只改变 $\dot{A}\dot{F}$ 的具体含义）。因为取样对象就是稳定对象，因此，分析负反馈对放大电路输出电阻的影响，只要看它是稳定输出信号电压还是稳定输出信号电流即可。

（1）电压负反馈使输出电阻减小。电压负反馈取样于输出电压，又能维持输出电压稳定，就是说，输入信号一定时，电压负反馈放大电路的输出趋于一恒压源，其输出电阻很小。可以证明，有电压负反馈时的闭环输出电阻为无反馈时开环输出电阻的 $1/(1+\dot{A}\dot{F})$。反馈越深，$R_{oF}$越小。

（2）电流负反馈使输出电阻增加。电流负反馈取样于输出电流，能维持输出电流稳定，就是说，输入信号一定时，电流负反馈放大电路的输出趋于一恒流源，其输出电阻很大。可以证明，有电流负反馈时的闭环输出电阻为无反馈时开环输出电阻的（$1+\dot{A}\dot{F}$）倍。反馈越深，$R_{oF}$越大。

负反馈对放大电路输入电阻和输出电阻的影响见表 4-2。

**表 4-2　负反馈对放大电路输入电阻和输出电阻的影响**

| | 电 压 串 联 | 电 压 并 联 | 电 流 串 联 | 电 流 并 联 |
|---|---|---|---|---|
| $R_{iF}$ | 增大 | 减小 | 增大 | 减小 |
| $R_{oF}$ | 减小 | 减小 | 增大 | 增大 |
| 特点 | 稳定输出电压 | | 稳定输出电流 | |
| 用途 | 电压放大 | 电流—电压变换 | 电压—电流变换 | 电流放大 |

可见，为改善运算放大器性能引入的负反馈一般应遵循以下原则：

1）要稳定输出电压——引入电压负反馈。

2）要稳定输出电流——引入电流负反馈。

3）要增大输入电阻——引入串联负反馈。

4）要减小输入电阻——引入并联负反馈。

【**例 4.2.10**】图 4-26 所示为两级运算放大电路。试求：

（1）分析 $R_F$引入是何种反馈类型；

（2）在引入 $R_F$前放大电路的开环放大倍数 $A_{uo}=4.1\times10^5$，若闭环电压放大倍数 $A_{uf}=2000$，$R_F$为多少？

【**解题思路**】本题中只要判别出 $R_F$为负反馈，加之已知 $A_{uo}=4.1\times10^5$，则可利用深度反馈条件，求得反馈电阻的大小。

【**解**】（1）$R_F$引入的是电压串联负反馈。

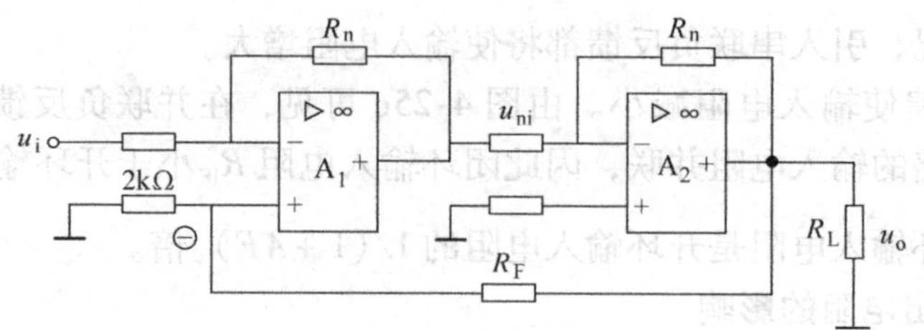


图4-26　例4.2.10图

（2）由 $A_{uf}=\dfrac{\dot{U}}{\dot{U}_i}=\dfrac{A_{uo}}{1+A_{uo}F}$得

$$F=\frac{A_{uo}-A_{uf}}{A_{uf}A_{uo}}=\frac{1}{A_{uf}}-\frac{1}{A_{uo}}$$

将 $A_{uo}$，$A_{uf}$代入上式，得

$$F=\frac{1}{2000}-\frac{1}{4.1\times10^{5}}=5\times10^{-4}$$

由图4-26所示电路可知

$$\frac{\dot{U}_f}{\dot{U}_o}=F=\frac{2}{R_F+2}=5\times10^{-4}$$

故引入负反馈后

$$R_F=\frac{1.999}{5\times10^{-4}}\mathrm{k\Omega}\approx4\mathrm{k\Omega}$$

【提示】在深度负反馈条件下，闭环电压放大倍数仅取决于反馈系数，而与开环放大倍数无关，$A_{uf}$减小得越多，负反馈越深，放大电路越稳定。集成运算放大器通常引入深度负反馈。

## 4.3　集成运算放大器的应用

集成运算放大器的应用基本上可以分为两大类，即线性应用和非线性应用。在集成运算放大器加深度负反馈后，可以使其闭环工作在线性区。此种状态下集成运算放大器与外部电阻、电容、半导体器件等构成闭环电路后，能对各种模拟信号进行比例、加法、减法、微分、积分、对数、反对数、乘法和除法等运算。在线性工作状态下的运算放大器也能组成信号处理电路，完成信号滤波及信号采集等工作。它们都是线性范围内的运算，都适用于叠加定理。

当集成运算放大器处于开环或加正反馈使其工作在非线性区时，可以构成各种幅值比较和波形发生器等信号处理方面的电路。

### 4.3.1　集成运算放大器的线性应用

运算放大器工作在线性区时，通常要引入深度负反馈。所以，它的输出电压和输入电压的关系基本决定于反馈电路和输入电路的结构和参数，而与运算放大器本身的参数关系不大。改变输入电路和反馈电路的结构形式，就可以实现不同的运算。

运算放大器的线性应用主要是两个方面，即信号的放大与运算和信号的处理。

#### 4.3.1.1 基本运算电路

**1. 比例运算电路**

（1）反相比例运算电路。电路如图4-27所示，输入信号 $u_i$ 经电阻 $R_1$ 引到集成运算放大器的反相输入端，同相输入端经电阻 $R_0$ 接地。$R_0$ 是平衡电阻，用于消除静态基极电流对输出电压的影响，为了使两输入端的外接电阻对称，应使 $R_0 = R_1 /\!/ R_F$。反馈电阻 $R_F$ 引入的是电压并联负反馈。

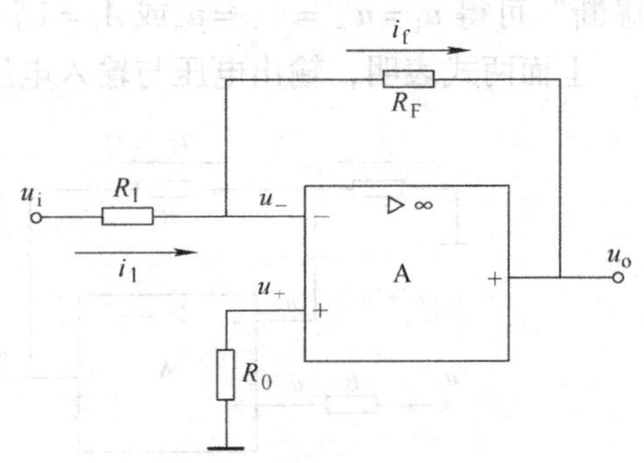

图4-27 反相比例运算电路

在理想集成运算放大器条件下，已知两条分析依据，即

$$i_- = i_+ = 0$$
$$u_- = u_+ \approx 0$$

反相输入端为“虚地”端，从图4-27所示电路中可得

$$i_1 = \frac{u_i - u_-}{R_1} = \frac{u_i}{R_1}$$

$$i_f = \frac{u_- - u_o}{R_F} = -\frac{u_o}{R_F}$$

所以

$$u_o = -\frac{R_F}{R_1}u_i \tag{4-11}$$

可见，输出电压 $u_o$ 和输入电压 $u_i$ 成比例运算关系，其比例系数也称为闭环放大倍数 $A_f$，即

$$A_f = \frac{u_o}{u_i} = -\frac{R_F}{R_1} \tag{4-12}$$

式（4-12）表明，输出电压 $u_o$ 和输入电压 $u_i$ 极性相反，且其比值由电阻 $R_F$ 和 $R_1$ 决定，与集成运算放大器本身参数无关。适当选配电阻，可使 $A_f$ 的精度提高，且其大小可以方便地调节。当 $R_F = R_i$ 时，$u_o = -u_i$ 该电路称为反相器。

反相比例运算电路特点：集成运算放大器两个输入端电压相等均为零，故没有共模输入信号，这样对集成运算放大器的共模抑制比没有特殊要求，电路在深度负反馈条件下，其输入电阻为 $R_1$，输出电阻近似为零。

（2）同相比例运算电路。电路如图4-28所示，输入信号 $u_i$ 经电阻 $R$ 引到集成运算放大器的同相输入端，反相输入端经电阻 $R_1$ 接地。反馈电阻 $R_F$ 引入的是电压串联负反馈。利用“虚短”可得 $u_+ = u_- = u_i$，$i_+ = i_- = 0$，由 $i_1 = i_f$（虚断）得

$$\frac{0 - u_i}{R_1} = \frac{u_i - u_o}{R_F}$$

可见，$u_o$ 与 $u_i$ 也是成正比。其电压放大倍数为

$$A_f=\frac{u_o}{u_i}=1+\frac{R_F}{R_1} \tag{4-13}$$

1）同相比例运算电路优点：输入电阻高，输出电阻低。

2）同相比例运算电路缺点：共模输入电压不为零。

当同相比例运算电路中的 $R_F=0$ 或 $R_1=\infty$ 时，电路如图4-29所示，利用“虚短”和“虚断”可得 $u_i=u_+=u_-=u_o$ 或 $A_f=1$。

上面两式表明，输出电压与输入电压相等，相位相同，故此时的电路称为电压跟随器。

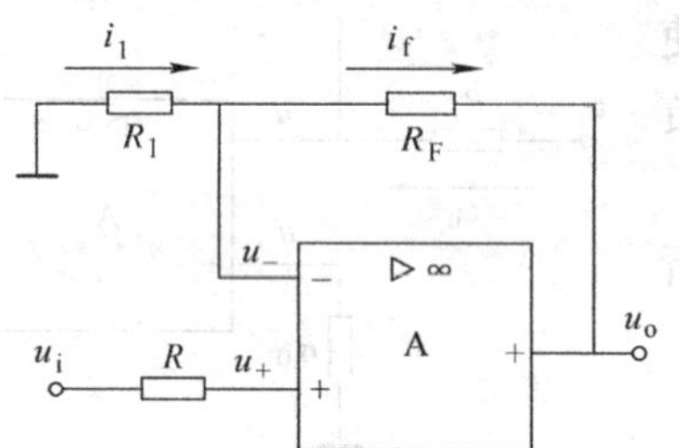


图4-28　同相比例运算电路

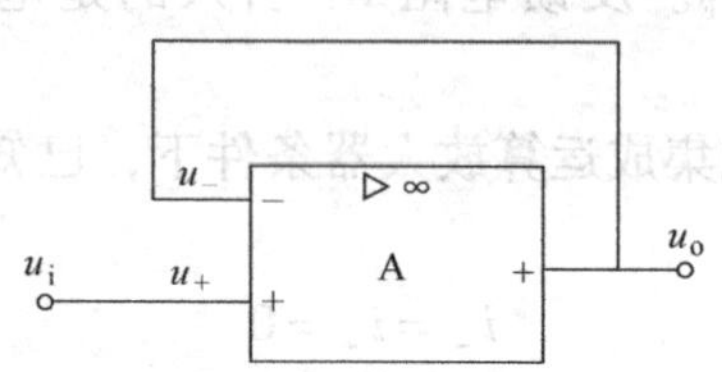


图4-29　电压跟随器

**2. 加法运算电路**

（1）反相加法运算电路。图4-30所示是一个具有两个输入信号的加法运算电路。图中，平衡电阻 $R_0=R_1/\!/R_2/\!/R_F$，$u_+=u_-=0$，由于电路中反相输入端为虚地端，所以 $i_1+i_2=i_f$，$u_+=u_-=0$。

由于

$$\frac{u_{i1}}{R_1}+\frac{u_{i2}}{R_2}=-\frac{u_o}{R_F}$$

则

$$u_o=-\left(\frac{R_F}{R_1}u_{i1}+\frac{R_F}{R_2}u_{i2}\right) \tag{4-14}$$

式（4-14）表明，输出电压等于各输入电压按不同比例的相加。

当 $R_1=R_2=R$ 时，则有

$$u_o=-\frac{R_F}{R}(u_{i1}+u_{i2}) \tag{4-15}$$

（2）同相求和运算电路。图4-31所示是一个具有两个输入信号的同相求和运算电路。

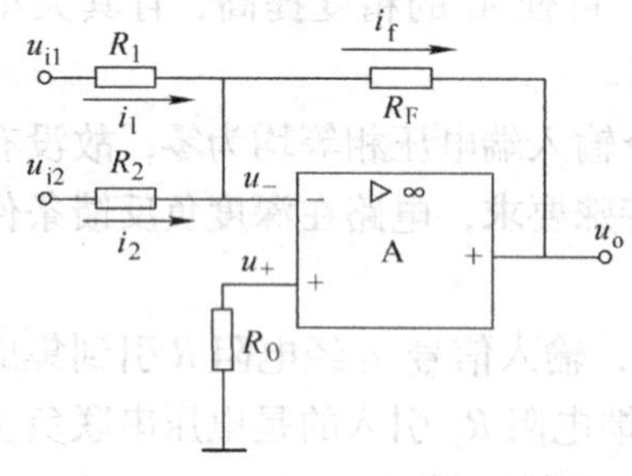


图4-30　反相加法运算电路

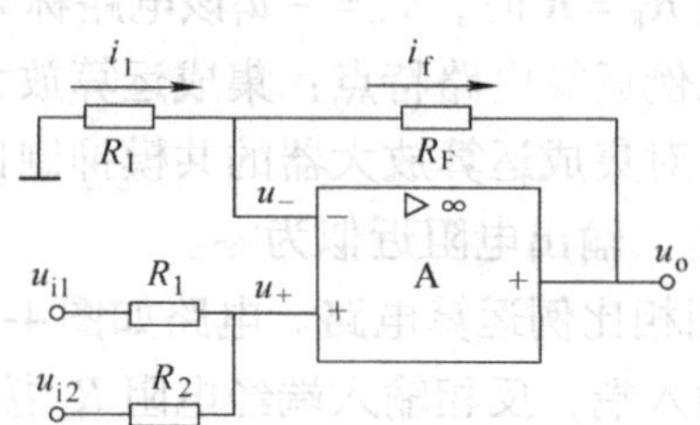


图4-31　同相求和运算电路

由于 $u_o=1+\frac{R_F}{R}u_+$，当取 $R_1/\!/R_2=R_F/\!/R$ 时，则

$$u_+ = \left(\frac{R_2}{R_1 + R_2}\right)u_{i1} + \left(\frac{R_1}{R_1 + R_2}\right)u_{i2}$$

所以
$$u_o = \left(1 + \frac{R_F}{R}\right)\left[\left(\frac{R_2}{R_1 + R_2}\right)u_{i1} + \left(\frac{R_1}{R_1 + R_2}\right)u_{i2}\right]$$

当取 $R_1 = R_2$ 时
$$u_o = \frac{1}{2}\left(1 + \frac{R_F}{R}\right)(u_{i1} + u_{i2}) \tag{4-16}$$

**3. 减法运算电路**

（1）利用加法运算电路和反相比例运算电路，如图4-32所示，根据以上分析，可以得到输出电压的表达式，即

$$u_o = -\left[\frac{R_F}{R_1}u_{i1} + \frac{R_F}{R_2}(-u_{i2})\right] = \frac{R_F}{R_2}u_{i2} - \frac{R_F}{R_1}u_{i1} \tag{4-17}$$

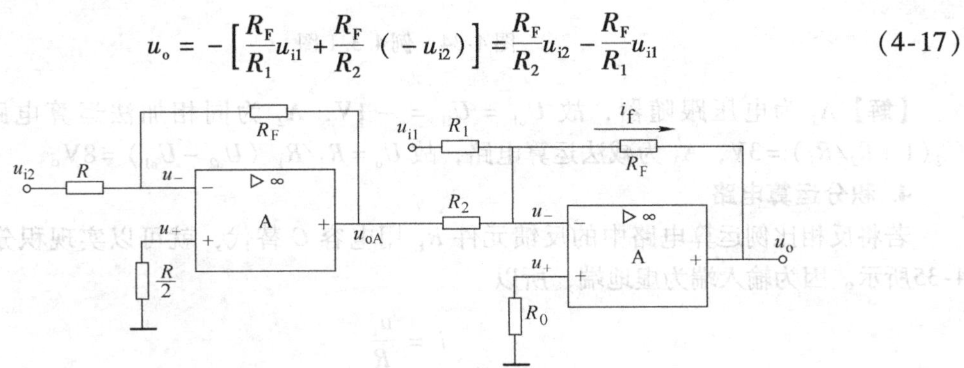


图4-32 减法运算电路

（2）差动减法运算电路是加减法运算电路的特例，其电路如图4-33所示。

电路的 $u_{i1}$ 作用是
$$u_o' = -\frac{R_F}{R_1}u_{i1}$$

电路的 $u_{i2}$ 作用
$$u_o'' = \left(1 + \frac{R_F}{R_1}\right)\frac{R_3}{R_3 + R_2}u_{i2}$$

因此
$$u_o = -\frac{R_F}{R_1}u_{i1} + \left(1 + \frac{R_F}{R_1}\right)\frac{R_3}{R_3 + R_2}u_{i2}$$

若 $\frac{R_F}{R_1} = \frac{R_3}{R_2}$，则

$$u_o = \frac{R_F}{R_1}(u_{i2} - u_{i1}) \tag{4-18}$$

式（4-18）表明，输出电压与两输入电压之差成正比。

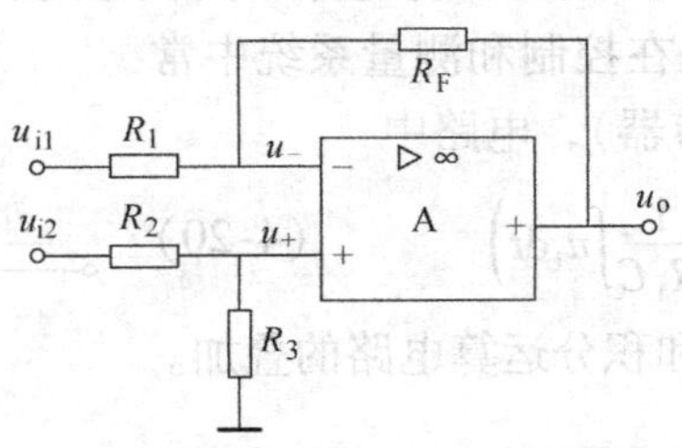


图4-33 差动减法运算电路

【例4.3.1】如图4-34所示，$R_1=10\text{k}\Omega$，$R_2=20\text{k}\Omega$，$u_{i1}=-1\text{V}$，$u_{i2}=1\text{V}$。求：$u_o$。

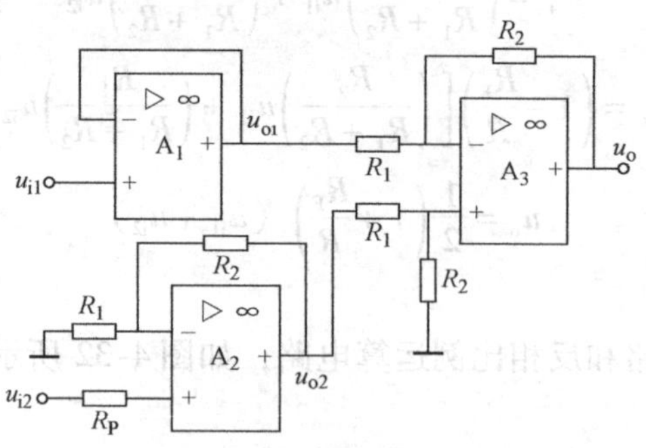


图4-34 例4.3.1图

【解】$A_1$为电压跟随器，故$U_{o1}=U_{i1}=-1\text{V}$，$A_2$为同相加法运算电路，故$U_{o2}=U_{i2}(1+R_2/R_1)=3\text{V}$，$A_3$为减法运算电路，故$U_o=R_2/R_1(U_{o2}-U_{o1})=8\text{V}$。

**4. 积分运算电路**

若将反相比例运算电路中的反馈元件$R_F$用电容$C$替代，就可以实现积分电路，如图4-35所示。因为输入端为虚地端，所以

$$i=\frac{u_i}{R}$$

$$u_o=-u_C=-\frac{1}{C}\int i_C\text{d}t=-\frac{1}{RC}\int u_i\text{d}t \tag{4-19}$$

如果$u_i$为阶跃电压，输出将反相积分，此时电容恒流充电，输出电压随时间线性变化，经过一定的时间后输出饱和。波形如图4-36所示。

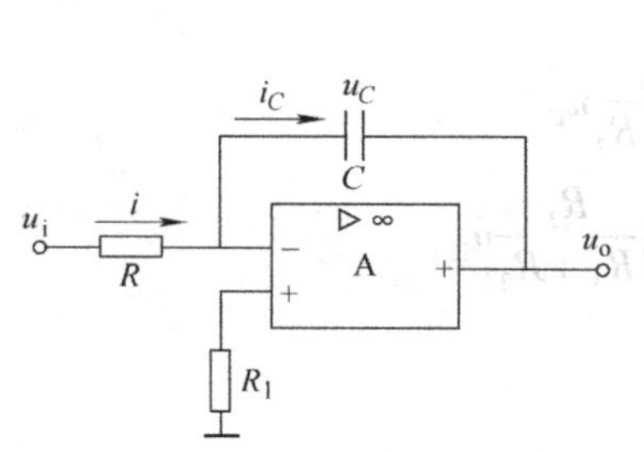


图4-35 积分运算电路

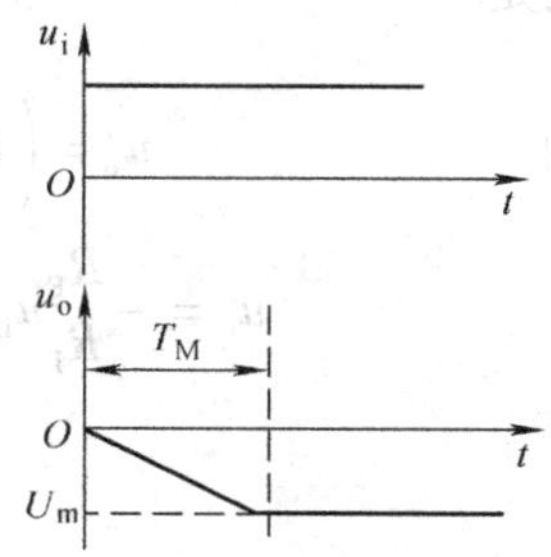


图4-36 积分运算电路的输入、输出波形

注意：由运算放大器所构成的有源积分电路，其积分曲线的线性度较好。这是因为充电电流基本恒定。图4-37所示是在控制和测量系统中常用的比例-积分调节器（PI调节器），电路中

$$u_o=-\left(\frac{R_F}{R_1}u_i+\frac{1}{R_1C}\int u_i\text{d}t\right) \tag{4-20}$$

可视为反相比例运算电路和积分运算电路的叠加。

积分电路的主要用途如下：

（1）在电子开关中用于延迟。

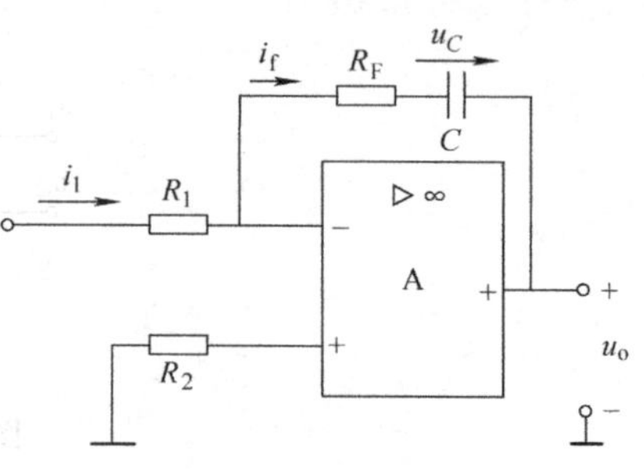


图4-37 PI调节器

（2）波形变换，例如将方波变为三角波。

（3）在 A-D 转换中将电压量变为时间量。

（4）移相。

**【例 4.3.2】** 设有一如图 4-38a 所示的方波加在图 4-39 所示电路的输入端，其中 $R=10\text{k}\Omega$，$C=0.05\mu\text{F}$，且 $t=0$ 时，$u_o=0$，试画出理想情况下输出电压的波形，并标出其幅值。

**【解】**

$$u_o=-\frac{1}{C}\int_0^{1\text{ms}}\frac{u_S}{R}\text{d}t=-\frac{1}{0.05\mu\text{F}}\int^{1\text{ms}}\frac{6\text{V}}{10\text{k}\Omega}\text{d}t=-12\text{V}$$

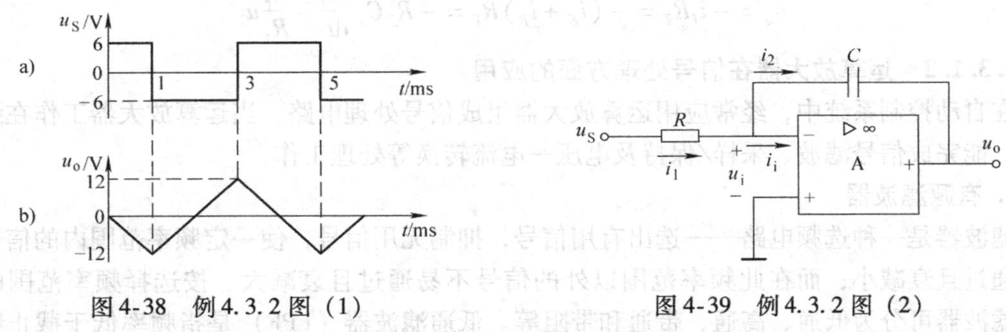


图 4-38　例 4.3.2 图（1）　　图 4-39　例 4.3.2 图（2）

因此，三角波的正向峰值为 +12V，负向峰值为 −12V，$u_o$ 的波形如图 4-38b 所示。

**5. 微分运算电路**

微分是积分的逆运算，只需将积分运算电路反相输入端的电阻和反馈电容调换位置，就可以得到微分电路，其电路如图 4-40a 所示。

由于 $u_+=u_-=0$，$i=i_C$，$u_o=-iR$，并且 $i_C=C\frac{\text{d}u_C}{\text{d}t}=C\frac{\text{d}u_i}{\text{d}t}$，因此

$$u_o=-RC\frac{\text{d}u_i}{\text{d}t} \tag{4-21}$$

即输出电压是输入电压的微分。

当 $u_i$ 为阶跃信号时，$u_o$ 为尖脉冲电压，输出电压与输入电压的一次微分成正比，如图 4-40b 所示。

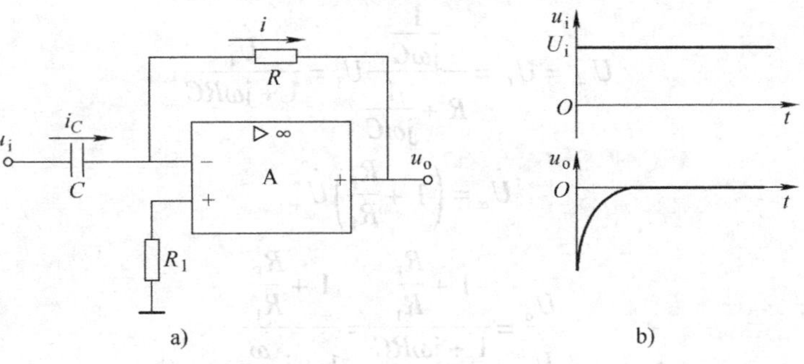


图 4-40　微分运算电路

图4-41所示是在控制系统中使调节过程加速的比例-微分调节器（PD调节器）。

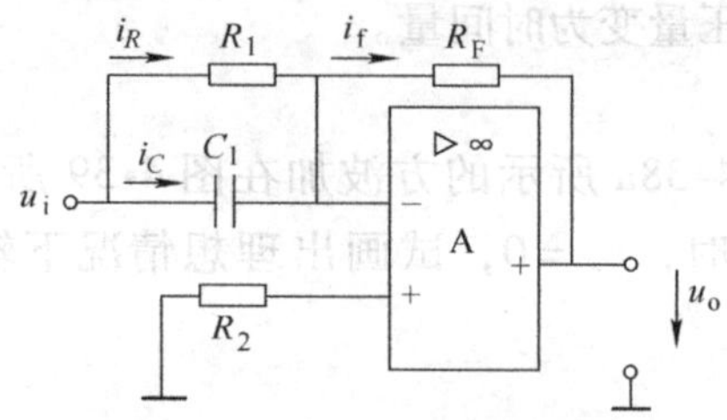


图4-41　比例-微分调节器电路

输出电压与输入电压关系如下：

$$u_o = -i_f R_F = -(i_C + i_R)R_F = -R_F C_1 \frac{\mathrm{d}u_i}{\mathrm{d}t} - \frac{R_F}{R_1}u_i \tag{4-22}$$

### 4.3.1.2　运算放大器在信号处理方面的应用

在自动控制系统中，经常应用运算放大器组成信号处理电路，当运算放大器工作在线性区时，能完成信号滤波、采样/保持及电压—电流转换等处理工作。

**1. 有源滤波器**

滤波器是一种选频电路——选出有用信号，抑制无用信号，使一定频率范围内的信号能顺利通过且衰减小；而在此频率范围以外的信号不易通过且衰减大。按选择频率范围的不同，滤波器可分为低通、高通、带通和带阻等。低通滤波器（LPF）是指频率低于截止频率$f_p$的信号通过，而高于$f_p$的则被衰减；高通滤波器（HPF）是指频率高于截止频率$f_p$的信号通过，而低于$f_p$的则被衰减；带通滤波器（BPF）是指频带范围在$f_{p1}$和$f_{p2}$之间的信号能通过，其余被衰减；带阻滤波器（BEF）是指频带范围在$f_{p1}$和$f_{p2}$之间的信号被衰减，其余的可以通过。按阶数的不同，滤波器可分为一阶、二阶和三阶等。

将运算放大器与$RC$构成的滤波器称为有源滤波器（因运算放大器是有源器件），它具有体积小、效率高、频率特性好等优点。

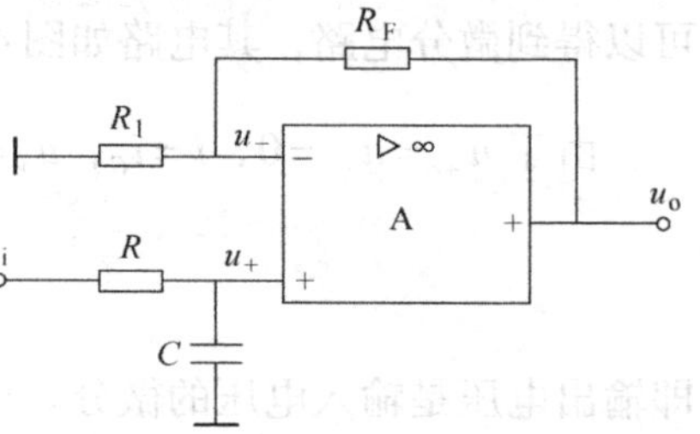

有源滤波器实际上是一种具有特定频率响应的放大器。

图4-42　有源低通滤波器

（1）有源低通滤波器。电路如图4-42所示。

1）工作原理：设输入为正弦波信号，则有

$$\dot{U}_+ = \dot{U}_C = \frac{\frac{1}{\mathrm{j}\omega C}}{R + \frac{1}{\mathrm{j}\omega C}}\dot{U}_i = \frac{\dot{U}_i}{1 + \mathrm{j}\omega RC} \tag{4-23}$$

$$\dot{U}_o = \left(1 + \frac{R_F}{R_1}\right)\dot{U}_+ \tag{4-24}$$

所以

$$\frac{\dot{U}_o}{\dot{U}_i} = \frac{1 + \frac{R_F}{R_1}}{1 + \mathrm{j}\omega RC} = \frac{1 + \frac{R_F}{R_1}}{1 + \mathrm{j}\frac{\omega}{\omega_0}}$$

式中　$\omega$——截止角频率，$\omega_0=\dfrac{1}{RC}$。则

$$T(\mathrm{j}\omega)=\frac{U_o(\mathrm{j}\omega)}{U_i(\mathrm{j}\omega)}=\frac{1+\dfrac{R_F}{R_1}}{1+\mathrm{j}\omega RC}=\frac{A_{uf0}}{1+\mathrm{j}\dfrac{\omega}{\omega_0}} \tag{4-25}$$

频率特性可分为幅频特性和相频特性，公式如下：

$$A(\omega)=|T(\mathrm{j}\omega)|=\frac{A_{uf0}}{\sqrt{1+\left(\dfrac{\omega}{\omega_0}\right)^2}}$$

$$\varphi(\omega)=\arctan\frac{\omega_0}{\omega}$$

有源低通滤波器的幅频特性如图4-43所示。

2）电路特点如下：

① $\omega=0$ 时，$|T(\mathrm{j}\omega)|=\left(1+\dfrac{R_F}{R_1}\right)$，有放大作用。

② $\omega=\omega_0$ 时，$|T(\mathrm{j}\omega)|=\left(1+\dfrac{R_F}{R_1}\right)=\dfrac{|A_{uf0}|}{\sqrt{2}}$。

③ 当 $\omega=\infty$ 时，$|T(\mathrm{j}\omega)|=0$。

④ 当 $\omega>\omega_0$时，$|T(\mathrm{j}\omega)|$衰减得很快。

显然，电路能使低于 $\omega_0$ 的信号顺利通过，衰减很小，而使高于 $\omega_0$ 的信号不易通过，衰减很大。由于传递函数中出现 $\omega$ 的一次项，因此称为一阶有源低通滤波器。

（2）有源高通滤波器电路。如图4-44所示。

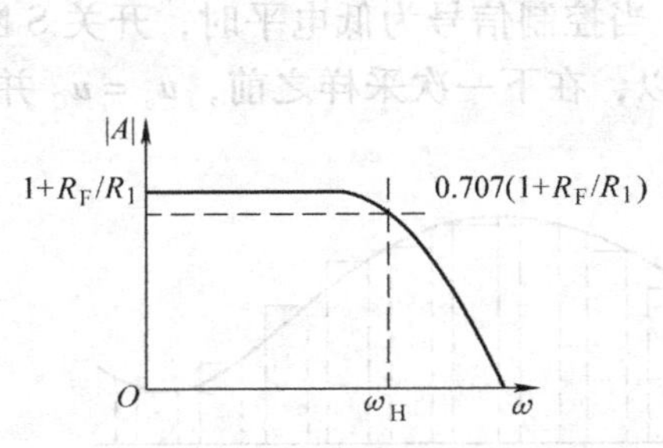


图4-43　有源低通滤波器的幅频特性

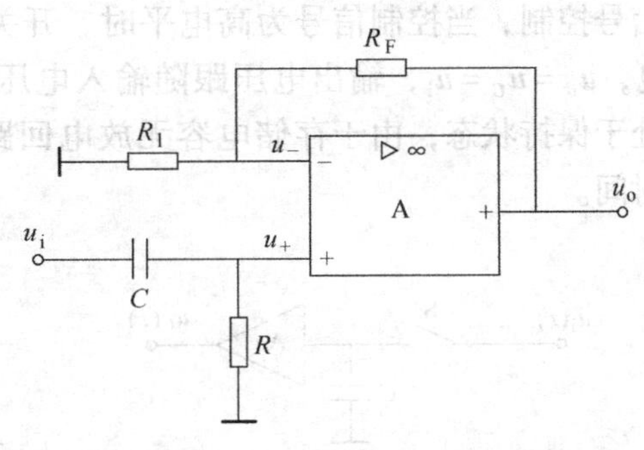


图4-44　有源高通滤波器

1）工作原理

$$\dot{U}_+=\dot{U}_C=\frac{R}{R+\dfrac{1}{\mathrm{j}\omega C}}\dot{U}_i=\frac{\dot{U}_i}{1+\dfrac{1}{\mathrm{j}\omega RC}} \tag{4-26}$$

$$\dot{U}_o=\left(1+\frac{R_F}{R_1}\right)\dot{U}_+ \tag{4-27}$$

所以
$$\frac{\dot{U}_o}{\dot{U}_i}=\frac{1+\frac{R_F}{R_1}}{1+\frac{1}{j\omega RC}}=\frac{1+\frac{R_F}{R_1}}{1-j\frac{\omega_0}{\omega}} \tag{4-28}$$

频率特性可分为幅频特性和相频特性，公式如下：

$$A(\omega)=|T(j\omega)|=\frac{|A_{uf0}|}{\sqrt{1+\left(\frac{\omega_0}{\omega}\right)^2}}$$

$$\varphi(\omega)=\arctan\frac{\omega_0}{\omega}$$

有源高通滤波器的幅频特性如图4-45所示。

2）电路特点如下：

① $\omega=0$ 时，$|T(j\omega)|=0$。

② $\omega=\omega_0$ 时，$|T(j\omega)|=\left(1+\frac{R_F}{R_1}\right)=\frac{|A_{uf0}|}{\sqrt{2}}$。

③ 当 $\omega=\infty$ 时，$|T(j\omega)|=|A_{uf0}|$。

可见，电路使频率大于 $\omega_0$ 的信号通过，而小于 $\omega_0$ 的信号被阻止，故称为有源高通滤波器。

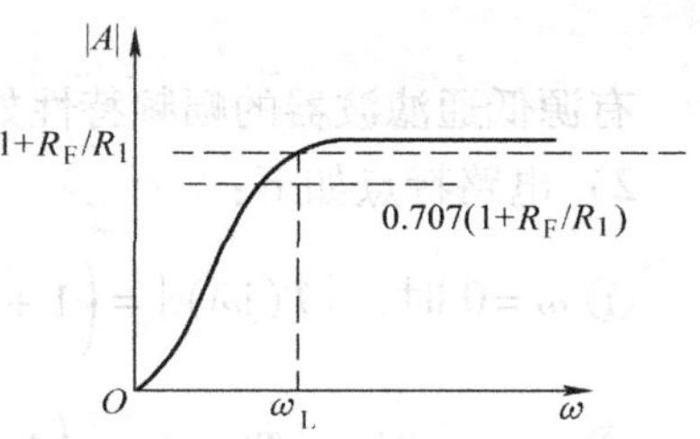


图4-45 有源高通滤波器的幅频特性

**2. 采样/保持电路**

当输入信号变化较快时，要求输出信号能快速而准确地跟随输入信号的变化进行间隔采样，并在两次采样之间保持上一次采样结束时的状态。采样/保持技术常用于数字电路、计算机和程序控制等装置中。

图4-46所示是一种基本的采样/保持电路及其工作波形。图中，模拟开关S的开与合由控制信号控制，当控制信号为高电平时，开关S闭合，电路处于采样状态，此时 $u_i$ 对电容 $C$ 充电，$u_o=u_C=u_i$，输出电压跟随输入电压变化；当控制信号为低电平时，开关S断开，电路处于保持状态，由于存储电容无放电回路，所以，在下一次采样之前，$u_o=u_C$ 并保持一段时间。

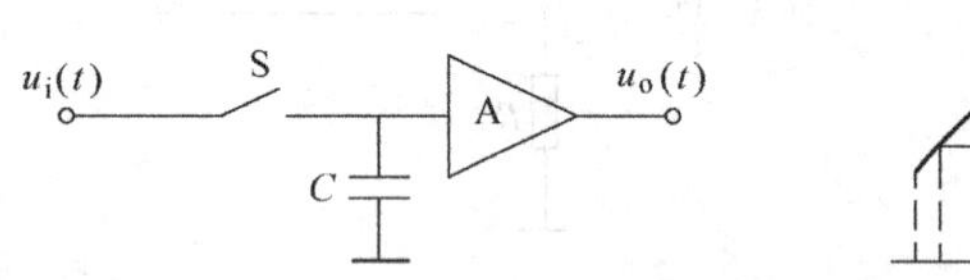


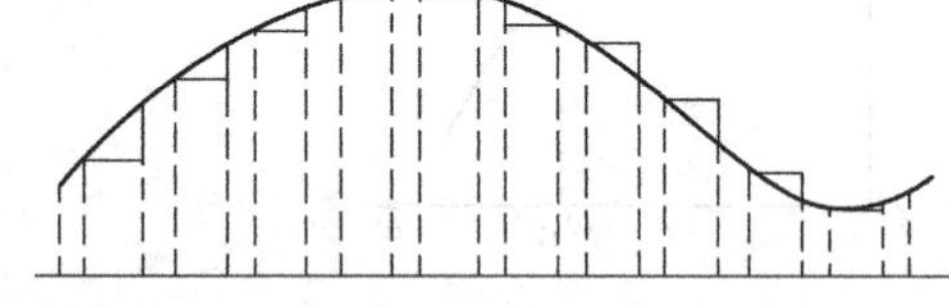

图4-46 采样/保持电路及其工作波形

## 4.3.2 集成运算放大器的非线性应用

所谓非线性应用是指：由运算放大器组成的电路处于非线性状态，输出与输入的关系 $u_o=f(u_i)$ 是非线性函数。当集成运算放大器工作在开环状态或引入正反馈时，由于其放大倍数非常大，所以输出仅存在正、负饱和两个状态，即集成运算放大器工作在非线性状态。

非线性状态运算放大器的特点如下：

（1）“虚短”不成立，仍存在“虚断”现象（由于运算放大器的输入电阻很大）。

（2）输入电阻仍可以认为很大。

（3）输出电阻仍可以认为是零。

电压比较器是用来比较两个电压大小的电路，它是用集成运放不加反馈或加正反馈来实现的，工作于电压传输特性的饱和区，是集成运放的非线性应用。在测量、通信和波形变换等方面应用广泛。

常用的电压比较器有零电平比较器、非零电平比较器、迟滞比较器和窗口比较器等。电压比较器输出发生跳变时的输入电压称之为阈值电压或门限电平。零电平比较器和非零电平比较器只有一个阈值电压，称之为单门限比较器；迟滞比较器和窗口比较器有两个阈值电压，称之为多门限比较器。

**1. 单门限比较器**

单门限比较器的工作特点是运算放大器工作在开环状态，如果在运算放大器的正相输入端加上输入信号 $u_i$，反相输入端加上固定的基准电压 $U_R$ 就构成了单门限比较器，如图4-47a所示。

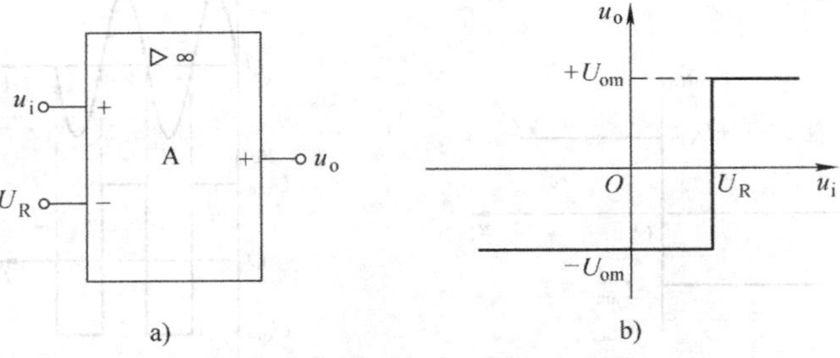


图4-47　单门限比较器及其传输特性（正相输入）
a）单门限比较器　b）电压传输特性

此时，当 $u_i > U_R$ 时，$u_o = +U_{om}$；而当 $u_i < U_R$ 时，$u_o = -U_{om}$。可见，在 $u_i = U_R$ 处输出电压 $u_o$ 发生跃变。电压传输特性如图4-47b所示。

如果输入信号 $u_i$ 加在反相输入端，基准电压 $U_R$ 加在正相输入端，如图4-48a所示，当 $u_i < U_R$ 时，$u_o = +U_{om}$；而当 $u_i > U_R$ 时，$u_o = -U_{om}$。可见，在 $u_i = U_R$ 处输出电压 $u_o$ 发生跃变。电压传输特性如图4-48b所示。

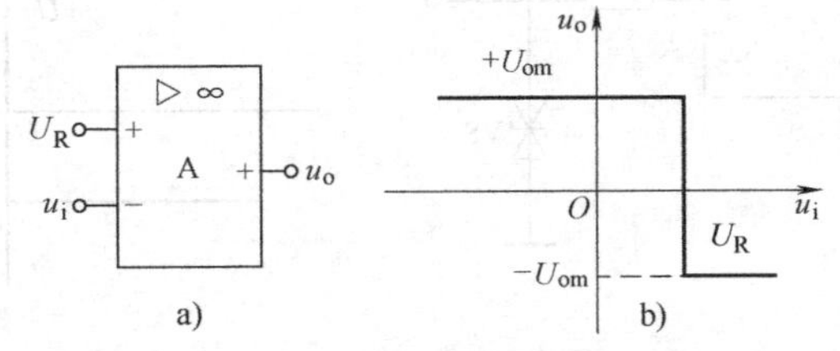


图4-48　单门限比较器及其传输特性（反相输入）
a）单门限比较器　b）电压传输特性

**2. 过零比较器**

单门限比较器当比较电压 $U_R = 0$ 时，即组成过零比较器，其传输特性如图4-49所示。

**【例4.3.3】** 利用电压比较器将正弦波变为方波。

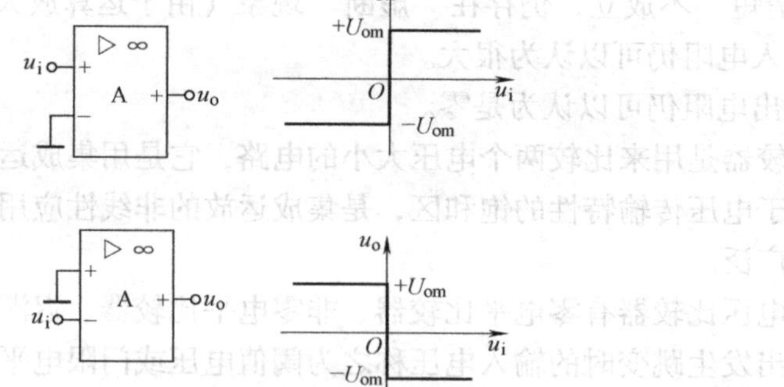


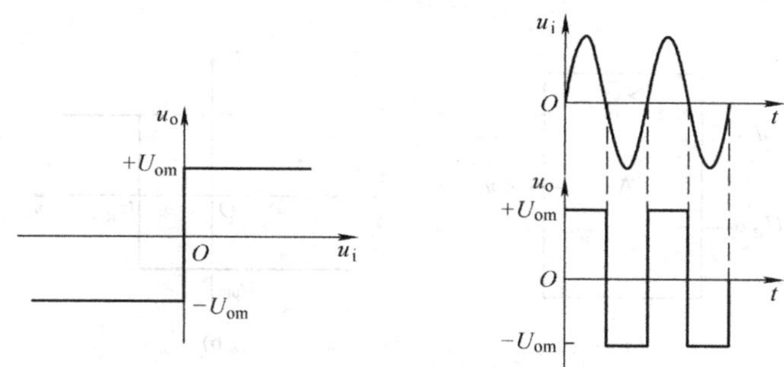


图 4-49　过零比较器及传输特性

【解】应用过零比较器就可以实现。过零比较器的传输特性和输入、输出波形如图 4-50 所示。

图 4-50　过零比较器的传输特性和输入、输出波形

### 3. 有限幅的电压比较器

有限幅的电压比较器是在比较器的输出端接上限幅电路来实现的，限幅电路是利用稳压管的稳压功能来实现的，其电路及传输特性如图 4-51 所示。

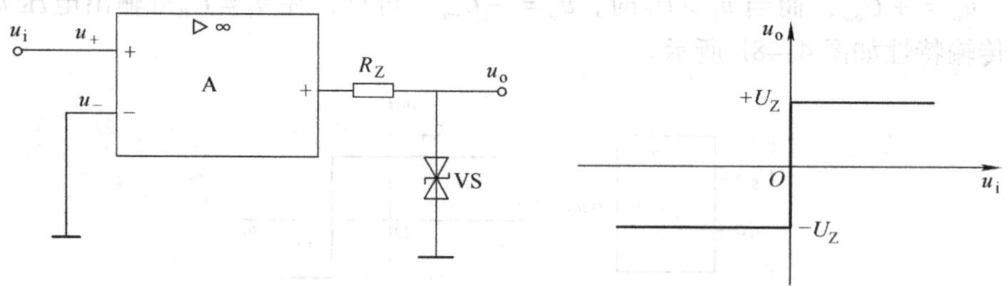


图 4-51　有限幅的电压比较器及传输特性

有限幅电路的特点如下：

（1）当 $u_i>0$ 时，$u_o=+U_Z$。

（2）当 $u_i<0$ 时，$u_o=-U_Z$。

**4. 迟滞比较器**

迟滞比较器是一个具有迟滞回环特性的电压比较器。图4-52a所示为反相输入迟滞比较器，它是在反相输入单门限比较器的基础上引入了正反馈网络，其传输特性如图4-52b所示。如将$u_i$加在同相输入端，就可组成同相输入迟滞比较器。

(1) 迟滞比较器运行分析。迟滞比较器因为有正反馈，所以输出饱和。

当$u_o$正饱和（$u_o=+U_{om}$）时

$$U_+=\frac{R_1}{R_1+R_2}U_{om}=U_H$$

当$u_o$负饱和（$u_o=-U_{om}$）时

$$U_+=-\frac{R_1}{R_1+R_2}U_{om}=U_L$$

当$u_i$增加到$U_H$时，输出由$U_{om}$跳变到$-U_{om}$；当$u_i$减小到$U_L$时，输出由$-U_{om}$跳变到$U_{om}$。由此可以得出迟滞比较器的传输特性如图4-52b所示。$U_H$称为上阈值电压（上门限电压），$U_L$为下阈值电压。$U_H-U_T$称为回差，回差电压$\Delta U=U_H-U_L=\frac{2R_1}{R_1+R_2}U_{om}$。回差提高了电路的抗干扰能力，$\Delta U$越大，抗干扰能力越强。

由以上分析可以看出，迟滞比较器的门限电压是随输出电压$u_i$的变化而改变的。它的灵敏度低一些，但抗干扰能力却大大提高了。

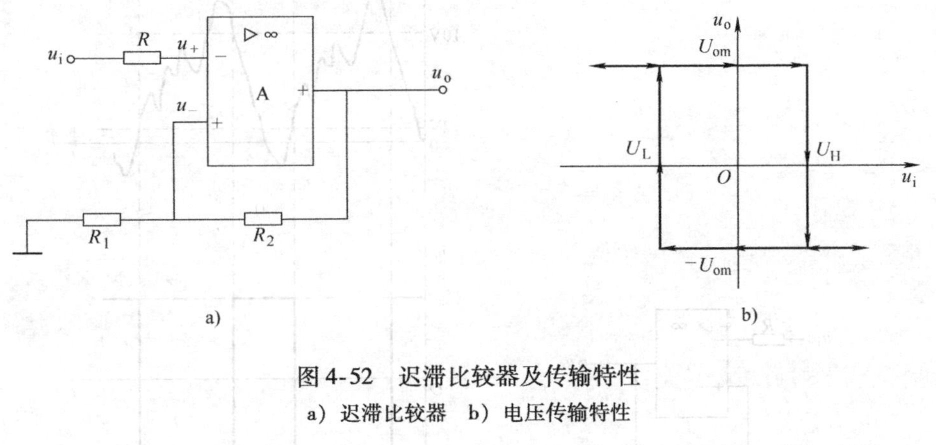


图4-52 迟滞比较器及传输特性
a) 迟滞比较器 b) 电压传输特性

(2) 加参考电压后的迟滞比较器。加参考电压后的迟滞比较器如图4-53a所示。根据以上分析可知

$$U_{TH}=\frac{R_1}{R_1+R_2}U_{om}+\frac{R_2}{R_1+R_2}U_R$$

$$U_{TL}=-\frac{R_1}{R_1+R_2}U_{om}+\frac{R_2}{R_1+R_2}U_R$$

加参考电压后的迟滞比较器的传输特性如图4-53b所示。由图可见，传输特性不再对称于纵轴，改变参考电压$U_R$，可使传输特性沿横轴移动。

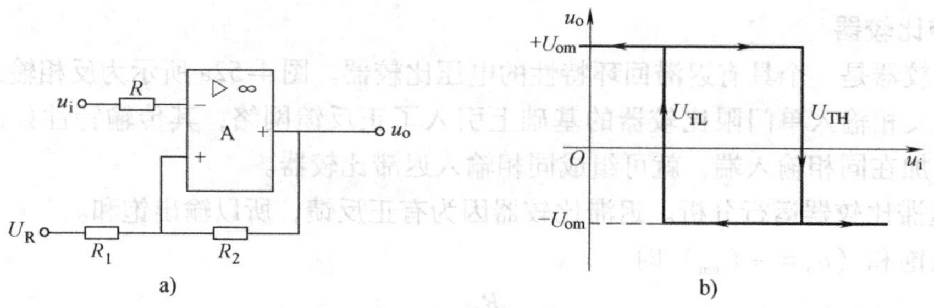


图4-53　加参考电压后的迟滞比较器及传输特性

a）加参考电压后的迟滞比较器　b）电压传输特性

【例4.3.4】电压比较器如图4-54所示，其中：$R_1=10\text{k}\Omega$，$R_2=20\text{k}\Omega$，$U_{om}=12\text{V}$，$U_R=9\text{V}$ 当输入 $u_i$为图4-55a所示的波形时，画出输出 $u_o$的波形。

【解】此电压比较器为加参考电压的迟滞比较器，因此分析可得

$$U_{TH}=\frac{R_1}{R_1+R_2}U_{om}+\frac{R_2}{R_1+R_2}U_R=10\text{V}$$

$$U_{TL}=-\frac{R_1}{R_1+R_2}U_{om}+\frac{R_2}{R_1+R_2}U_R=2\text{V}$$

所以，输出波形如图4-55b所示。

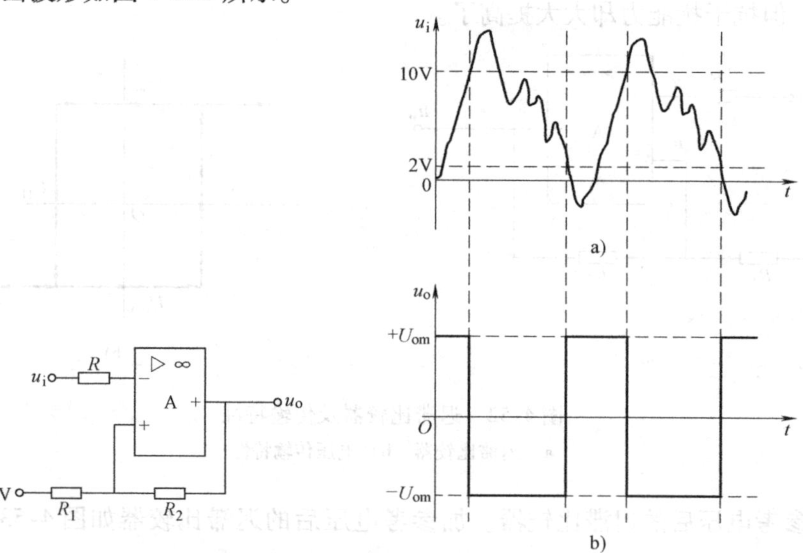


图4-54　例4.3.4图（1）　　图4-55　例4.3.4图（2）

## 4.3.3　集成运算放大器在波形产生方面的应用

波形发生器的作用是产生一定频率、幅值的波形（如正弦波、方波、三角波、锯齿波等）。它的特点是不用外接输入信号，即有输出信号。波形发生器通常由电压比较电路、反馈网络、延迟环节或积分环节等组成。

### 4.3.3.1　矩形波发生器

矩形波发生器是一种能够直接产生矩形波或方波的非正弦信号发生电路。由于矩形波包

含极丰富的谐波，因此，这种电路又称为多谐振荡器。

**1. 电路组成**

矩形波发生器如图 4-56 所示，它是在迟滞比较器的基础上，把输出电压经积分电路再反馈到集成运算放大器的反相输入端。电容电压 $u_C$ 即是电压比较器的输入电压，电阻 $R_1$ 两端的电压 $U_{R_1}$ 即是电压比较器的参考电压。

**2. 工作原理**

（1）设 $u_o = +U_{om}$，则 $u_+ = U_{TH}$，此时输出给 $C$ 充电，$u_C$ 增大。设 $u_C$ 的初始值 $u_C(0_+) = 0$，当 $u_C < U_{TH}$ 时，$u_- < u_+$，$u_o$ 保持 $+U_{om}$ 不变；当 $u_C > U_{TH}$ 时，有 $u_- > u_+$，于是有 $u_o$ 由 $+U_{om}$ 变成 $-U_{om}$。

（2）设 $u_o = -U_{om}$，则 $u_+ = U_{TL}$，此时 $C$ 经输出放电。当 $u_C$ 达到 $U_{TL}$ 时，$u_o$ 又从 $-U_{om}$ 上跳到 $+U_{om}$，当 $u_o$ 重新回到 $+U_{om}$ 时，电路进入另一个周期性的变化。

矩形波发生器的工作波形如图 4-57 所示。

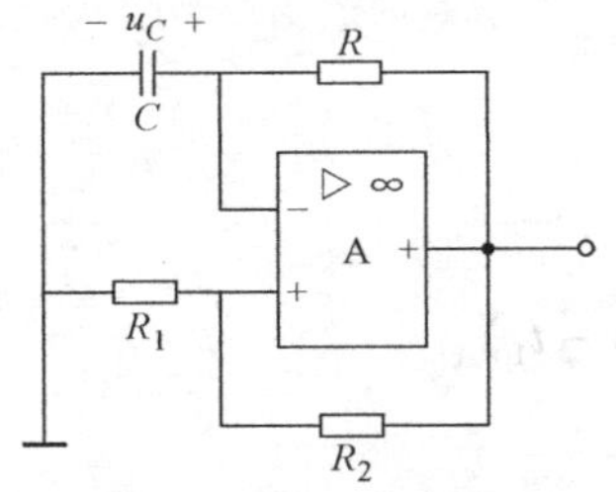


图 4-56　矩形波发生器

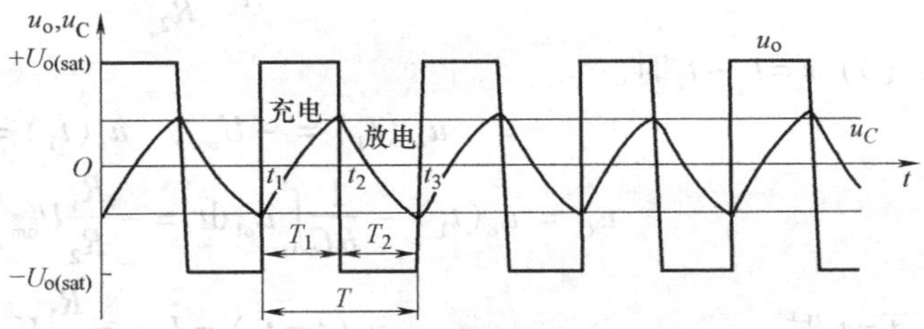

图 4-57　矩形波发生器的工作波形

**3. 周期与频率的计算**

矩形波发生器的周期 $T = T_1 + T_2$，由于正反向充电条件一样，所以 $T_1 = T_2$，$T = 2T$，且

$$T_2 = RC\ln\left(1 + \frac{2R_1}{R_2}\right)$$

则

$$T = 2RC\ln\left(1 + \frac{2R_1}{R_2}\right),\quad f = 1/T$$

电容充放电过程方程为

$$u_C(t) = u_C(\infty) + [u_C(0_+) - u_C(\infty)]e^{-\frac{t}{RC}}$$

### 4.3.3.2　三角波发生器

矩形波经积分运算电路便可产生三角波，但产生三角波需要前后电路的时间常数匹配，积分器不能饱和，其电路如图 4-58 所示。三角波发生器由同相端输入的迟滞比较器和反相积分运算电路级联构成，迟滞比较器的输出作为反相积分运算电路的输入，反相积分运算电路的输出又作为迟滞比较器的输入。

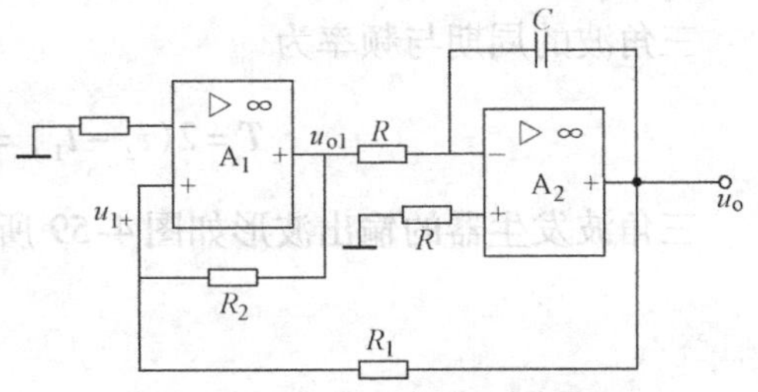


图 4-58　三角波发生器

三角波发生器的工作原理如下：

（1）$t = 0$ 时。

$$u_{o1} = U_{om},\quad u_C(0) = 0,\quad u_o = 0$$

$$u_{1+} = \frac{R_1}{R_1+R_2}u_{o1} + \frac{R_2}{R_1+R_2}u_o$$

$$= \frac{R_1}{R_1+R_2}U_{om} > u_{1-}$$

$u_{o1}$保持在$+U_{om}$。

（2）$t=0\sim t_1$时。

$$u_{o1}(0) = +U_{om},\quad u_o(0)=0$$

$$u_C = -\frac{1}{RC}\int u_{o1}\mathrm{d}t = -\frac{U_{om}}{RC}t$$

$t=t_1$时 $$u_o(t=t_1) = U_{TL} = -\frac{R_1}{R_2}U_{om}$$

$u_{o1}$从$+U_{om}$变为$-U_{om}$。此时可以计算得

$$t_1 = \frac{R_1}{R_2}RC$$

（3）$t=t_1\sim t_2$时。

$$u_{o1}(t_1) = -U_{om},\quad u_o(t_1) = U_{TL}$$

$$u_C = u_o(t_1) - \frac{1}{RC}\int_{t_1}^{t} u_{o1}\mathrm{d}t = -\frac{R_1}{R_2}U_{om} + \frac{U_{om}}{RC}(t-t_1)$$

$t=t_2$时 $$u_o(t=t_2) = U_{TH} = \frac{R_1}{R_2}U_{om}$$

$u_{o1}$从$-U_{om}$变为$+U_{om}$。此时可以计算得

$$t_2 = 3\frac{R_1}{R_2}RC$$

（4）$t=t_2\sim t_3$时。

$$u_{o1}(t_2) = +U_{om},\quad u_o(t_2) = U_{TH}$$

$$u_C = u_o(t_2) - \frac{1}{RC}\int_{t_2}^{t} u_{o1}\mathrm{d}t = \frac{R_1}{R_2}U_{om} - \frac{U_{om}}{RC}(t-t_2)$$

$t=t_3$时 $$u_o(t=t_3) = U_{TL} = -\frac{R_1}{R_2}U_{om}$$

$u_{o1}$从$+U_{om}$变为$-U_{om}$。此时可以计算得

$$t_3 = 5\frac{R_1}{R_2}RC$$

三角波的周期与频率为

$$T = 2(t_2-t_1) = 4\frac{R_1}{R_2}RC,\quad 频率 f=\frac{1}{T}$$

三角波发生器的输出波形如图4-59所示。

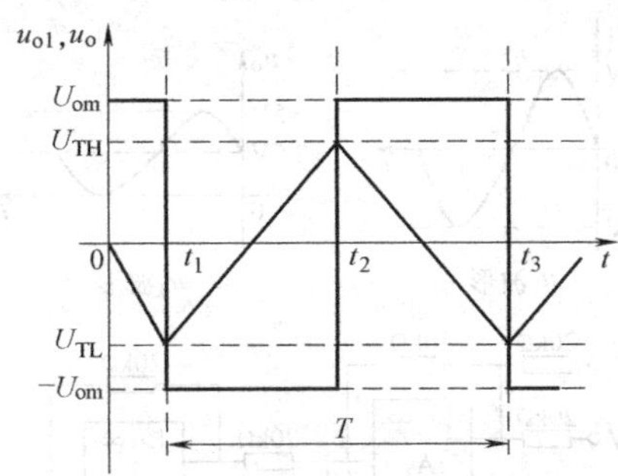


图 4-59　三角波发生器的输出波形

# 4.4　应用实例

## 4.4.1　应用运算放大器实现过温度保护

集成运算放大器在数据运算、数据测量和控制系统中都得到广泛的应用。图 4-60 所示就是一个过温度保护的实用电路。图中，$R_3$是热敏电阻，此电路应用集成电路组成的电压比较器来实现过温度保护的功能。当温度低于系统设置值时，电阻 $R_3$的阻值较大，此时 $U_i < U_R$，$U_o = -U_{om}$，V 截止，KA 不通电；而当温度高于系统设置值时，电阻 $R_3$的阻值较小，此时 $U_i > U_R$，$U_o = +U_{om}$，V 饱和导通，KA 通电，触点动作。

## 4.4.2　电压测量电路

图 4-61 所示电路为应用运算放大器来测量电压的原理电路。输出端接有满量程为 5V、500μA 的电压表。该电路采用的是反相比例运算电路，根据 $U_o = -\dfrac{R_F}{R_1}U_i$，当电路中所接的阻值为 $R_{11} = 0.1\text{M}\Omega$、$R_{12} = 0.2\text{M}\Omega$、$R_{13} = 1\text{M}\Omega$、$R_{14} = 2\text{M}\Omega$、$R_{15} = 10\text{M}\Omega$ 时，就可以实现 0.5V、1V、5V、10V、50V 等五种电压量程。

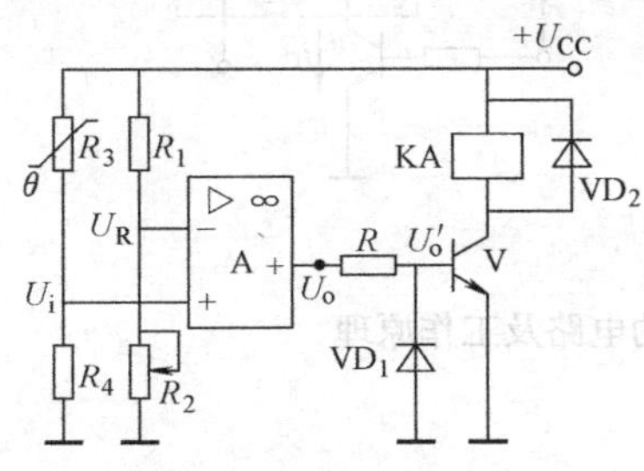


图 4-60　过温度保护电路

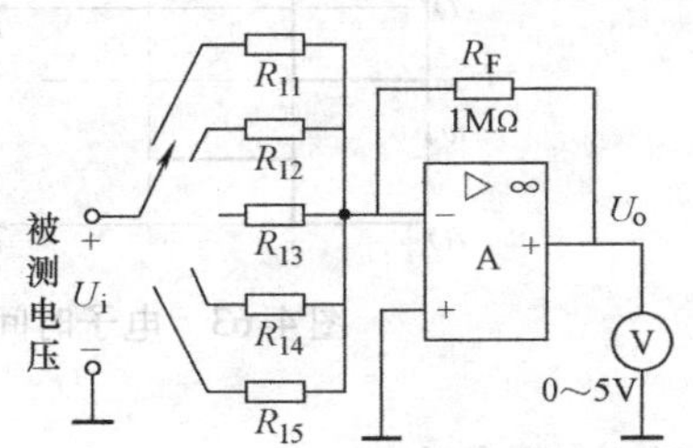


图 4-61　电压测量电路

## 4.4.3　电平抬高电路

可以应用运算放大器构成一个使现有信号变化范围为 -5 ~ +5V 的电路，将其变化范围变为 0 ~ +5V。即使得 $u_o = (u_i/2) + 2.5\text{V} = (u_i + 5\text{V})/2$，波形和电路如图 4-62 所示。

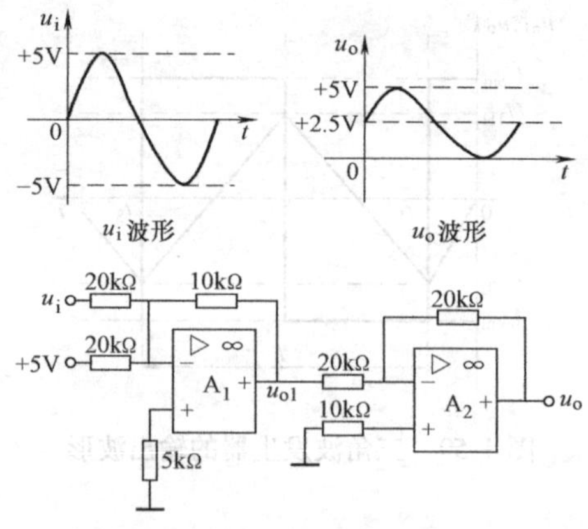


图 4-62　电平抬高电路

根据加法运算放大电路的工作原理及反相比例运算放大电路的工作原理可得

$$u_{o1} = -(10/10)\ (u_i + 5)/2 = -(u_i + 5)/2$$

$$u_{o2} = -(20/20)\ u_{o1} = -u_{o1} = (u_i + 5)/2$$

### 4.4.4　比较器组成的电子时间继电器

时间继电器是一种利用电磁原理或机械原理实现延时控制的控制电器。图 4-63 所示是利用比较器构成电子型时间继电器的电路及工作原理。利用 $A_1$ 反相积分运算放大电路、$A_2$ 电压比较器和晶体管的开关电路实现时间的延时功能。

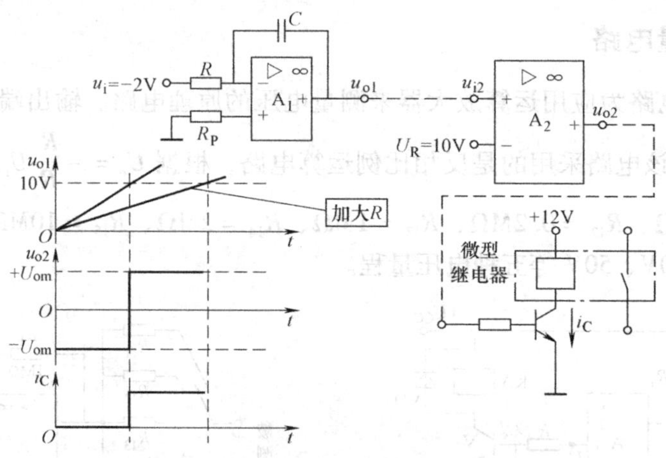


图 4-63　电子时间继电器的电路及工作原理

### 4.4.5　直流电压表电路

图 4-64 所示是直流电压表电路。集成运算放大器接成电压跟随器作为隔离级，被测电压 $U_x$ 加在同相输入端，直流电压表接在输出端。其中，$R_M$ 代表倍压电阻和表头内阻。

流过表头的电流 $I$ 与被测电压 $U_x$ 之间关系为

$$I = \frac{U_o}{R_M} = \frac{U_x}{R_M}$$

### 4.4.6 交流电压表电路

交流电压表电路如图4-65所示。

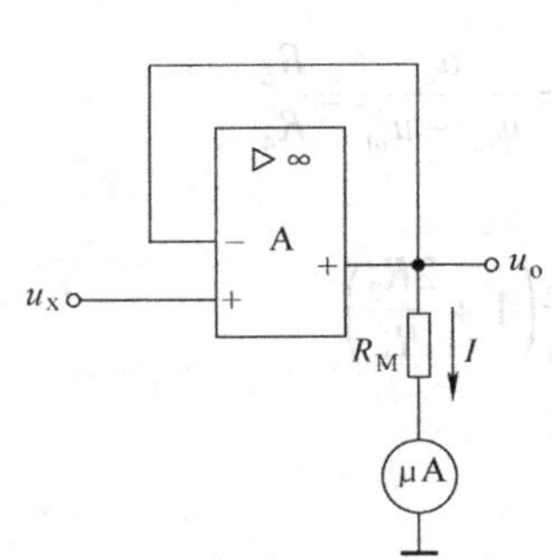


图4-64 直流电压表电路

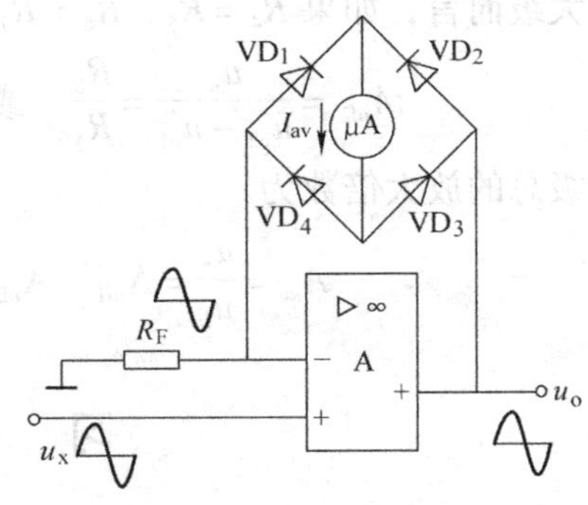


图4-65 交流电压表电路

在理想情况下，$u_+ = u_- = u_x$，流经表头的电流平均值为

$$I_{av} = \frac{0.9U_x}{R_F}$$

式中 $U_x$——被测正弦电压$u_x$的有效值。

### 4.4.7 测量放大器

当测量微弱信号时，先需将信号放大再测量。常用的测量放大器（或称数据放大器）的原理电路如图4-66所示。

电路总放大倍数为

$$A_{uf} = \frac{u_o}{u_i} = -\frac{R_6}{R_4}\left(1 + \frac{2R_2}{R_1}\right)$$

电路为两级放大器，第一级由$A_1$、$A_2$组成，它们都是同相输入，输入电阻很高，且电路结构对称，可抑制零点漂移。第二级是由$A_3$组成的差动放大电路。

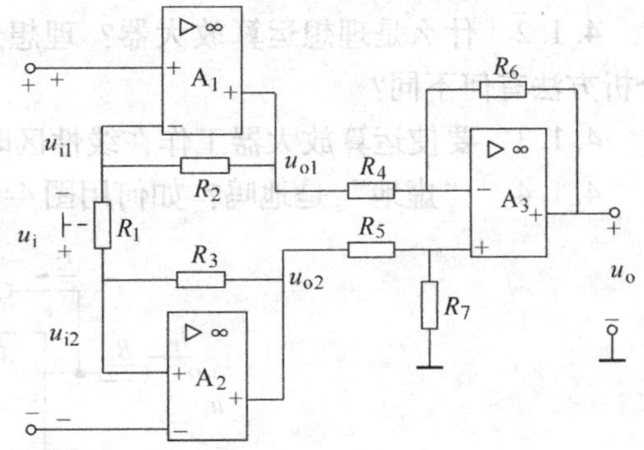


图4-66 测量放大器的原理电路

输入信号电压为$u_i$。如果$R_2 = R_3$，则$R_1$的中点是“地”电位。于是得出$A_1$和$A_2$的输出电压，它们分别为

$$u_{o1} = \left(1 + \frac{R_2}{\frac{R_1}{2}}\right)u_{i1} = \left(1 + \frac{2R_2}{R_1}\right)u_{i1}$$

$$u_{o2} = \left(1 + \frac{2R_2}{R_1}\right)u_{i2}$$

由此得出

$$u_{o1} - u_{o2} = \left(1 + \frac{2R_2}{R_1}\right)(u_{i1} - u_{i2})$$

第一放大级的闭环电压放大倍数为

$$A_{uf1}=\frac{u_{o1}-u_{o2}}{u_{i1}-u_{i2}}=\frac{u_{o1}-u_{o2}}{u_1}=\left(1+\frac{2R_2}{R_1}\right)$$

对第二放大级而言，如果 $R_4=R_5$，$R_6=R_7$，则

$$A_{uf2}=\frac{u_o}{u_{o2}-u_{o1}}=\frac{R_6}{R_4}\quad 或\quad A_{uf2}=\frac{u_o}{u_{o2}-u_{o1}}=\frac{R_6}{R_4}$$

因此，两级总的放大倍数为

$$A_{uf}=\frac{u_o}{u_i}=\mathrm{A}_{uf1}\quad \mathrm{A}_{uf2}=-\frac{R_6}{R_4}\left(1+\frac{2R_2}{R_1}\right)$$

# 习　题

4.1.1　选择题。

（1）放大电路产生零点漂移的主要原因是______。

（A）晶体管噪声太大　　（B）放大倍数太大

（C）环境温度变化引起晶体管参数的变化

（2）直接耦合放大器放大倍数越大，零点漂移现象就越______。

（A）严重　　（B）轻微　　（C）与放大倍数无关

（3）使用差动放大器主要目的是______。

（A）稳定放大倍数　　（B）克服温度漂移

（C）提高输入电阻

4.1.2　什么是理想运算放大器？理想运算放大器工作在线性区和饱和区各有何特点？分析方法有何不同？

4.1.3　要使运算放大器工作在线性区时，为什么通常要引入深度电压负反馈？

4.1.4　“虚地”是地吗？如何用图4-67电路加以说明？

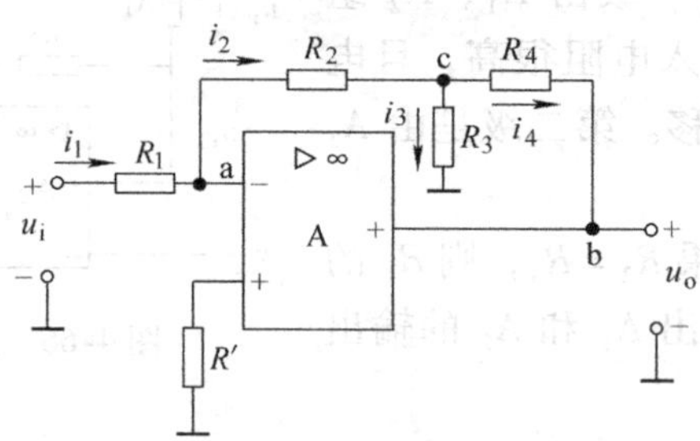


图4-67　题4.1.4图

4.2.1　选择题。

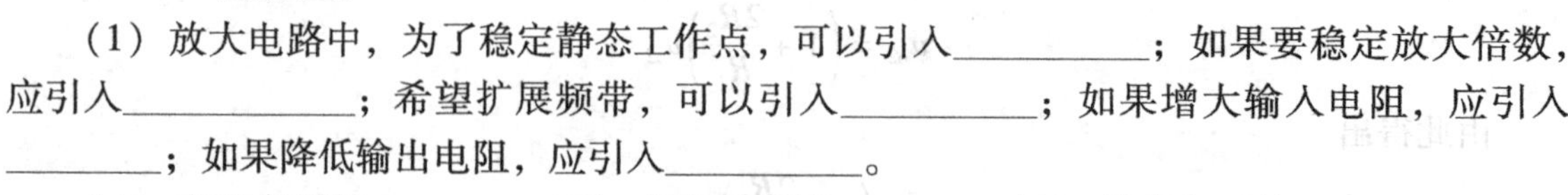
（1）放大电路中，为了稳定静态工作点，可以引入__________；如果要稳定放大倍数，应引入____________；希望扩展频带，可以引入__________；如果增大输入电阻，应引入________；如果降低输出电阻，应引入__________。

（A）交流负反馈　　（B）串联负反馈　　（C）并联负反馈

(D) 电压负反馈　　　(E) 电流负反馈　　　(F) 直流负反馈

(2) 当信号源内阻很大而又希望取得较强的反馈的作用时，应引入＿＿＿＿＿；如果希望减少信号源提供的电流，应引入＿＿＿＿＿；如果负载变化时希望稳定输出电压，应引入＿＿＿＿＿；如果负载变化时，希望输出电流稳定，应引入＿＿＿＿＿。

(A) 电压负反馈　　　(B) 电流负反馈

(C) 串联负反馈　　　(D) 并联负反馈

4.2.2 判断题。

(1) 电压负反馈可以稳定输出电压，流过负载电阻的电流也必然稳定。因此，电压负反馈和电流负反馈都可以稳定输出电流。(　　)

(2) 在负反馈放大器中，基本放大器的放大倍数越大，闭环放大倍数就越稳定。(　　)

(3) 负反馈不但能够减小反馈环路外部的干扰信号，而且能够减小反馈环路内部产生的噪声信号。(　　)

(4) 负反馈可以展宽频带，所以只要反馈足够深，就可以用低频管代替高频管来放大高频信号。(　　)

4.2.3 一个电压串联负反馈放大器，在开环工作时，输入信号为8mV，输出信号为1.20V。闭环工作时，输入信号增大为30mV，输出信号为1.50V。试求电路的反馈深度和反馈系数。

4.2.4 由运算放大器组成的反馈电路如图4-68所示。试判断电路的反馈类型。如果是负反馈，请指明负反馈对电路的输入电阻和输出电阻以及输出电压和输出电流的影响。

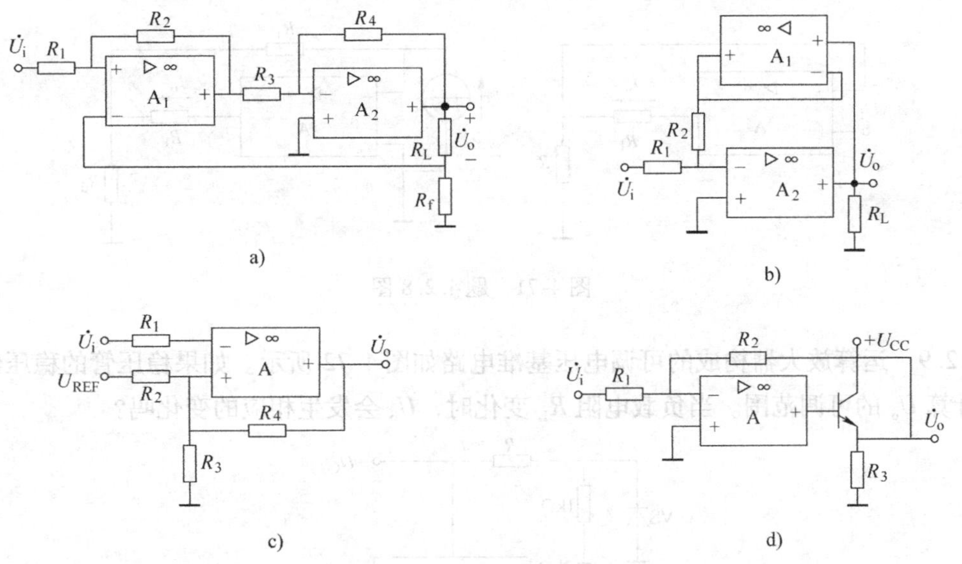


图4-68 题4.2.4图

4.2.5 一个放大电路，其基本放大器的非线性失真系数为8%，要将其减至0.4%，同时要求该电路的输入阻抗提高，负载变化时，输出电压尽可能稳定，电路中应当引入什么类型的负反馈？如果基本放大器的放大倍数 $|\dot{A}_u| = 10^3$，反馈系数 $|\dot{F}_u|$ 应为多少？引入反馈

后，电路的闭环放大倍数$\left|\dot{A}_{uf}\right|$是多少？

4.2.6 运算放大器组成的反馈电路如图4-69所示。电路满足深度负反馈的条件，试判断电路的反馈类型；计算电路的闭环电压放大倍数$\dot{A}_{uf}=\dot{U}_o/\dot{U}_i$。

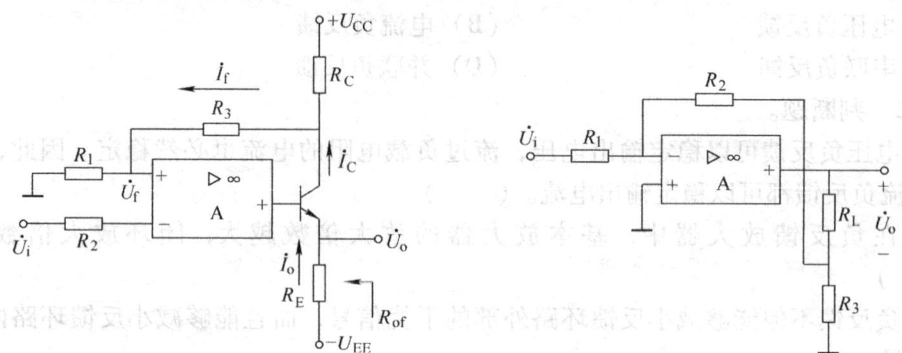


图4-69 题4.2.6图　　图4-70 题4.2.7图

4.2.7 负反馈电路如图4-70所示。

（1）判断电路的反馈类型；

（2）计算其闭环电压放大倍数$\dot{A}_{uf}=\dot{U}_o/\dot{U}_i$；

（3）估算输入电阻$R_{iF}$和输出电阻$R_{oF}$。

4.2.8 图4-71所示的两个电路是什么类型的反馈？写出电路中输出电流$\dot{I}_o$的表达式。

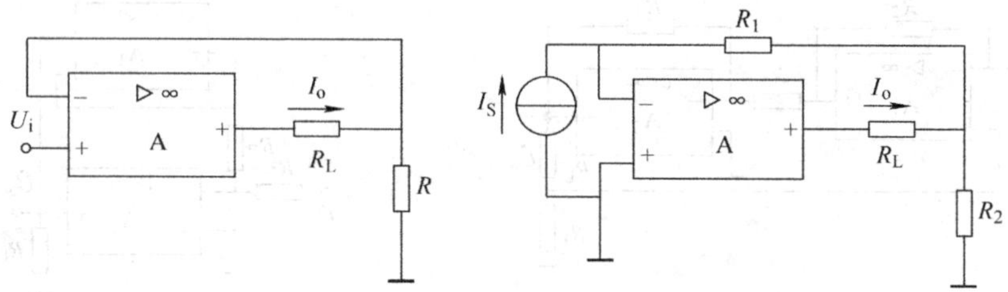


图4-71 题4.2.8图

4.2.9 运算放大器构成的可调电压基准电路如图4-72所示。如果稳压管的稳压值$U_Z=8V$，计算$U_o$的可调范围。当负载电阻$R_L$变化时，$U_o$会发生相应的变化吗？

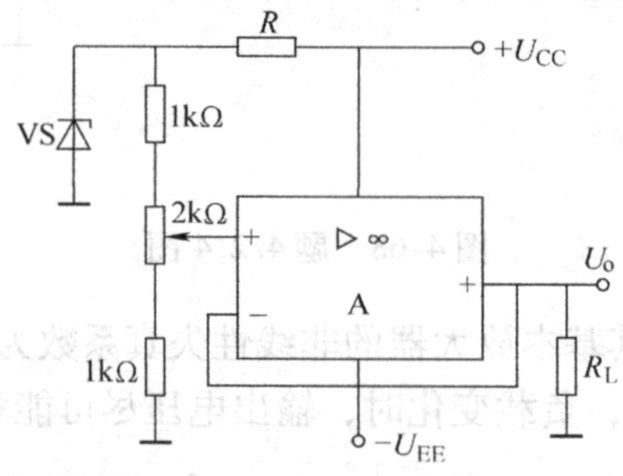


图4-72 题4.2.9图

4.3.1 选择题。

(1) 反相比例运算电路中，运算放大器的反相输入端为______。

(A) 接地点 (B) 虚地点 (C) 与地点无关

(2) 反相比例运算电路的输入电流基本上______流过反馈电阻 $R_F$ 上的电流。

(A) 大于 (B) 小于 (C) 等于 (D) 无关于

(3) ______运算电路的电压增益 $A_{uf}$ 为 $R_F/R_1$。

(A) 反相比例 (B) 同相比例 (C) 加法 (D) 减法

(4) ______比例运算电路的特例是电压跟随器，它具有 $R_i$ 很大和 $R_o$ 很小的特点，常用作缓冲器。

(A) 反相比例 (B) 同相比例 (C) 加法 (D) 减法

(5) 电路如图 4-73 所示，设运算放大器是理想的。当输入电压为 +1V 时，则 $u_o$ = ______V。

(A) 1 (B) 2 (C) 3 (D) 4

(6) 电路如图 4-74 所示，设运算放大器是理想的。当输入电压为 +2V 时，则 $u_o$ = ______V。

(A) -4 (B) -5 (C) -7.5 (D) -10

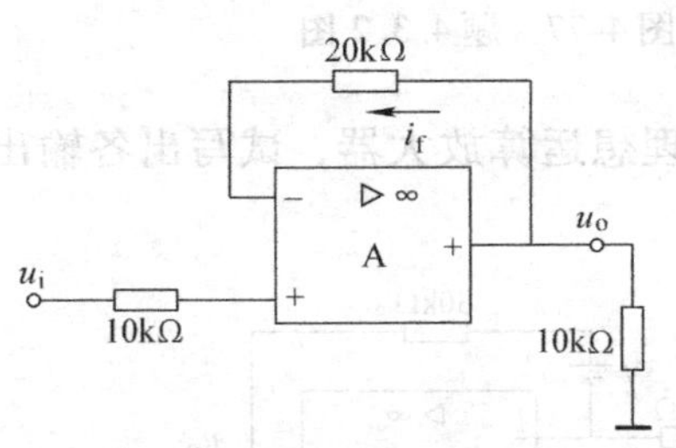


图 4-73 题 4.3.1 (5) 图

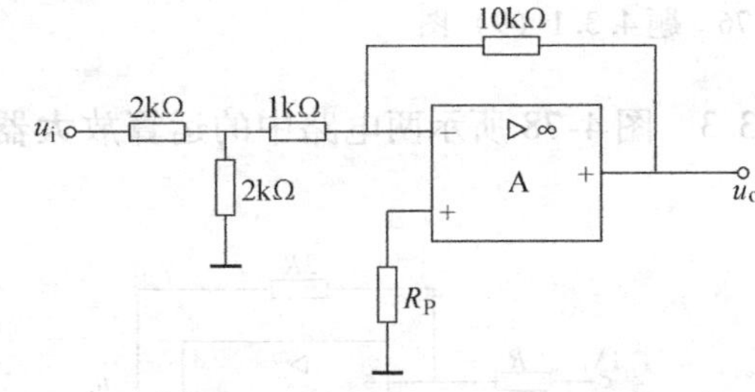


图 4-74 题 4.3.1 (6)、(7) 图

(7) 电路如图 4-74 所示，设运算放大器是理想的。电阻 $R_P$ 的值应约为______ kΩ。

(A) 1 (B) 1.7 (C) 10 (D) 2.3

(8) 电路如图 4-75 所示，设运算放大器是理想的。当输入电压为 +1V 时，则输出电压 $u_o$ = ______V。

(A) -1 (B) +1 (C) -2 (D) +2

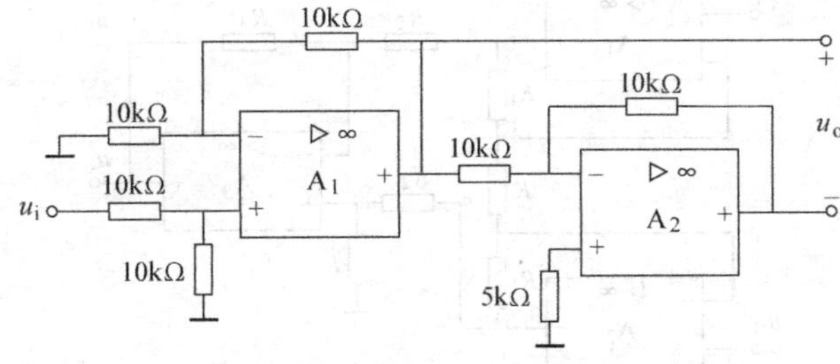


图 4-75 题 4.3.1 (8) 图

(9) 电路如图4-76所示，设运算放大器是理想的。当输入电压为+1V时，则流过电阻$R_F$的电流$i_f$为______mA。

(A) 0.5 (B) -0.5 (C) 0.25 (D) -0.25

(10) 工作在电压比较器中的运算放大器与工作在运算电路中的运算放大器的主要区别是，前者的运算放大器通常工作在(　　)。

(A) 开环或正反馈状态 (B) 深度负反馈状态

(C) 放大状态 (D) 线性工作状态

(11) 某电路有用信号频率为2kHz，可选用(　　)。

(A) 低通滤波器 (B) 高通滤波器

(C) 带通滤波器 (D) 带阻滤波器

4.3.2 写出图4-77所示电路的输出电压与输入电压之间的关系式。

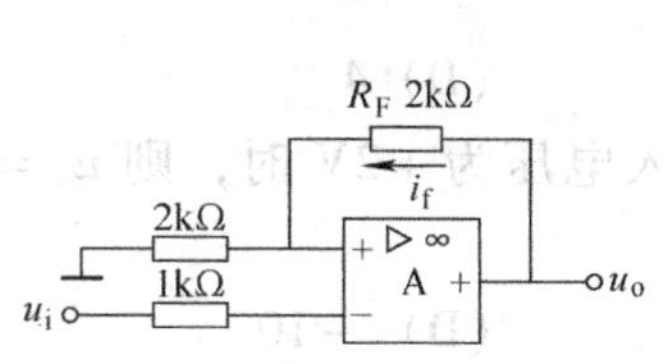


图4-76 题4.3.1(9)图

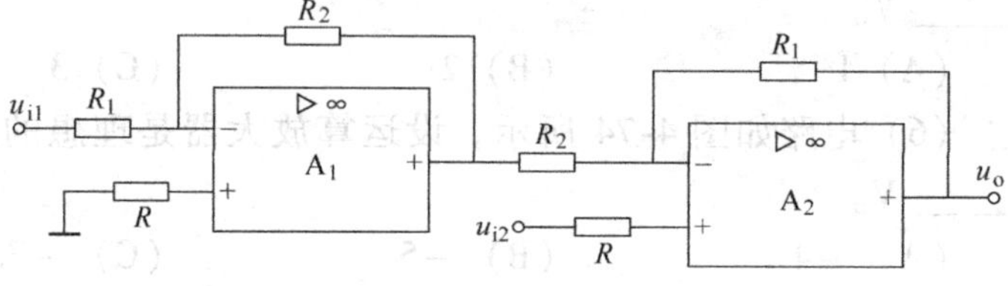


图4-77 题4.3.2图

4.3.3 图4-78所示两电路中的运算放大器均为理想运算放大器，试写出各输出电压的值。

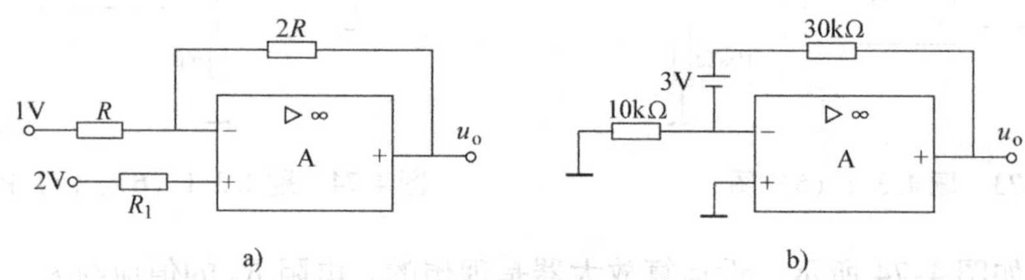


图4-78 题4.3.3图

4.3.4 典型的三运算放大器测量电路如图4-79所示。若运算放大器$A_1$、$A_2$和$A_3$均为理想运算放大器，试求输出电压$u_o$与输入电压$u_{i1}$、$u_{i2}$之间的关系。

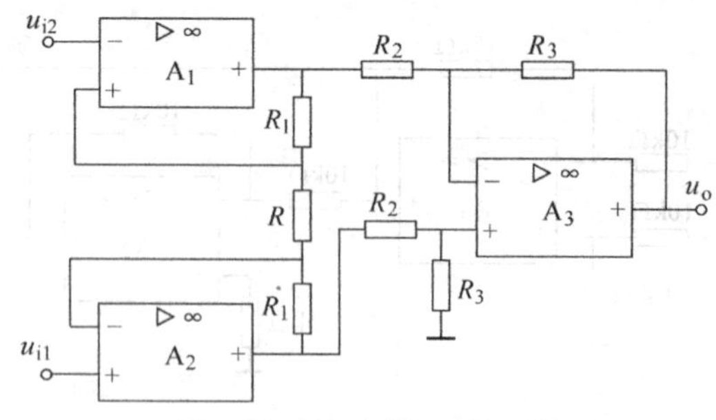


图4-79 题4.3.4图

4.3.5 在图4-80a所示电路中，运算放大器A是理想运算放大器，$R_1=10\mathrm{k\Omega}$，$R_2=51\mathrm{k\Omega}$，双向稳压管的稳压值$U_Z=\pm12\mathrm{V}$，请说出该电路的功能。如果输入信号的波形如图4-80b所示，画出输出信号的波形。

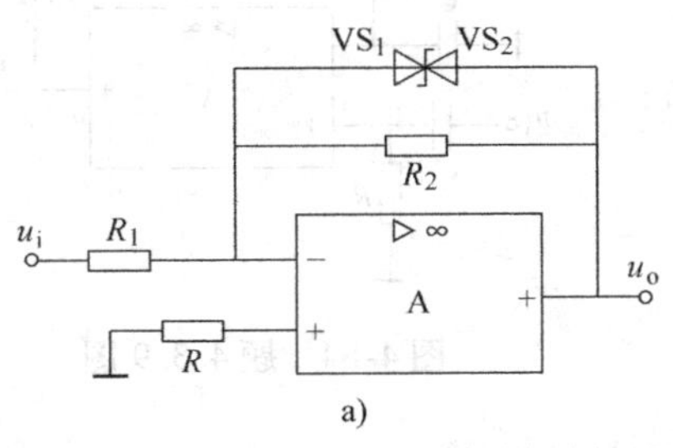


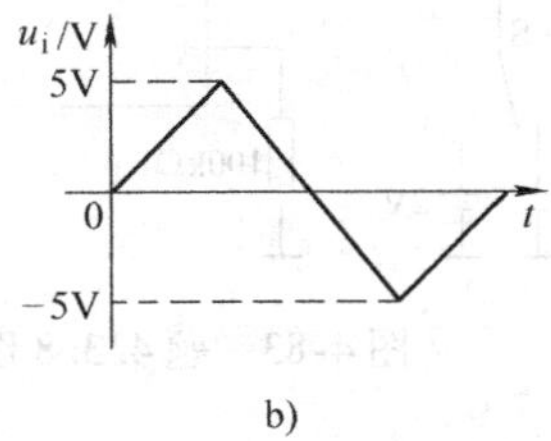


图4-80 题4.3.5图

a）电路 b）波形

4.3.6 电路如图4-81所示。试求电路的电压放大倍数$A_u=\dfrac{u_o}{u_i}$。电阻$R$的值如何确定？

4.3.7 运算放大器组成的积分运算电路如图4-82所示。$R=20\mathrm{k\Omega}$，$C=10\mathrm{\mu F}$。电容上的初始电压为零。如果输入电压$u_i$突加1V的直流电压，试求：

（1）1s后的输出电压值；

（2）电压$u_o$变到$-8\mathrm{V}$要用多少时间？

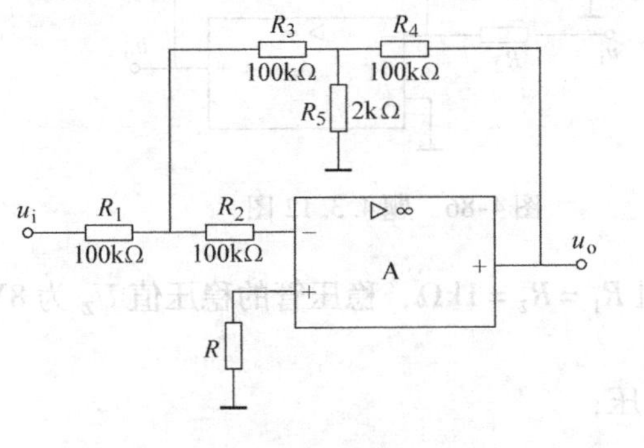


图4-81 题4.3.6图

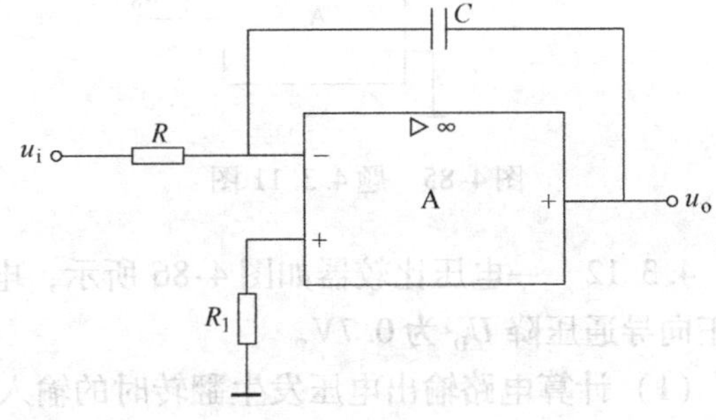


图4-82 题4.3.7图

4.3.8 运算放大器组成的积分运算电路如图4-83所示，电容上的初始电压为零。若运算放大器A、稳压管VS和二极管VD均为理想器件，稳压管的稳压值$U_Z=6\mathrm{V}$，二极管的导通压降为零。当时间$t=0$时，开关S在1的位置；当$t=2\mathrm{s}$时，开关打到2的位置。试求：

（1）$t=2\mathrm{s}$时，输出电压$u_o$的值；

（2）输出电压$u_o$再次过零的时间；

（3）输出电压$u_o$达到稳压值的时间；

（4）画出输出电压$u_o$的波形。

4.3.9 运算放大器组成的微分运算电路如图4-84所示。若运算放大器A为理想运算放大器，试写出输出电压$u_o$的表达式。

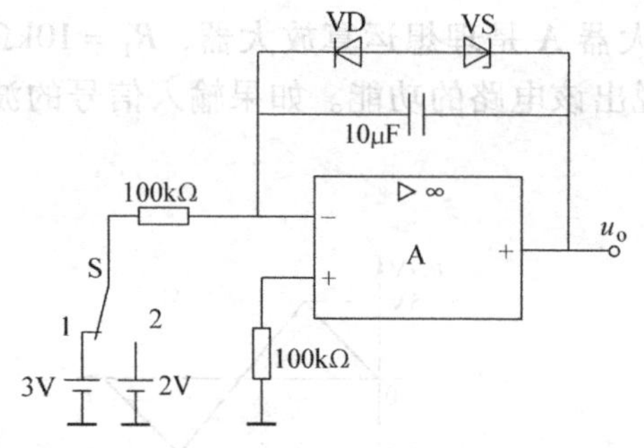

图4-83 题4.3.8图

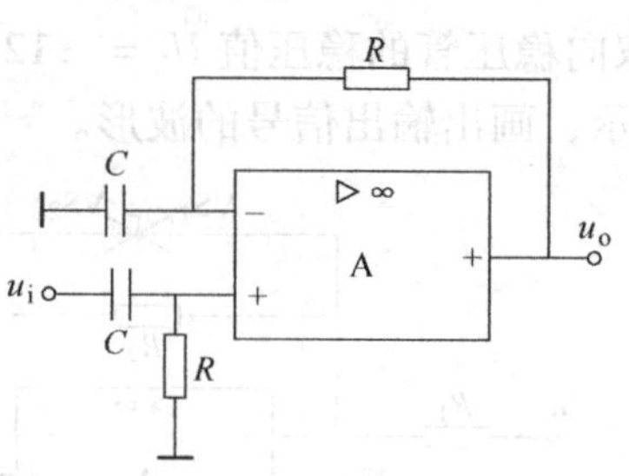


图4-84 题4.3.9图

4.3.10 试回答下列几种情况应选择哪种类型的滤波电路：

（1）有用信号的频率为70Hz；

（2）有用信号的频率低于300Hz；

（3）希望抑制50Hz的交流电源干扰；

（4）希望抑制2kHz以下的信号。

4.3.11 电路如图4-85所示，若A为理想运算放大器，稳压管VS的稳压值$U_Z=6V$，其正向导通压降$U_D=0.7V$。试写出$u_o$与$u_i$的关系式；画出电路的电压传输特性波形。

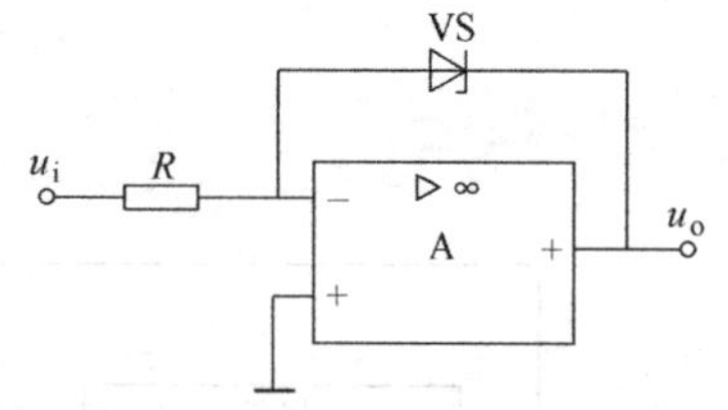


图4-85 题4.3.11图

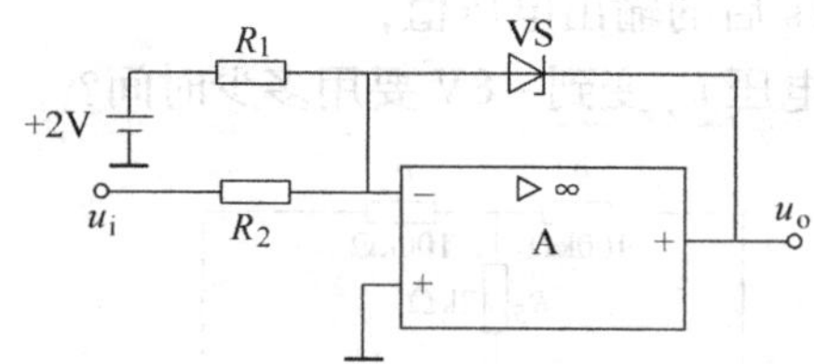


图4-86 题4.3.12图

4.3.12 一电压比较器如图4-86所示，电阻$R_1=R_2=1k\Omega$，稳压管的稳压值$U_Z$为8V，其正向导通压降$U_D$为0.7V。

（1）计算电路输出电压发生翻转时的输入电压；

（2）画出电路的电压传输特性波形。

4.3.13 画出图4-87所示电路的电压传输特性波形。已知$R_1=10k\Omega$，$R_2=20k\Omega$，$R_3=2k\Omega$，$U_Z=\pm6V$。

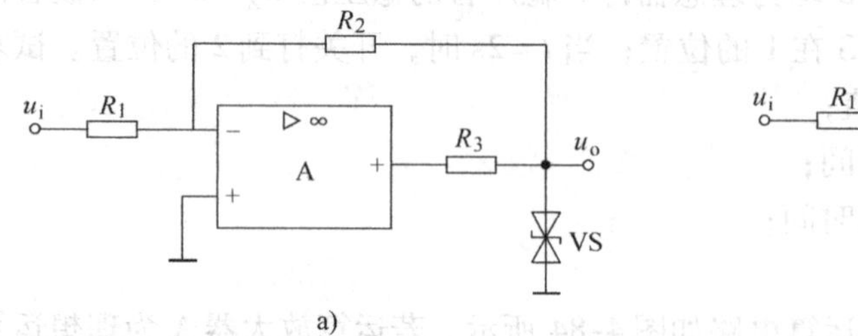


图4-87 题4.3.13图

# 第5章　数字集成电路

**内容提要：**

数字集成电路按电路的功能分类，有门电路、触发器、加法器、译码器、计数器、存储器等，用途极为广泛。本章在介绍数字电路的基础知识后着重介绍集成门电路、组合逻辑电路、触发器及时序逻辑电路。

## 5.1　数字电路的基础知识

本节介绍有关数字逻辑的基本知识，内容包括数字信号、数字电路及其特点，数制与码制、基本逻辑运算等。本节的目标是：

（1）正确理解二进制数字逻辑、逻辑电平、脉冲波形和数字波形等。

（2）掌握二进制、十六进制、十进制等不同数制之间的关系及相互转换规律。

（3）掌握数字系统中常用的几种 BCD 码（8421 码、2421 码和余 3 码）。

（4）掌握逻辑变量与逻辑函数和与、或、非三种基本逻辑运算的概念及逻辑问题的描述方法。

### 5.1.1　数字信号和模拟信号

电子电路中所分析的信号可以分为两类：一类是时间连续变化，数值也连续变化的物理量，称为模拟量，模拟量的信号叫模拟信号，如正弦波、指数函数等；另一类是时间和数值都是离散的，不连续变化的信号，叫数字信号，如脉冲信号等，在数字电路中，常用数字“0”和“1”来表示。这里的“0”和“1”，不是十进制数中的数字，而是逻辑 0 和逻辑 1。在数字电路又称二值数字逻辑，它们可以用电子器件的开关特性来实现，产生离散信号电压或数字电压。离散信号电压或数字电压通常用逻辑电平来表示。

**1. 数字信号中的几个概念**

（1）脉冲宽度 $t_w$——脉冲作用的时间。

（2）占空比 $q$——脉冲宽度占整个周期的百分比，$q=\frac{t_w}{T}\times 100\%$。

（3）上升时间 $t_r$ 和下降时间 $t_f$——从脉冲幅值的 10%～90% 所经历的时间，典型值为几十纳秒（ns），如图 5-1 所示。

**2. 模拟量的数字表示**

为了便于存储、分析和传输，常将模拟信号转换为数字信号。模拟信号转换为数字信号后，模拟量可以用数字 0、1 的编码来表示，这里的编码是指由数字 0、1 组成的字符串，这种编码就是二进制码。数字 0、1 的字符串是由模/数转换器得来的。

**3. 模拟电路与数字电路的比较**

（1）电路的特点。在模拟电路中，晶体管一般工作在线性放大区；在数字电路中，晶

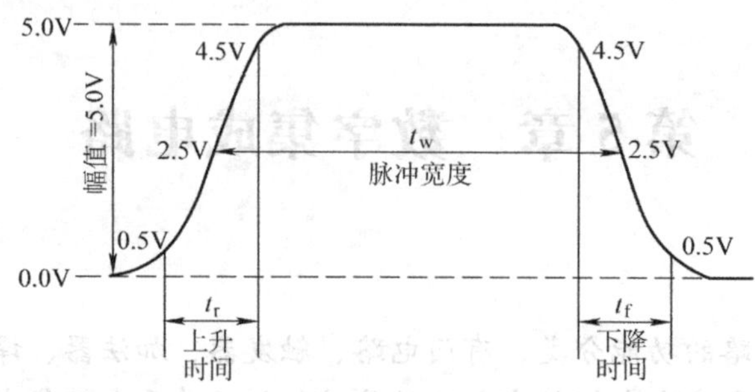


图 5-1　非理想脉冲波形

体管工作在开关状态，即工作在饱和区和截止区。数字信号是一种二值信号，用两个电平（高电平和低电平）分别来表示两个逻辑值。

（2）研究的内容。模拟电路主要研究输入、输出信号间的大小、相位、失真等方面的关系，主要采用电路分析方法，动态性能用微变等效电路分析。

数字电路主要研究电路输出、输入间的逻辑关系，主要的分析工具是逻辑代数。电路的功能用真值表、逻辑表达式及波形图表示。

**4. 数字电路研究的问题**

（1）基本电路元器件。

1）逻辑门电路。

2）触发器。

（2）基本数字电路。

1）组合逻辑电路。

2）时序电路（寄存器、计数器、脉冲发生器、脉冲整形电路）。

3）A/D 转换器、D/A 转换器。

**5. 数字电路的特点**

（1）在数字电路中，工作信号是二进制的数字信号，即只有 0 和 1 两种可能的取值。反映到电路上，就是电路信号的高、低或脉冲的有、无两种状态。因此，凡是具有两个稳定状态的元器件，其状态都可以用二进制的两个数码来表示。所以，基本单元电路简单，对实现电路的集成化十分有利。

（2）由于数字电路中处理的是二进制的数字信号，在稳态时，数字电路中的半导体器件一般都工作在截止和导通状态，即相当于开关工作时的开和关状态。研究数字电路时关心的仅是输出和输入之间的逻辑关系。

（3）数字电路不仅能进行数值运算，而且能进行逻辑判断和逻辑运算，这在计算机技术及很多方面是不可缺少的，因此，也常把数字电路称为数字逻辑电路。

（4）数字电路工作可靠，精度高，并且具有较强的抗干扰能力。数字信号便于储存，可使大量可观的信息资源得以妥善保存，保密性好，使用方便，通用性强。

由于数字电路具有上述特点，因而其发展十分迅速。但是，数字电路也有一定的局限性。与此同时，模拟电路也有其优于数字电路的一些特点，因此，实际的电子系统往往采用数字电路和模拟电路相结合的形式。

## 5.1.2 数制

数字电路经常遇到计数问题，而人们在日常生活中习惯于用十进制数，而在数字系统中多采用二进制数，有时也采用八进制或十六进制数，因此了解数制及不同数制之间的转换方法，是学习数字电路的基础。

用数字表示数量大小时，经常需要用多位数码表示，即位置计数法。把多位数码中每一位的构成方法以及从低位到高位的进位规则称为进位计数制。凡进位计数制都可按权展开为下式：

$$a_nr^n + a_{n-1}r^{n-1} + \cdots + a_1r^1 + a_0r^0 + b_1r^1 + b_2r^2 + \cdots + b_mr^m \tag{5-1}$$

式中 $r$——基数，二、十、八、十六进制，$r=2$、10、8、16；

$r^k$——位权。

**1. 十进制数**

十进制数的特点是任何一位数可以而且只可以用 0、1、2、3、4、5、6、7、8、9 这十个数码表示。它的进位规律是“逢十进一”，即 $9+1=10=1\times10^1+0\times10^0$。

例如

$$(234)_{10}=2\times10^2+3\times10^1+4\times10^0$$
$$(3.14)_{10}=3\times10^0+1\times10^{-1}+4\times10^{-2}$$

其中，$10^2$、$10^1$ 是根据每一个数码所在的位置而定的，称之为“权”。在十进制中，各位的权都是 10 的幂，而每个权的系数只能是 0 ~ 9 这十个数码中的一个。它的一般表达式为

$$(N)_{10} = \sum_{i=-\infty}^{\infty} K_i \times 10^i, \quad K_i \in [0 \sim 9] \tag{5-2}$$

在数字电路中，计数的基本思想是要把电路的状态与数码一一对应起来。显然，采用十进制是十分不方便的，它要求电路输出信号存在十个明显不同的稳定状态，用以分别表示十个数码，这样电路会很复杂。而二进制数只有 0、1 两个数码，它的表达、存储具有其他进制不可比拟的简单性，所以在数字电路和计算机中普遍采用二进制数。

**2. 二进制数**

二进制数的特点是任何一位二进制数可以而且只可以用 0 和 1 表示。进位规律是“逢二进一”，各位的权都是 2 的幂。例如 $1+1=1\times2^1+0\times2^0$。它的一般表达式为

$$(N)_2 = \sum_{i=-\infty}^{\infty} K_i \times 2^i, \quad K_i \in [0,1] \tag{5-3}$$

二进制的优点：

(1) 易于电路实现，每一位数只有两个值，可以用晶体管的导通或截止、灯泡的亮或灭、继电器触点的闭合或断开来表示。

(2) 基本运算规则简单。

二进制的缺点：位数太多，不符合人们的使用习惯，不能在头脑中立即反映出数值的大小，一般要将其转换成十进制后，才容易被人们理解。

**3. 任意 *r* 进制数**

$r$ 进制数只由 0 ~ $(r-1)$ 这 $r$ 个数码和小数点组成，不同数位上的数具有不同的权值 $r^i$，基数为 $r$，逢 $r$ 进一。任意一个 $r$ 进制数，都可按其权位展成多项式的形式，表达式

如下：

$$(N)_r = \sum_{i=-\infty}^{\infty} K_i \times r^i, \quad K_i \in [0 \sim (r-1)] \tag{5-4}$$

**4. 不同数制之间的转换**

（1）十进制和二进制之间的转换。二进制数转换成十进制数，常用方法是“按权相加”，即利用二进制数的按权展开式，就可以将任意一个二进制数转换成相应的十进制数。例如

$$(10011.101)_2 = 1\times2^4 + 0\times2^3 + 0\times2^2 + 1\times2^1 + 1\times2^0 + 1\times2^{-1} + 0\times2^{-2} + 1\times2^{-3}$$
$$= 19.625$$

十进制数转换成二进制数方法是：整数部分的转换用除基取余法，而小数部分的转换用乘基取整法。

1）整数部分的转换方法：用目标数制的基数（$r=2$）去除十进制数，第一次相除所得余数为目的数的最低位 $K_0$，将所得商再除以基数，反复执行上述过程，直到商为“0”，所得余数为目的数的最高位 $K_{n-1}$。

【例 5.1.1】将十进制数 $(81)_{10}$ 转换为二进制数。

0 ←÷2— 1 ←÷2— 2 ←÷2— 5 ←÷2— 10 ←÷2— 20 ←÷2— 40 ←÷2— (81)

| 1 | 0 | 1 | 0 | 0 | 0 | 1 |
|---|---|---|---|---|---|---|
| $K_6$ | $K_5$ | $K_4$ | $K_3$ | $K_2$ | $K_1$ | $K_0$ |

【解】$(81)_{10} = (1010001)_2$

2）小数部分的转换方法：小数乘以目标数制的基数（$r=2$），第一次相乘结果的整数部分为目的数的最高位 $K_{-1}$，将其小数部分再乘基数依次记下整数部分，反复进行下去，直到小数部分为“0”，或满足要求的精度为止（即根据设备字长限制，取有限位的近似值）。

【例 5.1.2】将十进制数 $(0.65)_{10}$ 转换为二进制，要求精度为小数 5 位。

0.65 —×2→ 0.3 —×2→ 0.6 —×2→ 0.2 —×2→ 0.4 —×2→ 0.8

| 1 | 0 | 1 | 0 | 0 |
|---|---|---|---|---|
| $K_{-1}$ | $K_{-2}$ | $K_{-3}$ | $K_{-4}$ | $K_{-5}$ |

【解】$(0.65)_{10} = (0.10100)_2$

（2）二进制与八进制数之间的转换。八进制数的特点是以 8 为基数，采用 0、1、2、3、4、5、6、7 这 8 个数码表示任何一位数。其进位规律是“逢八进一”。各位的权都是 8 的幂。例如

$$(144)_8 = 1\times8^2 + 4\times8^1 + 4\times8^0 = 64 + 32 + 4 = (100)_{10}$$

二进制转换成八进制采用从小数点开始，将二进制数的整数和小数部分每 3 位分为一组，不足 3 位的分别在整数的最高位前和小数的最低位后加“0”补足，然后每组用等值的八进制码替代，即得目的数。例如

$$(11010111.0100111)_2 = (\underbrace{011}_{3}\underbrace{010}_{2}\underbrace{111}_{7}.\underbrace{010}_{2}\underbrace{011}_{3}\underbrace{100}_{4})_8 = (327.234)_8$$

八进制转换成二进制是将每位八进制数展开成3位二进制数，排列顺序不变即可。

（3）二进制与十六进制数之间的转换。十六进制数的特点是以16为基数，采用0、1、2、3、4、5、6、7、8、9、A、B、C、D、E、F这16个数码表示任何一位数。其进位规律是“逢十六进一”。各位的权都是16的幂。

二进制与十六进制间的转换采用从小数点开始，将二进制数的整数和小数部分每4位分为一组，不足4位的分别在整数的最高位前和小数的最低位后加“0”补足，然后每组用等值的十六进制码替代，即得目的数。例如

$$(111011.10101)_2=(\underbrace{0011}_{3}\underbrace{1011}_{B}\cdot\underbrace{1010}_{A}\underbrace{1000}_{8})_{16}=(3B\cdot A8)_{16}$$

十六进制转换成二进制是将每位十六进制数展开成4位二进制数，排列顺序不变即可。

十六进制在数字电路中，尤其在计算机中得到广泛的应用，这是因为十六进制与二进制之间的转换容易，计数容量较其他进制都大；同时，在计算机系统中大量的寄存器、计数器等往往按4位一组排列。所以，十六进制的使用独具优越性。

### 5.1.3 二进制码

数字系统中的信息分两类：一类是数值；另一类是文字符号。数值的表示方法如上所述。为了表示文字符号信息，往往也采用一定位数的二进制数码，这种用来对事物进行表示的二进制数码，称为二进制代码。建立二进制代码与十进制数值、字母、符号等的一一对应的关系称为编码。若需编码的信息有 $N$ 项，则需用的二进制数码的位数 $n$ 应满足如下关系：

$$2^n \geqslant N \tag{5-5}$$

在数字系统中只能识别二进制代码，因此对于十进制数、字母、符号必须用相应的二进制代码表示。根据不同的编码规则，可以用相应的二进制代码表示十进制数、字母、符号。所以，必须掌握常用的二-十进制编码（8421 BCD码、余3码等）。常用的二进制代码有自然二进制码和格雷码。

**1. 自然二进制码**

按自然数顺序排列的二进制码，也称自然权码。自然二进制码排列简单，完全符合二进制转换十进制的转换规律。当用4位二进制码时，有0000～1111共16种组合，分别代表0～15的十进制数；当用5位二进制码时，有00000～11111共32种组合。常用4位自然二进制码，表示十进制数0～15，各位的权值依次为$2^3$、$2^2$、$2^1$、$2^0$。

**2. 二-十进制码**（BCD码）

BCD码指用二进制代码来表示十进制的0～9十个数。要用二进制代码来表示十进制的0～9十个数，至少要用4位二进制数。4位二进制数有16种组合，可从这16种组合中选择10种组合分别来表示十进制的0～9十个数。选哪10种组合，有多种方案，这就形成了不同的BCD码。其中最常用的是8421码，8421码是按顺序取4位二进制码的前10种状态，即0000～1001，代表十进制的0～9十个数，而1010～1111弃之不用。

8421码是一种权码，4位二进制数中的每一位都对应有固定的权，从高位到低位的权依次为8、4、2、1，按权相加，即可得到所代表的十进制数。例如，1001 = 8 + 1 = 9，0110 = 4 + 2 = 6。

此外，还可以取4位二进制码的前五种和后五种状态，代表十进制的0～9十个数，中

间六种状态不用，这就构成了2421码。它也是一种有权码，从高位到低位的权依次为2、4、2、1，按权相加，即可得到所代表的十进制数。

另外还有5421码和余3码。余3码为无权码，它是8421码加0011而得来的。常用的BCD码见表5-1。

**表5-1　常用的BCD码**

| 十进制数 | 8421码 | 2421码 | 5421码 | 余3码 |
|---|---|---|---|---|
| 0 | 0000 | 0000 | 0000 | 0011 |
| 1 | 0001 | 0001 | 0001 | 0100 |
| 2 | 0010 | 0010 | 0010 | 0101 |
| 3 | 0011 | 0011 | 0011 | 0110 |
| 4 | 0100 | 0100 | 0100 | 0111 |
| 5 | 0101 | 1011 | 1000 | 1000 |
| 6 | 0110 | 1100 | 1001 | 1001 |
| 7 | 0111 | 1101 | 1010 | 1010 |
| 8 | 1000 | 1110 | 1011 | 1011 |
| 9 | 1001 | 1111 | 1100 | 1100 |
| 位权 | 8421 | 2421 | 5421 | 无权 |

**3. 格雷码**

格雷码是一种无权码，它的特点是任意两组相邻码之间只有一位不同。要特别指出的是，首尾两个数码（即最小数0000和最大数1000）之间也符合此特点，所以格雷码可以称为循环码。该特点是所有其他的码不具备的特性，因此常用于模拟量的转换。当模拟量发生微小变化时，会引起数字量变化，使用格雷码仅需要改变1位，这与其他码改变2位或更多位的情况相比就更加可靠。格雷码编码还具有反射性，因此又可称其为反射码。

**4. ASCII码**

ASCII码是美国标准信息交换码，它用7位二进制码表示，共有代码128个，96个为图形字符，32个为控制字符。

## 5.1.4　逻辑代数基础

数字电路无论多么复杂，它们都是由若干种简单的基本电路所组成的。这些基本电路的工作具有下列基本特点：

（1）从电路内部看，电子器件（如晶体管）不是工作在导通状态就是工作在截止状态，即电路工作在开关状态，所以也称为开关电路。

（2）从电路的输入和输出来看，或是电平的高低，或是脉冲的有无，就整体而言，输入和输出量之间的关系是一种因果关系，所以也将数字电路称为逻辑电路。

逻辑代数是研究逻辑电路的数学工具。它的基本概念是由英国数学家乔治·布尔（George Boole）在1847年提出的，所以也称为布尔代数。

### 5.1.4.1　基本逻辑运算

逻辑代数和普通代数有相同的地方，例如，也用字母A、B、C、…、X、Y等表示变量，但变量的含义及取值范围是不同的。逻辑代数中的变量不表示数值，只表示两种对立的状态，如脉冲的有无、开关的接通和断开、命题的正确和错误等。因此，这些变量的取值只能是0或1，这种变量称为逻辑变量。此外，逻辑代数中对变量的运算和普通代数也有不同的地方，在逻辑代数中只有三种基本的逻辑关系，逻辑与（And）、逻辑或（Or）和逻辑非（Not）。下面分别予以介绍。

**1. “与”逻辑关系和“与门”**

在日常生活中应用“与”逻辑关系的例子很多。例如，一个门上锁着一把明锁和一把暗锁，判断“门开”这件事是否成立的条件是锁的两把钥匙是否具备。显然，只有同时具备两把锁的钥匙，门才能打开，缺少一把钥匙，门就打不开。这里，两把钥匙“具备、不具备”和门“开、不开”之间的因果关系即为“与”逻辑关系，即逻辑与。

又例如，图5-2所示电路中，开关A、B串联控制灯F。显然，只有当开关A和B均合上时，灯F才亮；两个开关中只要有一个断开，灯F就不亮。这里开关A、B的“闭合、断开”和灯F“亮、不亮”之间的因果关系也是“与”逻辑关系。“与”的含义在此例中就是开关A、B“闭合”这两个条件同时具备的意思。若用1表示开关接通和电灯亮，用0表示开关断开和电灯灭，则只有当A和B同时为1时，F才为1，F与A和B之间是一种“与”的逻辑关系。逻辑与运算的运算符为“·”，也可以用符号“×”、“∧”、“∩”等来表示。“与”逻辑表达式为F = A · B或F = AB。“与”逻辑符号如图5-3所示。

表示逻辑变量之间取值对应关系的表叫做逻辑真值表，简称真值表。“与”逻辑关系的真值表见表5-2。

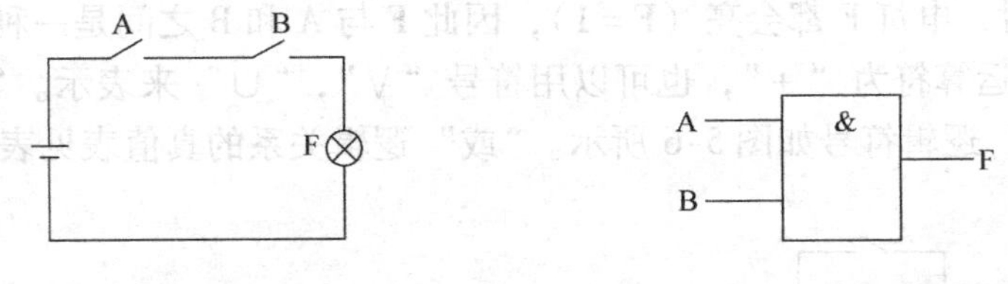


图5-2 “与”逻辑关系　　图5-3 “与”逻辑符号

**表5-2 “与”逻辑关系的真值表**

| A | B | F |
|---|---|---|
| 0 | 0 | 0 |
| 0 | 1 | 0 |
| 1 | 0 | 0 |
| 1 | 1 | 1 |

（1）二极管组成的“与门”电路。图5-4所示为二极管组成的“与门”电路，其输入输出电平对应表见表5-3。从表中可见，0.3V = 逻辑0，3V = 逻辑1，此电路实现了“与”逻辑关系，即F = A · B = AB。

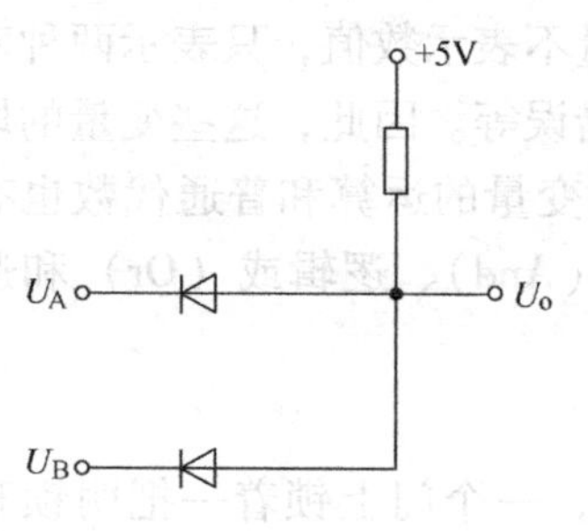


图5-4 二极管组成的“与门”电路

表5-3 “与门”输入输出电平对应表

| $U_A$/V | $U_B$/V | $U_o$/V |
|---|---|---|
| 0.3 | 0.3 | 0.3 |
| 0.3 | 3.0 | 0.3 |
| 3.0 | 0.3 | 0.3 |
| 3.0 | 3.0 | 3.0 |

(2)“与”逻辑运算规则——逻辑乘

$0\cdot 0=0$　　$0\cdot 1=0$　　$1\cdot 0=0$　　$1\cdot 1=1$

**2. “或”逻辑关系和“或门”**

“或”逻辑关系在日常生活中应用的例子很多。例如，一个门上锁两把相同的锁。人们判断“门开”这件事是否成立的条件同样是锁的两把钥匙是否具备。显然，只要一把锁的钥匙具备，门即可打开；只有两把锁的钥匙都不具备时，门才打不开。这里，两把钥匙“具备、不具备”和门“开、不开”之间的因果关系即为“或”逻辑关系。即在决定某事件的诸多条件中，当有一个或一个以上具备时，该事件都会发生，这样的逻辑关系称为逻辑或，也称逻辑加。

在图5-5所示电路中，当开关A和B中有一个接通（A=1或B=1）或一个以上接通（A=1且B=1）时，电灯F都会亮（F=1），因此F与A和B之间是一种“或”的逻辑关系。逻辑或运算的运算符为“+”，也可以用符号“∨”，“∪”来表示。“或”逻辑表达式为F=A+B。“或”逻辑符号如图5-6所示。“或”逻辑关系的真值表见表5-4。

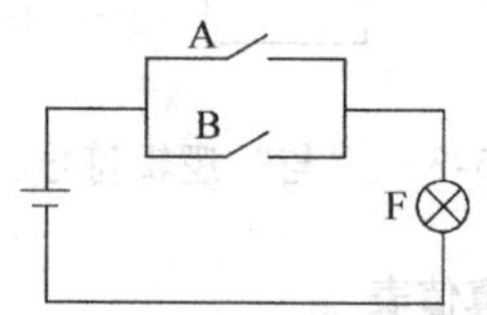


图5-5 “或”逻辑关系

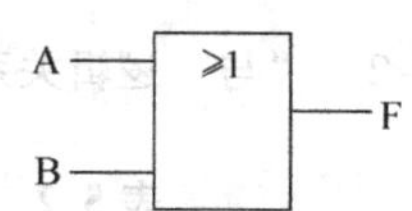


图5-6 “或”逻辑符号

表5-4 “或”逻辑关系的真值表

| A | B | F |
|---|---|---|
| 0 | 0 | 0 |
| 0 | 1 | 1 |
| 1 | 0 | 1 |
| 1 | 1 | 1 |

(1) 二极管组成的“或门”电路。图5-7所示是二极管组成的“或门”电路，其输入输出电平对应表见表5-5。从表中可见，0.3V=逻辑0，3V=逻辑1，此电路实现“或”逻辑关系。

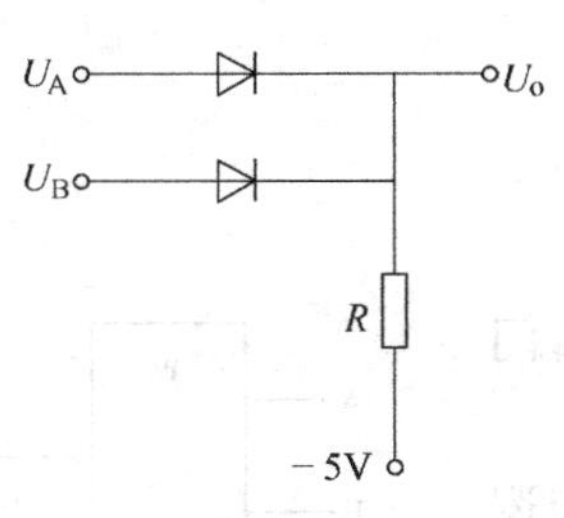

图5-7 二极管组成的“或门”电路

**表5-5 “或门”输入输出电平对应表**

| $U_A$/V | $U_B$/V | $U_o$/V |
|---|---|---|
| 0.3 | 0.3 | 0.3 |
| 0.3 | 3 | 3 |
| 3 | 0.3 | 3 |
| 3 | 3 | 3 |

（2）“或”逻辑运算规则——逻辑加

$0+0=0$　　$0+1=1$　　$1+0=1$　　$1+1=1$

**3. “非”逻辑关系和“非门”**

在只有一个条件决定某事件的情况下，当条件具备时，该事件不发生；而当条件不具备时，该事件反而发生，这样的逻辑关系称为逻辑非，也称逻辑反。

在图5-8所示电路中，当开关A接通（A=1）时，电灯F不亮（F=0），而当开关A断开（A=0）时，电灯F亮（F=1）。因此，F与A之间是逻辑非的关系，逻辑表达式为$F=\overline{A}$。“非”逻辑符号如图5-9所示。“非”逻辑关系的真值表见表5-6。

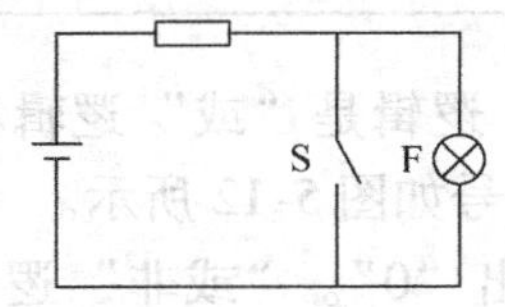

图5-8 “非”逻辑关系

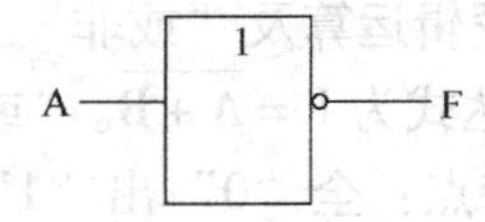

图5-9 “非”逻辑符号

**表5-6 “非”逻辑关系的真值表**

| A | F |
|---|---|
| 1 | 0 |
| 0 | 1 |

（1）“非门”电路——晶体管反相器。图5-10所示是晶体管组成的“非门”电路。

1）当$U_A=0$时，晶体管基极电位$U_B<0$，满足截止条件$U_{BE}<0.5V$，晶体管截止，$I_C=0$，$U_o=U_{CC}$，输出为高电平。

2）当$U_A=3V$时，晶体管饱和。$U_o\leqslant 0.3V$，输出为低电平。

此电路实现“非”逻辑关系。“非门”输入输出电平对应表见表5-7。

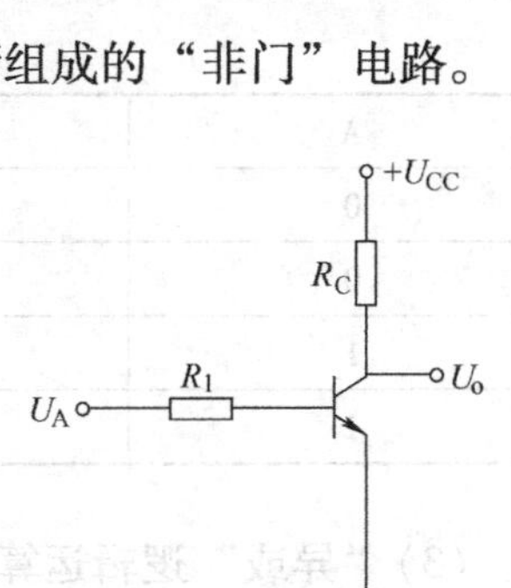

图5-10 晶体管组成的“非门”电路

**表5-7 “非门”输入输出电平对应表**

| $U_A$ | $U_o$ |
|---|---|
| 0 | $U_{CC}$（晶体管截止） |
| 3 | 0（晶体管饱和） |

（2）运算规则：非逻辑——逻辑反

$$\overline{0}=1 \qquad \overline{1}=0$$

**4. 基本逻辑关系的扩展**

除了与、或、非三种最基本的逻辑运算外，将基本逻辑门加以组合，可构成“与非”、“或非”、“异或”等门电路。

（1）“与非”逻辑运算及“与非”门。“与非”逻辑是与逻辑和非逻辑的结合，其逻辑函数表达式为 $F=\overline{AB}$。“与非”逻辑符号如图5-11所示。

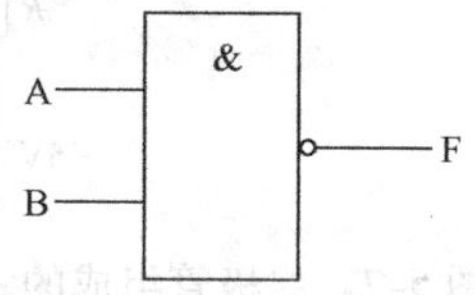

图5-11 “与非”逻辑符号

“与非”逻辑特点：全“1”出“0”，有“0”出“1”。“与非”逻辑关系的真值表见表5-8。

**表5-8 “与非”逻辑关系的真值表**

| A | B | AB | F |
|---|---|---|---|
| 0 | 0 | 0 | 1 |
| 0 | 1 | 0 | 1 |
| 1 | 0 | 0 | 1 |
| 1 | 1 | 1 | 0 |

（2）“或非”逻辑运算及“或非”门。“或非”逻辑是“或”逻辑和“非”逻辑的结合，其逻辑函数表达式为 $F=\overline{A+B}$。“或非”逻辑符号如图5-12所示。

“或非”逻辑特点：全“0”出“1”，有“1”出“0”。“或非”逻辑关系的真值表见表5-9。

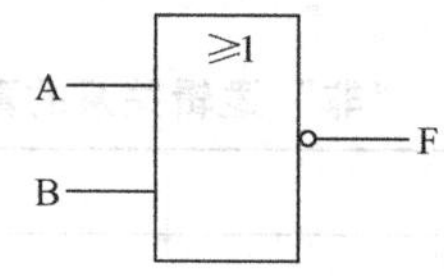

图5-12 “或非”逻辑符号

**表5-9 “或非”逻辑关系的真值表**

| A | B | AB | F |
|---|---|---|---|
| 0 | 0 | 0 | 1 |
| 0 | 1 | 1 | 0 |
| 1 | 0 | 1 | 0 |
| 1 | 1 | 1 | 0 |

（3）“异或”逻辑运算及“异或”门。设F(A、B)为变量A、B的逻辑函数，只有当A、B取值相异时（即A=1，B=0或A=0，B=1），函数F(A、B)的取值为1，否则为0，称F(A、B)为异或逻辑函数。实现异或逻辑运算的电路称为异或门。其逻辑函数表达式为 $F=\overline{A}B+A\overline{B}=A\oplus B$。“异或”逻辑符号如图5-13所示。

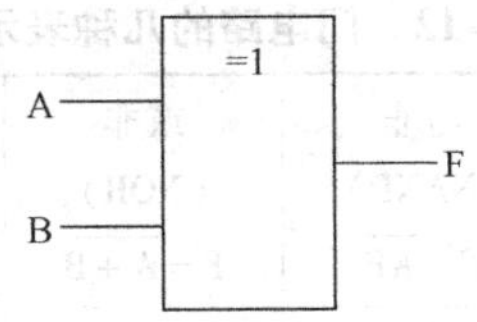


图5-13　“异或”逻辑符号

“异或”逻辑的特点：相同则0，不同则1。“异或”逻辑关系的真值表见表5-10。

表5-10　“异或”逻辑关系的真值表

| A | B | F |
|---|---|---|
| 0 | 0 | 0 |
| 0 | 1 | 1 |
| 1 | 0 | 1 |
| 1 | 1 | 0 |

**5. 三态门**

三态门就是指具有三种输出状态的门电路，即它除了可输出高电平和低电平以外，还可以有第三种输出状态——高阻态（也称禁止状态）。此时，输出端相当于悬空，和所有电路断开。三态门与普通门的区别在于，它的输入端有一个控制信号输入端EN，称为使能端。三态门的逻辑符号如图5-14所示。三态门的真值表见表5-11。

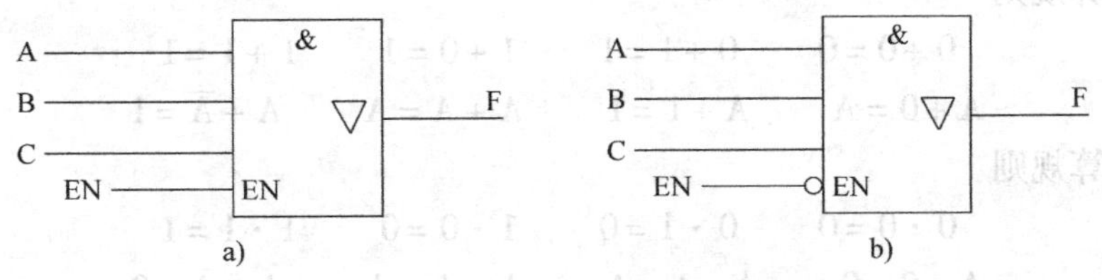


图5-14　三态门的逻辑符号
a）高电平使能　b）低电平使能

表5-11　三态门的真值表

| EN | A·B·C | F<br>高电平使能 | F<br>低电平使能 |
|---|---|---|---|
| 0 | 0 | 高阻 | 0 |
| 0 | 1 | 高阻 | 1 |
| 1 | 0 | 0 | 高阻 |
| 1 | 1 | 1 | 高阻 |

为便于查阅，将门电路的几种表示法列于表5-12中。在表中，“原部标”为过去我国使用的电路符号标准，这些符号在当前出版的许多书籍中还能见到。“国外流行”的电路符号常见于外文书籍中，特别在我国引进的一些计算机辅助电路分析和设计软件中，常使用这些符号。

表5-12 门电路的几种表示法

| 输出 / 输入 A…B | | 与（AND）<br>F = AB | 或（OR）<br>F = A + B | 与非<br>（NAND）<br>$F=\overline{AB}$ | 或非<br>（NOR）<br>$F=\overline{A+B}$ | 异或<br>（EXOR）<br>$F=A\oplus B$ | 异或非<br>（EXNOR）<br>$F=\overline{A\oplus B}$ | 非<br>（NOR）<br>$F=\overline{A}$ |
|---|---|---|---|---|---|---|---|---|
| 0 0 | | 0 | 0 | 1 | 1 | 0 | 1 | 1 |
| 0…1 | | 0 | 1 | 1 | 0 | 1 | 0 | 1 |
| 1 0 | | 0 | 1 | 1 | 0 | 1 | 0 | 0 |
| 1…1 | | 1 | 1 | 0 | 0 | 0 | 1 | 0 |
| 电路符号 | 国标 | A & B F | A ≥1 B F | A & B F | A ≥1 B F | A =1 B F | A =1 B F | A 1 F |
| | 原部标 | A B F | A + B F | A B F | A + B F | A ⊕ B F | A ⊙ B F | A F |
| | 国外流行 | A B F | A B F | A B F | A B F | A B F | A B F | A F |

#### 5.1.4.2 逻辑代数的运算法则

**1. 逻辑代数基本运算规则**

（1）加运算规则

$$0+0=0 \qquad 0+1=1 \qquad 1+0=1 \qquad 1+1=1$$

$$A+0=A \qquad A+1=1 \qquad A+A=A \qquad A+\overline{A}=1 \tag{5-6}$$

（2）乘运算规则

$$0\cdot 0=0 \qquad 0\cdot 1=0 \qquad 1\cdot 0=0 \qquad 1\cdot 1=1$$

$$A\cdot 0=0 \qquad A\cdot 1=A \qquad A\cdot A=A \qquad A\cdot\overline{A}=0 \tag{5-7}$$

（3）非运算规则

$$\overline{0}=1 \qquad \overline{1}=0 \qquad \overline{\overline{A}}=A \tag{5-8}$$

（4）在运算规则中，常量与变量之间又有如下规则：

0-1律：　$A+1=1$　　$A\cdot 0=0$

自等律　$A+0=A$　　$A\cdot 1=A$

重叠律：$A+A=A$　　$AA=A$

还原律：$\overline{\overline{A}}=A$　　互补律 $A+\overline{A}=1$　　$A\cdot\overline{A}=0$

**2. 逻辑代数运算规律**

（1）交换律：

$$A+B=B+A \qquad AB=BA \tag{5-9}$$

（2）结合律：

$$A+B+C=(A+B)+C=A+(B+C) \qquad ABC=(AB)C=A(BC) \tag{5-10}$$

（3）分配律：

$$A(B+C)=AB+AC \qquad A+BC=(A+B)(A+C) \tag{5-11}$$

【证明】$A+BC=(A+B)(A+C)$

$(A+B)(A+C)=AA+AB+AC+BC$

$$=A+A(B+C)+BC$$

$$=A(1+B+C)+BC$$ ［根据加法运算规则（或 0-1 律），$(1+B+C)=1$］

$$=A\cdot 1+BC=A+BC$$

（4）吸收规则（吸收律）

1）原变量吸收规则

$$A+AB=A \qquad A(A+B)=A \tag{5-12}$$

2）反变量吸收规则

$$A+\overline{A}B=A+B \qquad \overline{A}+AB=\overline{A}+B \tag{5-13}$$

【证明】 $A+\overline{A}B=A+AB+\overline{A}B$

$$=A+(A+\overline{A})B=A+1\cdot B=A+B$$

（5）反演定理（摩根定理）

$$\overline{AB}=\overline{A}+\overline{B} \qquad \overline{A+B}=\overline{A}\,\overline{B} \tag{5-14}$$

**3. 逻辑代数常用恒等式**

在“与或”表达式中，如果一个乘积项包含原变量 A，另一个乘积项包含反变量 A，且这两项的其余因子构成第三项，则第三项多余，如下式：

$$\overline{A}B+AC+BC=\overline{A}B+AC$$

【证明】

$$\overline{A}B+AC+BC=\overline{A}B+AC+(A+\overline{A})BC$$
$$=\overline{A}B+AC+ABC+\overline{A}BC$$
$$=AC(1+B)+\overline{A}B(1+C)$$
$$=\overline{A}B+AC$$

**5.1.4.3　逻辑函数的表示与化简**

用有限个与、或、非逻辑运算符，按某种逻辑关系将逻辑变量 A、B、C、D、…连接起来，所得的表达式 $F=f$（A，B，C，D，…）称为逻辑函数，一个具体事物的因果关系就可以用逻辑函数表示。如楼道开关控制逻辑问题就是一个逻辑函数。A 和 B 分别是楼下、楼上的两个单刀双掷开关，P 为楼道灯，任何时候均可在楼下或楼上开或关楼道灯。若用 1 表示开关掷上，用 0 表示开关掷下，用 1 表示灯亮，用 0 表示灯灭，则灯 P 是开关 A、B、C 的二值逻辑函数，即 $P=f$（A，B）。

**1. 逻辑函数的表示方法**

逻辑函数常用的表示方式有表达式、真值表、逻辑图和卡诺图等，本书重点介绍前三种表示方式。

（1）表达式。由逻辑变量和逻辑运算符号组成，用于表示变量之间逻辑关系的式子称为逻辑函数表达式，简称表达式。常用的表达式有与或表达式、标准与或表达式、或与表达式、标准或与表达式、与非与非表达式、或非或非表达式、与或非表达式等。下式即为一个表达式：

$$AB+\overline{A}C+BC=AB+\overline{A}C \tag{5-15}$$

（2）真值表。用来反映变量所有取值组合及对应函数值的表格称为真值表。例如，在一个判奇电路中，当 A、B、C 三个变量中有奇数个 1 时，输出 F 为 1；否则，输出 F 为 0。

其真值表见表5-13。

表5-13 判奇电路的真值表

| A | B | C | F |
|---|---|---|---|
| 0 | 0 | 0 | 0 |
| 0 | 0 | 1 | 1 |
| 0 | 1 | 0 | 1 |
| 0 | 1 | 1 | 0 |
| 1 | 0 | 0 | 1 |
| 1 | 0 | 1 | 0 |
| 1 | 1 | 0 | 0 |
| 1 | 1 | 1 | 1 |

（3）逻辑图。由逻辑门电路符号构成的，用来表示逻辑变量之间关系的图形称为逻辑电路图，简称为逻辑图。图5-15所示即为函数 $F=\overline{A\overline{B}+\overline{A}(\overline{B+C})(C\oplus D)}$ 的逻辑图。

**2. 逻辑函数三种表示方式的相互转换**

（1）逻辑图与表达式的相互转换。已知某逻辑变量之间关系的逻辑图如图5-16所示，从逻辑图中可以得出此逻辑变量的表达式为

$$F=\overline{\overline{A}\,\overline{B}+AB}$$

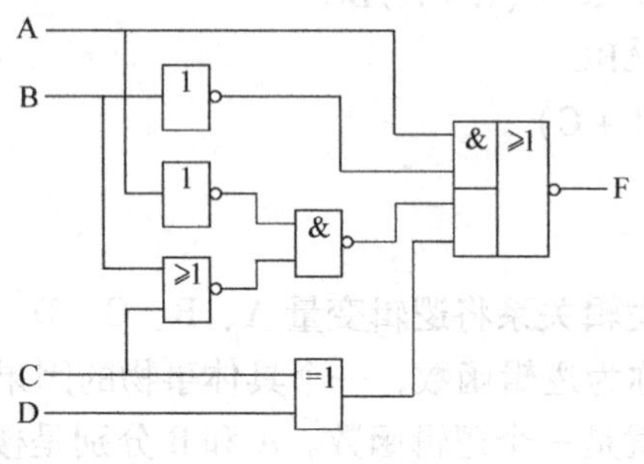

图5-15 函数F的逻辑图

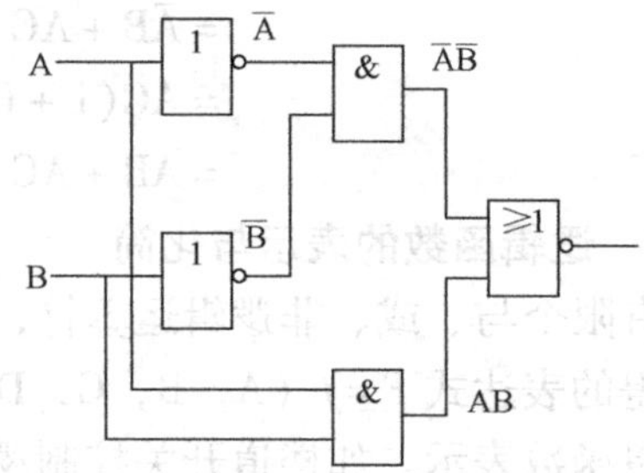

图5-16 逻辑图

（2）真值表与表达式的相互转换。从表5-13所列判奇电路的真值表，可以得出此逻辑关系的表达式为

$$F=\overline{A}\,\overline{B}C+\overline{A}B\overline{C}+A\overline{B}\,\overline{C}+ABC$$

**3. 逻辑函数的化简**

同一个逻辑函数可以写成不同的表达式。用基本逻辑门电路去实现某函数时，表达式越简单，需用门电路的个数就越少，也就越经济可靠。因此，实现逻辑函数之前，往往要对它进行化简，先求出其最简表达式，再根据最简表达式去实现逻辑函数。最简表达式有很多种，最常用的有最简与或表达式和最简或与表达式。不同类型的逻辑函数的表达式，其最简的定义也不同。常见的化简方法有代数法和卡诺图法两种，本书只介绍代数法。代数法是运用逻辑代数的基本定律和恒等式进行化简的方法，因此用代数法化简时必须熟练掌握逻辑代数的运算法则和定律。下面通过具体的例子来说明。

【例 5.1.3】用并项法（$A+\bar{A}=1$）化简逻辑函数 $L=\bar{A}\bar{B}C+\bar{A}\bar{B}\bar{C}$。

【解】$L=\bar{A}\bar{B}C+\bar{A}\bar{B}\bar{C}=\bar{A}\bar{B}\ (C+\bar{C})=\bar{A}\bar{B}$

【例 5.1.4】用吸收法（$A+AB=A$）化简逻辑函数 $L=\bar{A}B+\bar{A}BCD\ (E+F)$。

【解】$L=\underbrace{\bar{A}B}_{A}+\underbrace{\bar{A}B}_{A}\underbrace{CD(E+F)}_{B}=\bar{A}B$

【例 5.1.5】用消去法（$A+\bar{A}B=A+B$）化简逻辑函数 $L=AB+\bar{A}C+\bar{B}C$。

【解】$L=AB+\bar{A}C+\bar{B}C=AB+(\bar{A}+\bar{B})\ C=AB+\overline{AB}C=AB+C$

【例 5.1.6】用配项法化简逻辑函数 $L=AB+\bar{A}\bar{C}+B\bar{C}$。

【解】

$$
\begin{aligned}
L&=AB+\bar{A}\bar{C}+B\bar{C}=AB+\bar{A}\bar{C}+(A+\bar{A})\ B\bar{C}\\
&=AB+\bar{A}\bar{C}+AB\bar{C}+\bar{A}B\bar{C}\\
&=(AB+AB\bar{C})+(\bar{A}\bar{C}+\bar{A}B\bar{C})=AB+\bar{A}\bar{C}
\end{aligned}
$$

【例 5.1.7】求函数 $F=AB+A\bar{B}+\bar{A}B+\bar{A}\bar{B}$ 的最简与或表达式。

【解】

$$
\begin{aligned}
F&=AB+A\bar{B}+\bar{A}B+\bar{A}\bar{B}\\
&=(AB+A\bar{B})+(\bar{A}B+\bar{A}\bar{B})\\
&=A+\bar{A}=1
\end{aligned}
$$

【例 5.1.8】求函数 $F=(A+AB+ABC)\ (A+B+C)$ 的最简与或表达式。

【解】

$$
\begin{aligned}
F&=(\underbrace{A+AB}_{A}+ABC)\ (A+B+C)\\
&=(\underbrace{A+ABC}_{A})\ (A+B+C)\\
&=A\ (A+B+C)=AA+AB+AC\\
&=A+AB+AC=A+AC=A
\end{aligned}
$$

【例 5.1.9】求函数 $F=A\bar{B}+BD+D\bar{A}+DCE$ 的最简与或表达式。

【解】

$$
\begin{aligned}
F&=A\bar{B}+BD+D\bar{A}+DCE\\
&=A\bar{B}+BD+AD+D\bar{A}+DCE\\
&=A\bar{B}+BD+D\ (A+\bar{A})+DCE\\
&=A\bar{B}+BD+D+DCE=A\bar{B}+D\ (\underbrace{B+1}_{1}+CE)\\
&=A\bar{B}+D\ (1+CE)=A\bar{B}+D
\end{aligned}
$$

### 5.1.5　集成门电路

门电路是数字电路的基本逻辑单元，前面已经介绍了分立元器件组成的与门、或门和非门等门电路，但在实际应用中，更广泛使用的是 TTL 和 COMS 集成门电路。集成门电路按其功能也可分为与门、或门和非门等。为了正确应用集成门电路，必须了解它们的基本特性和主要参数等。

#### 5.1.5.1　TTL 集成门电路

TTL 集成门电路是晶体管-晶体管逻辑集成电路的简称，它有多种类型。本书介绍 TTL 与非门和三态门。

**1. TTL 与非门**

（1）TTL 与非门的基本原理。在 TTL 与非门电路中，一块集成电路可以封装多个与非门电路，各个门的输入和输出端分别通过引脚与外电路相连，不同型号的集成与非门电路，其输入符号个数可能不同。图5-17所示是一个TTL与非门的基本结构，它包含输入级、中间级和输出级。

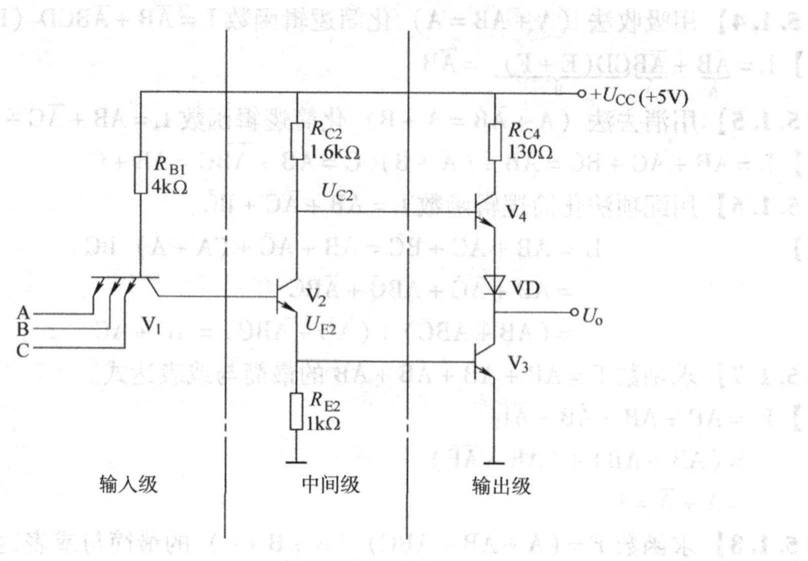


图5-17　TTL与非门的基本结构

1）当输入全为高电平3.6V时，$V_2$、$V_3$饱和导通。由于$V_2$饱和导通，$U_{C2}=1V$。$V_4$和二极管VD都截止，如图5-18所示。由于$V_3$饱和导通，输出电压$U_o=U_{CES3}\approx0.3V$，实现了与非门的逻辑功能之一，即输入全为高电平时，输出为低电平。

2）当输入有低电平0.3V时，发射结导通，$U_{B1}=1V$，$V_2$、$V_3$都截止，如图5-19所示。忽略流过$R_{C2}$的电流，$U_{B4}\approx U_{CC}=5V$。由于$V_4$和VD导通，所以

$$U_o\approx U_{CC}-U_{BE4}-U_{VD}=5V-0.7V-0.7V=3.6V$$

实现了与非门的另一逻辑功能，即输入有低电平时，输出为高电平。

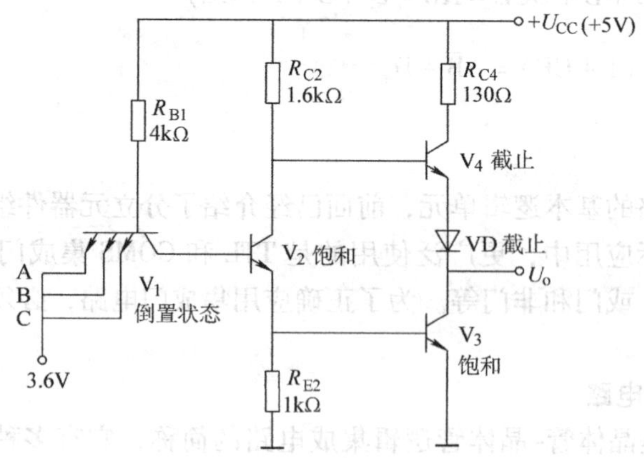


图5-18　TTL与非门的逻辑关系（1）

综合上述两种情况（见表5-14），该电路满足与非的逻辑功能，即

$$L=\overline{A\cdot B\cdot C}$$

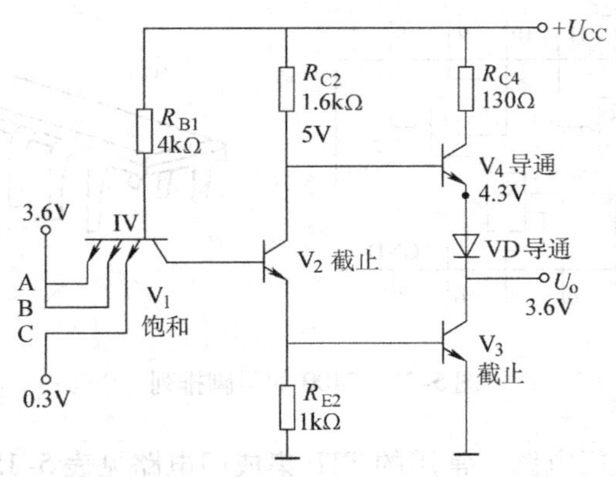


图5-19 TTL与非门的逻辑关系（2）

**表5-14 TTL与非门的各级工作状态**

| 输 入 | $V_1$ | $V_2$ | $V_3$ | $V_4$ | $V_5$ | 输 出 | 与非门状态 |
|---|---|---|---|---|---|---|---|
| 全部为高电位 | 倒置工作 | 饱和 | 导通 | 截止 | 饱和 | 低电位 $U_{OL}$ | 开门 |
| 至少有一个为低电位 | 深饱和 | 截止 | 微饱和 | 导通 | 截止 | 高电位 $U_{OH}$ | 关门 |

（2）TTL与非门的电压传输特性及主要参数

1）电压传输特性。电压传输特性 $U_o=f(U_i)$ 是使用TTL与非门时必须了解的基本特性，如图5-20所示。

2）几个重要参数。

① 输出高电平电压 $U_{OH}$——在正逻辑体制中代表逻辑“1”的输出电压。$U_{OH}$的理论值为3.6V，产品规定输出高电压的最小值 $U_{OHmin}=2.4V$。

② 输出低电平电压 $U_{OL}$——在正逻辑体制中代表逻辑“0”的输出电压。$U_{OL}$的理论值为0.3V，产品规定输出低电压的最大值 $U_{OLmax}=0.4V$。

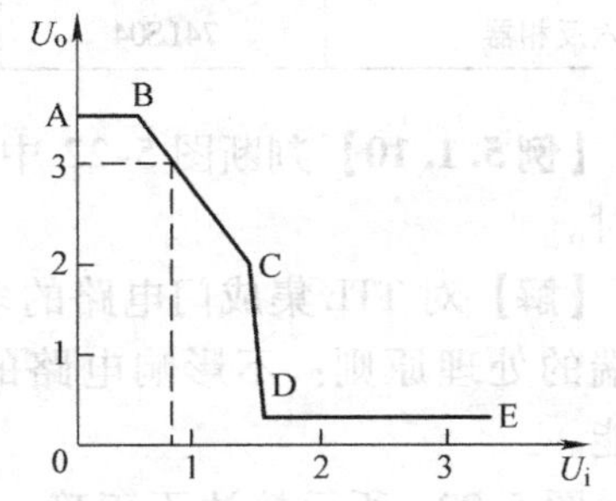


图5-20 TTL与非门的电压传输特性

③ 关门电平电压 $U_{OFF}$——输出电压下降到 $U_{OHmin}$时对应的输入电压，即输入低电压的最大值。在产品手册中常称为输入低电平电压，用 $U_{ILmax}$表示。产品规定 $U_{ILmax}=0.8V$。

④ 开门电平电压 $U_{ON}$——输出电压下降到 $U_{OLmax}$时对应的输入电压，即输入高电压的最小值。在产品手册中常称为输入高电平电压，用 $U_{IHmin}$表示。产品规定 $U_{IHmin}=2V$。

⑤ 阈值电压 $U_{th}$——电压传输特性的过渡区所对应的输入电压，即决定电路截止和导通的分界线，也是决定输出高、低电压的分界线。近似地，$U_{th}\approx U_{OFF}\approx U_{ON}$。即当 $U_i<U_{th}$时，与非门关门，输出高电平；当 $U_i>U_{th}$时，与非门开门，输出低电平。$U_{th}$又常被形象化地称为门槛电压。$U_{th}$的值为1.3～1.4V。

（3）TTL集成门电路芯片简介。7400是一种典型的TTL与非门器件，内部含有四个2输入端与非门，共有14个引脚。7400的引脚排列如图5-21所示。

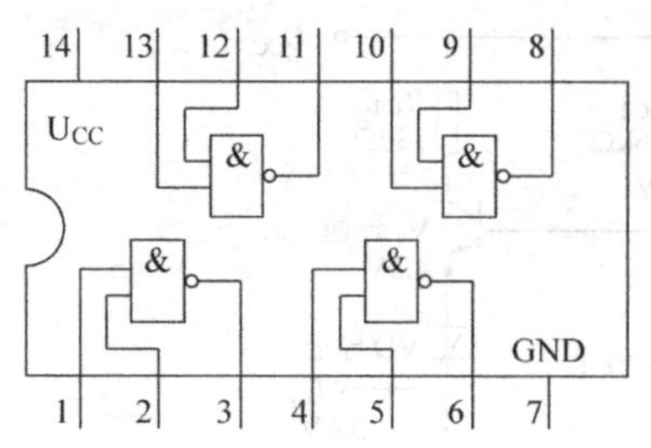


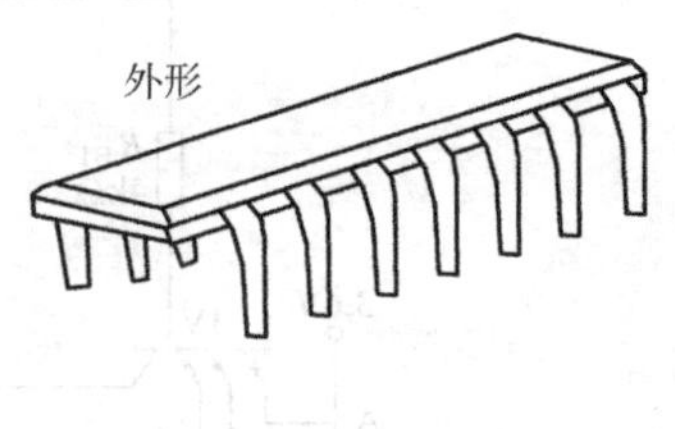


图5-21　7400的引脚排列

（4）常用的TTL集成门电路。常用的TTL集成门电路见表5-15。

表5-15　常用的TTL集成门电路

| 名　　称 | 国际常用系列型号 | 国产部标型号 | 说　　明 |
|---|---|---|---|
| 四2输入与非门 | 74LS00 | T1000 | 一个组件内部有四个门，每个门有两个输入端，一个输出端 |
| 四2输入或门 | 74LS32 | | |
| 四2输入或非门 | 74LS02 | T186 | |
| 四2输入与门 | 74LS08 | T1008 | |
| 四2异或门 | 74LS86 | T1086 | |
| 双4输入与门 | 74LS21 | T1021 | 一个组件内有两个门，每个门有四个输入端 |
| 双4输入与非门 | 74LS20 | | |
| 8输入与非门 | 74LS30 | T1002 | 只一个门，有八个输入端 |
| 六反相器 | 74LS04 | | 有六个反相器 |

【例5.1.10】判断图5-22中各TTL门电路的逻辑图的接法是否正确，说明怎样接法才对。

【解】对TTL集成门电路的多余输出端的处理原则：不影响电路的逻辑功能。

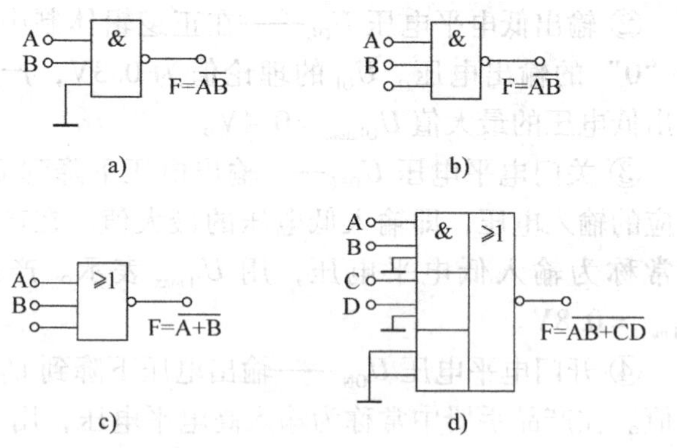


图5-22　例5.1.10图

图5-22a所示接法不正确。图中，TTL与非门有一个输入端接地，因而其输出为“1”。欲使其实现电路的逻辑功能，应将接地的引脚悬空，或接高电平，或与其中的一个输入端接在一起。

图5-22b所示接法正确。

图5-22c所示接法不正确。图中，TTL或非门有一个输入端悬空，因而其输出为“0”。欲使其实现电路的逻辑功能，应将悬空的引脚接地，或接低电平，或与其中的一个输入端接在一起。

图5-22d接法不正确。图中，TTL与非门有一个输入端接地，三个与门输出均为“0”，因而输出F为“1”。欲使其实现电路的逻辑功能，应将上面两个与门接地的引脚悬空，或

接高电平，或与其中的一个输入端接在一起。

**2. 其他类型的TTL集成门电路**

（1）集电极开路的与非门。集电极开路门（Open Collector Gate）是一种输出端可以直接相互连接的特殊逻辑门，简称OC门。OC门将一般TTL与非门的推拉式输出级改为晶体管集电极开路输出。图5-23给出了一个集电极开路与非门的电路结构和逻辑符号。

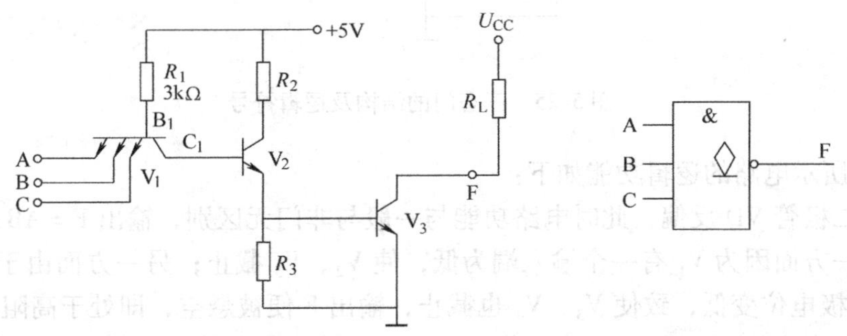


图5-23 集电极开路与非门的电路结构和逻辑符号

注意：集电极开路与非门只有在外接负载电阻 $R_L$ 和电源 $U_{CC}$ 后才能正常工作。工作特点是，输入全1时，输出为0；输入任一为0时，输出悬空；应用时，输出端要接一上拉负载电阻 $R_L$。

集电极开路与非门在计算机中应用很广泛，可以用它实现“线与”逻辑、电平转换以及直接驱动发光二极管、干簧继电器等。图5-24a所示电路是线与逻辑关系，此关系为 $L = L_1L_2 = \overline{AB} \cdot \overline{CD}$，图5-24b所示是用来驱动发光二极管的电路。

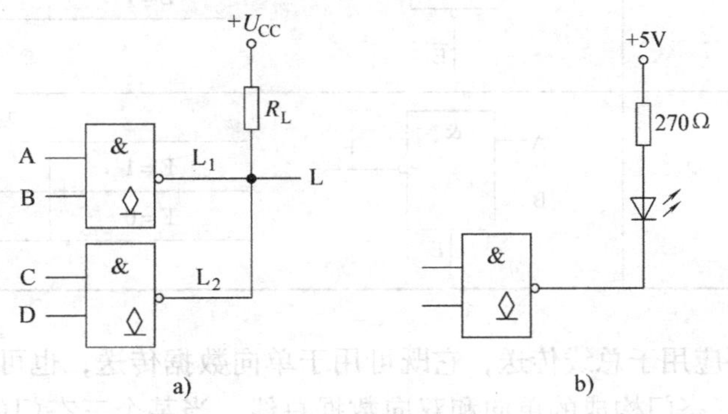


图5-24 OC门的应用

（2）三态门。三态门就是指具有三种输出状态的门电路，即它除了可输出高电平和低电平以外，还可以有第三种输出状态——高阻态（也称禁止状态）。此时，输出端相当于悬空，和所有电路断开。三态门与普通门的区别在于，它的输入端有一个控制信号输入端E（称为使能端）。

三态门的结构及逻辑符号如图5-25所示。

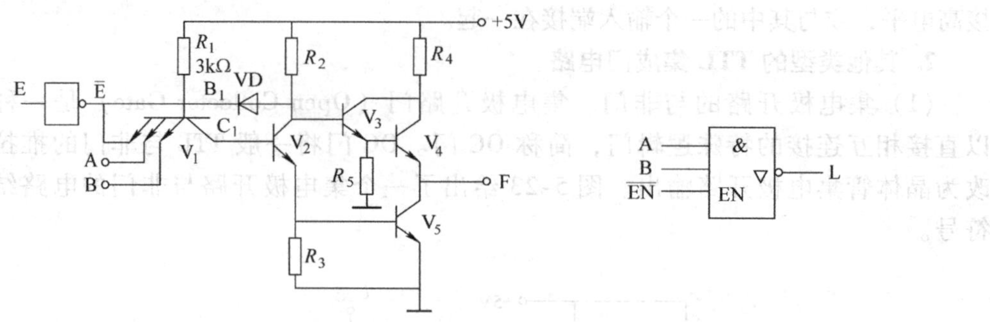


图 5-25　三态门的结构及逻辑符号

图 5-25 所示电路的逻辑功能如下：

E = 0：二极管 VD 反偏，此时电路功能与一般与非门无区别，输出 $F=\overline{AB}$；

E = 1：一方面因为 $V_1$ 有一个输入端为低，使 $V_2$、$V_5$ 截止；另一方面由于二极管导通，迫使 $V_3$ 的基极电位变低，致使 $V_3$、$V_4$ 也截止，输出 F 便被悬空，即处于高阻状态。

因为该电路是在 E = 0 时为正常工作状态，所以称为使能控制端低电平有效的三态与非门。该电路的逻辑符号在控制端加一个小圆圈表示低电平有效。

若某三态与非门的逻辑符号在控制端未加小圆圈，且控制信号写成 EN，则表明电路在 EN = 1 时为正常工作状态，称该三态与非门为使能控制端高电平有效的三态与非门。

三态门的逻辑符号及功能表见表 5-16。

**表 5-16　三态门的逻辑符号及功能表**

| | 逻辑符号 | 功能表 | |
|---|---|---|---|
| 使能端低电平起作用 | A、B 输入，&，输出 F（带小圆圈），控制端 $\overline{E}$（带小圆圈） | $\overline{E}=0$ | $F=\overline{AB}$ |
| | | $\overline{E}=1$ | 输出高阻 |
| 使能端高电平起作用 | A、B 输入，&，输出 F（带小圆圈），控制端 E | E = 1 | $F=\overline{AB}$ |
| | | E = 0 | 输出高阻 |

三态与非门主要应用于总线传送，它既可用于单向数据传送，也可用于双向数据传送，图 5-26 所示的是用三态门构成的单向和双向数据总线。当某个三态门的控制端为 1 时，该逻辑门的输入数据经反相后送至总线。

为了保证数据传送的正确性，任意时刻 $n$ 个三态门的控制端只能有一个为 1，其余均为 0，即只允许一个数据端与总线接通，其余均断开，以便实现 $n$ 个数据的传送。

### 5.1.5.2　CMOS 集成门电路

CMOS 集成门电路的主要优点是制造工艺简单、集成度高、功耗小、抗干扰能力强等，其主要缺点是速度相对于 TTL 集成门电路较低。

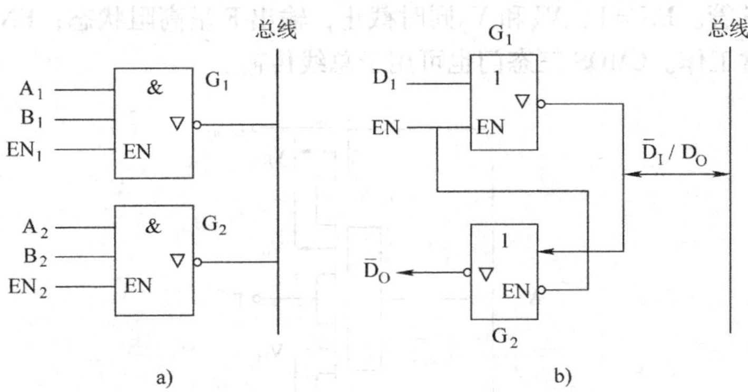


图 5-26　三态门构成的单向总线

a）用三态输出门实现数据的单向传输　b）用三态输出门实现数据的双向传输

**1. CMOS 与非门**

由两个串联的 NMOS 管和两个并联的 PMOS 管构成一个两输入端的 CMOS 与非门，如图 5-27 所示。每个输入端连到一个 PMOS 管和一个 NMOS 管的栅极。其逻辑功能如下：

（1）当输入 A、B 均为高电平时，$V_{N1}$和 $V_{N2}$导通，$V_{P1}$和 $V_{P2}$截止，输出端 F 为低电平。

（2）当输入 A、B 中至少有一个为低电平时，对应的 $V_{N1}$和 $V_{N2}$中至少有一个截止，$V_{P1}$和 $V_{P2}$中至少有一个导通，输出 F 为高电平。该电路实现了“与非”逻辑功能。

**2. CMOS 或非门**

由两个并联的 NMOS 管和两个串联的 PMOS 管构成一个两输入端的 CMOS 或非门，如图 5-28 所示。每个输入端连接到一个 NMOS 管和一个 PMOS 管的栅极。其逻辑功能如下：

（1）当输入 A、B 均为低电平时，$V_{N1}$和 $V_{N2}$截止，$V_{P1}$和 $V_{P2}$导通，输出 F 为高电平。

（2）当输入端 A、B 中至少有一个为高电平时，则对应的 $V_{N1}$和 $V_{N2}$中便至少有一个导通，$V_{P1}$和 $V_{P2}$中便至少有一个截止，使输出 F 为低电平。该电路实现了“或非”逻辑功能。

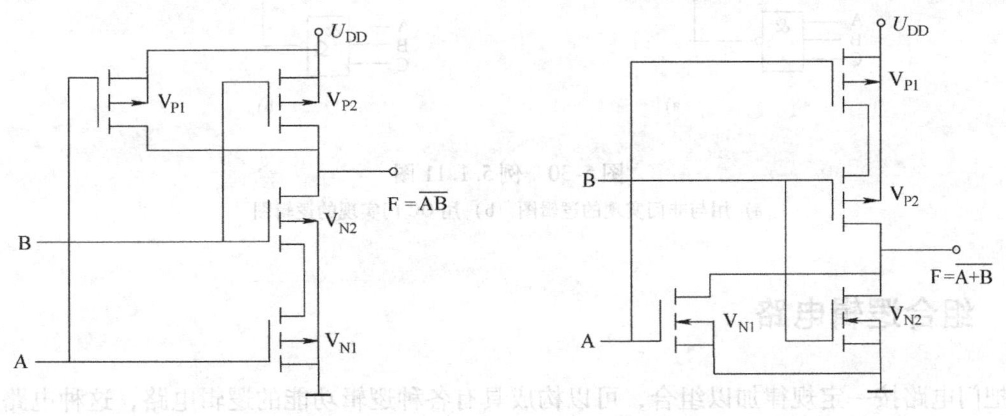


图 5-27　CMOS 与非门　　图 5-28　CMOS 或非门电路

**3. CMOS 三态门**

图 5-29 所示是一个低电平使能控制的 CMOS 三态非门，该电路是在 CMOS 反相器的基

础上增加了 NMOS 管。EN =1，$V_N'$和 $V_P'$同时截止，输出 F 呈高阻状态；EN =0，$V_N'$和 $V_P'$同时导通，非门正常工作。CMOS 三态门也可用于总线传输。

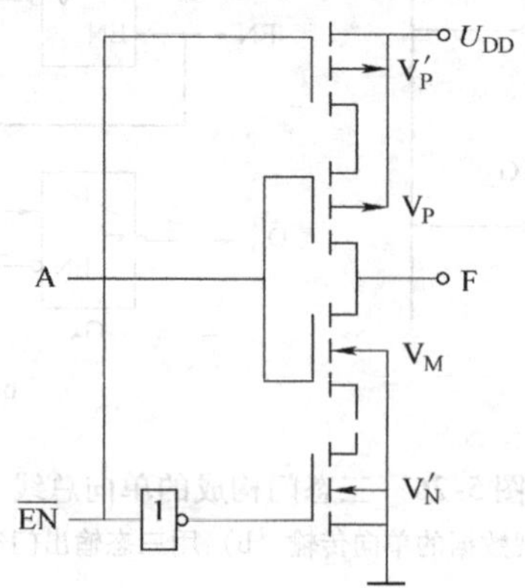


图 5-29 CMOS 三态门电路

【例 5.1.11】分别用 TTL 与非门和 OC 门，实现函数 $F = \overline{ABC + CD + AEG}$，画出逻辑图。

【解】$F = \overline{ABC + CD + AEG} = \overline{ABC} \cdot \overline{CD} \cdot \overline{AEG}$

用 TTL 与非门实现时，必须将表达式变成与非表达式，然后再画逻辑图，如图 5-30a 所示。由此可得 $F = \overline{ABC + CD + AEG} = \overline{ABC} \cdot \overline{CD} \cdot \overline{AEG} = \overline{\overline{\overline{ABC} \cdot \overline{CD} \cdot \overline{AEG}}}$

用 OC 门实现时，由于 OC 门具有线与的逻辑功能，可直接按表达式画逻辑图，如图 5-30b所示。

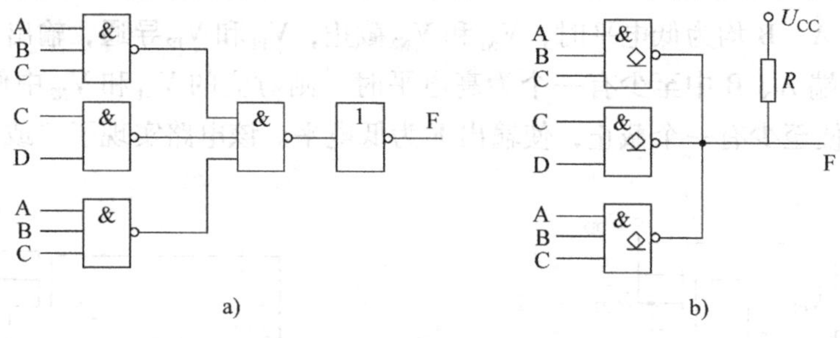


图 5-30 例 5.1.11 图

a）用与非门实现的逻辑图 b）用 OC 门实现的逻辑图

## 5.2 组合逻辑电路

把门电路按一定规律加以组合，可以构成具有各种逻辑功能的逻辑电路，这种电路的共同特点是：任意时刻的输出仅仅取决于该时刻的输入，与电路原来的状态无关，电路中没有记忆单元，没有反馈回路。这类电路称为组合逻辑电路。本节的目标是：

（1）了解组合逻辑电路的定义。

（2）掌握组合逻辑电路的分析方法。

(3) 掌握组合逻辑电路的设计方法。

(4) 掌握集成组合逻辑电路的工作原理和使用方法。

## 5.2.1　组合逻辑电路的分析方法

组合逻辑电路的分析是指在逻辑电路结构给定的情况下，通过分析写出逻辑函数表达式，然后列出真值表，确定其逻辑功能。其分析流程如图5-31所示。

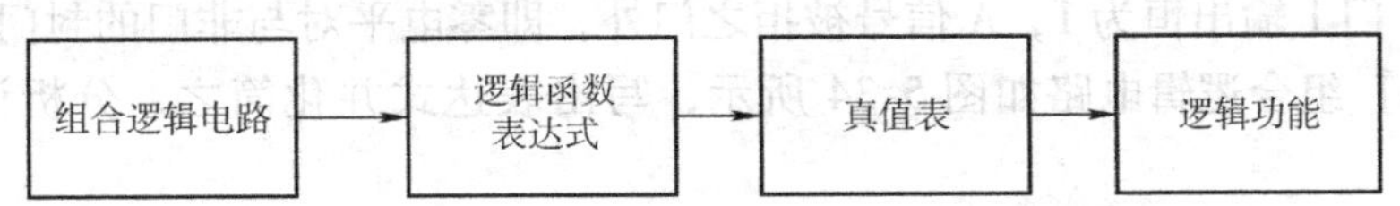


图5-31　组合逻辑电路的分析流程

**【例5.2.1】** 组合逻辑电路如图5-32所示，分析该电路的逻辑功能。

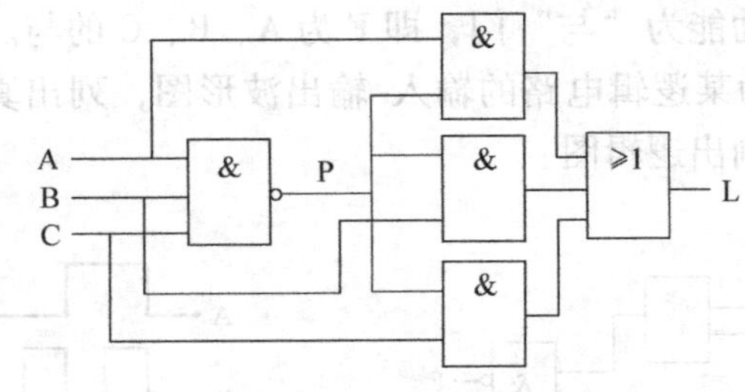


图5-32　例5.2.1图

**【解】** (1) 由逻辑图逐级写出表达式（借助中间变量P）

$$P=\overline{ABC}$$

$$L=AP+BP+CP=\overline{AABC}+B\,\overline{ABC}+C\,\overline{ABC}$$

(2) 化简与变换

$$L=\overline{ABC}\,(A+B+C)=\overline{ABC+\overline{A+B+C}}=\overline{ABC+\bar{A}\bar{B}\bar{C}}$$

(3) 分析逻辑功能。当A、B、C三个变量不一致时，输出为“1”，所以这个电路称为“不一致电路”。

**【例5.2.2】** 组合逻辑电路如图5-33所示，分析该电路的逻辑功能。

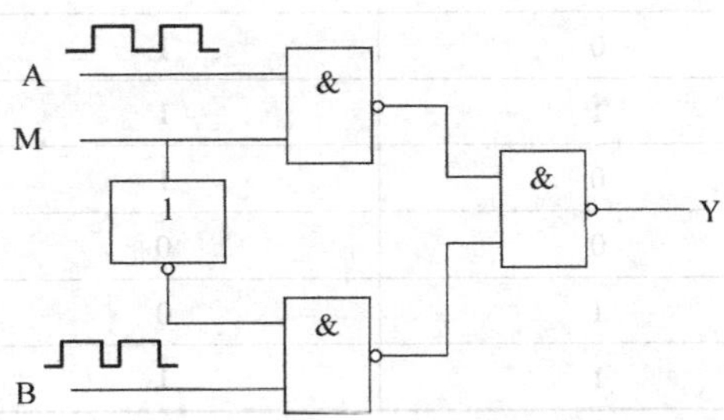


图5-33　例5.2.2图

【解】（1）由逻辑图逐级写出表达式并进行化简与变换

$$Y=\overline{\overline{AM}\cdot\overline{B\overline{M}}}=AM+B\overline{M}$$

（2）分析逻辑功能。

M =1（高电平）时，Y = A；

M =0（低电平）时，Y = B。

本组合逻辑电路的功能：二选一电路，数据选择器。

M =0 时，门1 输出恒为1，A 信号被拒之门外，即零电平对与非门的封门作用。

【例 5.2.3】组合逻辑电路如图 5-34 所示，写出表达式并化简之，分析该电路的逻辑功能。

【解】由逻辑图逐级写出表达式并进行化简与变换

$$\begin{aligned}F&=\overline{(\overline{A}+\overline{ABC})(\overline{B}+\overline{ABC})}=\overline{(\overline{A}+\overline{ABC})}+\overline{(\overline{B}+\overline{ABC})}\\&=\overline{\overline{A}}\cdot\overline{\overline{ABC}}+\overline{\overline{B}}\cdot\overline{\overline{ABC}}=A\cdot ABC+B\cdot ABC\\&=ABC+ABC=ABC\end{aligned}$$

由此可得出，其逻辑功能为“与”门，即 F 为 A、B、C 的与。

【例 5.2.4】图 5-35 为某逻辑电路的输入-输出波形图，列出真值表，写出逻辑式，化简并变换成与非表达式，画出逻辑图。

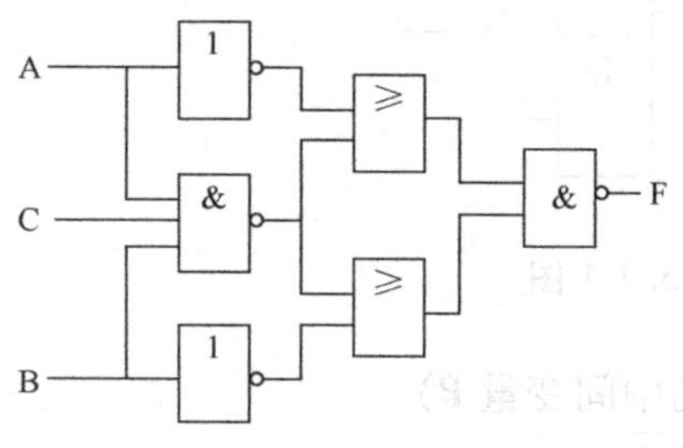


图 5-34　例 5.2.3 图

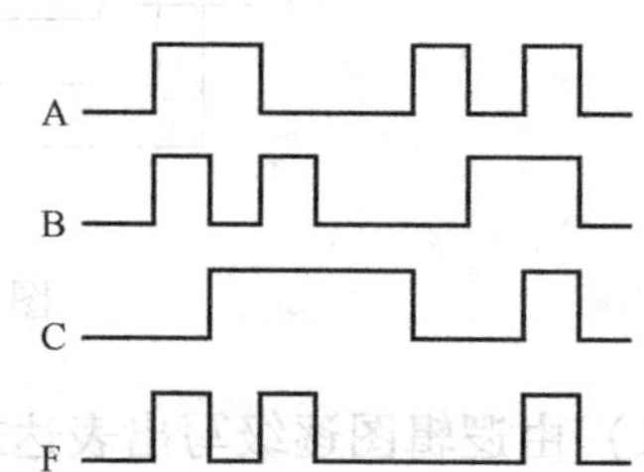


图 5-35　例 5.2.4 图（1）

【解】（1）由波形图写出真值表，见表 5-17。

表 5-17　例 5.2.4 表

| A | B | C | F |
|---|---|---|---|
| 0 | 0 | 0 | 0 |
| 1 | 1 | 0 | 1 |
| 1 | 0 | 1 | 0 |
| 0 | 1 | 1 | 1 |
| 0 | 0 | 1 | 0 |
| 1 | 0 | 0 | 0 |
| 0 | 1 | 0 | 0 |
| 1 | 1 | 1 | 1 |

（2）写表达式并进行化简与变换

$$F=AB\overline{C}+\overline{A}BC+ABC=AB\overline{C}+ABC+\overline{A}BC+ABC$$

$$=AB(\bar{C}+C)+BC(\bar{A}+A)=AB+BC$$

（3）变换为与非表达式

$$F=AB+BC=\overline{\overline{AB+BC}}=\overline{\overline{AB}\cdot\overline{BC}}$$

（4）画与非门逻辑图，如图5-36所示。

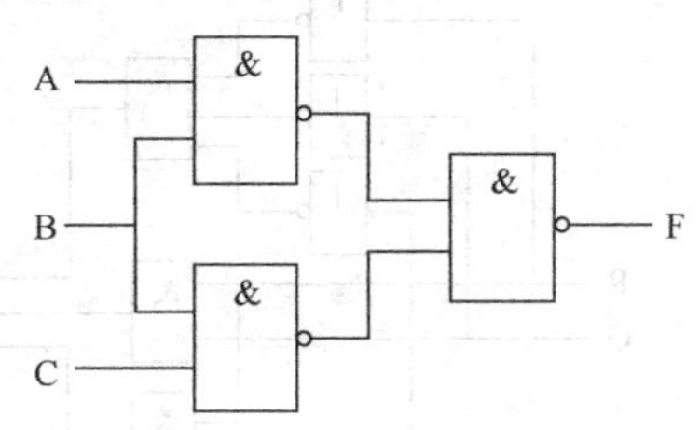


图5-36　例5.2.4图（2）

## 5.2.2　组合逻辑电路的设计

组合逻辑电路设计是根据实际需要的逻辑功能，设计出最简单的逻辑图。组合逻辑电路的设计步骤如图5-37所示。

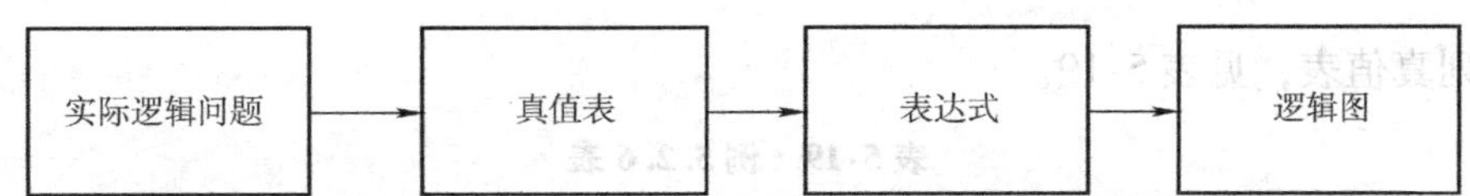


图5-37　组合逻辑电路的设计步骤

**【例5.2.5】**交通灯故障监测逻辑电路的设计。设红灯为R、黄灯为Y、绿灯为G。要求：灯单独亮→正常；黄、绿同时亮→正常；其他情况→不正常。并设灯亮为“1”，不亮为“0”，正常为“0”，不正常为“1”。

**【解】**（1）列真值表，见表5-18。

**表5-18　例5.2.5表**

| R | Y | G | Z |
|---|---|---|---|
| 0 | 0 | 0 | 1 |
| 0 | 0 | 1 | 0 |
| 0 | 1 | 0 | 0 |
| 1 | 0 | 0 | 0 |
| 0 | 1 | 1 | 0 |
| 1 | 1 | 0 | 1 |
| 1 | 0 | 1 | 1 |
| 1 | 1 | 1 | 1 |

（2）写最简表达式

$$\begin{aligned}Z&=\bar{R}\bar{Y}\bar{G}+RY\bar{G}+R\bar{Y}G+RYG\\&=\bar{R}\bar{Y}\bar{G}+RG+RY\end{aligned}$$

（3）画逻辑图。用基本逻辑门构成逻辑电路，如图5-38所示。

**【例5.2.6】**设计一个三人表决逻辑电路，要求三人（A、B、C）各控制一个按键，按下为“1”，不按为“0”。多数（≥2）按下为通过；通过时L=1，不通过L=0；用与非门实现。

**【解】**设计结构图如图5-39所示。

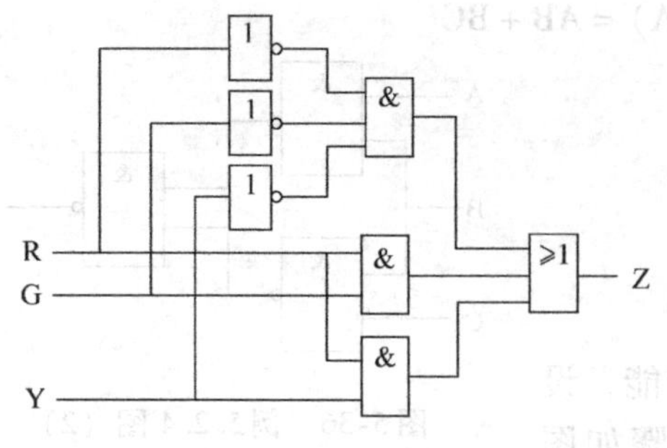


图5-38 例5.2.5图

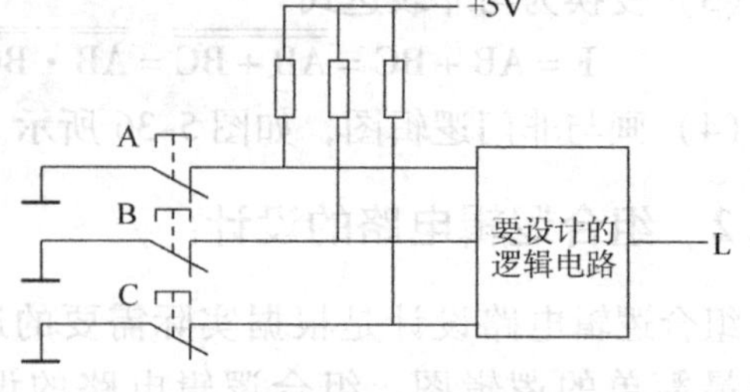


图5-39 例5.2.6图（1）

（1）列真值表，见表5-19。

表5-19 例5.2.6表

| A | B | C | L |
|---|---|---|---|
| 0 | 0 | 0 | 0 |
| 0 | 0 | 1 | 0 |
| 0 | 1 | 0 | 0 |
| 0 | 1 | 1 | 1 |
| 1 | 0 | 0 | 0 |
| 1 | 0 | 1 | 1 |
| 1 | 1 | 0 | 1 |
| 1 | 1 | 1 | 1 |

（2）写出最简与或表达式

$$L = AB + BC + AC$$

（3）画逻辑图。用与非门实现逻辑电路，如图5-40所示。即将与或表达式转换成与非—与非表达式

$$L = AB + BC + AC = \overline{\overline{AB} \cdot \overline{BC} \cdot \overline{AC}}$$

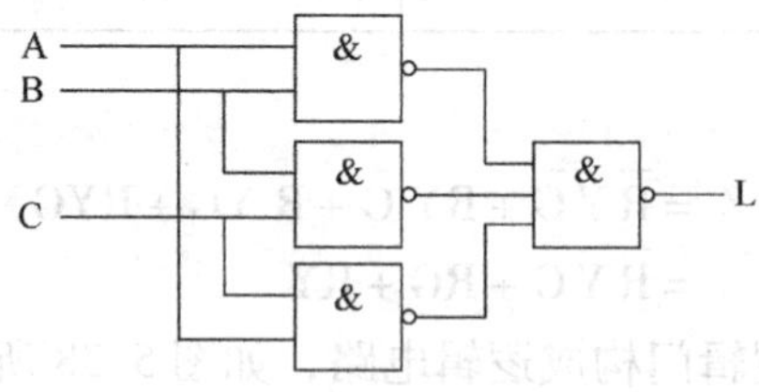


图5-40 例5.2.6图（2）

**【例5.2.7】**设计一个三变量奇偶检验器。要求：当输入变量A、B、C中有奇数个“1”时，输出为“1”，否则为“0”。用与非门实现。

**【解】**（1）列真值表，见表5-20。

表 5-20 例 5.2.7 表

| A | B | C | Y |
|---|---|---|---|
| 0 | 0 | 0 | 0 |
| 0 | 0 | 1 | 1 |
| 0 | 1 | 0 | 1 |
| 0 | 1 | 1 | 0 |
| 1 | 0 | 0 | 1 |
| 1 | 0 | 1 | 0 |
| 1 | 1 | 0 | 0 |
| 1 | 1 | 1 | 1 |

(2) 写出表达式。

取 Y = “1”（或 Y = “0”）列表达式；

取 Y = “1” 对应于 Y = 1，若输入变量为“1”，则取输入变量本身；若输入变量为“0”则取其反变量

$$Y=\overline{A}\overline{B}C+\overline{A}B\overline{C}+A\overline{B}\overline{C}+ABC$$

(3) 写出用与非门构成逻辑电路的与非表达式

$$Y=\overline{\overline{\overline{A}\overline{B}C+\overline{A}B\overline{C}+A\overline{B}\overline{C}+ABC}}=\overline{\overline{\overline{A}\overline{B}C}\cdot\overline{\overline{A}B\overline{C}}\cdot\overline{A\overline{B}\overline{C}}\cdot\overline{ABC}}$$

(4) 画逻辑图，如图 5-41 所示。

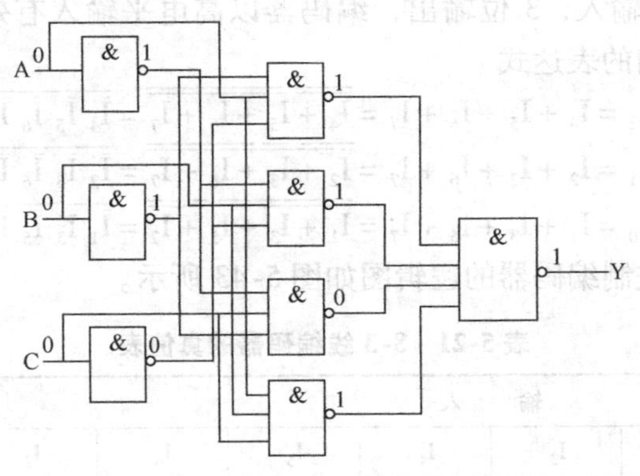


图 5-41 例 5.2.7 图

## 5.2.3 集成组合逻辑电路

在数字电路中，常用的组合逻辑电路有加法器、编码器、译码器、数据分配器和多路选择器等。以下介绍几种典型的组合逻辑电路的基本结构、工作原理和使用方法。

### 5.2.3.1 编码器

在数字电路中，将某种控制信息（例如十进制数码，A、B 等数字及各种符号）用规定的二进制数来表示，这种表示控制信息的二进制数称为代码，将控制信息变换成代码的过程称

为编码，能够实现编码功能的逻辑部件称为编码器。例如，计算机的输入键盘就是由编码器组成的，编码器将按键的含义转换成计算机能识别的二进制数，用它去控制计算机的操作。

编码器分为普通编码器和优先编码器。普通编码器在任何时候只允许输入一个有效编码信号，否则输出就会发生混乱；优先编码器则允许同时输入两个以上的有效编码信号，当同时输入几个有效编码信号时，优先编码器能按预先设定的优先级别，只对其中优先权最高的一个进行编码。

**1. 二进制编码器**

$n$ 位二进制代码有 $2^n$ 种代码组合，所以用 $n$ 位二进制代码最多可以对 $2^n$ 个被编码的信息进行编码。用 $n$ 位二进制代码对 $2^n$ 个信号进行编码的电路就是二进制编码器，简称 $2^n-n$ 线编码器，如4-2线编码器、8-3线编码器等，结构框图如图5-42所示。$2^n$-$n$ 线编码器的前一个数表示输入的实际数值的个数，后一个数表示转换成二进制数以后的位数。例如，4-2线编码器，共有四个可能的输入值0、1、2和3，它们分别占据一条输入信号线；而转换后的二进制编码分别是10和11，只需要2位就足够了，所以这种编码器只有两个输出信号线。同理，8-3线编码器用3个二进制位对8个数编码；10-4线编码器则用4个二进制位对10个数编码。

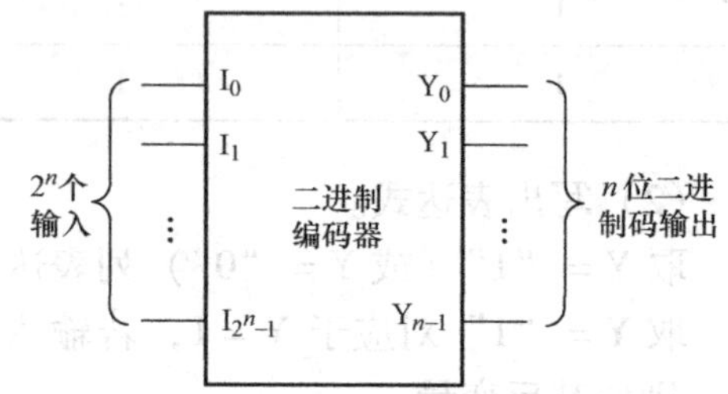


图5-42　二进制编码器的结构框图

下面以8-3线编码器为例来说明二进制编码器的原理及应用。

8-3线编码器有8位输入，3位输出，编码器以高电平输入有效，其真值表见表5-21。由真值表可以写出各输出的表达式

$$A_2 = I_4 + I_5 + I_6 + I_7 = \overline{\overline{I_4 + I_5 + I_6 + I_7}} = \overline{\bar{I}_4\,\bar{I}_5\,\bar{I}_6\,\bar{I}_7}$$

$$A_1 = I_2 + I_3 + I_6 + I_7 = \overline{\overline{I_2 + I_3 + I_6 + I_7}} = \overline{\bar{I}_2\,\bar{I}_3\,\bar{I}_6\,\bar{I}_7}$$

$$A_0 = I_1 + I_3 + I_5 + I_7 = \overline{\overline{I_1 + I_3 + I_5 + I_7}} = \overline{\bar{I}_1\,\bar{I}_3\,\bar{I}_5\,\bar{I}_7}$$

用门电路实现的二进制编码器的逻辑图如图5-43所示。

表5-21　8-3线编码器的真值表

| 输入 | | | | | | | | 输出 | | |
|---|---|---|---|---|---|---|---|---|---|---|
| $I_0$ | $I_1$ | $I_2$ | $I_3$ | $I_4$ | $I_5$ | $I_6$ | $I_7$ | $A_2$ | $A_1$ | $A_0$ |
| 1 | 0 | 0 | 0 | 0 | 0 | 0 | 0 | 0 | 0 | 0 |
| 0 | 1 | 0 | 0 | 0 | 0 | 0 | 0 | 0 | 0 | 1 |
| 0 | 0 | 1 | 0 | 0 | 0 | 0 | 0 | 0 | 1 | 0 |
| 0 | 0 | 0 | 1 | 0 | 0 | 0 | 0 | 0 | 1 | 1 |
| 0 | 0 | 0 | 0 | 1 | 0 | 0 | 0 | 1 | 0 | 0 |
| 0 | 0 | 0 | 0 | 0 | 1 | 0 | 0 | 1 | 0 | 1 |
| 0 | 0 | 0 | 0 | 0 | 0 | 1 | 0 | 1 | 1 | 0 |
| 0 | 0 | 0 | 0 | 0 | 0 | 0 | 1 | 1 | 1 | 1 |

二进制编码器应用实例：

74LS148是8-3线优先编码器，图5-44所示为利用74LS148监视8个化学罐液面的报警编码电路。若8个化学罐中任何一个的液面超过预定高度时，其液面检测传感器便输出一个0电平到编码器的输入端。编码器输出3位二进制代码到微控制器。此时，微控制器仅需要3根输入线就可以监视8个独立的被测点。

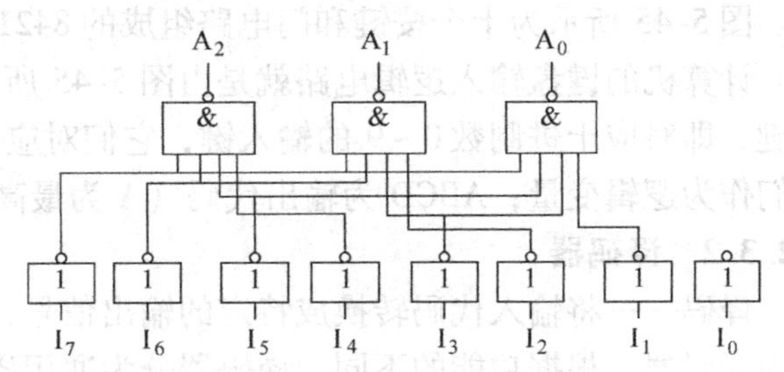


图5-43 二进制编码器的逻辑图

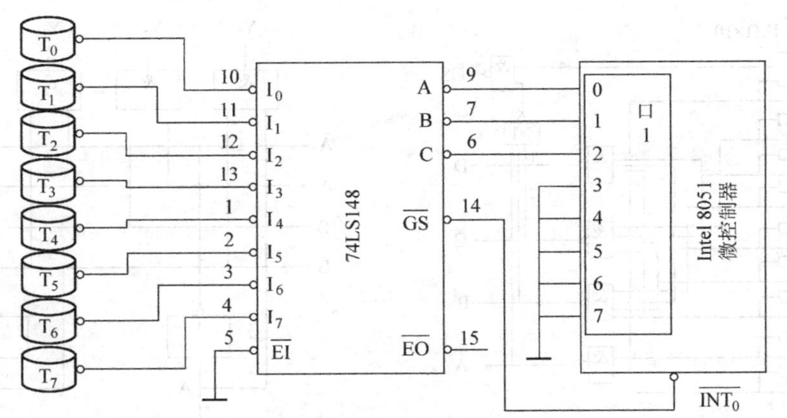


图5-44 报警编码电路

**2. 二-十进制编码器**

二进制虽然适用于数字电路，但是人们习惯于应用十进制，因此必须进行十进制数与二进制数的相互转换。为了便于应用，一般将需要表示的十进制数的每一位数都用一个4位的二进制数来表示，它既有十进制的特点，又有二进制的形式，这就是二-十进制编码（BCD码）。8421 BCD码的编码表见表5-22。

表5-22 8421 BCD码的编码表

| BCD码 | | | | 十进制数 |
|---|---|---|---|---|
| 0 | 0 | 0 | 0 | 0 |
| 0 | 0 | 0 | 1 | 1 |
| 0 | 0 | 1 | 0 | 2 |
| 0 | 0 | 1 | 1 | 3 |
| 0 | 1 | 0 | 0 | 4 |
| 0 | 1 | 0 | 1 | 5 |
| 0 | 1 | 1 | 0 | 6 |
| 0 | 1 | 1 | 1 | 7 |
| 1 | 0 | 0 | 0 | 8 |
| 1 | 0 | 0 | 1 | 9 |

图5-45所示为十个按键和门电路组成的8421 BCD编码器的逻辑图。

计算机的键盘输入逻辑电路就是由图5-45所示编码器组成的。图中，$S_0$~$S_9$代表十个按键，即对应十进制数0~9的输入键，它们对应的输出代码正好是8421 BCD码，同时也把它们作为逻辑变量；ABCD为输出代码（A为最高位）；GS为控制使能标志。

#### 5.2.3.2 译码器

译码——将输入代码转换成特定的输出信号，是编码的反过程。能完成译码功能的电路称为译码器。根据功能的不同，译码器分为通用译码器和显示译码器两类。

**【例5.2.8】** 一个简单的2位二进制代码的译码器，输入是一组2位二进制代码A、B，输出是与代码状态相对应的4个信号$Y_3$、$Y_2$、$Y_1$、$Y_0$。图5-46所示为其逻辑图，其真值表见表5-23。

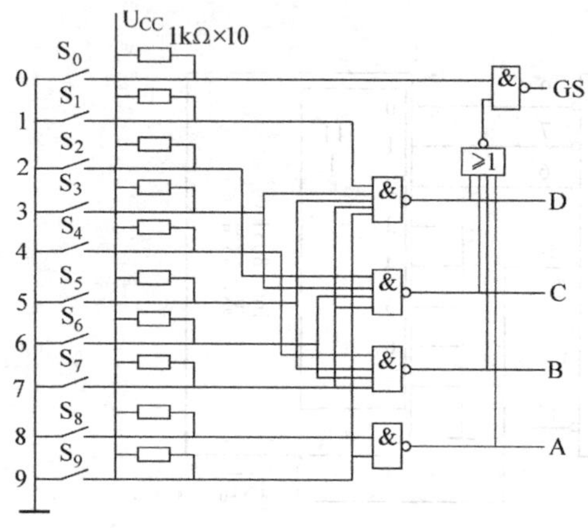


图5-45 用十个按键和门电路组成的8421 BCD编码器的逻辑图

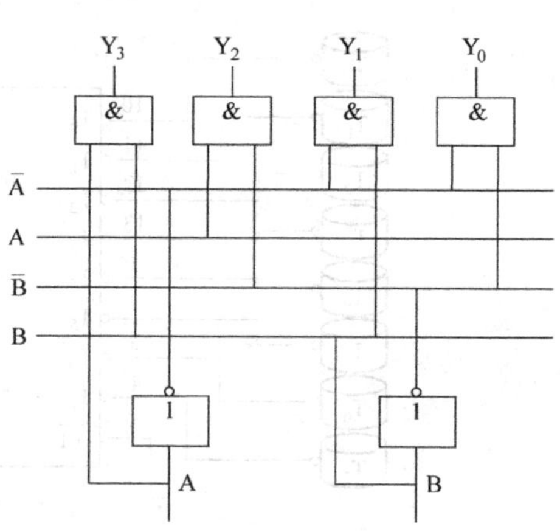


图5-46 例5.2.8图

**表5-23 例5.2.8表**

| 输入 | | 输出 | | | |
|---|---|---|---|---|---|
| A | B | $Y_3$ | $Y_2$ | $Y_1$ | $Y_0$ |
| 0 | 0 | 0 | 0 | 0 | 1 |
| 0 | 1 | 0 | 0 | 1 | 0 |
| 1 | 0 | 0 | 1 | 0 | 0 |
| 1 | 1 | 1 | 0 | 0 | 0 |

**1. 二进制译码器**

二进制译码器输入的是$n$位二进制码，有$n$个输入端，有$2^n$种输出状态，每种输出状态对应一个输出端。通常称$n-2^n$线译码器。常用类型有：

（1）2线-4线译码器，型号：74LS139。

（2）3线-8线译码器，型号：74LS138。

（3）4线-16线译码器，型号：74LS154。

它们的工作原理是相同的。以74LS138译码器（简称3-8线译码器）为例进行分析，

图5-47a、b所示分别为其逻辑图和引脚排列。其中 $A_2$、$A_1$、$A_0$ 为地址输入端，$\overline{Y}_0 \sim \overline{Y}_7$ 为译码输出端，$S_1$、$\overline{S}_2$、$\overline{S}_3$ 为使能端。74LS138的功能表见表5-24。

当 $S_1=1$，$\overline{S}_2+\overline{S}_3=0$ 时，器件使能，地址码所指定的输出端有信号（为0）输出，其他所有输出端均无信号（全为1）输出。当 $S_1=0$，$\overline{S}_2+\overline{S}_3=X$ 时，或 $S_1=X$，$\overline{S}_2+\overline{S}_3=1$ 时，译码器被禁止，所有输出同时为1。

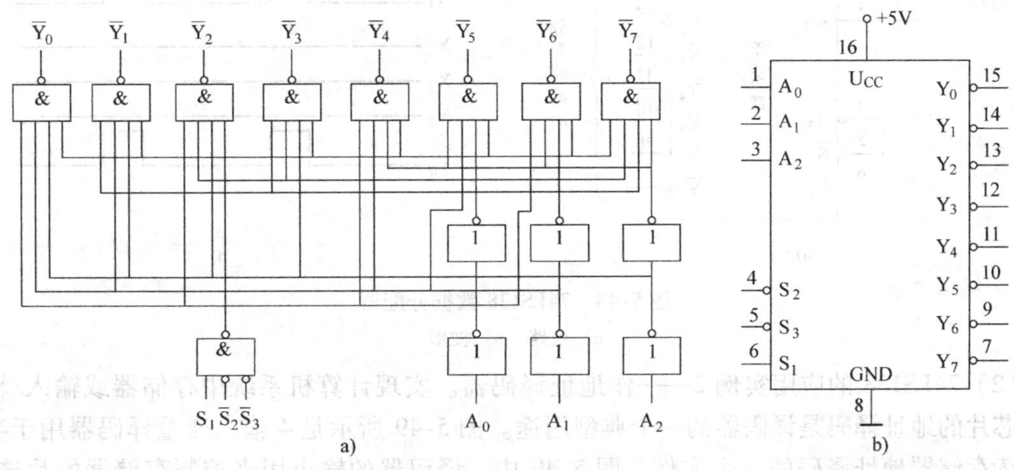


图5-47 74LS138的逻辑图及引脚排列

a）逻辑图 b）引脚排列

**表5-24 74LS138的功能表**

| 输入 | | | | | 输出 | | | | | | | |
|---|---|---|---|---|---|---|---|---|---|---|---|---|
| $S_1$ | $\overline{S}_2+\overline{S}_3$ | $A_2$ | $A_1$ | $A_0$ | $\overline{Y}_0$ | $\overline{Y}_1$ | $\overline{Y}_2$ | $\overline{Y}_3$ | $\overline{Y}_4$ | $\overline{Y}_5$ | $\overline{Y}_6$ | $\overline{Y}_7$ |
| 1 | 0 | 0 | 0 | 0 | 0 | 1 | 1 | 1 | 1 | 1 | 1 | 1 |
| 1 | 0 | 0 | 0 | 1 | 1 | 0 | 1 | 1 | 1 | 1 | 1 | 1 |
| 1 | 0 | 0 | 1 | 0 | 1 | 1 | 0 | 1 | 1 | 1 | 1 | 1 |
| 1 | 0 | 0 | 1 | 1 | 1 | 1 | 1 | 0 | 1 | 1 | 1 | 1 |
| 1 | 0 | 1 | 0 | 0 | 1 | 1 | 1 | 1 | 0 | 1 | 1 | 1 |
| 1 | 0 | 1 | 0 | 1 | 1 | 1 | 1 | 1 | 1 | 0 | 1 | 1 |
| 1 | 0 | 1 | 1 | 0 | 1 | 1 | 1 | 1 | 1 | 1 | 0 | 1 |
| 1 | 0 | 1 | 1 | 1 | 1 | 1 | 1 | 1 | 1 | 1 | 1 | 0 |
| 0 | × | × | × | × | 1 | 1 | 1 | 1 | 1 | 1 | 1 | 1 |
| × | 1 | × | × | × | 1 | 1 | 1 | 1 | 1 | 1 | 1 | 1 |

二进制译码器实际上也是负脉冲输出的脉冲分配器。若利用使能端中的一个输入端输入数据信息，器件就成为一个数据分配器（又称多路分配器）。若从 $S_1$ 输入端输入数据信息，令 $\overline{S}_2=\overline{S}_3=0$，地址码所对应的输出就是 $S_1$ 数据信息的反码；若从 $\overline{S}_2$ 端输入数据信息，令 $S_1=1$、$\overline{S}_3=0$，地址码所对应的输出就是 $\overline{S}_2$ 端数据信息的原码。若数据信息是时钟脉冲，数据分配器便成为时钟脉冲分配器。

二进制译码器可根据输入地址的不同组合译出唯一地址，故可用作地址译码器。当其接成多路分配器时，可将一个信号源的数据信息传输到不同的地点。

（1）74LS138的应用实例1——作数据分配器或时钟分配器。例如，要将输入信号序列

00100100 分配到 $Y_0$ 通道输出，图 5-48a、b 所示分别为 74LS138 数据分配器的电路与输出波形。在图 5-48 中，如果 D 输入的是时钟脉冲，则由地址码的状态将该时钟脉冲分配到 $Y_0 \sim Y_7$ 的某一个输出端，从而构成时钟脉冲分配器。

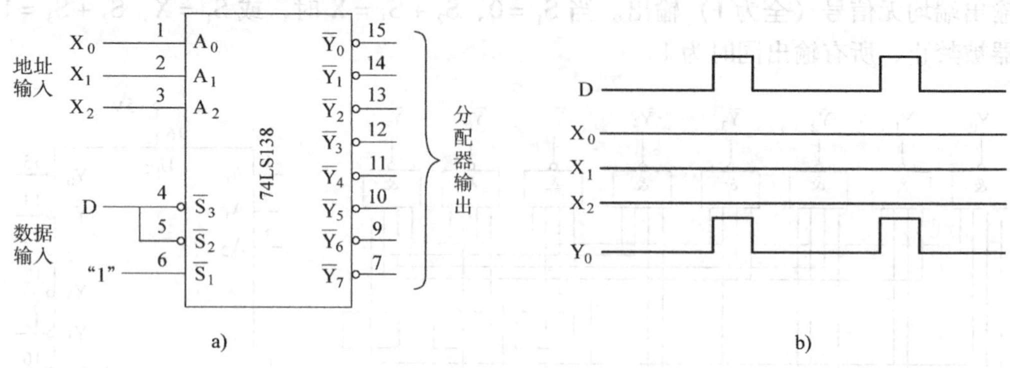


图 5-48　74LS138 数据分配器

a）电路　b）波形

（2）74LS138 的应用实例 2——作地址译码器。实现计算机系统中存储器或输入/输出接口芯片的地址译码是译码器的一个典型用途。图 5-49 所示是 4 输入变量译码器用于半导体只读存储器地址译码的一个实例。图 5-49 中，译码器的输出用来控制存储器的片选端，而译码器的输出信号取决于高位地址码 $A_5 \sim A_8$。$A_5 \sim A_8$ 4 位地址有 16 个输出信号，利用这些输出信号从 16 片存储器中选用一片，再由低位地址码 $A_0 \sim A_4$ 从被选片中选中一个字，从而读出选中字的内容。

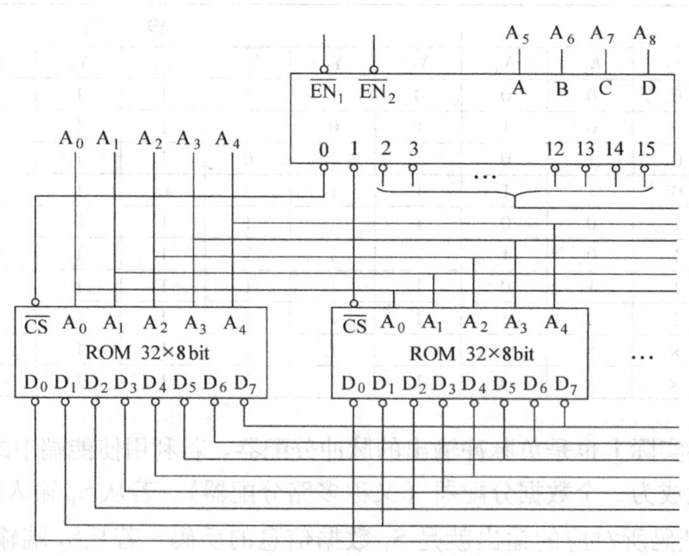


图 5-49　4 输入变量译码器用于半导体只读存储器地址译码的实例

**2. 显示译码器**

显示译码器是将数字或符号的二进制代码（输入）按其原意译成对应的信号或十进制数码（输出）的逻辑电路，用于驱动各类显示器件。数码显示电路是由显示译码器、驱动器和显示器组成。显示器有 LED（Light Emitting Diode）和 LCD（Liguid Crystae Display）两种类型。LED 用半导体发光二极管作为显示器件；LCD 用液晶作为显示器件。

（1）七段 LED 数码显示器（简称 LED 数码管）。LED 数码管是目前最常用的数字显示器，图 5-50a、b 分别为共阴极管和共阳极管电路，图 5-50c 为共阴极接法示意图。

一个 LED 数码管可用来显示一位 0 ~ 9 十进制数和一个小数点。小型数码管（0.5in 和 0.36in）（1in = 0.0254m）每段发光二极管的正向压降随显示光（通常为红、绿、黄、橙色）的颜色不同略有差别，通常约为 2 ~ 2.5V，每个发光二极管的点亮电流在 5 ~ 10mA。LED 数码管要显示 BCD 码所表示的十进制数字就需要有一个专门的译码器，该译码器不但要完成译码功能，还要有相当的驱动能力。

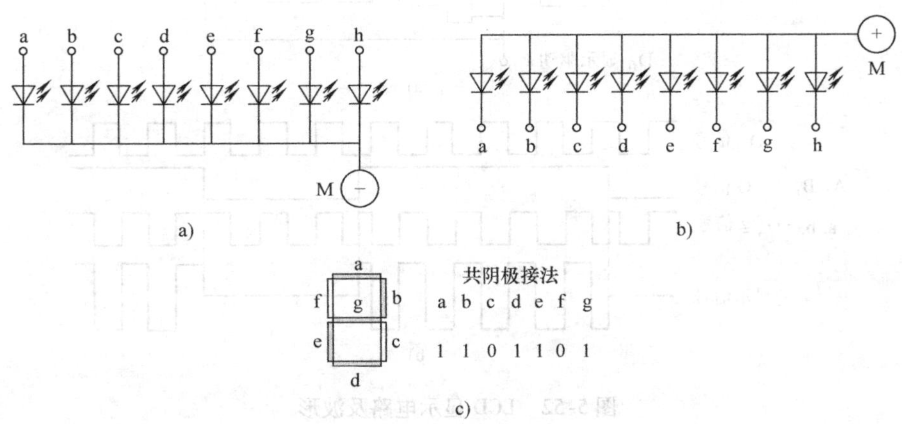


图 5-50　LED 数码管

a）共阴连接（“1”电平驱动）　b）共阳连接（“0”电平驱动）　c）共阴极接法

图 5-51 所示是用 74LS147 二-十进制（8421 BCD 码）优先编码器与图 5-50 所示的 LED 数码管组成的数码显示电路。

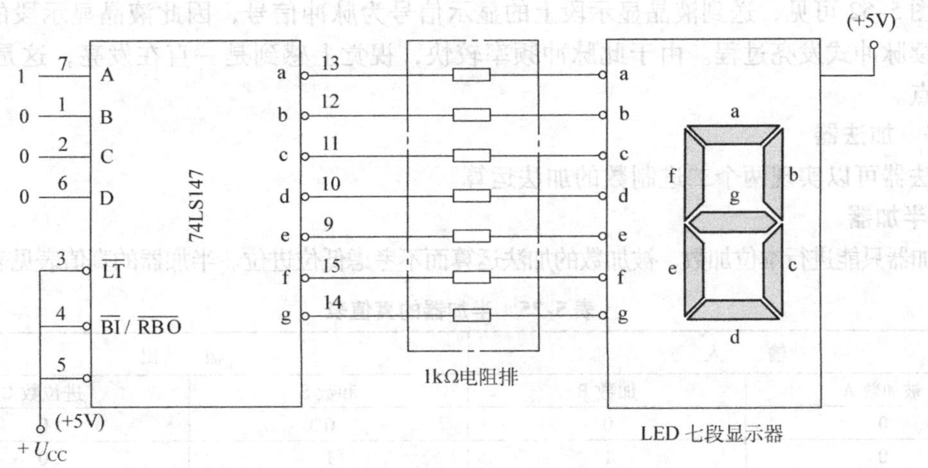


图 5-51　数码显示电路

(2) LCD显示电路。LCD是当今功耗最低的一种显示器，因而特别适合于袖珍显示器、低功耗便携式计算机、仪器仪表等的应用。图5-52所示是用七段译码器组成的LCD显示电路及波形。

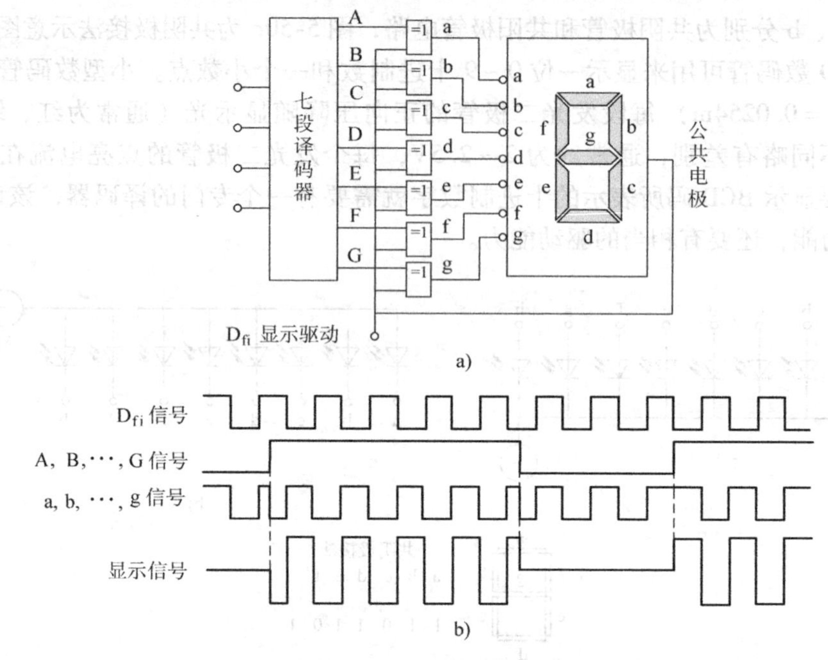


图5-52 LCD显示电路及波形

a) LCD显示电路 b) 波形

图5-52中，信号A～G是七段译码器输出的七段信号。显示驱动信号$D_{fi}$一般为50～100Hz（数字钟表等则用32Hz或64Hz）的脉冲信号，该信号同时加到液晶显示器的公共电极。在译码器内部异或门的作用下，送到液晶显示器信号电极上的驱动信号a～g是信号$D_{fi}$分别与段信号A～G的异或信号。要显示的字段上所加的峰值电压为电源电压的2倍。

由图5-52可见，送到液晶显示段上的显示信号为脉冲信号，因此液晶显示段的发亮是一个连续脉冲式发亮过程。由于此脉冲频率较快，视觉上感到是一直在发亮，这是LCD显示的特点。

#### 5.2.3.3 加法器

加法器可以实现两个二进制数的加法运算。

**1. 半加器**

半加器只能进行本位加数、被加数的加法运算而不考虑低位进位。半加器的真值表见表5-25。

**表5-25 半加器的真值表**

| 输入 | | 输出 | |
|---|---|---|---|
| 被加数A | 加数B | 和数S | 进位数C |
| 0 | 0 | 0 | 0 |
| 0 | 1 | 1 | 0 |
| 1 | 0 | 1 | 0 |
| 1 | 1 | 0 | 1 |

由真值表直接写出表达式为

$$S=\overline{A}B+A\overline{B}=A\oplus B,\qquad C=AB$$

半加器的逻辑图如图 5-53 所示。

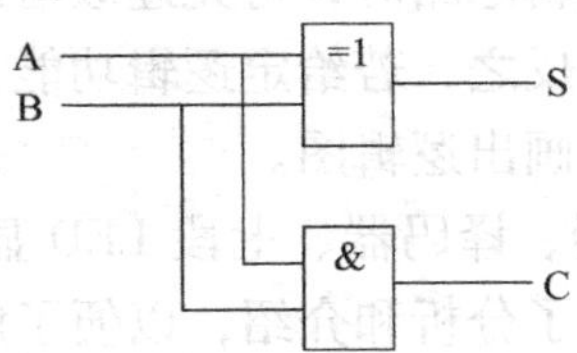


图 5-53　半加器的逻辑图

**2. 全加器**

全加器能同时进行本位数和相邻低位的进位信号的加法运算，全加器的真值表见表 5-26。

表 5-26　全加器的真值表

| 输入 | | | 输出 | |
|---|---|---|---|---|
| $A_i$ | $B_i$ | $C_{i-1}$ | $S_i$ | $C_i$ |
| 0 | 0 | 0 | 0 | 0 |
| 0 | 0 | 1 | 1 | 0 |
| 0 | 1 | 0 | 1 | 0 |
| 0 | 1 | 1 | 0 | 1 |
| 1 | 0 | 0 | 1 | 0 |
| 1 | 0 | 1 | 0 | 1 |
| 1 | 1 | 0 | 0 | 1 |
| 1 | 1 | 1 | 1 | 1 |

由真值表直接写出表达式，再经代数法化简和转换得

$$S_i=\overline{A}_i\overline{B}_iC_{i-1}+\overline{A}_iB_i\overline{C}_{i-1}+A_i\overline{B}_i\overline{C}_{i-1}+A_iB_iC_{i-1}$$

$$\begin{aligned}C_i&=\overline{A}_iB_iC_{i-1}+A_i\overline{B}_iC_{i-1}+A_iB_i\overline{C}_{i-1}+A_iB_iC_{i-1}\\&=(A_i\oplus B_i)C_{i-1}+(A_i\oplus B_i)\ \overline{C}_{i-1}=A_i\oplus B_i\oplus C_{i-1}\\&=A_iB_i+(A_i\oplus B_i)\ C_{i-1}\end{aligned}$$

全加器的逻辑图及逻辑符号如图 5-54 所示。

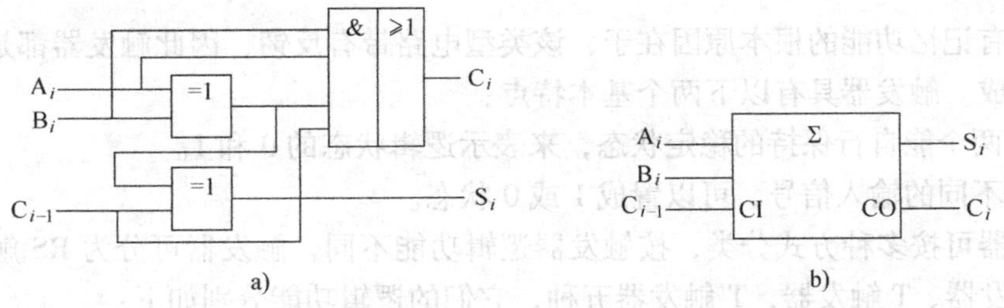


图 5-54　全加器的逻辑图及逻辑符号

a）逻辑图　b）逻辑符号

### 5.2.4 小结

（1）组合逻辑电路是由各种逻辑门组成的，它的特点是无记忆功能，即输出信号只取决于当时的输入信号。分析组合逻辑电路时，可先逐级写出输出的表达式，再化简为最简与或表达式，以便分析其逻辑功能。反之，若给定逻辑功能，要求画出逻辑图时，可先根据逻辑功能列出真值表，再化简，然后画出逻辑图。

（2）半加器、全加器、编码器、译码器、七段 LED 显示器、数据选择器等都是广泛应用的组合逻辑电路，本节对它们作了分析和介绍，以便了解它们的工作原理。

## 5.3 集成触发器

在数字系统中，为了组成各种逻辑功能电路，不但需要各种门电路，还需要一种具有记忆功能的基本逻辑单元，即触发器。触发器具有存储数据、记忆信息等多种功能，也是构成时序逻辑电路的重要组成部分。本节主要讨论基本 RS 触发器和时钟触发器的电路构成、工作原理、参数和特性，并介绍触发器逻辑功能的描述方法。

集成触发器又称双稳态触发器，所谓双稳态就是指有两个稳定状态，一个称为“1”状态，一个称为“0”状态。而且，电路可以工作在两个稳定状态的任意一个状态。本节的目标是：

（1）掌握触发器的性质特点。

（2）掌握基本触发器的电路形式、逻辑功能及描述方法。

（3）掌握时钟触发器的电路形式、逻辑功能及描述方法。

（4）掌握主从 JK 触发器的电路形式、逻辑功能及描述方法。

### 5.3.1 集成触发器概述

数字电路中，有时需要使用具有记忆功能的基本逻辑单元电路。所谓的记忆功能是指：某一个时刻电路的输出，不仅仅由该时刻的输入所确定，还和电路过去的输入有关；或者说，某一个时刻它的输出不仅仅与该时刻的输入有关，还和电路的状态有关。触发器就是一种能够保持两个稳定状态的单元电路，即能够存储 1 位二值信号（0，1）的基本逻辑单元电路。因此，触发器是构成时序逻辑电路的基本电路，也是联系组合逻辑电路和时序逻辑电路的桥梁。

触发器具有记忆功能的根本原因在于，该类型电路带有反馈，因此触发器都是由带有反馈的门电路构成。触发器具有以下两个基本特点：

（1）具有两个能自行保持的稳定状态，来表示逻辑状态的 0 和 1。

（2）根据不同的输入信号，可以置成 1 或 0 状态。

集成触发器可按多种方式分类，按触发器逻辑功能不同，触发器可分为 RS 触发器、JK 触发器、D 触发器、T 触发器，T′触发器五种，它们的逻辑功能分别如下：

1）RS 触发器，具有保持、置“0”、置“1”功能。

2）JK 触发器，具有保持、置“0”、置“1”、计数功能。

3）D 触发器，具有置“0”、置“1”功能。

4）T 触发器，具有保持、计数功能。

5）T′触发器，仅具有计数功能。

## 5.3.2　触发器的基本电路结构及工作状态

基本触发器一般由两个与非门（或两个或非门）加上反馈组成。基本触发器的逻辑图如图 5-55 所示。

图 5-55 中，两个输入端为 $R_d$、$S_d$，两个互补的输出端为 $\overline{Q}$ 和 Q，正常时两个互补的输出状态相反。基本触发器的工作状态分析如下：

（1）当输入 $R_d=0$，$S_d=1$ 时，如果触发器输出的原状态为 $\overline{Q}=1$，$Q=0$，此时触发器的工作状态如图 5-56a 所示，输出的状态保持不变；但如果触发器输出的原状态为 $\overline{Q}=0$，$Q=1$，则此时触发器的工作状态如图 5-56b 所示，输出的状态变为 $\overline{Q}=1$，$Q=0$。

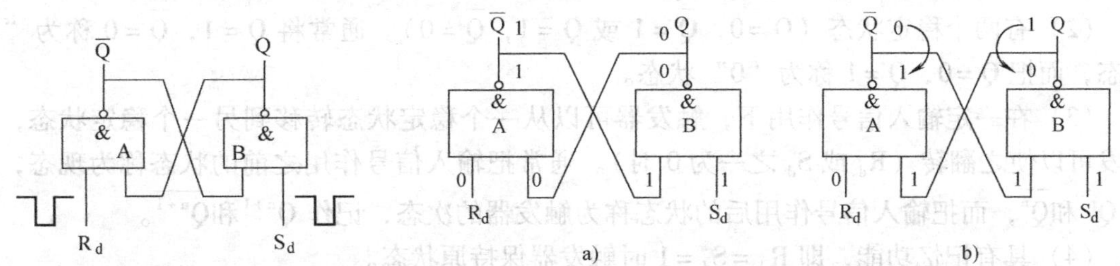


图 5-55　基本触发器　　　图 5-56　基本触发器在 $R_d=0$、$S_d=1$ 时的工作状态

（2）当输入 $R_d=1$，$S_d=0$ 时，如果触发器输出的原状态为 $\overline{Q}=1$，$Q=0$，此时触发器的工作状态如图 5-57a 所示，输出的状态变为 $\overline{Q}=0$，$Q=1$；但如果触发器输出的原状态为 $\overline{Q}=0$，$Q=1$，则此时触发器的工作状态如图 5-57b 所示，输出的状态保持不变。

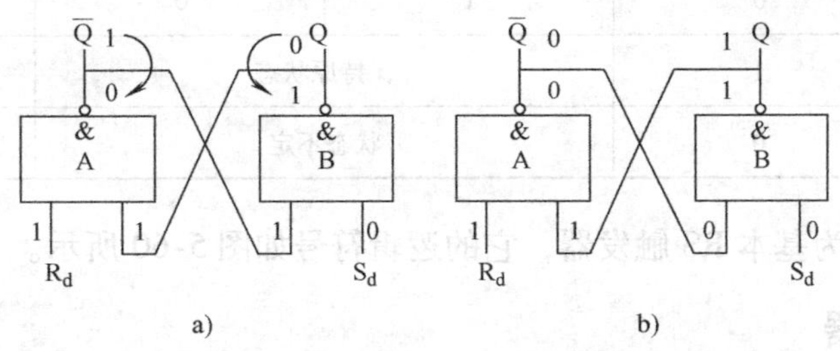


图 5-57　基本触发器在 $R_d=1$、$S_d=0$ 时的工作状态

（3）当输入 $R_d=1$，$S_d=1$ 时，如果触发器输出的原状态为 $\overline{Q}=1$，$Q=0$，此时触发器的工作状态如图 5-58a 所示，输出状态不变；但如果触发器输出的原状态为 $\overline{Q}=0$，$Q=1$，则此时触发器的工作状态如图 5-58b 所示，输出的状态仍然保持不变。

（4）当输入 $R_d=0$，$S_d=0$ 时，此时触发器的工作状态如图 5-59 所示，输出的状态全为 1；但当 $R_d$、$S_d$ 同时变为 1 时，翻转快的门输出变为 0，另一个不翻转。

由以上分析可见，基本触发器是双稳态器件，只要令 $R_d=S_d=1$，其保持原状态。基本触发器在稳态情况下，两个输出互补。在控制端加入负脉冲，可以使基本触发器状态变化。$S_d$ 端加入负脉冲，使 $Q=1$，$S_d$ 称为“置位”或“置 1”端；$R_d$ 端加入负脉冲，使 $Q=0$，

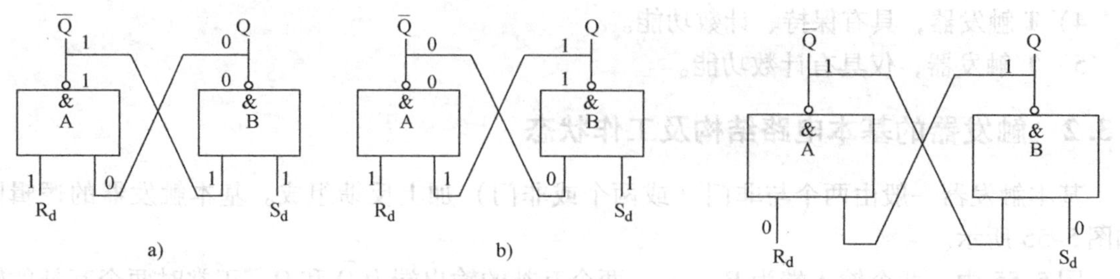


图5-58 基本触发器在 $R_d=1$，$S_d=1$ 时的工作状态

图5-59 基本触发器在 $R_d=0$、$S_d=0$ 时的工作状态

$R_d$ 称为“复位”端或“清0”端。基本触发器的特点如下：

（1）有两个互补的输出端 Q 和 $\overline{Q}$。

（2）有两个稳定状态（$Q=0$，$\overline{Q}=1$ 或 $Q=1$，$\overline{Q}=0$）。通常将 $Q=1$，$\overline{Q}=0$ 称为“1”状态，而把 $Q=0$，$\overline{Q}=1$ 称为“0”状态。

（3）在一定输入信号作用下，触发器可以从一个稳定状态转移到另一个稳定状态，即触发可以使之翻转（$R_d$ 或 $S_d$ 之一为0时）。通常把输入信号作用之前的状态称为现态，记作 $Q^n$ 和 $\overline{Q^n}$，而把输入信号作用后的状态称为触发器的次态，记作 $Q^{n+1}$ 和 $\overline{Q^{n+1}}$。

（4）具有记忆功能，即 $R_d=S_d=1$ 时触发器保持原状态。

基本触发器的功能表见表5-27。

表5-27 基本触发器的功能表

| $R_d$ | $S_d$ | Q | $\overline{Q}$ | 说　明 |
|---|---|---|---|---|
| 0 | 1 | 0 | 1 | 复位 |
| 1 | 0 | 1 | 0 | 置位 |
| 1 | 1 | 保持原状态 | | 记忆功能 |
| 0 | 0 | 状态不定 | | 应禁止状态 |

基本触发器也称为基本 RS 触发器，它的逻辑符号如图5-60所示。

## 5.3.3 同步触发器

在数字系统中，为协调各部分的动作，常要求某些触发器于同一时刻动作。为此，必须引入同步信号，使这些触发器只有在同步信号到达时才按输入信号改变状态。通常把这个同步信号叫做时钟脉冲，或称为时钟信号，简称时钟，用 CP（Clock Pulse）表示。

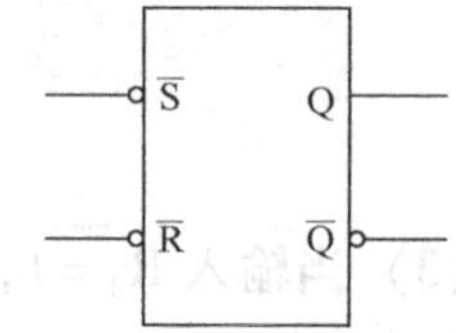


图5-60 基本 RS 触发器的逻辑符号

同步触发器又称为“钟控触发器”，即时钟控制的电平触发器。按照控制信号不同，同步触发器又有同步 RS 触发器、同步 JK 触发器、同步 D 触发器和同步 T 触发器等不同类型。

### 5.3.3.1　同步 RS 触发器

#### 1. 同步 RS 触发器的组成

图 5-61 所示是同步 RS 触发器的组成和逻辑符号，同步 RS 触发器的输出状态不仅取决于输入信号 R 和 S 的状态，还要受时钟 CP 的控制。当时钟脉冲 CP 不出现时，CP 端为低电平，$G_3$ 和 $G_4$ 都关闭，加在 R、S 端的输入信号不能通过 $G_3$ 和 $G_4$ 去影响基本 RS 触发器的输出状态，只有当时钟脉冲的上升沿出现时，CP 端由低电平 0 跳变为高电平 1，触发器才能根据 R、S 的输入情况而动作。

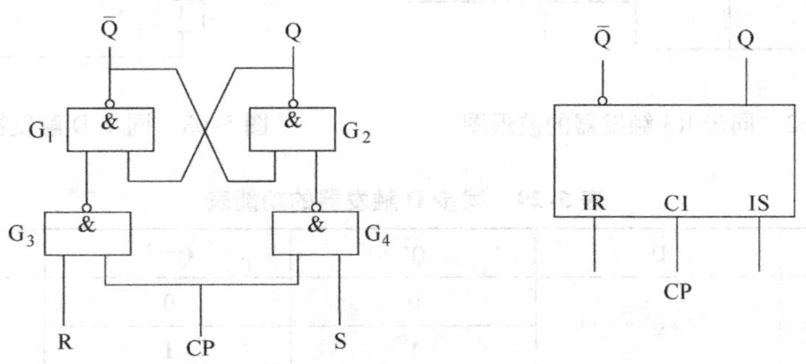


图 5-61　同步 RS 触发器的组成和逻辑符号

#### 2. 同步 RS 触发器的运行分析

当 CP = 0 时，控制门 $G_3$、$G_4$ 关闭，触发器的输出状态保持不变；当 CP = 1 时，$G_3$、$G_4$ 打开，触发器的输出状态由 R、S 端的输入确定。

同步 RS 触发器的状态转换分别由 R、S 和 CP 控制，R、S 控制状态转换的方向，CP 控制状态转换的时刻。同步 RS 触发器的功能表见表 5-28，波形图如图 5-62 所示。

表 5-28　同步 RS 触发器的功能表

| CP | R | S | $Q^{n+1}$ | 说　明 |
|---|---|---|---|---|
| 1 | 0 | 0 | $Q^n$ | 保持 |
| 1 | 0 | 1 | 1 | 置 1 |
| 1 | 1 | 0 | 0 | 置 0 |
| 1 | 1 | 1 | 不定 | 避免 |
| 0 | × | × | $Q^n$ | 保持 |

注：表中“×”的含义为“不定”。

从同步 RS 触发器的功能表可知，只有当 CP = 1 时，触发器输出端的状态才会受输入信号的控制，而且在 CP = 1 时的功能表与基本 RS 触发器的功能表相同。输入信号同样需要遵守 $S \cdot R = 0$ 的约束条件。

### 5.3.3.2　同步 D 触发器

为了从根本上避免同步 RS 触发器 R、S 同时为 1 的情况出现，可以在 R 和 S 之间接一个非门。这种单输入的触发器称为同步 D 触发器（又称为 D 锁存器），其组成如图 5-63 所示，功能表见表5-29。

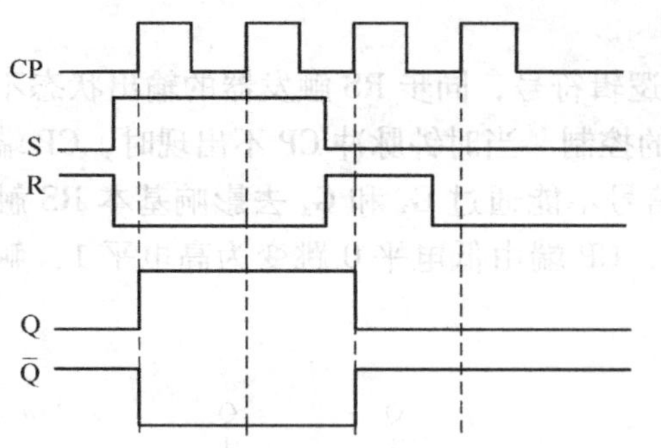

图5-62 同步RS触发器的波形图

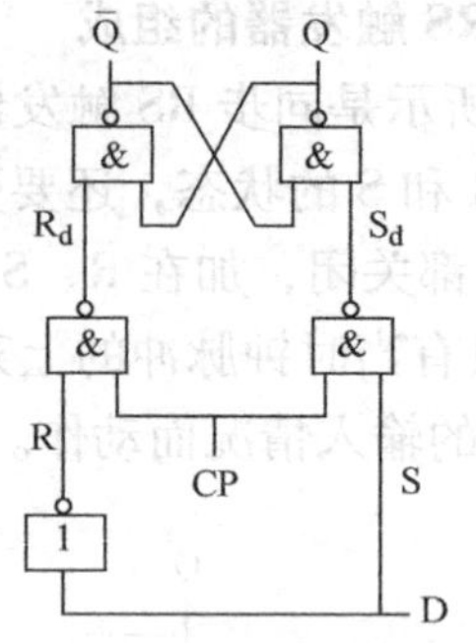

图5-63 同步D触发器的组成

**表5-29 同步D触发器的功能表**

| CP | D | $Q^n$ | $Q^{n+1}$ | 说明 |
|---|---|---|---|---|
| 0 | × | 0 | 0 | 保持 |
| | | 1 | 1 | |
| 1 | 0 | 0 | 0 | 送0 |
| | | 1 | 0 | |
| 1 | 1 | 0 | 1 | 送1 |
| | | 1 | 1 | |

从同步D触发器的功能表可知，同步D触发器的逻辑功能是，CP到来时（CP=1），将输入数据D存入触发器，CP过后（CP=0），触发器保存该数据不变，直到下一个CP到来时，才将新的数据存入触发器而改变原存数据。即CP=1时，$Q^{n+1}=D$。正常工作时要求CP=1期间D端数据保持不变。

同步D触发器也称D锁存器，有集成组件的产品，如74LS70（4位锁存器）、74LS75（4位双稳态锁存器）等。

**1. 同步D触发器的应用**

用同步D触发器能将一个时钟进行分频，如图5-64所示。$\overline{R_d}$、$\overline{S_d}$不用时悬空，或通过4.7kΩ的电阻抬高电平。此时输出频率$f_Q=f$（CP/2），将一个时钟进行2分频，波形图如图5-64所示。用两个2分频器进行级联就能构成一个对时钟进行4分频的分频器，依次类推，$n$个2分频器进行级联就能构成一个对时钟进行$2^n$分频的分频器。

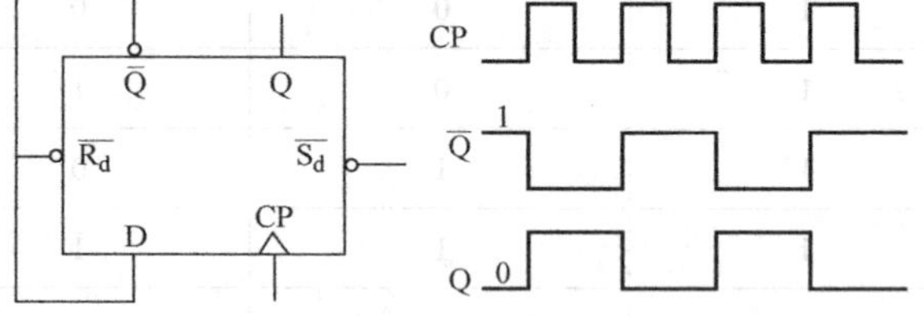

图5-64 用同步D触发器构成的2分频器及波形图

**2. 74LS175集成4D触发器的应用举例——抢答电路**

应用74LS175可以构成一个4人比赛的抢答电路，如图5-65所示。其中，图5-65a所示是74LS175的引脚排列。赛前，主持人通过公共清零端进行清零，此时输出为零，发光管不亮，并且CP进入D触发状态，如图5-65b所示；而4个D触发器由参赛者控制，实现抢答功能，如图5-65c所示。

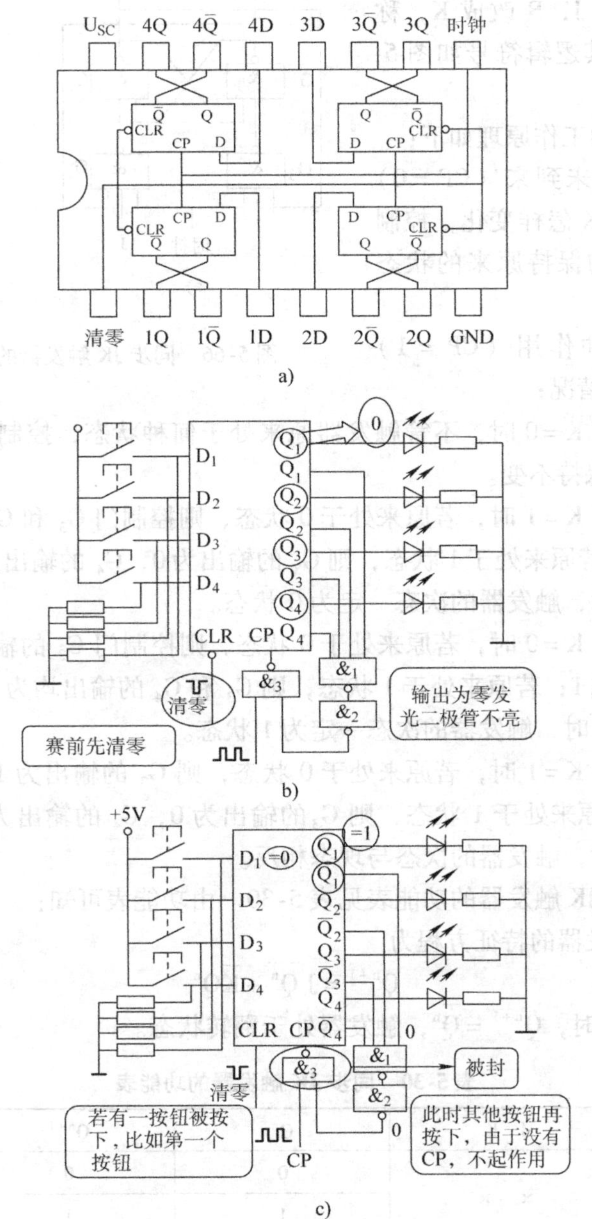


图5-65 74LS175组成的抢答电路

### 5.3.3.3 同步JK触发器

同步JK触发器，不但能解决同步RS触发器输入控制端S=R=1时触发器的新状态不确定的问题，还能使触发器保持有两个输入端的作用，即JK触发器的J端相当于置“1”（S）端，K端相当于置“0”（R）端。

同步JK触发器的组成如图5-66a所示。同步JK触发器在同步RS触发器结构上通过增加两条反馈线，将触发器的输出Q、$\overline{Q}$交叉反馈到两个控制门的输入端，利用触发器两个输出端信号始终互补的特点，有效地解决了在时钟脉冲作用期间两个输入同时为“1”将导致触发器状态不确定的问题。修改后，把原来的输入端S改成J，R改成K，称为同步JK触发器。其逻辑符号如图5-66b所示。

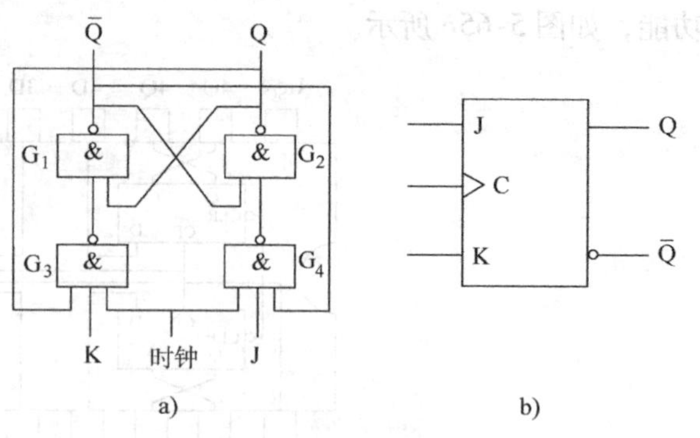

图5-66 同步JK触发器的组成及逻辑符号

同步JK触发器的工作原理如下：

（1）在时钟脉冲未到来（CP=0）时，无论输入端J和K怎样变化，控制门$G_3$和$G_4$的输出均保持原来的状态不变。

（2）在时钟脉冲作用（CP=1）时，可分为以下四种情况：

1）当输入J=0，K=0时，不管触发器原来处于何种状态，控制门$G_3$和$G_4$的输出均为1，触发器的状态保持不变。

2）当输入J=0，K=1时，若原来处于0状态，则控制门$G_3$和$G_4$的输出均为1，触发器保持0状态不变；若原来处于1状态，则$G_3$的输出为0，$G_4$的输出为1，触发器置成0状态。即输入JK=01时，触发器的次态一定为0状态。

3）当输入J=1，K=0时，若原来处于0状态，则控制门$G_3$的输出为1，$G_4$的输出为0，触发器的状态置成1；若原来处于1状态，则$G_3$和$G_4$的输出均为1，触发器保持1状态不变。即输入JK=10时，触发器的次态一定为1状态。

4）当输入J=1，K=1时，若原来处于0状态，则$G_3$的输出为1，$G_4$的输出为0，触发器置成1状态；若原来处于1状态，则$G_3$的输出为0，$G_4$的输出为1，触发器置成0状态。即输入JK=11时，触发器的次态与现态相反。

归纳起来，同步JK触发器的功能表见表5-30。由功能表可知：

（1）同步JK触发器的特征方程为

$$Q^{n+1}=J\overline{Q^n}+\overline{K}Q^n$$

（2）当J=K=1时，$Q^{n+1}=\overline{Q^n}$，触发器处于翻转状态。

表5-30 同步JK触发器的功能表

| CP | J K | $Q^n$ | $Q^{n+1}$ | 说 明 |
|---|---|---|---|---|
| 0 | × × | 0 | 0 | 保持 |
| | | 1 | 1 | |
| 1 | 0 0 | 0 | 0 | |
| | | 1 | 1 | |
| 1 | 0 1 | 0 | 0 | 置0 |
| | | 1 | 0 | |
| 1 | 1 0 | 0 | 1 | 置1 |
| | | 1 | 1 | |
| 1 | 1 1 | 0 | 1 | 翻转 |
| | | 1 | 0 | |

#### 5.3.3.4 同步T和T′触发器

将同步JK触发器的J端和K端连在一起，即得到同步T触发器，其组成如图5-67所示。同步T触发器的功能表见表5-31。

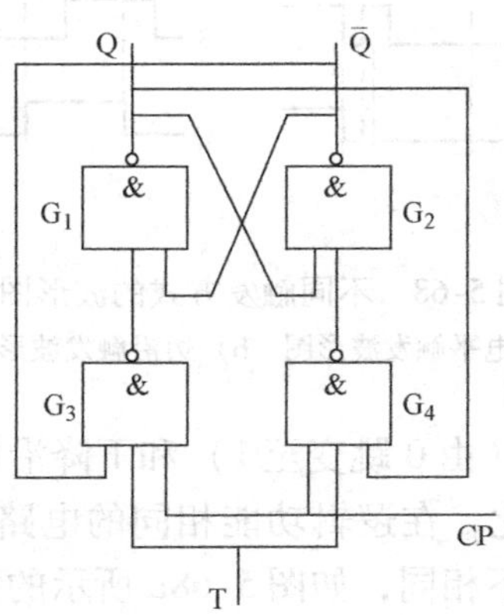


图5-67 同步T触发器的组成

**表5-31 同步T触发器的功能表**

| CP | T | $Q^n$ | $Q^{n+1}$ | 说　明 |
|---|---|---|---|---|
| 0 | × | 0 | 0 | 保持 |
| | | 1 | 1 | |
| 1 | 0 | 0 | 0 | |
| | | 1 | 1 | |
| 1 | 1 | 0 | 1 | 翻转 |
| | | 1 | 0 | |

由同步T触发器的功能表或将J=K=T代入JK触发器的特性方程，可得同步T触发器的特性方程

$$Q^{n+1}=T\overline{Q^n}+\overline{T}Q^n$$

若将T输入端恒接高电平，则成为T′触发器，T′触发器的特性方程为

$$Q^{n+1}=\overline{Q^n}$$

#### 5.3.3.5 同步触发器的触发方式

上述四种功能的同步触发器均属于电平触发方式。电平触发方式有高电平触发和低电平触发两种，即在CP=1（高电平触发）或CP=0（低电平触发）的整个时间内，输入信号的变化，输出状态都将发生相应的变化；在同步触发器电平触发期间，如果输入信号发生多次变化，触发器也会发生相应的多次翻转，如图5-68a所示。

这种在电平触发期间，因输入信号变化而引起触发器状态变化多于一次的现象，称为触发器的空翻。由于空翻问题，同步触发器只能用于数据的锁存，而不能实现计数、移位、存储等功能。为了克服空翻，产生了无空翻的主从触发器和边沿触发器等新的触发器组成形式。

边沿触发器的触发方式采用的是，时钟脉冲的电平跳变时接收输入信号并输出相应状

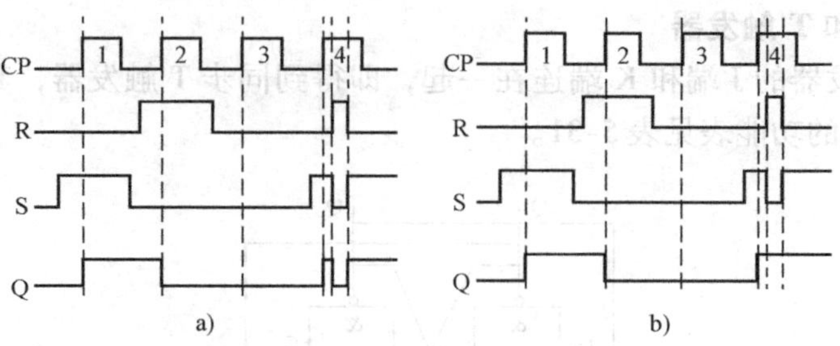


图 5-68 不同触发方式的波形图

a）电平触发波形图 b）边沿触发波形图

态。边沿触发又分为上升沿触发（由 0 跳变至 1）和下降沿触发（由 1 跳变至 0）两种。在 CP = 1 整个时间内信号不允许变化，在逻辑功能相同的电路中，当采用不同的触发方式时，同样的输入波形，输出的波形并不相同，如图 5-68a 所示的情况。若采用边沿触发方式，则触发器不会发生多次翻转现象。上升沿触发方式的波形如图 5-68b 所示。

图 5-69 所示为不同触发方式的同步触发器的逻辑符号。

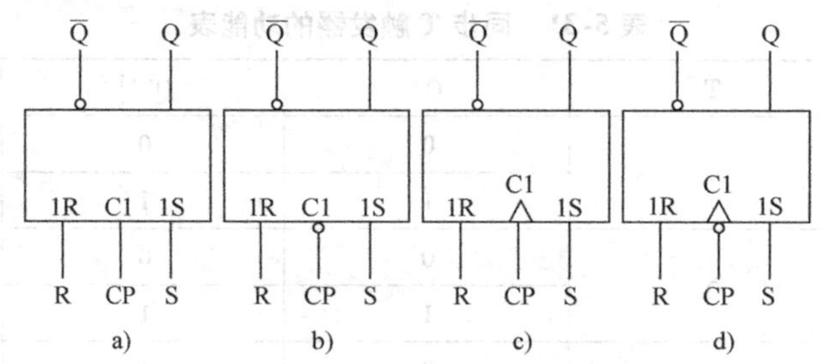


图 5-69 不同触发方式的同步触发器的逻辑符号

a）高电平触发 b）低电平触发 c）上升沿触发 d）下降沿触发

## 5.3.4 维持阻塞 D 触发器

为了克服同步 D 触发器空翻现象，在原同步 D 触发器电路的基础上引入三根反馈线，组成维持阻塞 D 触发器（上升沿触发），其组成如图 5-70 所示。图中，$L_1$ 称为置 1 维持线，$L_2$ 称为置 0 阻塞线，$L_3$ 称为置 0 维持线。在引入了维持线和阻塞线后，将触发器的触发翻转控制在 CP 上升沿到来的一瞬间，并接收 CP 上升沿到来前一瞬间的 D 信号。所以，维持阻塞 D 触发器的特点是，对应每一个时钟脉冲，输出的状态只在时钟脉冲的上升沿出现时变化一次。维持阻塞 D 触发器的触发方式为边沿触发（时钟上升沿触发），在 CP 上升沿时，Q 等于 D；在 CP 高电平、低电平和下降沿时，Q

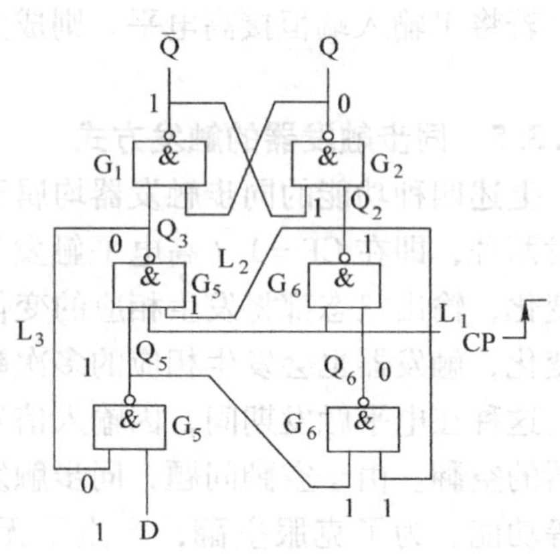


图 5-70 维持阻塞 D 触发器的组成

保持不变。即对应每一个时钟脉冲，维持阻塞D触发器输出的状态，只在时钟脉冲的上升沿出现时变化一次。其波形图如图5-71所示。

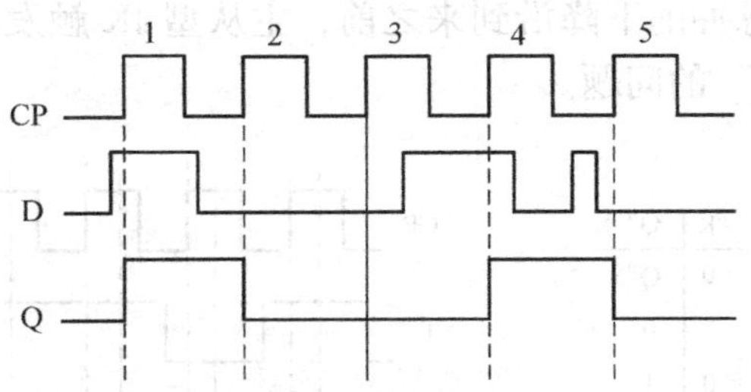


图5-71　维持阻塞D触发器的波形图

## 5.3.5　主从型JK触发器

为了提高触发器工作的可靠性，希望在每个CP周期里输出端的状态只改变一次。为此，在同步触发器的基础上又设计出了主从结构的触发器。

主从触发器的结构特点是，前后由主、从两级触发器级联组成，并且主、从两级触发器的时钟相位相反。

### 1. 电路组成

主从型JK触发器的组成及逻辑符号如图5-72所示。主从型JK触发器由两个基本RS触发器组成，两个触发器的时钟脉冲通过一个非门联系起来。工作时，时钟脉冲的上升沿先使下面的触发器（主触发器）翻转，而后其下降沿使上面的触发器（从触发器）翻转，这种工作方式的触发器称为主从型JK触发器。

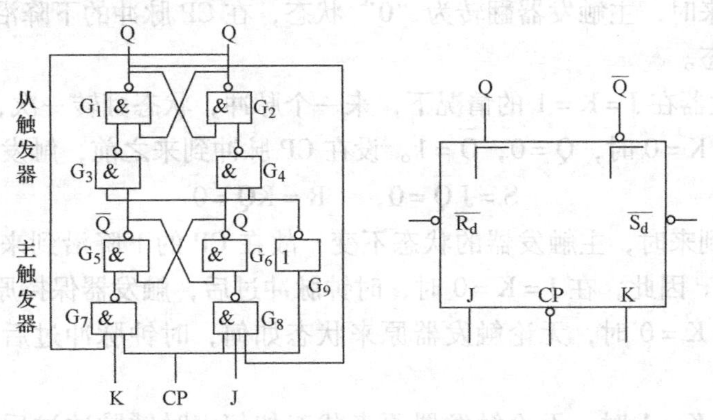


图5-72　主从型JK触发器的组成及逻辑符号

### 2. 工作情况分析

如图5-73所示，在CP脉冲到来之后，即CP = 1时，由于非门输出为“0”，根据同步RS触发器的工作原理，从触发器的输出不变。至于主触发器输出的状态是否改变，要由从触发器输出的现状和J、K输入端的状态而定，因为

$$S = J\overline{Q},\qquad R = KQ$$

当CP从“1”变为“0”时，主触发器输出的状态不变，这时，因为非门输出为1，主触发器的输出信号送到从触发器，使从触发器的输出与主触发器相同。

可见，在下一个CP脉冲的下降沿到来之前，主从型JK触发器的状态将保持不变，这就从根本上解决了“空翻”的问题。

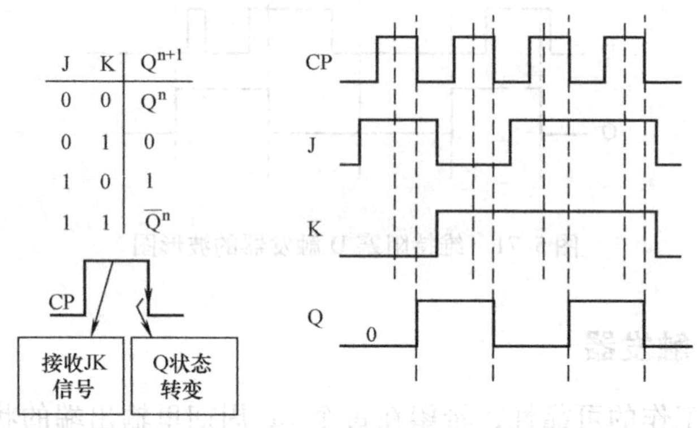


图5-73　主从型JK触发器的功能表及波形图

### 3. 逻辑功能分析

（1）当J=1，K=1时，在CP脉冲到来之前，触发器处于0状态，Q=0，$\overline{Q}$=1。因为S=J$\overline{Q}$=1，R=KQ=0，所以，CP脉冲到来后，即CP=1时，主触发器的S=1，R=0，故主触发器翻转为“1”状态。当CP脉冲由“1”变为“0”时，从触发器也翻转为“1”状态。反之，设触发器的初始状态为“1”态，即主触发器有

$$S=J\overline{Q}=0,\quad R=KQ=1$$

在CP的上升沿到来时，主触发器翻转为“0”状态，在CP脉冲的下降沿到来时，从触发器也翻转为“0”状态。

可见，JK触发器在J=K=1的情况下，来一个脉冲，状态翻转一次，具有计数的功能。

（2）当J=0，K=0时，Q=0，$\overline{Q}$=1。设在CP脉冲到来之前，触发器处于0状态，即

$$S=J\overline{Q}=0,\quad R=KQ=0$$

所以，在CP脉冲到来时，主触发器的状态不变，故在CP的下降沿到来时，从触发器也保持不变；反之亦然。因此，在J=K=0时，时钟脉冲过后，触发器保持原来状态不变。

（3）当J=1，K=0时，无论触发器原来状态如何，时钟脉冲过后，触发器输出均为“1”状态。

（4）当J=0，K=1时，无论触发器原来状态如何，时钟脉冲过后，触发器输出均为“0”状态。

### 4. 功能表

由上述分析可见，主从型JK触发器是在CP=1时将输入信号暂存在主触发器中，为从触发器翻转或保持原态做好准备；到CP脉冲的下降沿到来时，根据接收到的J、K信息，让从触发器动作。因此，主从型JK触发器具有在时钟脉冲的后沿翻转的特点，所以称其为下降沿触发。下降沿触发在其逻辑符号中用小圆圈表示。

根据以上分析，可以列写出主从型JK触发器的功能表，见表5-32。

表 5-32　主从型 JK 触发器的功能表

| J | K | $Q^n$ | $Q^{n+1}$ | 功　能 |
|---|---|---|---|---|
| 0 | 0 | 0 | 0 | 保持 |
| | | 1 | 1 | |
| 0 | 1 | 0 | 0 | 输出状态同 J 状态 |
| | | 1 | 0 | |
| 1 | 0 | 0 | 1 | 输出状态同 J 状态 |
| | | 1 | 1 | |
| 1 | 1 | 0 | 1 | 翻转 |
| | | 1 | 0 | |

## 5.4　时序逻辑电路

### 5.4.1　时序逻辑电路的基本概念

**1. 时序逻辑电路的基本特点**

若在一个数字电路中，现在的输出不仅仅取决于现在的输入，而且也取决于过去的输入，这样的数字电路称为时序逻辑电路。

根据定义，时序逻辑电路必须有记住电路过去状态的本领，因为电路过去的输入就决定了电路过去的状态，所以必须有存储电路。因此，时序逻辑电路是由组合数字电路和存储电路两部分组成的，而存储电路一般由触发器组成。时序逻辑电路的结构框图如图 5-74 所示。

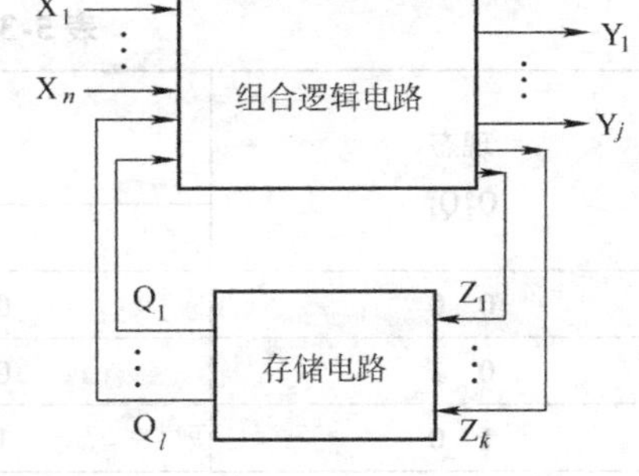


图 5-74　时序逻辑电路的结构框图

时序逻辑电路的特点如下：

（1）由组合逻辑电路和存储电路两部分组成。

（2）存储电路的输出必须反馈到组合逻辑电路的输入端，并与输入信号一起共同决定组合逻辑电路下一状态的输出。

（3）任一时刻的输出不仅取决于当时的输入信号，而且还取决于电路原来的状态，即与以前的输入和输出也有关系。

**2. 时序逻辑电路的分类**

根据存储电路中记忆单元状态变化的特点可将时序逻辑电路分为同步时序逻辑电路和异步时序逻辑电路：

（1）同步时序逻辑电路。电路中有统一的定时信号，存储器件采用时钟控制触发器，电路状态在时钟脉冲控制下同时发生转换，即电路状态的改变依赖于输入信号和时钟脉冲信号。具体说：状态如何变换，取决与输入信号；状态何时变换，取决于时钟信号；每个状态维持多久，取决于时钟脉冲的周期。

（2）异步时序逻辑电路。异步时序逻辑电路的存储电路可由触发器或延时元器件组成，电路中没有统一的时钟信号，电路输入信号的变化将直接导致电路状态的变化。

根据输出信号的特点又可将时序逻辑电路分为米利型（Mealy）时序逻辑电路和穆尔型（Moore）时序逻辑电路：

（1）米利型（Mealy）——输出由输入变量和存储电路的原态决定。

（2）穆尔型（Moore）——输出仅取决于存储电路的原态。

可见，穆尔型是米利型的特例。

**3. 时序逻辑电路的表示方式**

时序逻辑电路有四种基本描述方法，即逻辑方程、状态转换表、状态转换图和时序图，不同的描述方法之间可以相互转换。

（1）逻辑方程。包括输出方程、驱动方程（激励方程）和状态方程。

输出方程：$Z=F_1(X, Q^n)$ 表达输出信号与输入信号及状态变量的关系；

驱动方程：$Y=F_2(X, Q^n)$ 表达激励信号与输入信号及状态变量的关系；

状态方程：$Q^{n+1}=F_3(Y, Q^n)$ 表达存储电路从现态到次态的转换。

逻辑方程说明任何时刻的输出不仅和该时刻的外部输入信号有关，而且和该时刻的电路状态及以前的输入信号有关。

（2）状态转换表（简称状态表）。若将任何一组输入变量及电路初态的取值代入状态方程和输出方程，即可算出电路的次态和现态下的输出值，以得到的次态作为新的初态，和这时的输入变量取值一起再代入状态方程和输出方程进行计算，又得到一组新的次态和输出值。如此继续下去，把全部的计算结果列成真值表的形式，就得到了状态表，如表 5-33 所示。

**表 5-33 时序逻辑电路的状态表**

| 现态 $Q_2^nQ_1^n$ | 次态/输出 $Q_2^{n+1}Q_1^{n+1}/Y$ | |
|---|---|---|
| | X=0 | X=1 |
| 0 0 | 0 0/0 | 0 1/0 |
| 0 1 | 0 1/0 | 1 0/0 |
| 1 0 | 1 0/0 | 1 1/1 |
| 1 1 | 1 1/0 | 0 0/0 |

表 5-33 所列状态表表明：X=0 时，如果初态 $Q_2^nQ_1^n=00$，则次态为 $Q_2^{n+1}Q_1^{n+1}=00$，并且输出 Y=0；如果初态 $Q_2^nQ_1^n=01$，则次态为 $Q_2^{n+1}Q_1^{n+1}=01$，并且输出 Y=0；如果初态 $Q_2^nQ_1^n=10$，则次态为 $Q_2^{n+1}Q_1^{n+1}=10$，并且输出 Y=0，……。

（3）状态转换图（简称转换图）。为了以更加形象的方式直观地显示出时序逻辑电路的逻辑功能，可以进一步把状态表的内容表示成状态图的形式。将状态表表示成状态图时，是以小圆圈表示电路的各个状态的，圆圈中填入存储单元的状态值；圆圈之间用箭头表示状态转换的方向，在箭头旁注明状态转换前的输入变量取值和输出值，输入和输出用斜线分开，斜线上方写输入值，下方写输出值，如图 5-75 所示。

（4）时序图。为便于用实验的方法检查时序逻辑电路的逻辑功能，还可以将状态表的内容转换成时间波形的形式。在时钟脉冲序列作用下，电路状态、输出状态随时间变化的波形图叫做时序图。图5-76所示是状态表（见表5-34）对应的时序图。

表5-34 状态表

| $Q_1^n Q_0^n$ | $Q_1^{n+1} Q_0^{n+1}/Y$ | |
|---|---|---|
| | A=0 | A=1 |
| 0 0 | 0 0/0 | 1 0/0 |
| 0 1 | 0 0/1 | 0 1/0 |
| 1 0 | 0 0/1 | 1 1/0 |
| 1 1 | 0 0/1 | 0 1/0 |

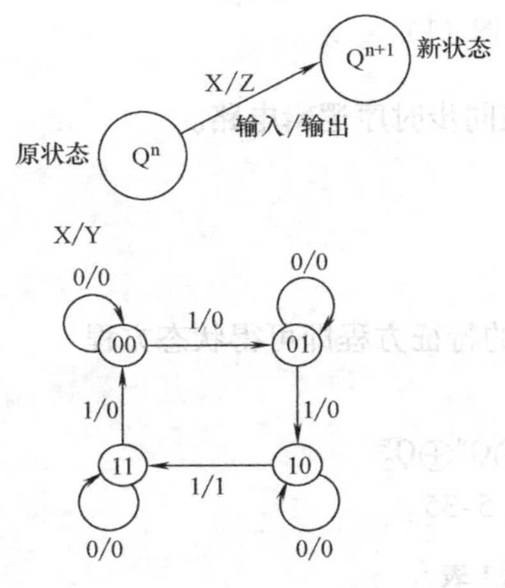


图5-75 时序逻辑电路的状态图

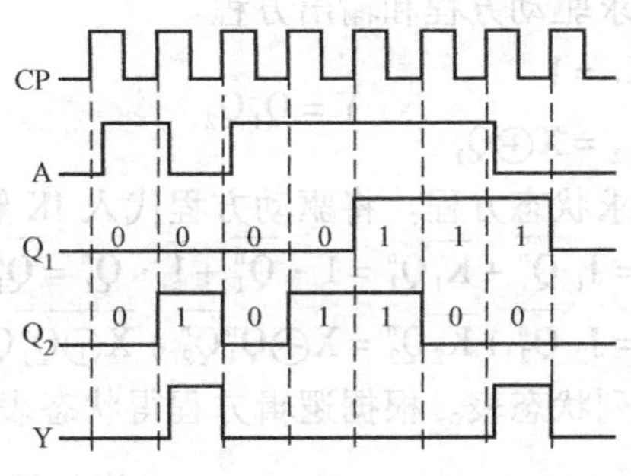


图5-76 时序图

**4. 时序逻辑电路的一般分析方法**

时序逻辑电路分析目的是分析给定逻辑电路的逻辑功能，由于时序逻辑电路的逻辑状态是按时间顺序随输入信号的变化而变化的，因此，分析时序逻辑电路即是找出电路的输出状态随输入变量和时钟脉冲作用下的变化规律。因为时序逻辑电路的逻辑功能是由其状态和输出信号的变化的规律呈现出来的，所以，时序逻辑电路的分析过程主要是列出电路状态表或画出状态图以及时序图。

分析的一般步骤如下：

（1）从给定的逻辑图中写出每个触发器的驱动方程（每个触发器输入信号的逻辑表达式）。

（2）将驱动方程代入相应触发器的特征方程，求得时序逻辑电路的状态方程。

（3）根据逻辑图写出电路的输出方程。

（4）根据状态方程和输出方程，列出该时序逻辑电路的状态表，画出状态图或时序图。

（5）根据电路的状态表或状态图说明给定时序逻辑电路的逻辑功能。

## 5.4.2 同步时序逻辑电路的分析方法

同步时序逻辑电路的分析就是根据给定的逻辑图，通过列写逻辑方程，分析计算在时钟信号和输入信号的作用下电路状态的转换规律以及输出信号的变化规律，最后说明该电路完成的逻辑功能。下面举例说明分析方法。

**【例 5.4.1】** 分析图 5-77 所示的同步时序逻辑电路的逻辑功能。

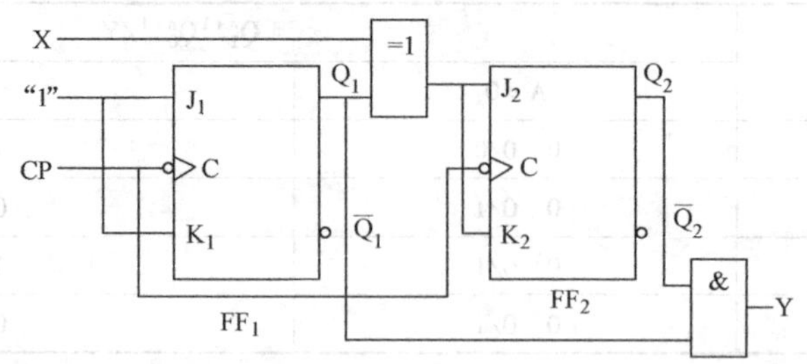


图 5-77　例 5.4.1 图（1）

**【解】** 该电路是由两个 JK 触发器组成的穆尔型同步时序逻辑电路。

（1）求驱动方程和输出方程

$J_1 = K_1 = 1$　　　$Y = Q_1 Q_2$

$J_2 = K_2 = X \oplus Q_1$

（2）求状态方程。将驱动方程代入 JK 触发器的特征方程即可得状态方程

$Q_1^{n+1} = J_1\,\overline{Q_1^n} + \overline{K_1}\,Q_1^n = 1 \cdot \overline{Q_1^n} + \overline{1} \cdot Q_1^n = \overline{Q_1^n}$

$Q_2^{n+1} = J_2\,\overline{Q_2^n} + \overline{K_2}\,Q_2^n = X \oplus Q_1^n \overline{Q_2^n} + \overline{X \oplus Q_1^n}\, Q_2^n = X \oplus Q_1^n \oplus Q_2^n$

（3）列状态表。根据逻辑方程得状态表，见表 5-35。

表 5-35　例 5.4.1 表

| $Q_2^n Q_1^n$ | $Q_2^{n+1} Q_1^{n+1}/Y$ | |
|---|---|---|
| | X = 0 | X = 1 |
| 0　0 | 0　1/0 | 1　1/0 |
| 0　1 | 1　0/0 | 0　0/0 |
| 1　0 | 1　1/0 | 0　1/0 |
| 1　1 | 0　0/1 | 1　0/1 |

（4）画状态图，如图 5-78 所示。

（5）逻辑功能分析。当外部输入 X = 0 时，状态转移按 00→01→10→11→00→…循环变化，每经过 4 个时钟脉冲的作用，$Q_2Q_1$ 的状态从 00 到 11 顺序递增，电路的状态循环一次，同时在输出端产生一个 1 信号输出，该电路实现模 4 加法计数器功能。

当外部输入 X = 1 时，状态转移按 00→11→10→01→00→…循环变化，电路实现模 4 减法计数器功能。

结论：该电路是一个同步模 4 可逆计数器。

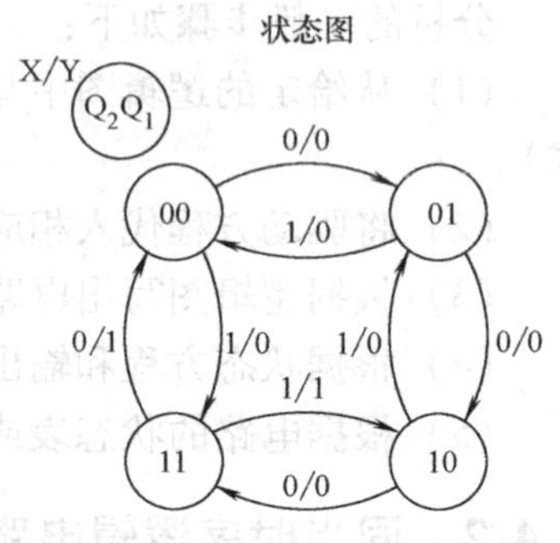


图 5-78　例 5.4.1 图（2）

### 5.4.3 异步时序逻辑电路的分析方法

异步时序逻辑电路的特点如下：

（1）所有触发器的 CP 端并没有完全连接在一起。

（2）不是所有触发器状态的变化都与时钟脉冲同步。

（3）有时钟信号的触发器才需要用特征方程计算次态，而没有时钟信号的触发器将保持原来的状态不变。

异步时序逻辑电路的分析与同步时序逻辑电路的分析方法相似，但要特别注意各触发器时钟信号的状态。以下举例说明其分析方法。

**【例 5.4.2】**分析图 5-79 所示的异步时序电路的逻辑功能。

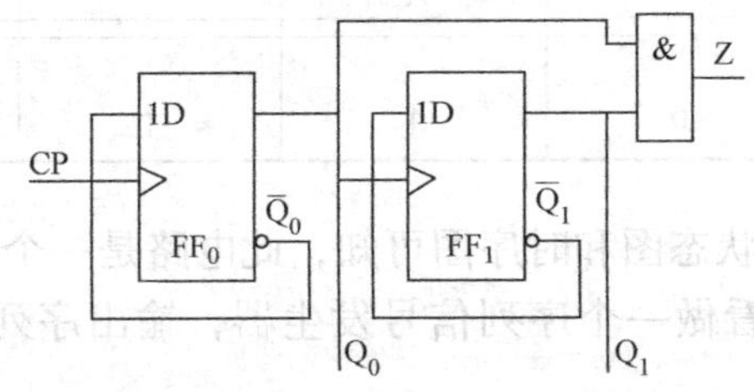


图 5-79 例 5.4.2 图（1）

**【解】**（1）列出电路逻辑方程。即

时钟方程 $CP_0 = CP$，$CP_1 = Q_0$

驱动方程 $D_0 = \overline{Q_0^n}$，$D_1 = \overline{Q_1^n}$

输出方程 $Z = Q_1^n Q_2^n$

（2）求状态方程。当触发器有时钟脉冲的上升沿作用时，其状态变化；当无时钟脉冲上升沿作用时，其状态不变。即

$$Q_0^{n+1} = \overline{Q_0^n} CP\uparrow + Q_0^n \overline{CP}\uparrow$$

$$Q_1^{n+1} = \overline{Q_1^n} Q_0\uparrow + Q_1^n \overline{Q_0}\uparrow$$

（3）列状态表，画状态图、时序图。根据逻辑方程得状态表，见表 5-36。画状态图，如图 5-80 所示。根据状态图画时序图，如图 5-81 所示。

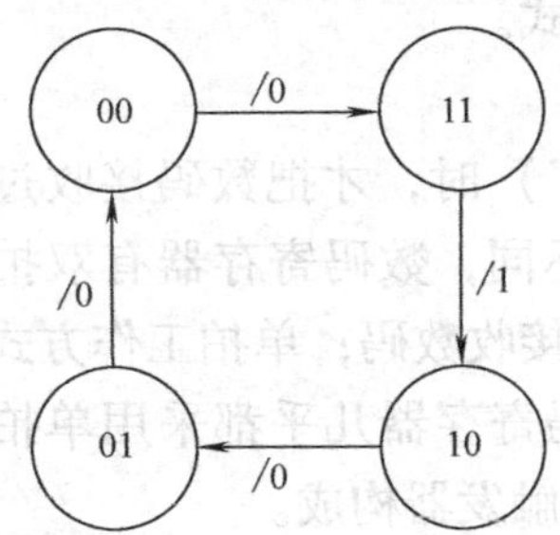


图 5-80 例 5.4.2 图（2）

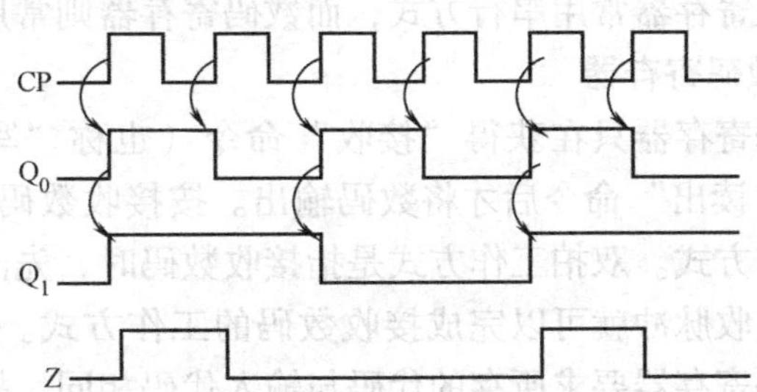


图 5-81 例 5.4.2 图（3）

表5-36 例5.4.2表

| CP | $Q_1$ | $Q_0$ | $CP_1$ | $CP_0$ | $Q_1^{n+1}$ | $Q_0^{n+1}$ |
|---|---|---|---|---|---|---|
| ↑ | 0 | 0 | ↑ | ↑ | 1 | 1 |
| ↑ | 1 | 1 | × | ↑ | 1 | 0 |
| ↑ | 1 | 0 | ↑ | ↑ | 0 | 1 |
| ↑ | 0 | 1 | × | ↑ | 0 | 0 |
| ↑ | 0 | 0 | ↑ | ↑ | 1 | 1 |

（4）确定逻辑功能。由状态图和时序图可知，此电路是一个异步四进制减法计数器，Z是借位信号。也可把该电路看做一个序列信号发生器，输出序列脉冲信号 Z 的重复周期为 $4T_{CP}$，脉宽为 $1T_{CP}$。

## 5.4.4 典型的时序逻辑电路

### 5.4.4.1 数码寄存器和移位寄存器

在数字电路中，常常需要将一些数码、指令或运算结果暂时存放起来，这些暂时存放数码或指令的部件就是寄存器。由于寄存器具有清除数码、接收数码、存放数码和传送数码的功能，因此，它必须具有记忆功能，所以寄存器都是由触发器和门电路组成的。一个触发器能存储1位二进制代码，存储 $n$ 位二进制代码的寄存器需要用 $n$ 个触发器组成。寄存器实际上是若干触发器的集合。

寄存器可分为数码寄存器（Register）和移位寄存器（Shift Register）两种，其中，数码寄存器简称为寄存器。两种寄存器的共同之处是都具有暂时存放数码的记忆功能，不同之处是数码寄存器只供暂时存储数据，而移位寄存器具有将寄存的数码向高位或低位移位的功能，这是进行算术运算所必需的。按存放和取出数码方式不同，寄存器又有并行和串行之分，移位寄存器常用串行方式，而数码寄存器则常用并行方式。

**1. 数码寄存器**

数码寄存器只在获得“接收”命令（也称“写入脉冲”）时，才把数码接收过来，而在得到“读出”命令后才将数码输出。按接收数码的方式不同，数码寄存器有双拍和单拍两种工作方式。双拍工作方式是指接收数码时，先清零，再接收数码；单拍工作方式是指只需一个接收脉冲就可以完成接收数码的工作方式。集成数码寄存器几乎都采用单拍工作方式。数码寄存器要求所存的代码与输入代码相同，故常用D触发器构成。

图5-82所示是一个可以存放4位二进制数码的数码寄存器。$A_1A_2A_3A_4$ 为待寄存的4位二进制码，$Q_1$、$Q_2$、$Q_3$、$Q_4$ 是数码寄存端，$O_1$、$O_2$、$O_3$、$O_4$ 是数码取出端。

寄存器工作时，先在清零端输入负脉冲使触发器都处于“0”态，然后，用CP脉冲作

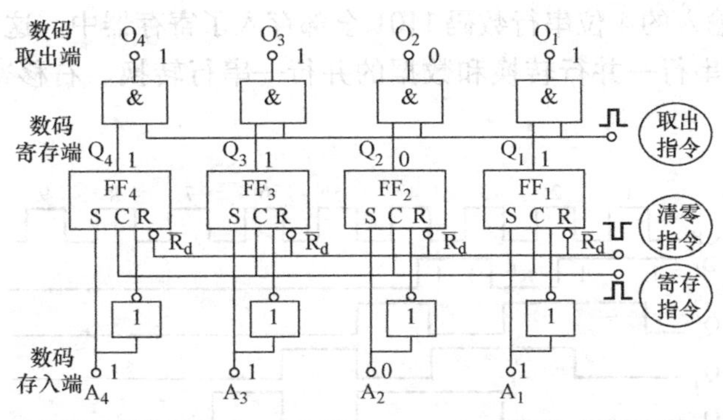


图5-82　数码寄存器

为寄存指令，使触发器 $FF_4$、$FF_3$、$FF_2$、$FF_1$ 存入数码至 $Q_1$、$Q_2$、$Q_3$、$Q_4$ 中，当接到取出指令脉冲后，在 $O_1$、$O_2$、$O_3$、$O_4$ 端，寄存数码被取出。

上述寄存器寄存时，数码是从四个存入端同时存入，取出时又从四个取出端同时取出，此种工作方式称为并行输入并行输出寄存器。

**2. 移位寄存器**

移位寄存器是数字装置中大量应用的一种逻辑部件，例如在计算机中，进行二制数的乘法和除法都可由移位操作结合加法操作来完成。

移位寄存器的每一位也都是由触发器组成的，但由于它需要有移位功能，所以每位触发器的输出端与下一位触发器的数据输入端相连接，所有触发器共用一个时钟脉冲，使它们同步工作。移位寄存器的主要作用如下：存储代码；串—并转换；并—串转换；数值运算及数据处理。根据移位的方向，常把移位寄存器分成三种，即左移寄存器、右移寄存器和双向移位寄存器。

(1) 右移寄存器。右移寄存器的结构特点为左边触发器的输出端接右邻触发器的输入端。右移寄存器的逻辑图如图5-83所示。

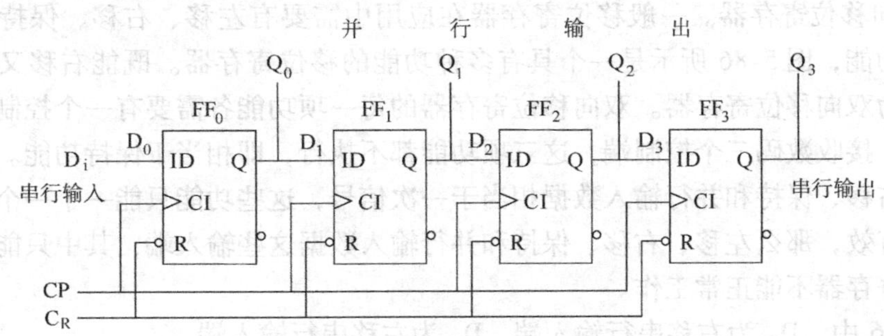


图5-83　右移寄存器的逻辑图

驱动方程：$D_0 = D_1$，　$D_1 = Q_0$，　$D_2 = Q_1$，　$D_3 = Q_2$；

次态方程：D 触发器的特征方程为 $Q^{n+1} = D$。

则 $Q_0^{n+1} = D_1$，　$Q_1^{n+1} = Q_0$，　$Q_2^{n+1} = Q_1$，　$Q_3^{n+1} = Q_2$

设右移寄存器的初始状态为0000，串行输入数码 $D_1 = 1101$，从高位到低位依次输入，在4个CP作用下，输入的4位串行数码1101全部存入了寄存器中。这种方式称为串行输入方式，可用于数据的串行—并行转换和数据的并行—串行转换。右移寄存器的时序图如图5-84所示。

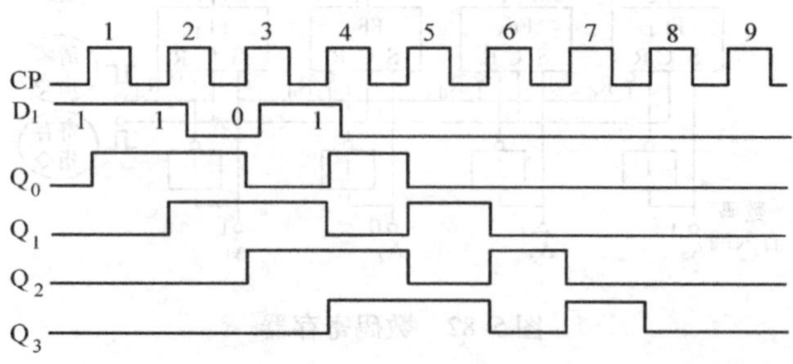


图5-84 右移寄存器的时序图

（2）左移寄存器。左移寄存器的结构特点为右边触发器的输出端接左邻触发器的输入端。左移寄存器的逻辑图如图5-85所示。

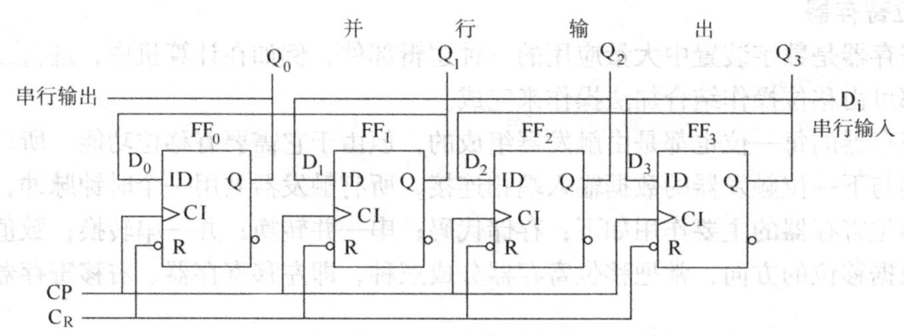


图5-85 左移寄存器的逻辑图

（3）双向移位寄存器。一般移位寄存器在应用中需要有左移、右移、保持和并行输入数据等多种功能，图5-86所示是一个具有多种功能的移位寄存器。既能右移又能左移的移位寄存器称为双向移位寄存器。双向移位寄存器的每一项功能各需要有一个控制端，即需有左移、右移、接收数码三个控制端，这三项功能都不执行，即相当于保持功能。需要说明的是，左移、右移、保持和并行输入数据相当于一次信号，这些功能只能一个一个地进行。如果是高电平有效，那么左移、右移、保持和并行输入数据这些输入端，其中只能有一个是高电平，否则寄存器不能正常工作。

在图5-86中，$D_{SR}$为右移串行输入端，$D_{SL}$为左移串行输入端。

当$S=1$时，$D_0=D_{SR}$、$D_1=Q_0$、$D_2=Q_1$、$D_3=Q_2$，实现右移操作；

当$S=0$时，$D_0=Q_1$、$D_1=Q_2$、$D_2=Q_3$、$D_3=D_{SL}$，实现左移操作。

（4）集成移位寄存器。目前许多寄存器已做成单片集成电路。集成寄存器按结构来分有单一寄存器和寄存器堆两种。单一寄存器是指在一单片集成电路上只有一个寄存器；而寄存器堆在单片集成电路上则有好几个寄存器组成寄存器阵列，它可存放多个多位二进制码。

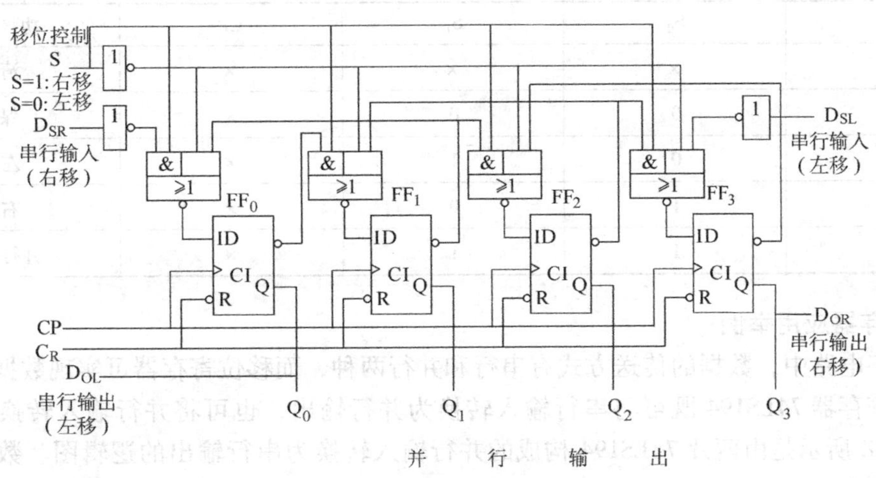


图5-86　双向移位寄存器的逻辑图

寄存器的输出缓冲级往往采用三态门，可以根据需要断开寄存器和外电路之间的联系，或者扩展寄存器的个数，或者将寄存器的输出端都接到同一条输出总线上，大大简化了寄存器的外电路，使寄存器的应用更方便。集成移位寄存器一般均设置时钟缓冲门。下面介绍一种74LS194通用型多功能移位寄存器。

74LS194的逻辑图及逻辑符号如图5-87所示，是一种具有并行输出、并行输入、左移、右移、保持等多种功能的移位寄存器。其中，$C_R$为异步清零端，优先级别最高；$S_0$、$S_1$控制寄存器的功能；$S_L$为左移数据输入端；$S_R$为右移数据输入端；$D_0$、$D_1$、$D_2$、$D_3$为并行数据输入端。74LS194的功能表见表5-37。

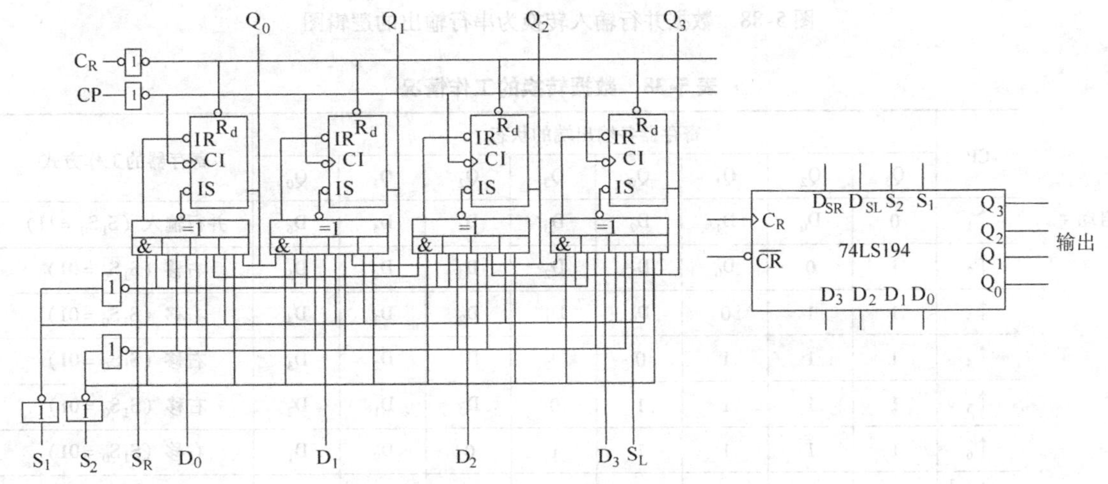


图5-87　74LS194的逻辑图和逻辑符号

表5-37 74LS194的功能表

| $\overline{C_R}$ | $S_0$ | $S_1$ | CP | 功 能 |
|---|---|---|---|---|
| 0 | × | × | × | 清零 |
| 1 | 0 | 0 | × | 保持 |
| 1 | 0 | 1 | × | 左移 |
| 1 | 1 | 0 | × | 右移 |
| 1 | 1 | 1 | × | 并行输入 |

### 3. 寄存器应用举例

在数字电路中，数据的传送方式有串行和并行两种，而移位寄存器可实现数据传送方式的转换。寄存器74LS194既可将串行输入转换为并行输出，也可将并行输入转换为串行输出。图5-88所示是由两片74LS194构成的并行输入转换为串行输出的逻辑图。数据转换的工作情况见表5-38。

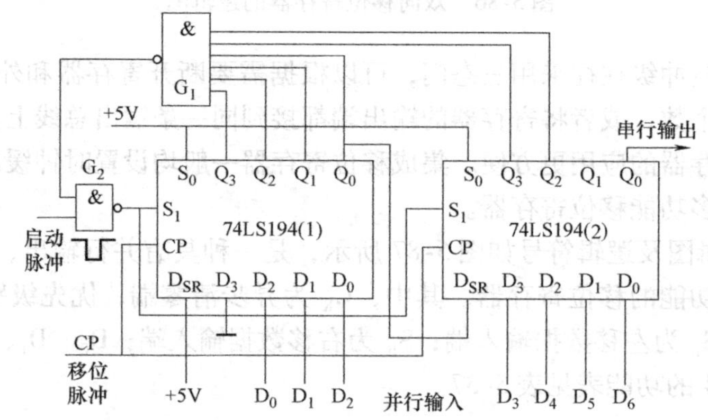


图5-88 数据并行输入转换为串行输出的逻辑图

表5-38 数据转换的工作情况

| | CP | 寄存器各输出端的状态 | | | | | | | | 寄存器的工作方式 |
|---|---|---|---|---|---|---|---|---|---|---|
| | | $Q_3$ | $Q_2$ | $Q_1$ | $Q_0$ | $Q_3$ | $Q_2$ | $Q_1$ | $Q_0$ | |
| 启动+ | $\uparrow_1$ | 0 | $D_0$ | $D_1$ | $D_2$ | $D_3$ | $D_4$ | $D_5$ | $D_6$ | 并行输入（$S_1S_0=11$） |
| | $\uparrow_2$ | 1 | 0 | $D_0$ | $D_1$ | $D_2$ | $D_3$ | $D_4$ | $D_5$ | 右移（$S_1S_0=01$） |
| | $\uparrow_3$ | 1 | 1 | 0 | $D_0$ | $D_1$ | $D_2$ | $D_3$ | $D_4$ | 右移（$S_1S_0=01$） |
| | $\uparrow_4$ | 1 | 1 | 1 | 0 | $D_0$ | $D_1$ | $D_2$ | $D_3$ | 右移（$S_1S_0=01$） |
| | $\uparrow_5$ | 1 | 1 | 1 | 1 | 0 | $D_0$ | $D_1$ | $D_2$ | 右移（$S_1S_0=01$） |
| | $\uparrow_6$ | 1 | 1 | 1 | 1 | 1 | 0 | $D_0$ | $D_1$ | 右移（$S_1S_0=01$） |
| | $\uparrow_7$ | 1 | 1 | 1 | 1 | 1 | 1 | 0 | $D_0$ | 右移（$S_1S_0=01$） |
| | $\uparrow_1$ | 0 | $D_0$ | $D_1$ | $D_2$ | $D_3$ | $D_4$ | $D_5$ | $D_6$ | 并行输入（$S_1S_0=11$） |

与非门 $G_1$

#### 5.4.4.2 计数器

计数器是数字设备的基本逻辑部件，其主要功能是记录输入脉冲的个数。计数器所能记忆的最大脉冲个数称为该计数器的“模”。

计数器可以应用在计算机的时序发生器、时间分配器、分频器、程序计数器、指令计数器等场所；另外，数字化仪表的压力、时间、温度等物理量的 A/D、D/A 转换也都要通过脉冲计数来实现。

计数器中的“数”是用触发器的状态组合来表示的，在计数脉冲作用下使一组触发器的状态依次转换成不同的状态组合来表示数的增加或减少，即可达到计数的目的。计数器在运行时，所经历的状态是周期性的，总是在有限个状态中循环，通常也将一次循环所包含的状态总数称为计数器的“模”。

**1. 计数器的分类及特点**

按工作方式分类，计数器可分为同步计数器和异步计数器。前者，计数脉冲送至每个触发器的 CP 端，所有触发器状态的更新是同时发生的；后者，计数脉冲不是引到所有触发器的 CP 端，触发器状态的更新不是同时发生的。

按计数过程中计数器数字的增减分类，计数器可以分为加法计数器、减法计数器和可逆计数器。

如果按计数器中数字的编码方式分类，计数器可以分为二进制计数器、十进制计数器、二—十进制计数器等。

**2. 二进制计数器**

二进制计数器是一种按照二进制规律来累计输入计数脉冲的电子器件，它是构成其他进制计数器的基础。一个 $n$ 位二进制计数器，需用 $n$ 个具有计数功能的触发器构成。

根据二进制加法法则：

0 + 1 = 1， 1 + 0 = 1， 1 + 1 = 0（同时向高位进 1）

一个多位二进制加法计数器中，触发器应满足两个条件：

① 对于最低位，+1 表示加 CP（即来一个 CP，状态翻转一次）；

② 对其他位，+1 表示加上相邻低位来的进位。

因此，可得到二进制加法计数器的状态表（也称状态转换表）。以 3 位二进制计数器为例，每送入一个 CP，在最低位加 1，当低位有进位时，相邻高位翻转一次，如图 5-89 所示。

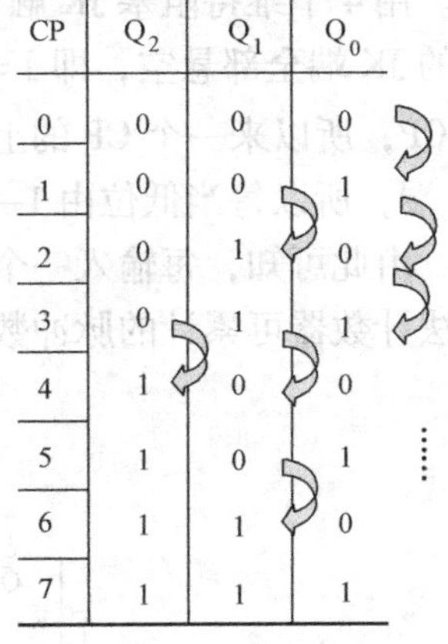

| CP | $Q_2$ | $Q_1$ | $Q_0$ |
|---|---|---|---|
| 0 | 0 | 0 | 0 |
| 1 | 0 | 0 | 1 |
| 2 | 0 | 1 | 0 |
| 3 | 0 | 1 | 1 |
| 4 | 1 | 0 | 0 |
| 5 | 1 | 0 | 1 |
| 6 | 1 | 1 | 0 |
| 7 | 1 | 1 | 1 |

图 5-89 3 位二进制计数器的状态表

从图 5-89 中可以找到各触发器翻转的规律：

① 最低位每来一个 CP，状态翻转一次，0→1→0→1；

② 每当低位从 1→0 时（产生一个触发时），相邻高位翻转，或 0→1，或 1→0。

所以，只要在低位从 1→0 时，取出一个有效信号给高位的 CP 输入端作触发脉冲即可。

（1）二进制异步加法计数器。根据异步计数器的特点及二进制数的规律和二进制加法法则，可得到 4 位二进制加法计数器的状态表，见表 5-39。

表5-39　4位二进制数的状态表

| CP | $Q_3$ | $Q_2$ | $Q_1$ | $Q_0$ |
|---|---|---|---|---|
| 0 | 0 | 0 | 0 | 0 |
| 1 | 0 | 0 | 0 | 1 |
| 2 | 0 | 0 | 1 | 0 |
| 3 | 0 | 0 | 1 | 1 |
| 4 | 0 | 1 | 0 | 0 |
| 5 | 0 | 1 | 0 | 1 |
| 6 | 0 | 1 | 1 | 0 |
| 7 | 0 | 1 | 1 | 1 |
| 8 | 1 | 0 | 0 | 0 |
| 9 | 1 | 0 | 0 | 1 |
| 10 | 1 | 0 | 1 | 0 |
| 11 | 1 | 0 | 1 | 1 |
| 12 | 1 | 1 | 0 | 0 |
| 13 | 1 | 1 | 0 | 1 |
| 14 | 1 | 1 | 1 | 0 |
| 15 | 1 | 1 | 1 | 1 |
| 16 | 0 | 0 | 0 | 0 |

分析表5-39，可以找出各触发器翻转的规律：

① 最低位每来一个CP，状态翻转一次，0→1→0→1；

② 高位触发器仅在其相邻的低位触发器Q由1→0时才翻转！它可作为CP控制信号。

所以，只要在低位从1→0时，取出一个有效信号给高位的CP输入端作触发脉冲即可。

例如，用边沿触发JK触发器组成二进制异步加法计数器，由JK=11控制触发器翻转计数。用4个维持阻塞JK触发器组成的4位二进制异步加法计数器如图5-90所示。4个触发器的JK端全部悬空，即J=K=1，所以来一个有效CP沿触发器翻转一次。对于$Q_0$因为其接CP，所以来一个CP的上升沿，$Q_0$翻转一次；对于其他触发器，低位输出$\overline{Q}$接相邻高位的CP端，所以每当低位由1→0，并在$\overline{Q}$的上升沿时，使相邻高位触发器翻转一次。

由此可知，每输入一个计数脉冲，计数器输出的4位二进制数就加一。4位二进制异步加法计数器可累计的脉冲数为$2^4=16$。

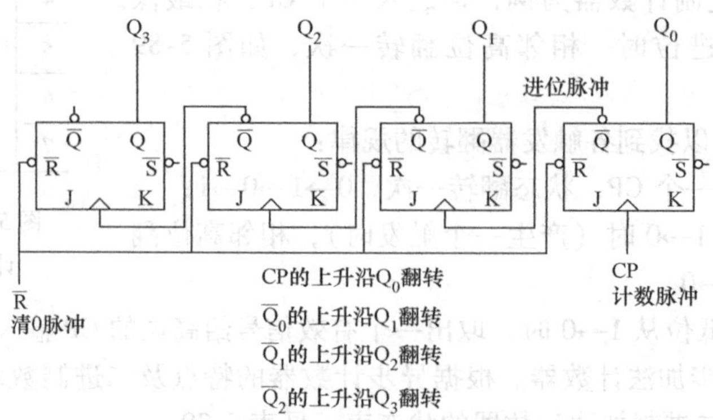


图5-90　二进制异步加法计数器

图 5-91 所示的是 4 位二进制异步加法计数器的时序图。

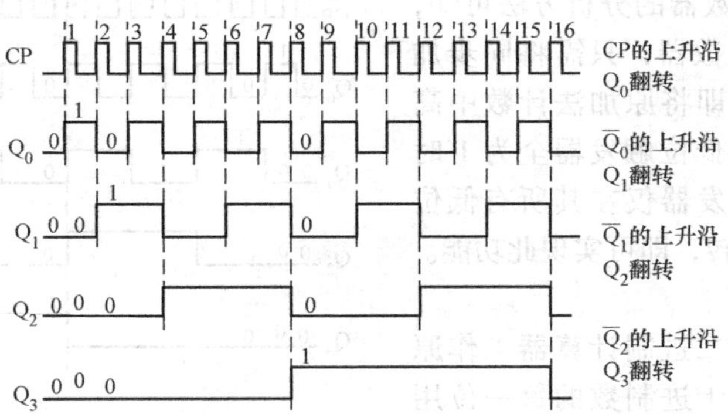


图 5-91 4 位二进制异步加法计数器的时序图

由图 5-91 所示时序图可以看出，$Q_0$、$Q_1$、$Q_2$、$Q_3$ 的周期分别是计数脉冲（CP）周期的 2 倍、4 倍、8 倍、16 倍，因而二进制计数器可作为分频器，第 $n$ 个触发器的输出脉冲频率为计数器输入脉冲频率的 $1/2^n$。

根据异步加法计数器的分析方法可知，若要构成异步减法计数器，只需将异步加法计数器稍作修改，即将原加法计数中高位触发器仅在其相邻的低位触发器 Q 由 1→0 时才翻转，改为高位触发器仅在其相邻的低位触发器 Q 由 0→1 时才翻转，即可实现此功能。

（2）二进制同步加法计数器。为了提高计数速度，数字电路中常采用同步计数器，即每个触发器都用同一个 CP 触发，要翻转时同时翻转。与异步加法计数器一样，同步加法计数器也是通过控制触发器的驱动信号来达到控制触发器状态的变化的。

分析表 5-39，可以找到加法计数器各触发器翻转的规律如下：

① 最低位触发器，每来一个 CP 脉冲就翻转一次；

② 高位触发器仅在其所有低位触发器均为 1 时，再来一个 CP 脉冲才翻转。

下面仍然以 4 位二进制加法计数器为例进行分析。图 5-92 所示是用 4 个 JK 触发器构成计数器的逻辑图，设计方法是用低位的 Q 控制高位的 J、K，决定其翻转还是不翻转。它的驱动方程如下：

$$J_0 = K_0 = 1, \quad J_1 = K_1 = Q_0 \quad J_2 = K_2 = Q_1Q_0, \quad J_3 = K_3 = Q_2Q_1Q_0$$

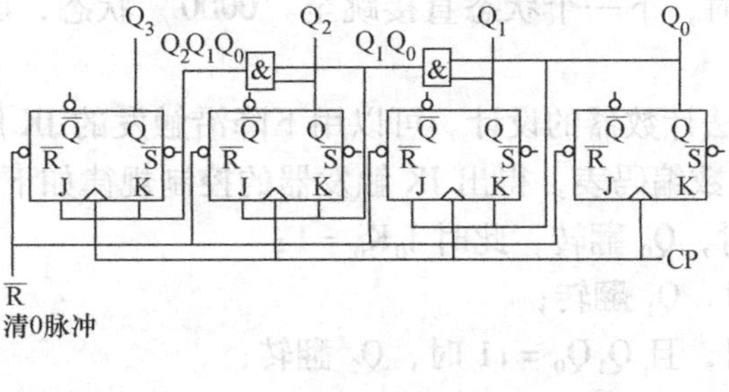

图 5-92 二进制同步加法计数器

图 5-93 所示是二进制同步加法计数器的时序图，从图中可以看出，同步计数器各触发

器在同一时刻翻转。

根据同步加法计数器的分析方法可知，若要构成同步减法计数器，只需将同步加法计数器稍作修改，即将原加法计数中高位触发器仅在其所有低位触发器全为1时才翻转，改为高位触发器仅在其所有低位触发器全为0时才翻转，即可实现此功能。

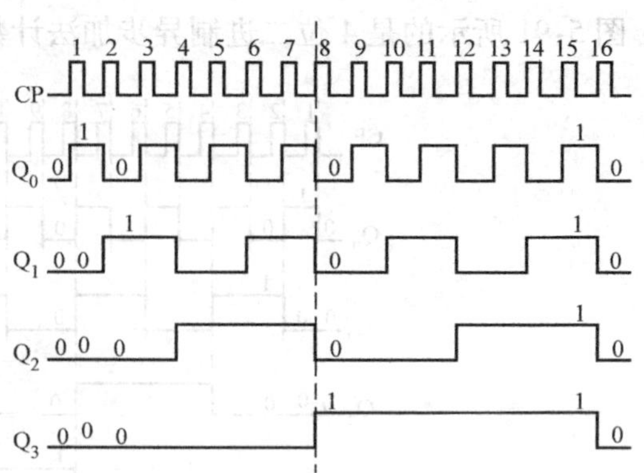

图 5-93　二进制同步加法计数器的时序图

**3. 十进制计数器**

十进制计数器与二进制计算器工作原理基本相同，只是把十进制数的每一位用二进制数来表示而已，即计数器按十进制规律计数。最常用的十进制计数器编码方法是用4位二进制数表示对应的十进制数，即用十个4位二进制数表示十进制数的0～9，编码方法见表5-40。

**表 5-40　十进制数编码**

| CP | $Q_3$ | $Q_2$ | $Q_1$ | $Q_0$ |
|---|---|---|---|---|
| 0 | 0 | 0 | 0 | 0 |
| 1 | 0 | 0 | 0 | 1 |
| 2 | 0 | 0 | 1 | 0 |
| 3 | 0 | 0 | 1 | 1 |
| 4 | 0 | 1 | 0 | 0 |
| 5 | 0 | 1 | 0 | 1 |
| 6 | 0 | 1 | 1 | 0 |
| 7 | 0 | 1 | 1 | 1 |
| 8 | 1 | 0 | 0 | 0 |
| 9 | 1 | 0 | 0 | 1 |
| 10 | 0 | 0 | 0 | 0 |

分析表5-40所列编码表可以看出，十进制计数编码与二进制计数编码不同的是，当计数器记至“1001”状态时，下一个状态直接跳至“0000”状态，因此可在二进制计数器的基础上修改而成。

（1）十进制异步加法计数器的设计。可以用下降沿触发的JK触发器实现异步加法器功能，分析表5-40十进制数编码表，得出JK触发器的控制规律如下：

① CP下降沿脉冲时，$Q_0$ 翻转，此时 $J_0K_0=1$；

② $Q_0$ 下降沿脉冲时，$Q_1$ 翻转；

③ $Q_1$ 下降沿脉冲时，且 $Q_1Q_0=11$ 时，$Q_2$ 翻转；

④ $Q_0$ 下降沿脉冲时，且 $Q_1Q_2=11$ 时，$Q_3$ 翻转，由0翻转成1；

⑤ 当 $Q_3=1$，且 $Q_0$ 下降沿脉冲时，将 $Q_1$ 清0。

根据上述JK触发器的控制规律，可以应用图5-94所示逻辑图实现十进制异步加法计数。根据逻辑图列出各触发器的逻辑方程如下：

时钟方程

$CP_0 = CP$， $CP_1 = Q_0$， $CP_2 = Q_1$， $CP_3 = Q_0$（下降沿触发）

各触发器的驱动方程

$J_0 = 1$， $K_0 = 1$，$J_1 = \overline{Q_3^n}$， $K_1 = 1$

$J_2 = 1$， $K_2 = 1$，$J_3 = Q_2^n Q_1^n$， $K_3 = 1$

各触发器的状态方程

$Q_0^{n+1} = J_0\ \overline{Q_0^n} + \overline{K_0} Q_0^n = \overline{Q_0^n}$

$Q_1^{n+1} = J_1\ \overline{Q_1^n} + \overline{K_1} Q_1^n = \overline{Q_3^n Q_1^n}$

$Q_2^{n+1} = J_2\ \overline{Q_2^n} + \overline{K_2} Q_2^n = \overline{Q_2^n}$

$Q_3^{n+1} = J_3\ \overline{Q_3^n} + \overline{K_3} Q_3^n = Q_2^n Q_1^n \overline{Q_3^n}$

根据状态方程和驱动方程可以列出十进制异步加法器的状态表，见表 5-41。时序图如图 5-95 所示。

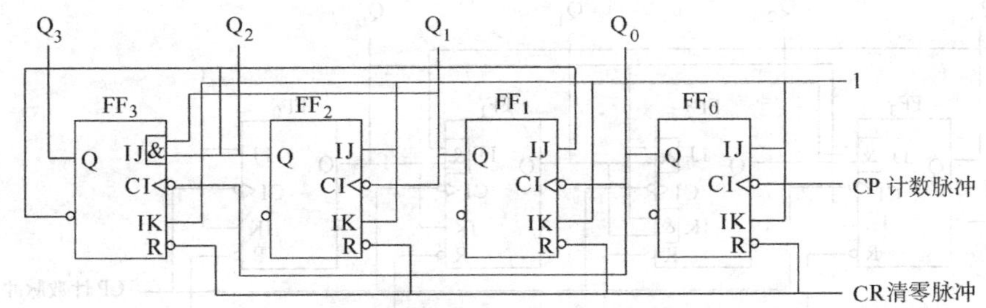


图 5-94 8421 BCD 码十进制异步加法计数器的逻辑图

**表 5-41 8421 BCD 码十进制异步加法计数器的状态表**

| 现态 | | | | 次态 | | | | 时钟脉冲 | | | |
|---|---|---|---|---|---|---|---|---|---|---|---|
| $Q_3^n$ | $Q_2^n$ | $Q_1^n$ | $Q_0^n$ | $Q_3^{n+1}$ | $Q_2^{n+1}$ | $Q_1^{n+1}$ | $Q_0^{n+1}$ | $CP_3$ | $CP_2$ | $CP_1$ | $CP_0$ |
| 0 | 0 | 0 | 0 | 0 | 0 | 0 | 1 | 0 | 0 | 0 | ↓ |
| 0 | 0 | 0 | 1 | 0 | 0 | 1 | 0 | ↓ | 0 | ↓ | ↓ |
| 0 | 0 | 1 | 0 | 0 | 0 | 1 | 1 | 0 | 0 | 0 | ↓ |
| 0 | 0 | 1 | 1 | 0 | 1 | 0 | 0 | ↓ | ↓ | ↓ | ↓ |
| 0 | 1 | 0 | 0 | 0 | 1 | 0 | 1 | 0 | 0 | 0 | ↓ |
| 0 | 1 | 0 | 1 | 0 | 1 | 1 | 0 | ↓ | 0 | ↓ | ↓ |
| 0 | 1 | 1 | 0 | 0 | 1 | 1 | 1 | 0 | 0 | 0 | ↓ |
| 0 | 1 | 1 | 1 | 1 | 0 | 0 | 0 | ↓ | ↓ | ↓ | ↓ |
| 1 | 0 | 0 | 0 | 1 | 0 | 0 | 1 | ↓ | 0 | 0 | ↓ |
| 1 | 0 | 0 | 1 | 0 | 0 | 0 | 0 | ↓ | 0 | ↓ | ↓ |

（2）十进制同步加法计数器的设计。图5-96所示是十进制同步加法计数器的逻辑图。根据逻辑图可以列出各触发器的驱动方程如下：

$J_0 = K_0 = 1$， $J_1 = \overline{Q_3^n}Q_0^n$， $K_1 = Q_0^n$

$J_2 = Q_1^nQ_0^n = K_2$， $J_3 = Q_2^nQ_1^nQ_0^n$， $K_3 = Q_0^n$

各触发器的状态方程为

$Q_0^{n+1} = J_0\overline{Q_0^n} + \overline{K_0}Q_0^n = \overline{Q_0^n}$

$Q_1^{n+1} = J_1\overline{Q_1^n} + \overline{K_1}Q_1^n = \overline{Q_3^n}Q_0^n\overline{Q_1^n} + \overline{Q_0^n}Q_1^n$

$Q_2^{n+1} = J_2\overline{Q_2^n} + \overline{K_2}Q_2^n = Q_1^nQ_0^n\overline{Q_2^n} + \overline{Q_1^nQ_0^n}Q_2^n$

$Q_3^{n+1} = J_3\overline{Q_3^n} + \overline{K_3}Q_3^n = Q_2^nQ_1^nQ_0^n\overline{Q_3^n} + \overline{Q_0^n}Q_3^n$

根据状态方程和驱动方程可以列出十进制同步加法计数器的状态表，见表5-42。

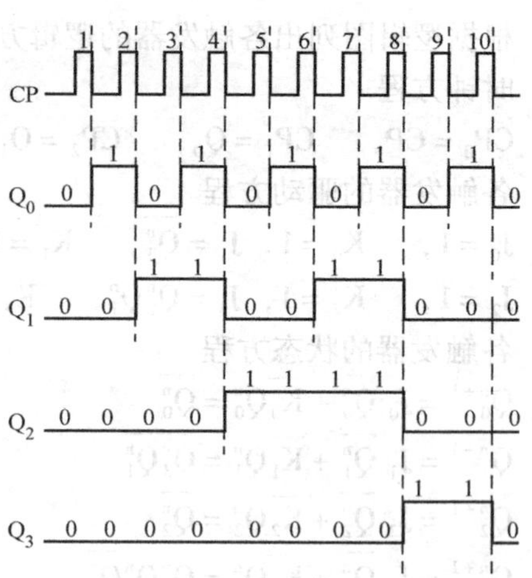

图5-95 十进制异步计数器的时序图

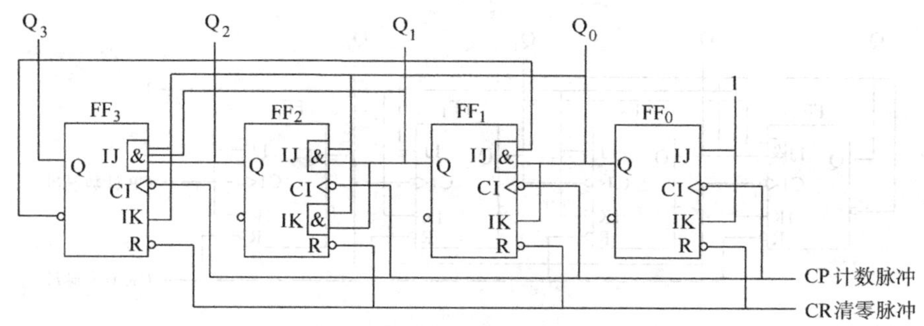

图5-96 十进制同步加法计数器的逻辑图

表5-42 8421 BCD码十进制同步加法计数器的状态表

| 现态 | | | | 次态 | | | |
|---|---|---|---|---|---|---|---|
| $Q_3^n$ | $Q_2^n$ | $Q_1^n$ | $Q_0^n$ | $Q_3^{n+1}$ | $Q_2^{n+1}$ | $Q_1^{n+1}$ | $Q_0^{n+1}$ |
| 0 | 0 | 0 | 0 | 0 | 0 | 0 | 1 |
| 0 | 0 | 0 | 1 | 0 | 0 | 1 | 0 |
| 0 | 0 | 1 | 0 | 0 | 0 | 1 | 1 |
| 0 | 0 | 1 | 1 | 0 | 1 | 0 | 0 |
| 0 | 1 | 0 | 0 | 0 | 1 | 0 | 1 |
| 0 | 1 | 0 | 1 | 0 | 1 | 1 | 0 |
| 0 | 1 | 1 | 0 | 0 | 1 | 1 | 1 |
| 0 | 1 | 1 | 1 | 1 | 0 | 0 | 0 |
| 1 | 0 | 0 | 0 | 1 | 0 | 0 | 1 |
| 1 | 0 | 0 | 1 | 0 | 0 | 0 | 0 |

十进制同步加法计数器的状态图如图 5-97 所示。十进制同步加法计数器的时序图如图 5-98 所示。

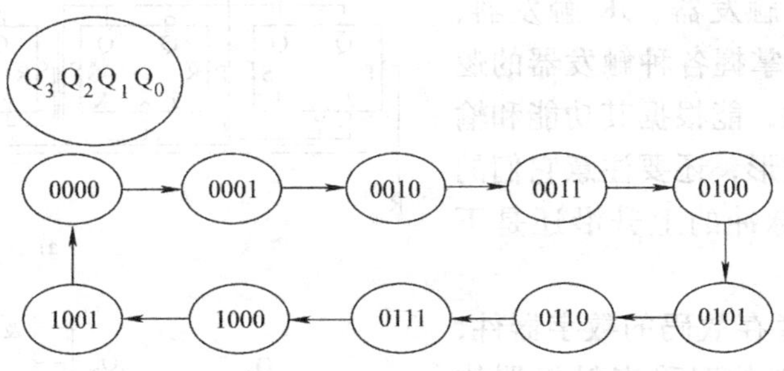


图 5-97 十进制同步加法计数器的状态图

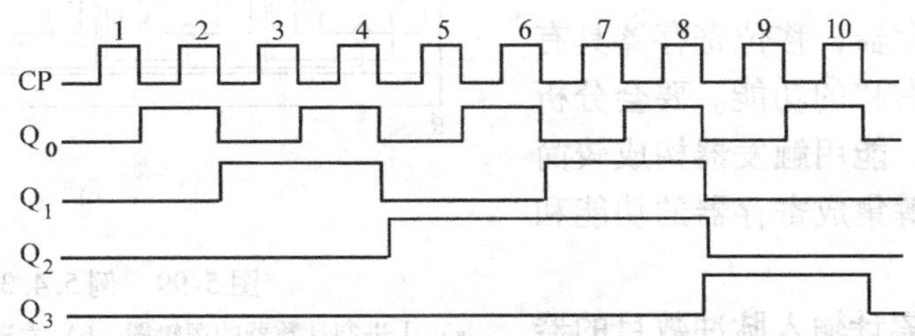


图 5-98 十进制同步加法计数器的时序图

**4. 任意进制计数器**

所谓任意进制计数器，是指 $N$ 进制计数器，即每来 $N$ 个计数脉冲，计数器的状态循环一次。这些计数器若采用 8421 BCD 码方式，其构成方法与十进制计数器类似，即通过改变各触发器的连线或附加一些控制门，使计数器跳过二进制计数器的某些状态。

常用两种方法来构成任意进制的计数器：①清零法，即利用计数器的清零端反馈置零，强迫计数器清零，重新开始新一轮计数，此法可构成小于原进制的多种进制计数器；②置数法，即利用计数器的置数端反馈置数，强迫计数器置数，重新开始新一轮计数，此法也可构成小于原进制的多种进制计数器。

分析的方法是，对于同步计数器，由于计数脉冲连接到每个触发器的 CP 端，触发器的状态翻转与否可以由驱动方程判断；对于异步计数器，还应同时考虑各触发器的 CP 脉冲是否出现。

**【例 5.4.3】** 将十进制计数器改为六进制计数器。

**【解题思路与技巧】** 将十进制计数器计数到 0110 时应用反馈清零法立即清零，即在 0110 出现的一瞬间清零。设计方法是，将十进制计数器，如图 5-99a 所示，通过改变触发器的几根连线并加一个与非门，就构成了六进制的计数器，如图 5-99b 所示。

## 5.4.5 小结

(1) 触发器是时序电路的基本单元，其中双稳态触发器应用得最多（有时就将双稳态触发器简称为触发器）。双稳态触发器具有两个稳定工作状态，在触发脉冲作用下可以从一个稳态翻转到另一个稳态，它还具有记忆（或称存储）的功能。双稳态触发器按其逻辑功能可分为RS触发器、JK触发器、D触发器等。应主要掌握各种触发器的逻辑符号及其逻辑功能，能根据其功能和输入波形画出其输出波形，还要注意它们的翻转时刻是在时钟脉冲的上升沿还是下降沿。

（2）寄存器是暂存数码的数字器件，主要由具有记忆功能的双稳态触发器构成。一个可存放$N$位二进制数码的寄存器需要$N$个触发器。寄存器按功能可分为数码寄存器和移位寄存器，移位寄存器具有将所存数码左移或右移的功能。要会分析寄存器的工作原理，能用触发器构成较简单的寄存器，并了解集成寄存器的功能和用法。

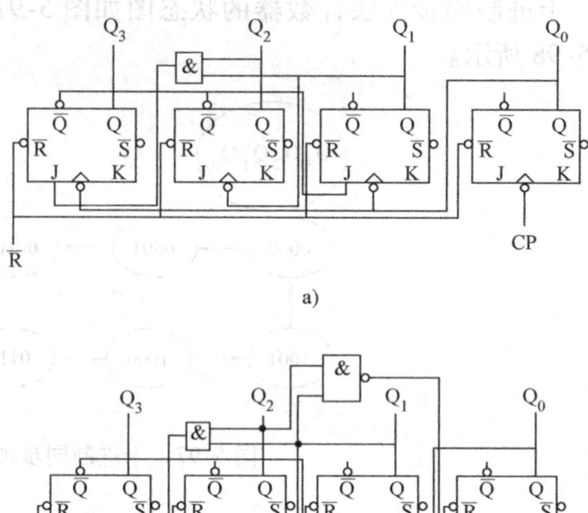


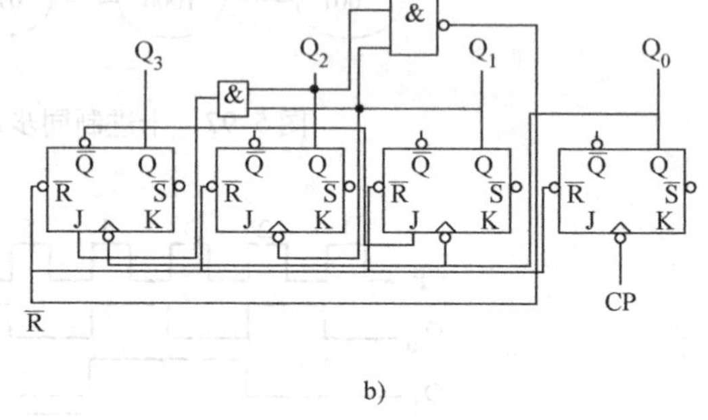


图5-99 例5.4.3图

a）十进制计数器的逻辑图 b）六进制计数器的逻辑图

（3）计数器是累计输入脉冲数目的器件，主要由双稳态触发器构成。按计数制可分为二进制、十进制和其他进制的计数器，按功能可分为加法计数器、减法计数器和既可加又可减的可逆计数器，按其中各触发器翻转是否同步还可分为异步计数器、同步计数器。根据给定的计数电路，运用逻辑功能，去分析各种计数器的逻辑功能和工作特点，是学习计数器的主要要求和应该掌握的方法。

## 5.5 集成定时器

数字电路中的信号都是脉冲信号。可以通过整形与变换电路的作用来产生出各种不同脉宽和幅值的脉冲波形的脉冲信号，也可以通过整形与变换电路的作用来完成连续模拟信号与脉冲信号之间的相互变换。而应用555集成定时器，只要外加少量的阻容元件，就能构成多种这样的整形与变换电路。例如，555集成定时器构成的多谐振荡器能直接产生脉冲信号，555集成定时器构成的施密特触发器能对已有的信号进行变换、整形，而555集成定时器构成的单稳态触发器可用于脉冲信号的定时、延时等。

### 5.5.1 555集成定时器

555集成定时器是一种将模拟电路和数字电路集成于一体的电子器件，使用十分灵活方便，只要外加少量的阻容元件，就能构成多种用途的电路，如施密特触发器、单稳态触发器、多谐振荡器等，因此，555集成定时器在电子技术中得到了非常广泛的应用。

555集成定时器的型号较多，常用的有双极型和单极型（CMOS型）两类。双极型具有较大的带负载能力，其输出电流可以达到200mA，可直接驱动发光二极管、扬声器等负载；

而 CMOS 型具有功耗低、输入阻抗高、电源范围广等特点。两类定时器的型号很多，但其内部电路结构相似，引脚排列及功能完全相同。

**1. 555 集成定时器的内部电路结构**

图 5-100a 和 b 所示是 555 集成定时器的原理电路及引脚排列。

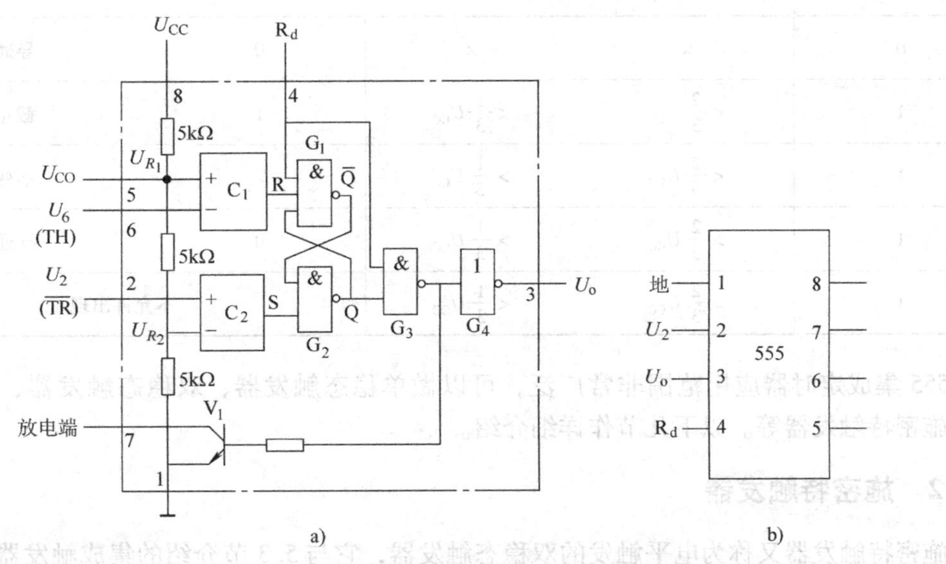


图 5-100　555 集成定时器的原理电路与引脚排列

a）原理电路　b）引脚排列

555 集成定时器的基本组成包括：由三个阻值均为 5kΩ 的电阻串联构成分压器，两个电压比较器 $C_1$ 和 $C_2$，一个 RS 触发器和由晶体管 $V_1$ 组成的放电电路。

**2. 各主要引脚的功能**

2 端：低电平触发输入端。

4 端：外部清零端。低电平有效，当 $U_2<\frac{2}{3}U_{CC}$时，S=0，Q=1。

5 端：外参考电压控制端。$U_{CO}$悬空时，$U_{R_1}=\frac{2}{3}U_{CC}$。

6 端：高电平触发输入端。当 $U_6>U_{CO}$（或$\frac{2}{3}U_{CC}$）时，R=0，Q=0。

7 端：放电端。导通时 7 端与地（1 端）短路。

**3. 555 集成定时器的工作原理**

（1）当 5 脚悬空时，比较器 $C_1$ 和 $C_2$ 的比较电压分别为$\frac{2}{3}U_{CC}$和$\frac{1}{3}U_{CC}$。

（2）$C_1$ 的输出接基本触发器的 R 端，$C_2$ 的输出接基本触发器的 S 端，即用两个比较器的输出去控制基本 RS 触发器的状态。

（3）两个与非门 $G_1$、$G_2$ 构成 RS 锁存器，低电平触发。比较器 $C_1$、$C_2$ 的输出 $U_{C1}$、$U_{C2}$ 控制锁存器的状态，也决定了电路的输出状态。当 $U_{C1}=1$，$U_{C2}=0$ 时，Q=1，$\overline{Q}=0$，$V_1$ 不

可能导通；当 $U_{C1}=0$，$U_{C2}=1$ 时，$Q=0$，$\overline{Q}=1$，此时 $V_1$ 饱和导通；当 $U_{C1}=U_{C2}=1$ 时，Q 的状态保持不变。上述关系的归纳见表 5-43。

**表 5-43　555 集成定时器的功能表**

| $R_d$ | $U_6$（TH-R） | $U_2$（TR-S） | $U_o$ | $V_1$ |
|---|---|---|---|---|
| 0 | × | × | 0 | 导通 |
| 1 | $<\frac{2}{3}U_{CC}$ | $<\frac{1}{3}U_{CC}$ | 1 | 截止 |
| 1 | $<\frac{2}{3}U_{CC}$ | $>\frac{1}{3}U_{CC}$ | $U_o$ | 不变 |
| 1 | $>\frac{2}{3}U_{CC}$ | $>\frac{1}{3}U_{CC}$ | 0 | 导通 |
| 1 | $>\frac{2}{3}U_{CC}$ | $<\frac{1}{3}U_{CC}$ | 不允许出现 | |

555 集成定时器应用范围非常广泛，可以做单稳态触发器、双稳态触发器、多谐振荡器、施密特触发器等。以下几节作详细介绍。

## 5.5.2　施密特触发器

施密特触发器又称为电平触发的双稳态触发器，它与 5.3 节介绍的集成触发器不同。施密特触发器有如下三个特点：

（1）属于电平触发，能把变化非常缓慢的输入信号变化成边沿很陡的矩形脉冲。

（2）输出状态发生翻转时的输入电压（阈值电压）与输入信号的变化方向有关，即输入信号从小变到大和从大变到小的时候阈值电压不同。

（3）输出两种稳定状态都需要依赖输入信号来维持，即无记忆功能。

施密特触发器的逻辑符号及电压传输特性如图 5-101 所示。其中，图 5-101a 为不带反相器的施密特触发器，而图 5-101b 为带反相器的施密特触发器。

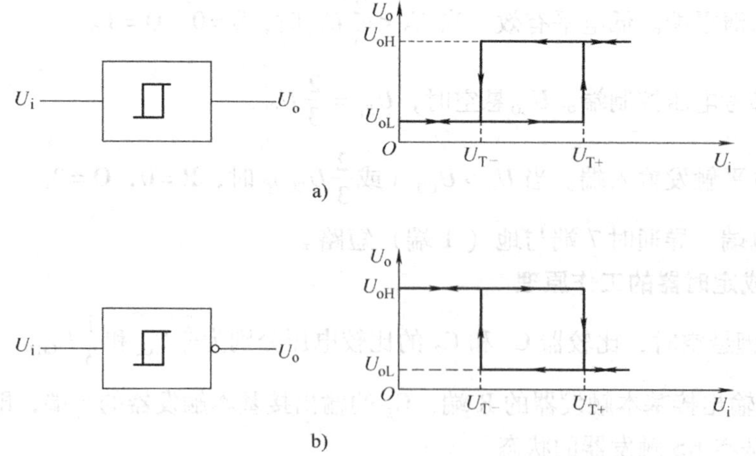


图 5-101　施密特触发器的逻辑符号及电压传输特性

a）不带反相器的施密特触发器　b）带反相器的施密特触发器

由施密特触发器的电压传输特性可以看出施密特触发器具有滞回电压传输特性。当输入信号高于 $U_{T+}$ 时，电路处于一个稳定状态，$U_{T+}$ 称为上触发电平或正向阈值电压；当输入信号低于 $U_{T-}$ 时，电路处于另一稳定状态，$U_{T-}$ 称为下触发电平或负向阈值电压；而当输入信号处于两触发电平之间时，其输出保持原状态不变。施密特触发器可由多种方法构成。

**1. 用555集成定时器构成施密特触发器**

只要把555集成定时器的TH端与触发信号输入端（引脚2）连在一起作为信号输入端，即可组成施密特触发器，如图5-102a所示。

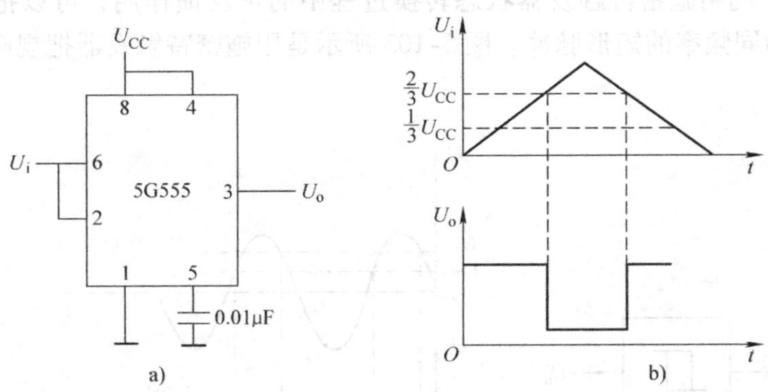


图5-102 用555集成定时器组成的施密特触发器及工作波形
a）施密特触发器的组成 b）工作波形

设电路的输入信号 $U_i$ 的波形如图5-102b所示。工作原理如下：

首先，分析输入电压 $U_i$ 由零逐渐升高的工作过程：

当 $U_i < \frac{1}{3}U_{CC}$ 时，$U_{C1}=1$，$U_{C2}=0$，故 $U_o = U_{oH}$；

当 $\frac{1}{3}U_{CC} < U_i < \frac{2}{3}U_{CC}$ 时，$U_{C1}=U_{C2}=1$，故 $=U_{oH}$ 不变；

在 $U_i > \frac{2}{3}U_{CC}$ 以后，$U_{C1}=0$，$U_{C2}=1$，故 $U_o = U_{oL}$。

其次，分析输入电压 $U_i$ 从高于 $\frac{2}{3}U_{CC}$ 开始下降的工作过程：

当 $\frac{1}{3}U_{CC} < U_i < \frac{2}{3}U_{CC}$ 时，$U_{C1}=U_{C2}=1$，故 $U_o = U_{oL}$ 不变；

在 $U_i < \frac{1}{3}U_{CC}$ 以后，$U_{C1}=1$，$U_{C2}=0$，故 $U_o = U_{oH}$。

根据以上分析，可以画出输出信号 $U_o$ 的波形，如图5-102b所示。由此可得该施密特触发器的回差电压如下：

由于
$$U_{T+} = \frac{2}{3}U_{CC}，\quad U_{T-} = \frac{1}{3}U_{CC}，$$

故
$$\Delta U_T = U_{T+} - U_{T-} = \frac{1}{3}U_{CC}$$

如果在定时器的控制电压输入端（CO端，引脚5）外接直流电压 $U_{CO}$，则电路的 $U_{T+} = U_{CO}$，

$U_{T-}=\frac{1}{2}U_{CO}$，回差电压 $\Delta U_T=\frac{1}{2}U_{CO}$。可见，改变 $U_{CO}$数值，就能调节电路的回差电压。

如果在放电端（D端，引脚7）经一电阻接到另一个电源 $U'_{CC}$，则该端输出电压 $U'_o$的波形与 $U_o$ 相同，但 $U'_o$的幅度可随 $U'_{CC}$而变，因此可作电平转换。

施密特触发器所具有的滞回特性，使它在波形变换、整形、幅值鉴别等方面得到了广泛应用。

**2. 施密特触发器的应用**

（1）波形变换。利用施密特触发器状态转换过程中的正反馈作用，可以把边沿化缓慢的周期性信号变换为同频率的矩形脉冲。图5-103所示是用施密特触发器把规则的正弦波变换成矩形波的例子。

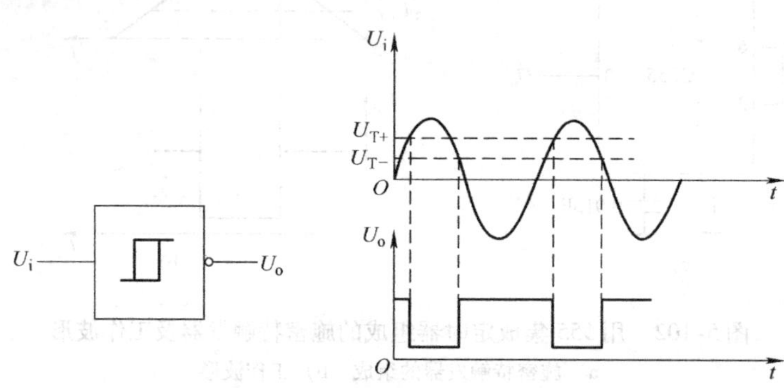


图5-103 用施密特触发器实现波形变换

（2）脉冲整形。若输入信号是一个顶部和前后沿受干扰而发生畸变的不规则波形，可以适当调节施密特触发器的回差电压，得到整齐的矩形脉冲，如图5-104所示。需要注意的是，将施密特触发器作整形应用时，需适当提高回差电压，才能收到较好的整形效果。如果回差电压较小，如 $\Delta U_T$ 小于顶部干扰信号的幅度，则不但整形效果较差，而且可能产生错误输出。但回差电压过大，又会降低触发灵敏度，所以应当根据具体情况灵活运用。

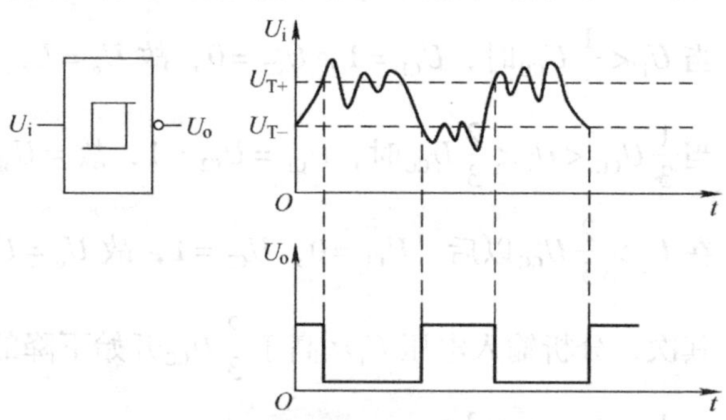


图5-104 用施密特触发器实现脉冲整形

（3）幅值鉴别。当施密特触发器的输入信号是一串幅值不等的脉冲时，可以通过高速电路的 $U_{T+}$和 $U_{T-}$，使只有当输入信号中幅值超过 $U_{T+}$的脉冲才能使施密特触发器翻转，从而得到所需要的矩形脉冲。即将输入信号中幅值超过 $U_{T+}$的脉冲选出，幅值较小的脉冲消除，所以施密特触发器具有幅值鉴别能力。图5-105所示是用施密特触发器实现幅值鉴别的例子。

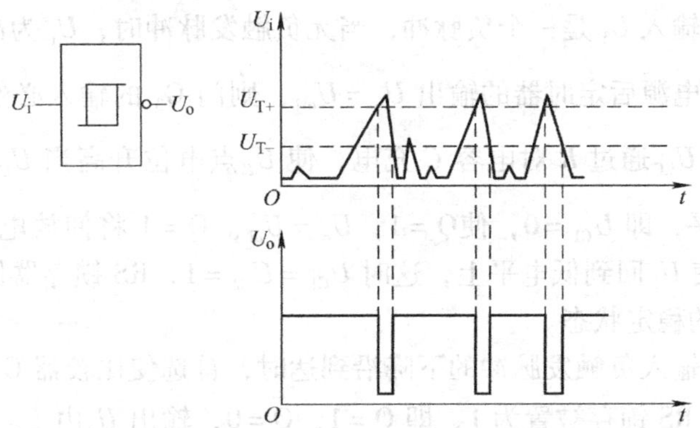


图 5-105　用施密特触发器实现幅值鉴别

## 5.5.3　单稳态触发器

单稳态触发器的特点是，电路有两个工作状态，一个稳态，一个暂稳态。在没有外界触发信号作用时，电路处于稳态，并且能一直保持下去；在外界信号作用下，电路由稳态转为暂稳态。暂稳态是一个不能长久保持的状态，经过一段时间后，电路会自动返回到稳态。暂稳态的持续时间，就是电路输出脉冲的宽度，它仅取决于电路本身的参数，而与触发脉冲无关。单稳态触发器常用于脉冲的整形、定时和延时。

**1. 用 555 集成定时器构成单稳态触发器**

用 555 集成定时器构成的单稳态触发器如图 5-106a 所示。输入负触发脉冲加在低电平触发端（引脚 2），$R$、$C$ 是外接的定时元件。该电路用输入脉冲的下降沿触发。

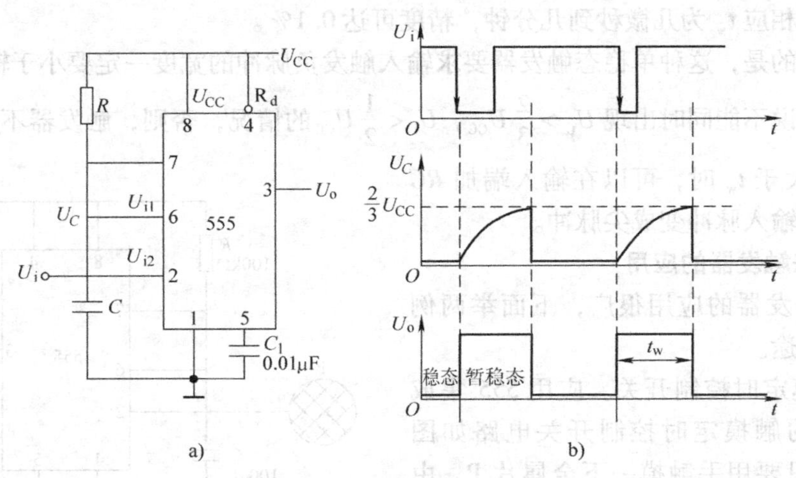


图 5-106　由 555 集成定时器构成的单稳态触发器及工作波形

a）单稳态触发器的组成　b）工作波形

设电路的输入信号 $U_i$ 的波形如图 5-106b 所示。单稳态触发器的工作原理如下：

（1）稳态。触发输入 $U_i$ 是一个负脉冲，当无负触发脉冲时，$U_i$ 为高电平$\left(U_i > \frac{1}{3}U_{CC}\right)$，则 $U_{C2}=1$。假设接通电源后定时器的输出 $U_o=U_{oH}$，则门 $G_3$ 的输入必然为低电平，放电管 $V_1$ 必然截止，此时，$U_{CC}$通过 $R$ 对电容 $C$ 充电，使 $U_C$点电位升高当 $U_C \geqslant \frac{2}{3}U_{CC}$时，比较器 $C_1$的输出 $U_{C1}$为低电平，即 $U_{C1}=0$，使$\overline{Q}=1$，$U_o=U_{oL}$。Q=1 将使放电管 $V_1$ 导通，电容 $C$ 通过 $V_1$ 迅速放电，使 $U_C$回到低电平上，这时 $U_{C1}=U_{C2}=1$，RS 锁存器保持 0 状态不变，因而输出保持 $U_o=U_{oL}$的稳定状态。

（2）暂稳态。当输入负触发脉冲的下降沿到达时，首选使比较器 $C_2$ 的输出 $U_{C2}=0$，由于触发器 $U_{C1}=1$，则 RS 锁存被置为 1，即 Q=1，$\overline{Q}=0$，输出 $U_o$由 $U_{oL}$变为 $U_{oH}$，电路进入暂稳态。在暂稳态期间，由于$\overline{Q}=0$，$V_1$ 截止，$V_{CC}$经过 $R$ 向 $C$ 充电。当 $C$ 充电到 $U_C$略高于 $\frac{2}{3}U_{CC}$时，使 $U_{C1}=0$（要注意的是：输入负向触发脉冲必须是窄脉冲，在 $C$ 充电到$\frac{2}{3}U_{CC}$之前，输入要提前回到高电平，使 $U_{C2}=1$）。这样，RS 锁存器被置零，输出 $U_o$ 又返回到 $U_o=U_{oL}$的起始状态。同时，由于 Q=1，$V_1$ 导通，$C$ 经过 $V_1$ 放电，直到 $U_C\approx 0$，电路恢复到原来的稳态。单稳态触发器的工作波形如图 5-106b 所示。电路输出脉冲宽度估算值如下：输出脉冲宽度 $t_w$即为暂稳期的持续时间，它等于电容电压 $U_C$ 从 0 上升到$\frac{2}{3}U_{CC}$所需时间，故

$$t_w \approx RC\ \ln \frac{U_{CC}}{U_{CC}-\frac{2}{3}U_{CC}} = RC\ln 3 = 1.1RC$$

上式说明，该电路输出脉冲宽度仅取决于外接定时元件 $R$ 和 $C$ 的数值，而与电源电压无关。通常外接电阻 $R$ 的取值范围为几百欧到几兆欧，外接电容 $C$ 的取值范围为几百皮法到几百微法，相应 $t_w$ 为几微秒到几分钟，精度可达 0.1%。

应该说明的是，这种单稳态触发器要求输入触发负脉冲的宽度一定要小于输出脉冲的宽度 $t_w$，也就是说不能同时出现 $U_C > \frac{2}{3}U_{CC}$，$U_i < \frac{1}{2}U_{CC}$的情况，否则，触发器不能返回稳态。当 $U_i$ 的宽度大于 $t_w$ 时，可以在输入端加 $RC$ 微分电路，使输入脉冲变成尖脉冲。

**2. 单稳态触发器的应用**

单稳态触发器的应用很广，下面举两例说明其主要用途。

（1）触摸定时控制开关。应用 555 集成定时器构成的触摸定时控制开关电路如图 5-107所示。只要用手触摸一下金属片 P，由于人体感应电压相当于在触发输入端（引脚 2）加入一个负脉冲，555 集成定时器的输出端输出高电平，灯泡（$R_L$）发光，当暂稳态时间（$t_w$）结束时，555 集成定时器输出端恢复低电平，灯泡熄灭。该触摸开关可用于夜间定时照明，定时时间可由 $RC$ 参数调节。

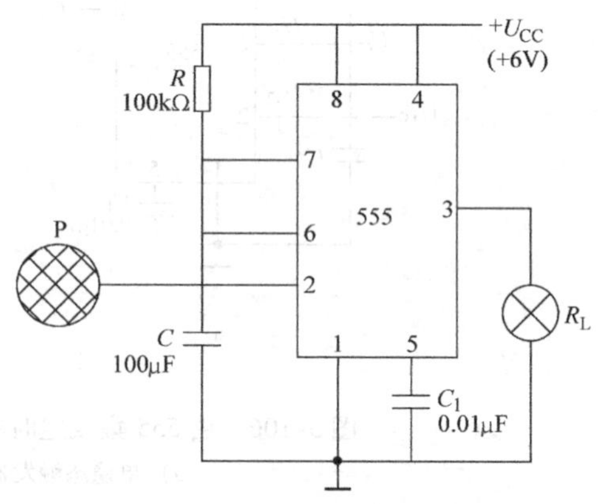

图 5-107　触摸定时控制开关电路

（2）触摸、声控双功能延时灯。应用555集成定时器和$V_1$、$R_3$、$R_2$、$C_4$组成单稳态触发器，构成的触摸、声控双功能延时灯电路如图5-108所示。定时（即灯亮）时间约为1min。当击掌声传至压电陶瓷片HTD时，HTD将声音信号转换成电信号，经$V_2$、$V_1$放大，触发555集成定时器，使555集成定时器输出高电平，触发晶闸管VT，使其导通，灯亮；同样，当触摸金属片A时，人体感应电信号经$R_4$、$R_5$加至$V_1$基极，也能使$V_1$导通，触发555集成定时器，达到上述效果。

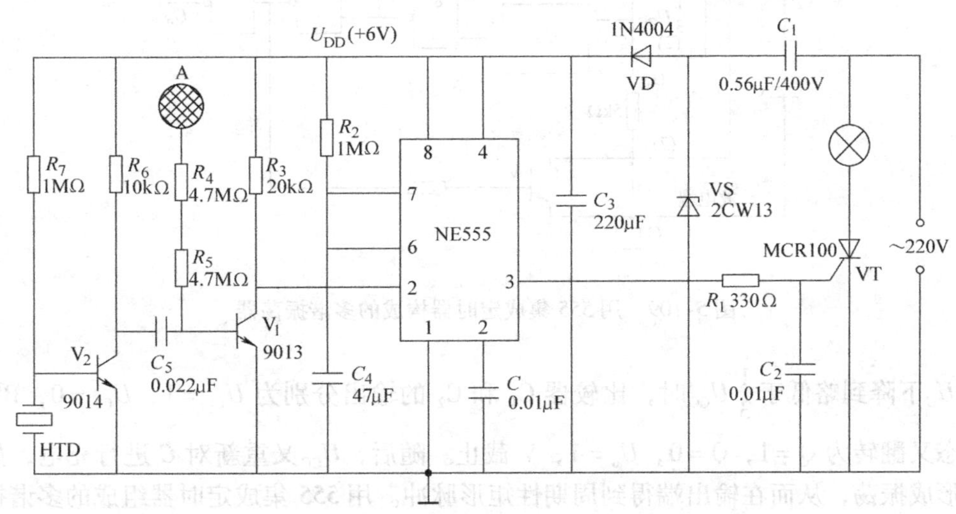


图5-108 触摸、声控双功能延时灯电路

## 5.5.4 多谐振荡器

多谐振荡器也称为无稳态触发器。它没有稳定状态，只有两个暂稳态，两个暂稳态之间周期性地相互转换，因而其输出波形为周期性变化的矩形波，由于矩形波中包含有丰富的高次谐波，所以这种电路称为多谐振荡器。这种电路两个暂稳态之间的相互转换都不需要外加触发信号，而是靠电路本身来完成的。

**1. 用555集成定时器构成多谐振荡器**

用555集成定时器构成的多谐振荡器如图5-109所示。图中，$R_1$、$R_2$和$C$为外接定时元件。

（1）多谐振荡器的工作原理。在电路没加电源电压之前，定时电容$C$上的电压$U_C=0$。下面讨论电路接通电源后的情况。

在电路刚接通电源的瞬间，由于电容两端电压不能突变，故$U_C$仍保持为0，这时两个比较器的输出分别为$U_{C1}=1$，$U_{C2}=0$，则$\overline{Q}=0$，晶体管V截止，电路输出$U_o=Q=1$，继而，电源$U_{CC}$经电阻$R_1$和$R_2$向电容$C$充电，电容上电压$U_C$按指数规律上升。当$U_C$上升到略大于$\frac{2}{3}U_{CC}$时，比较器$C_1$和$C_2$的输出分别为$U_{C1}=0$，$U_{C2}=1$，RS锁存器的状态翻转为$Q=0$，$\overline{Q}=1$，晶体管V导通，电路输出电压$U_o$由1转换为0。

晶体管V导通以后，电容$C$经电阻$R_2$和晶体管V放电，$U_C$由$\frac{2}{3}U_{CC}$开始呈指数规律下

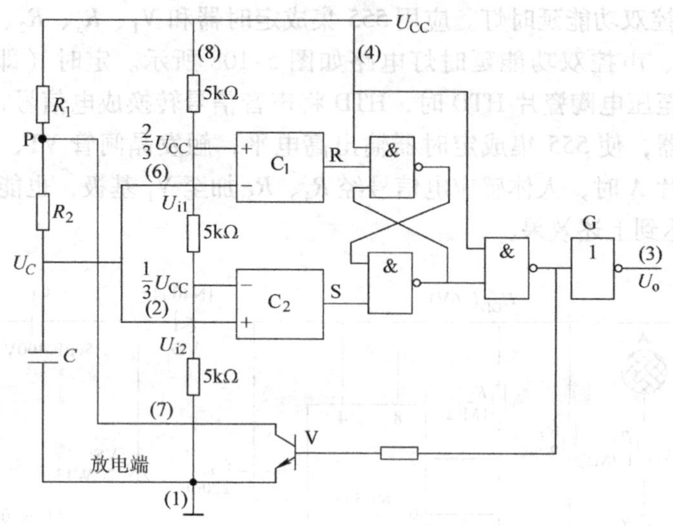


图5-109　用555集成定时器构成的多谐振荡器

降，当 $U_C$ 下降到略低于 $\frac{1}{3}U_{CC}$ 时，比较器 $C_1$ 和 $C_2$ 的输出分别为 $U_{C1}=1$，$U_{C2}=0$，RS锁存器的状态又翻转为 Q=1，$\overline{Q}=0$，$U_o=1$，V截止。随后，$U_{CC}$ 又重新对 $C$ 进行充电，如此周而复始形成振荡，从而在输出端得到周期性矩形脉冲。用555集成定时器组成的多谐振荡器的工作波形及电路如图5-110所示。

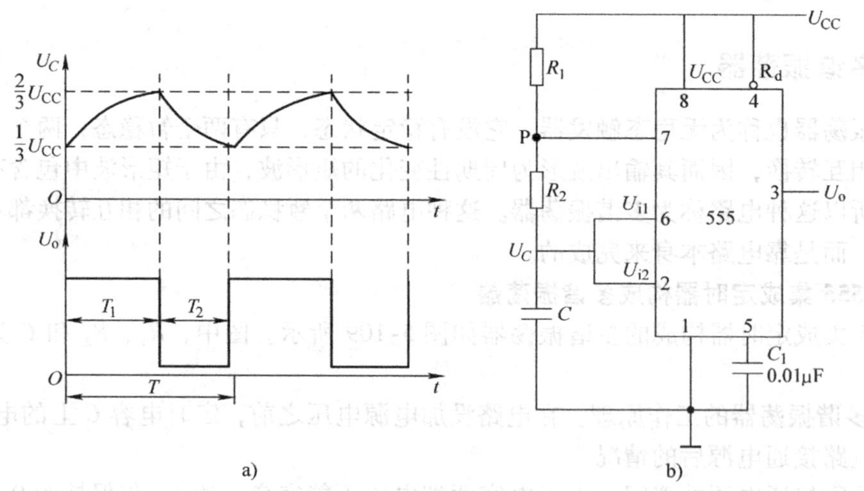


图5-110　用555集成定时器组成多谐振荡器的工作波形及电路

a）工作波形　b）电路

（2）振荡周期的估算。由图5-110所示的波形可知，电路的振荡周期为 $T=T_1+T_2$。其中，$T_1$ 为电容的电压 $U_C$ 从 $\frac{1}{3}U_{CC}$ 上升到 $\frac{2}{3}U_{CC}$ 所需时间，充电时间常数 $\tau_1=(R_1+R_2)$

$C$，故

$$T_1=(R_1+R_2)\ C\ln\frac{U_{CC}-\frac{1}{3}U_{CC}}{U_{CC}-\frac{2}{3}U_{CC}}=(R_1+R_2)\ C\ln2$$

$T_2$ 为从$\frac{2}{3}U_{CC}$下降到$\frac{1}{3}U_{CC}$所需时间，放电时间常数 $\tau_2=R_2C$，故

$$T_2=R_2C\ln\frac{0-\frac{2}{3}U_{CC}}{0-\frac{1}{3}U_{CC}}=R_2C\ln2$$

因此，$T=T_1+T_2=(R_1+2R_2)\ \ln2\approx0.7\ (R_1+2R_2)\ C$。

正脉宽 $T_1$ 与周期 $T$ 之比称为占空比，用 $q$ 表示，则

$$q=\frac{T_1}{T_2}=\frac{R_1+R_2}{R_1+2R_2}$$

（3）占空比可调的多谐振荡器电路。在图5-110所示电路的基础上增加一个可调电位器，利用二极管的单向导电性，把电容 $C$ 的充电和放电回路隔离开，便可构成占空比可调的多谐振荡器，如图5-111所示。通过调节电位器，就可改变输出矩形波的占空比。

根据电路（见图5-111）可计算得 $T_1\approx0.7R_1C$，$T_2\approx0.7R_2C$，则

$$q=\frac{T_1}{T_1+T_2}=\frac{R_1}{R_1+R_2}$$

由上式可知，若 $R_1\geqslant R_2$，则 $T_1\geqslant T_2$；反之，$T_1\leqslant T_2$。

**2. 多谐振荡器的应用**

（1）过电压监控电路。图5-112所示是用555集成定时器组成的一种过电压监控电路。图中，555集成定时器接成多谐振荡器，$U_x$ 是被检测的电压。

当 $U_x$ 是正常值时，稳压管VS不通，V也不通，由于引脚1不能接地，所以多谐振荡器不工作，发光二极管不亮。

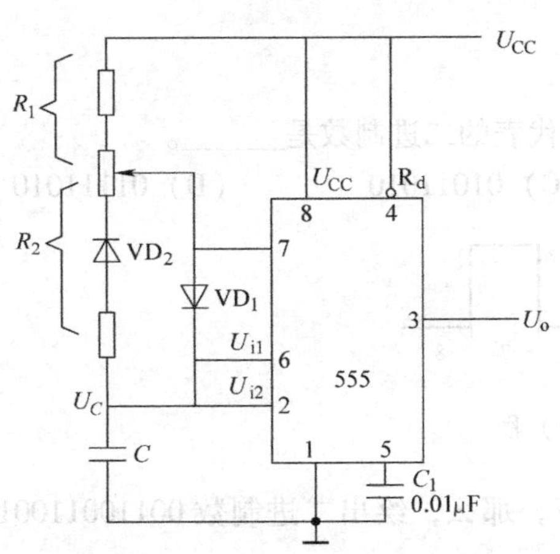


图5-111　占空比可调的多谐振荡器

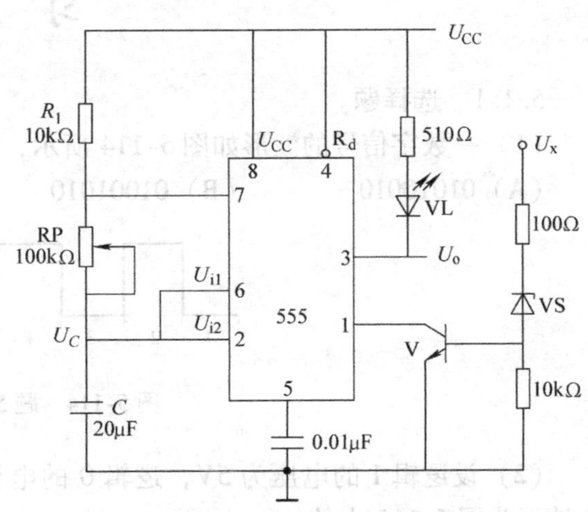


图5-112　多谐振荡器组成的过电压监控电路

当 $U_x$ 是不正常（超过限定值）时，稳压管 VS 导通使 V 也导通，于是引脚 1 通过晶体管的集电集和发射极接地，使多谐振荡器开始工作，在 $U_o$ 端输出矩形脉冲。当 $U_o$ 为高电位时，发光二极管不导通；当 $U_o$ 为低电位时，发光二极管导通。所以发光二极管不停地闪烁，起到报警作用。

（2）模拟警笛声响电路。图 5-113 所示是用 555 集成定时器组成的一种模拟警笛声响电路。图中，两片 555 集成定时器接成多谐振荡器。

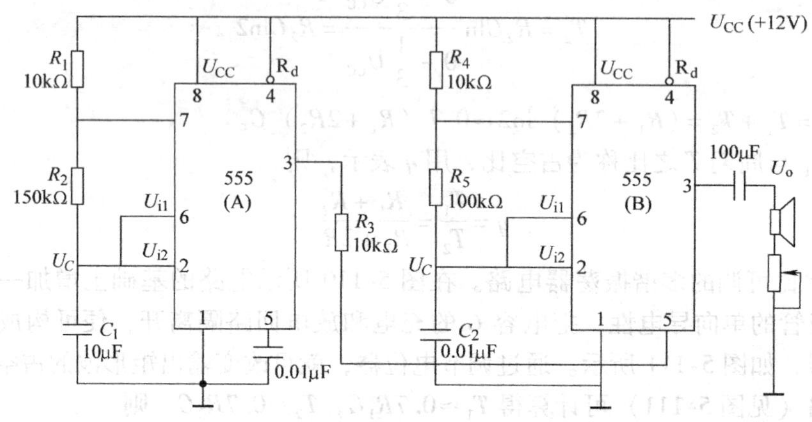


图 5-113　555 集成定时器组成的警笛声响电路

在此电路中，A 的频率为 1Hz，B 的频率为 1kHz，当 A 的输出为 1 时，B 的引脚 4（直接清零端）状态为 1，B 工作，产生频率为 1kHz 的矩形波信号，通过扬声器发出声响；当 A 的输出为 0 时，B 的引脚 4 状态也为 0，则 B 不工作，扬声器不发出声响。于是，扬声器间断地发出“呜，呜，呜……的声音来模拟警笛。

## 习　　题

5.1.1　选择题。

（1）一数字信号的波形如图 5-114 所示，该波形代表的二进制数是______。

（A）01010010　　（B）01001010　　（C）01011010　　（D）01111010

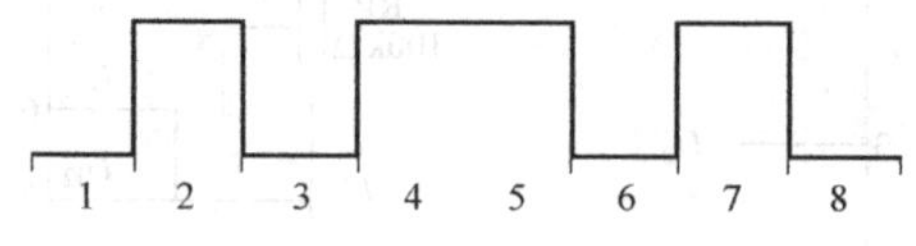


图 5-114　题 5.1.1（1）图

（2）设逻辑 1 的电压为 5V，逻辑 0 的电压为 0V，那么，绘出二进制数 001100110011 的波形为图 5-115 中的______。

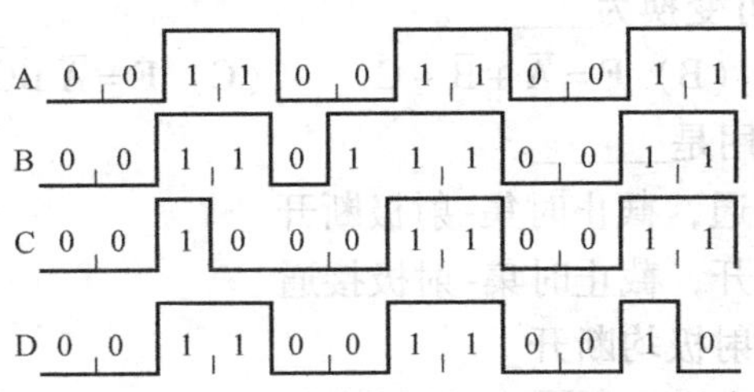


图5-115　题5.1.1（2）图

（3）二进制数（0011101010110100）$_2$ 转换成十六进制数是______。

（A）3AA4　　（B）3AB3　　（C）3AB4　　（D）4AB4

（4）十进制数2.718的8421 BCD码为______。

（A）$(2.718)_{10}=(0010.011100111000)_{8421\ BCD}$

（B）$(2.718)_{10}=(0010.011100011000)_{8421\ BCD}$

（C）$(2.718)_{10}=(0010.011100111001)_{8421\ BCD}$

（D）$(2.718)_{10}=(0010.011101111000)_{8421\ BCD}$

（5）设 $F=A\bar{B}+C\bar{D}$，则它的非函数是______。

（A）$\bar{F}=\bar{A}+\bar{B}\cdot\bar{C}+D$　　（B）$\bar{F}=(A+\bar{B})\cdot(C+\bar{D})$

（C）$\bar{F}=(\bar{A}+B)\cdot(\bar{C}+D)$　　（D）$\bar{F}=\overline{A\bar{B}}\cdot\overline{C\bar{D}}$

（6）表达式 $A+BC=$______。

（A）AB　　（B）A+C

（C）（A+B）（A+C）　　（D）B+C

（7）逻辑函数 $F=A\oplus(A\oplus B)$ 的值是______。

（A）B　　（B）A　　（C）$A\oplus B$　　（D）$\bar{A}\cdot B$

（8）$A_1$、$A_2$、$A_3$、$A_4$、$A_5$ 是五个开关，它们闭合时为逻辑1，断开时为逻辑0，电灯F=1时表示灯亮，电灯F=0时表示灯灭。若在五个不同的地方控制同一个电灯的灭、亮，函数F的表达式是______。

（A）$A_1\cdot A_2\cdot A_3\cdot A_4\cdot A_5$　　（B）$A_1+A_2+A_3+A_4+A_5$

（C）$A_1\oplus A_2\oplus A_3\oplus A_4\oplus A_5$　　（D）$A_1\cdot A_2\cdot A_3\cdot A_4\cdot A_5$

（9）$A+ABC+A\,\overline{BC}+CB+\bar{B}C=$______。

（A）A+B　　（B）B+C　　（C）A+C　　（D）A+B+C

（10）$\overline{\overline{\bar{A}+B}+\overline{A+\bar{B}}+\overline{\bar{A}B}+\overline{A\bar{B}}}=$______。

（A）A+B　　（B）0　　（C）1　　（D）$\bar{A}B$

（11）$A+A\bar{B}\bar{C}+\bar{A}CD+(\bar{C}+\bar{D})E=$______。

（A）A+C+E　　（B）A+CD　　（C）A+BC+E　　（D）A+CD+E

（12）$ABCD+ABD+BC\bar{D}+ABC+BD+B\bar{C}=$______。

（A）B　　（B）AB　　（C）C+BD　　（D）BC

（13）$\overline{AC+\bar{A}BC}+\overline{BC}+AB\bar{C}=$______。

（A）$A+\bar{C}$　　（B）$\bar{C}$　　（C）AB　　（D）$A+B\bar{C}$

（14）表达式 $F=\overline{ABC}$ 可变换为______。

（A）$F=A+B+C$　（B）$F=\overline{A}+\overline{B}+\overline{C}$　（C）$F=\overline{A}\,\overline{BC}$

（15）晶体管的开关作用是______。

（A）饱合时集-射极接通，截止时集-射极断开

（B）饱合时集-射极断开，截止时集-射极接通

（C）饱合和截止时集-射极均断开

（16）现要求实现逻辑功能 $F=\overline{AB}$，试根据图 5-116 选择正确答案。答案为______。

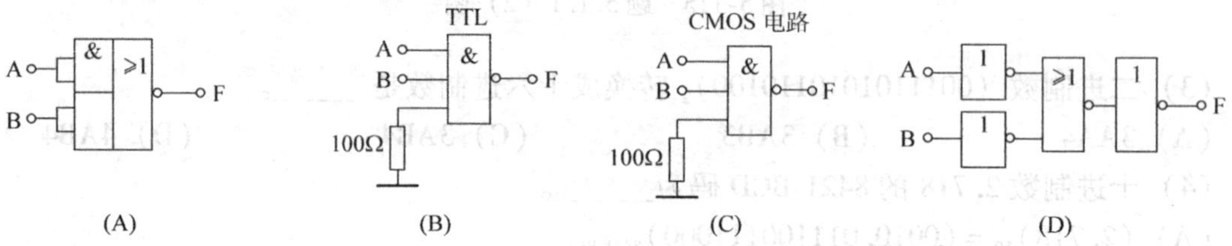


图 5-116　题 5.1.1（16）图

（17）现要求实现逻辑功能 $F=\overline{A+B}$，试根据图 5-117 选择正确答案。答案为______。

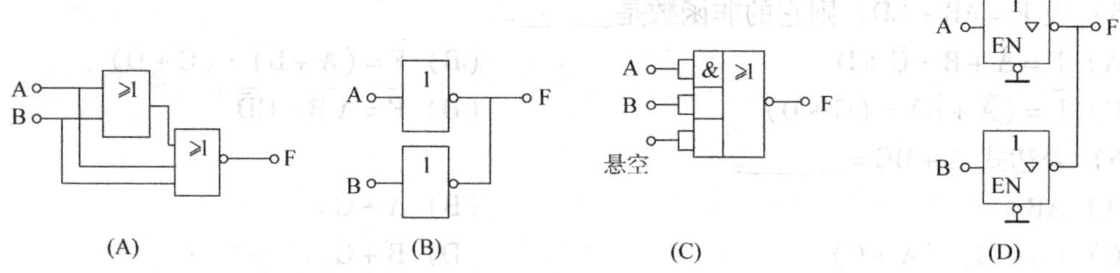


图 5-117　题 5.1.1（17）图

（18）图 5-118 所示逻辑图实现的逻辑功能为______。

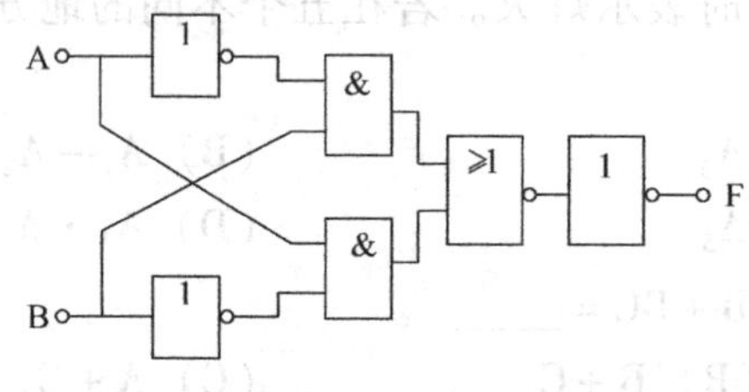


图 5-118　题 5.1.1（18）图

（A）与门　（B）非门　（C）或门

（D）或非门　（E）异或门

（19）图 5-119 所示电路的表达式为______。

（A）$F=\overline{A}\,\overline{B}+B\overline{C}\,\overline{D}$　（B）$F=\overline{A}\,\overline{B}+BC\overline{D}$

（C）$F=\overline{A}B+BC\overline{D}$　（D）$F=A\overline{B}+BC\overline{D}$

（20）已知波形如图 5-120 所示，D 与 A、B、C 的关系为______。

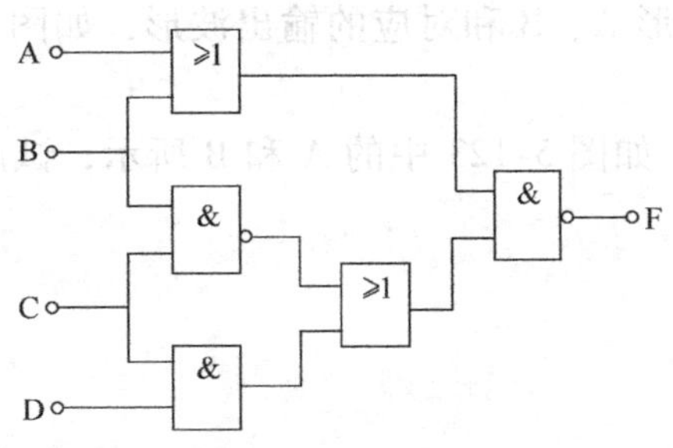

图5-119 题5.1.1（19）图

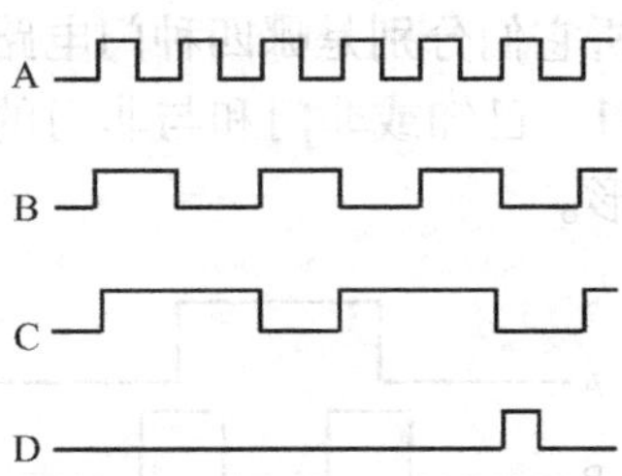

图5-120 题5.1.1（20）图

（A）$D=\overline{ABC}$ （B）$D=\overline{A+B+C}$

（C）$D=A+B+C$ （D）$D=A\overline{B}\overline{C}$

5.1.2 把下列二进制数转换成十进制数。

（1）$(11000101)_2$ （2）$(111111011)_2$ （3）$(010001)_2$

（4）$(0.01001)_2$ （5）$(0.011010)_2$ （6）$(1010.001)_2$

5.1.3 把下列十进制数转换成二进制数。

（1）$(12.0625)_{10}$ （2）$(127.25)_{10}$ （3）$(101)_{10}$

（4）$(673.23)_{10}$ （5）$(1030)_{10}$ （6）$(2002)_{10}$

5.1.4 把二进制数（110101111.110）$_2$ 分别转换成十进制数、八进制数和十六进制数。

5.1.5 把十六进制数（2AC5.D）$_{16}$分别转换成十进制数、八进制数和二进制数。

5.1.6 用8421 BCD码表示下列十进制数。

（1）$(42.78)_{10}$ （2）$(103.65)_{10}$ （3）$(9.04)_{10}$

5.1.7 把下列8421 BCD码表示成十进制数。

（1）$(0101\ 1000)_{8421\ BCD}$ （2）$(1001\ 0011\ 0101)_{8421\ BCD}$

（3）$(0011\ 0100.0111\ 0001)_{8421\ BCD}$ （4）$(0111\ 0101.0110)_{8421\ BCD}$

5.1.8 把下列8421 BCD码表示成二进制数。

（1）$(1000)_{8421\ BCD}$ （2）$(0011\ 0001)_{8421\ BCD}$

5.1.9 图5-121所示是由分立元器件组成的最简单的门电路。A和B为输入，F为输出，输入可以是低电平（在此为0V），也可以为高电平（在此为3V），试列出状态表，分析它们各是哪一种门电路。

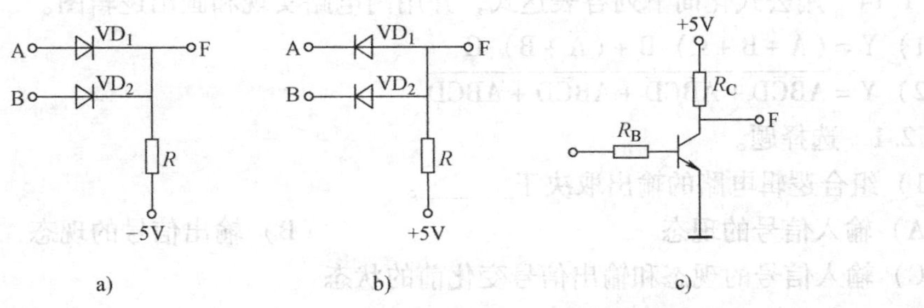

图5-121 题5.1.9图

5.1.10　已知四种门电路 $F_1 \sim F_4$ 的输入波形 A、B 和对应的输出波形，如图 5-122 所示。试分析它们分别是哪四种门电路？

5.1.11　已知或非门和与非门的输入波形，如图 5-123 中的 A 和 B 所示，试画出它们的输出波形。

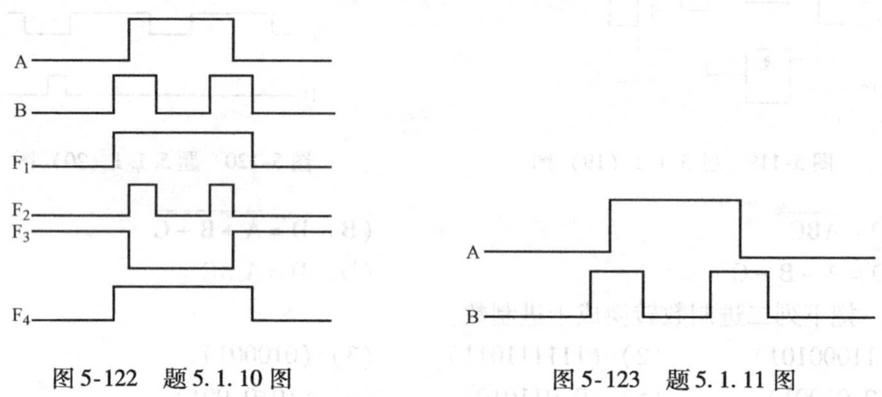


图 5-122　题 5.1.10 图　　　　图 5-123　题 5.1.11 图

5.1.12　将下列各式化简后，根据所得结果画出逻辑图（门电路的类型不限），列出真值表。

（1）$F = AB + ABC + AB(D+E)$

（2）$F = A(A+B+C) + B(A+B+C) + C(A+B+C)$

（3）$F = (A+B)(\bar{A}+\bar{B})\bar{B}$

5.1.13　根据图 5-124a、b 所示逻辑图，分别列出两个图的真值表，写出表达式，并将各表达式化简。

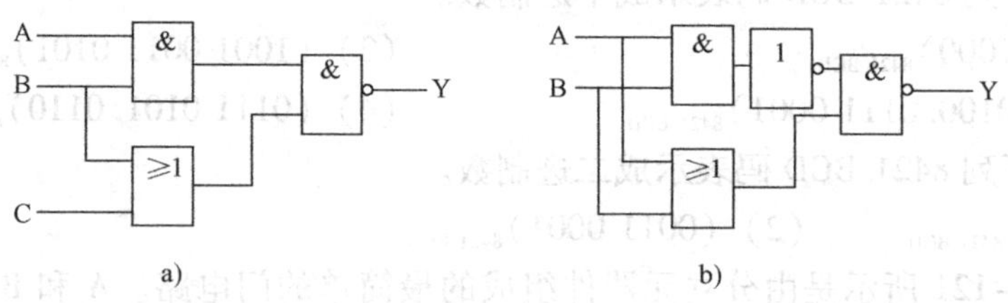


图 5-124　题 5.1.13 图

5.1.14　用公式化简下列各表达式，并用门电路实现和画出逻辑图。

（1）$Y = (A+B+\bar{C})B + (\bar{A}+B)C$

（2）$Y = \overline{A\bar{B}\bar{C}D + A\bar{B}C\bar{D} + AB\bar{C}D + ABC\bar{D}}$

5.2.1　选择题。

（1）组合逻辑电路的输出取决于______。

（A）输入信号的现态　　　　（B）输出信号的现态

（C）输入信号的现态和输出信号变化前的状态

（2）组合逻辑电路的分析是指______。

（A）已知逻辑图，求解表达式的过程

（B）已知真值表，求解逻辑功能的过程

（C）已知逻辑图，求解逻辑功能的过程

（3）根据图5-125所示的电路选择正确答案：当 $F_1=1$ 时，有______。

（A）D=E　　（B）D>E　　（C）D<E

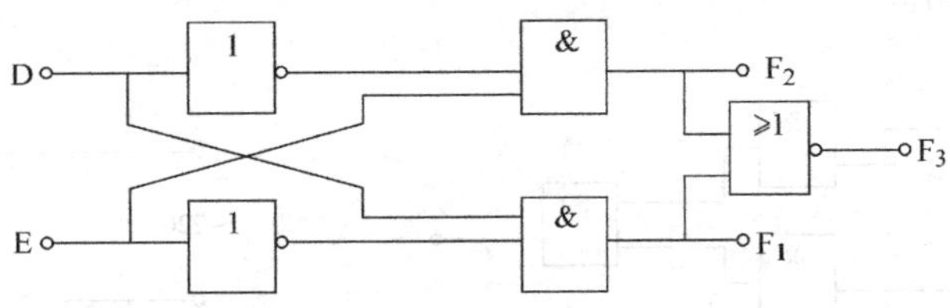


图5-125　题5.2.1（3）图

（4）根据图5-126所示电路选择正确答案为______。

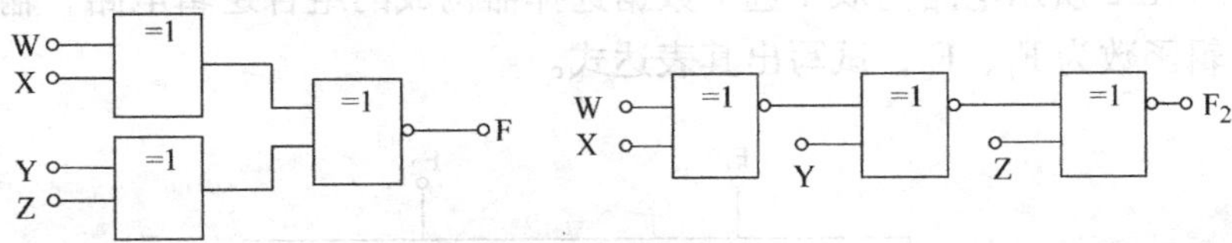


图5-126　题5.2.1（4）图

（A）$F_1=F_2$　　（B）$F_1=F_2=1$　　（C）$F_1\neq F_2$

（5）图5-127所示电路完成的功能是______。

（A）半加　　（B）全加　　（C）计数

（6）图5-128所示电路是______。

（A）BCD译码电路　　（B）BCD编码电路　　（C）代码转换电路

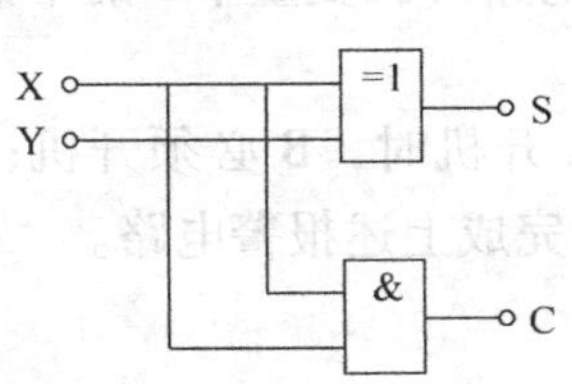


图5-127　题5.2.1（5）图

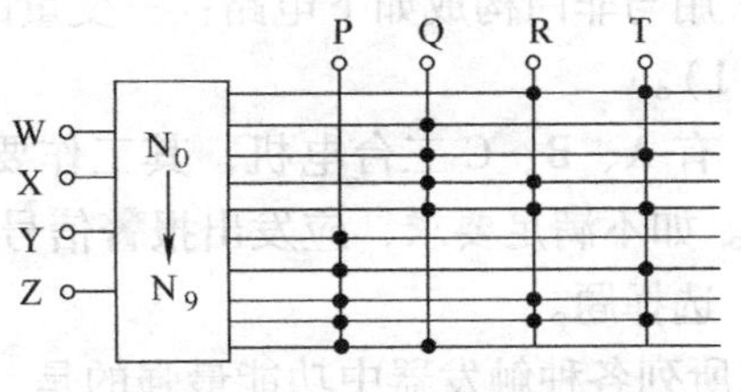


图5-128　题5.2.1（6）图

（7）T3138 3-8线译码器组成的电路如图5-129所示，输出端Y的表达式为______。

（A）Y=A　　（B）Y=AB　　（C）Y=C

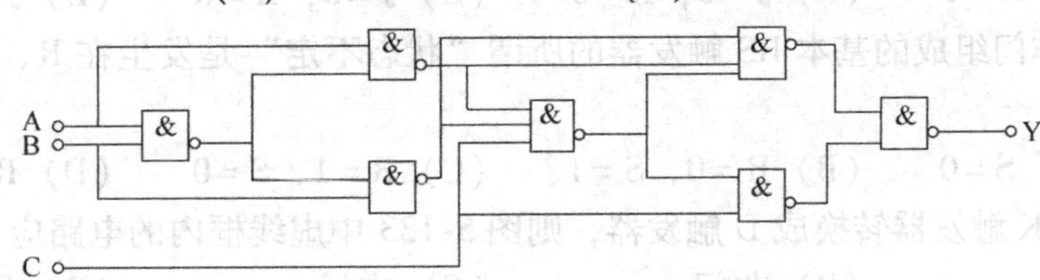


图5-129　题5.2.1（7）图

5.2.2　分析图5-130所示电路的逻辑功能。

5.2.3　图5-131所示是一个控制楼梯照明的电路，在楼上和楼下各装一个单刀双掷开关。楼下开灯后可以在楼上关灯，楼上开灯后同样也可在楼下关灯，试设计一个用与非门实现同样功能的逻辑电路。

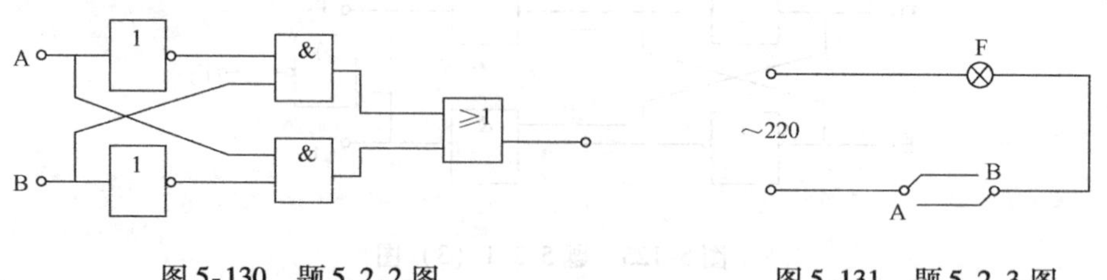


图5-130　题5.2.2图　　　图5-131　题5.2.3图

5.2.4　图5-132所示电路为双4选1数据选择器构成的组合逻辑电路，输入变量为A、B、C，输出逻辑函数为$F_1$、$F_2$，试写出其表达式。

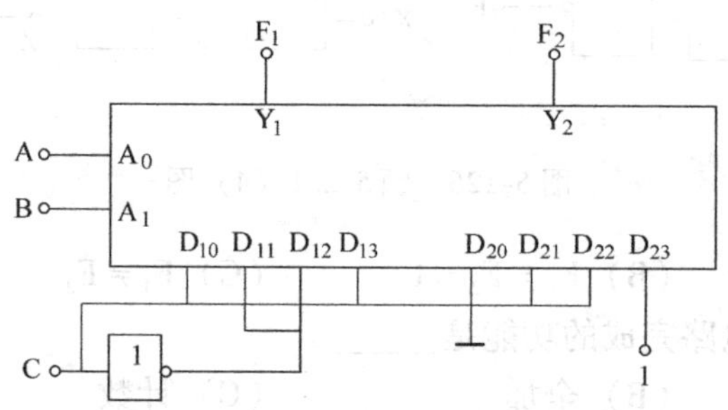


图5-132　题5.2.4图

5.2.5　用与非门构成如下电路：三变量的奇数检测电路（三变量中1的个数为奇数时，电路输出为1）。

5.2.6　有A、B、C三台电机，其工作要求如下：A开机时，B必须开机；B开机时，C必须开机。如不满足要求，应发出报警信号。用与非门完成上述报警电路。

5.3.1　选择题。

（1）在所列各种触发器中功能最强的是______。

（A）JK触发器　（B）RS触发器　（C）T触发器　（D）D触发器

（2）若JK触发器的原状态为0，若在CP作用后仍保持为0状态，则激励方程J，K的值是______。

（A）J=1，K=1　（B）J=0，K=0　（C）J=0，K=d　（D）J=d，K=d

（3）用或非门组成的基本RS触发器的所谓“状态不定”是发生在R、S上同时加入信号______。

（A）R=0，S=0　（B）R=0，S=1　（C）R=1，S=0　（D）R=1，S=1

（4）欲将JK触发器转换成D触发器，则图5-133中虚线框内的电路应是______。

（A）与门　（B）非门　（C）或门　（D）异或门

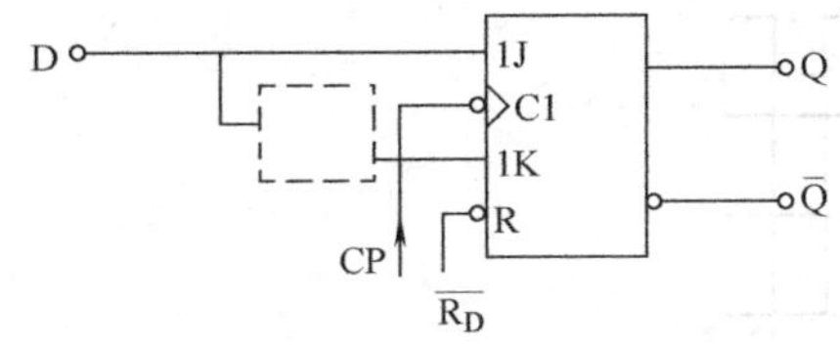


图5-133 题5.3.1（4）图

（5）主从JK触发器是______。

（A）在CP上升沿触发 （B）在CP下降沿触发

（C）在CP=1的稳态触发 （D）与CP无关

（6）某触发器有输入X和Y，已测得在CP脉冲作用下输出Q具有表5-44所列的功能，选项中______符合给出条件。

（A）RS触发器 （B）D触发器

（C）T触发器 （D）JK触发器

**表5-44 题5.3.1（6）表**

| X | Y | $Q^{n+1}$ |
|---|---|---|
| 1 | 1 | $\overline{Q^n}$ |
| 1 | 0 | 1 |
| 0 | 1 | 0 |
| 0 | 0 | $Q^n$ |

（7）为将D触发器转换为T触发器，则图5-134所示电路的虚线框内应是______。

（A）或非门 （B）与非门 （C）异或门 （D）同或门

（8）电路如图5-135所示，经CP脉冲作用后欲使$Q^{n+1}=Q$，则A、B的输入应是______。

（A）A=0，B=0 （B）A=1，B=1 （C）A=0，B=1 （D）A=1，B=0

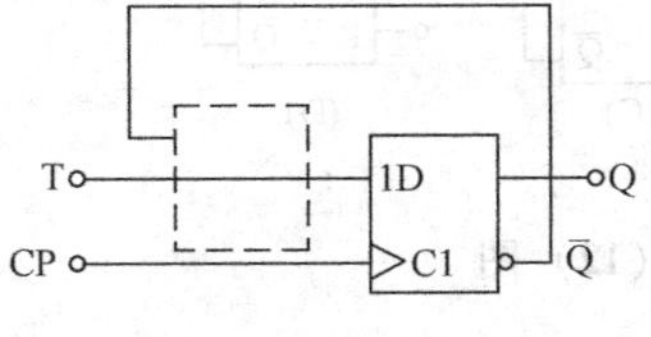


图5-134 题5.3.1（7）图

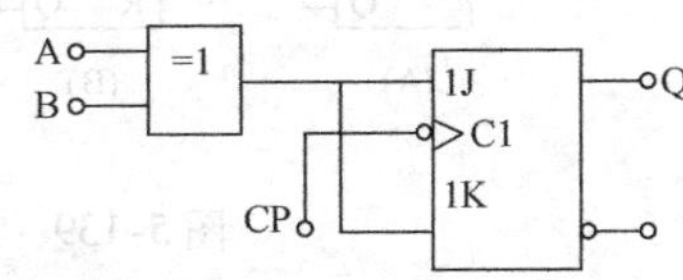


图5-135 题5.3.1（8）图

（9）设主从JK触发器的初态为0，CP、J、K信号如图5-136所示，则触发器Q端的波形为______。

（10）电路如图5-137所示，各触发器的初态为0，在CP脉冲作用下，Q端的波形为______。

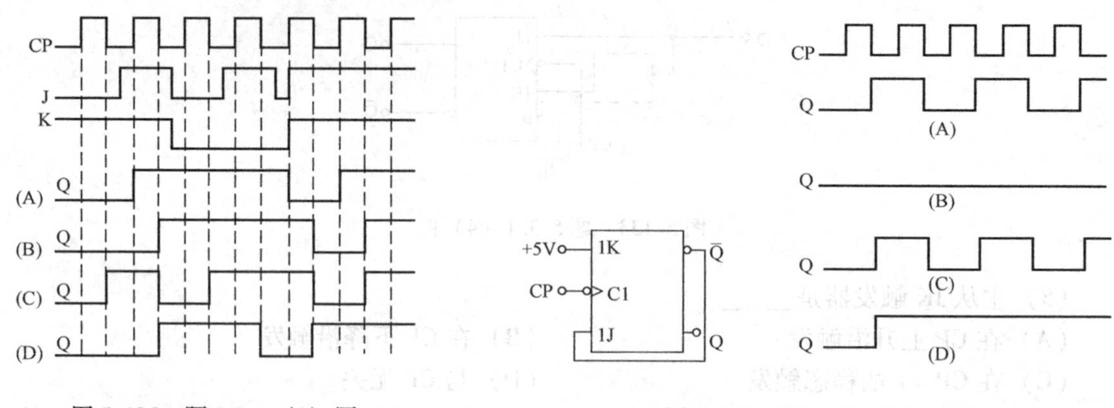


图 5-136　题 5.3.1（9）图　　　图 5-137　题 5.3.1（10）图

（11）电路如图 5-138 所示，各触发器的初态为 0，在 CP 脉冲作用下，Q 端的波形为______。

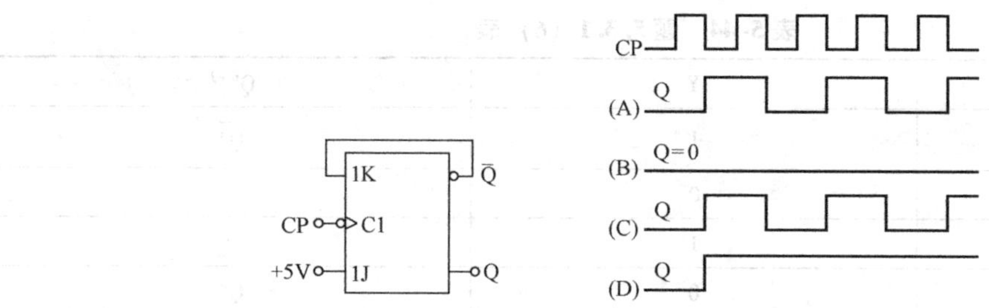


图 5-138　题 5.3.1（11）图

（12）图 5-139 所示电路中，能实现 $Q^{n+1}=\overline{Q^n}$ 逻辑功能的电路是______。

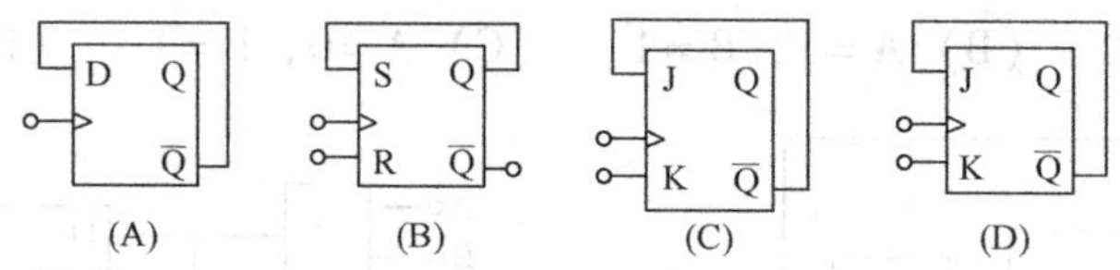


图 5-139　题 5.3.1（12）图

（13）JK 触发器在 CP 脉冲作用下，欲使 $Q^{n+1}=\overline{Q^n}$，则输入信号应为______。

（A）$J=K=1$　　　（B）$J=Q$，$K=\overline{Q}$

（C）$J=\overline{Q}$，$K=Q$　　　（D）$J=Q$，$K=1$

5.3.2　已知上边沿 JK 触发器各输入端的电压波形如图 5-140，画出 Q、$\overline{Q}$ 端对应的电压波形。其中 $R_d$ 为异步复位端，输入高电平有效。

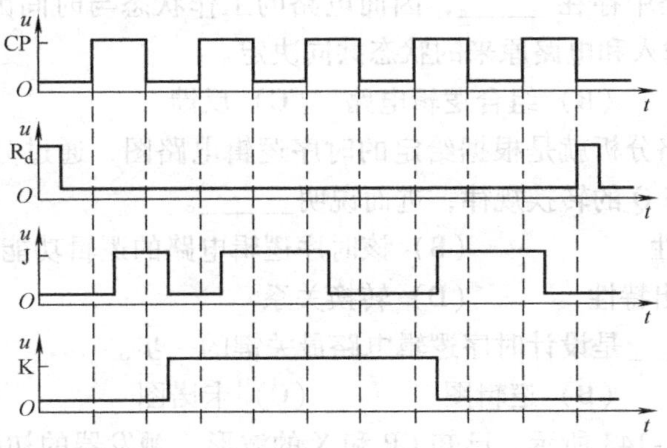


图5-140 题5.3.2图

5.3.3 逻辑电路如图5-141所示，试画出 $Q_0$、$Q_1$、$Q_2$ 的波形。设各触发器初态为0。

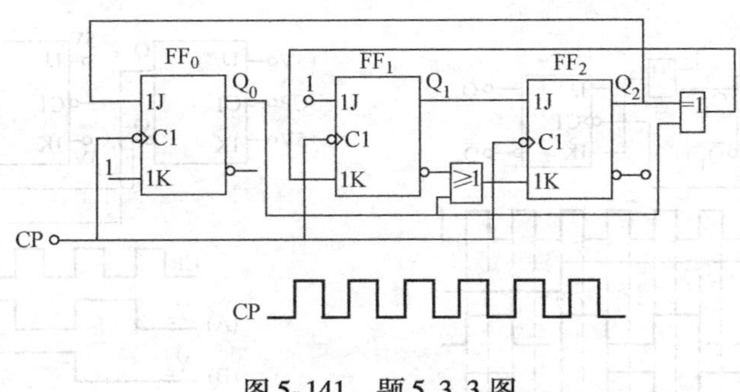


图5-141 题5.3.3图

5.3.4 设主从JK触发器的起始状态为0，当J、K及CP端分别加入如图5-142所示的电压波形时，试画出输出Q端的波形。

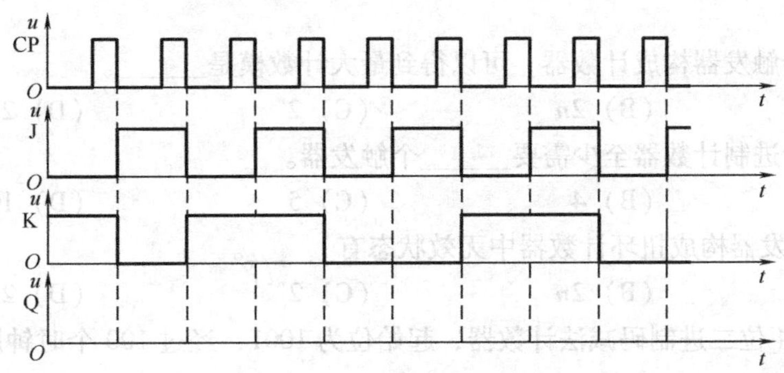


图5-142 题5.3.4图

5.4.1 选择题。

(1) 从时序逻辑电路基本结构图上看，它由组合逻辑电路和______两部分组成。

(A) 存储电路　　(B) 门电路　　(C) A/D转换电路　(D) 放大电路

（2）时序逻辑电路中存在______，因而电路的工作状态与时间因素相关，即时序逻辑电路的输出由电路的输入和电路原来的状态共同决定。

（A）门电路　（B）组合逻辑电路　（C）反馈　（D）*RC* 电路

（3）时序逻辑电路分析就是根据给定的时序逻辑电路图，通过分析求出它的输出 Z 的变化规律以及电路状态 Q 的转换规律，进而说明______。

（A）脉冲工作特性　（B）该时序逻辑电路的逻辑功能和工作特性

（C）门的输入输出特性　（D）转换关系

（4）正确画出______是设计时序逻辑电路最关键的一步。

（A）原始状态图　（B）逻辑图　（C）卡诺图　（D）ASM 图

（5）逻辑图如图 5-143 所示，已知 CP 和 X 的波形，触发器的初始状态均为 0，可以画出 $Q_2$ 的波形为______。

（6）相脉冲产生电路如图 5-144 所示，画出在 CP 作用下 $Y_2$ 的波形为______。各触发器的初始状态均为 0。

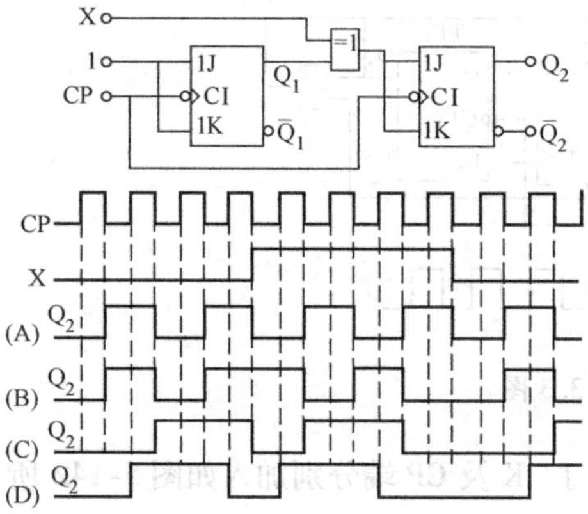

图 5-143　题 5.4.1（5）图

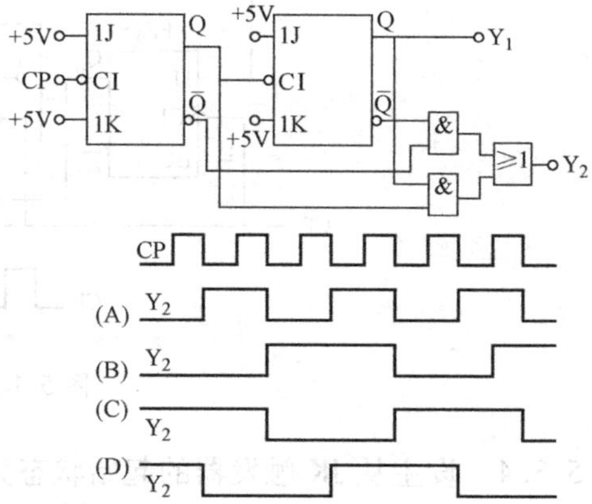

图 5-144　题 5.4.1（6）图

（7）用 $n$ 个触发器构成计数器，可以得到最大计数模是______。

（A）$n$　（B）$2n$　（C）$2^n$　（D）$2^{n-1}$

（8）一位十进制计数器至少需要______个触发器。

（A）3　（B）4　（C）5　（D）10

（9）$n$ 个触发器构成扭环计数器中无效状态有______。

（A）$n$　（B）$2n$　（C）$2^{n-1}$　（D）$2^n-2n$

（10）一个 4 位二进制码减法计数器，起始位为 1001，经过 100 个时钟脉冲作用之后的值是______。

（A）1100　（B）0100　（C）1101　（D）0101

（11）用计数器产生 000101 序列，至少需要______个触发器。

（A）2　（B）3　（C）4　（D）8

（12）用______电路构成模 8 计数器的译码电路最简。

（A）同步计数器　（B）异步计数器　（C）环形计数器　（D）扭环计数器

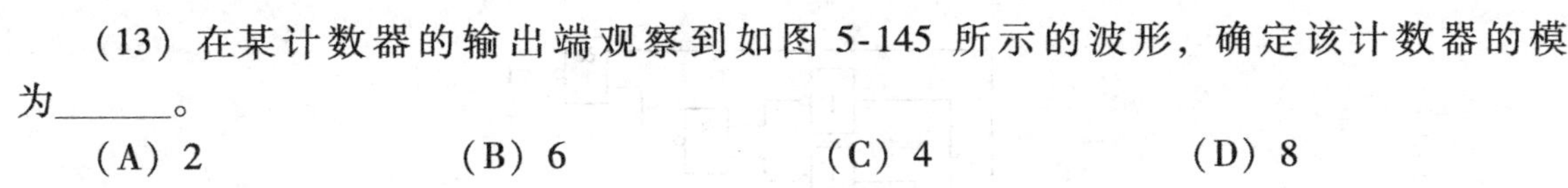

(13) 在某计数器的输出端观察到如图 5-145 所示的波形，确定该计数器的模为______。

(A) 2 (B) 6 (C) 4 (D) 8

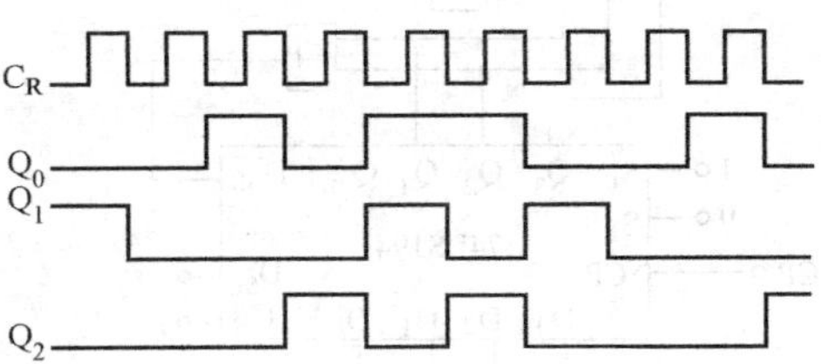


图 5-145 题 5.4.1 (13) 图

(14) 为了把串行输入的数据转换为并行输出的数据，可以使用______。

(A) 寄存器 (B) 移位寄存器 (C) 计数器 (D) 存储器

(15) 寄存器与计数器的主要区别是______。

(A) 寄存器具有记忆功能，而计数器没有

(B) 寄存器只能存数，不能计数；计数器不仅能连续计数，也能存数

(C) 寄存器只能存数，计数器只能计数，不能存数

(16) 图 5-146 所示电路为______计数器。

(A) 异步二进制减法 (B) 同步二进制减法 (C) 异步二进制加法

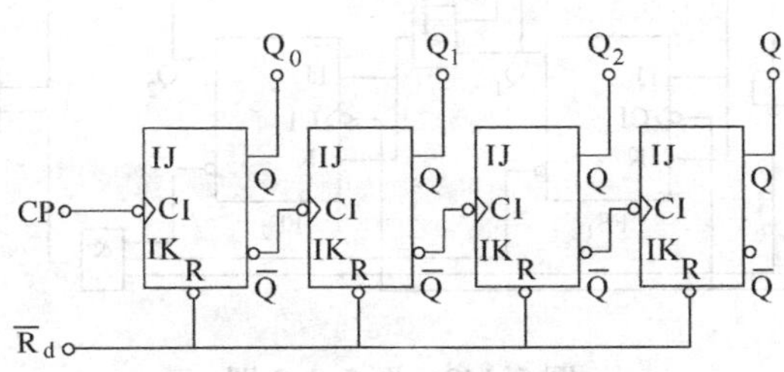


图 5-146 题 5.4.1 (16) 图

(17) 图 5-147 所示电路为______。

(A) 数码寄存器 (B) 左移寄存器 (C) 右移寄存器

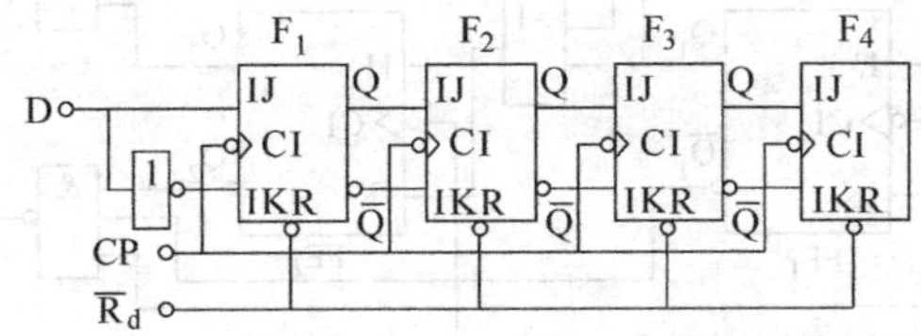


图 5-147 题 5.4.1 (17) 图

5.4.2 用 74194 移位寄存器和逻辑门组成的电路如图 5-148 所示。设 74194 的初始状态 $Q_3Q_2Q_1Q_0=0001$，试画出各输出端 $Q_3$、$Q_2$、$Q_1$、$Q_0$ 和 L 的波形。

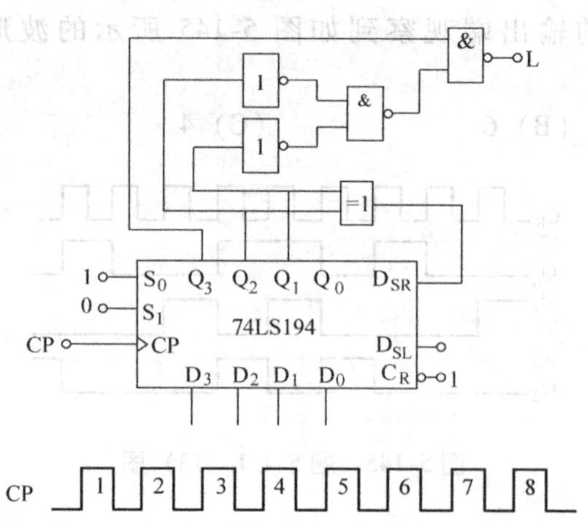


图5-148 题5.4.2图

5.4.3 分析图5-149所示电路，设各触发器初态为0。

（1）写出各触发器的驱动方程、状态方程、输出方程；

（2）列出状态表，画出状态图；

（3）说明电路的功能及特点。

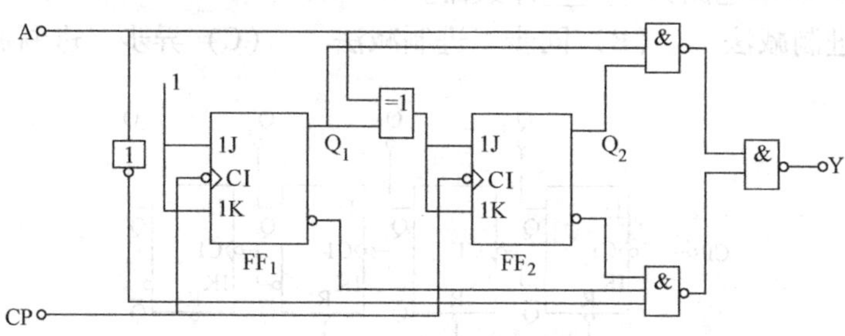


图5-149 题5.4.3图

5.4.4 试分析图5-150所示电路的逻辑功能，画出电路的状态图。说明电路实现的功能，检查电路能否自启动。其中，A为输入变量，假设电路初始状态为“00”。

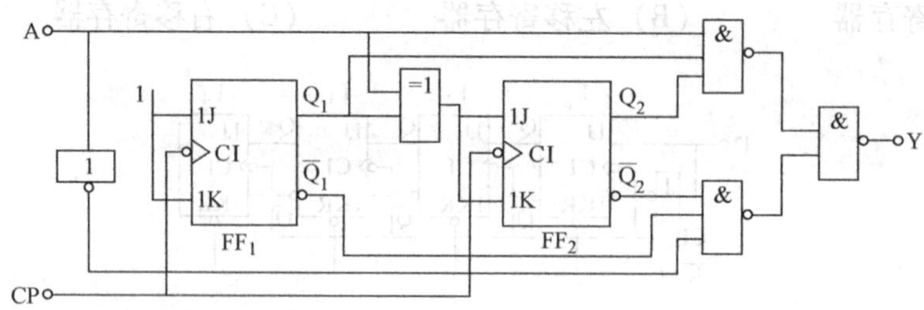


图5-150 题5.4.4图

# 第6章　功率电子电路

**内容提要：**

功率电子电路是一种以向负载提供功率为主要目标的电子电路。功率电子电路不仅要能够输出足够大的电压，而且要能够输出足够大的电流，因而电路中常常含有大功率电子器件。功率电子电路大致有两种类型：一种将输入信号加以放大，使负载获得所需的信号功率；另一种是进行交、直流电能的变换，向负载提供直流或交流功率。本章介绍这两种类型功率电子电路的工作原理及基本电路构成等知识。

## 6.1　功率放大电路

前面已经介绍了一些电子电路，经过这些电路处理后的信号，往往要送到负载，去驱动一定的装置，如收音机中扬声器的音圈、电动机控制绕组、计算机监视器或电视机的扫描偏转线圈等。这时要考虑的不仅仅是输出的电压或电流的大小，而是要有一定的功率输出。这类主要用于向负载提供功率的放大电路称为功率放大电路。

本节以分析功率放大电路的输出功率、效率和非线性失真之间的矛盾为主线，逐步提出解决矛盾的措施。在电路方面，以互补对称功率放大电路为重点进行较详细的分析与介绍。本节的目标是：

（1）了解功率放大电路的特殊问题及常用的组成形式。

（2）理解乙类互补对称功率放大电路的组成及分析和计算的方法。

（3）正确理解甲乙类互补对称功率放大电路的工作原理。

本节是围绕输出功率、效率和非线性失真三者之间的矛盾展开讨论的，所以，在学习时必须着重理解以下几个问题：

（1）首先，必须弄清为什么要把功率放大电路的静态工作点下移，使功率放大电路由甲类变为乙类，又由乙类变为甲乙类的原因。

（2）其次，由于乙类、甲乙类功率放大电路的输出具有明显的失真，要熟练掌握乙类互补对称功率放大电路是怎样解决非线性失真的，即互补对称电路的组成原理。

（3）以乙类互补对称功率放大电路为例，掌握功率放大器的分析和计算的方法。

（4）了解交越失真产生的原因，正确理解甲乙互补对称功率放大电路的工作原理及计算。

### 6.1.1　功率放大电路的一般问题

功率放大电路是一种以输出较大功率为目的的放大电路，它一般能直接驱动负载，所以带载能力要强。功率放大电路的性能指标主要有最大输出功率和效率等。

#### 6.1.1.1　功率放大电路与电压放大电路的区别

前面各章所讨论的放大电路主要用于增强电压幅度或电流幅度，因而相应地称为电压放大电路或电流放大电路。无论哪种放大电路，在负载上都同时存在输出电压、电流和功率，而且从能量控制的观点来看，两种放大电路实质上都是能量转换，并没有本质的区别。但是，功率放大电路和电压放大电路所要完成的任务是不同的。对电压放大电路来说，它的主要指标是在负载端得到不失真的电压信号，讨论的问题是电压增益、输入和输出阻抗等，对输出的功率并不注重；而功率放大电路则不同，它主要要求获得一定的不失真（或失真较小）的输出功率，通常是工作在大信号状态下。因此，功率放大电路包含着一系列在电压放大电路中没有出现过的特殊问题。

#### 6.1.1.2 功率放大电路的特殊问题

由于功率放大电路主要注重电路的输出功率，因此它与电压放大电路相比具有明显不同的特点，主要体现在以下几个方面：

（1）要求输出功率尽可能大。为了获得大的功率输出，要求晶体管的电压和电流都有足够大的输出幅度，因此晶体管往往在接近极限参数的状态下工作。

（2）效率要高。由于输出功率大，因此直流电源消耗的功率也大，这就存在一个效率问题。所谓效率，就是负载得到的有用信号功率和电源供给的直流功率的比值。这个比值越大，意味着效率越高。

（3）非线性失真要小。功率放大电路是在大信号下工作，所以不可避免地会产生非线性失真，而且同一晶体管输出功率越大，非线性失真往往越严重，这就使输出功率和非线性失真成为一对主要矛盾。在不同场合下，对非线性失真的要求是不同的。例如，在测量系统和电声设备中，这个问题显得重要，而在工业控制系统等场合中，则以输出功率为主要目的，对非线性失真的要求就降为次要问题了。

（4）晶体管的散热问题。在功率放大电路中，有相当大的功率消耗在晶体管的集电结上，使结温和管壳温度升高。为了降低管耗、提高输出功率，放大器件的散热就成为一个重要问题。

（5）晶体管的参数选择与保护。在功率放大电路中，为了输出较大的信号功率，晶体管承受的电压要高，通过的电流要大，晶体管损坏的可能性也就比较大，所以晶体管的参数选择与保护问题也不容忽视。

（6）功率放大电路的分析任务是最大输出功率、最高效率及晶体管的安全工作参数。在分析方法上，由于晶体管处于大信号下工作，故通常采用图解法。

#### 6.1.1.3 放大电路的工作状态

根据功率放大电路中晶体管在输入正弦信号的一个周期内的导通情况，可将放大电路分为下列三种工作状态，如图 6-1 所示。

（1）甲类放大。在输入正弦信号的一个周期内，都有电流流过晶体管，这种工作方式通常称为甲类放大。甲类放大的典型工作状态是整个周期中都有 $i_C>0$，晶体管的导电角 $\theta=2\pi$，如图 6-1a 所示。

（2）甲乙类放大。在输入正弦信号的一个周期内，有半个周期以上晶体管的 $i_C>0$，称为甲乙类放大。其典型工作状态晶体管的导电角 $\theta$ 满足 $\pi<\theta<2\pi$，如图 6-1b 所示。

（3）乙类放大。在输入正弦信号的一个周期内，只有半个周期晶体管的 $i_C>0$，称为乙类放大。其典型工作状态晶体管的导电角 $\theta=\pi$，如图 6-1c 所示。

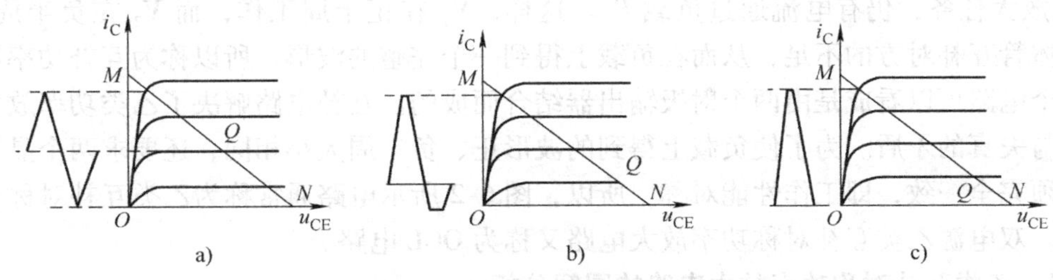


图 6-1 功率放大电路的工作状态
a) 甲类放大 b) 甲乙类放大 c) 乙类放大

#### 6.1.1.4 提高效率的主要途径

功率放大电路的效率是指输出的功率与电源功率 $P_S$ 比值的百分比 $\eta$，即

$$\eta = \frac{P_o}{P_S} \times 100\% \tag{6-1}$$

在甲类功率放大电路中，为使信号不失真，应把静态工作点设置在负载线的中点，以保证晶体管输入信号在一个周期内都导通。但此状态的晶体管静态集电极电流较大，管耗大，效率低。显然，静态电流大是造成管耗大的主要因素。因此，如果把静态工作点 $Q$ 向下移动，使信号等于零时电源输出的功率也等于零（或很小）。乙类功率放大电路就工作在此种状态，但这种工作状态使输出波形严重失真。若设置静态工作点使得 $U_i=0$ 时 $I_C \neq 0$，即应该使晶体管工作在甲乙类状态，这样既提高了效率又降低了管耗。故一般功率放大电路采用较多的是甲乙类放大，也有采用乙类放大的，但这两类放大都会出现波形失真的问题。因此，既要保持静态时管耗小，又要使波形失真不太严重，就需要在电路的结构上采取一些措施。下面介绍两种互补对称功率放大电路。

### 6.1.2 乙类功率放大电路

#### 6.1.2.1 乙类互补对称功率放大电路的组成原理

已知工作在乙类的功率放大电路，虽然管耗小，有利于提高效率，但存在严重的失真，使得输入信号的半个波形被削掉。为此，必须在电路结构上采取一定的措施，互补对称功率放大电路是功率放大电路采用的基本形式。

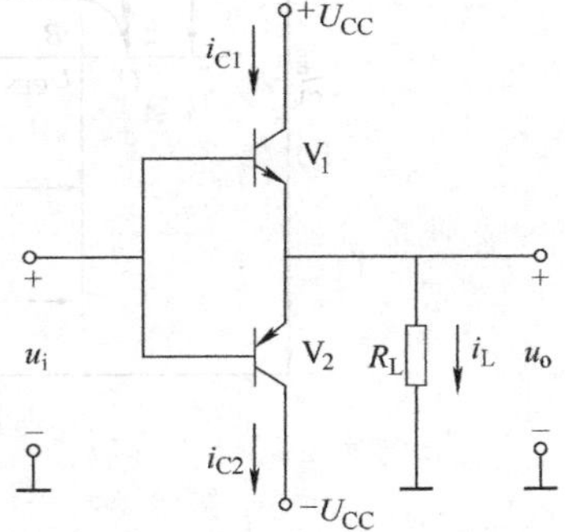


图 6-2 互补对称功率放大电路

图 6-2 所示是互补对称功率放大电路。$V_1$ 和 $V_2$ 分别为 NPN 型晶体管和 PNP 型晶体管，两晶体管的基极和发射极相互连接在一起，信号从基极输入，从发射极输出，$R_L$ 为负载。由于该电路无基极偏置，所以 $u_{BE1} = u_{BE2} = u_i$，当 $u_i=0$ 时，$V_1$、$V_2$ 均处于截止状态，所以该电路为乙类功率放大电路。

考虑到晶体管发射结处于正向偏置时才导电，因此当信号处于正半周时，$u_{BE1} = u_{BE2} > 0$，则 $V_2$ 截止，$V_1$ 承担放大任务，有电流通过负载 $R_L$；而当信号处于负半周时，$u_{BE1} = u_{BE2} < 0$，则 $V_1$ 截止，

$V_2$ 承担放大任务，仍有电流通过负载 $R_L$。这样，$V_1$ 在正半周工作，而 $V_2$ 在负半周工作，两个晶体管互补对方的不足，从而在负载上得到一个完整的波形，所以称为互补功率放大电路。这个电路可以看成是由两个射极输出器结合而成的。互补电路解决了乙类功率放大电路中效率与失真的矛盾。为了使负载上得到的波形正、负半周大小相同，还要求两个晶体管的特性必须完全一致，即工作性能对称，所以，图 6-2 所示电路通常称为乙类互补对称功率放大电路。双电源乙类互补对称功率放大电路又称为 OCL 电路。

#### 6.1.2.2 乙类互补对称功率放大电路的图解分析

功率放大电路的分析任务是求解最大输出功率、最高效率及晶体管的安全工作参数等性能参数，分析的关键是 $u_o$的变化范围。在分析方法上，通常采用图解法，这是因为晶体管处于大信号下工作，且乙类互补对称功率放大电路的晶体管只有半个周期导通。

图 6-3 表示图 6-2 电路在 $u_i$为正半周时 $V_1$ 的工作情况。假定，只要 $u_{BE1}=u_i>0$，$V_1$ 就开始导电，则在一周期内 $V_1$ 的导电时间约为半周期。随着 $u_i$的增大，工作点沿着负载线上移，则 $i_{C1}$增大，$u_o$也增大。当工作点上移到图 6-3 中的 $A$ 点时，$u_{CE1}=U_{CES}$，已到输出特性的饱和区，此时输出电压达到最大不失真幅值。

根据上述图解分析，可得输出电压的幅值为 $U_{om}=I_{om}R_L=U_{CC}-U_{CE1}$，其最大值为 $U_{om\,max}=U_{CC}-U_{CES}$。

图 6-2 中，$V_2$ 的工作情况和 $V_1$ 相似，只是在信号的负半周导电。为了便于分析，将 $V_2$ 的特性曲线倒置在 $V_1$ 的右下方，并令二者在 $Q$ 点，即 $U_{CE}=U_{CC}$处重合，形成 $V_1$ 和 $V_2$ 的所谓合成曲线，如图 6-3 所示。这时负载线通过 $U_{CC}$点形成一条斜线，其斜率为 $-1/R_L$。显然，允许的 $i_o$ 的最大变化范围为 $2I_{om}$，$u_o$ 的变化范围为 $2U_{om}=2I_{om}R_L=2\ (U_{CC}-U_{CES})$。若忽略晶体管的饱和压降 $U_{CES}$，则 $U_{om\,max}>U_{CC}$。

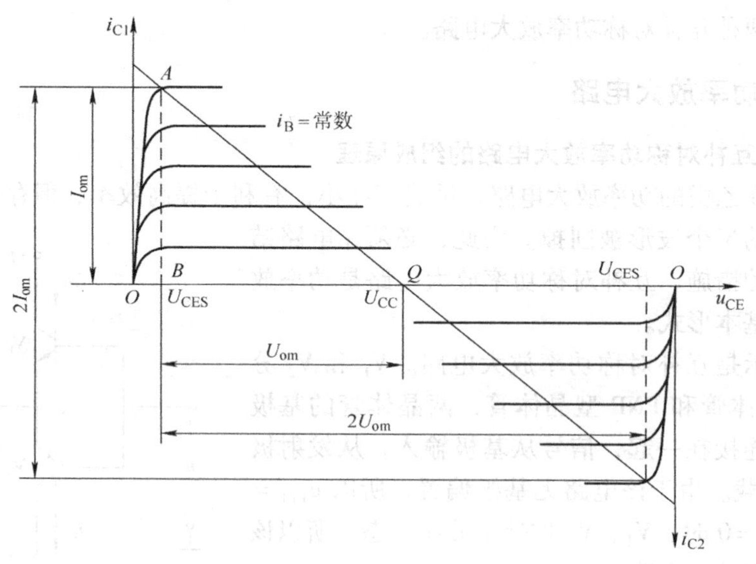


图 6-3 互补对称功率放大电路的图解分析

#### 6.1.2.3 功率放大电路的最大输出功率

输出功率是输出电压有效值 $U_o$ 和输出电流有效值 $I_o$ 的乘积（也常用晶体管中变化电压

和变化电流有效值的乘积表示)。所以

$$P_o = U_o I_o = \frac{U_{om}}{\sqrt{2}} \frac{U_{om}}{\sqrt{2}R_L} = \frac{U_{om}^2}{2R_L} \tag{6-2}$$

乙类互补对称功率放大电路中的 $V_1$、$V_2$ 可以看成共集状态(射极输出器),即 $A_u > 1$。所以当输入信号足够大时,可获得最大输出功率,即

$$P_{omax} = \frac{U_{om}^2}{2R_L} = \frac{(U_{CC} - U_{CES})^2}{2R_L} \approx \frac{U_{CC}^2}{2R_L} \tag{6-3}$$

### 6.1.2.4 乙类互补对称功率放大电路的管耗

考虑到 $V_1$ 和 $V_2$ 在一个信号周期内各导电约 180°,且通过两晶体管的电流和两晶体管两端的电压 $U_{CE}$ 在数值上都分别相等(只是在时间上错开了半个周期)。因此,为求出总管耗,只需先求出单管的损耗就行了。设输出电压为 $u_o = U_{om}\sin\omega t$,则 $V_1$ 的管耗为

$$\begin{aligned} P_{V1} &= \frac{1}{2\pi}\int_0^{\pi} U_{CC} - U_o \frac{U_o}{R_L} d(\omega t) \\ &= \frac{1}{R_L}\left(\frac{U_{CC}U_{om}}{\pi} - \frac{U_{om}^2}{4}\right) \end{aligned} \tag{6-4}$$

而两晶体管的管耗为

$$P_V = P_{V1} + P_{V2} = \frac{2}{R_L}\left(\frac{U_{CC}U_{om}}{\pi} - \frac{U_{om}^2}{4}\right) \tag{6-5}$$

### 6.1.2.5 乙类互补对称功率放大电路的效率

功率放大电路的效率是指输出的功率与电源功率比值。为了计算效率,必须先分析直流电源供给的功率 $P_U$,它包括负载得到的信号功率和 $V_1$、$V_2$ 消耗的功率两部分,即

$$P_U = P_o + P_V = \frac{U_{om}^2}{2R_L} + \frac{2}{R_L}\left(\frac{U_{CC}U_{om}}{\pi} - \frac{U_{om}^2}{4}\right) = \frac{2U_{CC}U_{om}}{\pi R_L} \tag{6-6}$$

当输出电压幅值达到最大,即 $U_{om} = U_{CC}$ 时,则电源供给的最大功率为

$$P_{Umax} = \frac{2}{\pi}\frac{U_{CC}^2}{R_L} \tag{6-7}$$

所以,一般情况下效率为

$$\eta = \frac{P_o}{P_U} = \frac{\pi}{4}\frac{U_{om}}{U_{CC}} \tag{6-8}$$

当 $U_{om} >> U_{CC}$ 时,则

$$\eta = \frac{P_o}{P_U} = \frac{\pi}{4} \approx 78.5\% \tag{6-9}$$

这个结论是假定互补对称功率放大电路工作在乙类、负载电阻为理想值、忽略晶体管的饱和压降 $U_{CES}$、输入信号足够大($U_{im} > U_{om} > U_{CC}$)等情况下得来的,实际效率比这个数值要低一些。

### 6.1.2.6 最大管耗与最大输出功率的关系

工作在乙类的基本互补对称功率放大电路,在静态时,晶体管几乎没有电流,管耗接近于零,因此,当输入信号较小时,输出功率较小,管耗也小。但是当输入信号越大,输出功率也越大时,管耗并不是越大。那么,最大管耗发生在什么情况下呢?由式(6-4)可知,

管耗 $P_{V1}$ 是输出电压幅值 $U_{om}$ 的函数，因此，可以用求极值的方法来求解。即

$$\frac{dP_{V1}}{dU_{om}}=\frac{1}{R_L}\left(\frac{U_{CC}}{\pi}-\frac{U_{om}}{2}\right) \tag{6-10}$$

令 $dP_{V1}/dU_{om}=0$，则

$$\frac{U_{CC}}{\pi}-\frac{U_{om}}{2}=0$$

故
$$U_{om}=\frac{2U_{CC}}{\pi}>0.6U_{CC}$$

此时最大管耗为

$$P_{V1max}=\frac{1}{R_L}\left[\frac{U_{CC}\frac{2}{\pi}U_{CC}}{\pi}-\frac{\left(\frac{2}{\pi}U_{CC}\right)^2}{4}\right]=\frac{1}{R_L}\left[\frac{2U_{CC}^2}{\pi^2}-\frac{U_{CC}^2}{\pi^2}\right]=\frac{1}{\pi^2}\frac{U_{CC}^2}{R_L} \tag{6-11}$$

为了便于选择晶体管，常将最大管耗与功率放大电路的最大输出功率联系起来。由最大输出功率式（6-3）可得，每个晶体管的最大管耗和最大输出功率之间有如下的关系：

$$P_{V1max}=\frac{1}{\pi^2}\frac{U_{CC}^2}{R_L}\approx 0.2P_{omax} \tag{6-12}$$

式（6-12）常用来作为乙类互补对称电路选择晶体管的依据，它说明如果要求输出功率为10W，则只要用两个额定管耗大于2W的晶体管就可以了。当然，在实际选晶体管时，还应留有充分的安全裕量，因为上面的计算是在理想情况下进行的。

### 6.1.2.7 交越失真

前面讨论了由两个射极输出器组成的乙类互补对称功率放大电路，实际上这种电路并不能使输出波形很好地反映输入的变化。由于没有直流偏置，晶体管的 $i_B$ 必须在 $|u_{BE}|$ 大于某一个数值（即门槛电压，NPN硅管约为0.6V，PNP锗管约为0.2V）时才有显著变化，因此当输入信号 $u_i$ 低于这个数值时，$V_1$ 和 $V_2$ 都截止，$i_{C1}$ 和 $i_{C2}$ 基本为零，负载 $R_L$ 上无电流通过，会出现一段死区，如图6-4所示。这种现象称为交越失真。

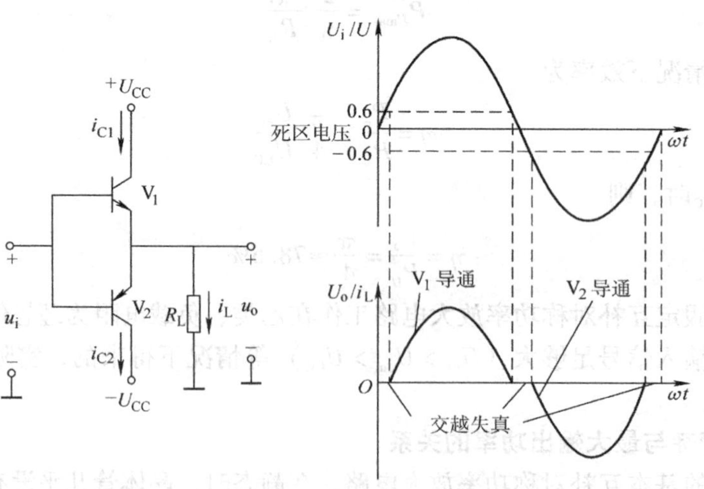


图6-4 交越失真的产生原因

【例 6.1.1】功率放大电路如图 6-5 所示，设 $U_{CC}=12V$，$R_L=8W$，晶体管的极限参数为 $I_{CM}=2A$，$|U_{(BR)CEO}|=30V$，$P_{CM}=5W$。试求：

（1）最大输出功率 $P_{omax}$ 值，并检验所给晶体管是否能安全工作？

（2）放大电路在 $h=0.6$ 时的输出功率 $P_o$ 值。

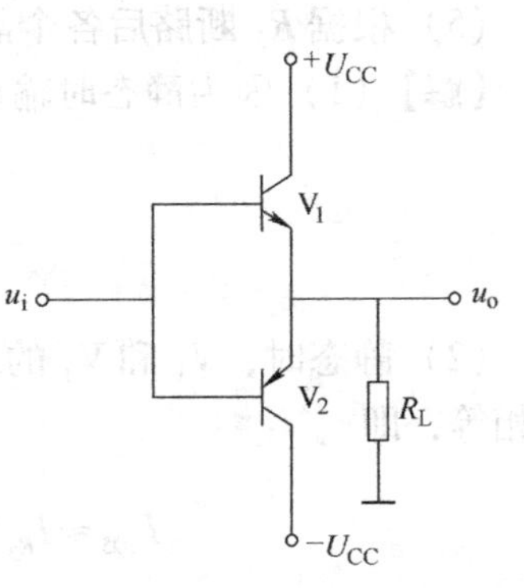


图 6-5　例 6.1.1 图

【解】（1）求 $P_{omax}$，并检验晶体管的安全工作情况。由最大输出功率公式［式（6-3）］，可求出

$$P_{omax}=\frac{U_{CC}^2}{2R_L}=\frac{(12V)^2}{2\times 8\Omega}=9W$$

通过晶体管的最大集电极电流、晶体管的 C、E 间最大压降和它的最大管耗分别为

$$i_{Cmax}=\frac{U_{CC}}{R_L}=\frac{12V}{8\Omega}=1.5A$$

$$u_{CEmax}=2U_{CC}=24V$$

$$P_{V1max}\approx 0.2P_{omax}=0.2\times 9W=1.8W$$

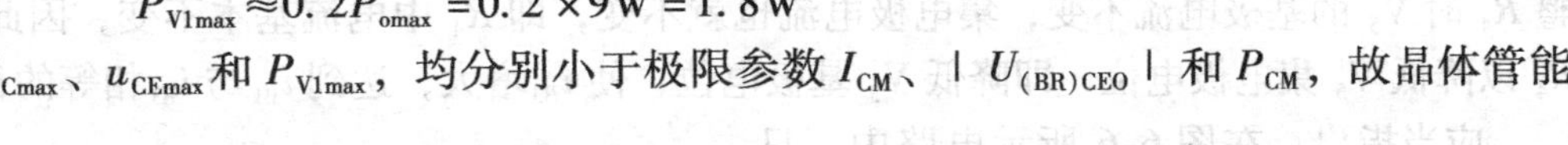

所求 $i_{Cmax}$、$u_{CEmax}$ 和 $P_{V1max}$，均分别小于极限参数 $I_{CM}$、$|U_{(BR)CEO}|$ 和 $P_{CM}$，故晶体管能安全工作。

（2）求 $h=0.6$ 的 $P_o$ 值。由效率公式［式（6-8）］可求出

$$U_{om}=n\times 4\frac{U_{CC}}{\pi}=\frac{0.6\times 4\times 12}{\pi}V=9.2V$$

将 $U_{om}$ 代入输出功率公式［式（6-3）］中得

$$P_o=\frac{U_{om}^2}{2R_L}=\frac{(9.2V)^2}{2\times 8\Omega}=5.3W$$

【例 6.1.2】在图 6-6 所示电路中，已知二极管的导通电压 $U_{VD}\approx 0.7V$；晶体管导通时 $|U_{BE}|$ 均约为 0.7V，$V_1$ 和 $V_3$ 的饱和管压降 $|U_{CES}|=1V$。试问：

（1）$V_1$、$V_3$ 和 $V_5$ 基极的静态电位各为多少？

（2）设 $R_3=10k\Omega$，$R_4=100\Omega$，且 $V_1$ 和 $V_3$ 基极的静态电流可忽略不计，则 $V_5$ 集电极静态电流约为多少？

（3）若静态时 $i_{B1}>i_{B3}$，则应调节哪个参数可使 $i_{B1}=i_{B3}$，如何调节？

（4）电路中二极管的个数可以是 1、2、3、4 吗？你认为哪个最合适？为什么？

（5）若 $R_3$ 断路，则输出电压约为多少？

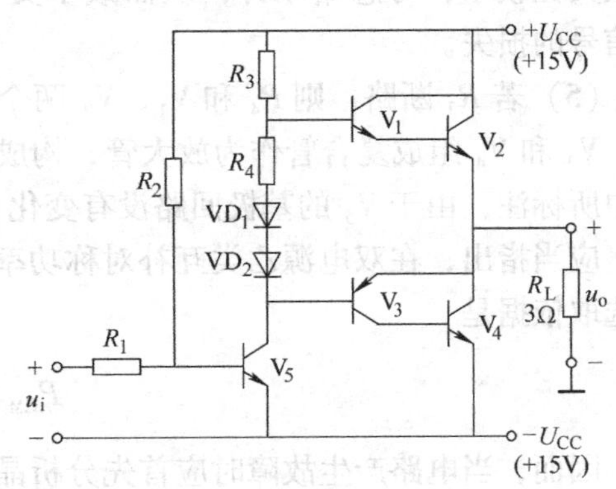


图 6-6　例 6.1.2 图（1）

【解题思路】（1）根据静态时 $U_o=0$ 以及晶体管处于导通状态来确定 $V_1$、$V_3$ 和 $V_5$ 基极的静态电位。

（2）$V_5$ 集电极电流与 $R_3$ 的电流近似相等。

（3）降低 $V_3$ 基极的静态电位可以减小 $i_{B3}$，从而使 $i_{B1}=i_{B3}$。

(4) 根据 $V_1$ 和 $V_3$ 基极之间的静态电位差的要求来确定二极管的个数。

(5) 根据 $R_3$ 断路后各个晶体管的工作状态来分析输出电压。

**【解】**(1) 因为静态时输出电压 $u_o$ 为 0V，所以 $V_1$、$V_3$ 和 $V_5$ 基极的静态电位分别为

$$U_{B1}=U_{BE2}+U_{BE1}\approx 1.4\text{V}$$
$$U_{B3}=0-U_{BE3}\approx -0.7\text{V}$$
$$U_{B5}=-U_{CC}+U_{BE5}\approx -14.3\text{V}$$

(2) 静态时，$V_1$ 和 $V_3$ 的基极电流可忽略不计，因而 $V_5$ 集电极电流与 $R_3$、$R_4$ 的电流近似相等，即

$$I_{CQ5}\approx I_{R_3}=\frac{U_{R_3}}{R_3}=\frac{U_{CC}-U_{B1}}{R_3}\approx\frac{15-1.4}{10}\text{mA}=1.36\text{mA}$$

因为 $R_4$ 上的电压约为 $V_1$ B、E 间的导通电压 $U_{BE}$，所以若利用 $I_{CQ5}\approx I_{R_4}\approx U_{BE}/R_4$ 求解 $I_{CQ5}$，则 $U_{BE}$ 的实际值与 0.7V 的差别必定使估算出的 $I_{CQ5}$ 产生很大的误差，故不能采用这种方法。

(3) 若静态时 $i_{B1}>i_{B3}$，则应通过调整 $R_4$ 的阻值来微调 $V_1$ 和 $V_3$ 的基极电压。由于在调整 $R_4$ 时 $V_5$ 的基极电流不变，集电极电流也就不变，即 $R_4$ 中电流基本不变，因此，应增大 $R_4$ 以降低 $V_5$ 集电极电位，即降低 $V_3$ 基极电位，使 $i_{B3}$ 增大，达到 $i_{B1}$ 与 $i_{B3}$ 相等的目的。

应当指出，在图 6-6 所示电路中，只有在产生较大误差，如静态时输出电压为几伏时，才调整 $R_3$ 的阻值。

(4) 采用如图 6-6 所示两只二极管加一个小阻值电阻合适，也可只用三只二极管。这样一方面可使输出级晶体管工作在临界导通状态，消除交越失真；另一方面在交流通路中，$VD_1$ 和 $VD_2$ 管之间的动态电阻又比较小，可忽略不计，从而减小交流信号的损失。

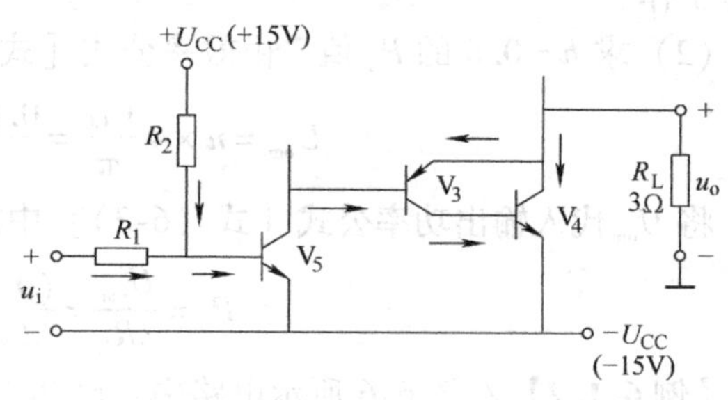

图 6-7　例 6.1.2 图 (2)

(5) 若 $R_3$ 断路，则 $R_4$ 和 $V_1$、$V_2$ 两个支路都为断路，电路如图 6-7 所示。由图可知，$V_5$、$V_3$ 和 $V_4$ 组成复合管作为放大管，构成共射放大电路；而且，静态时各晶体管的电流如图中所标注，由于 $V_5$ 的基极回路没有变化，因而其集电极电流不变。

应当指出，在双电源乙类互补对称功率放大电路中，晶体管在静态时基本不损耗功率，其选取依据是

$$P_{CM}>0.2\frac{U_{CC}^2}{2R_L}$$

因而，当电路产生故障时应首先分析晶体管静态时的功耗，判断其是否会因功耗过大而损坏。本题可能出现以下几种情况：

1) 若 $V_5$、$V_3$ 和 $V_4$ 均工作在放大状态，则负载电阻的静态电流

$$I_L=I_{E3}+I_{C4}=(1+\beta_3)\ I_{C5}+\beta_3\beta_4 I_{C5}$$

数值很大。此时，若 $V_3$ 和 $V_4$ 的管压降也比较大，则它们静态的集电极功耗将很大，以至于使之因过热而损坏。若它们损坏后短路，则 $u_o=-15\text{V}$；若它们损坏后断路，则 $u_o=0\text{V}$。

2）如果电源电压几乎全部降在负载上，使 $V_3$ 饱和，则输出电压

$$u_o = -U_{CC} + (|U_{CES3}| + U_{BE4}) \approx [-15 + (1 + 0.7)]\ V = -13.3V$$

## 6.1.3 甲乙类功率放大电路

### 6.1.3.1 甲乙类单电源互补对称功率放大电路

图6-8所示是采用一个电源的互补对称功率放大电路。图中，$V_3$ 组成前置放大级，$V_2$ 和 $V_1$ 组成互补对称功率放大电路输出级。在输入信号 $u_i = 0$ 时，一般只要 $R_1$、$R_2$ 有适当的数值，就可使 $I_{C3}$、$U_{B2}$ 和 $U_{B1}$ 达到所需大小，给 $V_2$ 和 $V_1$ 提供一个合适的偏置，从而使K点电位 $U_K = U_C = U_{CC}/2$。

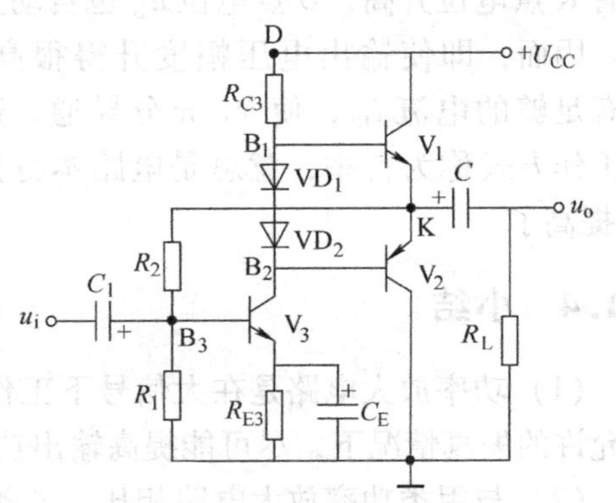


图6-8 互补对称功率放大电路

当加入信号 $u_i$ 时，在信号的负半周，$V_1$ 导通，有电流通过负载 $R_L$，同时向 $C$ 充电；在信号的正半周，$V_2$ 导电，则已充电的电容 $C$ 起着双电源互补对称功率放大电路中电源 $-U_{CC}$ 的作用，通过负载 $R_L$ 放电。只要选择时间常数 $R_LC$ 足够大（比信号的最长周期还大得多），就可以认为用电容 $C$ 和一个电源 $U_{CC}$ 可代替原来的 $+U_{CC}$ 和 $-U_{CC}$ 两个电源的作用。

值得指出的是，采用一个电源的互补对称功率放大电路，由于每个晶体管的工作电压不是原来的 $U_{CC}$，而是 $U_{CC}/2$，即输出电压幅值 $U_{om}$ 最大也只能达到约 $U_{CC}/2$，所以前面导出的计算 $P_o$、$P_V$、和 $P_U$ 的最大值公式，必须加以修正才能使用。修正的方法也很简单，只要以 $U_{CC}/2$ 代替原来的公式中的 $U_{CC}$ 即可。

### 6.1.3.2 自举电路

对于单电源互补对称功率放大电路，如图6-8所示，它虽然解决了工作点的偏置和稳定问题，但在实际运用中还存在其他方面的问题，如输出电压幅值达不到 $U_{om} = U_{CC}/2$。现分析如下：

在额定输出功率情况下，通常输出级的晶体管是处在接近充分利用的状态下工作。例如，当 $u_i$ 为负半周最大值时，$i_{C3}$ 最小，$u_{B1}$ 接近于 $+U_{CC}$，此时希望 $V_1$ 在接近饱和的状态工作，即 $u_{CE1} = U_{CES}$，故K点电位 $u_K = +U_{CC} - U_{CES} > U_{CC}$。当 $u_i$ 为正半周最大值时，$V_1$ 截止，$V_2$ 接近饱和导通，$u_K = U_{CES} > 0$。因此，负载 $R_L$ 两端得到的交流输出电压幅值 $U_{om} = U_{CC}/2$。

上述情况是理想的。实际上图6-8所示电路的输出电压幅值达不到 $U_{om} = U_{CC}/2$，这是因为当 $u_i$ 为负半周时，$V_1$ 导通，$i_{B1}$ 增大，由于 $R_{C3}$ 上的压降和 $u_{BE1}$ 的存在，当K点电位向 $+U_{CC}$ 接近时，$V_1$ 的基极电流将受限制而不能增加很多，因而也就限制了 $V_1$ 输向负载的电流，使 $R_L$ 两端得不到足够的电压变化量，致使 $U_{om}$ 明显小于 $U_{CC}/2$。

如果把图6-8所示电路中D点电位升高，使 $U_D > +U_{CC}$，例如将图中D点与 $+U_{CC}$ 的连线切断，$U_D$ 由另一电源供给，则问题即可以得到解决。通常的办法是在电路中引入 $R_3$、$C_3$ 等元件组成的所谓自举电路，如图6-9所示。

在图6-9中，当 $u_i = 0$ 时，$u_D = U_D = U_C - I_{C3}R_3$，而 $u_K = U_K = U_{CC}/2$，因此电容 $C_3$ 两端

电压被充电到 $U_{C3}=U_{CC}/2-I_{C3}R_3$。

当时间常数 $R_3C_3$ 足够大时，$u_{C3}$（电容 $C_3$ 两端电压）将基本为常数（$u_{C3}>U_{C3}$），不随 $u_i$ 而改变。这样，当 $u_i$ 为负时，$V_1$ 导通，$u_K$ 将由 $U_{CC}/2$ 向更正方向变化，考虑到 $u_D=u_{C3}+u_K=U_{C3}+u_K$，显然，随着K点电位升高，D点电位 $u_D$ 也自动升高。因而，即使输出电压幅度升得很高，也有足够的电流 $i_{B1}$，使 $V_1$ 充分导通。这种工作方式称为自举，意思是电路本身把 $u_D$ 提高了。

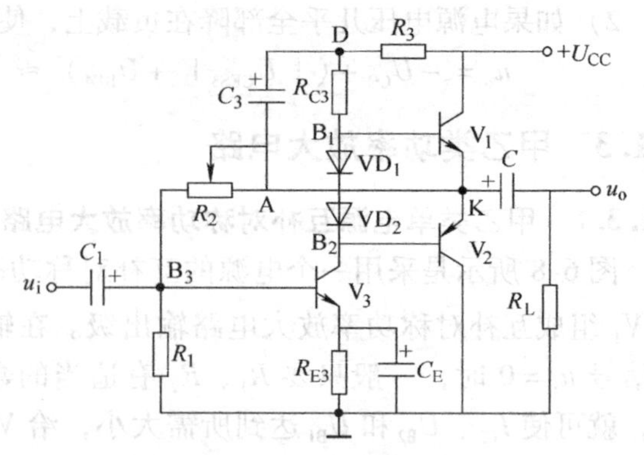

图6-9　自举电路

### 6.1.4　小结

（1）功率放大电路是在大信号下工作，通常采用图解法进行分析。研究的重点是如何在允许的失真情况下，尽可能提高输出功率和效率。

（2）与甲类功率放大电路相比，乙类互补对称功率放大电路的主要优点是效率高，在理想情况下，其最大效率约为78.5%。为保证晶体管安全工作，双电源互补对称功率放大电路工作在乙类时，器件的极限参数必须满足：$P_{CM}>P_{V1}\approx 0.2P_{om}$，$|U_{(BR)CEO}|>2U_{CC}$，$I_{CM}>U_{CC}/R_L$。

（3）在单电源互补对称功率放大电路中，计算输出功率、效率、管耗和电源供给的功率，可借用双电源互补对称功率放大电路的计算公式，但要用 $U_{CC}/2$ 代替原公式中的 $U_{CC}$。

## 6.2　直流稳压电源

在电子电路中，通常都需要电压稳定的直流电源供电。虽然在有些情况下（如便携设备）可用化学电池作为直流电源，但大多数情况是利用电网提供的交流电源经过转换而得到直流电源进行供电。本节将介绍后一种电源的组成和工作原理。

单相小功率直流电源一般由电源变压器、整流电路、滤波电路和稳压电路四部分组成。本节首先讨论小功率整流电路、滤波电路和稳压电路，然后介绍三端集成稳压器和串联式开关稳压电源。本节的目标是：

（1）掌握单相桥式整流、电容滤波电路的工作原理及各项指标的估算方法。

（2）稳压部分以带放大器的串联反馈式稳压电路为重点，要求熟练掌握其稳压原理及输出电压的计算。

（3）对于三端式集成稳压器，重点掌握它的使用方法。

### 6.2.1　直流稳压电源概述

常用的电子仪器或设备（如示波器、电视机等）所需要的直流电源，均属于单相小功率直流电源（功率在1000W以下）。它的任务是将220V、50Hz的交流电压转换为幅值稳定的直流电压（例如几伏或几十伏），同时能提供一定的直流电流（例如几安甚至几十安）。

单相小功率直流电源一般由电源变压器、整流电路、滤波电路和稳压电路四部分组成，原理框图如图6-10所示。

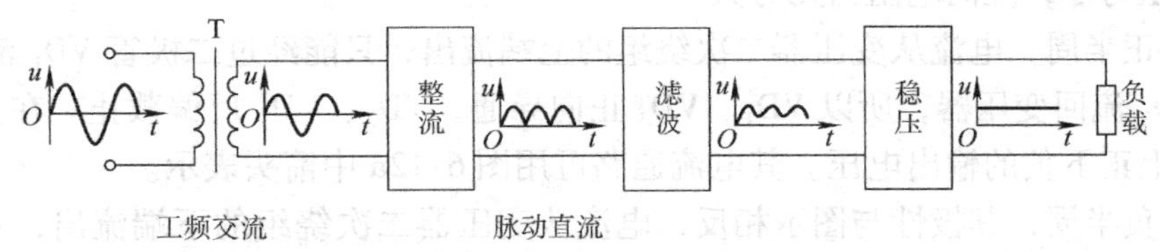


图6-10 单相小功率直流电源的原理框图

一般工作过程如下：

（1）电源变压器将220V的交流电压变换为所需要的交流电压值。

（2）利用二极管单向导电性将交流电压整流为单向脉动的直流电压。

（3）通过电容或电感等储能元件组成的滤波电路进行滤波，减小其脉动成分，从而得到比较平滑的直流电压。

（4）经过整流、滤波后得到的直流电压易受电网波动及负载变化的影响（一般有±10%左右的波动），必须加稳压电路，可利用负反馈等措施维持输出直流电压的稳定。

下面分别对整流电路、滤波电路和稳压电路加以分析。

## 6.2.2 整流电路

### 6.2.2.1 整流电路概述

整流电路的任务是将交流电变换成直流电。完成这个任务主要是靠二极管的单向导电作用，因此二极管是构成整流电路的关键器件（常称之为整流管）。图6-11所示为一个最简单的单相半波整流电路。

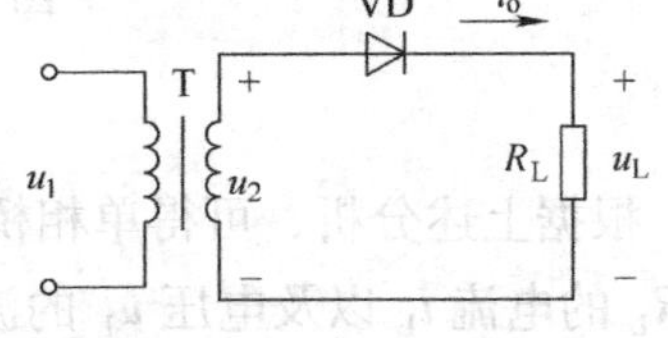


图6-11 单相半波整流电路

图6-11中，T为电源变压器，它将220V的电网电压变换为合适的交流电压，VD为整流二极管，电阻$R_L$代表需要用直流电源的负载。其工作原理：在变压器二次电压$u_2$为正的半个周期内，二极管正向导通，电流经二极管流向负载，在$R_L$上得到一个极性为上正下负的电压；而在$u_2$为负的半个周期内，二极管反向截止，电流等于零。所以，在负载电阻$R_L$两端得到的电压$u_L$的极性是单方向的，达到了整流的目的。

衡量整流电路性能的常用技术指标有两个：一是反映转换关系的，用整流输出电压的平均值来表示；另一个是反映输出直流电压平滑程度的，称为纹波系数。此外还有与选择整流管有关的参数，如流过整流管的平均电流和整流管的反向峰值电压等。常见的几种整流电路有单相半波、全波、桥式和倍压整流电路。本节主要研究单相桥式整流电路。

### 6.2.2.2 单相桥式整流电路的工作原理

单相桥式整流电路如图6-12a所示，图中，电源变压器的作用是将交流电网电压变成整流电路要求的交流电压，$R_L$是负载电阻，四只整流二极管$VD_1$ ~ $VD_4$接成电桥的形式，所以又称为桥式整流电路。

单相桥式整流电路的工作原理可分析如下。为简单起见，二极管用理想模型来处理，即正向导通电阻为零，反向电阻为无穷大。

在 $u_2$ 的正半周，电流从变压器二次绕组的上端流出，只能经过二极管 $VD_1$ 流向 $R_L$，再由二极管 $VD_3$ 流回变压器，所以 $VD_1$、$VD_3$ 正向导通，$VD_2$、$VD_4$ 反偏截止。在负载上产生一个极性为上正下负的输出电压。其电流通路可用图6-12a 中箭头表示。

在 $u_2$ 的负半周，其极性与图示相反，电流从变压器二次绕组的下端流出，只能经过二极管 $VD_2$ 流向 $R_L$，再由二极管 $VD_4$ 流回变压器，所以 $VD_1$、$VD_3$ 反偏截止，$VD_2$、$VD_4$ 正向导通。电流流过 $R_L$ 时产生的电压极性仍是上正下负，与正半周时相同。

综上所述，桥式整流电路巧妙地利用了二极管的单向导电性，将四个二极管分为两组，每组导通一个方向的电流，使负载上始终可以得到一个单方向的脉动电压和电流。

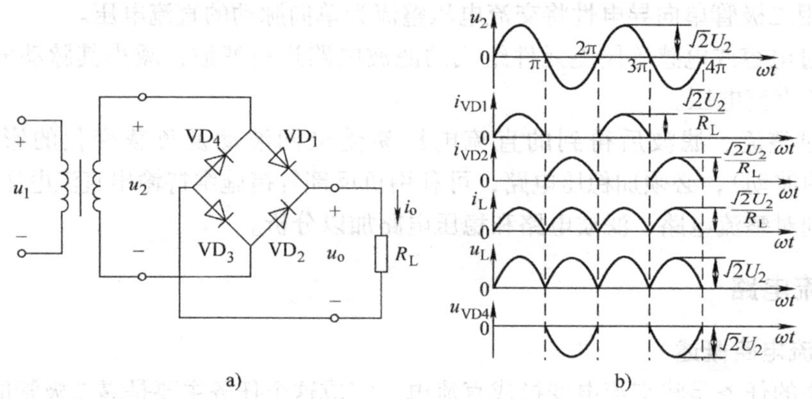


图6-12 单相桥式整流电路及工作波形

a）整流电路 b）工作波形

根据上述分析，可得单相桥式整流电路的工作波形如图6-12b 所示。由图可见，通过负载 $R_L$ 的电流 $i_L$ 以及电压 $u_L$ 的波形都是单方向的全波脉动波形。

单相桥式整流电路的优点是输出电压高，纹波电压较小，二极管所承受的最大反向电压较低；同时因电源变压器在正、负半周内都有电流供给负载，电源变压器得到了充分的利用，效率较高。因此，这种电路在半导体整流电路中得到了颇为广泛的应用。单相桥式整流电路的缺点是二极管用得较多，但目前市场上已有整流桥堆出售，如 QL51A ~ QL51G、QL62A ~ QL62L 等系列。其中，QL62A ~ QL62L 的额定电流为 2A，最大反向电压为 25 ~ 1000V。

### 6.2.2.3 单相桥式整流电路的性能指标分析

整流电路的性能常用两个技术指标来衡量：一个是反映转换关系的，用整流输出电压的平均值来表示；另一个是反映输出直流电压平滑程度的，称为纹波系数。

**1. 整流输出电压的平均值**

整流输出电压平均值即负载电阻上的直流电压 $U_L$。$U_L$ 定义为整流输出电压 $u_L$ 在一个周期内的平均值，即

$$U_L = \frac{1}{2\pi}\int_0^{2\pi} U_L \mathrm{d}\omega t \tag{6-13}$$

设变压器二次电压 $u_2 = \sqrt{2}U_2\sin\omega t$，整流二极管是理想的，则根据单相桥式整流电路的工作波形，在 $u_i$ 的正半周，$u_L = u_2$，且 $u_L$ 的重复周期为 $p$，所以

$$U_L = \frac{1}{2\pi}\int_0^{2\pi} U_L \mathrm{d}\omega t = \frac{1}{\pi}\int_0^{\pi}\sqrt{2}U_2\sin\omega t\mathrm{d}\omega t = \frac{2\sqrt{2}}{\pi}U_2 \approx 0.9U_2 \tag{6-14}$$

**2. 纹波系数**

整流电路的输出电压虽然是直流的，但它还是包含很多脉动成分（交流分量），如图 6-12b所示，这些脉动成分称为纹波系数，用 $K_r$来表示

$$K_r = \sqrt{\left(\frac{1}{0.9}\right)^2 - 1} = 0.483 \tag{6-15}$$

由于整流后的电路存在一定的纹波，故需用滤波电路来滤除纹波电压。

#### 6.2.2.4　整流器件参数的计算

在选择整流二极管时，主要考虑两个参数，即最大整流电流和反向击穿电压。在单相桥式整流电路中，二极管 $VD_1$、$VD_3$ 和 $VD_2$、$VD_4$ 是两两轮流导通的，所以流经每个二极管的平均电流为

$$I_{VD} = \frac{1}{2}I_L = \frac{1}{2}\frac{0.9U_2}{R_L} = \frac{0.45U_2}{R_L} \tag{6-16}$$

在选择整流管时应保证其最大整流电流 $I_F > I_{VD}$。

二极管在截止时两端承受的最大反向电压可以从单相桥式整流电路的工作原理中得出。在 $u_2$ 正半周时，$VD_1$、$VD_3$ 导通，$VD_2$、$VD_4$ 截止。此时 $VD_2$、$VD_4$ 所承受的最大反向电压均为 $u_2$ 的最大值，即

$$U_{RM} = \sqrt{2}U_2 \tag{6-17}$$

同理，在 $u_2$ 的负半周，$VD_1$、$VD_3$ 也承受到同样大小的反向电压。所以，在选择整流管时应取其反向击穿电压 $U_{BR} > U_{RM}$。

### 6.2.3　滤波电路

#### 6.2.3.1　滤波电路概述

滤波电路用于滤去整流输出电压中的纹波，一般由电抗元件组成，如在负载电阻两端并联电容 $C$ 或与负载串联电感 $L$，以及由电容、电感组合而成的各种复式滤波电路。常用的滤波电路的结构如图 6-13 所示。

电抗元件在电路中有储能作用。并联的电容 $C$ 在电源供给的电压升高时能把部分能量存储起来，而当电源电压降低时就把能量释放出来，使负载电压比较平滑，电容 $C$ 具有平波的作用；当电源供给的电流增加（由电源电压增加引起）时与负载串联的电感 $L$ 也把能量存储起来，而当电流减小时又把能量释放出来，使负载电流也比较平滑，即电感 $L$ 也具有平波作用。

滤波电路的形式很多，为了掌握它的分析规律，把它分为电容输入式（电容 $C$ 接在最前面，见图 6-13a、c）和电感输入式（电感 $L$ 接在最前面，见图 6-13b）两种。前一种滤

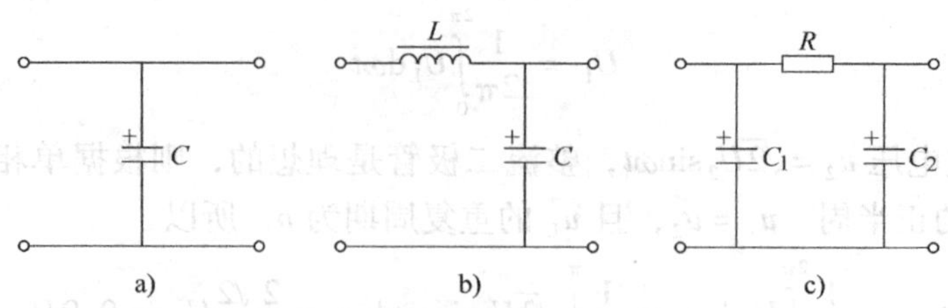


图 6-13　常用的滤波电路的结构

a）C 形滤波电路　b）倒 L 形滤波电路　c）π 形滤波电路

波电路多用于小功率电源中，而后一种滤波电路多用于较大功率电源中（而且当电流很大时仅用一电感与负载串联）。本节重点分析小功率整流电源中应用较多的电容滤波电路，然后再简要介绍其他形式的滤波电路。

#### 6.2.3.2　电容滤波电路的原理分析

图 6-14 所示为单相桥式整流电容滤波电路。在分析电容滤波电路时，要特别注意电容两端电压 $u_C$ 对整流器件导通的影响，整流器件只有受正向电压作用时才导通，否则便截止。

**1. 负载 $R_L$ 未接入**（开关 S 断开）**时的情况**

设电容两端初始电压为零，接入交流电源后，当 $u_2$ 为正半周时，$u_2$ 通过 $VD_1$、$VD_3$ 向电容 $C$ 充电；$u_2$ 为负半周时，经 $VD_2$、$VD_4$ 向电容 $C$ 充电，充电时间常数为

$$\tau_c = R_{int}C \tag{6-18}$$

式中　$R_{int}$——包括变压器二次绕组的直流电阻和二极管 VD 的正向电阻。

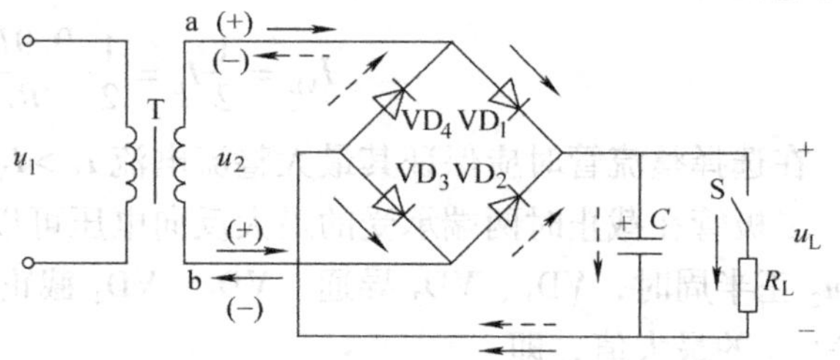


图 6-14　单相桥式整流电容滤波电路

由于 $R_{int}$ 一般很小，因此电容很快就充到交流电压 $u_2$ 的最大值 $\sqrt{2}U_2$，极性如图 6-14 所示。由于电容 $C$ 无放电回路，故输出电压（即电容 $C$ 两端的电压 $u_C$）保持在 $\sqrt{2}U_2$，输出为一个恒定的直流，如图 6-15 中 $\omega t<0$（即纵坐标左边）部分所示。

**2. 接入负载 $R_L$**（开关 S 合上）**的情况**

设变压器二次电压 $u_2$ 从 0 开始上升（即正半周开始）时接入负载 $R_L$，由于电容 $C$ 在负载未接入前充了电，故刚接入负载时 $u_2<u_C$，二极管受反向电压作用而截止，电容 $C$ 经 $R_L$ 放电，放电的时间常数为

$$\tau_d = R_LC \tag{6-19}$$

因 $\tau_d$ 一般较大，故电容两端的电压 $u_C$ 按指数规律慢慢下降，其输出电压 $u_L=u_C$，如图 6-15 的 $ab$ 段所示。与此同时，交流电压 $u_2$ 按正弦规律上升。当 $u_2>u_C$ 时，二极管 $VD_1$、$VD_3$ 受正向电压作用而导通，此时 $u_2$ 经二极管 $VD_1$、$VD_3$ 一方面向负载 $R_L$ 提供电流，另一方面向电容 $C$ 充电，$u_C$ 将如图 6-15 中的 $bc$ 段上升（$bc$ 段上的阴影部分为电路中的电流在整流电路内阻 $R_{int}$ 上产生的压降），$u_C$ 随着交流电压 $u_2$ 升高到接近最大值 $\sqrt{2}U_2$。然后，$u_2$ 按

正弦规律下降。当 $u_2 < u_C$ 时，二极管受反向电压作用而截止，电容 $C$ 又经 $R_L$ 放电，$u_C$ 波形如图 6-15 中的 $cd$ 段。电容 $C$ 如此周而复始地进行充放电，负载上便得到如图 6-15 所示的一个近似锯齿波的电压 $u_L = u_C$，使负载电压的波动大为减小。

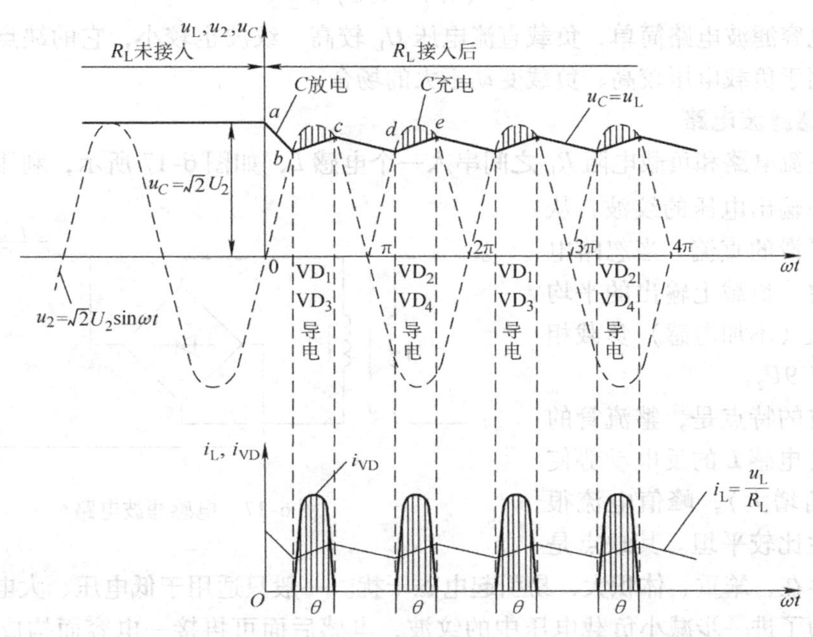

图 6-15 电容滤波的波形

### 6.2.3.3 电容滤波电路的性能特点

由电容滤波电路的原理分析可知，电容滤波电路有如下特点：

（1）二极管的导电角 $\theta < \pi$，流过二极管的瞬时电流很大。电流的有效值和平均值的关系与波形有关，在平均值相同的情况下，波形越尖，有效值越大。在纯电阻负载时，变压器二次电流的有效值 $I_2 = 1.11 I_L$，而有电容滤波时

$$I_2 = (1.5 \sim 2) I_L \tag{6-20}$$

（2）负载平均电压 $U_L$ 升高，纹波（交流成分）减小，且 $R_L C$ 越大，电容放电速度越慢，则负载电压中的纹波成分越小，负载平均电压越高。

（3）负载直流电压随负载电流增加而减小。$U_L$ 随 $I_L$ 的变化关系称为输出特性或外特性，如图 6-16 所示。

$C$ 值一定，当 $R_L = \infty$，即空载时

$$U_{L0} = \sqrt{2} U_2 = 1.4 U_2 \tag{6-21}$$

当 $C = 0$，即无电容时

$$U_{L0} = 0.9 U_2 \tag{6-22}$$

在整流电路的内阻不太大（几欧）和放电时间常数满足式

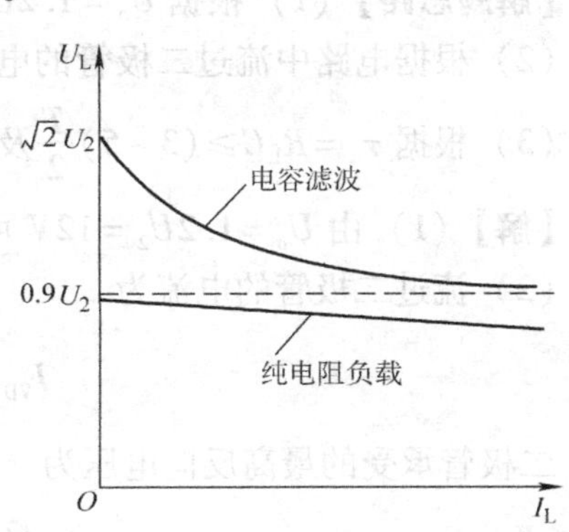

图 6-16 纯电阻和电容滤波电路的输出特性

$$\tau_d = R_L C \geqslant (3 \sim 5)\frac{T}{2} \tag{6-23}$$

并且电容滤波电路的负载电压 $U_L$ 与 $U_2$ 的关系约为

$$U_L = (1.1 \sim 1.2)\ U_2 \tag{6-24}$$

总之，电容滤波电路简单，负载直流电压 $U_L$ 较高，纹波也较小，它的缺点是输出特性较差，故适用于负载电压较高、负载变动不大的场合。

#### 6.2.3.4　电感滤波电路

在桥式整流电路和负载电阻 $R_L$ 之间串入一个电感 $L$，如图 6-17 所示，利用电感的储能作用可以减小输出电压的纹波，从而得到比较平滑的直流。当忽略电感 $L$ 的电阻时，负载上输出的平均电压和纯电阻（不加电感）负载相同，即 $U_L = 0.9U_2$。

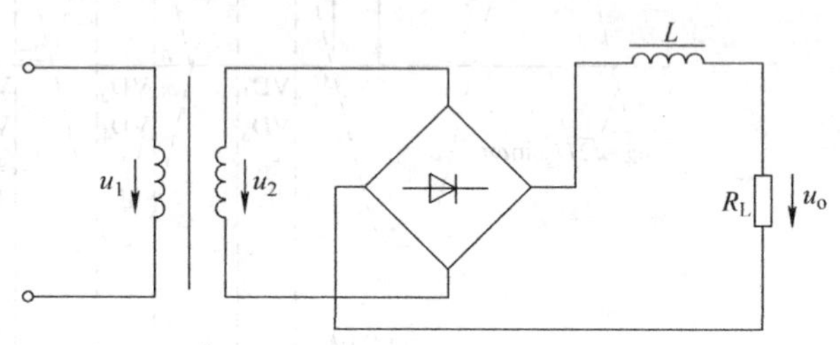


图 6-17　电感滤波电路

电感滤波的特点是，整流管的导电角较大（电感 $L$ 的反电动势使整流管导电角增大），峰值电流很小，输出特性比较平坦。其缺点是由于铁心的存在，笨重、体积大，易引起电磁干扰。一般只适用于低电压、大电流场合。

此外，为了进一步减小负载电压中的纹波，电感后面可再接一电容而构成倒 L 形滤波电路或 $RC$-π 形滤波电路（见图 6-13b、c）。其性能和应用场合分别与电感滤波（称电感输入式）电路及电容滤波（又称电容输入式）电路相似。

**【例 6.2.1】** 在某一具有电容滤波的桥式整流电路中，设交流电源的频率为 1000Hz，整流二极管正向压降为 0.7V，变压器的内阻为 2Ω。要求输出直流电流 $I_o = 100\text{mA}$，输出直流电压 $U_o = 12\text{V}$，试计算：

（1）变压器二次电压有效值 $U_2$；

（2）选择整流二极管的参数值；

（3）选择滤波电容的电容值。

**【相关知识】** 电容滤波的桥式整流电路。

**【解题思路】**（1）根据 $U_o = 1.2U_2$ 估算变压器二次电压有效值 $U_2$。

（2）根据电路中流过二极管的电流及二极管承受的最高反压电压选择整流二极管。

（3）根据 $\tau_d = R_L C \geqslant (3 \sim 5)\frac{T}{2}$ 及电容的耐压选择滤波电容。

**【解】**（1）由 $U_o = 1.2U_2 = 12\text{V}$ 可得 $U_2 = 10\text{V}$。

（2）流过二极管的电流为

$$I_{VD} = \frac{I_o}{2} = \frac{100}{2}\text{mA} = 50\text{mA}$$

二极管承受的最高反向电压为

$$\sqrt{2}U_2 = 10\sqrt{2}\text{V} \approx 14.14\text{V}$$

选 2CP33 型二极管，其参数为 $U_{RM} = 25\text{V}$，$I_{DM} = 500\text{mA}$。

（3）由 $I_o = 100\text{mA}$，$U_o = 12\text{V}$，可得

$$R_L = \frac{U_o}{I_o} = \frac{12}{100}\text{k}\Omega = 120\Omega$$

取 $\tau = CR_L = 2.5T$，那么

$$C = \frac{2.5T}{R_L} = \frac{2.5 \times 1 \times 10^{-3}}{120}\mu\text{F} = 20.8\mu\text{F}$$

选 $C = 22\mu\text{F}$，耐压为 25V 的电解电容。

## 6.2.4　稳压电路

经整流滤波后的电压往往会随着电源电压的波动和负载的变化而变化，为了得到稳定的直流电压，必须在整流滤波之后接入稳压电路。在小功率设备中常用的稳压电路有稳压管的稳压电路、串联型的稳压电路和集成稳压电路，本节仅介绍后两种稳压电路。

### 6.2.4.1　串联反馈式稳压电路的工作原理

图 6-18 所示是串联反馈式稳压电路的一般结构。图中，$U_i$ 是整流滤波电路的输出电压，V 为调整管，A 为比较放大电路，$U_R$为基准电压（它由稳压管 VS 与限流电阻 $R$ 串联所构成的简单稳压电路获得），$R_1$ 与 $R_2$ 组成反馈网络（是用来反映输出电压变化的取样环节）。

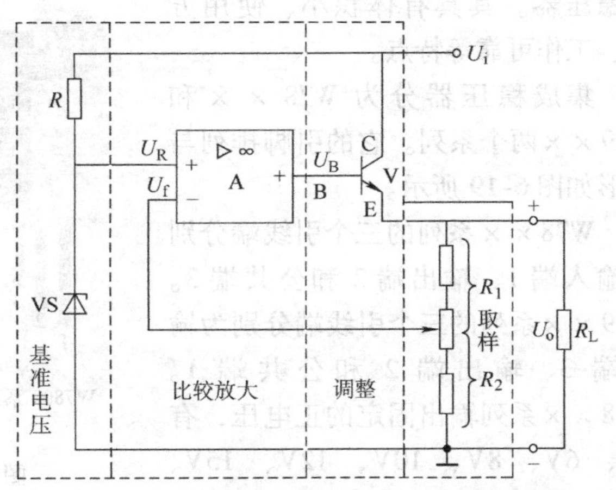


图 6-18　串联反馈式稳压电路的一般结构

这种稳压电路的主回路是起调整作用的晶体管 V（调整管）与负载串联，故称为串联式稳压电路。输出电压的变化量由反馈网络取样经放大电路 A 放大后去控制调整管 V 的 C、E 极间的电压降，从而达到稳定输出电压 $U_o$ 的目的。稳压原理可简述如下：当输入电压 $U_i$ 增加（或负载电流 $I_o$ 减小）时，导致输出电压 $U_o$ 增加，随之反馈电压 $U_f = R_2U_o/(R_1 + R_2) = F_uU_o$ 也增加（$F_u$ 为反馈系数）。$U_f$ 与基准电压 $U_R$ 相比较，其差值电压经比较放大电路放大后使 $U_B$ 和 $I_C$ 减小，晶体管 V 的 C、E 极间电压 $U_{CE}$ 增大，使 $U_o$ 下降，从而维持 $U_o$ 基本恒定。

从反馈放大电路的角度来看，这种电路属于电压串联负反馈电路。V 连接成电压跟随器。因而可得

$$U_B = A_u(U_R - F_uU_o) \approx U_o$$

或

$$U_o = U_R\frac{A_u}{1 + A_uF_u} \tag{6-25}$$

式（6-25）中，$A_u$ 是比较放大电路的电压增益，是考虑了所带负载的影响，与开环增益 $A_{uo}$ 不同。在深度负反馈条件下，$|1 + A_uF_u| > 1$ 时，可得

$$U_o \approx \frac{U_R}{F_u} = U_R\left(1 + \frac{R_1}{R_2}\right) \tag{6-26}$$

式（6-26）表明，输出电压 $U_o$ 与基准电压 $U_R$ 近似成正比，与反馈系数 $F_u$ 成反比。当 $U_R$ 及 $F_u$ 已定时，$U_o$ 也就确定了，因此它是设计稳压电路的基本关系式。

值得注意的是，晶体管 V 的调整作用是依靠 $U_f$ 和 $U_R$ 之间的偏差来实现的，必须有偏差才能调整。如果 $U_o$ 绝对不变，晶体管的 $U_{CE}$ 也绝对不变，那么电路也就不能起调整作用了。所以 $U_o$ 不可能达到绝对稳定，只能是基本稳定。因此，图 6-18 所示的系统是一个闭环有差调整系统。

由以上分析可知，当反馈越深时，调整作用越强，输出电压 $U_o$ 也越稳定，电路的稳压系数 $\gamma$ 和输出电阻 $R_o$ 也越小。

### 6.2.4.2 集成稳压器

**1. 集成稳压器概述**

集成稳压器是将串联型稳压电路中各种元器件及引线集成在同一硅片上封装而成的，因它引出了三个接线端，所以也称为三端稳压器。其具有体积小、使用方便、工作可靠等特点。

集成稳压器分为 W78××和 W79××两个系列。它的引脚排列与外形如图 6-19 所示。

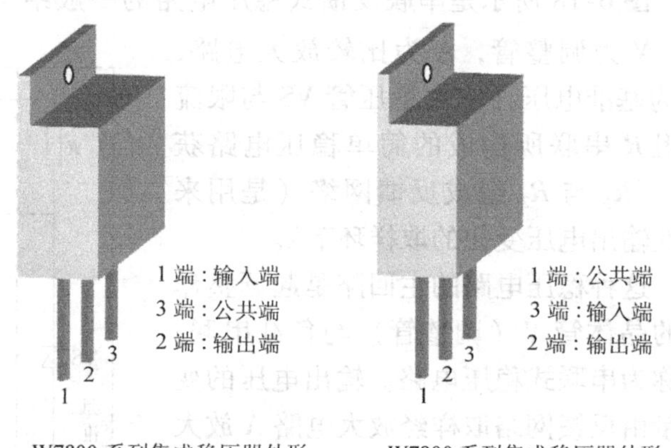


图 6-19 集成稳压器的引脚排列与外形

W78××系列的三个引线端分别为输入端 1、输出端 2 和公共端 3。W79××系列的三个引线端分别为输入端 3、输出端 2 和公共端 1。W78××系列输出固定的正电压，有 5V、6V、8V、10V、12V、15V、18V、24V 等多种。W79××系列输出固定的负电压。

集成稳压器的输出电压有固定和可调输出之分。固定输出电压是由制造厂商预先调整好的，输出为固定值。例如，7805 型集成稳压器，输出为固定 +5V。

可调输出电压式集成稳压器的输出电压可通过少数外接元件在较大范围内调整，当调节外接元件值时，可获得所需的输出电压。例如，CW317 型集成稳压器，输出电压可以在 12～37V 范围内连续可调。

输出正电压系列（W78××）的集成稳压器其电压共分为 5～24V 七个挡。例如，W7805、W7806、W7809 等，其中字头 W78 表示输出电压为正值，后面数字表示输出电压的稳压值。输出电流为 15A（带散热器）。

输出负电压系列（W79××）的集成稳压器其电压共分为 -5～-24V 七个挡。例如，W7905、W7906、W7912 等，其中字头 W79 表示输出电压为负值，后面数字表示输出电压的稳压值。输出电流为 15A（带散热器）。

## 2. 集成稳压器的应用电路

集成稳压器使用十分方便，根据需要配上适当的散热器就可以接成实际的应用电路。图6-20所示为集成稳压器基本的应用电路。

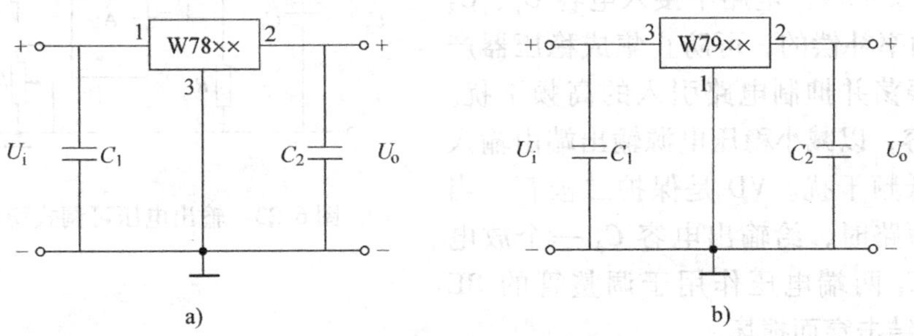


图6-20 集成稳压器基本的应用电路

图6-20中，$U_i$是经整流滤波后的直流电压，电容$C_1$用于改善纹波特性，电容$C_2$用于改善负载瞬态响应。当实际所需电压超过集成稳压器的规定值时，可以外接一些元件，以提高输出电压，如图6-21所示。$U_{XX}$为集成稳压器的固定输出电压，则实际输出电压为

$$U_o = U_{XX} + U_Z \tag{6-27}$$

当稳压电路所需输出电流大于2A时，可以通过外接大功率晶体管扩大输出电流，如图6-22所示。

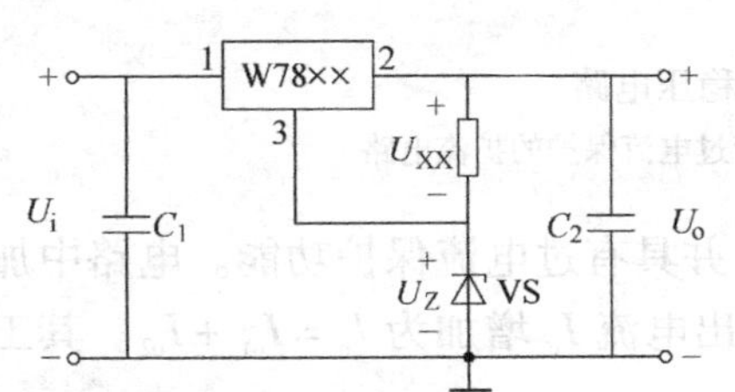


图6-21 提高输出电压的电路

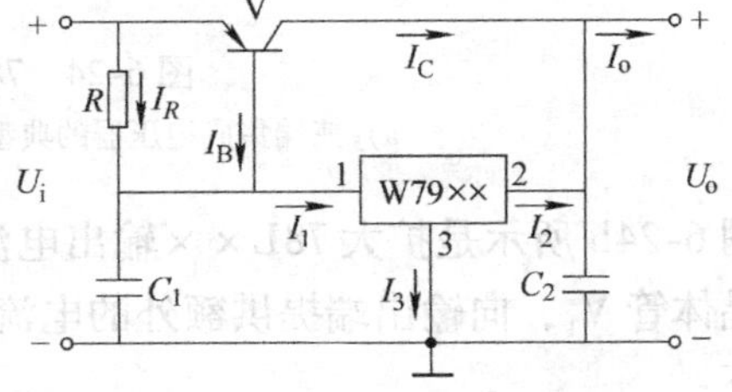


图6-22 扩大输出电流的电路

此时

$$\begin{aligned} I_o &= I_1 + I_C \approx I_2 + I_C = I_2 + \beta I_B \\ &= I_2 + \beta\ (I_1 - I_B) \end{aligned} \tag{6-28}$$

又因$U_{BE}$很小，所以输出电流近似增加$\beta$倍。

## 3. 三端可调式集成稳压器

前述的W78××和W79××系列为输出电压固定的三端集成稳压器。但有些场合要求输出电压具有一定的调节范围，所以使用它们很不方便。现介绍一种外接很少元件就能工作的三端可调式集成稳压器。图6-23所示是输出电压可调式稳压电路，集成运算放大器起电压跟随器作用，其电源是稳压电路的输入电压。若忽略$I_3$，则输出电压$U_o$为

$$U_o = \left(1 + \frac{R_2}{R_1}\right) U_{XX} \tag{6-29}$$

**4. 三端固定式集成稳压器应用举例**

图6-24a所示是应用78L××输出固定电压$U_o$的典型电路。正常工作时，输入、输出电压差应大于2~3V。电路中接入电容$C_1$、$C_2$是用来实现频率补偿的，可防止集成稳压器产生高频自激振荡并抑制电路引入的高频干扰。$C_3$是电解电容，以减小稳压电源输出端由输入电源引入的低频干扰。VD是保护二极管，当输入端意外短路时，给输出电容$C_3$一个放电通路，防止$C_3$两端电压作用于调整管的BE结，造成BE结击穿而损坏。

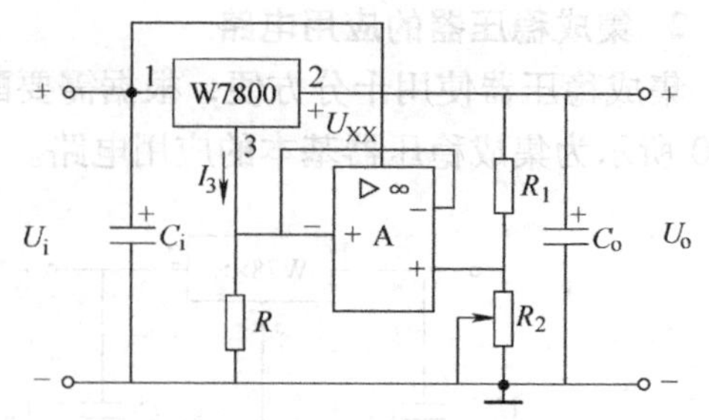

图6-23　输出电压可调式稳压电路

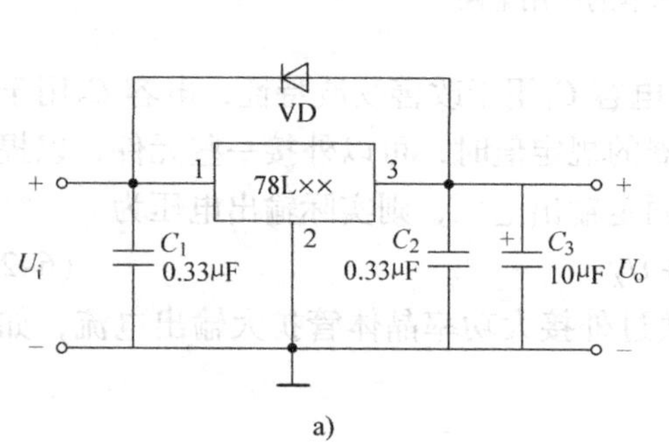


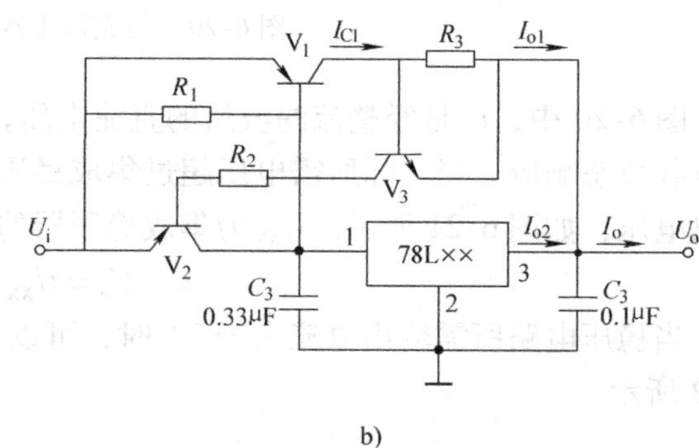


图6-24　78L系列集成稳压电路

a）三端集成稳压器的典型接法　b）带过电流保护的扩流电路

图6-24b所示是扩大78L××输出电流的电路，并具有过电流保护功能。电路中加入了功率晶体管$V_1$，向输出端提供额外的电流$I_{o1}$，使输出电流$I_o$增加为$I_o=I_{o1}+I_{o2}$。其工作原理如下：

在电路中存在关系式$U_{BE1}=U_{R_1}=U_{CE3}$。正常工作时，$V_2$、$V_3$截止，电阻$R_1$上的电流产生压降使$V_1$导通，使输出电流增加。若$I_o$过电流（即超过某个限额），则$I_{o1}$也增加，电流检测电阻$R_3$上压降增大使$V_3$导通，导致$V_2$趋于饱和，使$V_1$的B、E间电压$U_{BE1}$降低，限制了功率晶体管$V_1$的电流$I_{C1}$，保护功率晶体管不至因过电流而损坏。

**5. 三端可调式集成稳压器应用举例**

图6-25a所示为三端可调式集成稳压器的典型应用电路，是由LM117和LM137组成正、负输出电压可调的稳压电路。为保证空载情况下输出电压稳定，$R_1$和$R'_1$不宜高于240Ω，典型值为120~240Ω。电路中的$U_{31}$（或$U_{21}$）$=U_R=1.2$V，$R_2$和$R'_2$的大小根据输出电压调节范围确定。该电路输入电压$U_i$分别为±25V，则输出电压$U_o$可调范围为±（1.2~20）V。

图6-25b所示为并联扩流的稳压电路，它是用两个可调式集成稳压器LM317组成。输入电压$U_i=25$V，输出电流$I_o=I_{o1}+I_{o2}=3$A，输出电压可调范围为1.2~22V。电路中的集成运算放大器（741）是用来平衡两个三端可调式集成稳压器的输出电流的。例如，当

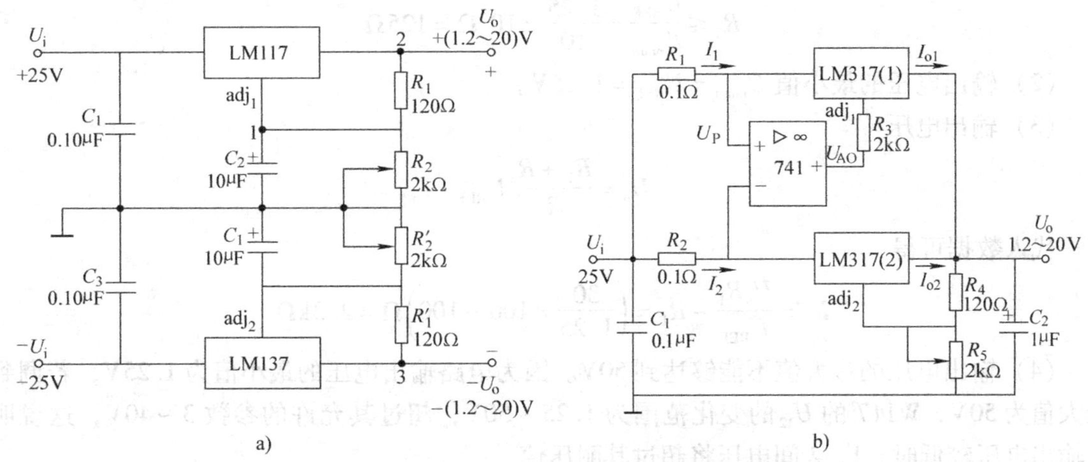


图6-25 三端可调式集成稳压器的典型应用电路
a）输出正、负电压可调的稳压电路 b）并联扩流的稳压电路

LM317（1）输出电流$I_{o1}$大于LM317（2）输出电流$I_{o2}$时，电阻$R_1$上的电压降增加，运算放大器的同相端电位$U_P=(U_i-I_1R_1)$降低，运算放大器输出端电压$U_{Ao}$降低，通过调整端adj$_1$使输出电压$U_o$下降，输出电流$I_{o1}$减小，恢复平衡；反之亦然。改变电阻$R_5$可调节输出电压的数值。

注意：这类集成稳压器是依靠外接电阻来调节输出电压的，为保证输出电压的精度和稳定性，要选择精度高的电阻，同时电阻位置要紧靠集成稳压器，防止输出电流在连线电阻上产生误差电压。

【例6.2.2】图6-26所示电路为W117组成的输出电压可调的稳压电源。已知W117的基准源输出电压$U_{REF}=1.25V$，输出电流$I_o'$允许的范围为10mA～1.5A，输入端和输出端之间的电压$U_{12}$允许的范围为3～40V，调整端3的电流可忽略不计。回答下列问题：

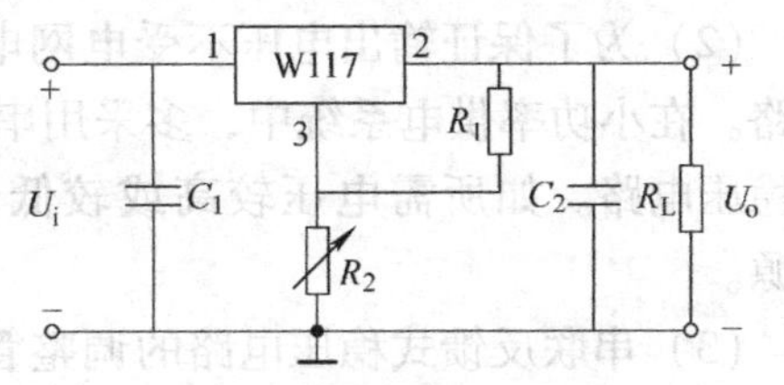


图6-26 例6.2.2图

（1）$R_1$的上限值为多少？

（2）输出电压$U_o$的最小值为多少？

（3）若$R_1=100\Omega$，要想使输出电压的最大值为30V，则$R_2$应为多少？

（4）输出电压的最大值能够达到50V吗？简述理由。

【相关知识】W117的基本用法及参数的选择方法。

【解题思路】（1）为使W117正常工作，任何情况下都必须保证$I_o'\geq 10mA$。负载开路时$I_o'$最小，此时$R_1$的取值必须保证$I_o'\geq 10mA$。

（2）当$R_2$调节到最小时，输出电压达到最小值。

（3）根据$U_o$与$R_1$、$R_2$之间的关系求解$R_2$的值。

（4）输出电压变化范围受到$U_{12}$变化范围的限制。

【解】（1）考虑到电路可能开路，所以

$$R_1 \leqslant \frac{U_{\text{REF}}}{I'_{\text{omin}}} = \frac{1.25}{10} \times 10^3 \Omega = 125\Omega$$

（2）输出电压的最小值 $U_{\text{omin}} = U_{\text{REF}} = 1.25\text{V}$。

（3）输出电压

$$U_{\text{o}} = \frac{R_1 + R_2}{R_1} U_{\text{REF}}$$

代入数据可得

$$R_2 = \frac{U_{\text{o}} R_1}{U_{\text{REF}}} - R_1 = \left(\frac{30}{1.25} \times 100 - 100\right)\Omega = 2.3\text{k}\Omega$$

（4）输出电压的最大值不能够达到50V。因为电路输出电压的最小值为1.25V，若调到最大值为50V，W117的 $U_{12}$ 的变化范围为1.25～50V，超过其允许的参数3～40V，这说明在输出电压较低时，1、2间电压将超过其耐压值。

**【方法总结】** W117是串联型稳压电源，1、2相当于调整管的集电极和发射极。$I'_{\text{o}}$ 为10mA～1.5A，说明W117输出电流大于10mA才能稳压，小于1.5A才不至于损坏；$U_{12}$ 为3～40V，说明 $U_{12}$ 大于3V调整管才工作在放大区，$U_{12}$ 大于40V，调整管将被击穿。

### 6.2.5 小结

在电子系统中，经常需要将交流电网电压转换为稳定的直流电压，为此要用整流、滤波和稳压等环节来实现。

（1）在整流电路中，是利用二极管的单向导电性将交流电转变为脉动的直流电。为抑制输出直流电压中的纹波，通常在整流电路后接有滤波环节。滤波电路一般可分为电容输入式和电感输入式两大类。在直流输出电流较小且负载几乎不变的场合，宜采用电容输入式，而负载电流大的大功率场合，宜采用电感输入式。

（2）为了保证输出电压不受电网电压、负载和温度的变化而产生波动，可再接入稳压电路。在小功率供电系统中，多采用串联反馈式稳压电路，而中大功率稳压电源一般采用开关稳压电路。如所需电压较高或较低，或在移动式电子设备中，可采用变换型开关稳压电源。

（3）串联反馈式稳压电路的调整管是工作在线性放大区，利用控制调整管的管压降来调整输出电压，它是一个带负反馈的闭环有差调节系统。

## 习　题

6.1.1　选择题。

（1）功率放大电路的最大输出功率是在输入电压为正弦波时，输出基本不失真情况下，负载上可能获得的最大______。

（A）交流功率　　（B）直流功率　　（C）平均功率

（2）功率放大电路的转换效率是指______。

（A）输出功率与晶体管所消耗的功率之比

（B）最大输出功率与电源提供的平均功率之比

（C）晶体管所消耗的功率与电源提供的平均功率之比

（3）在选择功率放大电路中的晶体管时，应当特别注意的参数有______。

（A）$\beta$　　（B）$I_{CM}$　　（C）$I_{CBO}$

（D）$U_{(BR)CEO}$　　（E）$P_{CM}$　　（F）$f_T$

（4）在OCL电路中，若最大输出功率为1W，则电路中晶体管的集电极最大功耗约为______。

（A）1W　　（B）0.5W　　（C）0.2W

（5）与甲类功率放大电路相比较，乙类互补对称功率放大电路的主要优点是__________。

（A）无输出变压器　　（B）能量转换效率高　　（C）无交越失真

（6）所谓能量转换效率是指______。

（A）输出功率与晶体管上消耗的功率之比

（B）最大不失真输出功率与电源提供的功率之比

（C）输出功率与电源提供的功率之比

（7）功率放大电路的能量转换效率主要与______有关。

（A）电源供给的直流功率　（B）电路输出信号最大功率　　（C）电路的类型

（8）乙类互补对称功率放大电路存在的主要问题是______。

（A）输出电阻太大　　（B）能量转换效率低　　（C）有交越失真

（9）为了消除交越失真，应当使功率放大电路的晶体管工作在______状态。

（A）甲类　　（B）甲乙类　　（C）乙类

（10）乙类互补对称功率放大电路中的交越失真实质上就是______。

（A）线性失真　　（B）饱和失真　　（C）截止失真

（11）设计一个输出功率为20W的功率放大电路，若采用乙类互补对称功率放大电路，则每只晶体管的最大允许功耗$P_{CM}$至小应有______。

（A）8W　　（B）4W　　（C）2W

（12）在图6-27所示功率放大电路中。二极管$VD_1$和$VD_2$的作用是______。

（A）增大输出功率　　（B）减小交越失真　　（C）减小晶体管的穿透电流

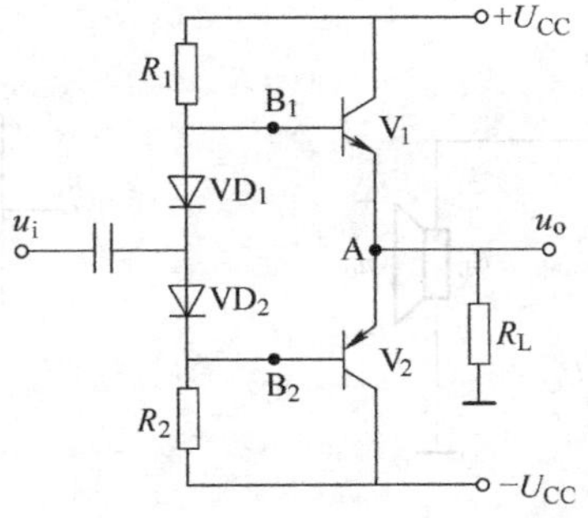


图6-27　题6.1.1（12）图

6.1.2　图6-28所示为三种功率放大电路。已知图中所有晶体管的电流放大系数、饱和管压降的数值等参数完全相同，导通时 B、E 间电压可忽略不计；电源电压 $U_{CC}$ 和负载电阻 $R_L$ 均相等。填空：

（1）分别将各电路的名称（OCL、OTL 或 BTL）填入空内，图 6-28a 所示为________电路，图 6-28b 所示为________电路，图 6-28c 所示为________电路。

（2）静态时，晶体管发射极电位 $u_E$ 为零的电路为________。

（3）在输入正弦波信号的正半周，图 6-28a 中导通的晶体管是________，图 6-28b 中导通的晶体管是________，图 6-28c 中导通的晶体管是________。

（4）效率最低的电路为________。

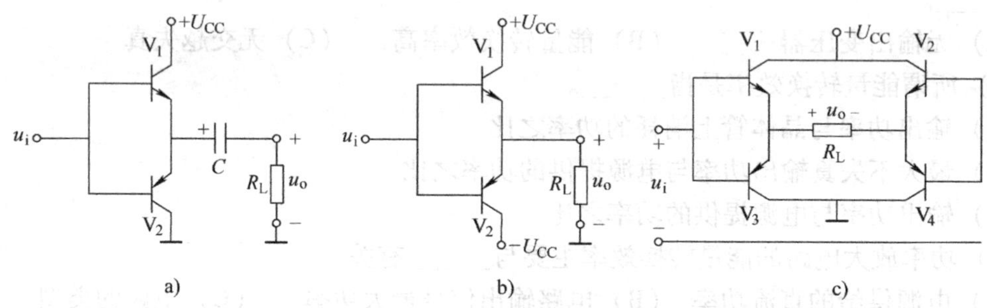


图 6-28　题 6.1.2 图

6.1.3　电路如图 6-29 所示。已知电源电压 $U_{CC}=15\text{V}$，$R_L=8\Omega$，$U_{CES}\approx 0$，输入信号是正弦波。试问：

（1）负载可能得到的最大输出功率和能量转换效率最大值分别是多少？

（2）当输入信号 $u_i=10\sin\omega t$ V 时，求此时负载得到的功率和能量转换效率。

6.1.4　互补对称功率放大电路如图 6-30 所示，试求：

（1）忽略晶体管的饱和压降 $U_{CES}$ 时的最大不失真输出功率 $P_{om}$；

（2）若设饱和压降 $U_{CES}=1\text{V}$ 时的最大不失真输出功率 $P_{om}$。

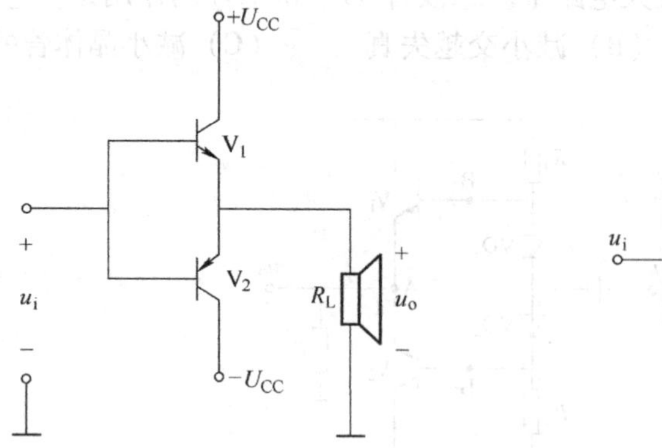


图 6-29　题 6.1.3 图

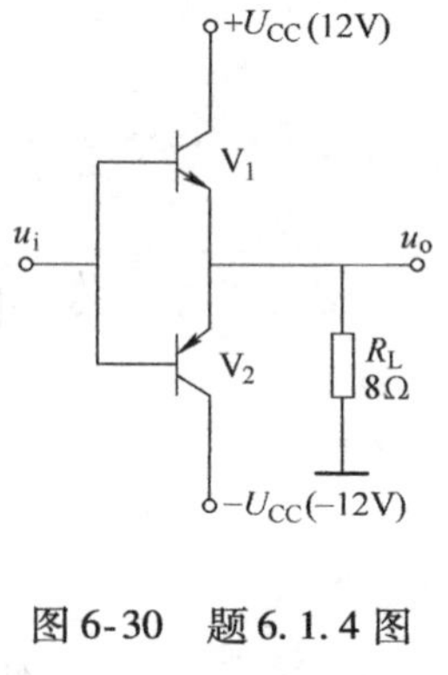

图 6-30　题 6.1.4 图

6.1.5　互补对称功率放大电路如图 6-30 所示，设输入为正弦信号，$R_L=8\Omega$，要求最大输出功率 $P_{om}=9\text{W}$，忽略晶体管的饱和压降 $U_{CES}$，试求：

（1）正、负电源$U_{CC}$的最小值；

（2）输出功率最大（$P_{om}=9W$）时，电源供给的功率$P_E$。

6.1.6 互补对称功率放大电路如图6-31所示，设晶体管$V_1$、$V_2$的饱和压降$U_{CES}=2V$。

（1）当$V_3$的输出信号$U_{o3}=10V$（有效值）时，求电路的输出功率、管耗、直流电源供给的功率和效率；

（2）该电路不失真的最大输出功率和所需的$U_{o3}$（有效值）是多少？

（3）说明二极管$VD_1$、$VD_2$在电路中的作用。

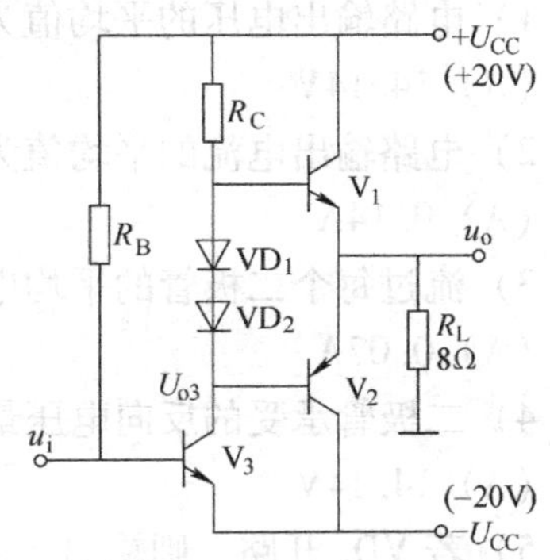


图6-31 题6.1.6图

6.1.7 国产集成功率放大器5G31的简化电路原理如图6-32所示，试回答下列问题：

（1）电路中有几级电压放大？有几级功率放大？它们分别由哪些晶体管组成？

（2）晶体管$V_1$、$V_2$组成什么形式的放大电路？

（3）两个输入端（1和2）中，哪个是反相输入端？哪个是同相输入端？

（4）晶体管$V_3$的发射极接至$V_1$的集电极，而不是接在$U_{CC}$上，这样做有什么好处？

（5）二极管VD和$VD_1$ ~ $VD_3$各起什么作用？

（6）晶体管$V_5$、$V_6$和$V_7$、$V_8$、$V_9$是什么接法？它们分别可用一个什么类型的晶体管（NPN型或PNP型）等效？

（7）电阻$R_6$构成什么支路？有何作用？

（8）若用5G31驱动8Ω扬声器，应如何连接？在图中画出；

（9）若把功率放大器的1端与点划线框中的1′端相连，2端与虚线框中的2′端相连，写出电路的电压放大倍数表达式；

（10）设$U_{CC}=12V$，$V_6$和$V_9$的饱和压降$U_{CES}=2V$，$R_L=8Ω$，输入为正弦信号，求电路的最大不失真输出功率$P_{om}$。

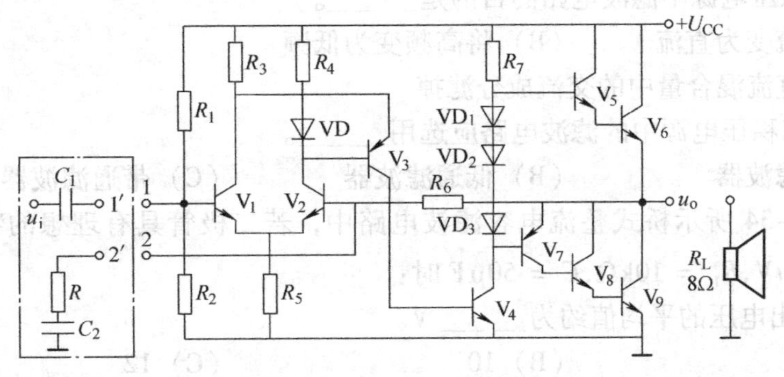


图6-32 5G31的简化电路原理

6.2.1 选择题。

（1）整流的目是__________。

（A）将交流变为直流　　（B）将高频变为低频　　（C）将正弦波变为矩形波

（2）在图6-33所示的桥式整流电路中，若 $u_2=14.14\sin\omega t\mathrm{V}$，$R_L=100\mathrm{W}$，二极管的性能理想。

1）电路输出电压的平均值为______。

（A）14.14V　　（B）10V　　（C）9V

2）电路输出电流的平均值为______。

（A）0.14A　　（B）0.1A　　（C）0.09A

3）流过每个二极管的平均电流为______。

（A）0.07A　　（B）0.05A　　（C）0.045A

4）二极管承受的反向电压最大值为______。

（A）14.14V　　（B）10V　　（C）9V

5）若 $VD_1$ 开路，则输出______。

（A）只有半周波形　　（B）全波整流波形　　（C）无波形且变压器被短路

6）如果 $VD_1$ 正负端接反，则输出______。

（A）只有半周波形　　（B）全波整流波形　　（C）无波形且变压器被短路

7）如果 $VD_2$ 被击穿（电击穿），则输出______。

（A）只有半周波形　　（B）全波整流波形　　（C）无波形且变压器被短路

8）如果负载 $R_L$ 被短路，将会使______。

（A）整流二极管被击穿　　（B）整流二极管被烧坏　　（C）无法判断

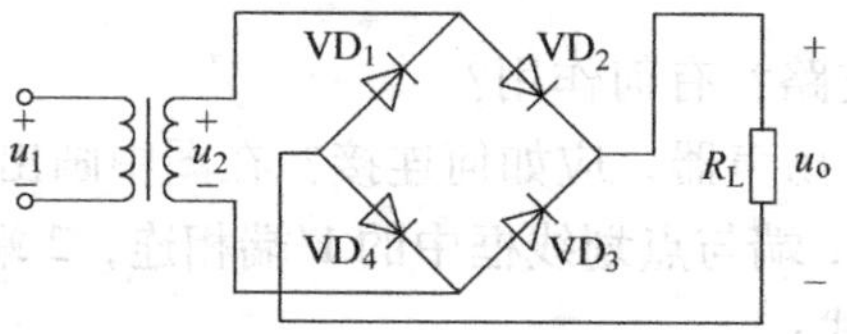

图6-33　题6.2.1（2）图

（3）直流稳压电源中滤波电路的目的是______。

（A）将交流变为直流　　（B）将高频变为低频

（C）将交直流混合量中的交流成分滤掉

（4）在直流稳压电源中的滤波电路应选用______。

（A）高通滤波器　　（B）低通滤波器　　（C）带通滤波器

（5）在图6-34所示桥式整流电容滤波电路中，若二极管具有理想的特性，那么，当 $u_2=10\sqrt{2}\sin 314t\mathrm{V}$，$R_L=10\mathrm{k\Omega}$，$C=50\mu\mathrm{F}$ 时：

1）电路输出电压的平均值约为______V。

（A）9　　（B）10　　（C）12

2）电路输出电流的平均值约为______mA。

（A）0.9　　（B）1　　（C）1.2

3）流过每个二极管的平均电流约为______mA。

（A）0.45　　（B）0.5A　　（C）0.6

4）二极管承受反向电压的最大值为______V。

(A) 14.14 (B) 10 (C) 9

5) 在一个周期内，每只二极管的导通时间______。

(A) 等于一个周期 (B) 等于半个周期 (C) 小于半个周期

6) 与无滤波电容的电路相比，二极管将______。

(A) 会承受更高的反向电压 (B) 会有较大的冲击电流

(C) 会被击穿

7) 电容滤波电路只适合于负载电流______的场合。

(A) 比较小或基本不变 (B) 比较小且可变 (C) 比较大

8) 如果滤波电容断路，则输出电压平均值将会______。

(A) 升高 (B) 降低 (C) 不变

9) 如果负载开路，则输出电压平均值将会______。

(A) 升高 (B) 降低 (C) 不变

(6) 电路如图6-35所示，则输出电压 $U_o$ = ______。

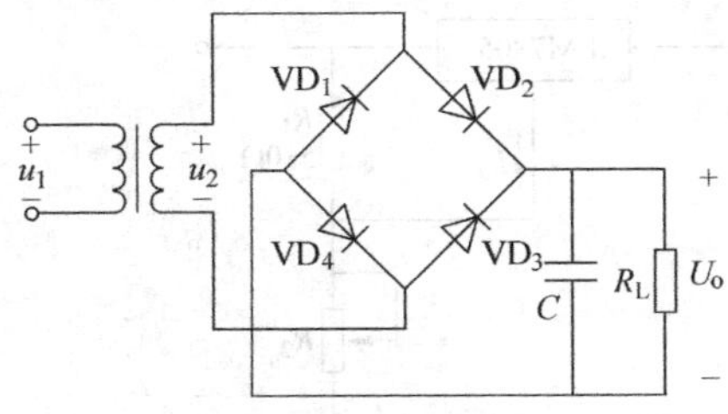


图6-34 题6.2.1 (5) 图

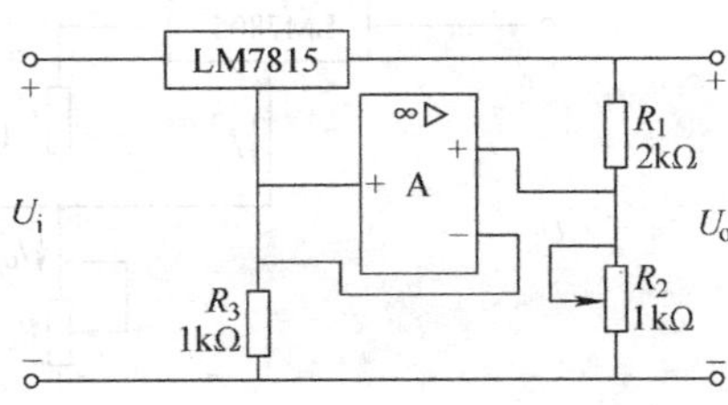


图6-35 题6.2.1 (6) 图

(A) 15V (B) 22.5V (C) 30V

6.2.2 串联型稳压电路如图6-36所示。已知稳压管VS的稳定电压 $U_Z$ = 6V，负载 $R_L$ = 20Ω。

(1) 标出运算放大器A的同相和反相输入端；

(2) 试求输出电压 $U_o$ 的调整范围；

(3) 为了使调整管的 $U_{CE}$ > 3V，试求输入电压 $U_i$ 的值。

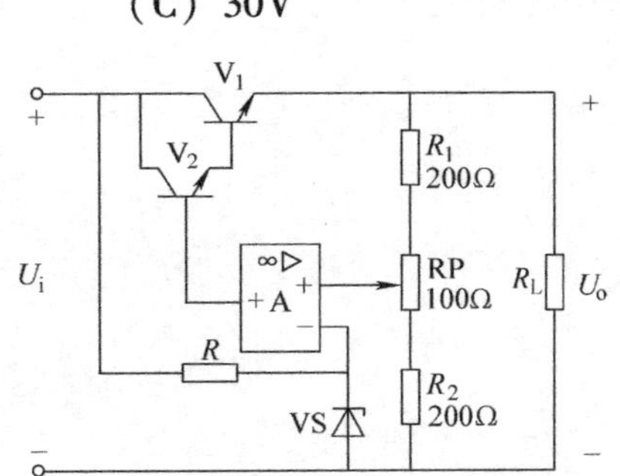


图6-36 题6.2.2图

6.2.3 某串联反馈型稳压电路如图6-37所示。图中，输入直流电压 $U_i$ = 24V，调整管 $V_1$ 和误差放大管 $V_2$ 的 $U_{BE}$ 均等与0.7V，稳压管的稳定电压 $U_Z$ 等于5.3V，负载电流等于100mA。试求：

(1) 输出电压 $U_o$ 的最大值和最小值各等于多少伏？

(2) 当 $C_1$ 的电容量足够大时，变压器二次电压 $U_2$ 等于多少伏？

(3) 当电位器RP的滑动端处于什么位置（上端或下端）时，调整管 $V_1$ 的功耗最大？调整管 $V_1$ 的极限参数 $P_{CM}$ 至少应选多大（应考虑电网有±10%的波动）？

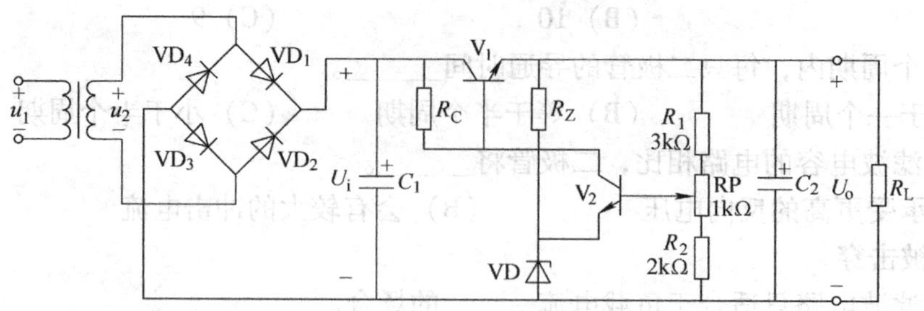


图6-37 串联反馈型稳压电路

6.2.4 图6-38中画出了两个用三端集成稳压器组成的电路，已知静态电流 $I_Q=2mA$。

（1）写出图6-38a中电流 $I_o$ 的表达式，并算出其具体数值；

（2）写出图6-38b中电压 $U_o$ 的表达式，并算出当 $R_2=0.51k\Omega$ 时的具体数值；

（3）说明这两个电路分别具有什么功能？

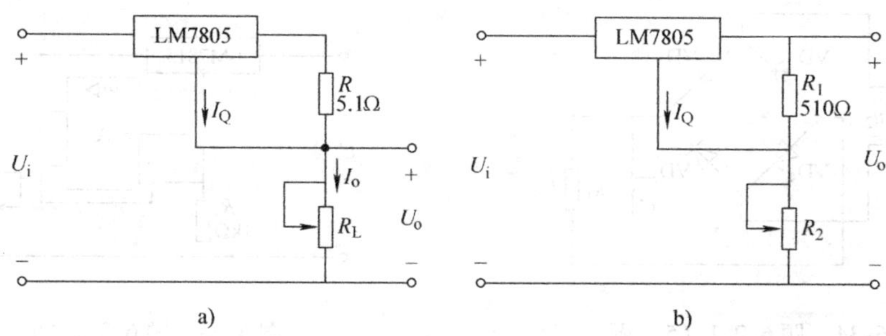


图6-38 题6.2.4图

# 第 7 章　变压器和交流电动机

**内容提要：**

变压器和电动机是两种最常用的动力设备，它们都是实现机电能量或信号转换的机电装置，它们的工作原理都是以电磁感应原理为基础，都是利用电与磁的相互作用来实现能量的传输和转换的。本章从磁路基本知识入手，进而介绍变压器和电动机的工作原理和基本特性。

## 7.1　磁路及磁路的基本定律

本节将介绍有关磁路的基本概念、基本理论和基本分析方法，这些是学习变压器和交流电动机的基础。本节的目标是：

（1）建立磁路的概念，掌握磁路的基本定律。

（2）掌握将磁路分析转化为电路分析的思想方法。

### 7.1.1　磁场的基本物理量

**1. 磁感应强度**

在磁场中磁感应强度 $B$ 是表示磁场内某点磁场强弱和方向的物理量。磁场的分布通常用闭合线来描述它的大小和方向，称为磁力线或称 $B$ 线。$B$ 线的性质：①任何两条磁力线不相交；②磁力线都是围绕着电流的闭合曲线，并且磁感应强度 $B$ 的方向与电流的方向之间符合右手螺旋定则。磁场的分布是很复杂的，本章主要研究均匀磁场。均匀磁场是指各点磁感应强度大小相等，方向相同的磁场，也称均匀磁场。

**2. 磁通**

在磁场中，某一面积的磁力线（$B$ 线）总数称为通过该面积的磁通量，简称磁通 $\Phi$。在均匀磁场中

$$\Phi = BS \quad 或 \quad B = \frac{\Phi}{S} \tag{7-1}$$

如果不是均匀磁场，则取 $B$ 的平均值。

磁感应强度 $B$ 在数值上可以看成是与磁场方向垂直的单位面积所通过的磁通，故又称磁通密度。磁通 $\Phi$ 的单位为韦［伯］（Wb），1Wb = 1V · s（伏秒）

**3. 磁场强度**

在磁场中，磁场强度 $H$ 是介质中某点的磁感应强度 $B$ 与介质磁导率 $\mu$ 之比，即

$$H = \frac{B}{\mu} \tag{7-2}$$

磁场强度 $H$ 的单位为安每米（A/m）。

**4. 磁导率**

在磁场中，磁导率$\mu$是表示磁场媒质磁性的物理量，它是衡量物质的导磁能力。磁导率$\mu$的单位为亨每米（H/m）。真空中的磁导率为常数，用$\mu_0$表示，有

$$\mu_0 = 4\pi \times 10^{-7}\text{H/m} \tag{7-3}$$

相对磁导率$\mu_r$是任一种物质的磁导率$\mu$和真空中的磁导率$\mu_0$的比值，即

$$\mu_r = \frac{\mu}{\mu_0} = \frac{B}{B_0} \tag{7-4}$$

磁感应强度$B$与磁场媒质的磁性有关。

（1）非磁性物质。非磁性物质分子电流的磁场方向杂乱无章，几乎不受外磁场的影响而互相抵消，不具有磁化特性。非磁性材料的磁导率都是常数，即$\mu \approx \mu_0$，$\mu_r \approx 1$，当磁场媒质是非磁性材料时，$B = \mu_0 H$，即$B$与$H$成正比，呈线性关系，所以磁通$\Phi$与产生此磁通的电流$I$成正比，呈线性关系。

（2）磁性物质。磁性物质内部形成许多小区域，其分子间存在的一种特殊的作用力使每一区域内的分子磁场排列整齐，显示磁性，称这些小区域为磁畴。

在没有外磁场作用的普通磁性物质中，各个磁畴排列杂乱无章，磁场互相抵消，整体对外不显磁性。在外磁场作用下，磁畴方向发生变化，使之与外磁场方向趋于一致，物质整体显示出磁性来，称为磁化。即磁性物质能被磁化。

## 7.1.2 磁性材料的磁性能

磁性材料主要指铁、镍、钴及其合金等。这类材料的导磁性好，相对磁导率$\mu_r >> 1$，常用来做成电磁设备中的铁心。磁性材料具有高导磁性、磁饱和性和磁滞性。

**1. 高导磁性**

磁性材料的磁导率通常都很高，即$\mu_r >> 1$（如坡莫合金，其$\mu_r$可达$2 \times 10^5$）。磁性材料能被强烈地磁化，具有很高的导磁性能。磁性物质的高导磁性被广泛地应用于电工设备中，如电机、变压器及各种铁磁元件的线圈都套在或嵌在磁性材料构成的铁心中。在这种具有铁心的线圈中通入不太大的励磁电流，便可以产生较大的磁通和磁感应强度。

**2. 磁饱和性**

磁性物质因磁化所产生的磁化磁场不会随着外磁场的增强而无限增强。当外磁场增大到一定程度时，磁性物质的全部磁畴的磁场方向都转向与外部磁场方向一致，磁化磁场的磁感应强度将趋向某一定值，即使再增大励磁电流，磁性材料的磁性也不会再继续增强，即出现磁饱和现象。

材料的磁化特性可用磁化曲线表示，如图7-1所示。在这里，磁感应强度$B$表示铁心中磁场的强弱程度，磁场强度$H$代表励磁电流的大小。由图可见，磁性材料的磁化曲线大致上可分为三段：

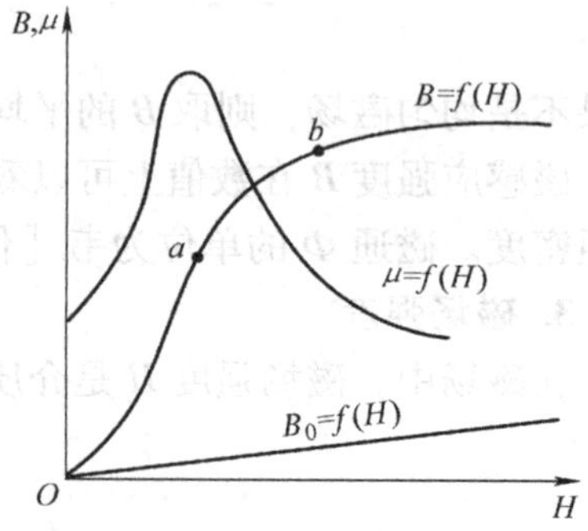

图7-1 磁化曲线

在$Oa$段，磁感应强度$B$随着磁场强度$H$的增大而几乎是线性增大；

在$ab$段，$B$的增大变缓；

在 $b$ 点以后，随着 $H$ 的增大，$B$ 变化很小，达到了磁饱和。

以上分析表明，在有磁性物质存在的材料中，$B$ 与 $H$ 不成正比，磁性物质的磁导率 $\mu$ 不是常数，而是随 $H$ 而变化的。此时，$\Phi$ 与 $I$ 也不成正比。因此，磁性物质的磁化曲线在磁路的分析计算上极为重要，通常此曲线通过实验得出。

**3. 磁滞性**

在磁场中，磁性材料的磁感应强度 $B$ 的变化总是滞后于外磁场变化的性质称为磁滞性。磁性材料在交变磁场中被反复磁化，其 $B$—$H$ 关系曲线是一条回形闭合曲线，称为磁滞回线。图 7-2 所示的是铁磁材料的磁滞回线。由图可见，当 $H$ 开始从零增加到 $H_m$ 时，$B$ 相应地从零增加到 $B_m$，以后如逐渐减小磁场强度 $H$，$B$ 值将沿曲线 1 至 2 下降。当 $H=0$ 时，$B$ 值并不等于零，而是等于 $B_r$，$B_r$ 称为剩磁。要使 $B$ 值从 $B_r$ 减小到零，必须加上反向外磁场 $-H$，此反向外磁场强度称为矫顽力，用 $H_c$ 表示。铁磁材料所具有的这种现象称为磁滞。由于存在磁滞现象，铁磁材料的磁化过程是不可逆的。

相同的铁磁材料若选择不同的磁场强度 $H_m$ 进行反复磁化，可以得到一系列大小不同的磁滞回线，如图 7-3 所示，此曲线称基本磁化曲线。直流磁路所用的磁化曲线都是基本磁化曲线。

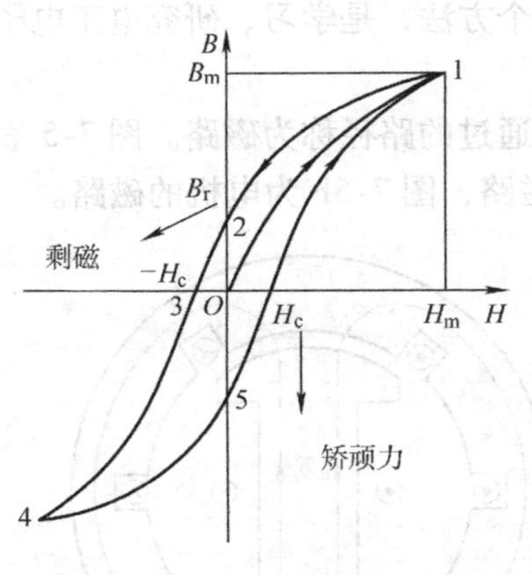

图 7-2　铁磁材料的磁滞回线

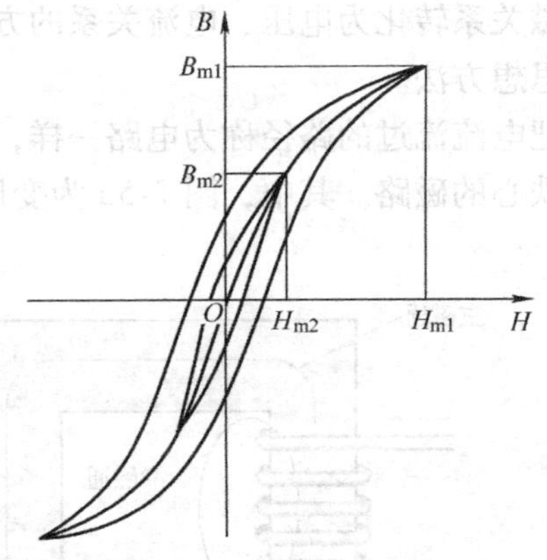

图 7-3　基本磁化曲线

不同种类的铁磁材料，磁滞回线的形状不同。磁滞回线窄，即剩磁 $B_r$ 和矫顽力 $H_c$ 都小的材料，称为软磁材料，常用的软磁材料有铁、钢和硅钢片等，软磁材料的磁导率较高，故常用于制造变压器和电机的铁心。而磁滞回线宽，即剩磁 $B_r$ 和矫顽力 $H_c$ 都大的材料，称为硬磁材料或永磁材料，常用的硬磁材料有铝、镍、钴、稀土等，通常用来制造永久磁铁。图 7-4 所示是几种常见磁性物质的磁化曲线。

### 7.1.3　磁路分析的方法

**1. 磁路的概念**

在物理学中，研究电场和磁场时，是建立在“场”的基本概念上进行研究的。而在电工电子技术中，各种电器设备都含有铁心——使原本弥散在整个空间的磁通的绝大部分都集中在铁心中构成闭合回路，这就使研究范围大大地缩小了。因而，将“场”的问题简化为

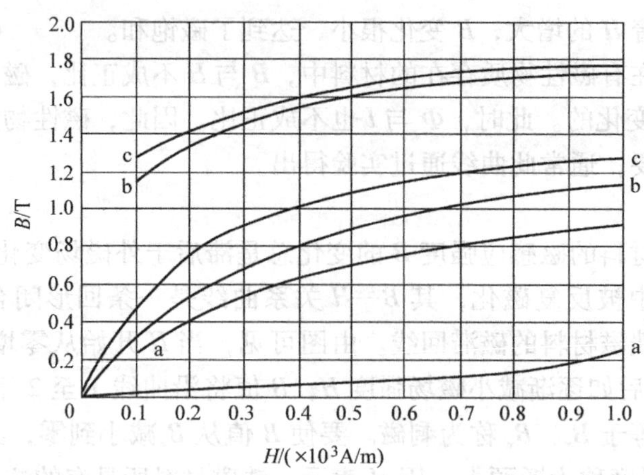


图 7-4 常见磁性物质的磁化曲线

“路”的问题是电工电子技术研究的基本出发点。

电流具有磁效应，变化的磁场又能感生出电流，磁与电是分不开的，在电工电子技术中，磁路与电路的研究是相互联系的，因而，在研究分析过程中，常常采用将磁路转化为电路、将电磁关系转化为电压、电流关系的方法。这个方法，是学习、研究电工电子技术的非常重要的思想方法。

如同把电流流过的路径称为电路一样，磁通所通过的路径称为磁路。图 7-5 表示了两种常见的带铁心的磁路。其中，图 7-5a 为变压器的磁路，图 7-5b 为电机的磁路。

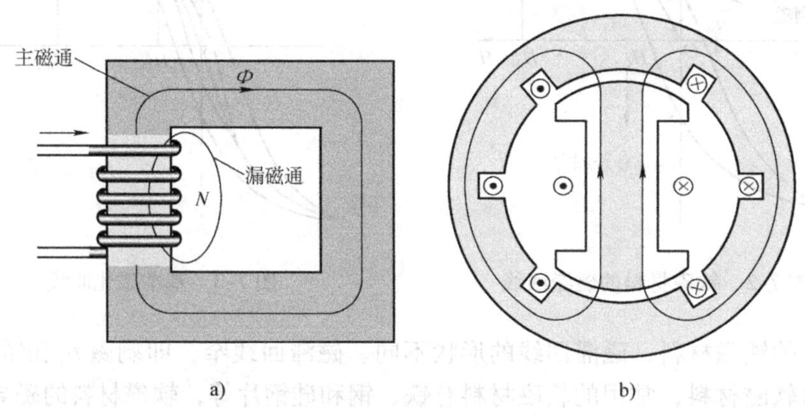


图 7-5 带铁心的磁路

a）变压器的磁路 b）电机的磁路

当线圈中通电流时，在线圈周围的空间就会产生磁场。由于铁心的导磁性能比空气好得多，所以绝大部分磁通在铁心中通过，这部分磁通称为主磁通。围绕线圈和部分铁心及铁心周围空气的还有少部分磁通，这部分磁通称为漏磁通。

**2. 磁路及其基本定律**

（1）全电流定律（安培环路定律）。安培环路定律是指沿空间任意闭合回路 $l$、磁场强度 $H$ 的线积分恰好等于该闭合回路所包围的电流的代数和，如图 7-6 所示，用公式表示有

$$\oint H\mathrm{d}l = \sum I \qquad (7\text{-}5)$$

式中　$\oint H\mathrm{d}l$——磁场强度矢量沿任意闭合线（常取磁通作为闭合回路）的线积分；

$\sum I$——穿过闭合回路所围面积的电流的代数和。

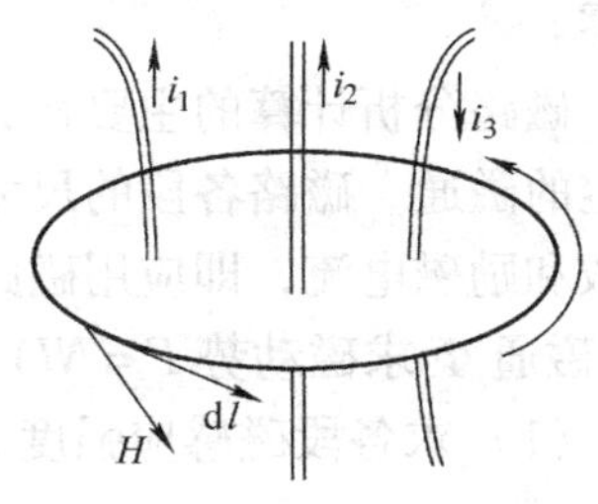


图7-6　全电流定律

安培环路定律电流正负的规定为任意选定一个闭合线的围绕方向，凡是电流方向与闭合线围绕方向之间符合右手螺旋定则的电流为正，反之为负。在均匀磁场中

$$Hl = NI \qquad (7\text{-}6)$$

全电流定律描述 $H—i$ 之间关系，即将电流与磁场强度联系起来。

（2）磁路的欧姆定律。图7-5a所示是一个无分支铁心磁路，铁心上绕有 $N$ 匝线圈，线圈中通有电流，则磁通量 $\Phi$ 将等于磁通感应强度乘以面积，即

$$\Phi = BS \qquad (7\text{-}7)$$

式中　$B$——磁感应强度，单位为T；

$\Phi$——磁通，单位为Wb；

$S$——铁心的截面积，单位为 $\mathrm{m}^2$。

在线性的或可以近似地认为是线性的介质中有

$$B = \mu H \qquad (7\text{-}8)$$

于是式（7-6）可以改写为如下形式：

$$NI = Hl = \frac{Bl}{\mu} = \Phi\frac{l}{\mu S} \qquad (7\text{-}9)$$

定义 $R_m = \frac{l}{\mu S}$ 为磁路磁阻，于是式（7-9）可以改写为如下形式：

$$F = R_m\Phi \qquad (7\text{-}10)$$

式（7-10）称为磁路的欧姆定律，指作用于磁路上的磁动势等于磁阻乘以磁通。$F$ 为磁动势。

（3）磁路的基尔霍夫定律。若磁路由不同材料或不同长度及截面积的 $n$ 段组成，则磁路分析计算的基本公式为

$$NI = H_1L_1 + H_2L_2 + H_3L_3 + \cdots + H_nL_n$$

即

$$NI = \sum_{i=1}^{n} H_iL_i \qquad (7\text{-}11)$$

式（7-11）称为磁路的基尔霍夫定律，它是分析和计算磁路的基本方法。

**3. 磁路分析的特点**

磁路分析的特点如下：

（1）在处理电路时不涉及电场问题，在处理磁路时却离不开磁场的概念。

（2）在处理电路时一般可以不考虑漏电流，在处理磁路时一般都要考虑漏磁通。

（3）磁路欧姆定律和电路欧姆定律只是在形式上相似。由于 $\mu$ 不是常数，并随励磁电流而变，因此磁路欧姆定律不能直接用来计算，只能用于定性分析。

（4）在电路中，当 $E=0$ 时，$I=0$；但在磁路中，由于有剩磁，因此当 $F=0$ 时，$\Phi$ 不

为零。

磁路分析计算的主要任务是预先选定磁性材料中的磁通 $\Phi$（或磁感应强度 $B$），按照所选定的磁通、磁路各段的尺寸和材料，求产生预定的磁通所需要的磁动势 $F=NI$，确定线圈匝数和励磁电流，即应用磁路的基尔霍夫定律进行计算。应用此定律分析计算的基本步骤是（由磁通 $\Phi$ 求磁动势 $F=NI$）：

（1）求各段磁感应强度 $B_i$。由于各段磁路截面积不同但通过同一磁通 $\Phi$，因此有

$$B_1=\frac{\Phi}{S_1},\qquad B_2=\frac{\Phi}{S_2},\ \cdots,\qquad B_n=\frac{\Phi}{S_n} \tag{7-12}$$

（2）求各段磁场强度 $H_i$。根据各段磁路材料的磁化曲线 $B_i=f(H_i)$，求 $B_1$，$B_2$，…，$B_n$相对应的 $H_1$，$H_2$，…，$H_n$。

（3）计算各段磁路的磁压降。

（4）根据式（7-11）求出磁动势 $F$。

【**例 7.1.1**】一个闭合的均匀的铁心线圈，其匝数为300，铁心中的磁感应强度为0.9T，磁路的平均长度为45cm，试求：

（1）铁心材料为铸铁时线圈中的电流；

（2）铁心材料为硅钢片时线圈中的电流。

【**解**】（1）查铸铁材料的磁化曲线，当 $B=0.9\text{T}$ 时，磁场强度 $H=9000\text{A/m}$，则

$$I=\frac{HL}{N}=\frac{9000\times0.45}{300}\text{A}=13.5\text{A}$$

（2）查硅钢片材料的磁化曲线，当 $B=0.9\text{T}$ 时，磁场强度 $H=260\text{A/m}$，则

$$I=\frac{HL}{N}=\frac{260\times0.45}{300}\text{A}=0.39\text{A}$$

可见，当线圈中通有同样大小的励磁电流时，要得到相等的磁通，采用磁导率高的铁心材料，可使铁心的用铁量大为降低。

【**例 7.1.2**】有一环形铁心线圈，其内径为10cm，外径为15cm，铁心材料为铸钢。磁路中含有一空气隙，其长度等于0.2cm。设线圈中通有1A的电流，如要得到0.9T的磁感应强度，试求线圈匝数。

【**解**】空气隙的磁场强度

$$H_0=\frac{B_0}{\mu_0}=\frac{0.9}{4\pi\times10^{-7}}\text{A/m}=7.2\times10^5\text{A/m}$$

由铸钢铁心的磁场强度，查铸钢的磁化曲线，$B=0.9\text{T}$ 时，磁场强度 $H=500\text{A/m}$。

磁路的平均总长度为

$$L=\frac{10+15}{2}\pi\text{cm}=39.2\text{cm}$$

铁心的平均长度

$$L_1=L-\delta=(39.2-0.2)\ \text{cm}=39\text{cm}$$

对各段有

$$H_0\delta=7.2\times10^5\times0.2\times10^{-2}\text{A}=1440\text{A}$$

$$H_1L_1=500\times39\times10^{-2}\text{A}=195\text{A}$$

总磁动势为

$$F=NI=H_0\delta+H_1L_1=(1440+195)\ \text{A}=1635\text{A}$$

线圈匝数为

$$N=\frac{F}{I}=\frac{1635}{1}=1635$$

从此例可以看出，磁路中含有空气隙时，由于其磁阻较大，磁动势几乎都降在空气隙上面。因此，要得到相等的磁感应强度，必须增大励磁电流（设线圈匝数一定）。

**4. 磁路与电路的比较**

磁路和电路有一定的相似性，为了更好理解磁路的分析方法，表7-1给出了对应的物理量和有关定律。

**表7-1 磁路与电路对应的物理量和有关定律**

| 电　路 | 磁　路 |
|---|---|
| 电流 $I$ [A] | 磁通 $\Phi$ [Wb] |
| 电流密度 $J$ [A/m$^2$] | 磁通密度 $B$ [T, 1T = 1Wb/m$^2$] |
| 电动势 $E$ [V] | 磁动势 $F$ [A] |
| 电阻 $R=\rho\frac{l}{S}$ [Ω] | 磁阻 $R_m=\frac{l}{\mu S}$ [H$^{-1}$] |
| 基尔霍夫电流定律 $\sum i=0$ | 磁路节点定律 $\sum\Phi=0$ |
| 基尔霍夫电压定律 $\sum u=0$ | 全电流定律 $\sum Hl=\sum Ni$ |
| 电路欧姆定律 $E=IR$ | 磁路欧姆定律 $F=\Phi R_m$ |

## 7.1.4 交流铁心线圈电路

**1. 基本电磁关系**

当铁心线圈中的励磁电流为交流时，如图7-7所示，它所产生的磁通也是交变的。如前所述，穿过铁心闭合的磁通称主磁通，而通过空气闭合的磁通称为漏磁通。这两部分交变磁通将会产生感应电动势 $e$ 和 $e_\sigma$，其大小和方向可以应用电磁感应定律来确定。其中

$$e=-N\frac{\mathrm{d}\Phi}{\mathrm{d}t}=L\frac{\mathrm{d}i}{\mathrm{d}t} \tag{7-13}$$

$$e_\sigma=N\frac{\mathrm{d}\Phi_\sigma}{\mathrm{d}t}=L_\sigma\frac{\mathrm{d}i}{\mathrm{d}t} \tag{7-14}$$

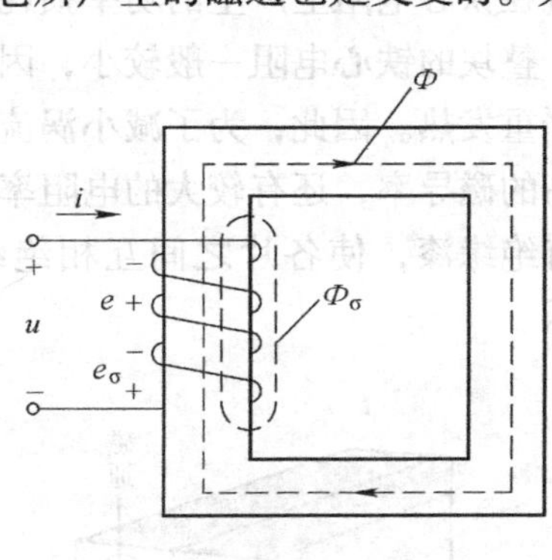

图7-7 交流铁心线圈电路

由基尔霍夫定律，可写出电压平衡方程如下：

$$u=-e-e_\sigma+Ri=Ri+L_\sigma\frac{\mathrm{d}i}{\mathrm{d}t}-e \tag{7-15}$$

设主磁通为正弦交变磁通，则

$$\Phi=\Phi_m\sin\omega t \tag{7-16}$$

根据式（7-13）可得

$$e=-N\frac{\mathrm{d}\Phi}{\mathrm{d}t}=\frac{\mathrm{d}\Phi_m\sin\omega t}{\mathrm{d}t}=N\Phi_m\omega\sin\left(\omega t-\frac{\pi}{2}\right)$$

$$= E_m \sin\left(\omega t - \frac{\pi}{2}\right) \tag{7-17}$$

式中 $N$——励磁线圈的匝数；

$E_m$——$e$ 的最大值。

$e$ 的有效值为

$$E = \frac{E_m}{\sqrt{2}} = \sqrt{2}\omega N\Phi_m = 4.44 fN\Phi_m \tag{7-18}$$

式（7-18）中的 $f$ 和 $\Phi_m$ 分别为交变磁通的频率和最大值。由于电路中的 $Ri$ 和 $e_\sigma$ 都很小，与主磁通产生的感应电动势比较起来可以忽略，因此式（8-15）可以近似表达为

$$u \approx -e \tag{7-19}$$

即近似认为外加电压和主磁通产生的感应电动势相平衡，且有效值

$$U \approx E = 4.44 fN\Phi_m \tag{7-20}$$

式（7-20）说明，当外加电压 $U$ 及频率 $f$ 都不变时，主磁通保持不变，但当 $U$、$f$、$N$ 一定而磁阻发生变化时，为了保持 $\Phi_m$ 基本不变，根据磁路欧姆定律，磁动势必须发生变化，线圈中的电流将会发生变化。

**2. 功率损耗**

在交流铁心线圈电路中，除了线圈电阻上将产生铜耗 $P_{Cu}$ 外，铁心处于交变磁通的作用下，也要产生功率损耗，这部分损耗叫做铁耗 $P_{Fe}$，根据磁性材料的磁性能可知，铁耗应包括磁滞损耗和涡流损耗两部分。故交流铁心线圈电路的功率损耗为

$$P = P_{Cu} + P_{Fe} = RI^2 + P_h + P_e \tag{7-21}$$

（1）涡流损耗 $P_e$。当线圈中接有交流时，铁心（导体）在交变磁通作用下产生感应磁动势和感应电流，感应电流在垂直于磁通的铁心平面内围绕磁力线呈旋涡状，故称为涡流。涡流在铁心电阻上产生的功率损耗称为涡流损耗。

整块的铁心电阻一般较小，因此其中的涡流很大，故涡流损耗也很大，涡流损耗引起铁心严重发热。因此，为了减小涡流，多数交流电工设备的铁心都采用硅钢片叠成，它不仅有较高的磁导率，还有较大的电阻率，可使铁心的电阻增大，涡流减小；同时，硅钢片的两面涂有绝缘漆，使各片之间互相绝缘，从而把涡流限制在许多狭长的截面之中，如图7-8所示。

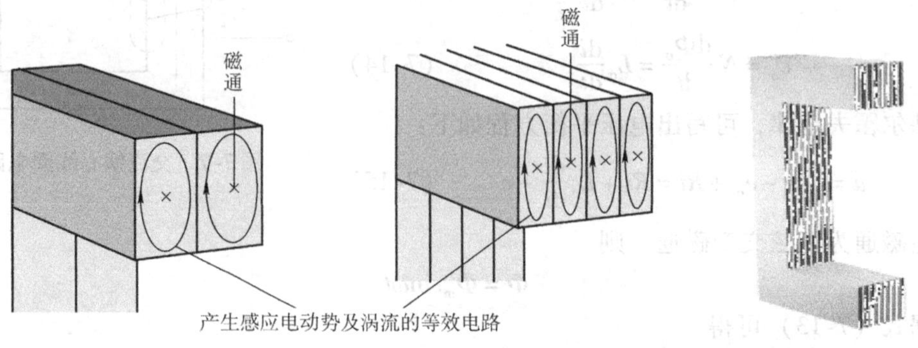


图7-8 铁心中的涡流

（2）磁滞损耗 $P_h$。铁磁材料交变磁化的磁滞现象所产生的铁耗称为磁滞损耗，用 $P_h$ 表示。它是由铁磁材料内部磁畴反复转向，磁畴间相互摩擦引起铁心发热而造成的损耗。铁心单位体积内每周期产生的磁滞损耗与磁滞回线所包围的面积成正比。为了减小磁滞损耗，应选用磁滞回线狭小的铁磁材料制造铁心。软磁材料硅钢常用作变压器和电机的铁心，就是因为该材料的磁滞损耗较小。

### 7.1.5　小结

（1）在电工设备中，为了得到较强的磁场，用铁磁材料制成各种形状的铁心，构成所需的磁路。磁路中的磁通 $\Phi$、磁动势 $F$ 和磁阻 $R_m$ 之间的关系由磁路欧姆定律确定，即

$$\Phi=\frac{F}{R_m}=\frac{NI}{\frac{l}{\mu S}}$$

铁磁材料的 $\mu$ 值很高，且不是常数，$B$ 与 $H$ 也不是线性关系，$B$ 随 $H$ 的增大而增大，但有一个饱和值 $B_m$，并且 $H$ 消失时会有剩磁。

（2）在直流铁心线圈电路中，电流 $I$ 恒定，磁通 $\Phi$ 也恒定，$\Phi$ 由磁路情况决定。在交流铁心线圈电路中，交变的励磁电流 $i$ 产生交变的磁通 $\Phi$，交变的 $\Phi$ 又在线圈中感应出电动势 $e$。感应电动势 $e$ 的有效值为

$$E=4.44fN\Phi_m$$

一般情况下，可不考虑线圈电阻和漏磁通的作用，则线圈的端电压为

$$U\approx E=4.44fN\Phi_m$$

在电源频率 $f$ 和线圈匝数 $N$ 一定时，主磁通由电源电压决定。

（3）交变磁通在铁心中产生磁滞损耗和涡流损耗，二者合称为铁耗。铁耗会使铁心发热，为了减小铁耗，交流电工设备的铁心通常由硅钢片叠成。

## 7.2　变压器

变压器是一种静止电器，它通过线圈间的电磁感应，将一种电压等级的交流电能转换成同频率的另一种电压等级的交流电能，具有变换电压、电流和进行阻抗匹配等功能，在电力系统和电子技术中有着极其广泛的应用。本节的目标是：

（1）掌握交流铁心线圈电路电压、电流的计算方法。

（2）掌握变压器电路的电压与电流的关系及计算方法。

（3）掌握变压器效率、绕组等效阻抗的计算方法。

### 7.2.1　变压器的基本结构

变压器主要由铁心和绕组两部分组成，其外形如图7-9所示。

变压器的铁心既是磁路，又是套装绕组的骨架。铁心由心柱和铁轭两部分组成，心柱用来套装绕组，铁轭将心柱连接起来，使之形成闭合磁路。为了减少铁心损耗，铁心用厚0.30～0.35mm的硅钢片叠成，片上涂以绝缘漆，以避免片间短路。在大型电力变压器中，为提高磁导率和减少铁心损耗，常采用冷轧硅钢片；为减少接缝间隙和励磁电流，有时还采

a)

b)

c)

图7-9　变压器的外形

a)、b）电力变压器　c）电子变压器

用由冷轧硅钢片卷成的卷片式铁心。

按照铁心的结构，变压器可分为心式和壳式两种。心式结构的心柱被绕组所包围，如图7-10所示；壳式结构则是铁心包围绕组的顶面、底面和侧面，如图7-11所示。心式结构的绕组和绝缘构件装配比较容易，所以电力变压器常常采用这种结构。壳式变压器的机械强度较好，常用于低压、大电流的变压器或小容量的电讯变压器。

绕组是变压器的电路部分，用纸包或纱包的绝缘扁线或圆线绕成。其中，输入电能的绕组称为一次绕组，输出电能的绕组称为二次绕组，它们通常套装在同一心柱上。一、二次绕组具有不同的匝数、电压和电流，其中电压较高的绕组称为高压绕组，电压较低的称为低压绕组。对于升压变压器，一次绕组为低压绕组，二次绕组为高压绕组；对于降压变压器，情况恰好相反。高压绕组的匝数多、导线细；低压绕组的匝数少、导线粗。

从高、低压绕组的相对位置来看，变压器的绕组可分成同心式和交叠式两类。同心式绕组的高、低压绕组同心地套装在心柱上，如图7-10所示。交叠式绕组的高、低压绕组沿心柱高度方向互相交叠地放置，如图7-11所示。同心式绕组结构简单、制造方便，国产电力变压器均采用这种结构。交叠式绕组用于特种变压器中。

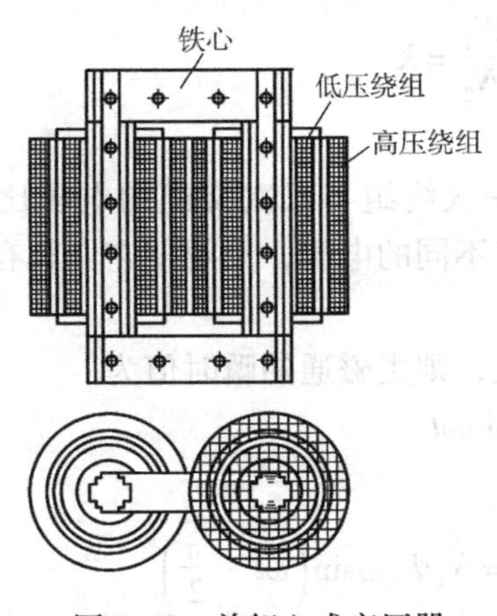


图7-10　单相心式变压器

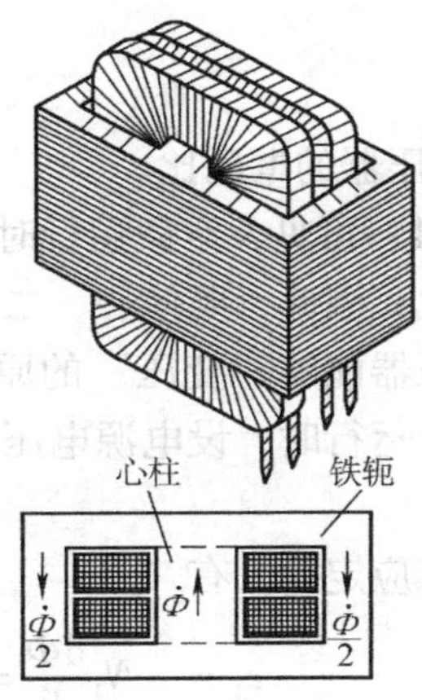


图7-11　单相壳式变压器

### 7.2.2　变压器的工作原理

下面以双绕组单相变压器为例介绍变压器工作原理。图7-12所示是单相变压器空载时的工作原理。图中，$N_1$、$N_2$分别表示一次绕组和二次绕组的匝数。当一次绕组外施交流电压$u_1$、二次绕组开路时，一次绕组内将流过一个很小的电流$i_{10}$，称为变压器的空载电流。空载电流$i_{10}$将产生交变磁动势$F_0=N_1i_{10}$，并建立交变磁通$\Phi$；$i_{10}$的正方向与磁动势$F_0$的正方向之间符合右手螺旋定则，磁通$\Phi$的正方向与磁动势的正方向相同。设磁通$\Phi$全部约束在铁心磁路内，并同时与一、二次绕组相交链。根据电磁感应定律，磁通$\Phi$将在一、二次绕组内产生感应电动势$e_1$和$e_2$。

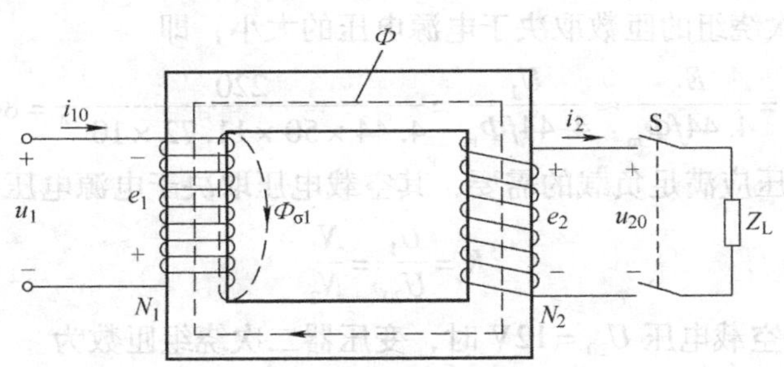


图7-12　变压器的工作原理

$$e_1=-N_1\frac{\mathrm{d}\Phi}{\mathrm{d}t},\qquad e_2=-N_2\frac{\mathrm{d}\Phi}{\mathrm{d}t} \tag{7-22}$$

若$e_1$、$e_2$的正方向与$\Phi$的正方向符合右手螺旋定则，根据基尔霍夫定律和图7-12所示正方向，可写出一、二次绕组的电压方程为

$$\begin{cases}u_1=i_{10}R_1-e_1=i_{10}R_1+N_1\dfrac{\mathrm{d}\Phi}{\mathrm{d}t}\\u_{20}=e_2=-N_2\dfrac{\mathrm{d}\Phi}{\mathrm{d}t}\end{cases} \tag{7-23}$$

在一般变压器中，空载电流所产生的电阻压降$i_{10}R_1$很小，可以忽略不计，于是

$$\frac{u_1}{u_{20}} \approx \frac{e_1}{e_2} = \frac{N_1}{N_2} = K \tag{7-24}$$

式中 $K$——变压器的电压比。

从式（7-24）可见，空载运行时，变压器一次绕组与二次绕组的电压比就等于一、二次绕组的匝数比，因此，要使一、二次绕组具有不同的电压，只要使它们具有不同的匝数即可。这就是变压器能够“变压”的原理。

变压器正常运行时，设电源电压为正弦变化，则主磁通的瞬时值为

$$\Phi = \Phi_m \sin\omega t \tag{7-25}$$

根据电磁感应定律，有

$$e_1 = -N_1\frac{d\Phi}{dt} = \frac{d\Phi_m \sin\omega t}{dt} = N_1\Phi_m\omega\sin\left(\omega t - \frac{\pi}{2}\right) \tag{7-26}$$

电动势的有效值为

$$\begin{cases} E_1 = \sqrt{2}\omega N_1\Phi_m = 4.44fN_1\Phi_m \\ E_2 = \sqrt{2}\omega N_2\Phi_m = 4.44fN_2\Phi_m \end{cases} \tag{7-27}$$

从以上分析可以看出，变压器的两个绕组之间在电路上没有联系，当一次绕组外加交流电压时，依靠两个绕组之间的磁耦合和电磁感应作用，使二次绕组产生交流电压。也就是说，变压器是依靠磁耦合实现能量传递的。

**【例7.2.1】** 一台小型单相变压器，额定容量 $S_N = U_N I_N = 100\text{V}\cdot\text{A}$，电源电压 $U_1 = 220\text{V}$，频率 $f = 50\text{Hz}$，铁心中的最大主磁通 $\Phi_m = 11.72\times10^{-4}\text{Wb}$。试求：

（1）空载电压 $U_{20} = 12\text{V}$ 时，一、二次绕组各为多少匝？

（2）空载电压 $U_{20} = 24\text{V}$ 时，一、二次绕组又各为多少匝？

**【解】** 变压器一次绕组的匝数取决于电源电压的大小，即

$$N_1 = \frac{E_1}{4.44f\Phi_m} \approx \frac{U_1}{4.44f\Phi_m} = \frac{220}{4.44\times50\times11.72\times10^{-4}} = 846$$

变压器的二次电压应满足负载的需要，其空载电压取决于电源电压和电压比 $K$，即

$$K = \frac{U_1}{U_{20}} = \frac{N_1}{N_2}$$

（1）当二次绕组空载电压 $U_{20} = 12\text{V}$ 时，变压器二次绕组匝数为

$$K = \frac{U_1}{U_2} = \frac{220}{12} = 18.35,\ N_2 = \frac{N_1}{K} = \frac{846}{18.35} = 46$$

（2）当二次绕组空载电压 $U_{20} = 24\text{V}$ 时，变压器二次绕组匝数则为

$$K' = \frac{U_1}{U_{20}} = \frac{220}{24} = 9.2,\ N_2 = \frac{N_1}{K'} = \frac{846}{9.2} = 92$$

### 7.2.3 变压器进行能量传递的原理

当变压器的一次绕组接交流电源，二次绕组接负载阻抗 $Z_L$ 时，二次绕组中便有电流流过，这种情况称为变压器的负载运行，如图7-13所示。图中，各量的正方向按惯例规定如下：$i_1$ 的正方向与电源电压 $u_1$ 的正方向一致，主磁通 $\Phi$ 的正方向与 $i_1$ 的正方向符合右手螺旋定则，$e_1$、$e_2$ 的正方向与 $\Phi$ 的正方向也符合右手螺旋定则；$i_2$ 的正方向与 $e_2$ 的正方向一致，

$u_2$的正方向与$i_2$流入$Z_L$的正方向一致。

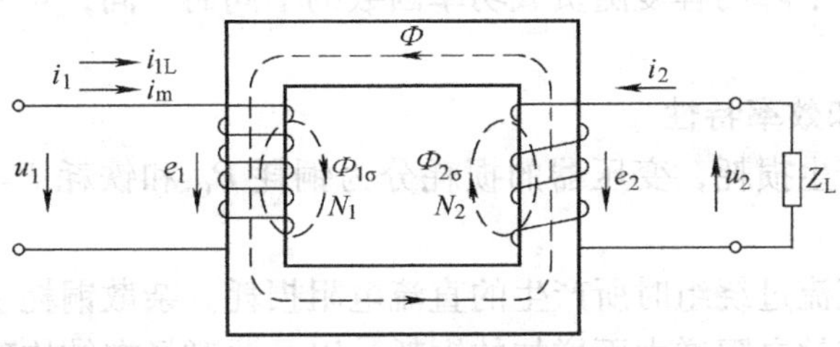


图7-13 变压器的负载运行

在负载运行情况下，$i_2$将产生磁动势$F_2=N_2i_2$。由于磁动势$F_2$的作用，铁心内的主磁通$\Phi$趋于改变；相应的一次绕组的感应电动势$e_1$也趋于改变，并引起一次电流$i_1$发生变化。考虑到电源电压$u_1$为常值时，主磁通$\Phi_m$基本不变，故一次电流将变成

$$i_1=i_m+i_{1L} \tag{7-28}$$

即$i_1$中除用以产生主磁通$\Phi_m$的励磁电流$i_m$外，还将增加一个负载分量$i_{1L}$，以抵消二次电流$i_2$的作用。换言之，$i_{1L}$产生的磁动势$N_1i_{1L}$应与$i_2$所产生的磁动势$F_2$大小相等方向相反，即

$$N_1i_{iL}+N_2i_2=0,\quad 或\ i_{iL}=-\frac{N_2}{N_1}i_2,\quad 或\ i_{iL}=-\frac{i_2}{K} \tag{7-29}$$

此关系称为磁动势平衡关系。

根据式（7-24）的关系，可得下式：

$$-e_1i_{1L}=e_2i_2 \tag{7-30}$$

式（7-30）中，左端的负号表示输入功率，右端的正号表示输出功率。

式（7-30）说明，通过一、二次绕组的磁动势平衡和电磁感应关系，一次绕组从电源吸收的电功率就传递到二次绕组，并输出给负载。这就是变压器进行能量传递的原理。

**【例7.2.2】** 一个容量为5kV·A的单相变压器，一次绕组的额定电压$U_{1N}=220V$，二次绕组的额定电压$U_{2N}=24V$。试求一、二次绕组额定电流$I_{1N}$和$I_{2N}$。

**【解】** 因为$S_N=U_NI_N$，所以二次绕组的额定电流为

$$I_{2N}=\frac{S_N}{U_{2N}}=\frac{5000}{24}A=208.33A$$

由于 $U_{2N}\approx\frac{U_{1N}}{K}$，　$I_{2N}\approx KI_{1N}$

所以 $U_{2N}I_{2N}=U_{1N}I_{1N}$，　$S_N=U_{1N}I_{1N}$

故一次绕组的额定电流为

$$I_{1N}=\frac{S_N}{U_{1N}}=\frac{5000}{220}A=22.73A$$

### 7.2.4 变压器的运行性能及额定值

**1. 变压器的外特性**

在一次绕组电压$U_1$和负载功率因数不变的条件下，二次绕组的端电压$U_2$随二次绕组的电流$I_2$的变化关系，称为变压器的外特性。

对电阻性或电感性负载来讲，变压器的外特性是一根微向下倾斜的曲线，如图 7-14 所示。由图可见，外特性下降的程度随负载功率因数的不同而不同，功率因数越低，输出电压 $U_2$ 下降越大。

**2. 变压器的效率和效率特性**

变压器运行时将产生损耗，变压器的损耗分为铜耗 $P_{Cu}$ 和铁耗 $P_{Fe}$ 两类。每一类又包括基本损耗和杂散损耗。

基本铜耗是指电流流过绕组时所产生的直流电阻损耗。杂散铜耗主要指漏磁场引起电流趋肤效应，使绕组的有效电阻增大而增加的铜耗，以及漏磁场在结构部件中引起的涡流损耗等。铜耗与负载电流的二次方成正比，因而也称为可变损耗。铜耗与绕组的温度有关，一般都用 75℃时的电阻值来计算。

基本铁耗是变压器铁心中的磁滞和涡流损耗。杂散铁耗包括叠片之间的局部涡流损耗和主磁通在结构部件中引起的涡流损耗等。铁耗可近似认为与 ${B_m}^2$ 或 ${U_1}^2$ 成正比。由于变压器的一次电压保持不变（$U_1 = U_{1N}$），故铁耗可视为不变损耗。

变压器的输入有功功率 $P_1$ 减去内部的总损耗 $\sum P$ 以后，可得输出功率 $P_2$，即

$$P_1 = P_2 + \sum P = P_2 + P_{Fe} + P_{Cu} \tag{7-31}$$

变压器的输出功率 $P_2$ 输入功率 $P_1$ 之比称为变压器的效率，通常用百分数表示

$$\eta = \frac{P_2}{P_1} \times 100\% \tag{7-32}$$

图 7-15 所示为变压器的效率特性，由图可见，效率随输出功率而变，并且效率特性是一条有最大值的曲线。中小型变压器的效率约为 95% ~98%，大型变压器的效率一般在 99% 以上。

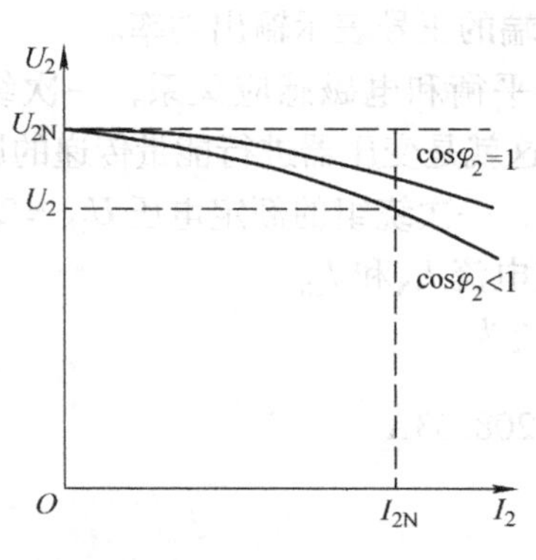


图 7-14　变压器的外特性

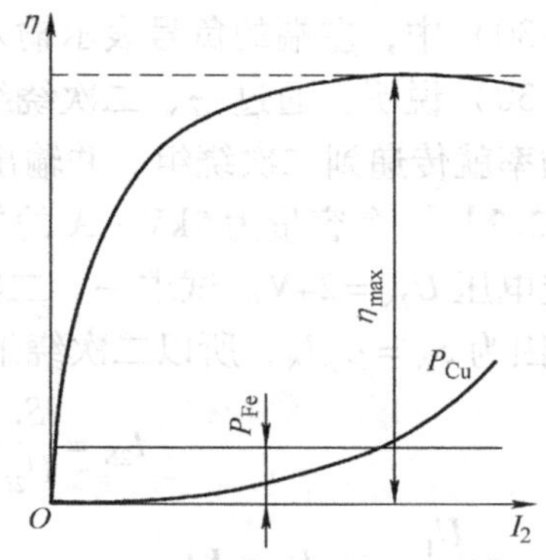


图 7-15　变压器的效率特性

**3. 变压器的额定值**

额定值是制造厂对变压器在指定工作条件下运行时所规定的一些量值。在额定状态下运行时，可以保证变压器长期可靠地工作，并具有优良的性能。额定值也是产品设计和试验的依据。额定值通常标在变压器的铭牌上，也称为铭牌值。变压器的额定值主要有：

（1）额定容量 $S_N$。在铭牌规定的额定状态下变压器输出视在功率的保证值，称为额定容量。额定容量用伏安（V·A）或千伏安（kV·A）表示。对三相变压器，额定容量是指三相容量之和。

（2）额定电压 $U_N$。铭牌规定的各个绕组在空载、指定分接开关位置下的端电压，称为

额定电压。额定电压用伏（V）或千伏（kV）表示。对三相变压器，额定电压指线电压。

（3）额定电流 $I_N$。根据额定容量和额定电压算出的电流称为额定电流，以安（A）表示。对三相变压器，额定电流指线电流。对单相变压器，一次和二次额定电流分别为

$$I_{1N}=\frac{S_N}{U_{1N}},\quad I_{2N}=\frac{S_N}{U_{2N}} \tag{7-33}$$

对三相变压器，一次和二次额定电流分别为

$$I_{1N}=\frac{S_N}{\sqrt{3}U_{1N}},\quad I_{2N}=\frac{S_N}{\sqrt{3}U_{2N}} \tag{7-34}$$

（4）额定频率 $f_N$。我国的标准工频规定为50Hz。

此外，额定工作状态下变压器的效率、温升等数据也属于额定值。

**【例7.2.3】**一单相电力变压器的额定容量为180kV·A，额定电压为6000V/230V，变压器满载时铜耗为2.1kW，铁耗为0.6kW。在满载情况下向功率因数为0.85的负载供电时，二次绕组的端电压为220V。试求：

（1）变压器的效率；

（2）一次绕组的功率因数；

（3）该变压器是否允许接入140kW、功率因数为0.75的负载。

**【解】**（1）二次绕组的额定电流为

$$I_{2N}=\frac{S_N}{U_{2N}}=\frac{180\times10^3}{230}\text{A}=782.61\text{A}$$

满载情况下变压器向功率因数为0.85的负载提供的有功功率为

$$P_2=U_2I_{2N}\cos\varphi_2=220\times782.61\times0.85\text{W}=146.35\text{kW}$$

所以，变压器的效率为

$$\eta=\frac{P_2}{P_2+P_{Cu}+P_{Fe}}\times100\%=\frac{146.35}{146.35+0.6+2.1}\times100\%=98.19\%$$

（2）满载时的视在功率为

$$S_1=S_N=180\text{kV}\cdot\text{A}$$

一次绕组的输入功率为

$$P_1=P_2+P_{Cu}+P_{Fe}=146.35\text{kW}+0.6\text{kW}+2.1\text{kW}=149.05\text{kW}$$

所以，一次绕组的功率因数为

$$\cos\varphi_1=\frac{P_1}{S_1}=\frac{149.05}{180}=0.828$$

（3）当接入140kW、功率因数为0.75的负载时，二次电流为

$$I_2=\frac{P_2}{U_2\cos\varphi_2}=\frac{140\times10^3}{220\times0.75}\text{A}=848.48\text{A}$$

可见，$I_2>I_{2N}$，所以不允许接入此负载。

## 7.2.5　自耦变压器

**1. 自耦变压器的结构**

前面介绍的变压器，其一、二次绕组是相互绝缘而分绕在同一个铁心上，称为双绕组变

压器。如果把两个绕组合成为一个绕组，二次绕组是一次绕组的一部分，这种具有一个绕组的变压器称为自耦变压器，如图7-16所示。在自耦变压器中，一、二次绕组既有磁的联系，又有直接的电路联系。

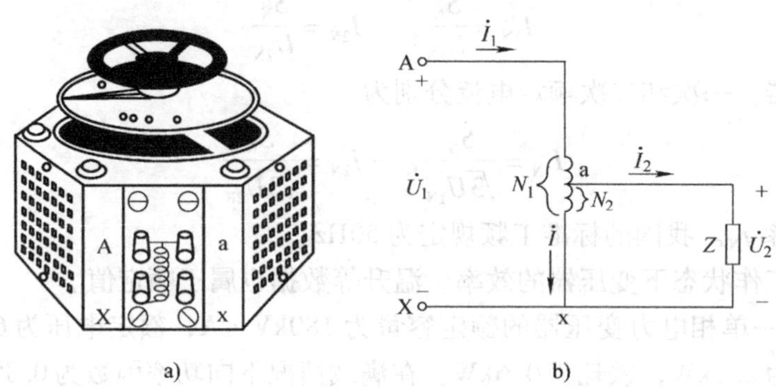


图7-16 自耦变压器
a）外形结构 b）电路原理

**2. 自耦变压器的工作原理**

自耦变压器一、二次绕组之间的电压关系和普通两绕组变压器一样。若忽略阻抗压降，则

$$\frac{U_1}{U_2}=\frac{E_1}{E_2}=\frac{N_1}{N_2}=K \tag{7-35}$$

在自耦变压器中，一、二次绕组电流之比近似等于两绕组匝数的反比，即

$$\frac{I_1}{I_2}\approx\frac{N_2}{N_1}=\frac{1}{K} \tag{7-36}$$

**3. 自耦变压器的应用**

（1）当一次电压 $U_1$ 与匝数 $N_1$ 一定时，通过调节手柄滑动触头的位置，即可改变 $N_2$，从而改变二次电压 $U_2$ 的大小。

（2）自耦变压器的电压比一般不宜选得太大（$K\leqslant 2.5$），因为它的一、二次绕组之间有直接的电路联系，高压侧的故障（如接地、过电压等）将会波及低压侧，造成使用上的不安全。

（3）使用自耦变压器时，务必分清高压侧和低压侧，以免把较高的电源电压加在低压侧的绕组上而烧坏自耦变压器。接通电源之前，应先转动它的手柄，将滑动触头调到零位，即a、x两端的电压 $U_2=0\text{V}$。接通电源之后，应缓慢转动手柄，把输出电压调到所需的数值。用毕后应再把滑动触头调到零位，以备下次或他人安全使用。

## 7.2.6 电压互感器

电压互感器用于将待测电压变换为低电压以供测量、控制之用。它不仅可使高电压与低电压隔离，以保证操作人员和仪表、设备的安全，而且可以扩大仪表量程。

电压互感器的工作原理与小型电力变压器相同，一次绕组匝数较多，并联在所测的高压电路中；二次绕组匝数较少，测量仪表、控制电路和指示电路都与二次绕组并联。电压互感器的电路原理如图 7-17 所示。

电压互感器的一、二次电压之比为

$$U_1 = \frac{N_2}{N_1}U_2 = K_u U_2 \tag{7-37}$$

式中　$K_u$——电压互感器的电压比。

由式（7-37）可知，当 $N_1 >> N_2$ 时，$K_u$ 很大，$U_1 >> U_2$，故可用低量程的电压表去测量高电压。

注意：运行中的电压互感器二次绕组端严禁短路，否则将会出现很大的短路电流而将互感器烧毁；同时，二次绕组的一端应和铁心一起接地，以防止高压绕组的绝缘损坏时，对低压侧产生危险。

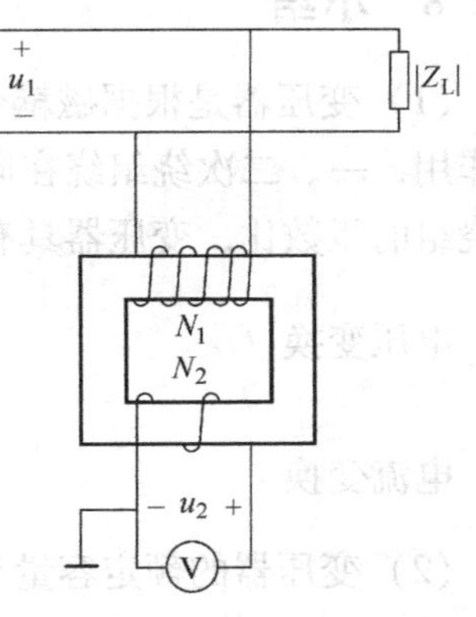


图 7-17　电压互感器的电路原理

## 7.2.7　电流互感器

电流互感器是应用变压器的电流变换原理制成的一种特殊变压器，在测量和自动保护装置中用于扩大电流表的量程。图 7-18 所示是电流互感器的电路原理。电流互感器的一次绕组与被测量的电流负载串联，一次绕组经过的电流与负载电流相等；其二次绕组与电流表或功率表的电流线圈连接

$$I_1 = \frac{N_2}{N_1}I_2 = K_i I_2 \tag{7-38}$$

式中　$K_i$——电流互感器的电流比。

由式（7-38）可知，当 $N_2 >> N_1$ 时，$K_i$ 很大，$I_1 >> I_2$，故利用电流互感器可用小量程的电流表来测量大电流。

注意：电流互感器在运行中不允许二次侧开路，会使铁心过热而烧毁绕组，同时将在二次侧感应出高电压，危及人身和设备的安全。

图 7-19 所示为电流互感器和电压互感器的实物。

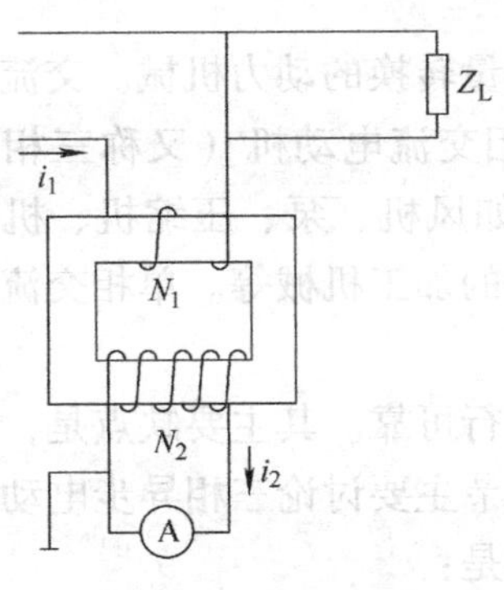


图 7-18　电流互感器的电路原理

图 7-19　电流互感器和电压互感器的实物
a）电流互感器　b）电压互感器

### 7.2.8 小结

（1）变压器是根据磁耦合和电磁感应原理制造的，为了增强一、二次绕组之间的磁耦合作用，一、二次绕组绕在同一铁心上。铁心是由优良的磁性材料硅钢片叠成的。按一、二次绕组的匝数比，变压器具有电压变换、电流变换和阻抗变换作用。

电压变换
$$\frac{U_1}{U_2}\approx\frac{N_1}{N_2}=K$$

电流变换
$$\frac{I_1}{I_2}\approx\frac{N_2}{N_1}=\frac{1}{K}$$

（2）变压器的额定容量与输出功率。

单相变压器
$$S_N=U_N I_N$$
$$P=U_2 I_2\cos\varphi_2$$

三相变压器
$$S_N=\sqrt{3}U_N I_N$$
$$P=\sqrt{3}U_2 I_2\cos\varphi_2$$

式中　$U_N$、$U_2$ 和 $I_N$、$I_2$——线电压和线电流。

（3）变压器的效率

$$\eta=\frac{P_2}{P_1}\times100\%=\frac{P_2}{P_2+P_{Cu}+P_{Fe}}\times100\%$$

变压器在接近满载时效率很高，轻载时效率很低。

（4）自耦变压器的特点是铁心上只有一个绕组，二次绕组是一次绕组的一部分，因此两边既有磁的联系，又有电的联系。自耦变压器的二次绕组匝数可以通过滑动触头随意改变，因此二次电压可以根据需要平滑地调节。

（5）电压互感器用于测量高电压，一次绕组并联于待测电路，使用时二次侧不允许短路；电流互感器用于测量大电流，一次绕组串联于待测电路，使用时二次侧不允许开路。

## 7.3 交流电动机

交流电机是利用定子、转子间电磁感应作用实现机电能量转换的动力机械。交流电机一般都用作电动机，在少数场合下，也有用作发电机的。三相交流电动机（又称三相异步电动机）在工业中应用极广，主要用于拖动各种生产机械，如风机、泵、压缩机、机床、轻工及矿山机械、农业生产中的脱粒机和粉碎机、农副产品中的加工机械等。单相交流电动机则多用于家用电器，如电扇、洗衣机、电冰箱和空调器等。

交流异步电动机的结构简单，制造方便，价格便宜，运行可靠。其主要缺点是，不能经济地在较宽的范围内实现平滑调速，以及功率因数滞后。本节主要讨论三相异步电动机的结构和工作原理及三相异步电动机的特性等问题。本节的目标是：

（1）了解三相异步电动机的基本结构、转动原理。

（2）掌握三相异步电动机的工作原理和机械特性。

（3）掌握三相异步电动机的起动、调速、反转和制动等的方法。

## 7.3.1　三相异步电动机的基本结构

异步电动机主要由定子和转子两个基本部分组成。异步电动机的定子由定子铁心、定子绕组和机座三部分组成。定子铁心是主磁路的一部分。为了减少励磁电流和旋转磁场在铁心中产生的涡流和磁滞损耗，铁心由厚为 0.5mm 的硅钢片叠成。容量较大的电动机，硅钢片两面涂以绝缘漆作为片间绝缘。小型定子铁心用硅钢片叠装、压紧成为一个整体后固定在机座内；中型和大型定子铁心由扇形冲片拼成。在定子铁心内圆均匀地冲有许多形状相同的槽，用以嵌放定子绕组。图 7-20 所示是一台三相笼型异步电动机的外形，图 7-21 所示是三相笼型异步电动机主要部件拆分图。

图 7-20　三相笼型异步电动机的外形

图 7-21　三相笼型异步电动机主要部件拆分图

三相异步电动机的转子由转子铁心、转子绕组和转轴组成。转子铁心也是主磁路的一部分，一般由厚 0.5mm 的硅钢片叠成，铁心固定在转轴或转子支架上。整个转子的外表呈圆柱形。转子绕组分为笼型和绕线型两类。笼型绕组是一个自行闭合的绕组，它由插入每个转子槽中的导条和两端的环形端环构成，如果去掉铁心，整个绕组就形如一个“圆笼”，因此称为笼型绕组，如图 7-22 所示。图 7-23 所示是笼型异步电动机转子铁心和绕组的结构。为节约用铜和提高生产率，小型笼型异步电动机一般都用铸铝转子；对中、大型电动机，由于铸铝质量不易保证，故采用铜条插入转子槽

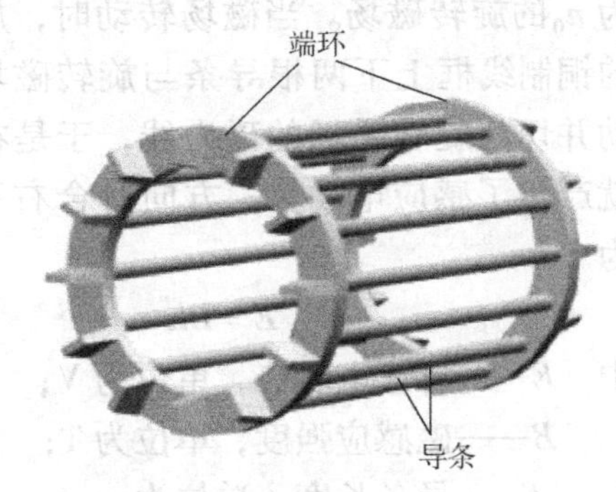


图 7-22　笼型异步电动机绕组

内，再在两端焊上端环的结构。

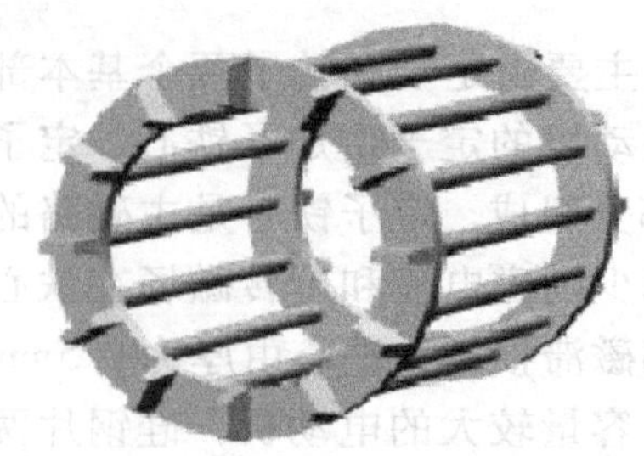

图7-23 笼型异步电动机的转子铁心和绕组的结构

绕线转子的槽内嵌有用绝缘导线组成的三相绕组，绕组的三个出线端接到设置在转轴上的三个集电环上，再通过电刷引出，如图7-24所示。这种转子的特点是，可以在转子绕组中接入外加电阻，以改善电动机的起动和调速性能。

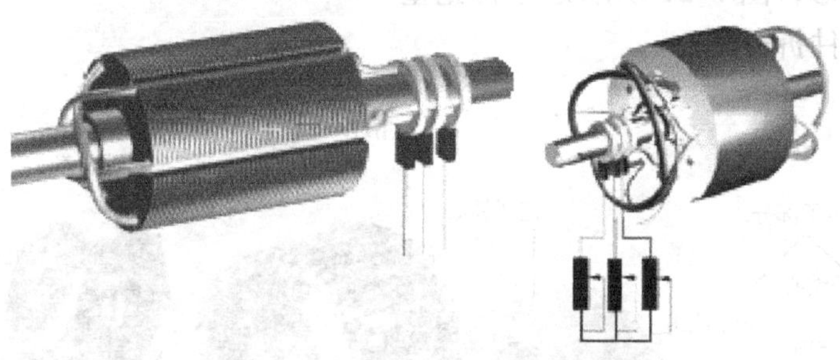

图7-24 三相绕线型转子的结构

## 7.3.2 三相异步电动机的转动原理

### 7.3.2.1 异步电动机转动的一般原理

三相异步电动机转动的一般原理是基于法拉第电磁感应定律和载流导体在磁场中会受到电磁力的作用这两个基本原理。在图7-25所示中N、S是一对永久磁铁的磁极，这对磁极以 $n_0$ 的转速按顺时针方向旋转，从而形成了一个转速为 $n_0$ 的旋转磁场。当磁场转动时，放置在磁场当中的铜制线框上下两根导条与旋转磁场就有了相对运动并切割旋转磁场的磁力线，于是在这两根导条上就产生了感应电动势，方向符合右手定则，其大小为

$$E = Blv \tag{7-39}$$

式中 $E$——感应电动势，单位为V；

$B$——磁感应强度，单位为T；

$l$——导条长度，单位为m；

$v$——导条切割磁力线的相对速度，单位为m/s。

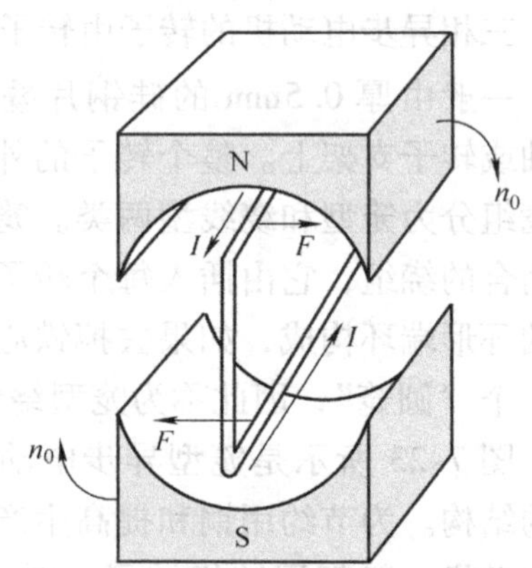


图7-25 旋转磁场产生的感应电流和转矩

由于铜制线框形成一个闭合回路，因此在感应电动势的作用下，线框的上下两根导体中就出现了如图7-25所示方向的感应电流。

在磁场中的载流导体将受到电磁力的作用，根据左手定则，上下两根导条所受到电磁力$F$的方向如图7-25所示。从图中可以看出，N极下的导条受力方向是朝向右，而S极下的导条的受力方向是朝向左。这一对力形成了顺时针方向的转矩。如果把异步电动机的笼型转子放置在旋转磁场中代替线框如图7-26所示，那么当磁场旋转时，在磁极下经过的每对导条都会产生这样的电磁转矩，在这些电磁转矩的作用下，转子就按顺时针的方向旋转起来了。当然，如果磁场按逆时针方向旋转，转子也将按逆时针方向旋转。由此可见，转子的旋转方向同旋转磁场的旋转方向是相同的。虽然转子同旋转磁场彼此隔离，但从上面的叙述可知，由于有了一个旋转的磁场，在转子的导条中产生了感应电流，而流过电流的导条又在磁场中受到电磁力的作用，产生电磁转矩，从而使转子转动起来。这就是感应式电动机转动的一般原理。需要指出的是，转子的旋转速度$n$（即电动机的旋转速度）比旋转磁场的旋转速度$n_0$（一般称同步转速）要低一些。这是因为如果这两种转速相等，转子和旋转磁场就没有了相对运动，转子导条将不切割磁力线也不能产生感应电动势，也就不能产生感应电流，这样就没有电磁转矩，转子将不会继续旋转。因此，若要转子旋转，旋转磁场和转子之间就一定要存在转速差，即转子的旋转速度总要不同于旋转磁场的旋转速度。由于转子的旋转速度不同且低于旋转磁场的转速，所以称这种电动机为异步电动机。

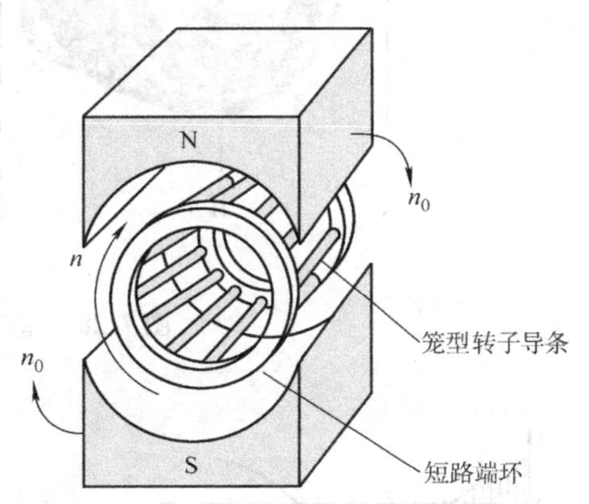

图7-26 笼型异步电动机的转动原理

**7.3.2.2 旋转磁场的产生**

若要异步电动机能够转动，首先应当有一个旋转磁场，然而在实际应用的异步电动机中，是不可能使用一个旋转的永久磁铁来产生旋转磁场的。通常在三相异步电动机的定子铁心中放置三相对称绕组AX、BY和CZ（即各相绕组结构相同，匝数相同，在空间位置彼此相差120°空间电角度），将三相绕组做星形联结，并接在三相正弦交流电源上，通入三相对称电流，这样，就能在电动机的定子空间里产生一个以固定速度旋转的磁场。为了简化起见，设每相绕组只有一匝线圈，三个绕组分别嵌放在定子铁心圆周上的在空间位置上互差120°对称分布的六个凹槽之中。A相绕组的始端用大写英文字母A来表示，A相绕组的末端用大写英文字母X来表示。另两相绕组的始末端分别用BY和CZ表示，如图7-27所示。现在将三相绕组的末端连接在一起，每个绕组的始端分别接在三相对称的交流电源上，如图

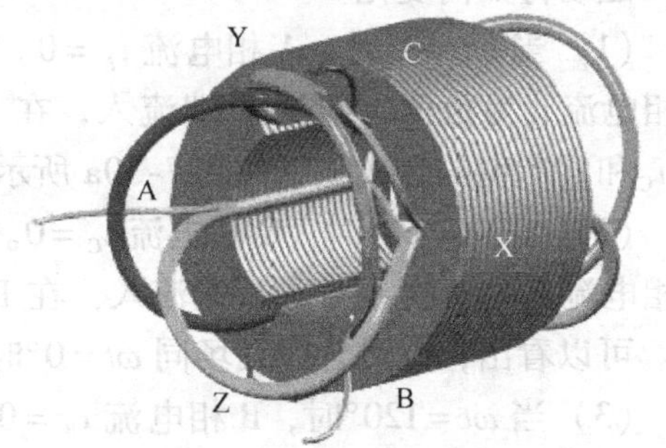

图7-27 产生旋转磁场的定子铁心和绕组分布图

7-28所示。在图7-29中给出了流入定子绕组的三相对称电流的波形。现在根据各个不同瞬时每相绕组电流及其方向来分析定子铁心磁场分布的情况。

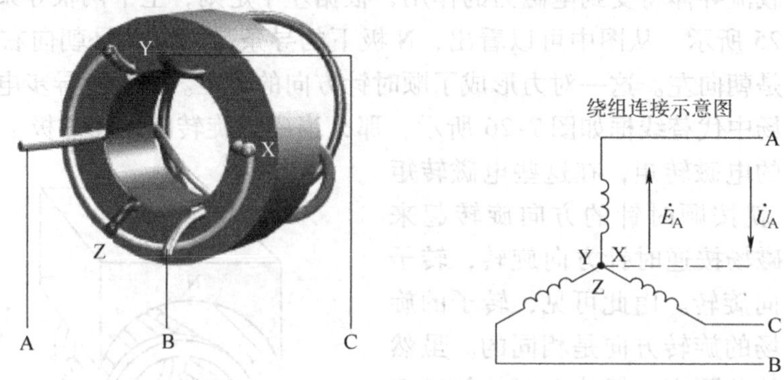


图7-28　星形三相定子绕组分布图

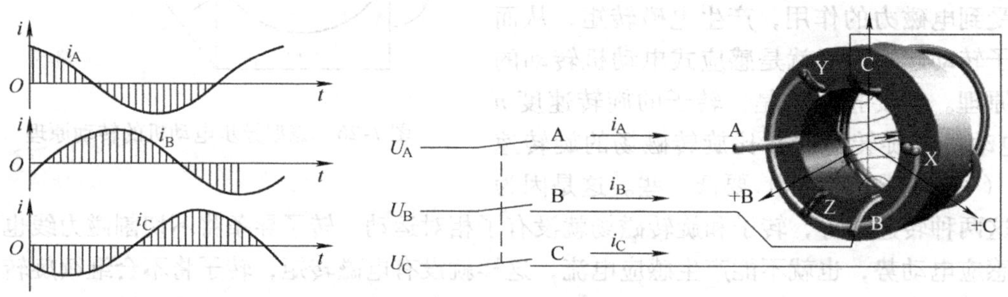


图7-29　流入定子绕组的三相对称电流及波形

为了分析方便，在这里作一规定，即电流为正值时（在坐标横轴上方），从绕组的始端流入，从绕组的末端流出，如图7-28所示。下面分析在不同时间（角度）由三相电流所产生的磁场将如何变化。

（1）当$\omega t=0°$时，A相电流$i_A=0$。C相电流$i_C$为正值，即从C端流入，在Z端流出。B相电流$i_B$为负值，即从Y端流入，在B端流出。根据电流的流向，应用右手螺旋定则，由$i_C$和$i_B$产生的合成磁场如图7-30a所示。

（2）当$\omega t=60°$时，C相电流$i_C=0$。A相电流$i_A$为正值，即从A端流入，在X端流出。B相电流$i_B$为负值，即从Y端流入，在B端流出。由$i_A$和$i_B$产生的合成磁场如图7-30b所示。可以看出，此时合成磁场同$\omega t=0°$时相比，按顺时针方向旋转了60°。

（3）当$\omega t=120°$时，B相电流$i_B=0$。A相电流$i_A$为正值，即从A端流入，在X端流出。C相电流$i_C$为负值，即从Z端流入，在C端流出。由$i_A$和$i_C$产生的合成磁场如图7-30c所示。可以看出，此时合成磁场与$\omega t=60°$时相比，又按顺时针方向旋转了60°；与$\omega t=0°$时相比，按顺时针方向旋转了120°。

不难理解，当$\omega t=180°$时，合成磁场与$\omega t=0°$时相比，会按顺时针方向旋转180°。根据这样的规律，当$\omega t=360°$时，合成磁场则正好转了一周。

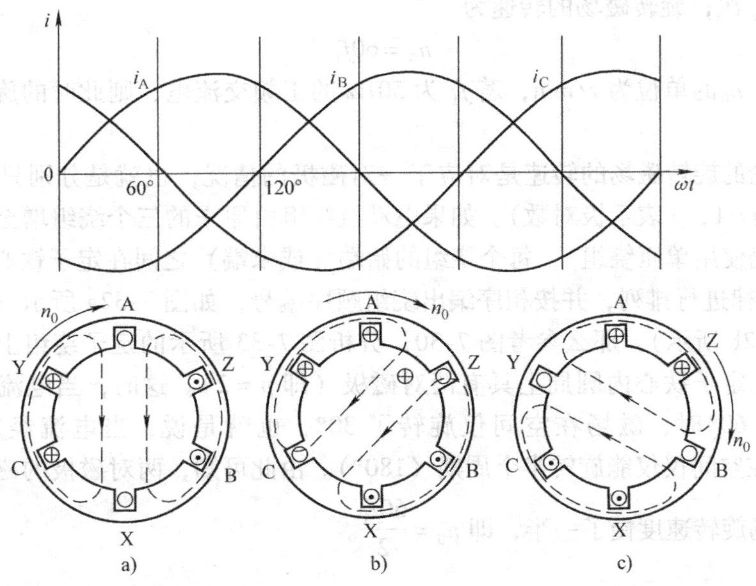


图 7-30　三相对称电流产生的旋转磁场

a) $\omega t=0°$　b) $\omega t=60°$　c) $\omega t=120°$

各绕组空间相对位置及时间相对波形如图 7-29 所示。

通过上面的分析可知，当定子绕组中的对称三相电流随时间不断地周而复始地变化时，由它们在电动机定子空间所产生的合成磁场随电流的变化也在不断地旋转着，这就是使异步电动机转子能够转动所需的旋转磁场。这个旋转磁场同前面讲述三相异步电动机转动的一般原理中所使用的旋转着的永久磁铁产生的旋转磁场所起的作用是一样的。

电动机定子三相绕组 A-X、B-Y、C-Z 是按三相电流 A、B、C 的相序接到三相电源上的，这时定子三相绕组中的电流是按顺时针方向排列的（见图 7-30 的三相电流波形），从前面的分析知道，此时旋转磁场也是按顺时针方向转动的。如果将电源接到定子绕组上的三根引线中的任意两根对调一下，比如将电源 B 相接到原来的 C 相绕组上，电源 C 相接至原来的 B 相绕组上，如图 7-31所示，这时定子三相绕组中的电流相序就按逆时针方向排列了，在这种情况下产生的旋转磁场也将按逆时针方向旋转。异步电动机的反转就是利用这一原理实现的。由此可见，磁场的转向与通入绕组的三相电流相序有关，任意对调两根三相电源接到定子绕组上的导线，就可以改变异步电动机的旋转方向。

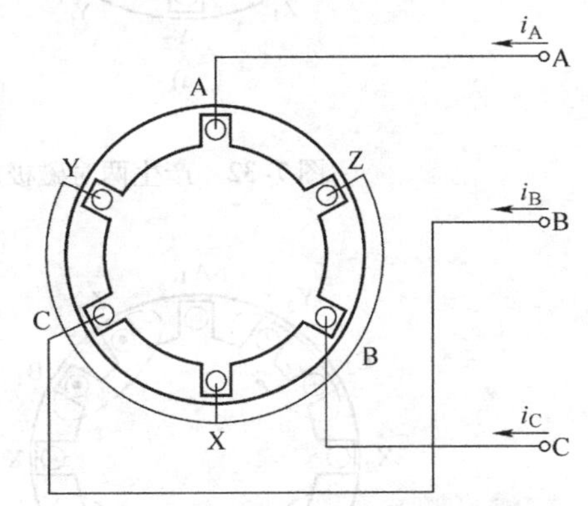


图 7-31　将 B 相和 C 相电源线对调

#### 7.3.2.3　旋转磁场的转速

从前面的分析可知，如图 7-30 所示，三相电流从 $\omega t=0°$变到 $\omega t=60°$，旋转磁场也转动了 60°空间角。当电流变化一周时，磁场恰好在空间旋转了一圈。设电流的频率为 $f_1$，则

每分钟变化 $60f_1$ 次，旋转磁场的转速为

$$n_0 = 60f_1 \tag{7-40}$$

式（7-40）中，$n_0$的单位为r/min，若 $f_1$ 为50Hz的工频交流电，则此时的旋转磁场的转速为3000r/min。

上面所讨论的旋转磁场的转速是对应于一对磁极的情况，也就是分别只有一个N极和一个S极（即 $p=1$，$p$ 表示极对数）。如果电动机绕组由原来的三个绕组增至六个绕组（为了理解方便，仍使用单匝绕组），每个绕组的始端（或末端）之间在定子铁心的内圆周上按互差60°角的规律进行排列，并按相序编出绕组顺序编号，如图7-32a所示（六个绕组的电气连线如图7-32b所示），那么参考图7-30，分析图7-33所示的定子绕组上磁场分布情况后不难发现，在定子铁心内圆周上具有两对磁极（即 $p=2$）。这时，当电流也从 $\omega t=0°$到 $\omega t=60°$经历了60°时，磁场在空间仅旋转了30°，也就是说，当电流经历了一个周期（360°），磁场在空间仅仅能旋转半个周期（180°）。由此可知，两对磁极的磁场旋转速度比一对磁极的磁场旋转速度慢了一半，即 $n_0=\dfrac{60f_1}{2}$。

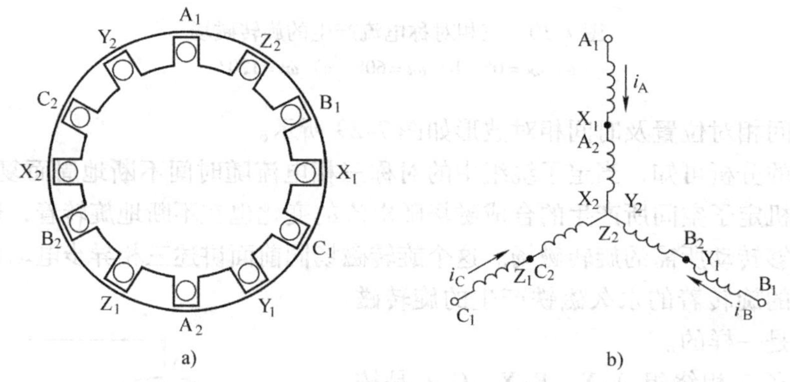


图7-32　产生两对磁极旋转磁场的定子绕组分布及电气连线

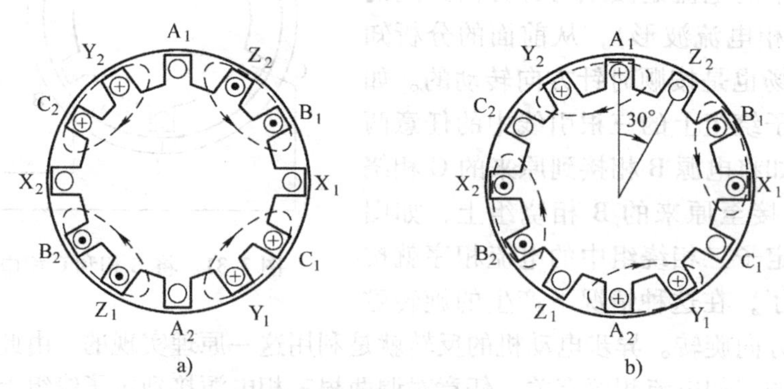


图7-33　两对磁极旋转磁场

a）$\omega t=0°$　b）$\omega t=60°$

同理，在三对磁极的情况下（$p=3$），电流变化一个周期，磁场在空间仅旋转了1/3

转，只是 $p=1$ 情况下的转速的1/3，即 $n_0=\dfrac{60f_1}{3}$。所以，对于一般情况，当旋转磁场具有 $p$ 对磁极时，磁场的旋转速度为

$$n_0=\frac{60f_1}{p} \tag{7-41}$$

式中 $n_0$——旋转磁场旋转速度（又称同步转速）；

$f_1$——三相交流电流频率；

$p$——极对数。

由式（7-41）可知，旋转磁场的转速 $n_0$ 的大小与电流频率 $f_1$ 成正比，与极对数 $p$ 成反比。其中，$f_1$ 是由异步电动机的供电电源频率决定，而 $p$ 由三相绕组的各相线圈分布与连接方式决定。通常，对于一台具体的异步电动机，$f_1$ 和 $p$ 都是确定的，所以磁场转速 $n_0$ 为常数。

在我国，工频 $f_1=50\text{Hz}$，于是由式（7-41）可得出对应于不同极对数 $p$ 的旋转磁场转速 $n_0$（r/min），见表7-2。

**表7-2 旋转磁场的转速 $n_0$ 与极对数 $p$ 的关系**

| $p$ | 1 | 2 | 3 | 4 | 5 | 6 |
|---|---|---|---|---|---|---|
| $n_0$/(r/min) | 3 000 | 1 500 | 1 000 | 750 | 600 | 500 |

#### 7.3.2.4 三相异步电动机的转差率

从三相异步电动机的工作原理可知，虽然电动机的转动方向与旋转磁场的转动方向相同，但旋转磁场的转速 $n_0$ 与电动机转速 $n$ 是不同的。电动机的转速 $n$ 低于旋转磁场的转速 $n_0$。

旋转磁场的转速 $n_0$（又称同步转速）与电动机转速 $n$ 之差（$n_0-n$），用符号 $\Delta n$ 表示，称为转速差（简称转差）。转差与同步转速的比值叫做转差率，用 $s$ 表示

$$s=\frac{n_0-n}{n_0}=\frac{\Delta n}{n_0} \tag{7-42}$$

转差率 $s$ 表示电动机转子转速 $n$ 与旋转磁场转速 $n_0$ 相差的程度。转差率是异步电动机的一个重要的物理量，转子转速越接近磁场转速，则转差率越小。一般情况下，运行中的三相异步电动机的额定转速与同步转速相近，所以转差率很小。通常不同容量的异步电动机在额定负载时的转差率约为1%～9%。

在电动机起动的初始瞬间，电动机转子转速 $n=0$，此时三相电流已经流入，旋转磁场已经产生，这时的转差率最大，即 $s=1$，$s$ 为最大值。

式（7-42）也可写成

$$n=(1-s)\ n_0 \tag{7-43}$$

**【例7.3.1】** 一台三相异步电动机的额定转速 $n_N=1460\text{r/min}$，电源频率 $f=50\text{Hz}$。试求电动机的同步转速、极对数和额定运行时的转差率。

**【解】** 已知电动机的额定转速 $n_N=1460\text{r/min}$，可见该电动机有两对磁极。则同步转速为 $n_0=1500\text{r/min}$，极对数为 $p=2$，转差率为

$$s=\frac{n_0-n_N}{n_0}=\frac{1500-1460}{1500}=0.027$$

**【例 7.3.2】** 有一台三相异步电动机，其额定转速为 $n_N = 1470r/min$，电源频率为 50Hz。求：在电动机起动瞬间、转子转速为同步转速的 2/3 时、转差率为 0.02 时的三种情况下：

（1）定子旋转磁场对定子的转速；

（2）定子旋转磁场对转子的转速；

（3）转子旋转磁场对转子的转速。

**【解题思路】** 转子旋转磁场和定子旋转磁场是按同一方向、以同一转速在空间旋转，两者相对静止，其磁通又通过同一磁路，则两者合成一个旋转磁场。

设定子旋转磁场对定子的相对转速为 $n_{11}$，由于定子静止，所以

$$n_{11} = n_0 = \frac{60f_1}{p}$$

设定子旋转磁场对转子的相对转速为 $n_{12}$，并设转子旋转磁场对转子的相对转速为 $n_{22}$，由于转子的转速为 $n$，所以 $n_{12}$ 即为 $\Delta n$，$\Delta n = n_0 - n$，而

$$n_{22} = \frac{60f_2}{p} = \frac{60sf_1}{p} = sn_0$$

**【解】**（1）在起动瞬间有 $n = 0$，$s = 1$，故

$$n_{11} = n_0 = \frac{60f_1}{p} = \frac{60 \times 50}{2} \text{r/min} = 1500\text{r/min}$$

$$n_{12} = n_0 - n = (1500 - 0)\ \text{r/min} = 1500\text{r/min}$$

$$n_{22} = sn_0 = 1 \times 1500\text{r/min} = 1500\text{r/min}$$

（2）转子转速为同步转速的 2/3 时，有

$$n = \frac{2}{3}n_0 = \frac{2}{3} \times 1500\text{r/min} = 1000\text{r/min}$$

$$s = \frac{n_0 - n}{n_0} = \frac{1500 - 1000}{1500} \text{r/min} = \frac{1}{3}$$

$$n_{11} = n_0 = 1500\text{r/min}$$

$$n_{12} = n_0 - n = (1500 - 1000)\ \text{r/min} = 500\text{r/min}$$

$$n_{22} = sn_0 = \frac{1}{3} \times 1500\text{r/min} = 500\text{r/min}$$

（3）转差率为 0.02 时，有

$$n = (1 - s)\ n_0 = (1 - 0.02) \times 1500\text{r/min} = 1470\text{r/min}$$

$$n_{11} = n_0 = 1500\text{r/min}$$

$$n_{12} = n_0 - n = (1500 - 1470)\ \text{r/min} = 30\text{r/min}$$

$$n_{22} = sn_0 = 0.02 \times 1500\text{r/min} = 30\text{r/min}$$

注意：对于已知电源频率和电动机转速、极对数，求定子、转子旋转磁场间的相对转速时，必须掌握下列基本公式：

$$s = \frac{n_0 - n}{n_0}$$

$$n_0 = \frac{60f_1}{p}$$

以及有关相对运动的概念。

## 7.3.3　三相异步电动机的特性

### 7.3.3.1　三相异步电动机的电路特性

异步电动机是通过电磁感应把定子边的电功率转换成转子边的机械功率的。从电磁关系上来看，异步电动机同变压器的运行相似，即定子可看成一次绕组，转子则相当于二次绕组。所不同的是，在电动机定子绕组和转子绕组中的感应电动势都是由旋转磁场作用产生的，实际上，在电动机运行时，旋转磁场是由定子绕组和转子绕组产生的合成磁场。异步电动机和变压器相比较，在工作原理和分析方法有很多相似之处，三相异步电动机每相的等效电路如图7-34所示。

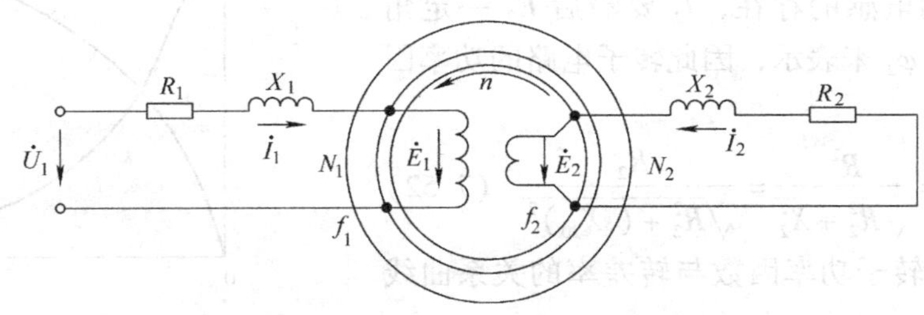


图7-34　三相异步电动机每相的等效电路

图7-34中的 $E_1$ 和 $E_2$ 分别为旋转磁场在定子绕组和转子绕组上产生的感应电动势，$R_1$ 和 $R_2$ 分别为定子绕组和转子绕组上的电阻，$X_1$ 和 $X_2$ 分别为定子磁路和转子磁路漏磁通产生的感抗，$N_1$ 和 $N_2$ 分别为定子和转子绕组的匝数。

**1. 定子电路**

异步电动机的定子绕组是静止的，所以旋转磁场产生的感应电动势的频率等于电源频率 $f_1$。根据三相异步电动机每相的等效电路，电压方程如下：

$$\dot{U}_1 = R_1\dot{I}_1 + \mathrm{j}X_1\dot{I}_1 + (-\dot{E}_1) \tag{7-44}$$

仿照变压器的分析方法可得

$$U_1 \approx E_1 \approx 4.44 f_1 N_1 \Phi_m \tag{7-45}$$

**2. 转子电路**

当电动机旋转时，旋转磁场切割转子绕组导体，并产生感应电动势。由于磁场是旋转的，对于转子上的每相绕组的导体来讲，旋转磁场的N极和S极都能扫过它们，所以在绕组上产生的感应电动势应当是一个交流电动势。感应电动势的频率取决于旋转磁场同转子的相对速度和磁极对数。若旋转磁场切割转子绕组导体的速度为 $\Delta n$，则转子感应电动势的频率同转差率的关系如下：

$$f_2 = \frac{p(n_0 - n)}{60} = \frac{n_0 - n}{n_0}\frac{pn_0}{60} = sf_1 \tag{7-46}$$

在电动机起动瞬间，$n=0$，$s=1$，$f_2=f_1$，此时转子绕组中的感应电动势最大，为

$$E_{20} \approx 4.44 f_1 N_2 \Phi_m \tag{7-47}$$

当电动机旋转时，在转子绕组上的感应电动势为

$$E_2 \approx 4.44 s f_1 N_2 \Phi_m = sE_{20} \tag{7-48}$$

由式（7-48）可见，转子感应电动势与转差率 $s$ 有关。

在电动机起动瞬间，此时转子漏抗最大，为

$$X_{20}=2\pi f_1 L_{\sigma 2} \tag{7-49}$$

这里的 $L_{\sigma 2}$ 是转子漏电感。当电动机旋转时，转子漏抗为

$$X_2=2\pi f_2 L_{\sigma 2}=2\pi s f_1 L_{\sigma 2}=sX_{20} \tag{7-50}$$

可见 $X_2$ 也同转差率 $s$ 有关。根据图 7-34 所示的等效电路，可写出转子绕组中的电流有效值为

$$I_2=\frac{E_2}{\sqrt{R_2^2+X_2^2}}=\frac{sE_{20}}{\sqrt{R_2^2+(sX_{20})^2}} \tag{7-51}$$

由于转子漏电感的存在，$I_2$ 要滞后 $E_2$ 一定角度，这个角度用 $\varphi_2$ 来表示，因此转子电路的功率因数为

$$\cos\varphi_2=\frac{R^2}{\sqrt{R_2^2+X_2^2}}=\frac{R_2}{\sqrt{R_2^2+(sX_{20})^2}} \tag{7-52}$$

转子电流和转子功率因数与转差率的关系曲线如图 7-35 所示。

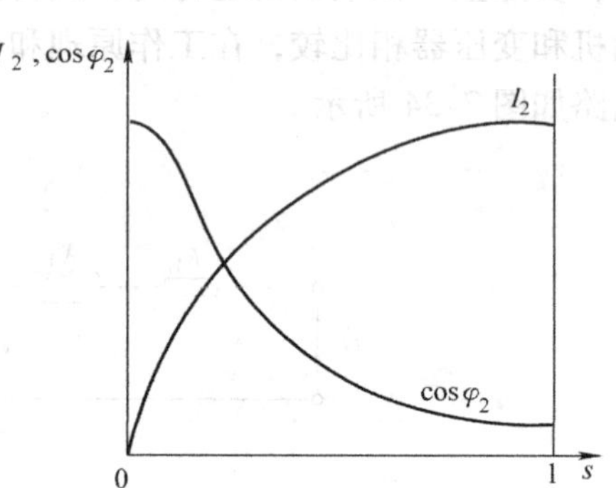


图 7-35 转子电流和转子功率因数与转差率的关系曲线

由上述分析可见，由于转子电路是旋转的，转子转速不同时，转子绕组和旋转磁场之间的相对速度不同，所以转子电路中的各个量，如频率、电动势、感抗、电流和功率因数等都与转差率有关，实际上也就是同电动机的转速有关。这是学习和分析三相异步电动机时应当注意的一个重要特点。

#### 7.3.3.2 三相异步电动机的电磁转矩和机械特性

异步电动机的作用是把电能转换为机械能，它输送给生产机械的是转矩和转速。因此电动机的转矩同哪些因素有关？它的大小受哪些因素的影响？转矩同转速之间的关系怎样？这都是本节要讨论的问题。

**1. 异步电动机的电磁转矩**

电磁转矩 $T$（简称转矩）是三相异步电动机的重要物理量之一，机械特性 $n=f(T)$ 是其主要的特性。对电动机进行分析计算往往离不开对机械特性的分析。

三相异步电动机的电流与旋转磁场相互作用产生电磁力，电磁力对电动机的转子产生了电磁转矩，由此可见，电磁转矩是由转子电流和旋转磁场共同作用所产生的结果，因此电磁转矩的大小与转子电流以及旋转磁场每极磁通成正比。从前面对转子电路的分析知道，转子电路不但有电阻，还有漏感阻抗存在，所以转子电流 $I_2$ 与转子感应电动势 $E_2$ 之间有一个相位差，用 $\varphi_2$ 来表示。因此，转子电流可以分为有功分量和无功分量两部分，只有转子电流的有功分量部分 $I_2\cos\varphi_2$ 才能与旋转磁场相互作用而产生电磁转矩，即电磁转矩同磁场和转子电流有如下关系：

$$T=C_T\Phi_m I_2\cos\varphi_2 \tag{7-53}$$

式中 $T$——电磁转矩，单位为 N·m；

$C_T$——电动机结构常数。

式（7-53）说明，异步电动机的电磁转矩与气隙合成磁场的磁通量 $\Phi_m$ 和转子电流的有

功分量 $I_2\cos\varphi_2$ 成正比；增加转子电流的有功分量，就可以使电磁转矩增大。为了描述电磁转矩 $T$ 与转差率 $s$ 的关系，可推导出转矩的另一种表达式

$$T = C_T' \frac{sU_1^2 R_2}{R_2^2 + (sX_{20})^2} \tag{7-54}$$

式中　$C_T'$——电动机的结构参数。

式（7-54）表明，三相异步电动机的转矩与每相电压的有效值的二次方成正比，也就是说，当电源电压变动时，对转矩产生较大的影响。此外，电磁转矩与转子电阻有关，而当电压和转子电阻一定时，电磁转矩还与转差率有关。电磁转矩与转差率的关系 $T=f(s)$ 就是异步电动机的机械特性。

**2. 异步电动机的机械特性**

在一定的电源电压 $U_1$ 和转子电阻 $R_2$ 之下，转矩与转差率的关系曲线 $T=f(s)$ 或转速与转矩的关系曲线 $n=f(T)$，称为电动机的机械特性。根据式（7-54），以 $T$ 为函数，以 $s$ 为变量可做出如图7-36所示的 $T=f(s)$ 曲线；若将 $T=f(s)$ 曲线按顺时针方向旋转90°，再将横过来的 $T$ 坐标轴下移，则可得到 $n=f(T)$ 的关系曲线，如图7-37所示。

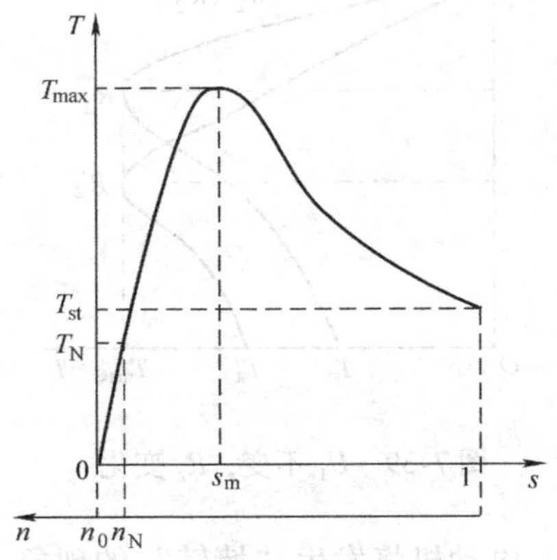


图7-36　异步电动机的 $T=f(s)$ 曲线

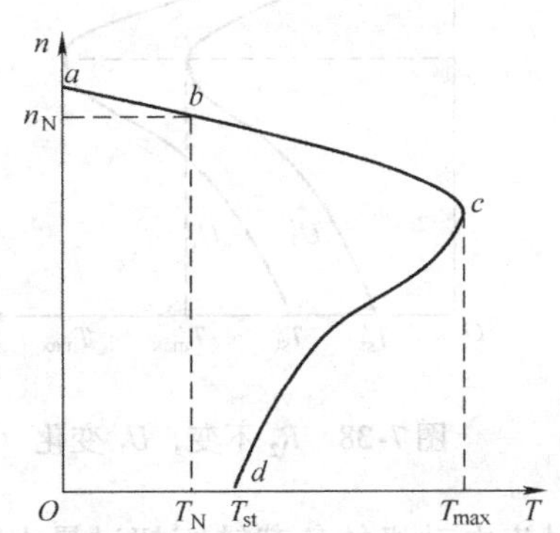


图7-37　异步电动机的 $n=f(T)$ 曲线

为了理解三相异步电动机机械特性的特点，下面着重讨论几个反映电动机工作的特殊运行点。

（1）额定转矩 $T_N$。额定转矩对应于图7-37所示机械特性上的 $b$ 点。额定转矩是电动机在额定负载时的转矩。额定负载转矩可从电动机铭牌数据给出的额定功率 $P_{2N}$（注意：电动机铭牌数据给出的功率是输出到转轴上的机械功率，而不是电动机消耗的电功率）和额定转速 $n_N$ 求得，其中，功率的单位是kW，转速的单位是r/min，转矩的单位是N·m。

在电动机运行过程中，负载通常会发生变化，如电动机机械负载增加时，打破了电磁转矩和负载转矩间的平衡，此时负载转矩大于电磁转矩，电动机的转速将下降，此时旋转磁场对于转子的相对速度加大，旋转磁场切割转子导条的速度加快，这将导致转子电流 $I_2$ 增大，从而电磁转矩增大，直到同负载转矩相等，电动机在一个略低于原来转速的速度下平稳运转。所以，电动机有载运行一般工作在图7-37机械特性较为平坦的 $ac$ 段。额定转矩的表达式如下：

$$T_N = \frac{p_{2N}}{\frac{2\pi n_N}{60}} = 9550\frac{p_{2N}}{n_N} \tag{7-55}$$

（2）最大转矩 $T_{max}$。最大转矩 $T_{max}$ 对应于图 7-37 所示机械特性上的 $c$ 点。在这点上对应的转差率为 $s_m$，如图 7-36 所示。把式（7-54）对 $s$ 进行求导，并令其导数等于零，解出最大转矩及临界转差率表达式为

$$T_{max} = C'_T\frac{U_1^2}{2X_{20}} \tag{7-56}$$

$$s_m = \pm\frac{R_2}{X_{20}} \tag{7-57}$$

从式（7-56）、式（7-57）可看出，最大电磁转矩与 $U_1^2$ 成正比，与转子电抗成反比，而与转子电阻无关。而临界转差率 $s_m$ 与转子电阻成正比，与转子电抗成反比，与定子电压 $U_1$ 无关。它们之间的关系曲线分别如图 7-38 和图 7-39 所示。

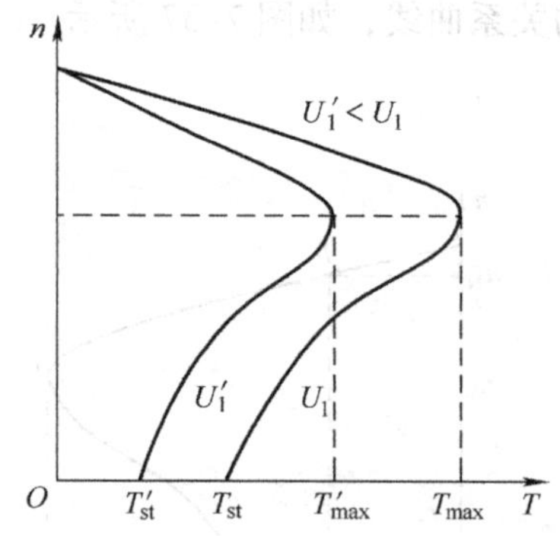


图 7-38 $R_2$ 不变，$U_1$ 变化

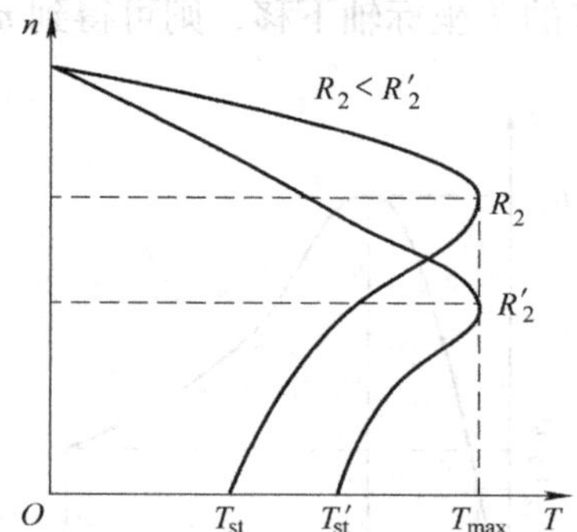


图 7-39 $U_1$ 不变，$R_2$ 变化

当异步电动机的负载转矩超过最大转矩 $T_{max}$ 时，电动机将发生“堵转”的现象，此时电动机的电流是额定电流的数倍，若时间过长，电动机将被烧坏。电动机负载转矩超过 $T_{max}$ 称为过载，常用过载系数 $\lambda_m$ 来标定异步电动机的过载能力，即

$$\lambda_m = \frac{T_{max}}{T_N} \tag{7-58}$$

一般三相异步电动机的过载系数 $\lambda_m = 1.6 \sim 2.5$。

（3）起动转矩 $T_{st}$。起动转矩 $T_{st}$ 对应于图 7-37 所示机械特性上的 $d$ 点。起动转矩 $T_{st}$ 是电动机运行性能的重要指标，它的大小将直接影响到电机拖动系统的加速度的大小和加速时间的长短。如果起动转矩小，电动机的起动将变得十分困难，有时甚至难以起动。在电动机起动时，$n=0$，$s=1$ 代入式（7-54）可得

$$T_{st} = C'_T\frac{U_1^2 R_2}{R_2^2 + X_{20}^2} \tag{7-59}$$

由式（7-59）可以看出，异步电动机的起动转矩与电源电压 $U_1$ 的二次方成正比。再参看图 7-38，当 $U_1$ 降低时，起动转矩 $T_{st}$ 明显降低，结合刚才讨论过的最大转矩可以看出，异步电动机对电源电压的波动十分敏感，运行时，如果电源电压降得太多，会大大降低异步电

动机的过载和起动能力。这个问题在使用异步电动机时要充分重视。

由式（7-59）和图7-39可知，当转子电阻 $R_2$ 适当加大时，最大转矩 $T_{max}$ 没有变化，但起动转矩 $T_{st}$ 会加大，这是因为转子电路电阻增加后，提高了转子回路的功率因数，转子电流的有功分量增大，因而起动转矩增大。通常将机械特性上的起动转矩与额定转矩之比称为起动系数 $\lambda_{st}$

$$\lambda_{st}=\frac{T_{st}}{T_N} \tag{7-60}$$

起动系数 $\lambda_{st}$ 是衡量电动机起动能力的重要指标，一般 $\lambda_{st}=1\sim2$。

【例7.3.3】已知Y132－4型三相异步电动机的额定技术参数，见表7-3。

表7-3　例7.3.3表

| 功率/kW | 转速/(r/min) | 电压/V | 效率(%) | 功率因数 | $I_{st}/I_N$ | $T_{st}/T_N$ | $T_{max}/T_N$ |
|---|---|---|---|---|---|---|---|
| 5.5 | 1440 | 380 | 85.5 | 0.84 | 7 | 2.2 | 2.2 |

电源频率为50Hz。试求：

（1）额定转差率 $s_N$、额定电流 $I_N$、额定转矩 $T_N$；

（2）起动电流 $I_{st}$、起动转矩 $T_{st}$、最大转矩 $T_{max}$。

【解】（1）根据 $n_N=1440\text{r/min}$，可判定同步转速为

$$n_0=1500\text{r/min}$$

极对数为

$$p=\frac{60f_1}{n_0}=\frac{60\times50}{1500}=2$$

故

$$s_N=\frac{n_0-n}{n_0}=\frac{1500-1440}{1500}=0.04$$

额定电流为

$$I_N=\frac{1}{\sqrt{3}U_1\cos\varphi\eta}=\frac{5.5}{\sqrt{3}\times380\times0.84\times0.855}\text{A}=11.64\text{A}$$

额定转矩为

$$T_N=9550\frac{P_{2N}}{n_N}=9550\times\frac{5.5}{1440}\text{N·m}=36.48\text{N·m}$$

（2）起动电流为

$$I_{st}=7\times I_N=7\times11.64\text{A}=81.48\text{A}$$

起动转矩为

$$T_{st}=\frac{T_{st}}{T_N}T_N=2.2\times36.48\text{N·m}=80.26\text{N·m}$$

最大转矩为

$$T_{st}=\frac{T_{max}}{T_N}T_N=2.2\times36.48\text{N·m}=80.26\text{N·m}$$

注意：4－100kW型异步电动机都已设计为380V三角形联结，所以联结方式是已知的。本题不必知道连接方式。

## 7.3.4　三相异步电动机的起动和调速

### 7.3.4.1　三相异步电动机的起动

异步电动机由静止状态过渡到稳定运行状态的过程称为异步电动机的起动。起动是异步

电动机应用中重要的物理过程之一。异步电动机在使用过程中，总是需要起动和停机，虽然三相异步电动机具有可以产生一定起动转矩、拖动负载直接起动的优点，但它的起动电流过大则是必须解决的问题。当异步电动机起动时，由于电动机转子处于静止状态，旋转磁场以同步转速扫过转子绕组，此时转子绕组感应电动势是最高的，因而产生的感应电流也是最大的，通过气隙磁场的作用，电动机定子绕组也出现非常大的电流。一般起动电流 $I_{st}$ 是额定电流 $I_N$ 的 5 ~7 倍。对于这样大的起动电流，如果频繁起动，将引起电动机过热。对于大容量的电动机，在起动这段时间内，甚至引起供电系统过负荷，电源线的线电压因此而产生波动，这可能严重影响其他用电设备的正常工作。

（1）异步电动机的起动要求。

1）减少起动电流，并使起动转矩达到负载要求。

2）起动设备应简单、可靠，起动方法应正确并便于操作。

（2）异步电动机的起动方法。

1）笼型异步电动机的起动有直接起动、减压起动和软起动。

2）绕线转子异步电动机的起动采用转子串接电阻起动。

**1. 直接起动**

直接起动就是用开关和交流接触器将电动机直接接到具有额定电压的电源上。此时 $I_{st}$ 是额定电流 $I_N$ 的 5 ~7 倍，$\lambda_{st}=1\sim2$。

直接起动方法的优点是操作简单，无需很多的附属设备；主要缺点是起动电流较大。笼型异步电动机能否直接起动，要视三相电源的容量而定。通常在一般情况下，10kW 以上的异步电动机就不允许直接起动了，必须采用能够减小起动电流的其他起动方法。

**2. 减压起动**

减压起动是用降低异步电动机端电压的方法来减小起动电流。由于异步电动机的起动转矩与端电压的二次方成正比，采用此方法时，起动转矩同时减小，因此该方法只适用于对起动转矩要求不高的场合，即空载或轻载的场合。

（1）星-三角起动法。星-三角换接起动就是将正常运行时定子绕组为三角形联结的异步电动机，在起动时连接成星形联结，当电动机转速上升到一定数值后再改接为三角形联结，如图 7-40 所示。因星-三角减压起动时的起动电流为直接起动时的 1/3，起动转矩也减小到直接起动时的 1/3，所以这种起动方法适用于轻载起动情况。星-三角起动的电动机的三相绕组的六个出线端都要引出，并接到转换开关上，起动时，将正常运行时三角形联结的定子绕组改接为星形联结，起动结束后再换为三角形联结。这种方法只适用于中、小型笼型异步电动机。

星-三角起动方法起动时，电动机定子绕组为星形联结，电动机每相定子绕组上的电压是电源线电压 $U_1$ 的 $1/\sqrt{3}$，此时电路的线电流等于相电流，即流过每个绕组的电流，$I_{1\mathrm{Y}}=\dfrac{U_1}{\sqrt{3}Z}$。当电动机接近额定转速时，电动机定子绕组改为三角形联结，这时电动机每相绕组的电压为电源线电压 $U_1$，$I_{1\triangle}=\sqrt{3}\,\dfrac{U_1}{Z}$。比较以上的两个电流，即定子绕组星形联结时，由电源提供的起动电流仅为定子绕组三角形联结时的 1/3。由于起动转矩与每相绕组电压的二次方成正比，星形联结时的绕组电压降低了 $1/\sqrt{3}$，因此起动转矩将降到三角形联结时的 1/3。

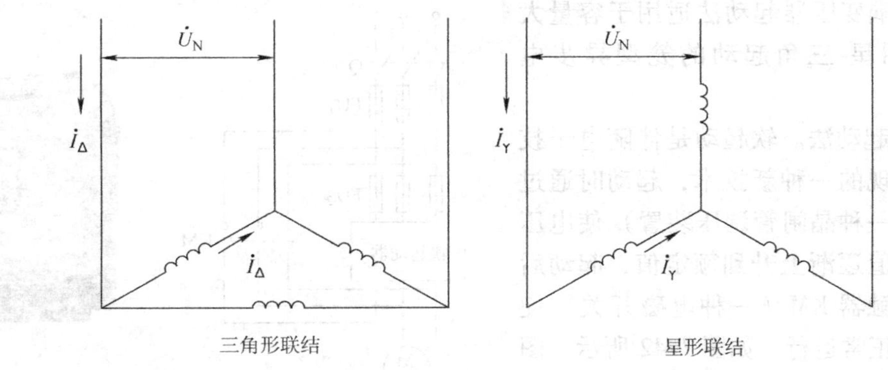


图7-40　星-三角减压起动电路

（2）自耦变压器起动法。利用自耦变压器减压起动笼型异步电动机的电路原理如图7-41所示。自耦变压器低压侧的“抽头比”通常为73%、64%和55%，以便满足不同起动转矩的要求。起动时，电源通过自耦变压器降压后接电动机起动。待转速较高时脱离自耦变压器，电动机开始在额定电压下正常运行。

设自耦变压器的电压比为$K$（$K>1$），若电源电压为$U$，经自耦变压器降压后，加在电动机端的电压为$U'=\dfrac{U}{K}$，此时，电动机的起动电流$I'=\dfrac{I_{st}}{K}$，其中$I_{st}$为电动机额定电压下的起动电流。由于自耦变压器高压端的电流$I_{st1}$比低压端$I_{st}$小$K$倍，于是

$$I_{st1}=\frac{I_{st}}{K^2} \tag{7-61}$$

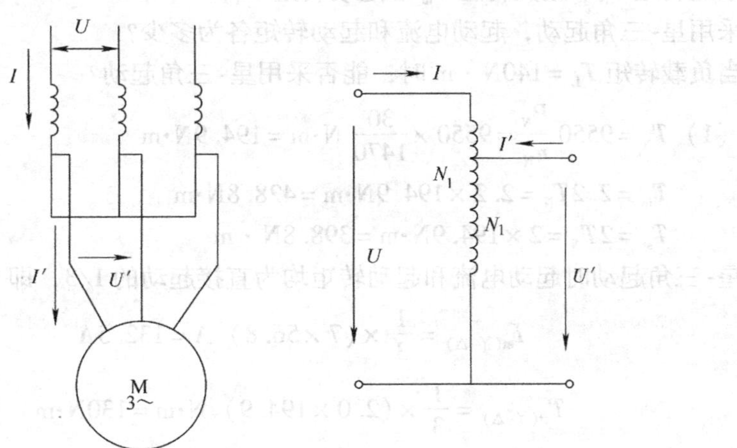


图7-41　自耦变压器减压起动的电路原理

由此可见，利用自耦变压器减压起动笼型异步电动机，电网电流比直接起动减少了$\dfrac{1}{K^2}$。由于加到电动机上的电压减小了$\dfrac{1}{K}$，因此，同直接起动相比，起动转矩也同样减少了$\dfrac{1}{K^2}$。

所以自耦变压器起动法适用于容量大或不能采用星-三角起动的笼型异步电动机。

（3）软起动法。软起动是伴随电子技术发展而出现的一种新技术，起动时通过软起动器（一种晶闸管调压装置）使电压从某一较低值逐渐上升到额定值，起动后再用旁路接触器 KM（一种电磁开关）使电动机投入正常运行，如图7-42所示。图中，$FU_1$ 为普通熔断器，$FU_2$ 为保护软起动器的快速熔断器。

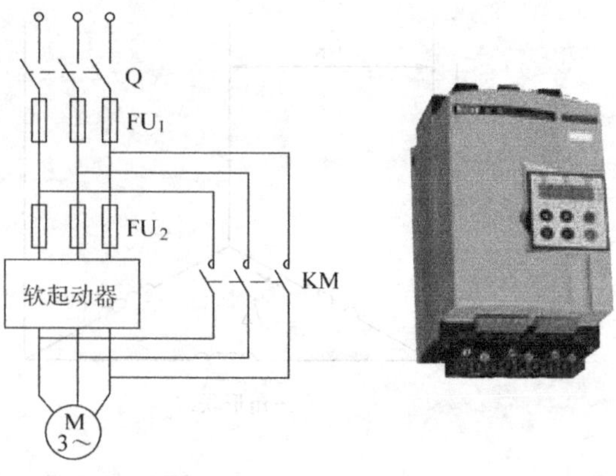

图7-42 软起动电路及软起动器外形

软起动器具有节能、保护、提高功率因数和提高效率等功能，广泛应用于水泵、压缩机、传送带等设备。

【例7.3.4】一台 Y200L—4 型异步电动机，其技术数据见表7-4。试求：

表7-4 例7.3.4表

| 型号 | $P_N$ /kW | 满载时 | | | | $T_{st}/T_N$ | $I_{st}/I_N$ | $T'_{st}/T'_N$ |
|---|---|---|---|---|---|---|---|---|
| | | $I_N$ /A | $n_N$ /(r/min) | $\eta_N$ (%) | 功率因数 | | | |
| Y200L—4 | 30 | 56.8 | 1470 | 92.2 | 0.87 | 2.0 | 7.0 | 2.2 |

注：同步转速为1500r/min，额定电压为380V，额定频率为50Hz，星形联结。

（1）额定转矩 $T_N$、最大转矩 $T_m$ 和起动转矩 $T_{st}$；

（2）采用星-三角起动，起动电流和起动转矩各为多少？

（3）当负载转矩 $T_L=140\text{N}\cdot\text{m}$ 时，能否采用星-三角起动？

【解】（1）$T_N=9550\dfrac{P_N}{n_N}=9550\times\dfrac{30}{1470}\text{N}\cdot\text{m}=194.9\text{N}\cdot\text{m}$

$$T_m=2.2T_N=2.2\times194.9\text{N}\cdot\text{m}=428.8\text{N}\cdot\text{m}$$

$$T_{st}=2T_N=2\times194.9\text{N}\cdot\text{m}=398.8\text{N}\cdot\text{m}$$

（2）星-三角起动时起动电流和起动转矩均为直接起动的1/3，即

$$I_{st(Y-\Delta)}=\frac{1}{3}\times(7\times56.8)\ \text{A}=132.5\text{A}$$

$$T_{st(Y-\Delta)}=\frac{1}{3}\times(2.0\times194.9)\ \text{N}\cdot\text{m}=130\text{N}\cdot\text{m}$$

（3）由于 $T_{st(Y-\Delta)}<T_L$，故不能起动。

#### 7.3.4.2 三相异步电动机的调速

人为地改变异步电动机的机械特性，使转速改变称为调速。在工程实际中采用电动机调速，可极大简化机械变速装置。所以三相异步电动机的速度调节是它的一个非常重要的应用方面。从异步电动机的转速公式

$$n=(1-s)\ n_0=(1-s)\ \frac{60f_1}{p}$$

可知，异步电动机可以通过三种方式进行调速：

（1）改变电动机旋转磁场的极对数 $p$ 调速。

（2）改变供电电源的频率 $f_1$ 调速。

（3）改变转差率 $s$ 调速。

下面分别介绍这几种调速方法。

**1. 变极调速**

变极调速就是改变电动机旋转磁场的极对数 $p$，从而使电动机的同步转速发生变化而实现电动机的调速，通常通过改变电动机定子绕组的连接来实现。改变定子绕组极对数调速的原理如图 7-43 所示。这里利用最简单的一套定子绕组，通过电流反向变极法可实现电动机极对数 2⇔1之间的变化，即 2∶1 倍极比调速。可以看出，定子一相绕组中两组线圈正向串联的时候构成四级磁场；如果把一组线圈中电流改变方向（反向串联或并联）便构成了两极磁场。

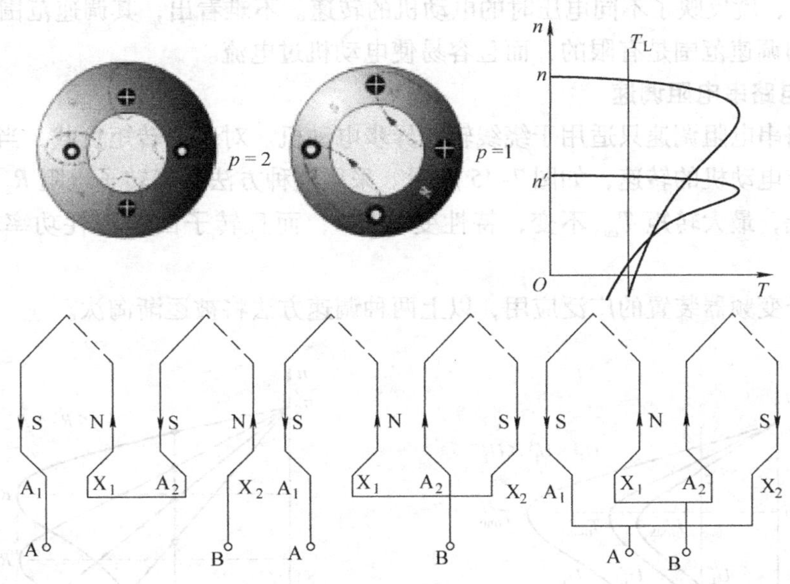


图 7-43　变极调速的原理

这种方法的特点是有级调速，不平滑，但调速简单、经济、稳定性好，在机床等设备上得到普遍应用。由于此方法只能有极调速，调速的级数不可能多，因此只适用于不要求平滑调速的场合。改变绕组的联结可以有多种形式，可以在定子上安装一套能变换为不同极对数的绕组，也可以在定子上安装两套不同极对数的单独绕组，还可以混合使用这两种方法以得到更多的转速。应当指出的是，变极调速只适用于笼型异步电动机，因为笼型转子的极对数能自动随定子绕组极对数变化而变化。

**2. 变频调速**

异步电动机的变频调速是一种很好的调速方法。异步电动机的转速正比于电源的频率 $f_1$，若连续调节电动机供电电源的频率，即可连续改变电动机的转速。变频的方法有直接变频和间接变频两种。间接变频装置按控制方式的不同有多种形式，但都由整流器（将 50Hz 的三相交流电变换为直流电）和逆变器（将直流电变为频率可调的三相交流电）组成。频率调节范围为0.5~320Hz。特点是：可以得到无级调速，具有较"硬"的机械特性。

**3. 变转差率调速**

通过分析电磁转矩公式

$$T = C'_T \frac{sU_1^2 R_2}{R_2^2 + (sX_{20})^2}$$

可以看出，若保持转矩不变，当分别改变电源电压 $U_1$ 和转子回路电阻 $R_2$ 时，转差率 $s$ 会改变，转差率 $s$ 的改变将引起电动机转速的改变。所以通过改变转差率 $s$ 可以达到调速的目的。

调压调速改变异步电动机定子电压的机械特性如图7-44所示。从图中可见，$n_0$、$s_m$ 不变，$T_{max}$ 随电压 $U_1$ 的降低成二次方的比例下降。在负载转矩不变的情况（恒转矩负载）下，由负载线（图7-44中平行于纵坐标的直线）与不同电压下电动机机械特性的交点，如图示的 $a$、$b$、$c$ 点，就反映了不同电压时的电动机的转速。不难看出，其调速范围很小，所以这种调速方法的调速范围是有限的，而且容易使电动机过电流。

**4. 转子电路串电阻调速**

转子电路串电阻调速只适用于绕线转子异步电动机。对于恒转矩负载，当改变转子电阻时，可以调节电动机的转速，如图7-45所示。采用这种方法，当转子电阻 $R_2$ 增大时，电动机的转速降低，最大转矩 $T_{max}$ 不变，特性变"软"，而且转子回路消耗功率较大，对节能不利。

目前由于变频器装置的广泛应用，以上两种调速方法将被逐渐淘汰。

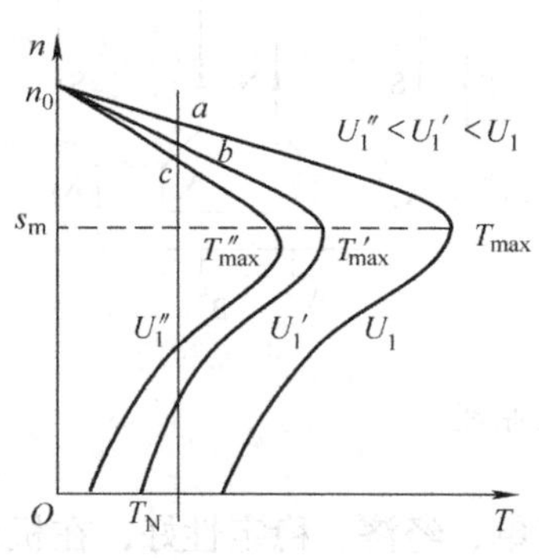


图7-44 调压调速

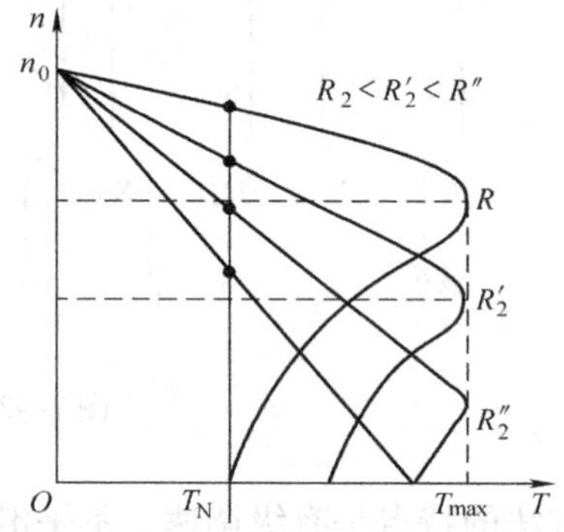


图7-45 调转子电阻调速

**【例7.3.5】** 三相笼型异步电动机在额定状态附近运行。试分析：

(1) 负载增大时其转速和电流如何变化；

(2) 电压升高时转速和电流又如何变化。

**【解】** (1) 负载增大瞬间，电动机的电磁转矩没有变化，根据电磁转矩平衡方程知，转速减小，又由图7-46所示机械特性可知，电动机的工作点下移，从而电磁转矩变大，转速变小，使得转子于旋转磁场间的相对速度变大，进而转差率变大，转子电流变大。由于转子电流对旋转磁场的去磁作用，定子电流相应变大，随着电磁转矩的逐渐增大，转速的下降变慢，电流增加幅度变小。当电磁转矩等于负载转矩时，转速不再下降，电动机以匀速状态运行。

(2) 电压升高且小于额定电压时，电动机的机械特性曲线右移，转矩变大，转速上升，定子电流变小，如图7-46所示。这时，工作点沿着机械特性曲线②上移，直至工作点移到$B$点，电磁转矩等于负载转矩。当电压超过额定电压时，铁心的磁通要增大，由于电动机的磁通通常已接近饱和，故引起励磁电流有很大变化，铁心发热，甚至烧坏电动机。

【例7.3.6】如何提高三相异步电动机运行中的功率因数，以达到节能运行的目的?

【解】在电动机的运行过程中，当电压降低时，由于气隙磁通要降低，这可以减少电动机的铁耗和无功功率，因而可提高电动机的效率和功率因数。但是，电动机的转矩是按电压的二次方关系减小的，因此，通常在轻载，如负载低于40%时，采用减压运行，将原为三角形联结运行的电动机改为星形联结减压运行，故可使电动机的效率和功率因数提高，以达到节约电能的目的，如图7-47所示。上述电动机绕组连接方式的改变，在实际应用过程中，通常是由控制电路根据负载的大小自动换接的，或者采用微型计算机控制的。

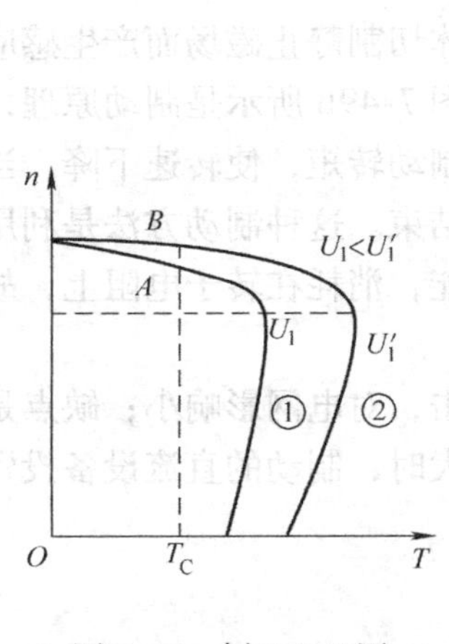


图7-46 例7.3.5图

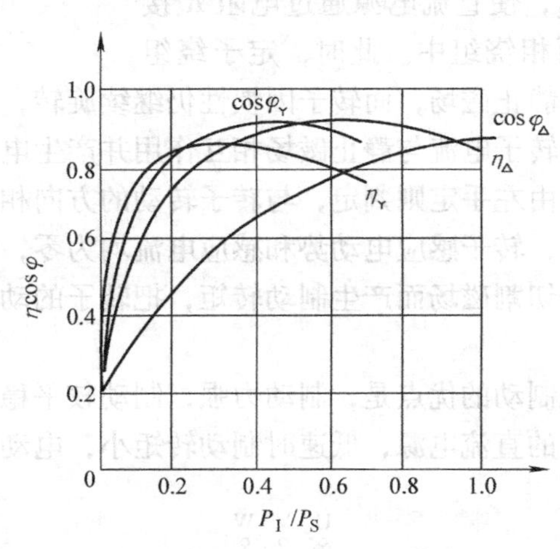


图7-47 例7.3.6图

## 7.3.5 三相异步电动机的制动

电动机的转动有一定惯性，在断开电源后会继续转动一定时间才能停下来。为了提高生产效率和保证生产机械工作的准确性，通常需要电动机制动，以实现快速停车。这就需要对电动机采取制动措施。电动机的制动在工程实际中应用得相当广泛。

三相异步电动机制动原理是，制动时的转矩与转子的转动方向相反，此时的转矩称为制动转矩。而制动方法有：①机械方法——电磁抱闸；②电气方法——反接制动和能耗制动。

**1. 反接制动**

(1) 反接制动的方法是，当电动机停车时，将所接的三根电源线中任意两根对调，如图7-48a所示，开关Q由上方（运行）迅速合到下方（制动），电源的相序改变，产生与原来方向相反的电磁转矩，对由于惯性作用仍沿着原来方向运行的电动机起到制动作用。

(2) 反接制动的特点是，方法简单，制动转矩大，效果好，但能量损失大。

(3) 反接制动的应用对象是，电动机起停不频繁的、功率较小的金属切削机床（如车床、铣床）的主轴的制动。

（4）反接制动时，转子以（$n_1+n$）的速度切割旋转磁场，因而定子绕组及转子绕组中电流较正常运行时大几十倍。为了使电动机不产生过热，反接制动时可在定子电路中串联电阻限流。

反接制动的原理如图7-48b所示。

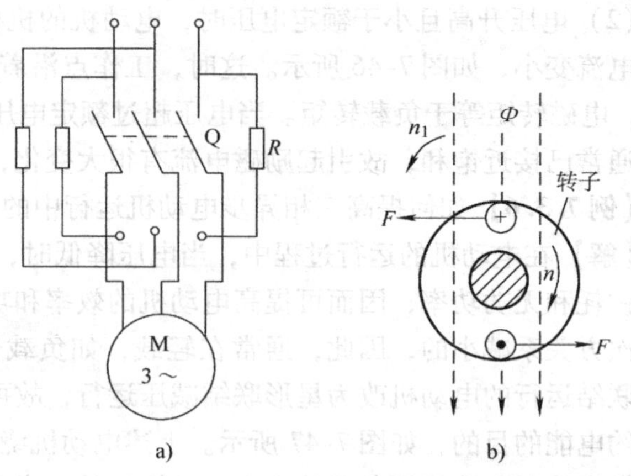


图7-48　反接制动的电路接线及原理

a）电路接线　b）制动原理

**2. 能耗制动**

能耗制动的电路接线及制动原理如图7-49所示。断开开关$S_1$，将异步电动机从交流电源分离，然后迅速闭合开关$S_2$，使直流电源通过电阻$R$接入定子两相绕组中。此时，定子绕组产生一个静止磁场，而转子因惯性仍继续旋转，则转子导体切割静止磁场而产生感应电动势和电流，转子电流与静止磁场相互作用并产生电磁转矩。图7-49b所示是制动原理，电磁转矩的方向由左手定则判定，与转子转动的方向相反，为一制动转矩，使转速下降。当转速下降为零时，转子感应电动势和感应电流均为零，制动过程结束。这种制动方法是利用转子惯性，转子切割磁场而产生制动转矩，把转子的动能变为电能，消耗在转子电阻上，故称为能耗制动。

能耗制动的优点是，制动力强，制动较平稳，无大冲击，对电网影响小；缺点是，需要一套专门的直流电源，低速时制动转矩小，电动机功率较大时，制动的直流设备投资大。

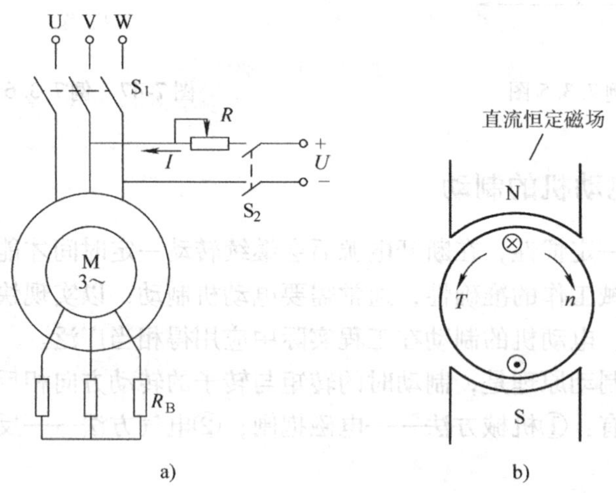


图7-49　三相异步电动机能耗制动的电路及制动的原理

a）电路接线　b）制动原理

【例7.3.7】反接制动瞬间，电动机的电流会不会达到起动电流的2倍？

【答】反接制动时，由于转子以 $n_0$ 的速度切割旋转磁场，因而定子、转子绕组中电流是额定电流几十倍，远大于起动电流（5 ~ 7 倍的额定电流），为了使电动机不产生过热，应在定子电路中串联电阻限流。

**【例 7.3.8】**能耗制动中，转子导体中产生的电磁制动力矩是否为一常数？

【答】在能耗制动系统中，转子导体中的制动转矩不是常数，其大小与通入定子绕组直流电的大小有关。

## 习 题

7.1.1 填空题。

（1）两个铁心线圈除了匝数不同（$N_1 > N_2$）外，其他参数相同，若将这两个线圈接在同一交流电源上，它们的磁通 $\Phi_1$ ______ $\Phi_2$。（>，<，=）

（2）交流铁心线圈，当线圈匝数 $N$ 增加一倍，则磁通 $\Phi$ 将______，磁感应强度 $B$ 将______。（增大，减小，不变）

（3）一个理想变压器，空载电流忽略不计。一、二次绕组的匝数之比 $N_1/N_2 = 2$，且处于满载情况。当 $i_1 = \sqrt{2} \times 100\sin(\omega t - 10)$ mA 时，其二次电流为______ mA。

（4）磁通恒定的磁路称为________，磁通随时间变化的磁路称为________。

（5）电机和变压器常用的铁心材料为________。

（6）当外加电压大小不变而铁心磁路中的气隙增大时，对直流磁路，则磁通________，电感________，电流________；对交流磁路，则磁通________，电感________，电流________。

7.1.2 选择题。

（1）一空载变压器，其一次绕组电阻为 22Ω，当一次侧加上额定电压 220V 时，一次绕组中电流为______。

（A）10A （B）>>10A （C）<<10A

（2）一空心线圈两端加一交流电压 $U$，通过电流为 $I$。若将铁心插入线圈，线圈中的电流将______。

（A）增大 （B）减小 （C）不变

（3）直流铁心线圈，当铁心截面积 $A$ 加倍，则磁通将______，磁感应强度 $B$ 将______。

（A）增大 （B）减小 （C）不变

7.1.3 判断题。

（1）变压器二次电流 $i_2$ 总是与其二次端电压 $u_2$ 同相位。（ ）

（2）一台降压变压器也可以反过来用作升压变压器。（ ）

（3）若将空载变压器一次绕组的匝数增加 1 倍，而所加电压不变，则空载电流也不变。（ ）

（4）电机和变压器常用的铁心材料为软磁材料。（ ）

（5）铁磁材料的磁导率小于非铁磁材料的磁导率。（ ）

（6）在磁路中，与电路中的电流作用相同的物理量是磁感应强度。（ ）

（7）若硅钢片的接缝增大，则其磁阻增加。（ ）

（8）在电机和变压器铁心材料周围的气隙中存在少量磁场。（　　）

（9）恒压交流铁心磁路，则空气气隙增大时磁通不变。（　　）

7.1.4　磁路的结构一定，磁路的磁阻是否一定，即磁路的磁阻是否是线性的？

7.1.5　恒定（直流）电流通过电路时会在电阻中产生功率损耗，恒定磁通通过磁路时会不会产生功率损耗？

7.1.6　额定电压一定的交流铁心线圈能否施加大小相同的直流电压？

7.1.7　磁滞损耗和涡流损耗是什么原因引起的？它们的大小与哪些因素有关？

7.1.8　磁路的磁阻如何计算？磁阻的单位是什么？

7.1.9　说明磁路和电路的不同点。

7.1.10　说明直流磁路和交流磁路的不同点。

7.1.11　磁路的基本定律有哪几条？当铁心磁路上有几个磁动势同时作用时，磁路计算能否用叠加定理，为什么？

7.1.12　在图7-50所示电路中，如果电流 $i_1$ 在铁心中建立的磁通是 $\Phi=\Phi_m\sin\omega t$，二次绕组的匝数是 $N_2$，试求二次绕组内感应电动势有效值的计算公式。

7.1.13　磁路结构如图7-51所示，欲在气隙中建立 $7\times10^{-4}$Wb 的磁通，需要多大的磁动势？

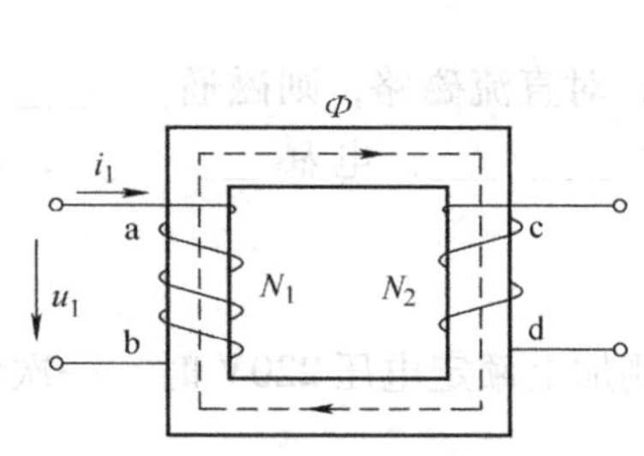

图7-50　题7.1.12图

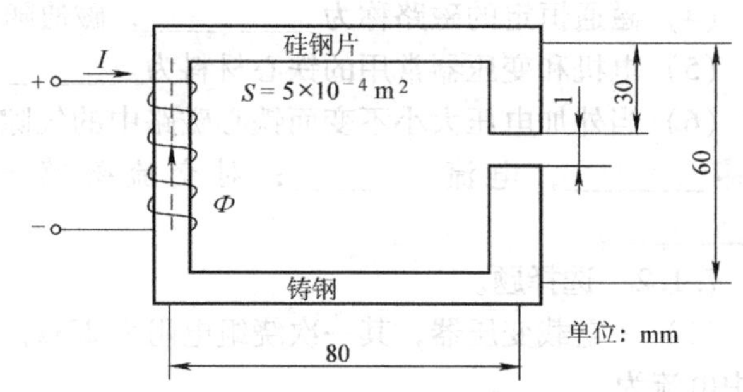

图7-51　题7.1.13图

7.2.1　填空题。

（1）一台单相变压器额定电压为380V/220V，额定频率为50Hz，如果误将低压侧接到380V上，则此时 $\Phi_m$______，$I_0$______，$Z_m$______，$P_{Fe}$______。（增加，减少或不变）

（2）一台额定频率为50Hz的电力变压器接入频率为60Hz且电压为此变压器的6/5倍额定电压的电网运行，此时变压器磁路的饱和程度______，励磁电流______，励磁电抗______，漏电抗______。

（3）如将变压器误接到等电压的直流电源上时，由于 $E=$______，$U=$______，空载电流将______，空载损耗将______。

（4）变压器空载运行时功率因数很低，其原因为______。

（5）一台变压器，原设计的频率为50Hz，现将它接到60Hz的电网上运行，额定电压不变，励磁电流将______，铁耗将______。

（6）变压器的二次侧是通过______对一次侧进行作用的。

（7）既和一次绕组交链又和二次绕组交链的磁通为______，仅和一次绕组交链的磁通为__________。

7.2.2 选择题。

(1) 变压器的其他条件不变，外加电压增加10%，则一次侧漏抗 $X_1$、二次侧漏抗 $X_2$ 和励磁电抗 $X_m$ 将______。

(A) 不变 (B) 增加10% (C) 减少10%（分析时假设磁路不饱和）

(2) 单相电力变压器磁动势平衡方程为______。

(A) 一、二次侧磁动势的代数和等于合成磁动势

(B) 一、二次侧磁动势的时间相量和等于合成磁动势

(C) 一、二次侧磁动势的算术差等于合成磁动势

(3) 变压器电压与频率都增加5%时，穿过铁心线圈的主磁通______。

(A) 增加 (B) 减少 (C) 基本不变

(4) 单相变压器通入正弦励磁电流，二次侧的空载电压波形为______。

(A) 正弦波 (B) 尖顶波 (C) 平顶波

(5) 变压器的其他条件不变，若一、二次绕组的匝数同时减少10%，则 $X_1$、$X_2$ 及 $X_m$ 的大小将______。

(A) $X_1$ 和 $X_2$ 同时减少10，$X_m$ 增大

(B) $X_1$ 和 $X_2$ 同时减少到0.81倍，$X_m$ 减少

(C) $X_1$ 和 $X_2$ 同时减少到0.81倍，$X_m$ 增加

(D) $X_1$ 和 $X_2$ 同时减少10%，$X_m$ 减少

(6) 如果将额定电压为220V/110V的变压器的低压侧误接到220V电压，则励磁电流将______，变压器将______。

(A) 不变 (B) 增大一倍 (C) 增加很多倍

(D) 正常工作 (E) 发热但无损坏危险 (F) 严重发热有烧坏危险

(7) 将50Hz的变压器接到60Hz电源上时，如外加电压不变，则变压器的铁耗______；空载电流______；接电感性负载设计，额定电压变化率______。

(A) 变大 (B) 变小

(8) 一台50Hz的变压器接到60Hz的电网上，外加电压的大小不变，励磁电流将______。

(A) 增加 (B) 减小 (C) 不变

7.2.3 判断题。

(1) 电源电压和频率不变时，制成的变压器的主磁通基本为常数，因此负载和空载时感应电动势 $E_1$ 为常数。( )

(2) 变压器空载运行时，电源输入的功率只是无功功率。( )

(3) 变压器频率增加，励磁电抗增加，漏电抗不变。( )

(4) 变压器空载运行时一次侧加额定电压，由于绕组电阻 $r_1$ 很小，因此电流很大。( )

(5) 只要使变压器的一、二次绕组的匝数不同，就可达到变压的目的。( )

(6) 一台50Hz的变压器接到60Hz的电网上，外加电压的大小不变，励磁电流将减小。( )

（7）变压器一次绕组匝数增加5%，二次绕组匝数下降5%，励磁电抗将不变。（ ）

7.2.4 从物理意义上说明变压器为什么能变压，而不能变频率？

7.2.5 试从物理意义上分析，若减少变压器一次绕组匝数（二次绕组匝数不变），二次电压将如何变化？

7.2.6 变压器铁心的作用是什么，为什么它要用0.35mm厚、表面涂有绝缘漆的硅钢片叠成？

7.2.7 变压器有哪些主要部件，它们的主要作用是什么？

7.2.8 变压器的空载电流的性质和作用如何？它与哪些因素有关？

7.2.9 变压器空载运行时，一次绕组加额定电压，这时一次绕组电阻 $r_1$ 很小，为什么空载电流 $I_0$ 不大？如将它接在同电压（仍为额定值）的直流电源上会如何？

7.2.10 铭牌为60Hz的变压器，接到50Hz的电网上运行，试分析对主磁通、励磁电流、铁耗、漏抗及电压变化率有何影响？

7.2.11 一台50Hz的单相变压器，如接在直流电源上，其电压大小和铭牌电压一样，试问此时会出现什么现象？一次侧开路或短路对一次电流的大小有无影响（均考虑暂态过程）？

7.2.12 变压器的额定电压为220V/110V，若不慎将低压侧误接到220V电源上，试问励磁电流将会发生什么变化？变压器将会出现什么现象？

7.2.13 变压器有载运行时，电压比是否改变？

7.3.1 填空题。

（1）当三相异步电动机定子绕组接于50Hz的电源上作电动机运行时，定子电流的频率为________，定子绕组感应电动势的频率为________，如转差率为 $s$，此时转子绕组感应电动势的频率为________，转子电流的频率为________。

（2）异步电动机起动时，转差率 $s=$________，此时转子电流 $I_2$ 的值________，$\cos\varphi_2$________，主磁通比正常运行时要________，因此起动转矩________。

（3）一台三相8极异步电动机的电网频率为50Hz，空载运行时转速为735r/min，此时转差率为________，转子电动势的频率为________。当转差率为0.04时，转子的转速为________，转子的电动势频率为________。

（4）三相异步电动机空载运行时，电动机内损耗包括________、________、________和________，电动机空载输入功率 $P_0$ 与这些损耗相平衡。

（5）三相异步电动机转速为 $n$，定子旋转磁场的转速为 $n_1$，当 $n<n_1$ 时为________运行状态；当 $n>n_1$ 时为________运行状态；当 $n$ 与 $n_1$ 反向时为________运行状态。

（6）增加绕线转子异步电动机起动转矩方法有________和________。

（7）一台频率为 $f=60\text{Hz}$ 的三相异步电动机，用在频率为50Hz的电源上（电压不变），电动机的最大转矩为原来的________，起动转矩变为原来的________。

7.3.2 选择题。

（1）三相绕线转子异步电动机，转子串电阻起动时______。

（A）起动转矩增大，起动电流增大　（B）起动转矩增大，起动电流减小

（C）起动转矩增大，起动电流不变　（D）起动转矩减小，起动电流增大

（2）一台50Hz三相异步电动机的转速为 $n=720\text{r/min}$，该电动机的极数和同步转速

为______。

（A）4极，1500r/min　　（B）6极，1000r/min

（C）8极，750r/min　　（D）10极，600r/min

（3）三相笼型异步电动机的额定状态转速下降10%，该电动机转子电流产生的旋转磁动势相对于定子的转速______。

（A）上升10%　　（B）下降10%

（C）上升1/(1+10%)　　（D）不变

（4）国产额定转速为1450r/min的三相异步电动机为______极电动机。

（A）2　　（B）4

（C）6　　（D）8

（5）三相异步电动机气隙增大，其他条件不变，则空载电流______。

（A）增大　　（B）减小

（C）不变　　（D）不能确定

（6）三相异步电动机等效电路中的附加电阻$\frac{(1-s)}{s}R_2'$上所消耗的电功率应等于______。

（A）输出功率$P_2$　　（B）输入功率$P_1$

（C）电磁功率$P_{em}$　　（D）总机械功率$P_\Omega$

（7）三相绕线转子异步电动机拖动恒转矩负载运行时，采用转子回路串入电阻调速，运行在不同转速上时，其转子回路电流的大小______。

（A）与转差率反比　　（B）与转差率无关

（C）与转差率正比　　（D）与转差率成某种函数关系

（8）三相异步电动机电磁转矩的大小和______成正比。

（A）电磁功率　　（B）输出功率

（C）输入功率　　（D）全机械功率

7.3.3　判断题。

（1）三相异步电动机转子为任意转速时，定、转子合成基波磁动势转速不变。（　）

（2）三相绕线转子异步电动机在转子回路中串电阻可增大起动转矩，所串电阻越大，起动转矩就越大。（　）

（3）当三相异步电动机转子绕组短接并"堵转"时，轴上的输出功率为零，则定子侧输入功率也为零。（　）

（4）三相异步电动机的功率因数$\cos\varphi_1$总是滞后的。（　）

（5）异步电动机运行时，总要从电源吸收一个滞后的无功电流。（　）

（6）只要电源电压不变，异步电动机的定子铁耗和转子铁耗基本不变。（　）

（7）异步电动机的负载转矩在任何时候都绝不可能大于额定转矩。（　）

（8）绕线转子异步电动机转子串电阻可以增大起动转矩；笼型异步电动机定子串电阻也可以增大起动转矩。（　）

（9）三相异步电动机起动电流越大，起动转矩也越大。（　）

（10）三相绕线转子异步电动机在转子回路中串电阻可增大起动转矩，所串电阻越大，起动电流就越小。（　）

（11）三相异步电动机的起动电流很大，所以其起动转矩也很大。（　　）

（12）三相异步电动机的起动电流和起动转矩都与电动机所加的电源电压成正比。（　　）

（13）在机械和工艺容许的条件下，异步电动机的气隙越小越好。（　　）

（14）对于异步电动机，转差功率就是转子铜耗。（　　）

（15）异步电动机空载运行时的功率因数很高。（　　）

7.3.4　异步电动机等效电路中的$\left(\frac{1-s}{s}\right)R_2'$代表什么含义？能否用电感或电容代替？为什么？

7.3.5　三相异步电动机运行时，若负载转矩不变而电源电压下降10%，对电动机的同步转速$n_1$、转子转速$n$、主磁通$\Phi_m$、功率因数$\cos\varphi_1$和电磁转矩$T_{em}$有何影响？

7.3.6　普通笼型异步电动机在额定电压下起动时，为什么起动电流很大，而起动转矩并不大？

7.3.7　异步电动机带负载运行，若电源电压下降过多，会产生什么严重后果？如果电源电压下降20%，对最大转矩、起动转矩、转子电流、气隙磁通和转差率有何影响（设负载转矩不变）？

7.3.8　异步电动机运行时，定子电流的频率是多少？由定子电流产生的旋转磁动势以什么速度切割定子和转子？由转子电流产生的旋转磁动势基波以什么速度切割定子和转子？两个基波磁动势的相对运动速度多大？

7.3.9　两台型号完全相同的笼型异步电动机共轴连接，拖动一个负载。如果起动时将它们的定子绕组串联以后接至电网上，起动完毕后再改为并联。试问这样的起动方法，对起动电流和起动转矩有何影响？

7.3.10　异步电动机在转子回路串电阻起动时，为什么既能降低起动电流，又能增大起动转矩？所串电阻是否越大越好？

7.3.11　异步电动机定子绕组与转子绕组之间没有直接的联系，为什么负载增加时，定子电流和输入功率会自动增加，试说明其物理过程。从空载到满载，电动机主磁通有无变化？

7.3.12　异步电动机在轻载下运行时，试分析其效率和功率因数都较额定负载时低的原因。如定子绕组为三角形联结的异步电动机改为星形联结运行，在轻载下其结果如何？此时所能负担的最大负载必须少于多少？

7.3.13　为什么相同容量的异步电动机的空载电流比变压器的大很多？

7.3.14　电动机的转子有哪两种类型，各有何特点？

7.3.15　一台50Hz、8极的三相异步电动机，额定转差率$s_N=0.04$，问该电动机的同步转速是多少？当该电动机运行在700r/min时，转差率是多少？当该电动机运行在800r/min时，转差率是多少？当该电动机运行在起动时，转差率是多少？

7.3.16　一台三相异步电动机，额定功率$P_N=4\text{kW}$，额定电压$U_N=380\text{V}$，三角形联结，额定转速$n_N=1442\text{r/min}$，定子、转子的参数如下：

$$R_1=4.47\Omega,\ R_2'=3.18\Omega,\ R_m=11.9\Omega$$
$$X_{1\sigma}=6.7\Omega,\ X'_{2\sigma}=9.85\Omega,\ X_m=6.7\Omega$$

试求在额定转速时的电磁转矩、最大转矩、起动电流和起动转矩。

7.3.17　一台三相4极50Hz绕线转子异步电动机，转子每相电阻$R_2=0.015\Omega$。额定运行时，转子相电流为200A，$n_N=1475r/min$，计算额定电磁转矩。若保持额定负载转矩不变，在转子回路串电阻，使转速降低到1200r/min，求转子每相应串入的电阻值，此时定子电流、电磁功率和输入功率是否变化？

# 附录　部分习题参考答案

**1.1.2**　选择题。

（1）（B），（2）（A），（3）（B），（4）（D），（5）（C），（6）（A），（7）（A），（8）（B），（9）（B），（10）（C），（11）（B），（12）（B），（13）（A），（14）（B），（15）（A），（16）（B），（17）（C）。

**1.1.3**　判断题。

（1）（×），（2）（√），（3）（×）。

**1.1.4**　$W=P\times30\times24=300\times30\times24\text{kW}\cdot\text{h}=216\text{kW}\cdot\text{h}$。

**1.1.5**　$I=\frac{100}{220}\text{A}=0.45\text{A}$，$R=\frac{220}{0.45}\Omega=488\Omega$。

**1.1.6**　若 $U$ 和 $I$ 正方向一致，计算所得的功率是正值，则为负载；若 $U$ 和 $I$ 正方向一致，计算所得的功率是负值，则为电源。若 $P$ 为正，则为电源；若 $P$ 为负，则为负载。

**1.1.7**　（1）当电阻为 $R$ 时，流经电压源的电流为 $i=\frac{u_S}{R}$，电源发出的功率为 $p=u_Si=\frac{u_S^2}{R}$，表明当电阻由小变大时，电流由大变小，电源发出的功率也由大变小；

（2）当 $R=\infty$ 时，$i=0$，$p=u_Si=0$；

（3）当 $R=0$ 时，$i\rightarrow\infty$，$p=u_Si\rightarrow\infty$。

由此例可以看出：理想电压源的电流随外部电路变化。在 $i\rightarrow\infty$ 的极端情况，电压 $u\rightarrow\infty$，从而电压源产生的功率 $p\rightarrow\infty$，说明电压源在使用过程中不允许短路。

**1.1.8**　$u_R=(10-5)\text{V}=5\text{V}$，$i=u_R/R=\frac{5}{5}\text{A}=1\text{A}$；

$p_{10V}=u_Si=10\times1\text{W}=10\text{W}$（非关联，发出）；

$p_{5V}=u_Si=5\times1\text{W}=5\text{W}$（非关联，吸收）；

$p_R=u_Ri=5\times1\text{W}=5\text{W}$（非关联，吸收）；

满足 $p_{发}=p_{吸}$。

**1.1.9**　S 闭合时：$U_a=6\text{V}$，$U_b=-3\text{V}$，$U_c=0\text{V}$；

S 断开时：$U_a=U_b=6\text{V}$，$U_c=(6+3)\text{V}=9\text{V}$。

**1.1.10**

$$U_a=\left[12-\frac{2\times10^3}{(2+4+4+2)\times10^3}\times(12+6)\right]\text{V}=9\text{V}$$

$$U_b=\left[12-\frac{(2+4)\times10^3}{(2+4+4+2)\times10^3}\times(12+6)\right]\text{V}=3\text{V}$$

$$U_c=\left[-6+\frac{2\times10^3}{(2+4+4+2)\times10^3}\times(12+6)\right]\text{V}=-3\text{V}$$

**1.2.1**　选择题。

(1) (G), (2) (B), (3) (A), (4) (F), (5) (D), (6) (C), (7) (A, D), (8) (B), (9) (B), (10) (A), (11) (A), (12) (B), (13) (B), (14) (B), (15) (A), (16) (A), (17) (B), (18) (B)。

**1.2.4** 负载的增减指负载消耗的电功率的增减。负载消耗的电功率 $P=U/R_L$，蓄电池电压一定，即上式中 $U$ 不变，当 $R_L$ 增加时，$P$ 减小，所以该负载减小了。

**1.2.5** 烧坏电源。因为这时所有负载均被短路，电流不通过负载，外电路的电阻可视为零，回路中仅有很小的电源内阻，所以会有很大的电流通过电源，将电源烧坏。

**1.2.6** 可将两个0.5W、250kW的电阻串联使用，或将两个0.5W、1MΩ的电阻并联使用。这样，不仅总电阻值符合要求，而且各电阻在实际工作时消耗的电功率和通过的电流也不超过各自的额定功率和额定电流。

**1.3.1** 这种观点不正确。与理想电压源并联的理想电流源不影响电路其余部分的电压和电流，但会影响理想电压源的电流；与理想电流源串联的理想电压源也不影响电路其余部分的电压和电流，但会影响理想电流源的电压。

**1.3.2** 对图1-85b，因为凡与理想电流源串联的元器件，其电流均等于理想电流源的电流，所以改变 $R$ 不会影响线框部分电路的电流，而线框部分电路结构一定，故也不会影响其电压。$R$ 的变化仅影响其本身的电压及理想电流源的电压。

**1.3.5** 设2Ω电阻上电流为 $I$，5Ω电阻两端电压为 $U_3$，如图1-87所示

$$I=(5-1)\ \text{A}=4\text{A}$$

$$U_1=2\times4\text{V}=8\text{V},\ U_3=5\times1\text{V}=5\text{V}$$

$$U_2=U_1-U_3=(8-5)\ \text{V}=3\text{V}$$

左恒流源的功率 $P_1=40\text{W}$，起电源作用；

右恒流源的功率 $P_2=3\text{W}$，起负载作用。

**1.3.6** 图1-88a中当 $R=1\Omega$ 时，理想电压源既不取用也不输出电功率；当 $R<1\Omega$ 时，理想电压源输出电功率；当 $R>1\Omega$ 时，理想电压源取用电功率。而理想电流源始终起电源作用。

图1-88b中当 $R=1\Omega$ 时，理想电流源既不取用也不输出电功率；当 $R>1\Omega$ 时，理想电流源输出电功率；当 $R<1\Omega$ 时，理想电流源取用电功率。而理想电压源始终起电源作用。

**1.4.1** 选择题。

(1) (A), (2) (C), (3) (B), (4) (C), (5) (C), (6) (C), (7) (C), (8) (A), (9) (C), (10) (B), (11) (D), (12) (C), (13) (A)。

**1.4.5** 【答】不是线性的。加上正向电压时，P区的空穴与N区的电子在正向电压所建立的电场下相互吸引产生复合现象，导致阻挡层变薄，正向电流随电压的增长按指数规律增长，宏观上呈现导通状态；而加上反向电压时，情况与前述正好相反，阻挡层变厚，电流几乎完全为零，宏观上呈现截止状态。这就是PN结的单向导电特性。

**1.4.6** 【答】这种说法不正确，N型半导体和P型半导体中本身并不呈带电性。

**1.4.8** $I=E_1+E_2/R=(8+16)\ \text{V}/3\text{k}\Omega=8\text{mA}$

$U_0=16\text{V}-3\text{k}\Omega\times8\text{mA}=-8\text{V}$

**1.4.9** (1) 是PNP型不确定，工作在截止状态；(2) 是NPN型硅管，工作在饱和状态；(3) 是PNP型不确定，工作在异常状态；(4) 是NPN型硅管，工作在放大状态。

**1.4.10** （1）$U_A = U_B = 0V$ 时，$VD_A$、$VD_B$ 均导通，$U_Y = 0$，$I_R = 12/3.9A = 3.1A$，$I_A = I_B = 0.5I_R = 1.55A$；

（2）$U_A = 3V$，$U_B = 0V$ 时，$VD_A$ 截止、$VD_B$ 导通，$U_Y = 0$，$I_R = 12/3.9A = 3.1A$，$I_A = 0$，$I_B = I_R = 3.1A$；

（3）$U_A = U_B = 3V$ 时，$VD_A$、$VD_B$ 均导通，$U_Y = 3V$，$I_R = (12-3)/3.9A = 2.31A$，$I_A = I_B = 0.5I_R = 1.15A$。

**1.4.11** 图1-96a，NPN型硅管，①-E，②-B，③-C；

图1-96b，PNP型硅管，①-C，②-B，③-E；

图1-96c，PNP型锗管，①-C，②-E，③-B。

**1.4.12** （1）电极①是集电极，电极②是基极，电极③是发射极；

（2）此晶体管的电流放大系数$\beta$约为40；

（3）此晶体管的类型是PNP型。

**1.4.13** 在图1-98所示电路中，当二极管开路时，由图可知，二极管$VD_1$、$VD_2$两端的正向电压分别为10V和25V。二极管$VD_2$两端的正向电压高于$VD_1$两端的正向电压，二极管$VD_2$优先导通。当二极管$VD_2$导通后，$U_{AB} = -15V$，二极管$VD_1$两端又为反向电压。故$VD_1$截止、$VD_2$导通。$U_{AB} = -15V$。

**1.4.14** 在图1-99a所示电路中，当稳压管开路时，两个稳压管两端的反向电压均为20V。由于稳压管$VS_1$的稳定电压低，所以$VS_1$优先导通。当稳压管$VS_1$导通时，$U_{AB} = U_{Z1} = 6V$，低于稳压管$VS_2$的击穿电压。故$VS_1$导通、$VS_2$截止。$U_{AB} = 6V$。

在图1-99b所示电路中，当稳压管开路时，两个稳压管两端的反向电压均为20V。由于稳压管$VS_1$与$VS_2$的稳定电压之和为$(6+8)V = 14V$。故$VS_1$和$VS_2$同时导通。$U_{AB} = 14V$。

**1.4.16** $U_{o1} \approx 1.3V$，$U_{o2} = 0V$，$U_{o3} \approx 1.3V$，$U_{o4} \approx 2V$，$U_{o5} \approx 1.3V$，$U_{o6} \approx -2V$。

**1.4.17** $U_{o1} = 6V$，$U_{o2} = 5V$。

**2.1.1** 选择题。

（1）（A），（2）（B），（3）（A），（4）（C），（5）（C），（6）（A），（7）（A），（8）（B），（9）（B），（10）（A），（11）（A），（12）（B），（13）（B），（14）（A）。

**2.1.3** $i = 3A - (-2)A = 5A$。

**2.1.4** $u = (10 - 20 - 5)\ V = -15V$。

**2.1.5** $U_{AB} = -4V$。

**2.1.6** 图2-96a，$U_a = U_{ab} = 10 \times 6V = 60V$，$U_c = U_{cb} = U_{S1} = 140V$，$U_d = U_{db} = U_{S2} = 90V$；

图2-96b，$U_b = U_{ba} = -10 \times 6V = -60V$，$U_c = U_{ca} = 4 \times 20V = 80V$，$V_d = U_{da} = 6 \times 5V = 30V$。

**2.1.7** （1）$U_a = 5V$，（2）$U_a = 7V$。

**2.2.1** 选择题。

（1）（B），（2）（A），（3）（A，C），（4）（B），（5）（B），（6）（B），（7）（B），（8）（B），（9）（A），（10）（B），（11）（B）。

**2.2.3** （1）$U_S = 2V$，$U_1 = -8V$，$I_1 = 5A$，$I_2 = -1A$；

(2) $U_S=4V$, $U_1=-8V$, $I_1=5A$, $I_2=0A$;

(3) $U_S=6V$, $U_1=-8V$, $I_1=5A$, $I_2=1A$。

**2.2.4** $-I_1-6+I_3=0$, $7I_1-7I_3=70$。

**2.2.5** $I_1=-0.625A$, $I_2=3.75A$, $I_3=3.125A$, $I_4=1.5625A$;

$P_1=0.78W$, $P_2=70.3W$, $P_3=48.828W$, $P_4=24.414W$, $P_5=24.414W$, $P_{U_{S1}}=-18.75W$, $P_{U_{S2}}=187.5W$。

**2.2.6** $I_1=-4A$, $I_2=5A$, $U'_S=28V$。

**2.2.7** $I_1\approx-1.17A$, $I_2\approx2.17A$, $I_3\approx3.33A$, $I_4\approx1.33A$。

**2.2.8** $U=2V$。

**2.2.9** $U_o=1V$。

**2.2.10** $U=11V$。

**2.2.11** $I=2.83A$。

**2.2.12** $I=0.01A$。

**2.3.1** 选择题。

(1) (B), (2) (B), (3) (A, C, E), (4) (C), (5) (A), (6) (B), (7) (B), (8) (B), (9) (A), (10) (B), (11) (B)。

**2.3.4** $i_C(0_+)=-1mA$, $u_L(0_+)=0V$。

**2.3.5** $i_C(0_+)=0.2mA$。

**2.3.6** $u_L(0_+)=-8V$。

**2.3.7** $i_C(0_+)=0A$, $u_L(0_+)=-I_SR$。

**2.3.8** $i_C(0_+)=8A$, $i(0_+)=20A$, $u_L(0_+)=24V$。

**2.4.1** 选择题。

(1) (B), (2) (B), (3) (A), (4) (A), (5) (B), (6) (B), (7) (A), (8) (B), (9) (A), (10) (B), (11) (A)。

**2.4.4** $U_{BC}=32V$。

**2.4.5** 电路对外呈现容性。

**2.4.6** $\dot{I}_2=1.23\angle-15.9°A$。

**2.4.8** $C=557\mu F$, $I_q=75.8A$, $I_h=50.5A$。

**2.5.1** 相电压：$\dot{U}_{an}=136.8\angle-36.2°V$;

线电压：$\dot{U}_{ab}=236.9\angle-6.2°V$;

电流：$I_a=17.1\angle-73.1°A$。

**2.5.2** $A_2$为5A，$A_1$和$A_3$为2.89A。

**3.2.1** 选择题。

(1) (C), (2) (A), (3) (C), (4) (B), (5) (A), (6) (D), (7) (C), (8) (B), (9) (A), (10) (C), (11) (B), (12) (C), (13) (B), (14) (B), (15) (A), (16) (C), (17) (A), (18) (C)。

**3.2.2** 图3-38a，电路不能实现电压放大，电路缺少集电极电阻$R_C$;

图3-38b，电路不能实现电压放大，电路中缺少基极偏置电阻 $R_B$，动态时电源 $U_{CC}$ 相当于短路；

图3-38c，电路不能实现电压放大，电路中晶体管发射结没有直流偏置电压；

图3-38d，电路能实现小信号电压放大。

**3.2.3** （1）$I_{BQ}=19.5\mu A$，$I_{CQ}=1.56mA$，$U_{CEQ}=7.04V$，$P_C=11mW$；

（2）$u_o=-27.7\sin\omega t V$。

（3）晶体管在放大电路有信号时的功耗 $P_{C(AV)}=(11-0.075\times10^{-3})$ mW；

（4）当 $\bar{\beta}=150$ 时，$U_{CEQ}=U_{CC}-I_{CQ}R_C=0.06V$。

**3.3.1** 选择题。

（1）（A），（2）（B），（3）（A，A，A）。

**3.3.4** 【答】当开关接至A点时，晶体管工作在饱和状态；当开关接至B点时，晶体管工作在放大状态；当开关接至C点时，晶体管工作在截止状态。

**3.3.5** （1）电路处于饱和工作状态；

（2）要使电路工作到放大区，可以增大电路中的电阻 $R_B$，减小 $R_C$，增大 $U_{CC}$；

（3）$R_B=282.5k\Omega$，才能保证 $U_{CEQ}=6V$。

**3.3.8** $\dot{u}_{C_1}\approx0.31mV$，$\dot{u}_{C_2}\approx15.3mV$。

**3.3.9** $A_u\approx-132$，$R_i=1.5k\Omega$，$R_o=2k\Omega$。

**3.3.11** （1）$I_{BQ}=36\mu A$，$I_{CQ}=2.15mA$，$U_{CEQ}=4.25V$；

（2）略；

（3）$R_i\approx1k\Omega$，$R_o=3k\Omega$。

**3.3.18** （1）$I_{CQ}=2.5mA$，$U_{CEQ}=5V$；

（2）$A_{um}\approx-74$，$R_i=1.35k\Omega$，$R_o=2k\Omega$；

（3）$f_H\approx99.5kHz$，$f_L\approx253Hz$；

（4）$U_{oPP}=5V$，$U_{iP}=34mV$；

（5）略。

**4.1.1** 选择题。

（1）（C），（2）（A），（3）（B）。

**4.1.2** 当运算放大器符合下列条件时称为理想运算放大器：

（1）开环电压放大倍数 $A_{uo}\to\infty$；（2）差模输入电阻 $R_{id}\to\infty$；

（3）开环输出电阻 $r_o\to0$；（4）共模抑制比→∞。

理想运算放大器工作在线性区时反相输入端电流和同相输入端电流均为零；反相输入端对地电压和同相输入端对地电压相等；由于输出电阻趋于零，因此负载变化时输出电压不变。分析时可以应用”虚地”和“虚短”概念和叠加定理。

理想运算放大器工作在饱和区时，输出电压只有两个可能，即正负最大值，但两个输入端的电压不一定相等，两个输入端的电流也等于零。

**4.2.1** 选择题。

（1）（F，A，A，B，D），（2）（D，C，A，B）。

**4.2.3** 电路的反馈深度：$1+\dot{A}_u\dot{F}_u=3$，电路的反馈系数：$\dot{F}_u\approx0.013$。

**4.2.4** 图4-70a，电流串联正反馈；图4-70b，电压并联负反馈；图4-70c，电压串联正反馈；图4-70d，电压并联负反馈。图4-70b、d 的反馈可以减小输入电阻及输出电阻，并减小输出电压，但使其稳定性得以提高。

**4.2.5** （1）电路中应当引入交流电压串联负反馈；

（2）反馈系数：$|\dot{F}_u|=0.019$；

（3）电路的闭环放大倍数：$|\dot{A}_{uf}|=50$。

**4.2.6** （1）此电路电流串联负反馈；

（2）闭环电压放大倍数为$\dot{A}_{uf}^{*}=\dfrac{\dot{U}_o}{\dot{U}_i}=-\dfrac{\dot{I}_o R_E}{\dot{U}_i}\approx\dfrac{R_E\ (R_C+R_1+R_3)}{R_C R_1}$。

**4.2.7** （1）此电路电流并联负反馈；

（2）闭环电压放大倍数为$\dot{A}_{uf}^{*}=\dfrac{\dot{U}_o}{\dot{U}_i}=-\dfrac{R_L}{R_1}\left(1+\dfrac{R_2}{R_3}\right)$；

（3）$R_{iF}=R_1$，$R_{oF}\to\infty$。

**4.2.8** （a）此电路为电流串联负反馈：$I_o=\dfrac{U_i}{R}$；

（b）此电路为电流并联负反馈：$I_o=\dfrac{R_1+R_2}{R_2}I_S$。

**4.2.9** 当可调电阻置于最下端时，$U_o=2V$，当可调电阻置于最上端时，$U_o=6V$；因电压负反馈可以稳定输出电压，所以当负载电阻 $R_L$变化时，$U_o$不会发生相应变化。

**4.3.1** 选择题。

（1）（B），（2）（C），（3）（A），（4）（B），（5）（A），（6）（B），（7）（B），（8）（D），（9）（A），（10）（A），（11）（C）。

**4.3.2** $u_o=u_{I1}+\left(1+\dfrac{R_1}{R_2}\right)u_{I2}$。

**4.3.3** 图4-80a，$U_o=4V$；图4-80b，$U_o=3V$。

**4.3.4** $u_o=-\dfrac{R_3}{R_2}\dfrac{(2R_1+R)}{R}\ (u_{I1}-u_{I2})$。

**4.3.5** 电路完成限幅放大功能。电路中输出信号的波形略。

**4.3.6** 电阻 $R$ 是平衡电阻，其值应该与运算放大器静态时反相输入端的等效电阻相等。

**4.3.7** （1）1s 后的输出电压值：$u_o=-5V$；

（2）当 $u_o=-8V$ 时：$t=1.6s$。

**4.3.8** （1）当 $t=2s$ 时：$u_o=-6V$；

（2）当 $t=5s$ 时，输出电压 $u_o$再次过零；

（3）当 $t=8s$ 时，输出电压 $u_o$达到稳压值；

（4）输出电压 $u_o$的波形略。

**4.3.9** $u_o(t)=RC\dfrac{du_i\ (t)}{dt}$。

**4.3.10** （1）应选择带通滤波电路；

（2）应选择低通滤波电路；

（3）应选择带阻滤波电路；

（4）应选择高通滤波电路。

**4.3.11** $u_i>0$，$u_o=-0.7V$，电压传输特性略。

**4.3.12** $u_i=-2V$，电压传输特性略。

**5.1.1** 选择题。

（1）（C），（2）（A），（3）（C），（4）（B），（5）（C），（6）（C），（7）（A），（8）（C），（9）（C），（10）（B），（11）（D），（12）（A），（13）（B），（14）（B），（15）（B），（16）（A），（17）（A），（18）（E），（19）（B），（20）（D）。

**5.1.9** 图5-121a为或门电路，图5-121b为与门电路，图5-121c为非门电路。

**5.1.10** 分析图5-122所示波形可知，$F_1$ 为或门电路的输出，$F_2$ 为与门电路的输出，$F_3$ 为非门电路的输出，$F_4$ 为或非门电路的输出。

**5.1.12** （1）$F=AB$；（2）$F=A+B+C$；（3）$F=A\bar{B}$。

**5.1.13** 图5-124a，$Y=\overline{AB}$；图5-124b，$Y=\overline{A\oplus B}$。

**5.1.14** （1）$Y=B+\bar{A}C$；（2）$Y=\overline{A\ (C\oplus D)}$。

**5.2.1** 选择题。

（1）（A），（2）（C），（3）（B），（4）（A），（5）（A），（6）（C），（7）（C）。

**5.2.2** $F=\bar{A}B+\bar{B}A$，该电路为异或门。

**5.2.3** 灯亮逻辑表达式为 $F=AB+\bar{A}\bar{B}=\overline{\overline{AB}\cdot\overline{\bar{A}\bar{B}}}$。

**5.2.4** $F_1=\bar{A}\bar{B}C+\bar{A}B\bar{C}+A\bar{B}C=\bar{C}\ (\bar{A}B+A\bar{B})+\bar{C}\ (\bar{A}B+AB)$

$F_2=AB+\bar{A}BC+A\bar{B}C$

**5.2.5** $Y=\bar{A}\bar{B}C+\bar{A}B\bar{C}+A\bar{B}\bar{C}+ABC$

$=\overline{\overline{\bar{A}\bar{B}C}\cdot\overline{\bar{A}B\bar{C}}\cdot\overline{A\bar{B}\bar{C}}\cdot\overline{ABC}}$

**5.2.6** $Y=A\bar{B}+B\bar{C}=\overline{\overline{A\bar{B}}\cdot\overline{B\bar{C}}}$，电路略。

**5.3.1** 选择题。

（1）（A），（2）（C），（3）（D），（4）（B），（5）（B），（6）（D），（7）（D），（8）（A），（9）（B），（10）（A），（11）（B），（12）（D），（13）（A）。

**5.4.1** 选择题。

（1）（A），（2）（C），（3）（B），（4）（A），（5）（C），（6）（D），（7）（C），（8）（B），（9）（D），（10）（D），（11）（D），（12）（C），（13）（B），（14）（B），（15）（B），（16）（A），（17）（B）。

**5.4.3** （1）$J_1=K_1=1$，$J_2=K_2=A\oplus Q_1$

$Q_1^{n+1}=\overline{Q_1^n}$，　$Q_2^{n+1}=A\oplus Q_1^n\oplus Q_2^n$

$Y=AQ_1^nQ_2^n+\bar{A}\ \overline{Q_1^n}\,\overline{Q_2^n}$

（2）状态表、状态图略；

（3）当 $A=0$ 时，该时序逻辑电路为同步四进制加法计数器；当 $A=1$ 时，该时序逻辑电路为同步四进制减法计数器。A作为该电路功能的控制端，既可实现加法计数，又可实现减法计数。

**5.4.4** (1) 状态图略；(2) 该电路功能为模4加、减计数器，具有自启动功能。

**6.1.1** 选择题。

(1)(A)，(2)(B)，(3)(B，D，E)，(4)(C)，(5)(B)，(6)(B)，(7)(C)，(8)(C)，(9)(B)，(10)(C)，(11)(B)，(12)(B)。

**6.1.3** (1) $P_{om}\approx\frac{1}{2}\frac{U_{CC}^2}{R_L}=\frac{15^2}{2\times8}W=14.06W$，$\eta_m=\frac{\pi}{4}=78.5\%$；

(2) $P_o=6.25W$，$\eta=\frac{P_o}{P_V}=52.33\%$。

**6.1.4** (1) $P_{om}\approx9W$；(2) $P_{om}\approx7.56W$。

**6.1.5** (1) 正、负电源$U_{CC}$的最小值分别为±12V；

(2) 输出功率最大（$P_{om}=9W$）时，电源供给的功率$P_E=11.46W$。

**6.1.6** (1) $P_o=12.5W$，$P_{V1}=P_{V2}\approx5W$，$P_E=22.5W$，$\eta=55.6\%$；

(2) $P_{cm}=20.25W$ $U_{om3}=12.73V$；

(3) 二极管$VD_1$、$VD_2$为输出晶体管提供静态偏置电压，用以克服交越失真。

**6.2.1** 选择题。

(1)(A)，(2)(C，C，C，A，A，C，C，B)，(3)(C)，(4)(B)，(5)(C，C，C，A，C，B，A，B，A)，(6)(B)。

**6.2.2** (1) 运算放大器A的上端为反相输入端（－），下端为同相端（＋）；

(2) $RP^{下}=RP$，$U_o$最小，$U_{omin}=10V$，$RP^{下}=0$，$U_o$最大，$U_{omax}=15V$；

(3) $U_i=18V$。

**6.2.3** (1) $U_{omin}=12V$，$U_{omax}=18V$；

(2) $U_1=12U_2$，$U_2=20V$；

(3) $V_1$的最大功耗出现在RP的最上端，$P_{CM}=1.2W$，考虑电源10%波动时，$U_i=26.4V$，$P_{CM}>1.44W$。

**6.2.4** (1) $I_o=I_Q+U_{XX}/R=(0.002+5/5.1)\ A\approx0.98A$；(2) $U_o=U_{XX}+R_2\ (I_Q+U_{XX}/R_1)\ =11.02V$；(3) 图6-38a所示电路具有恒流特性，图6-38b所示电路具有恒压特性。

**7.1.1** 填空题。

(1) <；(2) 减小，减小；(3) $200\sqrt{2}\sin\ (\omega t+170°)$；(4) 直流磁路，交流磁路；(5) 软磁材料；(6) 减小，减小，不变，不变，减小，增大。

**7.1.2** 选择题。

(1)(C)，(2)(B)，(3)(C，B)。

**7.1.3** 判断题。

(1)(×)，(2)(√)，(3)(×)，(4)(√)，(5)(×)，(6)(√)，(7)(√)，(8)(√)，(9)(√)。

**7.1.4** 【答】磁路的结构一定（即尺寸、形状和材料一定）时，磁路的磁通并不一定。因为磁性材料的磁导率$\mu$不是常数（$B$与$H$不是正比关系），即磁路的磁阻是非线性的。

**7.1.5** 【答】恒定的磁通通过磁路时，不会在磁路中产生功率耗，即直流磁路中没有铁耗。由于恒定磁通既不会在铁心中产生涡流又不会使铁心交变磁化，所以恒定磁通通过磁路时不会产生功率损耗。

**7.1.6** 【答】如果给交流铁心线圈施加了与交流电压大小相等的直流电压会把线圈烧毁。这是因为交流铁心线圈上施加的交流电压绝大部分被感应电动势所平衡（$U\approx E$），漏阻抗上的电压很小，因而励磁电流很小。如果是施加同样大小的直流电压，由于线圈中没有感应电动势与之平衡，全部电压降落在线圈本身的电阻上，该电阻值是很小的，因此将会产生很大的直流励磁电流，使线圈烧毁。

**7.1.11** 【答】磁路的基本定律有：安培环路定律、磁路的欧姆定律、磁路的串联定律和并联定律；不能，因为磁路是非线性的，存在饱和现象。

**7.1.12** $E_2=\frac{1}{\sqrt{2}}N_2\omega\Phi_2$。

**7.1.13** 需要总磁动势1728.9安匝。

**7.2.1** 填空题。

（1）增大，增大，减少，增大；（2）不变，不变，增大，增大；（3）$E$近似等于$U$，$U$等于$IR$，很大，很大；（4）励磁回路的无功损耗比有功损耗大很多，空载时主要由励磁回路消耗功率；（5）减小，减小；（6）磁动势平衡和电磁感应作用；（7）主磁通，漏磁通。

**7.2.2** 选择题。

（1）（A），（2）（B），（3）（C），（4）（A），（5）（B），（6）（C，F），（7）（B，B，A），（8）（B）。

**7.2.3** 判断题。

（1）（×），（2）（×），（3）（×），（4）（×），（5）（√），（6）（√），（7）（×）。

**7.2.5** 由于$\frac{e_1}{N_1}=\frac{e_2}{N_2}$所以变压器一、二次绕组每匝感应电动势相等，又$U_1\approx E_1$、$U_2\approx E_2$，因此$\frac{U_1}{N_1}\approx\frac{U_2}{N_2}$，当$U_1$不变时，若$N_1$减少，则每匝电压$\frac{U_1}{N_1}$增大，所以$U_2=N_2\frac{U_2}{N_1}$将增大。

**7.2.6** 变压器的铁心构成变压器的磁路，同时又起着器身的骨架作用。为了减少铁心损耗，采用0.35mm厚、表面涂的绝缘漆的硅钢片叠成。

**7.2.8** 变压器空载电流的绝大部分用来供给励磁，即产生主磁通，另有很小一部分用来供给变压器铁心损耗；变压器空载电流的大小与电源电压的大小和频率、绕组匝数、铁心尺寸及磁路的饱和程度有关。

**7.2.9** 变压器空载运行时，因为存在感应电动势$E_1$，尽管$R_1$很小，但由于励磁阻抗$Z_m$很大，所以$I_0$不大。如果接直流电源，由于磁通恒定不变，绕组中不产生感应电动势，即$E_1=0$，$E_{1\sigma}=0$，因此电压全部降在电阻上，即有$I=U_1/R_1$，因为$R_1$很小，所以电流很大。

**7.2.10** 根据$U_1\approx E_1=4.44fN_1\Phi_m$可知，电源电压不变，$f$从60Hz降低到50Hz后，频率$f$下降到原来的1/1.2，主磁通将增大到原来的1.2倍，磁感应强度$B_m$也将增大到原来的1.2倍，磁路饱和程度增加，磁导率$\mu_{Fe}$降低，磁阻$R_m$增大。因此产生该磁通的励磁电流$I_0$必将增大，铁耗增加，漏电抗$X_{1\sigma}$、$X_{2\sigma}$减小，电压变化率$\Delta U$将减小。

**7.2.11**　电流很大，为$\dfrac{U_{1N}}{R_1}$。二次侧开路或短路，对一次电流均无影响。

**7.2.12**　误接后由$U \approx E = 4.44fN_1\Phi_m$知，磁通增加近一倍，使励磁电流增加很多（饱和时大于1倍）。此时变压器处于过饱和状态，二次电压为440V左右，绕组铜耗增加很多，使效率降低、产生过热、绝缘被击穿等现象发生。

**7.2.13**　变压器的电压比$K = \dfrac{N_1}{N_2} = \dfrac{E_1}{E_2}$，不论空载还是有载，其匝数比是不会改变的。

**7.3.1**　填空题。

（1）50Hz，50Hz，50Hz，50Hz；（2）1，很大，很小，小一些，不大；（3）0.02，1Hz，720r/min，2Hz；（4）定子铜耗，定子铁耗，机械损耗，附加损耗；（5）电动机，发电机，电磁制动；（6）转子串适当的电阻，转子串频敏变阻器；（7）$\left(\dfrac{5}{6}\right)^2$，$\left(\dfrac{5}{6}\right)^2$。

**7.3.2**　选择题。

（1）（B），（2）（C），（3）（D），（4）（B），（5）（A），（6）（D），（7）（B），（8）（A）。

**7.3.3**　判断题。

（1）（√），（2）（×），（3）（×），（4）（√），（5）（√），（6）（×），（7）（×），（8）（×），（9）（×），（10）（√），（11）（×），（12）（×），（13）（√），（14）（×），（15）（×）。

**7.3.4**　$\dfrac{1-s}{s}R_2'$代表与转子所产生的机械功率相对应的等效电阻，不能用电感、电容代替，因为电感、电容消耗无功功率，而电动机转子所产生的机械功率为有功功率。

**7.3.5**　同步转速不变；转子转速下降；主磁通下降；功率因数下降；电磁转矩不变。

**7.3.6**　起动时，$n = 0$，$s = 1$，旋转磁场以同步转速切割转子，在短路的转子绕组中感应很大的电动势和电流，故起动电流很大。当$s = 1$、$f_2 = f_1$时，转子功率因数角$\varphi_2 = \arctan\dfrac{X_{2\sigma}}{R_2}$接近90°，$\cos\varphi_2$很小，$I_2\cos\varphi_2$并不大；$E_1$减小，$\Phi_m$也减小。故起动转矩不大。

**7.3.8**　定子电流的频率为$f_1$，转子电流的频率为$f_2 = sf_1$，定子磁动势以$n_1$转速切割定子，以$(n_1 - n)$转速即$sn_1$转速切割转子；转子磁动势也以$n_1$转速切割定子，以$sn_1$转速切割转子。定、转子基波磁动势同步旋转，相对静止。

**7.3.9**　定子绕组串联，每台电动机的端电压为原来的1/2。由于起动电流与电压成正比，起动转矩与电压二次方成正比，使得总的起动电流为原来的1/2，总的起动转矩为原来的1/4。

**7.3.10**　增加转子电阻使总的阻抗增加，起动电流减小。转子电阻增加，$\cos\varphi_2$提高；起动电流减小，定子漏抗电压降低；电动势$E_1$增加，气隙磁通增加。起动转矩与气隙磁通、起动电流、$\cos\varphi_2$成正比，虽然起动电流减小了，但气隙磁通和$\cos\varphi_2$增加，使起动转矩增加了。如果所串电阻太大，使起动电流太小，起动转矩也将减小。

**7.3.11**　负载增加，电动机转速下降，转差率上升，转子绕组切割磁力线的速度增加，转子的感应电动势、感应电流相应增加，转子磁动势也增加。由磁动势平衡关系，定子磁动势增加，定子电流上升，即从电网吸收的电功率增加。这一过程直到转子电流产生的转矩与负载转矩重新平衡为止。在 $U_1$ 不变的情况下，$I_1$ 的增加导致 $I_1Z_1$ 增加，使 $E_1$ 减小，主磁通略有减小。

**7.3.13** 变压器的主磁路全部用导磁性能良好的硅钢片构成，异步电动机的主磁路除了用硅钢片构成的定、转子铁心外，还有空气隙。气隙的长度尽管很小，但磁阻很大，使得异步电动机主磁路的磁阻比相应的变压器大。

**7.3.15** $n_1=750\text{r/min}$，$n=700\text{r/min}$ 时 $s=0.067$，$n=800\text{r/min}$ 时 $s=-0.067$，$n=0$ 时 $s=1$。

**7.3.16** $T_{em}=29.14\text{N}\cdot\text{m}$，$T_{max}=63.77\text{N}\cdot\text{m}$，$I_{st}=20.84\text{A}$，$T_{st}=26.39\text{N}\cdot\text{m}$。

**7.3.17** $T_{em}=686.5\text{N}\cdot\text{m}$，$n=1200\text{r/min}$ 时应串入的电阻 $R_t=0.165\Omega$，定子电流，电磁功率、定子输入功率均未变化。

# 参考文献


[1] 叶挺秀，张伯尧. 电工电子学［M］. 北京：高等教育出版社，1999.

[2] 徐淑华，宫淑贞. 电工电子技术［M］. 北京：电子工业出版社，2003.

[3] James W Nilsson，Susan A Riedel. 电路［M］. 6 版. 冼立勤，周玉坤，李莉，等译. 北京：电子工业出版社.

[4] 汤蕴璆，史乃. 电机学［M］. 北京：机械工业出版社，1999.

[5] 王成华，潘双来，江爱华. 电路与模拟电子学［M］. 北京：科学出版社，2003.

[6] 张南，吴雪，高言. 电工学［M］. 3 版. 北京：高等教育出版社，2007.

[7] 谢自美. 电子线路设计·实验·测试［M］. 3 版. 武汉：华中科技大学出版社，2006.

[8] David Comer，Donald Comer. 电子电路设计［M］. 王华奎，马建芬，赵菊敏，等译. 北京：电子工业出版社，2004.